力学丛书·典藏版 12

双剪理论及其应用

俞茂宏 著

U0312659

国家自然科学基金和国家教
育委员会重点科学技术项目

科 学 出 版 社

1998

内 容 简 介

本书是作者对材料强度理论和结构强度理论长达 36 年研究的系统总结。书中包含了作者和天津大学、清华大学、东北大学、浙江大学等校的学者的有关的一系列研究成果，其中很多内容是首次发表。这些成果形成了独创性的全新的理论体系。它融合世界各国学者 100 多年来的有关理论和作者的理论于一体，可以广泛应用于各类工程材料和各类工程结构的强度研究和设计。书中阐述的理论还可以充分发挥材料和结构的强度潜力，具有巨大的经济意义和深远的社会意义。全书分三大部分共 26 章。可供力学、材料科学、地球科学、土木、水利、机械、航空航天、冶金矿业等有关专业的研究人员、教师、工程技术人员及研究生、大学生阅读和参考。

图书在版编目 (CIP) 数据

双剪理论及其应用/俞茂宏著. —北京：科学出版社，1998.6
（力学丛书）
ISBN 978-7-03-006098-3

I. 双… II. 俞… III. 剪力 - 理论 IV. O343

中国版本图书馆 CIP 数据核字（97）第 10028 号

责任编辑：赵彦超 赵敬伟 / 责任校对：邹慧卿
责任印制：张 伟 / 封面设计：陈 敬

科 学 出 版 社出版
北京东黄城根北街 16 号
邮政编码：100717
http://www.sciencep.com

北京九州迅驰传媒文化有限公司 印刷
科学出版社发行 各地新华书店经销

*

1998 年 6 月第 一 版 开本：850 × 1168 1/32
2019 年 6 月第三次印刷 印张：28 3/4
字数：749,000
定价：238.00元
（如有印装质量问题，我社负责调换）

《力学丛书》编委会

序　言

　　双剪理论是俞茂宏教授 30 多年来关于材料强度和结构强度的创造性研究成果的系统总结．他从双剪应力屈服准则到双剪强度理论，再到统一强度理论和统一弹塑性理论，又发展到现在的双剪理论，已形成了独创的理论体系．

　　我认识俞茂宏同志已经十多年了．1962—1984 年，在担任教育部工科力学教材编审委员会主任委员期间，对他的工作已有所了解．1981 年在广州召开的全国理论力学材料力学交流会上，邀请他作了"论强度理论"的特邀报告．他的报告受到大家的欢迎，反映很好．

　　当时，他已提出了双剪应力屈服准则．此后 10 年，他先后在国内外专业期刊上发表了一系列有关双剪理论的论文．这些论文受到国内外的重视和欢迎．有影响的国际机械科学学报（Int. J. Mech. Sci.）还将俞的论文列为该刊的代表性优秀论文．

　　俞茂宏关于强度理论研究有二个方面值得提出．一是他把 Tresca-Mohr-Coulomb 的单剪强度理论发展为双剪系列强度理论．它们分别为外凸强度理论的下限和上限，从而形成了二个独立的理论系统．二是从适合于某种材料的单一强度理论发展为可以适合于众多材料的统一强度理论，它有一个统一的力学模型和统一的数学表达式，形式简单，却可以灵活地适用于各种不同的材料．这些成果的得出，看来十分自然流畅，但是我们如果回顾一下历史就可看到，这二方面进展来之不易，它们解决了从 1882 年 Mohr 强度理论以来关于强度理论研究中的二个难题，即中间主应力效应问题和统一强度理论问题．

　　在 1953 年出版的 Timoshenko 著的《材料力学史》中，铁木辛柯得出了下列看法:"为了检验莫尔的理论,进行了大量的复合应力试验,这些用脆性材料试验得出的结果均与莫尔理论不相符. Voigt(德国格丁根大学教授)由此得出结论认为强度理论问题是如此复杂,以致不可能用一个单一的理论成功地应用于所有结构材料". 此后,很多学者包括曾提出联合强度理论的前苏联科学院院士 Флидман 和 Давиденков 以及岩石力学与工程教授 Jaeger、Mogi 等都曾作出过努力,但直到20世纪80年代这个结论还没有改变,使这二个问题成为工程强度理论研究中的难题. 因此俞茂宏的双剪强度理论和统一强度理论有很重要的理论意义. 统一强度理论与很多实验结果相符合,可以在工程中十分方便地具体应用,并且能够较传统理论更好地发挥材料和结构的强度潜力,所以它也有很大的工程应用价值.

近年来,俞茂宏和他的研究小组又将他的双剪概念推广到结构强度研究中,建立了双剪弹塑性本构模型、双剪滑移线场、双剪孔隙水压力方程、双剪弹塑性本构方程和统一弹塑性有限元程序等;天津大学和清华大学教授还将双剪的概念推广为双剪特征线法和双剪损伤模型等. 如此广泛而丰富的理论成果是难能可贵的.

现在俞茂宏教授将他多年研究成果写成专著,以供广大读者参考,是十分值得欢迎的. 相信此书的出版定会推动我国学术界和工程界在强度理论及其实际应用方面的进一步发展,并使这一达到国际先进水平的研究成果更快地转化为生产力,在我国经济建设中发挥出巨大的经济效益.

张维

1994 年 9 月 27 日

---

* 张维,中国科学院院士、中国工程院院士、清华大学教授、原中国力学学会副理事长、中国土木工程学会副理事长、国家教育委员会科学技术委员会主任.

前　言

双剪理论是作者提出和创立的一个新的名词和新的理论. 但是它的产生、发展和形成的过程已长达 30 余年. 它牵涉到材料强度理论和结构强度理论的很多领域.

1961 年, 作者首先提出的是适用于拉压强度相同材料的双剪应力屈服准则和十二边形的双剪应力屈服准则. 此后, 逐步发展为可以适用于拉压强度不同材料的双剪应力强度理论 (1962, 1983—1985)、双剪帽子模型 (1986)、双剪多参数准则 (1988—1990). 最后形成了一个具有统一的力学模型、统一理论和统一数学表达式, 而又可以十分灵活适用于各种不同材料的统一强度理论 (1991). 这些内容组成了本书的第一部分内容, 即双剪统一强度理论.

从 80 年代下半期开始, 双剪强度理论又逐步推广应用于结构的弹塑性分析, 发展形成了双剪弹塑性本构模型和统一弹塑性模型、双剪统一弹粘塑性本构模型、统一弹塑性有限元计算程序和双剪统一滑移线场理论, 天津大学严宗达教授提出并发展了双剪特征线法, 这些构成了本书的第二部分内容, 即双剪统一弹塑性理论, 其中包括作者所应用的一种结构塑性区观察方法.

在此同时, 双剪的概念又推广应用到应力状态理论、双剪非线性变形模型、双剪孔隙水压力方程、双剪统一多重屈服面理论等更广泛的领域; 清华大学又推广应用于断裂力学和损伤力学, 这些研究成果组成了本书第三部分内容.

双剪理论的研究, 包括了双剪统一强度理论、双剪统一弹塑性理论和双剪断裂损伤等三大部分. 本书是对它们的首次系统总结. 书中很多研究成果也是首次发表.

双剪理论的内容包括材料强度和结构强度的一系列基本理论、本构模型、计算准则和设计方法，涉及到材料力学、塑性力学、金属压力加工、岩石力学、土力学、混凝土力学、断裂力学、损伤力学、细观力学和材料科学，以及土木、水利、机械、航空、交通、采矿、岩土、压力加工等众多工程领域，并且用双剪的概念相互联系起来，形成系统的理论．双剪理论不仅自成体系，而且可以包含国外学者在过去200多年所提出的一些主要强度理论和各有关理论．它们都可以作为双剪理论的特例得出．因此，双剪理论又起到了一种统一理论的作用．

双剪理论的工程应用可以更好地发挥材料和结构的强度潜力，因而可以节约材料，减轻结构重量，为人类社会在现代化建设中的材料和能源的节省起到一些作用，这也是本书著述的目的之一．

书中有关材料强度理论的实验资料，引用了国内外众多学者的研究结果．这些资料是十分可贵的，它们的研究经费的总值超过数百万美元，这是作者力所不能及的，也是我们未能进行材料强度理论实验验证的原因之一．另一方面，保持理论研究与实验研究的相对独立性，使它们更客观，这也是国际上关于材料强度理论研究的一种共识．在本书第八章中，我们引用了大量的关于各种不同材料的强度理论的实验资料，其中包括中国科学院武汉岩土力学研究所许东俊研究员和国家地震局地球物理研究所耿乃光研究员在日本东京大学所完成的几种岩石的多轴试验结果，以及武汉岩土力学研究所关于黄河上游一大型水电站的花岗岩（这一花岗岩与长江三峡三斗坪花岗岩的性质相近）的真三轴试验结果．这些实验结果与双剪强度理论所预计的变化规律相符合．最近，总参工程兵第三研究所和哈尔滨建筑大学所作的岩石和钢纤维混凝土的复杂应力试验结果也与作者提出的双剪强度理论相一致．

双剪统一强度理论能够与很多实验资料符合，这也促使了它的不断深入和推广应用. 根据不完全统计, 应用和引用双剪强度理论和统一强度理论的其他研究者的论著已超过 152 种 200 余次, 并被写入科学出版社、高等教育出版社、中国建筑工业出版社、清华大学出版社、北京大学出版社、浙江大学出版社、天津大学出版社、西南交通大学出版社等出版的 50 余种学术专著、教材和国际国内学术会议论文集. 在本书的有关章节中也反映了他们的研究成果.

双剪理论的具体内容较多, 它们之间以及它们与国外学者在近百年所建立起来的相关理论之间的关系, 可见本书第一章的表 1-1 和图 1-1、图 1-2 及图 1-3.

双剪理论的研究前后历经 30 余年. 此外还有校内外很多师长、同行和研究生参加了讨论和推广应用研究. 作者向一切参加研究和进行过各种讨论的国内外研究者表示衷心的感谢. 天津大学严宗达教授、卜小明副教授建立了双剪特征线法, 本书第十七章就是他们的研究成果. 清华大学李庆斌、张楚汉和王光纶教授建立了混凝土的双剪损伤模型, 本书第十八章由李庆斌撰写. 第二十一章介绍了黄文彬教授、曾国平教授和李跃明博士等应用双剪屈服准则求解一些塑性力学问题的研究成果. 第二十三章介绍东北大学赵德文、王国栋教授等应用双剪理论于金属压力加工方面的研究成果. 沈阳工业大学和二炮工程兵学院等把双剪理论推广应用于断裂力学, 本书第二十四章介绍了他们的研究成果. 何丽南撰写了第十四和第二十五章, 马国伟撰写了第十五章, 杨松岩撰写了第十二和第十六章, 王源撰写了第二十一和第二十三章. 作者向他们表示衷心的感谢. 全书交稿之后, 还要经过科学出版社编辑的精心编审加工、制版、校对、印刷、发行等很多工作, 这本书也是很多人共同努力的结果.

作者对中国科学院院士、中国工程院院士张维先生, 国家教育委员会工科力学指导委员会主任委员刘鸿文教授和科学出版社在本书的写作过程中给予的关心和勉励, 以及中国科学院科学出版基金评委的支持和信任表示衷心的感谢. 作者对国家自然科学基金会、国家教育委员会、国家攀登计划"大型工程计算"、机械强度和振动国家重点实验室的支持表示衷心感谢. 此外, 作者应邀在德国斯图加特大学、日本名古屋工业大学、香港大学、新加坡南洋理工大学和中国科学院力学研究所、清华大学、浙江大学、哈尔滨建筑大学、河海大学以及在江苏、陕西、河南等省力学学会、河南省公路学会、航空部飞机结构强度研究所、电力部水利部西北勘测设计研究院、广东水利水电科学研究院、武汉锅炉厂、金属材料强度国家重点实验室所进行的学术交流和讨论, 对双剪理论研究的深入、系统化和提高都有很大促进和帮助, 作者向这些单位和有关学者表示衷心感谢. 作者特别要感谢张维先生为本书作序; 10 多年来作者一直得到他的积极的鼓励.

本书理论形成逾 30 载, 著述 3 年余, 成书一册, 70 余万字, 500 多个图. 由于双剪理论是一种新的理论, 书中内容不当之处恐所难免, 热切盼望各位读者予以指正.

全书完稿之后, 于 1994 年岁末, 参加在香港举行的国际结构工程和岩土工程计算方法会议以及张佑启教授学术讨论会, 会后参观香港大学图书馆和香港科技大学图书馆. 在香港十景之一的香港科技大学, 由图书馆负责人陪同, 与该校教授和正在该校作访问教授的清华大学教授江见鲸博士一起参观了图书馆的期刊阅览室、图书阅览室、中英文藏书和光盘检索阅读系统. 图书馆环境优雅、资料众多. 茫茫书海, "天无涯兮地无边", 一册书稿, 犹如沧海之一粟. 如果这沧海一粟碰到哪一位读者, 并对他有所启发帮助的话, 那也是粟之有幸; 如果这一小粟被应用甚或被种植于那块土地中生长发展起来, 那就是粟之大幸.

本书部分内容的研究曾得到国家自然科学基金、国家教育委员会重点科学技术项目、金属材料强度国家重点实验室、机械结构强度和振动国家重点实验室的资助, 特表深切感谢. 科学出版社杨岭先生和陈菊华女士对本书初稿提出了很多宝贵的意见, 使书稿的质量有很大提高,作者向他们表示深切的感谢.

俞茂宏

1994 年 10 月于贵阳龙潭
1994 年 12 月修改于香港

目 录

主要符号表

正应力

σ_1 最大主应力

σ_2 中间主应力（中主应力）

σ_3 最小主应力

σ_{ij} 应力张量

$\sigma_m = \dfrac{1}{3}(\sigma_1 + \sigma_2 + \sigma_3)$ 平均应力

$\sigma_8 = \dfrac{1}{3}(\sigma_1 + \sigma_2 + \sigma_3)$ 八面体正应力

$\sigma_{13} = \dfrac{1}{2}(\sigma_1 + \sigma_3)$ 十二面体或正交八面体正应力

$\sigma_{12} = \dfrac{1}{2}(\sigma_1 + \sigma_2)$ 十二面体或正交八面体正应力

$\sigma_{23} = \dfrac{1}{2}(\sigma_2 + \sigma_3)$ 十二面体或正交八面体正应力

$S_1 = \dfrac{1}{3}(2\sigma_1 - \sigma_2 - \sigma_3)$ 大主应力偏量（拉偏应力）

$S_2 = \dfrac{1}{3}(2\sigma_2 - \sigma_1 - \sigma_3)$ 中主应力偏量（中偏应力、拉或压）

$S_3 = \dfrac{1}{3}(2\sigma_3 - \sigma_1 - \sigma_2)$ 小主应力偏量（压偏应力）

S_{ij} 偏应力张量

$\mu_\sigma = \dfrac{2\sigma_2 - \sigma_1 - \sigma_3}{\sigma_1 - \sigma_3}$ Lode 应力状态参数

u	孔隙水压力
σ'	有效应力

剪应力

$$\tau_{13} = \frac{1}{2}(\sigma_1 - \sigma_3)$$ 最大主剪应力、十二面体或正交八面体剪应力

$$\tau_{12} = \frac{1}{2}(\sigma_1 - \sigma_2)$$ 中间或最小主剪应力、十二面体或正交八面体剪应力

$$\tau_{23} = \frac{1}{2}(\sigma_2 - \sigma_3)$$ 中间或最小主剪应力、十二面体或正交八面体剪应力

$$\tau_1 = \frac{1}{3}(2\sigma_1 - \sigma_2 - \sigma_3)$$ 第一纯剪切应力

$$\tau_2 = \frac{1}{3}(2\sigma_2 - \sigma_1 - \sigma_3)$$ 第二纯剪切应力

$$\tau_3 = \frac{1}{3}(2\sigma_3 - \sigma_1 - \sigma_2)$$ 第三纯剪切应力

$$\tau_m = \sqrt{\frac{1}{3}(\tau_{12}^2 + \tau_{23}^2 + \tau_{31}^2)}$$

$$= \sqrt{\frac{1}{12}\left[(\sigma_1 - \sigma_2)^2 + (\sigma_2 - \sigma_3)^2 + (\sigma_3 - \sigma_1)^2\right]}$$

均方根剪应力

$$\tau_8 = \frac{1}{3}\sqrt{(\sigma_1 - \sigma_2)^2 + (\sigma_2 - \sigma_3)^2 + (\sigma_3 - \sigma_1)^2}$$

八面体剪应力

$$\mu_\tau = \frac{\tau_{12}}{\tau_{13}} = \frac{\sigma_1 - \sigma_2}{\sigma_1 - \sigma_3}$$ 双剪应力状态参数

$$\mu_\tau' = \frac{\tau_{23}}{\tau_{13}} = \frac{\sigma_2 - \sigma_3}{\sigma_1 - \sigma_3}$$ 双剪应力状态参数

$$T_\tau = \tau_{13} + \tau_{12}$$ 双剪应力函数

$$T_\tau' = \tau_{13} + \tau_{23}$$ 双剪应力函数

应力不变量

$$I_1 = \sigma_1 + \sigma_2 + \sigma_3 \qquad \text{应力张量第一不变量}$$

$$I_2 = \sigma_1\sigma_2 + \sigma_2\sigma_3 + \sigma_3\sigma_1 \qquad \text{应力张量第二不变量}$$

$$I_3 = \sigma_1\sigma_2\sigma_3 \qquad \text{应力张量第三不变量}$$

$$J_2 = \frac{1}{2}S_{,,}S_{,,} = \frac{1}{6}\left[(\sigma_1-\sigma_2)^2 + (\sigma_2-\sigma_3)^2 + (\sigma_3-\sigma_1)^2\right]$$
$$\text{应力偏量第二不变量}$$

$$J_3 = S_1 S_2 S_3 = \frac{1}{27}(\tau_{13}+\tau_{12})(\tau_{21}+\tau_{23})(\tau_{31}+\tau_{32})$$
$$\text{应力偏量第三不变量}$$

$$\xi = \frac{I_1}{\sqrt{3}} \qquad \text{应力柱坐标主轴、静水应力轴矢}$$
$$\text{长}$$

$$r = \sqrt{2J_2} \qquad \text{应力柱坐标}\,\pi\,\text{平面应力矢长}$$

$$\theta \qquad \text{应力柱坐标}\,\pi\,\text{平面应力矢与主应力}$$
$$\text{投影轴的夹角,简称应力状态角}$$

$$\cos 3\theta = \frac{3\sqrt{3}}{2}\frac{J_3}{\sqrt{J_2^3}}$$

$$\xi = \frac{1}{\sqrt{3}}I_1 = \sqrt{3}\,\sigma_m = \sqrt{3}\,\sigma_8 = \sqrt{3}\,p$$

$$r = \sqrt{2J_2} = 2\tau_m = \sqrt{3}\,\tau_8 = \sqrt{\frac{2}{3}}\,q$$

$$p = \frac{1}{3}(\sigma_1 + \sigma_2 + \sigma_3)$$

$$q = \sqrt{\frac{1}{2}\left[(\sigma_1-\sigma_2)^2 + (\sigma_2-\sigma_3)^2 + (\sigma_3-\sigma_1)^2\right]}$$

$$r = \sqrt{\frac{1}{3}\left[(\sigma_1-\sigma_2)^2 + (\sigma_2-\sigma_3)^2 + (\sigma_3-\sigma_1)^2\right]}$$

应变

ε_1 , ε_2 , ε_3	主应变
ε_{ij}	应变张量
γ_{12} , γ_{23} , γ_{13}	主剪应变
$\theta = \dfrac{1}{3}(\varepsilon_1+\varepsilon_2+\varepsilon_3)$	体积应变
ε_e	弹性应变
ε_p	塑性应变
$\dot{\varepsilon}$	应变率
$d\varepsilon$	应变增量
ε_{vp}	粘塑性应变
$\Delta\varepsilon_{vp}$	粘塑性应变增量

材料性能参数

σ_s	拉伸屈服极限
τ_s	剪切屈服极限
$B = \dfrac{\sigma_s}{\tau_s}$	剪应力系数
σ_t	拉伸强度极限
σ_c	压缩强度极限
σ_{cc}	双向等压强度极限
$\alpha = \dfrac{\sigma_t}{\sigma_c}$, $m = \dfrac{\sigma_c}{\sigma_t}$	材料拉压强度比
$\bar{\alpha} = \dfrac{\sigma_{cc}}{\sigma_c}$	材料双向等压强度比
$\beta = \dfrac{\bar{\alpha}+2\alpha-3\alpha\bar{\alpha}}{\bar{\alpha}(1+\alpha)}$	正应力影响系数
r_t	π 平面上的拉伸强度矢长

r_c	π 平面上的压缩强度矢长
$K = \dfrac{3a\bar{a} + \bar{a} - a}{2\bar{a} + a} = \dfrac{r_t}{r_c}$	π 平面上的拉压强度比
C_0	材料粘结力参数
φ_0	材料摩擦角参数
$\sigma_t = \dfrac{2C_0 \cos \varphi_0}{1 + \sin\varphi}, \quad \sigma_c = \dfrac{2C_0 \cos \varphi_0}{1 - \sin\varphi_0}$	
ν	泊松比
E	弹性模量
G	剪切弹性模量
K_{1c}	张开型裂纹临界应力强度因子
K_{11c}	滑开型裂纹临界应力强度因子
b	中间应力影响因数
m	中间主应力参数或压力加工摩擦因子
H	材料强化参数

屈服函数和强度理论函数

$f(\sigma_{ij})$	应力屈服函数
$f(\varepsilon_{ij})$	应变屈服函数
$f(\sigma_1, \sigma_2, \sigma_3)$	主应力屈服函数
$f(I_1, J_2, J_3)$	张量不变量屈服函数
$F(\sigma_{ij})$	强度理论函数
$g(r, \theta)$	π 平面形状函数
$\Phi(\sigma_{ij})$	帽子模型函数

第一章 绪 论

§1.1 双剪理论的产生、发展和形成

双剪理论是一个新名词和新理论.但是,它的研究、发展和形成的过程已长达 30 余年.

双剪理论是一个统称.它包含了一系列有关材料强度和结构强度的新理论,并以双剪的概念相联系形成了很多新的概念、新的模型、新的计算准则和新的理论.它们牵涉到材料(固体)力学、塑性力学、岩石力学、土力学、混凝土力学、塑性加工理论、强度理论、滑移线理论、晶体塑性理论、细观力学、材料力学性能、结构塑性分析等很多学科以及土木、水利、机械、航空、电力、化工、交通、军工等众多工程领域.

在双剪理论中,最早提出来的是双剪强度理论.它包括本书作者于 1961 年提出的双剪应力屈服准则和十二边形的双剪应力屈服准则(均为双剪单参数准则)以及 1962 年提出的考虑静水应力影响的双剪应力屈服准则.当时,由于剪应力和切应力的名词尚未统一,所以曾称之为双切应力屈服准则.此后,又于 1981 年提出晶体多滑移的双剪条件,1983 年提出适用于拉压强度不同的材料的广义双剪强度理论(双剪二参数准则)及其光滑化的双剪角隅模型(1986),以及适用于土体体积塑性变形的双剪帽子模型(1986)和适用于混凝土的双剪三参数准则、双剪四参数准则和双剪五参数准则等等适用于不同情况和不同材料的新的理论和计算准则.这些研究成果分别发表于《金属学报》、《科学通报》、《国际机械科学学报》(Int. J. of Mechanical Science)、《中国科学》、《土木工程学报》、《力学学报》、《岩土工程学报》以及全国土力学和基础工程学术会议论文集等刊物和文集中,并汇集成《双剪应力强度理论研

究》一书(西安交通大学出版社,1987).

在双剪强度理论发展的同时,双剪理论又在各个不同领域得到进一步的发展.

首先,从双剪强度理论向统一强度理论方向发展.现有的各种强度理论都是只能适用于某一类材料的单一强度理论.统一强度理论要求用一个统一的理论、简单的数学表达式来表述各种不同材料的强度.20世纪初,著名科学家、德国格丁根大学的 W. Voigt 教授,在多年研究的基础上认定这是不可能的.著名力学家 Timoshenko 于1953年再次重述了这一结论.作者1985年在《中国科学》发表的"双剪强度理论及其推广"一文中也曾认为:"似乎还不可能用单一的理论或准则去说明各种不同材料在复杂应力状态下的破坏和滑移现象".同年出版的《中国大百科全书》中也认为:"想建立一种统一的适用于各种工程材料和各种不同的应力状态的强度理论是不可能的".现在,根据双剪的概念,从双剪单元体统一的力学模型出发,考虑到作用于双剪单元体上的全部应力分量以及它们对材料屈服和破坏的不同贡献,得出一个统一的数学表达式,形成一个能够适用于众多材料的统一强度理论.形式上是如此简单,概念上是如此统一,适应性又如此广泛和灵活简便,的确是作者以前所不敢奢望的.1986年,世界著名力学家、有限条法创始人张佑启教授邀请本书作者在香港大学讲学时,曾有一位英国教授在讨论中说:"双剪强度理论在历史上将会与 Mohr-Coulomb 强度理论一样重要".当时,这是以单剪应力、八面体剪应力和双剪应力三个独立的概念所建立的三个相互并行独立的强度理论,它们都分别适用于某一类特定的材料.而现在,根据双剪概念而形成的统一强度理论,不仅建立起现有各种强度理论之间的相互联系,现有的单剪应力理论、双剪应力理论、八面体剪应力理论和各种形式的光滑化角隅模型均为统一强度理论的特例或线性逼近;并且还可以产生三大族新的一系列强度准则,形成了一个全新的强度理论体系.这一强度理论体系使强度理论从适用于某一种材料的单一强度理论发展到可以适用于众多不同材料的统一强度理论.

统一强度理论的研究成果发表于 1991 年在日本京都召开的第六届国际材料力学性能会议和会议论文集(Mechanical Behaviour of Materials -Ⅵ，Pergamon Press，1991，Vol. 3，pp. 841—846)、1992 年第 2 期的《科学通报》和 1992 年出版的西安交通大学学术专著《强度理论新体系》，并在 1994 年初出版的《岩土工程学报》和《工程力学》中作进一步阐述. 有关统一强度理论以及双剪强度理论深入发展的 20 篇论文已收进《强度理论研究新进展》一书(西安交通大学出版社，1993).

其次，双剪理论的推广与应用. 双剪强度理论不仅在理论研究方面，而且在它的推广和应用研究方面也得到很快的发展. 最早在塑性力学和结构极限分析方面得到应用；同时其基本内容写进了材料力学、塑性力学和岩土塑性力学的教材和学术专著，并在教学实践中得以推广. 由于有越来越多的研究人员参与这项工作，使双剪强度理论得到越来越广泛的应用. 这方面的研究成果见著于各类学术期刊和学术专著. 这些研究成果涉及许多不同的力学分支和不同的工程领域，例如结构极限分析、金属压力加工、岩土工程、塑性力学、材料力学、断裂力学、损伤力学、细观力学、岩土力学等等，其中一些研究成果将在本书以后的章节中进行介绍.

第三，双剪弹塑性本构关系和双剪弹塑性程序. 这一方面的工作是与双剪强度理论和统一强度理论同时发展起来的. 目前，已形成以统一强度理论为基础的统一弹塑性本构关系和统一弹塑性有限元计算程序 UEPP(Unified Elasto-Plastic Program). 由于用简单而统一的方法解决了各种不同情况下的角点奇异性问题，使统一弹塑性程序可以用统一的模型、统一的数学表达式和统一的处理方法求解二维和三维弹塑性问题. 它不仅包含了现有国际上一些著名非线性有限元程序中常用的四种材料塑性模型，而且包含了四大族新的未被表述过的众多模型，可以十分灵活地适应于众多不同的材料.

第四，双剪统一滑移线场理论和双剪特征线理论. 这方面的研究成果包括研究平面应变问题的双剪统一滑移线场理论和研究平面应力问题的双剪特征线理论,后者由天津大学严宗达教授等所建立.它们都包含了很多内容,我们将在本书第 16 章和第 17 章作介绍.

第五,双剪断裂、损伤理论的研究.这方面的工作分别由清华大学李庆斌、张楚汉和王光纶教授和沈阳工业大学陈四利、俞秉义教授所研究.他们建立起相应的混凝土双剪损伤理论和双剪应力因子断裂准则,并且与实验结果相符合.

第六,双剪应力应变关系、双剪孔隙水压力等.这方面的研究包括双剪邓肯-张模型、双剪孔隙水压力方程、双剪多重屈服面理论等很多方面,并且正在不断扩展和发展.

以上这些研究成果合计约有 40 余位研究者的研究论文 100余篇.形成了一个内容众多又以双剪概念相互联系起来的双剪理论体系.

§1.2 双剪理论的内容

双剪理论的具体内容较多,从大的方面讲,它包括以下三个方面和表 1-1 所述的内容.

1. 统一强度理论.
2. 统一弹塑性理论.
3. 双剪断裂、损伤模型等.

§1.3 双剪理论的体系

双剪理论虽然内容较多,但它们之间都以双剪的概念和模型相互联系起来,形成一个总体.因此上述表 1-1 的双剪理论主要内容的三个方面,每个方面都形成一个小的体系,如双剪统一强度理论方面,它所形成的统一强度理论新体系如图 1-1 所示.而其中的统一强度理论与它的各个特例,包括单剪强度理论(Mohr-Coulomb 强度理论)、双剪强度理论、加权双剪强度理论以及统一

表1-1 双剪理论的主要内容

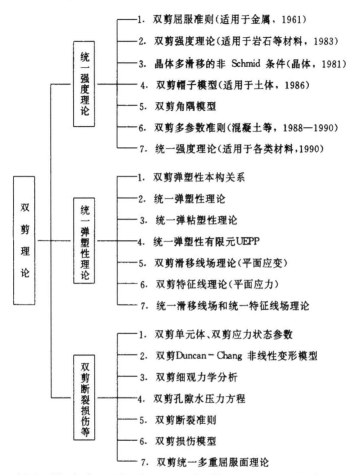

双剪理论
├─ 统一强度理论
│   ├─ 1. 双剪屈服准则(适用于金属，1961)
│   ├─ 2. 双剪强度理论(适用于岩石等材料，1983)
│   ├─ 3. 晶体多滑移的非 Schmid 条件(晶体，1981)
│   ├─ 4. 双剪帽子模型(适用于土体，1986)
│   ├─ 5. 双剪角隅模型
│   ├─ 6. 双剪多参数准则(混凝土等，1988—1990)
│   └─ 7. 统一强度理论(适用于各类材料，1990)
├─ 统一弹塑性理论
│   ├─ 1. 双剪弹塑性本构关系
│   ├─ 2. 统一弹塑性理论
│   ├─ 3. 统一弹粘塑性理论
│   ├─ 4. 统一弹塑性有限元UEPP
│   ├─ 5. 双剪滑移线场理论(平面应变)
│   ├─ 6. 双剪特征线理论(平面应力)
│   └─ 7. 统一滑移线场和统一特征线场理论
└─ 双剪断裂损伤等
    ├─ 1. 双剪单元体、双剪应力状态参数
    ├─ 2. 双剪Duncan-Chang 非线性变形模型
    ├─ 3. 双剪细观力学分析
    ├─ 4. 双剪孔隙水压力方程
    ├─ 5. 双剪断裂准则
    ├─ 6. 双剪损伤模型
    └─ 7. 双剪统一多重屈服面理论

屈服准则的各个特例之间的相互关系，又可以用它们在 π 平面的极限线形状，比较直观地表示出来，如图 1-2 所示. 从这些图中我们可以看到，统一强度理论不仅包含了现有的一些主要常用的强度理论，而且可以形成其他很多新的计算准则和相应的极限面.

此外，双剪理论的三个方面又可以相互贯通，形成一个总的理论体系，如图 1-3 所示. 在图 1-3 中还同时表示了一些理论与相应的工程领域的关系.

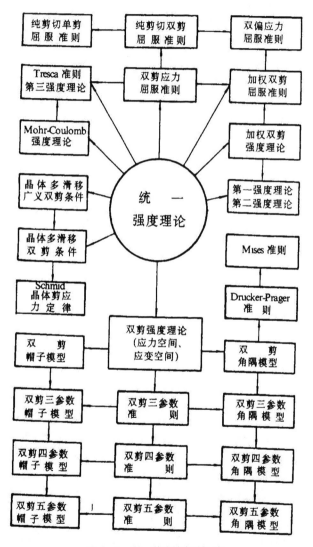

图 1-1 统一强度理论新体系

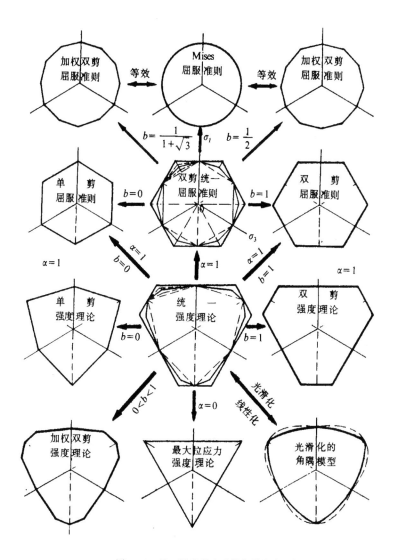

图 1-2 统一强度理论及其各种变化

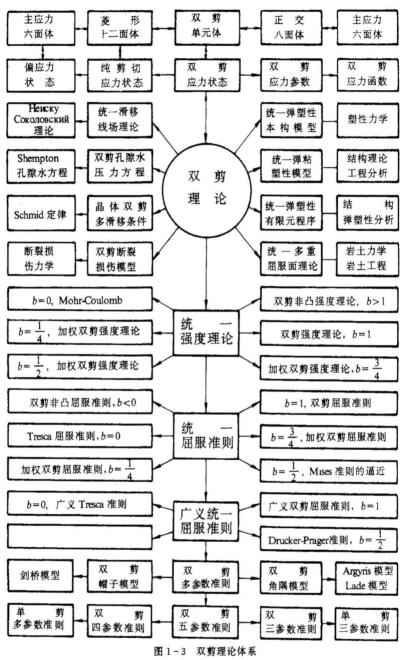

图 1-3 双剪理论体系

§1.4 双剪理论的发展

双剪理论的内容较多,很多内容又是同时发展起来的,为了便于了解和查阅有关的资料,下面按内容列出有关的文献.从中可以看出双剪理论中各部分内容的发展过程.

1.4.1 双剪应力屈服准则和十二边形双剪应力屈服准则

(1)俞茂宏,各向同性屈服函数的一般性质,西安交通大学科学技术论文,1961.

(2)俞茂宏,塑性位势及与奇异屈服条件相连的流动条件,西安交通大学科学技术论文,1961.

(3)俞茂宏,各向同性屈服函数的一般性质(双切应力屈服准则及其流动法则),西安交通大学科学论文摘要(1960—1963),西安交通大学科研处选编,1963.

(4)俞茂宏,各向同性强度理论研究,西安交通大学学报,1979,**13**(3),113—119.

(5)俞茂宏,古典强度理论及其发展,力学与实践,1980,**2**(2),20—25.

(6)Yu Mao-hong,Twin shear stress yield criterion,*Int. J. of Mechanical Sci.*,1983,**25**(1),71—74.

1.4.2 静水应力型广义双剪屈服准则

(1)俞茂宏,脆性断裂与塑性屈服准则,西安交通大学科学技术论文,1962.

(2)俞茂宏,古典强度理论及其发展,力学与实践,1980,**2**(2),20—25.

1.4.3 双剪强度理论(正应力型广义双剪屈服准则)

(1)俞茂宏、宋凌宇,双剪应力准则的推广,西安交通大学学报,1983,**17**(3),65—69.

(2)俞茂宏、何丽南、宋凌宇,双剪应力强度理论及其推广,中国科学(A辑),1985,**28**(12),1113—1120.

(3)Yu Mao-hong,He Li-nan and Song Ling-yu,Twin shear stress strength theory and its generalization, *Scientia Sinica* (A),1985,**28**(11),1174—1183.

1.4.4 双剪应力多参数准则及角隅模型

(1)俞茂宏、刘凤羽,双剪应力三参数准则及其角隅模型,土木工程学报,1988,**21**(3),90—95.

(2)俞茂宏、刘凤羽等,一个新的普遍形式的强度理论,土木工程学报,1990,**23**(1),34—40.

(3)俞茂宏、刘凤羽,广义双剪应力准则角隅模型,力学学报,1990,**22**(2),213—216.

(4)俞茂宏,双剪强度理论与莫尔-库仑强度理论——对杨光同志讨论的答复,1991,**24**(2),83—86.

(5)Yu Mao-hong and Li Xiao-Ling,The new multiple parameter strength criteria,Invited paper,Proc. of the First Asia-Oceania Int. Symp. on Plasticity,Peking University Press,Beijing,1994,406—411.

1.4.5 晶体多滑移非 Schmid 效应的双剪条件

(1)俞茂宏、何丽南,晶体和多晶体金属塑性变形的非 Schmid 效应和双剪应力准则,金属学报,1983,**19**(5),B190—196.

1.4.6 双剪帽子模型

(1)俞茂宏、李跃明,广义双剪应力双椭圆帽子模型,中国土木工程学会第五届土力学及基础工程学术会议论文选集,中国建筑工业出版社,1990,165—169.

1.4.7 双剪统一强度理论和统一屈服准则

(1) Yu Mao-hong and He Li-nan, A new model and theory on yield and failure of materials under the complex stress state, Mechanical Behaviour of Materials - 6, Pergamon Press, 1991, Vol. 3, 841—846.

(2) 俞茂宏、何丽南, 材料力学中强度理论内容的历史演变和最新发展, 力学与实践, 1991, **13**(2), 59—61.

(3) 俞茂宏、何丽南、刘春阳, 广义双剪应力屈服准则及其推广, 科学通报, 1992, **37**(2), 182—185.

(4) Yu Mao-hong, He Li-nan and Liu Chun-yang, Generalized twin shear stress yield criterion and its generalization, *Chinese Science Bulletin*, 1992, **37**(24), 2085—2089.

(5) 俞茂宏, 岩土类材料的统一强度理论及其应用, 岩土工程学报, 1994, **16**(2), 1—10.

(6) 杨光, 对"岩土类材料的统一强度理论及其应用"一文的讨论, 岩土工程学报, 1996, **18**(5), 95—97.

(7) 俞茂宏, 对"统一强度理论"讨论的答复, 岩土工程学报, **18**(5), 97—99.

1.4.8 双剪和统一滑移线场理论

(1) 俞茂宏、刘剑宇、刘春阳、马国伟, 双剪正交和非正交滑移线场理论, 西安交通大学学报, 1994, **28**(2), 121—126.

(2) Yu Mao-hong, Liu Chun-yang, Liu Jian-yu and Yang Song-yan, Twin shear non-orthogonal slip Line field theory, Proc. of the First Asia-Oceania Int. Symposium on Plasticity, Peking University Press, 1994, 432—437.

(3) 俞茂宏、杨松岩、刘剑宇、刘春阳, 统一平面应变滑移线场理论及其应用, 土木工程学报, 1997, **30**(2), 14—26.

1.4.9 双剪特征线方法

(1)严宗达、卜小明,关于基于三种不同屈服准则求解理想刚塑性平面应力问题的特征线法,工程力学,1993年增刊,89—96.

(2)Yan Zongda and Bu Xiaoming, The method of characteristics for solving the plane stress problem of ideal rigid-plastic body on the basis of twin shear stress yield criterion, Advances in Engineering Plasticity and its Applications, Elsevier Science Publishers, 1993.

1.4.10 双剪弹塑性本构模型

(1)俞茂宏、孟晓明,双剪弹塑性模型及其在土工问题中的应用,岩土工程学报,1992,**14**(3),71—75.

(2)Yu Mao-hong and Li Yao-ming, Twin shear constitutive theory and its computational implementation, Computational Mechanics, Cheung Y. K. ed. , Balkema, 1991. Vol. 2,875—879.

1.4.11 统一弹塑性模型及其计算机实施

(1)Yu Mao-hong, He Li-nan and Zeng Wen-bing, A new unified yield function: its model, computational implementation and engineering application, Computational Methods in Engineering, World Scientific, 1992.

(2)俞茂宏、曾文兵,工程结构分析新理论及其应用,工程力学,1994,**11**(1),9—20.

(3)俞茂宏、杨松岩、范寿昌、冯达清,双剪统一弹塑性本构模型及其应用,岩土工程学报,1997,**19**(6),9—19.

(4)Yu Mao-hong, He Li-nan and Ma Gao-wei, Unified elasto-plastic theory: model, computational implementation and application,Proc. of Third World Congress on Computational Mechanics,Kyoto,1994.

1.4.12 统一多重屈服面理论

(1)俞茂宏、杨松岩,双剪统一多重屈服面理论,第七届全国土力学和基础工程学术会议论文集,中国建筑工业出版社,1994.

1.4.13 双剪断裂准则

(1)陈四利、俞秉义,双剪应力因子断裂准则.

1.4.14 双剪损伤模型

(1)李庆斌、张楚汉、王光纶,单压状态下混凝土的动力损伤本构模型,水利学报,1994(3).

1.4.15 双剪孔隙水压力方程

(1)李跃明、俞茂宏,一个新的孔隙水压力方程,第四届全国岩土力学数值分析与解析方法讨论会论文集,武汉测绘大学出版社,1991.

(2)李跃明,双剪应力强度理论在若干土工问题中的应用,浙江大学博士学位论文,1990.

1.4.16 双剪非线性变形分析

(1)路程、李跃明,考虑中主应力的邓肯模型,全国第三届塑性力学学术交流会议论文,V-12-68,1990.

(2)俞茂宏、谢爽,双剪应力应变非线性本构模型研究,第四届全国岩土力学数值分析与解析方法讨论会论文集,武汉测绘大学出版社,1991.

1.4.17 双剪弹粘塑性本构关系

(1) 李跃明、俞茂宏,土体介质的弹-粘塑性本构方程及其有限元化,双剪应力强度理论研究,西安交通大学出版社,1988.

§1.5 双剪理论的应用

由于双剪理论具有明确的物理概念和较简单的数学表达式,并且能够与一些实验结果相符合,因此引起一些学者、工程技术人员、研究生的兴趣和重视,并在双剪理论的推广和应用研究中取得很多成果.至1994年,根据正式出版的刊物和教材、专著、论文集的初步统计,应用和引用双剪理论的文献已超过120种.这些研究的范围较广,主要应用的领域和有关文献为

(1) 板壳结构极限分析[1 7].

(2) 混凝土结构非线性分析[8 10].

(3) 金属压力加工[11-14].

(4) 岩土塑性力学和地下岩土工程分析[15-25].

(5) 塑性理论的特征线方法[26-27].

(6) 混凝土的损伤模型[28].

(7) 非线性有限元[29].

(8) 材料疲劳强度和残余应力分析[30,31,51].

(9) 材料力学、塑性力学、岩土塑性力学、工程力学等著作及教学[32-50].

由于双剪理论是从单元体及其受力状态的基本概念出发,因此它所包含的内容较多,牵涉到材料强度和结构强度的众多领域,它的推广应用将包括更多的方面.也将有更多的研究者在双剪理论的深入、完善、推广和应用中作出新的贡献.

参 考 文 献

[1] 曾国平，双剪应力屈服准则在某些平面问题中的应用，北京农业工程大学学报，1988，**8** (1)，98—105.

[2] 李跃明，用一个新屈服准则进行弹塑性分析，机械强度 1988，**10** (3)，70—74.

[3] 黄文彬、曾国平，应用双剪应力屈服准则求解某些塑性力学问题，力学学报，1989，**21** (2)，249—256.

[4] 夏永旭等，板壳力学中的加权残数法，西北工业大学出版社，1994.

[5] 马国伟、何丽南，简支圆板塑性极限统一解，力学与实践，1994，**16** (6)，46—48.

[6] Ma Guo-wai，Yu Mao-hong，Y. Miyamoto et al.，Unified plastic Limit solution to circular plate under portion uniform load，*Journal of Structural Engineering*，1995，**41A**，385—392.

[7] Ma Guo-wei，Yu Mao-hong，S. Iwasaki and Y. Miyamoto，Plastic analysis of circular plate on the basis of twin shear unified yield criterion，Proc. Int. Conf. on Computational Methods in Structural and Geotechnical Engineering，ed. P. K. K. Lee，L. G. Than，Y. K. Cheung，China Translation & Printing Ltd，Hong Kong. 1994. Vol. 3. 930—935.

[8] 沈聚敏、王传志、江见鲸，钢筋混凝土有限元与板壳极限分析，清华大学出版社，1993.

[9] 江见鲸、贺小岗，混凝土本构关系的现状与展望，工程力学，1993 年增刊.

[10] 江见鲸，关于钢筋混凝土数值分析中的本构关系，力学进展，1994，**24** (1).

[11] 赵德文、王国栋，双剪应力屈服准则解析圆坯拔长锻造、东北工学院学报，1991，**12** (1)，54—58.

[12] 赵德文、赵志业、张 强，双剪应力准则解析扁料压缩的误差分析，东北工学院学报，1993，**14** (4)，377—382.

[13] 赵德文、赵志业、张 强，以双剪应力屈服准则求解圆环压缩问题，工程力学，1991，**8** (2)，75—80.

[14] 赵德文、李桂范、刘凤丽，曲面积分求解椭圆模轴对称拔制，工程力学，1994，**11** (4)，131—136.

[15] 陆才善，广义双剪应力强度理论对中细砂岩的应用，岩石力学与工程学报，1992，**11** (2)，182—189.

[16] 李小春、许东俊、刘世煌、安 民，真三轴应力状态下拉西瓦花岗岩的强度、变形及破裂特性试验研究，中国岩石力学与工程学会第三次大会论文集，中国科学技术出版社，1994，153—159.

[17] 张学言，岩土塑性力学，人民交通出版社，1993.

[18] 沈珠江，岩土本构模型研究的进展，岩土力学，1989，**10**（2）.

[19] 骆志勇、李朝弟，岩土材料厚壁筒的渐进破坏分析，第七届全国土力学及基础工程学术会议论文集，中国建筑工业出版社，1994，200—203.

[20] 沈珠江，几种屈服函数的比较，岩土力学，1993，**14**（1），41—50.

[21] 沈珠江，关于破坏准则和屈服函数的总结，岩土工程学报，1995，**17**（1），1—9.

[22] 陈正汉，岩土力学的公理化理论体系，应用数学和力学，1994，**15**（10）.

[23] 明治清、沈　俊、顾金才，拉-压真三轴仪的研制及其应用，防护工程，1994，第3期，1—9.

[24] 李跃明，双剪应力理论在若干土工问题中的应用，浙江大学博士论文，1990.

[25] 龚晓南、潘秋元、张季容，土力学及基础工程实用名词词典，浙江大学出版社，1993.

[26] Yan Zongda and Bu Xiaoming, The method of characteristics for solving the plane stress problem on the basis of twin shear stress yield criterion, Advances in Engineering plasticity and its applications, Elsevier Science Publishers, 1993.

[27] 严宗达、卜小明，关于基于三种不同屈服准则求解理想刚塑性平面应力问题的特征线法，工程力学，1993年增刊，89—96.

[28] 李庆斌、张楚汉、王光纶，单压状态下混凝土的动力损伤本构模型，水利学报，1994，第3期.

[29] 江见鲸，钢筋混凝土结构非线性有限元分析，陕西科学技术出版社，1994.

[30] Zhang Dingquan, Xu Kewei et al., Residual stress concentration and its effect on notch fatigue strength, Proc. of 3rd Int. Conf. on Shot Peening, Garmisch Partenkirchen, 1987, 625—630.

[31] 何家文、胡奈赛、张定铨、陶　冶、徐可为，缺口残余应力场中疲劳裂纹的闭合和扩展，西安交通大学学报，1989，**23**（增刊2），15.

[32] 奚绍中、江晓仑，发扬老唐山交大重视力学教学传统培养有竞争力的工程技术人才，力学与实践，1990，**12**（5），49.

[33] 奚绍中，关于双剪强度理论的教学探讨，力学与实践，1991，**13**（3），58—59.

[34] 施明泽，双剪强度理论的教学，材料力学研究与教学，陕西科技出版社，1993.

[35] 杜庆华主编. 工程力学手册，高等教育出版社，1995.

[36] 孙训方等，材料力学（第三版），高等教育出版社，1994.

[37] 老亮，材料力学史漫话，高等教育出版社，1993.

[38] 杨桂通、熊祝华，塑性动力学，清华大学出版社，1983.

[39] 熊祝华、洪善桃，塑性力学，上海科学技术出版社，1984.

[40]　王仁、熊祝华、黄文彬，塑性力学基础，科学出版社，1982.

[41]　奚绍中、邱秉权，工程力学，西南交通大学出版社，1987.

[42]　周之桢，材料力学，国防科技大学出版社，1986.

[43]　严宗达，塑性力学，天津大学出版社，1986.

[44]　李庆华，材料力学，西南交通大学出版社，1989.

[45]　龚晓南，土塑性力学，浙江大学出版社，1990.

[46]　胡国华，材料力学，重庆大学出版社，1991.

[47]　成都科技大学、重庆大学等四校，弹性与塑性力学基础教程，成都科技大学出版社，1989.

[48]　奚绍中，材料力学精讲，西南交通大学出版社，1993.

[49]　吕全忠、周昌国，工程力学，中国科学技术大学出版社，1991.

[50]　费纪生、朱加铭、欧贵宝，材料力学（修订版），哈尔滨工程大学出版社，1994.

[51]　刘　锋、李丽娟、梅占馨，厚壁筒自紧问题的残余应力，应用力学学报，1994，**11**（3），133—136.

[52]　严宗达，用双剪强度理论解混凝土板冲切的轴对称问题，工程力学，1996，**13**（1），1—7.

[53]　陈家瑾，用双剪应力屈服准则求解对称扁壳的极限载荷，上海力学，1996，**17**（2），159—165.

[54]　蒋明镜、沈珠江，考虑剪胀的弹脆塑性软化柱形孔扩张问题，河海大学学报，1996，**24**（4），65—72.

[55]　江见鲸、贺小岗，工程结构计算机仿真分析，清华大学出版社，1996.

第二章 双剪单元体、双剪应力状态

§2.1 概　　述

应力状态理论研究微小点——单元体各面上的应力及其相互关系. 它是固体力学和连续介质力学等研究的一个重要基础，并在很多工程学科中得到广泛的应用. 因此，关于它的研究已很长久，论著甚多. 在材料力学、弹性力学、塑性力学、岩土力学、塑性加工原理、地质力学、有限元计算等书中一般也都有专章介绍. 本书对于一般内容不再详述，对于需要用到的内容，只给出它们的主要结果，而着重阐述一般书中讲得比较少或没有讲过的内容. 这些内容，如正交八面体（扁八面体）的双剪单元体、双剪应力状态参数、双剪应力圆、纯剪切应力状态的双剪应力以及它们与双主剪应力的关系等等，是作者在多年研究中所逐步形成并提出的一些新的概念. 这些有关双剪应力状态的概念使双剪强度理论的研究更为深入，同时也使双剪的概念从强度理论扩展到应力状态理论，并且与双剪滑移线场理论、双剪孔隙水压力方程、双剪弹塑性本构模型等组成了更为广泛的双剪理论. 这些将在本书以下各章节中逐步论述.

这一章主要讨论空间等分体和单元体的概念[1]、双剪应力单元体、纯剪切应力状态[2]、双剪切应力状态参数[3]、双剪应变状态参数、应力状态类型以及主应力空间和 π 平面应力等问题.

§2.2 单元体和点的应力状态

单元体是围绕一点用几个截面所截取出来的微小多面体. 用不同的方法、不同数量的截面，可以截取出无穷多个各种不同形状的多面体. 在连续体力学中,要求单元体是一个空间等分体,即可以用一种多面体来充满一个空间而不留下空隙,也不造成重叠.图 2-1 中的几种多面体都是一种空间等分体,其中(a)为常用的立方单元体,(b)为六边棱柱体,(c)为等倾八面体,(d),(e)和(f)分别为十二面体、正交八面体和等分四锥体.

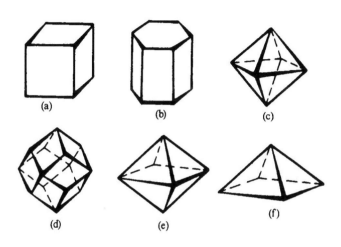

(a)　　　　(b)　　　　(c)

(d)　　　　(e)　　　　(f)

图 2-1　空间等分单元体

对于同一个受力点,从不同方位所截取出来的单元体,其面上的应力情况各不相同,但它们的应力状态相同,一般情况下,点的应力状态用立方体三个相互垂直的截面上的三组应力、9 个应力分量来表示. 在数学上这 9 个应力元素组成一个二阶张量,因此也可用应力张量 σ_{ij} 来描述一点的应力状态.

$$\sigma_{ij} = \begin{bmatrix} \sigma_x & \tau_{xy} & \tau_{xz} \\ \tau_{yx} & \sigma_y & \tau_{yz} \\ \tau_{zx} & \tau_{zy} & \sigma_z \end{bmatrix} \qquad (2-1)$$

点的应力状态也可以用一个 3×3 的应力矩阵表示为

$$\sigma = \begin{bmatrix} \sigma_x & \tau_{xy} & \tau_{xz} \\ \tau_{yx} & \sigma_y & \tau_{yz} \\ \tau_{zx} & \tau_{zy} & \sigma_z \end{bmatrix}$$

由于剪应力互等定理，$\tau_{xy}=\tau_{yx}$，$\tau_{yz}=\tau_{zy}$，$\tau_{zx}=\tau_{xz}$，所以 9 个应力分量中只有 6 个独立分量.

如果单元体某一截面上的剪应力等于零，则这一截面称为主平面. 主平面上的正应力称为主应力. 对于任何一点的应力状态，都可以找到三对相互垂直的主平面. 主平面上作用着三个主应力 σ_1，σ_2 和 σ_3，按代数值的大小排列为 $\sigma_1 \geqslant \sigma_2 \geqslant \sigma_3$.

按照不等于零的主应力数目，点的应力状态分为三类，即

1）单向应力状态：单元体的两个主应力等于零.

2）二向应力状态（平面应力状态）：单元体的一个主应力等于零.

3）三向应力状态（空间应力状态）：单元体的所有主应力均不等于零. 二向和三向应力状态统称为复杂应力状态.

§2.3　空间应力状态

1. 从一般空间应力状态（σ_x，σ_y，σ_z，τ_{xy}，τ_{yz}，τ_{zx}）求任意斜截面 abc 面上的应力.

如斜截面法线 PN 的方向余弦为 $\cos(N,x)=l$，$\cos(N,y)=m$，$\cos(N,z)=n$，则可求得斜截面上的全应力在 x,y,z 三个坐标的应力分量分别为[图 2-2(b)]

$$\begin{aligned} p_x &= \sigma_x l + \tau_{xy} m + \tau_{xz} n \\ p_y &= \tau_{yx} l + \sigma_y m + \tau_{yz} n \\ p_z &= \tau_{zx} l + \tau_{zy} m + \sigma_z n \end{aligned} \qquad (2-2)$$

斜截面上的全应力、正应力和剪应力分别等于

$$\begin{aligned} p_\alpha^2 &= p_x^2 + p_y^2 + p_z^2 \\ \sigma_\alpha &= \sigma_x l^2 + \sigma_y m^2 + \sigma_z n^2 + 2\tau_{xy} lm + 2\tau_{yz} mn + 2\tau_{zx} nl \\ \tau_\alpha^2 &= p_\alpha^2 - \sigma_\alpha^2 \end{aligned}$$

$$(2-3)$$

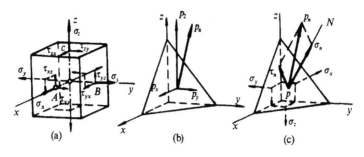

图 2-2　斜截面上应力

主应力 σ_1,σ_2 和 σ_3 的大小可以由以下方程式的三个根求得

$$\sigma^3 - I_1\sigma^2 + I_2\sigma - I_3 = 0 \qquad (2-4)$$

式中 I_1,I_2 和 I_3 均不随坐标轴的选择而变,称为应力不变量,它们分别等于

第一应力不变量: $I_1 = \sigma_x + \sigma_y + \sigma_z = \sigma_1 + \sigma_2 + \sigma_3 \qquad (2-5)$

$$\text{第二应力不变量:} I_2 = \begin{vmatrix} \sigma_x & \tau_{xy} \\ \tau_{xy} & \sigma_y \end{vmatrix} + \begin{vmatrix} \sigma_y & \tau_{yz} \\ \tau_{yz} & \sigma_z \end{vmatrix} + \begin{vmatrix} \sigma_z & \tau_{zx} \\ \tau_{zx} & \sigma_x \end{vmatrix}$$

$$= \sigma_x\sigma_y + \sigma_y\sigma_z + \sigma_z\sigma_x - \tau_{xy}^2 - \tau_{yz}^2 - \tau_{zx}^2$$

$$= \sigma_1\sigma_2 + \sigma_2\sigma_3 + \sigma_3\sigma_1$$

$$\text{第三应力不变量:} I_3 = \begin{vmatrix} \sigma_x & \tau_{xy} & \tau_{zx} \\ \tau_{xy} & \sigma_y & \tau_{yz} \\ \tau_{zx} & \tau_{yz} & \sigma_z \end{vmatrix} \qquad (2-6)$$

$$= \sigma_x\sigma_y\sigma_z + 2\tau_{xy}\tau_{yz}\tau_{zx} - \sigma_x\tau_{yz}^2 - \sigma_y\tau_{zx}^2$$

$$- \sigma_z\tau_{xy}^2$$

$$= \sigma_1\sigma_2\sigma_3 \qquad (2-7)$$

式(2-4)写成主应力 σ_1,σ_2 和 σ_3 的形式为

$$(\sigma - \sigma_1)(\sigma - \sigma_2)(\sigma - \sigma_3) = 0 \qquad (2-8)$$

可以证明,由式(2-4)和(2-8)求得的三个主应力 σ_1,σ_2 和 σ_3 的作用面(即主平面)相互垂直.

同理,可求得应力偏量和应力主偏量

$$S_{ij} = \begin{bmatrix} \sigma_x - \sigma_m & \tau_{xy} & \tau_{xz} \\ \tau_{yx} & \sigma_y - \sigma_m & \tau_{yz} \\ \tau_{zx} & \tau_{zy} & \sigma_z - \sigma_m \end{bmatrix}$$

$$S_i = \begin{bmatrix} (\sigma_1 - \sigma_m) & 0 & 0 \\ 0 & (\sigma_2 - \sigma_m) & 0 \\ 0 & 0 & (\sigma_3 - \sigma_m) \end{bmatrix} \tag{2-9}$$

的三个不变量为

$$J_1 = S_1 + S_2 + S_3 = 0 \tag{2-10}$$

$$J_2 = \frac{1}{2} S_{ij} S_{ij} = \frac{2}{3}(\tau_{13}^2 + \tau_{12}^2 + \tau_{23}^2)$$

$$= \frac{1}{6}\left[(\sigma_1 - \sigma_2)^2 + (\sigma_2 - \sigma_3)^2 + (\sigma_3 - \sigma_1)^2\right] \tag{2-11}$$

$$J_3 = |S_{ij}| = S_1 S_2 S_3$$

$$= \frac{1}{27}(\tau_{13} + \tau_{12})(\tau_{21} + \tau_{23})(\tau_{31} + \tau_{32}) \tag{2-12}$$

2. 从主应力空间应力状态$(\sigma_1,\sigma_2,\sigma_3)$求斜截面应力.

由图 2-3(a)的主应力状态,求得斜截面上的应力为

$$p_a^2 = \sigma_1^2 l^2 + \sigma_2^2 m^2 + \sigma_3^2 n^2 \tag{2-13}$$

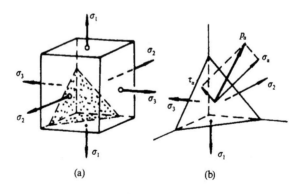

(a)   (b)

图 2-3

$$\sigma_a = \sigma_1 l^2 + \sigma_2 m^2 + \sigma_3 n^2 \qquad (2-14)$$

$$\tau_a = \sigma_1^2 l^2 + \sigma_2^2 m^2 + \sigma_3^2 n^2 - (\sigma_1 l^2 + \sigma_2 m^2 + \sigma_3 n^2)^2 \quad (2-15)$$

三个主剪应力 $\tau_{12}, \tau_{23}, \tau_{31}$ 的大小及其所在截面的外法线方向余弦,可由剪应力的极值条件求得,如表 2-1 所示. 对 $l = m = n = \dfrac{1}{\sqrt{3}}$ 的八面体截面上的应力称为八面体正应力 σ_8 和八面体剪应力 τ_8,它们分别等于

$$\sigma_8 = \frac{1}{3}(\sigma_1 + \sigma_2 + \sigma_3) = \sigma_{\text{平均}} \qquad (2-16)$$

$$\tau_8 = \frac{1}{3}\left[(\sigma_1 - \sigma_2)^2 + (\sigma_2 - \sigma_3)^2 + (\sigma_3 - \sigma_1)^2\right]^{1/2} (2-17)$$

图 2-4 表示三个主应力和 12 个主剪应力的作用方向. 图 2-5 为主剪应力作用面所形成的十二面体[4].

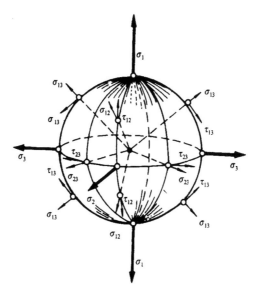

图 2-4 各应力分量的方位图

表 2-1

	主应力平面			主剪应力作用面			八面体面
$l=$	±1	0	0	$\pm1/\sqrt{2}$	$\pm1/\sqrt{2}$	0	$1/\sqrt{3}$
$m=$	0	±1	0	$\pm1/\sqrt{2}$	0	$\pm1/\sqrt{2}$	$1/\sqrt{3}$
$n=$	0	0	±1	0	$\pm1/\sqrt{2}$	$\pm1/\sqrt{2}$	$1/\sqrt{3}$
$\sigma=$	σ_1	σ_2	σ_3	$\sigma_{12}=\dfrac{\sigma_1+\sigma_2}{2}$	$\sigma_{13}=\dfrac{\sigma_1+\sigma_3}{2}$	$\sigma_{23}=\dfrac{\sigma_2+\sigma_3}{2}$	$\sigma_8=\dfrac{\sigma_1+\sigma_2+\sigma_3}{3}$
$\tau=$	0	0	0	$\tau_{12}=\dfrac{\sigma_1-\sigma_2}{2}$	$\tau_{13}=\dfrac{\sigma_1-\sigma_3}{2}$	$\tau_{23}=\dfrac{\sigma_2-\sigma_3}{2}$	τ_8

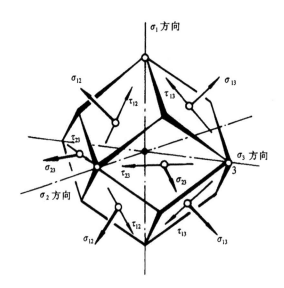

图 2-5 菱形十二面体单元体

§2.4 六面体、八面体和十二面体 及相应面上的应力

前已指出,单元体可取各种形状的空间等分体.图 2-6(a)为一般材料力学和结构力学(包括弹性力学和塑性力学等)中最常采用的一种空间等分体.它由三对相互垂直的六个截面所组成,当面上只有正应力作用时,它为主平面,面上的应力为主应力.如用截面法线方向同时与 σ_1 和 σ_3 成 45°的一组四个截面从图 2-6(a)的单元体上截取一个新的单元体,则可得出最大主剪应力 τ_{13} 作用的单元体,如图 2-6(b)所示.同理,可得中间主应力 τ_{12}(或 τ_{23})和最小主剪应力 τ_{23}(或 τ_{12})作用的主剪应力单元体,分别如图 2-6(c)和(d)所示.如在最大主剪应力单元体[图 2-6(b)]的基础上,用一组相互垂直的主剪应力 τ_{12} 作用面截取出一个新的单元体[1,5],则可得出一个新的正交八面体[1],如图 2-6(f)所示.由于这一新的单元体上作用着两组主剪应力 τ_{13} 和 τ_{12},因而也可称之为双剪应力单元体.如果 $\tau_{12} < \tau_{23}$,即 τ_{23} 成为中间主剪应力,则可由 τ_{13} 和 τ_{23} 作用的二组截面,组成另一个双剪单元体,如图 2-6(g)所示.双剪单元体由最大主剪应力 τ_{13} 的四个相互垂直的截面和中间主剪应力 τ_{12}(或 τ_{23})的四个相互垂直的截面共八个截面共同组成的正交八面体.它是一种扁平形状的八面体.作为对比,在图 2-6(e)中绘出了以往塑性力学中所采用的等倾八面体.等倾八面体的八个面的法线方向都与主应力轴成等倾的角度,并且每个面的边长均较正交八面体的边长短.

如果在双剪单元体上,再用第三个主剪应力的四个截面截取出一个新的单元体,则可得出一个菱形十二面体,如图 2-6(h)所示.

用不同的截面可以围绕一点截取出无穷多个各种形状的单元体.其中主应力六面体、主剪应力十二面体、等倾八面体及正交八面体是几种重要的有代表性的单元体.作用于这些单元体各面上

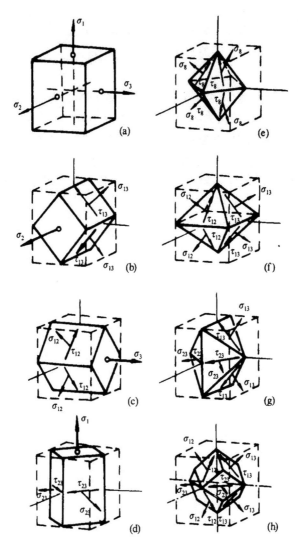

图 2-6 各种单元体应力状态

的应力分别为

(a)主应力单元体($\sigma_1, \sigma_2, \sigma_3$);

· 26 ·

(b)最大剪应力单元体$(\tau_{13},\sigma_{13},\sigma_2)$;

(c)中间主剪应力单元体$(\tau_{12},\sigma_{12},\sigma_3)$,当$\tau_{12}>\tau_{23}$;

(d)最小主剪应力单元体$(\tau_{23},\sigma_{23},\sigma_1)$,当$\tau_{12}\leqslant\tau_{23}$;

(e)等倾八面体剪应力单元体(τ_8,σ_8);

(f)双剪应力正交八面体单元体$(\tau_{13},\tau_{12},\sigma_{13},\sigma_{12})$;

(g)双剪应力正交八面体单元体$(\tau_{13},\tau_{23},\sigma_{13},\sigma_{23})$;

(h)十二面体主剪应力单元体$(\tau_{13},\tau_{12},\tau_{23};\sigma_{13},\sigma_{12},\sigma_{23})$.

以上这些单元体均为空间等分体,其中(a),(b),(c),(d)四种六面体和图2-6(e)的等倾八面体已为大家所熟知.图2-6(f),(g)和(h)则为作者建立双剪强度理论时所提出的空间等分单元体模型[1].正交八面体和菱形十二面体是二种新的单元体.作者绘出它们的空间充实图,如图2-7和图2-8所示.可以看出,图2-7和图2.8都可以用同一种单元体来充满一个空间,而不留下空隙,也不造成重叠[1].

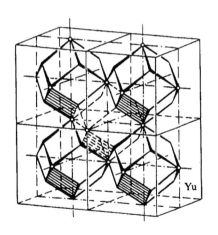

图2-7 菱形十二面体等分体

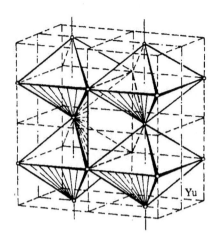

图 2 - 8 正交八面体等分体

§2.5 二十六面体和双剪单元体

为了进一步了解单元体不同截面之间的关系,我们将这些典型截面围绕一点综合截取出一个多面体,如图 2 - 9 所示.这是一个二十六面体,图 2 - 9(a)是二十六面体不同截面的方位图,图 2 - 9(b)是这些面上的相应的应力.

二十六面体由主应力单元体的 6 个面、主剪应力单元体的 12 个面和等倾八面体的 8 个面共 26 个截面所组成.作用于 26 个面上的应力分别为三个主应力($\sigma_1,\sigma_2,\sigma_3$)、三个主剪应力($\tau_{13},\tau_{12},\tau_{23}$)及其面上的正应力($\sigma_{13},\sigma_{12},\sigma_{23}$)、等倾八面体剪应力 τ_8 及其面上的等倾八面体正应力 σ_8.

了解这些截面之间的相互关系,我们可以方便地从一个六方体构造出双剪单元体(正交八面体)、等倾八面体、菱形十二面体和二十六面体.图 2 - 10(见书末)是近年在西安所发现的一千多年以前北朝西魏的珍贵历史文物.这是一个典型的 26 面体,在一千

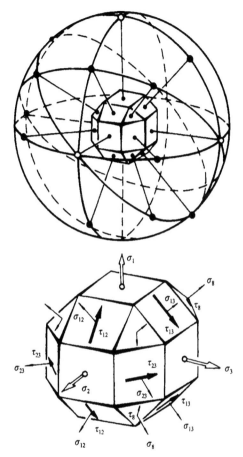

图 2-9 二十六面体应力状态及其方位图

多年以前,人们已经把它构造出来,在不同的面上刻上不同的印章,巧妙地形成一颗多面印,不同面上不同的文字似乎对应于图 2-9的二十六面体的各个不同截面作用着不同的应力.

图 2-11(见书末)为十二面体的主剪应力及其面上的正应力的彩色模型照片.这是一个重要的但却不常为人们所认识的一个单元体模型.在十二面体的 12 个面上作用着三组主剪应力 τ_{13}, τ_{12} 和 τ_{23},它们的数值分别为

$$\tau_{13} = \frac{1}{2}(\sigma_1 - \sigma_3)$$

$$\tau_{12} = \frac{1}{2}(\sigma_1 - \sigma_2) \qquad (2-18)$$

$$\tau_{23} = \frac{1}{2}(\sigma_2 - \sigma_3)$$

在主剪应力 $\tau_{13}, \tau_{12}, \tau_{23}$ 的作用面上同时作用着相应的正应力 $\sigma_{13}, \sigma_{12}, \sigma_{23}$,它们的数值分别为

$$\sigma_{13} = \frac{1}{2}(\sigma_1 + \sigma_3)$$

$$\sigma_{12} = \frac{1}{2}(\sigma_1 + \sigma_2) \qquad (2-19)$$

$$\sigma_{23} = \frac{1}{2}(\sigma_2 + \sigma_3)$$

从十二面体主剪应力单元体模型出发,可以得出很多与六面体主应力模型不同的新的概念,并得出一系列新的结果. 读者将从这一新的力学模型中得到一些新的启发.

在式(2-18)中,我们可以看到三个主剪应力中存在下述关系

$$\tau_{13} = \tau_{12} + \tau_{23} \qquad (2-20)$$

这一关系也可以在应力圆中直观地看出,最大应力圆直径的大小为 $2\tau_{13}$,它在数值上等于另二个较小应力圆的直径之和. 因此,三个主剪应力中只有二个独立量.

对于受力物体,影响较大的是两个较大的主剪应力. 如果主应力的大小顺序为 $\sigma_1 \geqslant \sigma_2 \geqslant \sigma_3$,则 τ_{13} 为最大主剪应力,τ_{12}(或 τ_{23})为次大主剪应力(中间主剪应力). 由此可得出两个较大主剪应力作用的双剪单元体如图 2-11 所示. 由于中间主剪应力可能为 τ_{12},也可能为 τ_{23},因此考虑二种可能所得出的二种双剪单元体分别如图 2-12(a)的左右两个正交八面体.

当 $\tau_{12} \geqslant \tau_{23}$ 时,可取双剪单元体如图 2-12(a)的左边的正交八面体. 若将此正交八面体等分为二,则可得出四棱锥体双剪单元体如图 2-12(b)的左图所示,由此可以分析双剪应力与主应力 σ_1 的

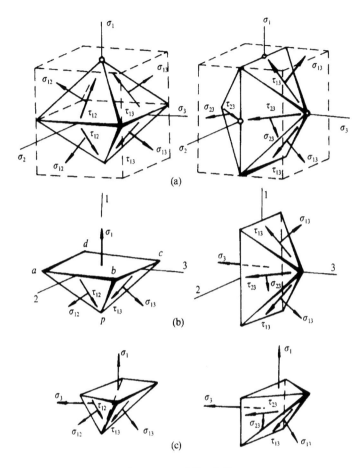

图 2 - 12　双剪单元体模型

平衡关系.此外,也可从正交八面体的四分之一得出五面体的双剪
单元体如图 2 - 12(c)的左图所示.

　　同理,当 $\tau_{12} \leqslant \tau_{23}$ 时,可取双剪单元体如图 2 - 12(a)的右边的
正交八面体.图 2 - 12(b)和(c)右边的四棱锥体和五面体亦可作
为 $\tau_{12} \leqslant \tau_{23}$ 情况下的另一形式的双剪单元体.

　　双剪单元体为双剪理论中的一个重要而基本的力学模型,在

今后各章中,我们将以此为基础来建立有关的理论,并推导相应的准则.

§2.6　应力圆、双剪应力圆

采用 Mohr 应力圆可以较直观地反映出三个主应力 $\sigma_1,\sigma_2,\sigma_3$ 和三个主剪应力 $\tau_{12},\tau_{13},\tau_{23}$ 以及它们之间的关系,如图 2-13 所示.

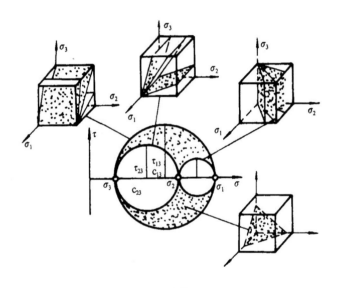

图 2-13　三向应力圆

如将应力圆的概念推广,采用两个较大主剪应力之和为半径作圆,则可得出一个新的应力圆,根据它的双剪应力的概念,可称之为双剪应力圆.类似于莫尔应力圆和莫尔强度理论,双剪应力圆的概念亦可在双剪强度理论的极限线和双剪应力路径研究中得到应用.

根据双剪应力的情况,可作出两个双剪应力圆,如图 2-14

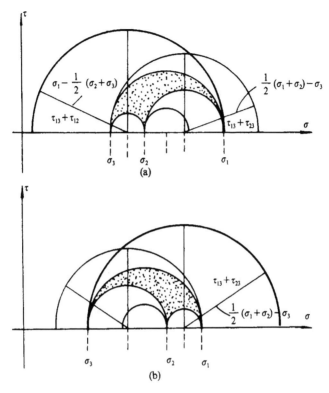

图 2-14 双剪应力圆

(a)双剪应力半径等于$(\tau_{13}+\tau_{12})$；(b)双剪应力圆,半径等于$(\tau_{13}+\tau_{23})$

（a）和（b）所示.作者于 1962 年曾作出$(\tau_{13}+\tau_{12})=f(\sigma)$的双剪应力极限曲线,在本书中将作进一步讨论.

§2.7 应力路径、双剪应力路径

材料在受力过程中,单元体的应力和应变往往发生变化.例如,在单向拉伸过程中,单元体的应力从零逐渐增加到某一数值时,代表单元体应力状态的应力圆的变化如图 2-15 所示.如取各

应力圆上的最高的顶点(也是剪应力数值最大的一点)作为应力点,作单元体在受力过程中应力点的移动轨迹,即为该单元体应力变化的路径,简称应力路径[7,8].图 2－15 中右边的应力点轨迹为单向拉伸的应力路径,左边的为单向压缩的应力路径.

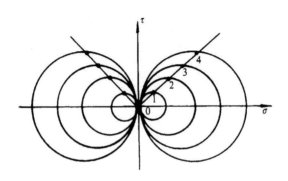

图 2－15　应力路径

图 2－15 的应力路径的各应力点均以 $\sigma=\dfrac{1}{2}(\sigma_1+\sigma_3)$ 为横坐标,以最大剪应力 $\tau_{max}=\dfrac{1}{2}(\sigma_1-\sigma_3)$ 为纵坐标.

在土木、水利、铁道等工程中,常常采用轴对称三轴试验.试件为圆柱试件,在试件的侧向施加一定的围压,然后逐渐增加轴向压力.这时轴向压力一般大于施加于圆柱试件侧向的围压,试件轴向缩短,所以也称为三轴压缩试验.按以上的应力符号规则,三轴压缩试验的应力状态为 $\sigma_1=\sigma_2\neq\sigma_3$,相应的应力路径如图 2－16 所示.

图 2－16 的应力路径,可以直接取加载过程中的最大剪应力 τ_{13} 和相应的正应力 σ_{13} 坐标点的变化作出.这一应力途径的缺点是只反映了最大主应力和最小主应力,因为 $\tau_{13}=\dfrac{1}{2}(\sigma_1-\sigma_3)$,$\sigma_{13}=\dfrac{1}{2}(\sigma_1+\sigma_3)$,而不能反映中间主应力 σ_2 的影响.为此可以采用以

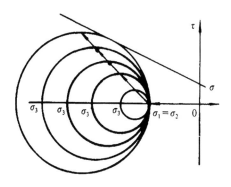

图 2-16 三轴压缩试验的应力途径

下几种新的应力途径：

1. 最大剪应力与静力应力途径，即以最大剪应力 $\tau_{13}=\frac{1}{2}(\sigma_1$ $-\sigma_3)$ 与静力应力 $\sigma_m=\frac{1}{3}(\sigma_1+\sigma_2+\sigma_3)$ 的坐标点作出应力途径；

2. 双剪应力途径，即以双剪应力圆（见图 2-14）的半径 $(\tau_{13}+\tau_{12})$ 或 $(\tau_{13}+\tau_{23})$ 为纵坐标，以双剪应力圆的圆心为横坐标，或以静水应力 σ_m 为横坐标作出应力途径.

§2.8 应力状态的分解、空间纯剪切应力状态$(S_2<0)$

主应力状态$(\sigma_1,\sigma_2,\sigma_3)$可以分解为偏应力状态$(S_1,S_2,S_3)$和静水应力状态$(\sigma_m,\sigma_m,\sigma_m)$

$$\begin{bmatrix} \sigma_1 & 0 & 0 \\ 0 & \sigma_2 & 0 \\ 0 & 0 & \sigma_3 \end{bmatrix} = \begin{bmatrix} S_1 & 0 & 0 \\ 0 & S_2 & 0 \\ 0 & 0 & S_3 \end{bmatrix} + \begin{bmatrix} \sigma_m & 0 & 0 \\ 0 & \sigma_m & 0 \\ 0 & 0 & \sigma_m \end{bmatrix} \quad (2-21)$$

式中 $\sigma_m=\frac{1}{3}(\sigma_1+\sigma_2+\sigma_3)$ 为静水应力或平均应力,三个偏应力分别等于

$$S_1 = \sigma_1 - \sigma_m = \frac{2\sigma_1 - \sigma_2 - \sigma_3}{3}$$

$$S_2 = \sigma_2 - \sigma_m = \frac{2\sigma_2 - \sigma_1 - \sigma_3}{3} \qquad (2-22)$$

$$S_3 = \sigma_3 - \sigma_m = \frac{2\sigma_3 - \sigma_1 - \sigma_2}{3}$$

它们之间存在关系

$$S_1 + S_2 + S_3 = 0 \qquad (2-23)$$

根据纯剪切应力的概念,纯剪切应力状态的必要和充分条件为[9]

$$\sigma_x + \sigma_y + \sigma_z = \sigma_1 + \sigma_2 + \sigma_3 = 0 \qquad (2-24)$$

即应力矩阵的对角线之和等于零. 显然,式(2-21)中的偏应力状态是一种空间纯剪切应力状态,或称广义纯剪切应力状态. 广义纯剪切应力状态又可分为 $S_2 < 0, S_2 > 0$ 和 $S_2 = 0$ 三种情况. 下面将依次讨论它们的各自特点.

当中间主偏应力 $S_2 < 0$,即为压应力时,偏应力状态可分解为

$$\begin{bmatrix} S_1 & 0 & 0 \\ 0 & S_2 & 0 \\ 0 & 0 & S_3 \end{bmatrix} = \begin{bmatrix} -S_2 & 0 & 0 \\ 0 & S_2 & 0 \\ 0 & 0 & 0 \end{bmatrix} + \begin{bmatrix} -S_3 & 0 & 0 \\ 0 & 0 & 0 \\ 0 & 0 & S_3 \end{bmatrix}$$

$$(2-25)$$

上式中等号左端和等号右端的应力状态均符合式(2-24)的纯剪切应力状态条件.

从单元体的应力来看,式(2-21)和式(2-25)可以形象地用图 2-17(a)和图 2-17(b)来表示. 显然,图 2-17(b)的应力也可以表述为图 2-17(c)的应力. 它们是一一对应相互等效的.

因此,偏应力状态是一种纯剪切应力状态,它由两个平面纯剪切应力状态所组成,即

$$[S_r] = \begin{bmatrix} 0 & \tau_2 & 0 \\ \tau_2 & 0 & 0 \\ 0 & 0 & 0 \end{bmatrix} + \begin{bmatrix} 0 & 0 & \tau_3 \\ 0 & 0 & 0 \\ \tau_3 & 0 & 0 \end{bmatrix} \qquad (2-26)$$

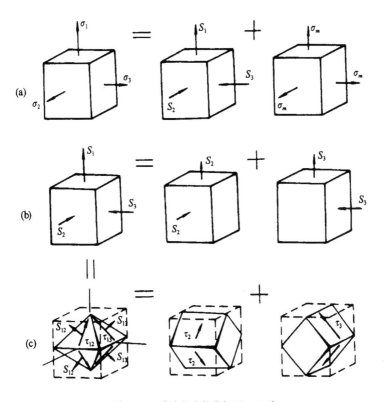

图 2-17 应力状态的分解($S_2 < 0$ 时)

式中纯剪切应力 τ_2 和 τ_3 的数值分别为

$$\tau_2 = S_2 = \sigma_2 - \sigma_m = \frac{1}{3}(2\sigma_2 - \sigma_1 - \sigma_3) \qquad (2-27)$$

$$\tau_3 = S_3 = \sigma_3 - \sigma_m = \frac{1}{3}(2\sigma_3 - \sigma_1 - \sigma_2) \qquad (2-28)$$

同理

$$\tau_1 = S_1 = \sigma_1 - \sigma_m = \frac{1}{3}(2\sigma_1 - \sigma_2 - \sigma_3) \qquad (2-29)$$

从图 2-17 可以看到,偏应力状态由两个平面纯剪切应力状态所组成,也可以看作是一个正交八面体的双剪应力所组成,如图

2-17(c)的左图所示.与前面所述的主应力状态的正交八面体应力相比,两个正交八面体的形状及其面上的剪应力 τ_{13} 和 τ_{12}[图2-6(f)]均相同,但相应面上的正应力则由 $\sigma_{13} = \frac{1}{2}(\sigma_1 + \sigma_3)$ 和 $\sigma_{12} \approx \frac{1}{2}(\sigma_1 + \sigma_2)$ 改变为 $S_{13} = \frac{1}{2}(S_1 + S_3)$ 和 $S_{12} = \frac{1}{2}(S_1 + S_2)$.

下面我们进一步用三向应力圆来研究偏应力和纯剪切应力状态.

已知三个主偏应力 S_1,S_2 和 S_3,且 $|S_1| > |S_3|$,即 $\sigma_2 \leqslant \frac{1}{2}(\sigma_1 + \sigma_3)$ 或 $S_2 \leqslant 0$,作出三向应力圆如图2-18所示.偏应力状态各截面上的应力均可由三个应力圆的圆周或三个应力图之间的阴影区内一点的坐标来确定.其中三个应力圆圆周上各点分别对应于垂直于某一主偏应力作用面的一组截面上的相应应力.

由图2-18可知,偏应力为一种正应力.在三个主偏应力面上的剪应力等于零,而偏应力状态的三个主剪应力则与相应的主应力状态的三个主剪应力相等.

从图2-18我们还可以看出,在偏应力单元体中存在一系列特殊的截面,在这些截面上只作用着剪应力,而没有正应力,如图2-18中垂直坐标轴 τ 上 P_1 至 P_2 和 P_1' 至 P_2' 各点,均为这类特殊截面.这类截面还较少被人们所研究,根据它们的特点,可称之为纯剪切截面.

在这些纯剪切截面中,$S_1 S_3$ 应力圆上 P_1 点代表与主应力 σ_2 作用面垂直,且与主剪应力 τ_{13} 作用面成 $\varphi_1/2$ 角度[亦即与 S_1 作用面成 $\frac{1}{2}\left(\frac{\pi}{2} + \varphi_1\right)$ 角度,与 S_3 作用面成 $\frac{1}{2}\left(\frac{\pi}{2} - \varphi_1\right)$ 角度]的纯剪切截面,P_1 截面上的正应力等于零,纯剪切应力等于

$$\tau_{P_1} = \sqrt{\tau_{13}^2 - S_{13}^2} = \sqrt{-S_1 S_3} \qquad (2-30)$$

$$\sin\varphi_1 = S_{13}/\tau_{13} \qquad (2-31)$$

同理,$S_1 S_2$ 应力圆上的 P_2 点代表与主应力 σ_3 作用面垂直,且与主剪应力 τ_{12} 作用面成 $\varphi_2/2$ 角度的纯剪切截面(应力圆上的夹角为

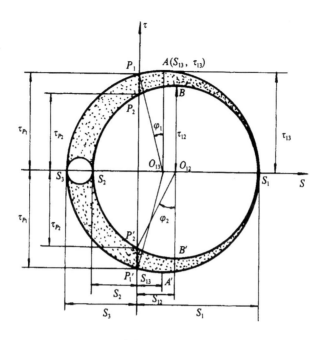

图 2-18 偏应力状态三向应力圈($S_2<0$ 时)

φ_2,为了避免线条重叠,在图 2-18 中以 $P_2'O_{12}B'$ 角度表示 φ_2). P_2' 截面上的正应力等于零,纯剪切应力等于

$$\tau_{P_2} = \sqrt{\tau_{12}^2 - S_{12}^2} = \sqrt{-S_1 S_2} \qquad (2-32)$$

$$\sin\varphi_2 = S_{12}/\tau_{12} \qquad (2-33)$$

τ_{P_2} 作用面和 τ_{P_1} 作用面分别如图 2-19(c)和(d)所示.它们构成一个纯剪切单元体如图 2-19(b)所示.这一纯剪切单元体上只作用着 τ_{P_1} 和 τ_{P_2} 两组纯剪切应力,因此也可称之为纯剪切双剪单元体[图 2-19(b)],它与图 2-19(a)的偏应力单元体($S_2<0$ 为压应力)是等效的.

纯剪切双剪单元体既与图 2-6(e)的等倾八面体不同,也与图 2-6(f)的正交八面体不同,而是一种新的不等边的细长八面体.它的特点是八面体的形状将随应力状态的改变而变化.例如,

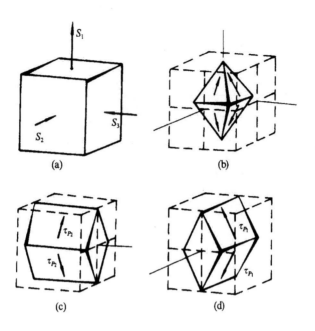

图 2-19 纯剪切双剪单元体($S_2<0$)

当 $\sigma_2=\sigma_3$ 时,中间主偏应力仍为压应力,且等于最小主偏应力 $S_2=S_3$. 这时 $\tau_{13}=\tau_{12}$,$S_{13}=S_{12}$,按式(2-31)和(2-33),$\varphi_1=\varphi_2$,因此,单元体成为等腰的细长八面体.

§2.9 空间纯剪切应力状态($S_2>0$)

当中间主偏应力为拉应力时,即 $|S_1|<|S_3|$ 时,偏应力之间的关系为

$$S_1+S_2=-S_3$$

偏应力可以分解为

$$\begin{bmatrix} S_1 & 0 & 0 \\ 0 & S_2 & 0 \\ 0 & 0 & S_3 \end{bmatrix} = \begin{bmatrix} S_1 & 0 & 0 \\ 0 & 0 & 0 \\ 0 & 0 & -S_1 \end{bmatrix} + \begin{bmatrix} 0 & 0 & 0 \\ 0 & S_2 & 0 \\ 0 & 0 & -S_2 \end{bmatrix}$$

$$(2-34)$$

它等效于两个平面纯剪切应力状态.

$$\begin{bmatrix} 0 & 0 & \tau_1 \\ 0 & 0 & 0 \\ \tau_1 & 0 & 0 \end{bmatrix} + \begin{bmatrix} 0 & 0 & 0 \\ 0 & 0 & \tau_2 \\ 0 & \tau_2 & 0 \end{bmatrix} \qquad (2-35)$$

相应的主应力单元体、偏应力单元体和双剪单元体分别如图 2-20(a),(b)和(c)所示.

图 2-20(c)中的双剪单元体为正交八面体,它与图 2-6(g)的双剪正交八面体的形状相同,作用的剪应力相同,但相应面上的正应力相差一个静水应力 σ_m,即

$$\tau_{13} = \frac{1}{2}(\sigma_1 - \sigma_3) \qquad S_{13} = \sigma_{13} - \sigma_m = \frac{1}{2}(S_1 + S_3)$$

$$\tau_{23} = \frac{1}{2}(\sigma_2 - \sigma_3) \qquad S_{23} = \sigma_{23} - \sigma_m = \frac{1}{2}(S_2 + S_3)$$

$$(2-36)$$

当中间主偏应力为拉应力时,偏应力状态为二拉一压,相应的三向应力圆如图 2-21(a)所示.图中 A, A' 和 B, B' 点分别对应于主剪应力 τ_{13} 和 τ_{23} 的作用面;P_1, P_1' 和 P_2, P_2' 分别对应纯剪切应力 τ_{P_1} 和 τ_{P_2} 的作用面. A, P_1 两截面之间的夹角为 $\varphi_1/2$(应力圆点上的夹角为 φ_1),B, P_2 和 B', P_2' 两者截面之间的夹角为 $\varphi_2/2$(应力圆点上的夹角 $B'O_{23}P_2'$ 为 φ_2). 相应于 $P_1(P_1')$ 和 $P_2(P_2')$ 截面上的纯剪切应力分别等于

$$\tau_{P_1} = \sqrt{\tau_{13}^2 - S_{13}^2} = \sqrt{-S_1 S_3}$$

$$\tau_{P_2} = \sqrt{\tau_{23}^2 - S_{23}^2} = \sqrt{-S_2 S_3}$$

$$(2-37)$$

与这两个纯剪切应力相应的单元体分别如图 2-21(b),(c),(d)和(e)所示.

纯剪切应力 τ_{P_1} 和 τ_{P_2} 作用面分别与主剪应力 τ_{13} 和 τ_{23} 的作用面成 φ_1 和 φ_2 角度. 它们分别等于

$$\varphi_1 = \arcsin \frac{-S_{13}}{\tau_{13}} \qquad (2-38)$$

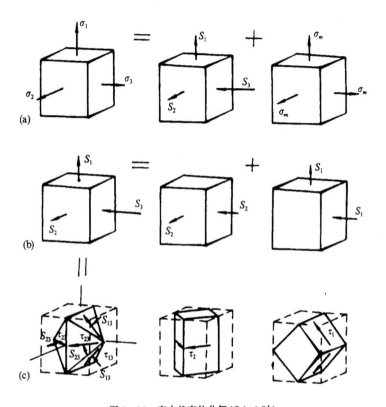

图 2-20 应力状态的分解($S_2 > 0$ 时)

$$\varphi_2 = \arcsin \frac{-S_{23}}{\tau_{23}} \qquad (2-39)$$

因此纯剪切应力 τ_{P_1} 单元体[图 2-21(e)]为一菱形六面体,菱形的二个夹角分别为 $\frac{1}{2}\left(\frac{\pi}{2} + \varphi_1\right)$ 和 $\frac{1}{2}\left(\frac{\pi}{2} - \varphi_1\right)$. 纯剪切应力 τ_{P_2} 菱形单元体的夹角为 $\frac{1}{2}\left(\frac{\pi}{2} + \varphi_2\right)$ 和 $\frac{1}{2}\left(\frac{\pi}{2} - \varphi_2\right)$. 用这二组截面得出的不等边八面体的纯剪切单元体如图 2-21(c)所示,它等效于图 2-21 (b)的偏应力状态($S_2 > 0$). 与上节 $S_2 > 0$ 时的情况相类似,当 $S_1 = S_2$ 时,$\varphi_1 = \varphi_2$,此时的纯剪切单元体成为等腰的细长八面体.

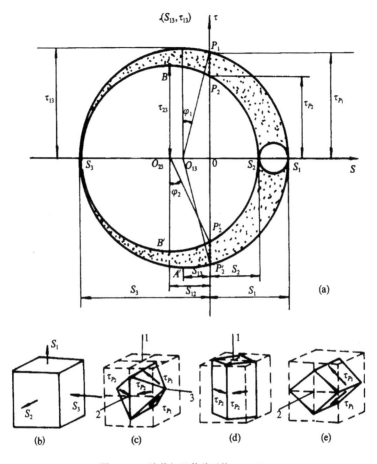

图 2-21 纯剪切双剪单元体($S_2 > 0$)

§2.10 纯剪切应力状态($S_2 = 0$)

当偏应力状态的中间主偏应力 $S_2 = 0$ 时,则 $S_1 = -S_3$,偏应力状态即为一平面纯剪切应力状态

$$\begin{bmatrix} S_1 & 0 & 0 \\ 0 & 0 & 0 \\ 0 & 0 & S_3 \end{bmatrix} = \begin{bmatrix} S_1 & 0 & 0 \\ 0 & 0 & 0 \\ 0 & 0 & -S_1 \end{bmatrix} \qquad (2-40)$$

它等效于一组平面纯剪切应力状态

$$\begin{bmatrix} 0 & 0 & \tau_1 \\ 0 & 0 & 0 \\ \tau_1 & 0 & 0 \end{bmatrix}$$

这两种应力表述的相应的单元体如图 2-22(a)和(b)所示，图(c)则为它们相应的三向应力圆.

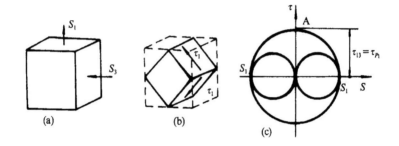

图 2-22　纯剪切应力状态

这是一种很特殊的应力状态. 这时从应力状态分解或从纯剪切应力来分析，它们都只存在一组平面纯剪切应力 τ_1 或 τ_{P_1}，且它们的数值均相等并等于主剪应力 τ_{13}，有

$$\tau_1 = S_1$$

$$\tau_{P_1} = \sqrt{-S_1 S_3} = S_1 \qquad \varphi_1 = 0° \qquad (2-41)$$

$$\tau_{13} = \frac{S_1 - S_3}{2} = S_1$$

将这一结果与 $S_2 < 0$ 和 $S_2 > 0$ 的偏应力状态相比，可以看出，当 $S_2 = 0$ 时，不仅三种剪应力在数值上相等，即 $\tau_1 = \tau_{P_1} = \tau_{13}$，而且相应的单元体和作用截面均相同. 而当 $S_2 \neq 0$ 时，由以上所述可知，三种剪应力分别等于

$$\tau_1 = S_1 = \frac{1}{3}(2\sigma_1 - \sigma_2 - \sigma_3)$$

$$\tau_{P_1} = \sqrt{-S_1 S_3} \qquad \varphi_1 \neq 0 \qquad (2-42)$$

$$\tau_{13} = \frac{S_1 - S_3}{2} = \frac{\sigma_1 - \sigma_3}{2}$$

此外,当 $S_2 = 0$ 时,$\tau_{P_2} = \sqrt{-S_1 S_2} = \sqrt{-S_2 S_3} = 0$,因此只存在一组纯剪切应力. $S_2 \neq 0$ 时,$\tau_{P_2} \neq 0$,已如前所述.

§2.11 剪应力定理

由以上所述,我们对剪应力有了更进一步的认识,它们可以归纳为下面几个普遍性的规律:

1. 单元体三个相互垂直截面上的三个正应力之和等于零时,此应力状态为空间纯剪切应力状态,其必要和充分条件为
$$\sigma_x + \sigma_y + \sigma_z = \sigma_1 + \sigma_2 + \sigma_3 = 0$$

2. 偏应力状态为空间纯剪切应力状态,它可以分解为二组平面纯剪切应力状态.与空间纯剪切应力状态相对应的单元体为不等边的细长八面体,八面体的形状决定于 S_2 的大小和符号.

3. 过一点并垂直于某一主平面的一组截面中,如有二个截面与另一主平面的夹角相等,则此二截面上的正应力必相等,而剪应力成互等,即此二截面上的剪应力的大小相等、方向相反.这是常见的剪应力互等定理的推广,可称之为广义剪应力互等定理,剪应力互等定理为其特例.

§2.12 应力状态类型、双剪应力状态参数

一点的主应力状态 $(\sigma_1, \sigma_2, \sigma_3)$ 可以组合成无穷多个应力状态.根据应力状态的特点并选取一定的应力状态参数,则可以将应力状态划分为几种典型的类型. Lode 于 1926 年曾引入一个应力状

态参数

$$\mu_\sigma = \frac{2\sigma_2 - \sigma_1 - \sigma_3}{\sigma_1 - \sigma_3} \qquad (2-43)$$

这一应力状态参数常称为 Lode 参数,它与罗金别尔格(B. M. Розенберга)角 θ_σ 相对应,并得到广泛的应用,罗氏角 $\theta_\sigma = \text{arctg}$ $\frac{\mu_\sigma}{\sqrt{3}}$. 但是 Lode 参数的意义不太明确.

进一步研究可发现 Lode 参数可以简化. 我们将式(2-43)写为主剪应力形式为

$$\mu_\sigma = \frac{2\sigma_2 - \sigma_1 - \sigma_3}{\sigma_1 - \sigma_3} = \frac{\tau_{23} - \tau_{12}}{\tau_{13}} \qquad (2-44)$$

实际上由于存在 $\tau_{12} + \tau_{23} \equiv \tau_{13}$,所以三个主剪应力中只有两个独立量. 因此,作者把 Lode 应力参数式中的三个剪应力省去一个,提出直接用二个剪应力的双剪应力状态参数 μ_τ 和 μ_τ' 为[3]

$$\mu_\tau = \frac{\tau_{12}}{\tau_{13}} = \frac{\sigma_1 - \sigma_2}{\sigma_1 - \sigma_3} = \frac{S_1 - S_2}{S_2 - S_3} \qquad (2-45)$$

$$\mu_\tau' = \frac{\tau_{23}}{\tau_{13}} = \frac{\sigma_2 - \sigma_3}{\sigma_1 - \sigma_3} = \frac{S_2 - S_3}{S_1 - S_3} \qquad (2-46)$$

$$\mu_\tau + \mu_\tau' = 1 \qquad 0 \leqslant \mu_\tau \leqslant 1 \qquad 0 \leqslant \mu_\tau' \leqslant 1 \qquad (2-47)$$

双剪应力状态参数 μ_τ 或 μ_τ' 具有简单而明确的概念. 它们是二个主剪应力的比值,也是二个应力圆的半径(或直径)之比;它可以反映中间主应力 σ_2 效应的一个参数,也可以作为应力状态类型的一个参数;此外,这二个双剪应力状态参数只反映应力状态的类型,而与静水应力的大小无关,它们也是二个反映应力偏量状态的参数. 显然,根据双剪应力状态参数的定义和性质可知

$\mu_\tau = 1(\mu_\tau' = 0)$ 时,相应的应力状态有以下三种:

  1) $\sigma_1 > 0, \sigma_2 = \sigma_3 = 0$,单向拉伸应力状态;

  2) $\sigma_1 = 0, \sigma_2 = \sigma_3 < 0$,双向等压状态;

  3) $\sigma_1 > 0, \sigma_2 = \sigma_3 < 0$,一向拉伸另二向等压.

$\mu_\tau = \mu_\tau' = 0.5$ 时,相应的应力状态为

1) $\sigma_2 = \frac{1}{2}(\sigma_1 + \sigma_3) = 0$,纯剪切应力状态;

2) $\sigma_2 = \frac{1}{2}(\sigma_1 + \sigma_3) > 0$,二拉一压状态;

3) $\sigma_2 = \frac{1}{2}(\sigma_1 + \sigma_3) < 0$,一拉二压状态.

$\mu_\tau = 0 (\mu_\tau' = 1)$时,相应的应力状态为

1) $\sigma_1 = \sigma_2 = 0, \sigma_3 < 0$,单向压缩状态;

2) $\sigma_1 = \sigma_2 > 0, \sigma_3 = 0$,双向等拉状态;

3) $\sigma_1 = \sigma_2 < 0, \sigma_3 > 0$,二向等拉一向压缩.

根据双剪应力状态参数,按二个较小主剪应力 τ_{12} 和 τ_{23} 的相对大小,可以十分清晰地把各种应力状态分为以下三种类型:

(1)广义拉伸应力状态,即 $\tau_{12} > \tau_{23}$ 状态. 此时 $0 \leqslant \mu_\tau' < 0.5 < \mu_\tau \leqslant 1$,三向应力圆中的二个小圆右大左小. 如果以偏应力来表示,则是一种一拉二压的应力状态,并且拉应力的绝对值为最大,故把这种应力状态称为广义拉伸应力状态. 当左面小应力圆缩为一点时,右面中应力圆与大应力圆相同,二圆合一,$\mu_\tau' = 0, \mu_\tau = 1$,即 $\sigma_2 = \sigma_3$. $\sigma_2 = \sigma_3$ 可大于零、小于零或等于零,$\sigma_2 = \sigma_3 = 0$ 时为单向拉伸应力状态.

(2)广义剪切应力状态,即 $\tau_{12} = \tau_{23}$ 状态. 此时 $\sigma_2 = \frac{1}{2}(\sigma_1 + \sigma_3)$,三向应力圆中的二个较小应力圆相等,中间偏应力 $S_2 = 0$,另二个偏应力为一拉一压,且数值相等. 这时二个双剪应力参数相等 $\mu_\tau = \mu_\tau' = 0.5$,它对应于 $\sigma_2 = \frac{1}{2}(\sigma_1 + \sigma_3)$,但 $\sigma_2 = \frac{1}{2}(\sigma_1 + \sigma_3)$ 可大于零、小于零或等于零. 当 $\sigma_2 = \frac{1}{2}(\sigma_1 + \sigma_3) = 0$ 时,为纯剪切应力状态.

(3)广义压缩应力状态,即 $\tau_{12} < \tau_{23}$ 状态. 此时 $0 \leqslant \mu_\tau < 0.5 < \mu_\tau' \leqslant 1$,应力圆中二个小应力圆右小左大,广义压缩应力绝对值为最大. 当右面的小应力圆退缩为一点时,左面的中应力圆与大应力圆相同,二圆合一,$\mu_\tau = 0, \mu_\tau' = 1$,即 $\sigma_1 = \sigma_2$. $\sigma_1 = \sigma_2$ 可大于零、小于零

或等于零,其中 $\sigma_1 = \sigma_2$, $\sigma_3 < 0$ 的应力状态为单向压缩应力状态.

作者引入的双剪应力状态参数不仅简化了 Lode 应力状态参数,并且形式简单,概念清晰,也使双剪理论体系中的概念更加丰富,也可使目前在不同专业中的关于应力状态类型的定义和分类得到统一. 双剪应力状态参数 μ_τ 和 μ_τ' 与 Lode 应力参数 μ_σ 之间的关系为

$$\mu_\tau = \frac{1 - \mu_\sigma}{2} = 1 - \mu_\tau' \qquad (2-48)$$

$$\mu_\tau' = \frac{1 + \mu_\sigma}{2} = 1 - \mu_\tau \qquad (2-49)$$

§2.13 双剪应力函数

与两个双剪切单元体和两个双剪应力状态函数相对应,下面我们引入两个双剪应力函数

$$T_\tau = \tau_{13} + \tau_{12} = \sigma_1 - \frac{1}{2}(\sigma_2 + \sigma_3) \qquad (2-50)$$

$$T_\tau' = \tau_{13} + \tau_{23} = \frac{1}{2}(\sigma_1 + \sigma_2) - \sigma_3 \qquad (2-50')$$

取双剪应力状态参数为横坐标,双剪函数的无量纲量为纵坐标,分别作出 τ_{12}, τ_{23} 和 T_τ, T_τ' 的变化规律如图 2-23 所示. 图中同时绘出了当 σ_2 从 $\sigma_2 = \sigma_3$ 向 $\sigma_2 = \sigma_1$ 增加的过程中三向应力圆、主剪应力、主应力和偏应力的变化情况. 图中的水平虚线为最大剪应力函数 τ_{13} 的变化情况. 由图中可以看出:

(1)最大剪应力函数为一水平直线,它未能反映中间主应力 σ_2 改变的情况.

(2)双剪应力函数为两条斜直线,它通过中间主剪应力 σ_2 来显示其影响.

(3)以 $\mu_\tau = \mu_\tau' = 0.5$ 为界,取双剪函数有以下两种选择:当 $\mu_\tau' < 0.5 < \mu_\tau$ 时,$(\tau_{13} + \tau_{12}) > (\tau_{13} + \tau_{23})$,采用 $T_\tau = \tau_{13} + \tau_{12}$ 作为双剪函数;当 $\mu_\tau < 0.5 < \mu_\tau'$ 时,$(\tau_{13} + \tau_{12}) < (\tau_{13} + \tau_{23})$,采用 $T_\tau' = \tau_{13} + \tau_{23}$ 作

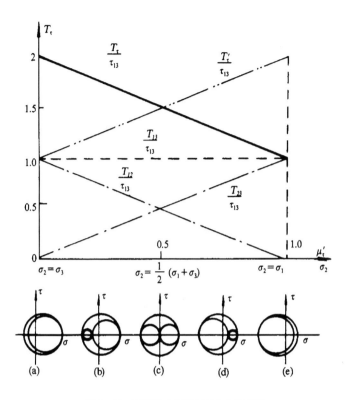

图 2-23 双剪应力函数与应力状态类型

主剪应力:	$\tau_{12}=\tau_{13}$ $\tau_{23}=0$	$\tau_{12}>\tau_{23}$	$\tau_{12}=\tau_{23}$	$\tau_{12}<\tau_{23}$	$\tau_{12}=0$ $\tau_{23}=\tau_{13}$
主应力:	$\sigma_2=\sigma_3$	$\sigma_2<\frac{1}{2}(\sigma_1+\sigma_3)$	$\sigma_2=\frac{\sigma_1+\sigma_3}{2}$	$\sigma_2>\frac{\sigma_1+\sigma_3}{2}$	$\sigma_2=\sigma_1$
偏应力:	$S_1=|S_2|+|S_3|$ $S_2=S_3$	$S_1=|S_2|+|S_3|$	$S_1=|S_3|$ $S_2=0$	$|S_3|=S_1+S_2$	$S_1=S_2$ $|S_3|=S_1+S_2$

为双剪函数;当 $\mu_\tau=\mu_\tau'=0.5$ 时,两者相等 $T_\tau=T_\tau'$,均可适用.

(4)双剪函数与应力状态类型有关. 当中间主应力 σ_2 从 $\sigma_2=\sigma_3$ 向 $\sigma_2=\sigma_1$ 变化时,双剪函数先是逐步下降,到一定程度时[$\mu_\tau=\mu_\tau'=0.5$,即 $\sigma_2=\frac{1}{2}(\sigma_1+\sigma_3)$ 时],又随 σ_2 的增加而提高,因此双剪函数具有区间性. 这两个区间所对应的分别为广义拉伸区和广义压缩区.

§2.14 主应力空间

单元体的主应力状态$(\sigma_1, \sigma_2, \sigma_3)$可用$\sigma_1$-$\sigma_2$-$\sigma_3$直角坐标中的一个应力点$P(\sigma_1, \sigma_2, \sigma_3)$来确定,如图2-24所示.应力点的矢径$OP$为

$$\sigma = \sigma_1 e_1 + \sigma_2 e_2 + \sigma_3 e_3 = \sigma_i e_i \qquad (2-51)$$

e_i为坐标轴的正向单位矢.

通过坐标原点作一等斜的π_0平面,π_0平面的方程为

$$\sigma_1 + \sigma_2 + \sigma_3 = 0 \qquad (2-52)$$

在π_0平面上所有应力点的应力球张量(或静水应力σ_m)均等于零,只有应力偏张量.

π_0平面的法线ON称为等倾线.它与三个坐标轴成54°44′等倾角,其方程为

$$\sigma_1 = \sigma_2 = \sigma_3 \qquad (2-53)$$

应力张量σ_{ij}可以分解为球张量和偏张量.应力状态矢σ也可分解为平均应力或静水应力矢量σ_m和平均剪应力矢量或均方根主应力差τ_m,如图2-24所示,即

$$\sigma = \sigma_m + \tau_m \qquad (2-54)$$

它们的大小(模)分别等于

$$\xi = \frac{1}{\sqrt{3}}(\sigma_1 + \sigma_2 + \sigma_3) \qquad (2-55)$$

$$\gamma = \sqrt{\frac{1}{3}[(\sigma_1 - \sigma_2)^2 + (\sigma_2 - \sigma_3)^2 + (\sigma_3 - \sigma_1)^2]}$$

$$= \sqrt{3}\,\tau_8 = \sqrt{2J_2} = 2\tau_m \qquad (2-56)$$

式中σ_8为八面体正应力,τ_8为八面体剪应力,J_2为应力偏量第二不变量,τ_m为均方根剪应力,有

$$\tau_m = \sqrt{\frac{\tau_{13}^2 + \tau_{12}^2 + \tau_{23}^2}{3}}$$

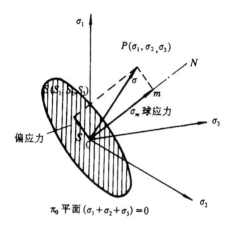

图 2-24 应力空间和应力状态矢

$$= \sqrt{\frac{1}{12}\left[(\sigma_1 - \sigma_2)^2 + (\sigma_2 - \sigma_3)^2 + (\sigma_3 - \sigma_1)^2\right]} \quad (2-57)$$

平行于 π_0 平面但不通过坐标原点的平面称为 π 平面,其方程式为

$$\sigma_1 + \sigma_2 + \sigma_3 = C \qquad (2-58)$$

式中 C 为任意常数. π 平面上各应力点具有相同的应力球张量(或相同的静水应力 σ_m),且

$$\sigma_m = \frac{C}{3}$$

平行于静水应力线但不通过坐标原点的直线方程为

$$\sigma_1 - C_1 = \sigma_2 - C_2 = \sigma_3 - C_3 \qquad (2-59)$$

式中 C_1, C_2, C_3 为三个任意常数. 沿着这条直线上的各点具有相同的应力偏量. 因此,对于一些与静水应力 σ_m 无关的问题,我们可以在 π_0 平面上进行研究.

应力空间三个主应力坐标轴 $\sigma_1, \sigma_2, \sigma_3$ 在 π 平面上的投影为 $\sigma_1', \sigma_2', \sigma_3'$. 它们之间的投影关系可通过应力在等斜面上的投影得

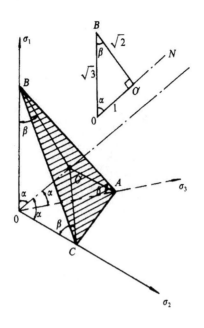

图 2 - 25　等倾偏平面

到. 在图 2 - 25 中, ABC 为等斜面, ON 为等倾线, 两者正交, OO' 分别与 $O'A, O'B$ 和 $O'C$ 成直角, 等倾线 ON 与三个应力坐标轴的夹角 $\alpha = \cos^{-1}\dfrac{1}{\sqrt{3}} = 54°44'$, 且 $O'A, O'B$ 和 $O'C$ 分别与三个应力坐标轴成 β 角, $\beta = \cos^{-1}\sqrt{\dfrac{2}{3}} = 35°16'$. 因此, 可得 π 平面上的 $\sigma_1', \sigma_2', \sigma_3'$ 坐标与应力空间的三个坐标轴 $\sigma_1, \sigma_2, \sigma_3$ 之间的关系如下：

$$\sigma_1' = \sigma_1 \cos\beta = \sqrt{\dfrac{2}{3}}\,\sigma_1$$

$$\sigma_2' = \sigma_2 \cos\beta = \sqrt{\dfrac{2}{3}}\,\sigma_2 \qquad (2 - 60)$$

$$\sigma_3' = \sigma_3 \cos\beta = \sqrt{\dfrac{2}{3}}\,\sigma_3$$

剪应力 τ_m 恒作用在 π 平面上，它在 $\sigma'_1, \sigma'_2, \sigma'_3$ 轴上的三个分量存在以下关系：

$$S_1 + S_2 + S_3 = 0$$

因此它只有两个独立的分量. 只要知道 τ_m 的模和它与某一轴的夹角，或者它在 π 平面上一对垂直坐标 x, y 的二个分量，即可确定 τ_m.

§2.15　静水应力轴空间柱坐标

由于材料的力学性能往往与静水应力的大小有一定的关系，因此在强度理论的研究中，特别是在岩石、土体、混凝土破坏准则和本构关系的研究中，常常采用以静水应力轴为主轴的应力空间，如图 2-26 所示. 图中主轴为静水应力轴或 z 轴；π 平面的坐标则可取 x, y 为直角坐标，或 r, θ 为极坐标，如图 2-27 所示.

因此主应力空间的应力点 $P(\sigma_1, \sigma_2, \sigma_3)$ 可表示为 $P(x, y, z)$ 或 $P(r, \theta, \xi)$. 它们与主应力、主剪应力以及静水应力轴坐标之间的关系如下：

$$x = \frac{1}{\sqrt{2}}(\sigma_3 - \sigma_2) = -\frac{\tau_{23}}{\sqrt{2}}$$

$$y = \frac{1}{\sqrt{6}}(2\sigma_1 - \sigma_2 - \sigma_3) = \frac{\sqrt{6}}{3}(\tau_{13} + \tau_{12})$$

$$= \frac{\sqrt{6}}{2} S_1$$

$$z = \frac{1}{\sqrt{3}}(\sigma_1 + \sigma_2 + \sigma_3) = \frac{1}{\sqrt{3}} I_1 = \sqrt{3}\,\sigma_8$$

$$= \sqrt{3}\,\sigma_m \tag{2-61}$$

柱坐标 (ξ, r, θ) 各变量与主应力 $(\sigma_1, \sigma_2, \sigma_3)$ 之间的关系为

$$\xi = |ON| = \frac{1}{\sqrt{3}}(\sigma_1 + \sigma_2 + \sigma_3) = \frac{I_1}{\sqrt{3}}$$

$$= \sqrt{3}\,\sigma_m \tag{2-62}$$

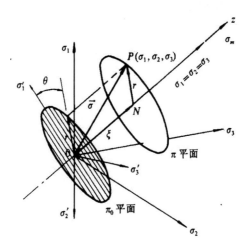

图 2-26 柱坐标

$$r = |NP| = \frac{1}{\sqrt{3}}[(\sigma_1 - \sigma_2)^2 + (\sigma_2 - \sigma_3)^2 + (\sigma_3 - \sigma_1)^2]^{\frac{1}{2}}$$

$$= (S_1^2 + S_2^2 + S_3^2)^{\frac{1}{2}} = \sqrt{2J_2}$$

$$= \sqrt{3}\,\tau_8 = 2\tau_m \qquad\qquad (2-63)$$

$$\theta = \text{tg}^{-1}\frac{x}{y}$$

$$\text{tg}\theta = \frac{(\sigma_2 - \sigma_3)\sqrt{3}}{(2\sigma_1 - \sigma_2 - \sigma_3)} = \frac{(1 - \mu_\tau)\sqrt{3}}{(1 + \mu_\tau)} \qquad (2-64)$$

由式(2-61)和(2-63)可得出

$$\cos\theta = \frac{y}{r} = \frac{\sqrt{6}\,S_1}{2\sqrt{2J_2}} = \frac{\sqrt{3}}{2}\frac{S_1}{\sqrt{J_2}} = \frac{2\sigma_1 - \sigma_2 - \sigma_3}{2\sqrt{3}\sqrt{J_2}}$$

$$(2-65)$$

注意到应力偏量第二不变量 J_2 和第三不变量 J_3 分别等于 $J_2 = -(S_1 S_2 + S_2 S_3 + S_3 S_1)$ 和 $J_3 = S_1 S_2 S_3$，由三角关系可得

$$\cos 3\theta = 4\cos^3\theta - 3\cos\theta = \frac{3\sqrt{3}}{2J_2^{3/2}}(S_1^3 - J_2 S_1)$$

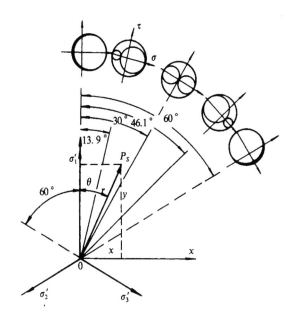

图 2 - 27 π 平面上的应力状态

$$= \frac{3\sqrt{3}}{2} \cdot \frac{J_3}{J_2^{3/2}} \qquad (2 - 66)$$

三个主偏应力可推导得出

$$S_1 = \frac{2}{\sqrt{3}}\sqrt{J_2}\cos\theta \qquad (2 - 67)$$

$$S_2 = \frac{2}{\sqrt{3}}\sqrt{J_2}\cos\left(\frac{2\pi}{3} - \theta\right) \qquad (2 - 68)$$

$$S_3 = \frac{2}{\sqrt{3}}\sqrt{J_2}\cos\left(\frac{2\pi}{3} + \theta\right) \qquad (2 - 69)$$

以上关系只有在 $\sigma_1 \geqslant \sigma_2 \geqslant \sigma_3$ 和 $0 \leqslant \theta \leqslant \pi/3$ 的条件下才适用. 以后我们可以看到,对于各向同性材料,在 π 平面上的材料极限面具有三轴对称性,因此一般只要了解在 60°范围内的材料特性或极限面,即可按三轴对称性作出整个 π 平面 360°范围的材料极限面.

根据以上三式和式(2-62)以及偏应力的概念,可得出相应的三个主应力

$$\sigma_1 = \frac{1}{\sqrt{3}}\xi + \sqrt{\frac{2}{3}}r\cos\theta$$

$$\sigma_2 = \frac{1}{\sqrt{3}}\xi + \sqrt{\frac{2}{3}}r\cos(\theta - 2\pi/3) \qquad 0 \leqslant \theta \leqslant \frac{\pi}{3}$$

$$\sigma_3 = \frac{1}{\sqrt{3}}\xi + \sqrt{\frac{2}{3}}r\cos(\theta + 2\pi/3)$$

$$(2-70)$$

如用应力张量第一不变量 I_1 和应力偏量第二不变量 J_2 表示,式(2-70)亦可表示为

$$\sigma_1 = \frac{I_1}{3} + \frac{2}{\sqrt{3}}\sqrt{J_2}\cos\theta$$

$$\sigma_2 = \frac{I_1}{3} + \frac{2}{\sqrt{3}}\sqrt{J_2}\cos\left(\theta - \frac{2\pi}{3}\right) \qquad 0 \leqslant \theta \leqslant \frac{\pi}{3}$$

$$\sigma_3 = \frac{I_1}{3} + \frac{2}{\sqrt{3}}\sqrt{J_2}\cos\left(\theta + \frac{2\pi}{3}\right)$$

$$(2-71)$$

三个主剪应力亦可相应推导得出

$$\tau_{13} = \sqrt{J_2}\sin(\theta + \pi/3) = \sqrt{2}\tau_m\sin(\theta + \pi/3)$$

$$\tau_{12} = \sqrt{J_2}\sin(\pi/3 - \theta) \qquad\qquad (2-72)$$

$$\tau_{23} = \sqrt{J_2}\sin\theta$$

由以上各式可以方便地研究 π 平面上各应力分量之间的关系,并且可以建立起三个主应力独立量 $(\sigma_1,\sigma_2,\sigma_3)$ 和三个应力不变量 (J_1,J_2,J_3) 或应力空间柱坐标三个独立量 (γ,θ,ξ) 之间的关系,以及它们与应力状态参数(双剪应力状态参数或 Lode 应力参数)之间的关系. 表 2-2 总结了几种典型应力状态的应力状态特点和

应力状态参数与应力角 θ 的关系.

在图 2-27 中同时绘出了与不同应力角相对应的几种典型应力状态的三向应力圆. 应力圆的纵坐标 τ 均对应于 π 平面应力状态, 即相对于静水应力 $\sigma_m = C$ 的状态. 因此, 当加或减一个静水应力时, 应力圆的相对大小和位置均不变.

由于材料的强度以及强度极限面往往随静水应力而变化, 因此在 (ξ, r, θ) 柱坐标中研究极限面有很大方便. 本书的双剪角隅模型以及双剪应力多参数准则都将在以静水应力轴 $\sigma_m (\xi)$ 和 π 平面的极坐标 (r, θ) 中进行研究.

表 2-2

应力状态		主应力	主剪应力	偏应力	应力角 θ	应力状态参数		
						μ_τ	μ'_τ	μ_σ
广义拉伸	纯拉、二向等压	$\sigma_2 = \sigma_3$	$\tau_{12} = \tau_{13}$ $\tau_{23} = 0$	$S_2 = S_3$ $S_1 = S_2 + S_3$	$0°$	1	0	-1
	$\tau_{23} = \dfrac{\tau_{12}}{3}, \tau_{13} = 4\tau_{23}$	$\sigma_2 < \dfrac{1}{2}(\sigma_1 + \sigma_3)$	$\tau_{12} > \tau_{23}$	$S_1 = S_2 + S_3$	$13.9°$	$\dfrac{3}{4}$	$\dfrac{1}{4}$	$-\dfrac{1}{2}$
纯剪切应力状态		$\sigma_2 = \dfrac{\sigma_1 + \sigma_3}{2}$	$\tau_{12} = \tau_{23}$	$S_1 = \|S_3\|$ $S_2 = 0$	$30°$	0.5	0.5	0
广义压缩	$\tau_{12} = \dfrac{\tau_{23}}{3}, \tau_{13} = 4\tau_{12}$	$\sigma_2 > \dfrac{\sigma_1 + \sigma_3}{2}$	$\tau_{12} < \tau_{23}$	$\|S_3\| = S_1 + S_2$	$46.1°$	$\dfrac{1}{4}$	$\dfrac{3}{4}$	$\dfrac{1}{2}$
	纯压、二向等拉	$\sigma_2 = \sigma_1$	$\tau_{12} = 0$ $\tau_{23} = \tau_{13}$	$S_1 = S_2$ $\|S\|_3 = S_1 + S_2$	$60°$	0	1	$+1$

参 考 文 献

[1] 俞茂宏、何丽南、宋凌宇, 双剪应力强度理论及其推广, 中国科学 (A), 1985, **28** (12), 1113—1120.

[2] 俞茂宏、何丽南, 从纯剪切状态推导双剪应力屈服准则和双剪应变屈服准则, 双剪应力强度理论研究, 西安交通大学出版社, 1988.

[3] 俞茂宏, 对"一个新的普遍形式的强度理论"的讨论, 土木工程学报, 1991, **24** (2), 83—86.

[4] Yu, Mao-hong, Twin shear stress yield criterion, *Int. J. of Mechanical Science*, 1983, **21** (1), 71—74.

[5] 俞茂宏、何丽南,晶体和多晶体金属塑性变形的非 Schmid 效应和双剪应力准则, 金属学报, 1983, **19** (5), B190—196.

[6] Das Braja M. , Advanced Soil Mechanics, Hemisphere Publishing Co. , 1983.

[7] Lambe T. W. , Stress path method, J. of Soil Mechanics and Foundations, Froc. ASCE, 1967, **93** (SM6), 309—331.

[8] Lambe T. W. , and Whitman R. V. , Soil Mechanics, John Wiley & Sons, 1979.

[9] Pearson C. , Theoretical Elasticity, Harvard University Press, 1959.

[10] Chen W. F. and A. F. Saleeb, Constitutive Equations for Engineering Materials, Vol. 1, Wiley, New York, 1982.

第三章 双剪统一屈服准则

§3.1 概　　述

低碳钢等材料在单向应力作用下的应力-应变曲线如图 3-1 所示. 当应力达到某一极限值时,材料开始屈服产生塑性变形,它表征材料从弹性状态过渡到屈服状态. 单向应力作用时材料屈服状态的数学表达式为

$$\sigma = C \qquad (3-1)$$

式中 C 为材料的强度参数. 显然,在单向拉伸应力作用时,$C = \sigma_u$,在单向压缩应力作用时,$C = \sigma_\kappa$. 由于低碳钢 $\sigma_u = \sigma_\kappa$,所以单向应力状态的屈服条件可写为

$$\sigma = \sigma_s$$

同理,在纯剪切时的屈服条件可写为

$$\tau = \tau_s \qquad (3-2)$$

以上各式中的 σ_u 为材料拉伸屈服极限,σ_κ 为材料压缩屈服极限,σ_s 为材料屈服极限,τ_s 为材料剪切屈服极限.

式(3-2)和(3-3)为材料在简单应力作用下的屈服条件或屈服准则,它们都可以由简单应力实验而直接确定. 由于多数工程结构的材

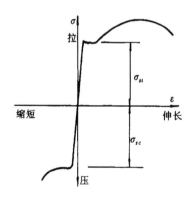

图 3-1　软钢拉伸和压缩曲线

料都处于复杂应力状态的作用下,因此关于材料在复杂应力状态下的屈服条件(屈服准则)的研究具有重要的理论和实践意义. 一

方面它确定了材料弹性极限的复杂应力状态的范围,且在考虑安全系数后,可确定材料的工作应力的范围,因而在各种工程结构和机器强度设计中得到广泛的应用. 另一方面它又表征了材料从弹性状态过渡到塑性状态的开始,因此它又是金属塑性加工、结构塑性分析和滑移线场理论等的重要基础,并在机械、土木、压力加工等工程中得到广泛的应用.

材料屈服准则可表示为应力状态和材料参数 K 的函数

$$f(\sigma_{ij}, K_1, K_2, \cdots) = 0 \tag{3-3}$$

式(3-3)也称为屈服函数,有时可简写为

$$f(\sigma_{ij}) = 0 \tag{3-3'}$$

对于各向同性材料,应力作用的方向对材料的强度性质没有影响,因此屈服准则可表示为主应力 $\sigma_1, \sigma_2, \sigma_3$ 的函数或三个应力不变量 I_1, J_2, J_3 的函数,即

$$f(\sigma_1, \sigma_2, \sigma_3, K_1, K_2, \cdots) = 0 \tag{3-4}$$

$$f(I_1, J_2, J_3, K_1, K_2, \cdots) = 0 \tag{3-5}$$

式中 I_1 为应力张量 σ_{ij} 的第一不变量,J_2 和 J_3 分别为应力偏量 S_{ij} 的第二和第三不变量. 屈服准则也可以表示为应力空间中的柱坐标 (ξ, r, θ) 的函数

$$f(\xi, r, \theta, K_1, K_2, \cdots) = 0 \tag{3-6}$$

此外,屈服准则也可以表示为静水应力 σ_m 与主剪应力 τ_{13} 和 τ_{12}(或 τ_{23})的函数

$$f(\sigma_m, \tau_{13}, \tau_{12} \text{ 或 } \tau_{23}, K_1, K_2, \cdots) = 0 \tag{3-7}$$

§3.2 屈服函数的一般性质

在应力空间中,屈服函数可以表示为屈服面. 应力点 σ_{ij} 在屈服面内,则 $f(\sigma_{ij}) < 0$,材料为弹性;应力点 σ_{ij} 到达屈服面,则 $f(\sigma_{ij}) = 0$,材料开始屈服.

对于各向同性的金属类材料,它的屈服函数和应力空间的屈服面具有以下一般性质.

3.2.1 静水应力不影响材料的屈服

对于金属类材料,静水应力对它们的屈服影响较小,因此在屈服函数中可以略去静水应力 σ_m 的作用. 在各种屈服函数表达式中,除式(3-4)外,其他各式可分别简化为

$$f(J_2, J_3, K_1, K_2) = 0 \qquad (3-5')$$

$$f(r, \theta, K_1, K_2) = 0 \qquad (3-6')$$

$$f(\tau_{13}, \tau_{12} \text{ 或 } \tau_{23}, K_1, K_2) = 0 \qquad (3-7')$$

这时,各种具体的屈服函数应满足下列条件:

$$f(\sigma_{ij}) = f(\sigma_{ij} \pm \sigma_m \delta_{ij}) \qquad (3-8)$$

或

$$\frac{\partial f}{\partial \sigma_{ii}} = 0 \qquad (3-8')$$

式中 $\sigma_m = \dfrac{1}{3}\sigma_{ii}$ 为静水应力,$\delta_{ii}=1(i=j$ 时)及 $\delta_{ij}=0(i\neq j$ 时).

在应力空间的屈服面上,这一条件表示屈服面为一以静水应

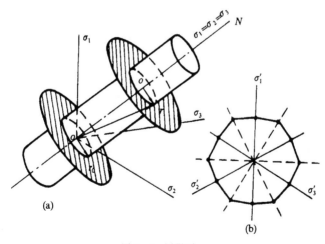

图 3-2 屈服面

力轴为轴线的无限长柱面,如图 3-2(a)所示. 如某一应力状态到达材料的屈服状态,即应力空间的某一应力点 r_1 位于屈服面上,则与其相差一静水应力的一切应力点(即通过 r_1 点并平行于静水应力线的直线 r_0, r_1 上各应力点),都位于屈服面上. 而 r_0 和 r_1 在 π_0 平面和 π 平面上的应力矢长 $o r_0$ 和 $o r_1$ 的长度都相等. 同理,对其他屈服点也是如此. 因此,屈服面的几何图形必为一正交于 π 平面的柱面. 屈服柱面与 π 平面的截线称为屈服曲线或屈服轨迹,如图 3-2(b). 由于认为静水应力不影响材料的屈服,各 π 平面上的屈服曲线均相同,因此,通过研究 π 平面上的屈服曲线便可完全确定屈服曲面.

3.2.2 屈服面的三轴对称性

由于材料的各向同性,因此屈服函数中的三个主应力 $\sigma_1, \sigma_2, \sigma_3$ 的符号应该是可以互换的,应力坐标变换对材料屈服没有影响. 如果材料在 σ_1 方向拉伸至应力点 $1(\sigma_1 = \sigma_0, \sigma_2 = \sigma_3 = 0)$ 发生屈服,那么 2 点 $(\sigma_1 = \sigma_3 = 0, \sigma_2 = \sigma_0)$ 和 3 点 $(\sigma_1 = \sigma_2 = 0, \sigma_3 = \sigma_0)$ 也必是屈服面上一点,如图 3-2(b)所示. 推广至三向应力状态,若应力点 $c_1(\sigma_1, \sigma_2, \sigma_3)$ 是屈服面上一点,则应力点 $c_2(\sigma_2, \sigma_1, \sigma_3)$ 也必是屈服面上一点. 因此 π 平面上的屈服曲线必对称于 $11', 22'$ 和 $33'$ 轴线,如图 3-3 所示. 图中如 c_1 点为屈服曲线上一点,则与 $33'$ 轴线对称的相应点 c_2 也应为屈服曲线上的一点. 由此类推,c_3, c_4, c_5 和 c_6 各点也必为屈服曲线上的一点.

3.2.3 材料拉压屈服应力相等

金属材料的拉压屈服性质较为接近,一般假定它们的拉伸屈服极限 σ_{u} 和压缩屈服极限 σ_{κ} 相等,即 $\sigma_{u} = \sigma_{\kappa} = \sigma_s$,因此屈服函数应满足下列条件:

$$f(\sigma_{ij}) = f(-\sigma_{ij}) = 0 \qquad (3-9)$$

这一条件在应力空间 π 平面上表示屈服曲线必定对称于 $11', 22'$ 和 $33'$ 等轴线的垂直线 aa', bb' 和 cc' 等直线. 在图 3-4 中,水平线

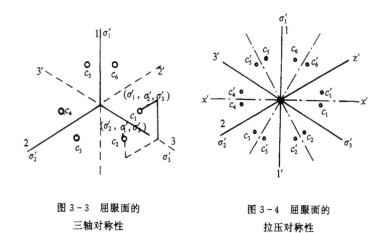

图 3-3　屈服面的
三轴对称性

图 3-4　屈服面的
拉压对称性

xx' 与 σ_1' 轴相垂直,若 c_1 点为屈服曲线上一点,则与 xx' 直线对称的相应点 c_1' 也必为屈服曲线上的一点. 由此类推,c_1',c_2',c_3',c_4',c_5' 和 c_6' 各点也应为屈服曲线上的一点.

根据以上讨论的结果,在 π 平面上的屈服曲线就有 6 根对称轴,屈服曲线应由 12 个相同的弧段或直线所组成,如图 3-2(b) 所示.因此,对屈服准则进行研究时,只要确定其中的一个弧段或直线,即在 30° 应力角范围内的屈服曲线即可.下面我们从最一般的角度上来建立和研究屈服准则,它们应该遵从以上讨论的各种条件.

§3.3　单剪应力屈服准则(Tresca 屈服准则)

法国科学家库仑 C. A. Coulomb (1736—1806)是 18 世纪伟大的力学家. 著名力学家 S. P. Timoshenko(1878—1972)曾写道"18 世纪时的科学家在弹性力学方面的成就,没有人能比得上 Coulomb,[14]. Coulomb 年轻时曾在西印度洋的 Martinique 岛上工作了 9 年. 在这期间他主持了各种建筑工程,深入研究了材料的力学性能和土木工程中的各种问题,并写出了在 1773 年向法国科学院提交的那篇有名的论文"建筑静力学各种问题极大极小法则的应用". 在这篇论文中,Coulomb 提出了他的摩擦理论并由此建立了材料破坏的强度理论,这就是现在力学和工程中广泛应用的 Mohr-Coulomb 强度理论. 除了最初 Galileo 关于材料拉压破坏的强度讨论外,这是强度理论研究中最早的理论概念. Coulomb 认为材料沿剪切面的破坏要考虑内聚力和摩擦力,因此材料的剪切强度还与剪切面上作用的正应力有关. 关于这一理论的进一步研究和发展由 O. Mohr(1835—1918)所完成,对此我们将在第七章作进一步的讨论.

Mohr 于 1882 年采用应力圆的方法发展了这一理论,但那时的工程师多数采用最大应变强度理论作为他们评断破坏的标准. 因此他不得不在 18 年之后,再次提出他的理论. 这时,作为 Mohr-Coulomb 强度理论特例的最大剪应力强度理论也由 Tresca 于 1864 年和 Guest 于 1900 年提出而得到发展.

最大剪应力强度理论或屈服准则的基本思想是,当作用于单元体上的最大剪应力 τ_{13} 达到某一极限值时,材料开始发生屈服. 它的数学表达式为

$$f = \tau_{\max} = \tau_{13} = C \qquad (3-10)$$

主应力表达式为

$$f = \sigma_1 - \sigma_3 = \sigma_s \qquad (3-10')$$

式中 σ_s 为材料的屈服极限.

最大剪应力强度理论只考虑了单元体的一个剪应力,所以也可以称之为单剪应力强度理论. 单剪应力强度理论或屈服准则的一个明显的缺点是只考虑了三个主应力 σ_1,σ_2 和 σ_3 中的二个主应力,即最大主应力 σ_1 和最小主应力 σ_3,而没有考虑中间主应力 σ_2 对材料破坏的影响. 为此,人们对此进行了大量的研究,并提出了一个新的、包括 σ_2 的强度理论,现在也常称之为 Mises 屈服准则或第四强度理论.

§3.4 八面体剪应力屈服准则(Mises 屈服准则)

八面体剪应力屈服准则的主应力表达式为

$$f = \tau_8 = \frac{1}{3}\left[(\sigma^1 - \sigma_2)^2 + (\sigma_2 - \sigma_3)^2 + (\sigma_3 - \sigma_1)^2\right]^{1/2}$$

$$= C$$

$$f = \frac{1}{\sqrt{2}}\left[(\sigma_1 - \sigma_2)^2 + (\sigma_2 - \sigma_3)^2 + (\sigma_3 - \sigma_1)^2\right]^{1/2}$$

$$= \sigma_s \tag{3-11}$$

八面体剪应力屈服准则中包含了三个主应力 σ_1, σ_2 和 σ_3, 并且具有对称形式的数学表达式, 在金属材料中得到广泛的应用, 并有很多学者从不同的角度对它进行了研究, 提出了各种不同的解释和推导方法.

Mises 屈服准则的各种解释归纳如下:

(1) Maxwell(1856)和 Huber(1904)的形状改变变形能的解释为

$$U_* = \frac{1}{12G}\left[(\sigma_1 - \sigma_2)^2 + (\sigma_2 - \sigma_3)^2 + (\sigma_3 - \sigma_1)^2\right]$$

$$= C$$

认为当单元体在 σ_1, σ_2, σ_3 作用下的形状改变变形能 U_* 达到某一极限值时, 材料开始屈服.

(2)Mises(1913)的应力偏量第二不变量的解释为

$$J_2 = \frac{1}{6}\left[(\sigma_1 - \sigma_2)^2 + (\sigma_2 - \sigma_3)^2 + (\sigma_3 - \sigma_1)^2\right]$$

$$= C$$

认为当应力偏量第二不变量 J_2 达到极限值, 材料开始屈服

(3) Eichinger(1926)和 Nadai(1937)的八面体剪应力的解释为

$$\tau_8 = \frac{1}{3}\left[(\sigma_1 - \sigma_2)^2 + (\sigma_2 - \sigma_3)^2 + (\sigma_3 - \sigma_1)^2\right]^{1/2}$$

$$= C$$

认为当等倾八面体单元体上的剪应力 τ_8 达到极限值,材料开始屈服.

(4) Ильюшин(1934)的应力强度或剪应力强度的解释为

$$\sigma_i = \frac{1}{\sqrt{2}}\left[(\sigma_1 - \sigma_2)^2 + (\sigma_2 - \sigma_3)^2 + (\sigma_3 - \sigma_1)^2\right]^{1/2}$$
$$= C$$
$$T = \frac{1}{\sqrt{6}}\left[(\sigma_1 - \sigma_2)^2 + (\sigma_2 - \sigma_3)^2 + (\sigma_3 - \sigma_1)^2\right]^{1/2}$$
$$= C$$

认为当应力强度 σ_1 或剪应力强度 T 达到极限值,材料开始屈服.

(5)Новожилов(1952)的统计平均剪应力的解释如下. 如围绕一点所取单元球体的球面积为 Ω,则

$$\tau_t = \left(\frac{1}{\Omega}\int \tau^2 d\Omega\right)^{1/2} = \frac{1}{\sqrt{15}}\left[(\sigma_1 - \sigma_2)^2\right.$$
$$\left. + (\sigma_2 - \sigma_3)^2 + (\sigma_3 - \sigma_1)^2\right]^{1/2} = C$$

认为当统计平均剪应力 τ_1 达到极限值,材料开始屈服.

(6)Макушин 的应力圆总面积的解释为

$$\Omega_T = \frac{\pi}{4}\left[(\sigma_1 - \sigma_2)^2 + (\sigma_2 - \sigma_3)^2 + (\sigma_3 - \sigma_1)^2\right] = C$$

认为当三个应力圆的面积之和 Ω_T 达到极限值,材料开始屈服.

(7)Пономарев(1953)的主应力对静水应力 σ_m 的平均方差为极小的解释为

$$\Delta_{\min} = \frac{1}{3}\left[(\sigma_1 - \sigma_2)^2 + (\sigma_2 - \sigma_3)^2 + (\sigma_3 - \sigma_1)^2\right]$$
$$= C$$

认为当主应力对静水应力 σ_m 的平均方差 Δ 为极小的 $\Delta_{\min}$ 时,材料开始屈服.

(8)俞茂宏(1962)的均方根剪应力的解释为

$$\tau_{123} = \sqrt{\frac{1}{3}\left[\tau_{12}^2 + \tau_{23}^2 + \tau_{31}^2\right]}$$

$$= \frac{1}{\sqrt{12}} \left[(\sigma_1 - \sigma_2)^2 + (\sigma_2 - \sigma_3)^2 + (\sigma_3 - \sigma_1)^2 \right]^{1/2}$$

$$= C$$

认为当均方根剪应力 τ_{123} 达到极限值时,材料开始屈服.

(9)Paul(1968)的主应力偏量 $(\sigma - \sigma_m)$ 均方值的解释为

$$S_t = \frac{1}{9} \left[(\sigma_1 - \sigma_2)^2 + (\sigma_2 - \sigma_3)^2 + (\sigma_3 - \sigma_1)^2 \right]$$

$$= C$$

认为当主应力偏量均方值 S_t 达到极限值,材料开始屈服.

(10)主剪应力平方和或均方值的解释为

$$\tau_t = \frac{1}{3} \left[\left(\frac{\sigma_1 - \sigma_2}{2} \right)^2 + \left(\frac{\sigma_2 - \sigma_3}{2} \right)^2 + \left(\frac{\sigma_3 - \sigma_1}{2} \right)^2 \right]$$

$$= C$$

认为当主剪应力平方和或均方值 τ_t 达到极限值,材料开始屈服.

(11)十二边形的线性逼近. 俞茂宏于 1961 年曾用一个十二面屈服面的分段线性屈服函数

$$\tau_b = (1 + \sqrt{3})\tau_{13} + \tau_{12}$$

$$= (2 + \sqrt{3})\sigma_1 - \sigma_2 - (1 + \sqrt{3})\sigma_3$$

$$= C$$

来代替 Mises 屈服准则,它们的差别小于 4%.

若以拉伸屈服应力 σ_t 为依据,则上式可写为

$$\tau_b = \sigma_1 - 0.268\sigma_2 - 0.732\sigma_3 = \sigma_t$$

它与 Tresca 屈服准则一样有简单的表达式,但考虑了中间主应力 σ_2 的影响.

τ_b 可理解为双剪应力 τ_{13} 与 τ_{12} 之和,系数 $(1 + \sqrt{3})$ 说明 τ_{13} 对强度的作用比 τ_{12} 要大 1.732 倍.

(12)Mises 屈服准则的双剪应力二次式表示. Mises 屈服准则可解释为双剪应力有关,即

$$\tau_{\text{双}}^2 = \tau_{13}^2 + \tau_{12}^2 + (\tau_{13} - \tau_{12})^2$$

$$= \frac{1}{4} \Big[(\sigma_1 - \sigma_2)^2 + (\sigma_2 - \sigma_3)^2 + (\sigma_3 - \sigma_1)^2 \Big]$$

$$= C$$

或

$$\tau_{\mathrm{双}}^2 = \tau_{13}^2 + \tau_{23}^2 + (\tau_{13} - \tau_{23})^2$$

$$= \frac{1}{4} \Big[(\sigma_1 - \sigma_2)^2 + (\sigma_2 - \sigma_3)^2 + (\sigma_3 - \sigma_1)^2 \Big]$$

$$= C$$

以上十二种从不同角度解释和推导出的 Mises 屈服准则,在实际使用时它们都是等效的,即

$$J_2 = 2GU_{\prime} = \frac{3}{2}\tau_8^2 = \frac{1}{3}\sigma_i^2 = T^2 = \frac{5}{2}\tau_i^2 = \frac{2}{3\pi}\Omega_T = \frac{3}{2}\Delta_{\min}$$

$$= 2\tau_{123}^2 = \frac{3}{2}S_{\prime} = 2\tau_{\prime} = \frac{2}{3}\tau_{\mathrm{双}}^2 \approx \frac{1}{3}\tau_b^2 \qquad (3-11')$$

§3.5 双剪统一屈服准则

一般主应力状态$(\sigma_1, \sigma_2, \sigma_3,$ 如图 3-5)存在三个主剪应力$(\tau_{13}, \tau_{12}, \tau_{23})$. 由于这三个主剪应力的绝对值中的最大主剪应力恒等于另二个主剪应力之和,即三个主剪应力在数值上存在 $\tau_{13} = \tau_{12} + \tau_{23}$. 因此三个主剪应力只有两个独立量. 根据双剪理论的概念,我们取两个较大的主剪应力,并以这两个较大主剪应力(即最大主剪应力和中间主剪应力)的截面从图 3-5 的主应力单元体中截取

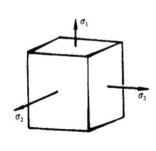

图 3-5 主应力单元体

出正交八面体,如图 3-6 所示. 如果 $\sigma_1 \geqslant \sigma_2 \geqslant \sigma_3$,那么 $\tau_{13} = \frac{1}{2}(\sigma_1 - \sigma_3)$ 恒为最大主剪应力,但中间主剪应力可能为 $\tau_{12} = \frac{1}{2}(\sigma_1 - \sigma_2)$,

亦可能为 $\tau_{23} = \frac{1}{2}(\sigma_2 - \sigma_3)$. 当 $\tau_{12} \geqslant \tau_{23}$ 时,我们以 τ_{13} 和 τ_{12} 截面得出正交八面体的 $\tau_{13}-\tau_{12}$ 双剪单元体如图 3-6(a)所示;同理,当 $\tau_{12} \leqslant \tau_{23}$ 时,可得 $\tau_{13}-\tau_{23}$ 的双剪单元体如图 3-6(b)所示.

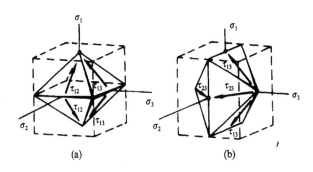

图 3-6　双剪单元体

考虑作用于单元体上的双剪应力以及它们对材料屈服的不同贡献,可建立一个普遍形式的屈服准则,即双剪统一屈服准则. 其定义为,当作用于单元体上的最大主剪应力和中间主剪应力的函数达到某一极限值时,材料开始发出屈服. 这是作者在 1961 年提出的双剪应力屈服准则和加权双剪应力屈服准则[1]的基础上,推广得出的双剪统一屈服准则,也是作者 1990 年提出的双剪统一强度理论[4,5]的一个特例. 其表达式为

$$f = \tau_{13} + b\tau_{12} = C \qquad 当\ \tau_{12} \geqslant \tau_{23} \qquad (3-12)$$

$$f' = \tau_{13} + b\tau_{23} = C \qquad 当\ \tau_{12} \leqslant \tau_{23} \qquad (3-12')$$

式中系数 b 可看作中间主剪应力对材料屈服的影响系数,C 为材料的强度参数. 参数 C 可由单向拉伸屈服条件($\sigma_1 = \sigma_s$,$\sigma_2 = \sigma_3 = 0$)求得为

$$C = \frac{1+b}{2}\sigma_s \qquad (3-13)$$

以主应力值和式(3-13)代入式(3-12),(3-12'),可得出双剪统一屈服准则为

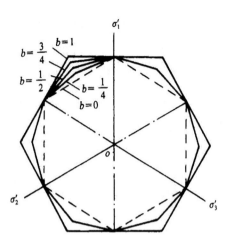

图 3-7 双剪统一屈服准则在 π 平面的一族屈服曲线

$$f = \sigma_1 - \frac{1}{1+b}(b\sigma_2 + \sigma_3) = \sigma_s$$

$$\text{当 } \sigma_2 \leqslant \frac{1}{2}(\sigma_1 + \sigma_3) \qquad (3-14)$$

$$f' = \frac{1}{1+b}(\sigma_1 + b\sigma_2) - \sigma_3 = \sigma_s$$

$$\text{当 } \sigma_2 \geqslant \frac{1}{2}(\sigma_1 + \sigma_3) \qquad (3-14')$$

这是一族以系数 b 为参数的统一屈服准则. 采用不同的 b 值,可得出各种不同的屈服准则.

双剪统一屈服准则在应力空间的屈服面为一族以静水应力轴为轴线的无限长多边棱柱面,它们在 π 平面的屈服曲线如图 3-7 所示.

§3.6 双剪统一屈服准则的其他形式

在双剪统一屈服准则的基本公式(3-12),(3-12')中,系数 b

和参数 C 可由单向拉伸屈服条件($\sigma_1 = \sigma_s$, $\sigma_2 = \sigma_3 = 0$)和剪切屈服条件($\sigma_1 = \tau_s$, $\sigma_2 = 0$, $\sigma_3 = -\tau_s$)求得为

$$b = \frac{2\tau_s - \sigma_s}{\sigma_s - \tau_s} \qquad C = \frac{\tau_s - \sigma_s}{2(\sigma_s - \tau_s)} \qquad (3-15)$$

以主应力和式(3-15)代入式(3-12),(3-12'),可得出双剪统一屈服准则的另一表达式

$$f = \sigma_1 - \frac{2\tau_s - \sigma_s}{\tau_s}\sigma_2 - \frac{\sigma_s - \tau_s}{\tau_s}\sigma_3 = \sigma_s$$

$$\text{当 } \sigma_2 \leqslant \frac{1}{2}(\sigma_1 + \sigma_3) \qquad (3-16)$$

$$f' = \frac{\sigma_s - \tau_s}{\tau_s}\sigma_1 - \frac{2\tau_s - \sigma_s}{\tau_s}\sigma_2 - \sigma_3 = \sigma_s$$

$$\text{当 } \sigma_2 \geqslant \frac{\sigma_1 + \sigma_3}{2} \qquad (3-16')$$

如以材料的拉伸和剪切强度比 $B = \dfrac{\sigma_s}{\tau_s}$ 表示,则双剪统一屈服准则可简化为

$$f = \sigma_1 - (2-B)\sigma_2 - (B-1)\sigma_3 = \sigma_s$$

$$\text{当 } \sigma_2 \leqslant \frac{1}{2}(\sigma_1 + \sigma_3) \qquad (3-17)$$

$$f' = (B-1)\sigma_1 + (2-B)\sigma_2 - \sigma_3 = \sigma_s$$

$$\text{当 } \sigma_2 \geqslant \frac{1}{2}(\sigma_1 + \sigma_3) \qquad (3-17')$$

式(3-14)和(3-14')、式(3-16)和(3-16')及式(3-17)和(3-17')为双剪统一屈服准则的三种不同表达形式,它们是一致的.三种表达式中分别采用了中间应力系数 b、剪切屈服极限 τ_s 和材料拉剪强度比 B 作为参数,建立了各种不同的又相互联系的屈服准则. b, τ_s 和 B 之间的相互关系为

$$\tau_s = \frac{b+1}{b+2}\sigma_s \qquad b = \frac{2\tau_s - \sigma_s}{\sigma_s - \tau_s} = \frac{2-B}{B-1}$$

$$B = \frac{b+2}{b+1} = \frac{\sigma_s}{\tau_s} \qquad (3-18)$$

§3.7 双剪统一屈服准则的典型特例

双剪统一屈服准则的意义有两个方面. 一方面,它将现有的 3 种屈服准则,即单剪应力屈服准则、八面体剪应力屈服准则和双剪应力屈服准则用一个统一的力学模型和一个统一的数学表达式建立起相互的联系. 另一方面,事实上它可以包含无限多个屈服准则,可以适应各种不同的材料,在各种工程中得到广泛的应用.

在图 3-8 中,我们给出了双剪统一屈服准则的 6 种典型特例[4]. 根据不同材料的特性,取不同的系数 b,得出 6 种屈服准则. 从图中可以清晰地看出它们之间的联系.

图 3-8 中的 6 种典型屈服准则的主应力表达式可以由式(3-14),(3-14′)或式(3-16),(3-16′)或式(3-17),(3-17′)得出. 取不同的 b 值(τ_s 值或 B 值)可分别得出以下各种屈服准则.

3.7.1 双剪应力屈服准则($b=1$)

当 $b=1$,即 $B=\dfrac{3}{2}$,$\tau_s=\dfrac{2}{3}\sigma_s$ 时,可得

$$f_1 = \sigma_1 - \frac{1}{2}(\sigma_2 + \sigma_3) = \sigma_s$$

$$\text{当 } \sigma_2 \leqslant \frac{1}{2}(\sigma_1 + \sigma_3) \tag{3-19}$$

$$f_1' = \frac{1}{2}(\sigma_1 + \sigma_2) - \sigma_3 = \sigma_s$$

$$\text{当 } \sigma_2 \leqslant \frac{1}{2}(\sigma_1 + \sigma_3) \tag{3-19'}$$

此即为作者于 1961 年提出的双剪应力屈服准则. 它在应力空间中的屈服面和在 π 平面的屈服线如图 3-9 所示.

3.7.2 双剪统一屈服准则$\left(b=\dfrac{3}{4}\right)$

当 $b=\dfrac{3}{4}$,即 $B=\dfrac{11}{7}$ 或 $\tau_s=0.636\sigma_s$ 时,可得一个新的屈服准则

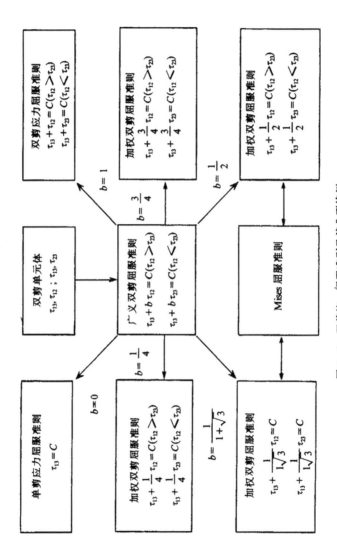

图 3-8 双剪统一屈服准则及其典型特例

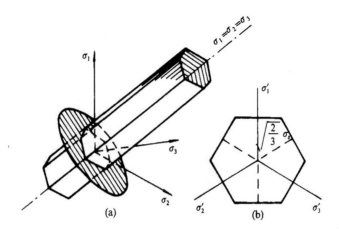

图 3-9 双剪应力屈服面（$b=1$）

为

$$f_2 = \sigma_1 - \frac{1}{7}(3\sigma_2 + 4\sigma_3) = \sigma_s$$

$$\text{当} \ \sigma_2 \leqslant \frac{1}{2}(\sigma_1 + \sigma_3) \tag{3-20}$$

$$f_2 = \frac{1}{7}(4\sigma_1 + 3\sigma_2) - \sigma_3 = \sigma_s$$

$$\text{当} \ \sigma_2 \geqslant \frac{1}{2}(\sigma_1 + \sigma_3) \tag{3-20'}$$

这一新的双剪应力屈服准则在应力空间中的屈服面和在 π 平面的屈服线如图 3-10 所示. 可以看出,它的屈服面小于双剪应力屈服面,大于 Mises 屈服准则的屈服面,并且介于两者之间.

3.7.3 双剪统一屈服准则 $\left(b = \frac{1}{2} \right)$

当 $b = \frac{1}{2}$,即 $B = \frac{5}{3}$ 或 $\tau_s = 0.6\sigma_s$ 时,可得出另一个新的屈服准则,即另一个双剪应力屈服准则为

$$f_3 = \sigma_1 - \frac{1}{3}(\sigma_2 + 2\sigma_3) = \sigma_s$$

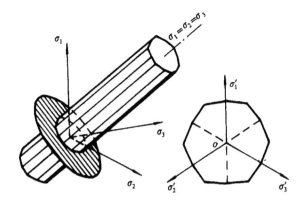

图 3-10　双剪应力屈服面 $\left(b = \dfrac{3}{4} \right)$

$$当 \ \sigma_2 \leqslant \frac{1}{2}(\sigma_1 + \sigma_3) \qquad (3-21)$$

$$f_3 = \frac{1}{3}(2\sigma_1 + \sigma_2) - \sigma_3 = \sigma,$$

$$当 \ \sigma_2 \geqslant \frac{1}{2}(\sigma_1 + \sigma_3) \qquad (3-21')$$

这一新的双剪应力屈服准则在应力空间中的屈服面和在 π 平面的屈服线如图 3-11 所示. 它的屈服面与大家熟知的 Mises 屈服面十分接近. 它是与 Mises 屈服圆相交的十二边形屈服面, 是 Mises 圆的线性逼近, 可以作为 Mises 屈服准则代用的一个新的分段线性屈服准则. 由于它是一种线性形式的屈服准则, 并且具有十分简单的数学表达式, 因此在工程应用中将较为方便, 特别是在主应力顺序已知的情况下. 在本书下几章中我们将把它应用到弹塑性有限元计算中, 并且采用角点局部光滑化的技巧, 十分简便地解决了角点上流动矢量的奇异性问题。

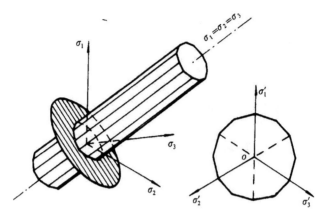

图 3-11 双剪应力屈服面 $\left(b = \dfrac{1}{2} \right)$

3.7.4 双剪统一屈服准则 $\left(b = \dfrac{1}{1 + \sqrt{3}} \right)$

当 $b = \dfrac{1}{1 + \sqrt{3}}$，即 $B\,\dfrac{3 + 2\sqrt{3}}{2 + \sqrt{3}} = 1.73$ 或 $\tau_s = 0.577\sigma_s$ 时，可得

$$f_4 = \sigma_1 - \frac{1}{2 + \sqrt{3}}[\sigma_2 + (1 + \sqrt{3})\sigma_3] = \sigma_s$$

$$\text{当 } \sigma_2 \leqslant \frac{1}{2}(\sigma_1 + \sigma_3) \tag{3-22}$$

$$f_4 = \frac{1}{2 + \sqrt{3}}[(1 + \sqrt{3})\sigma_1 + \sigma_2] - \sigma_3 = \sigma_s$$

$$\text{当 } \sigma_2 \geqslant \frac{1}{2}(\sigma_1 + \sigma_3) \tag{3-22'}$$

此即为作者于1961年提出的正十二边形双剪应力屈服准则. 它在应力空间中的屈服面和在 π 平面的屈服线与图 3-11 的 $b = \dfrac{1}{2}$ 的双剪应力屈服面十分接近. 但 $b = \dfrac{1}{2}$ 的双剪应力屈服面为一个与

Mises 屈服圆柱面相交的不等角十二边形屈服面；而 $b = \dfrac{1}{1+\sqrt{3}}$ 的双剪应力屈服面则是 Mises 屈服面的内接正十二边形屈服面. 两者在 π 平面屈服线的比较如图 3-12 所示.

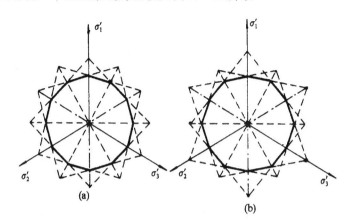

图 3-12 十二边形屈服线.(a)正十二边形屈服线 $\left(b = \dfrac{1}{1+\sqrt{3}} \right)$；

(b)不等角十二边形屈服线 $\left(b = \dfrac{1}{2} \right)$

式(3-22),(3-22′)的正十二边形双剪应力屈服准则也可简化为[2]

$$f_4 = \sigma_1 - 0.268\sigma_2 - 0.732\sigma_3 = \sigma_s$$

$$\text{当 } \sigma_2 \leqslant \frac{1}{2}(\sigma_1 + \sigma_3) \qquad\qquad (3-23)$$

$$f_4 = 0.732\sigma_1 + 0.268\sigma_2 - \sigma_3 = \sigma_s$$

$$\text{当 } \sigma_2 \geqslant \frac{1}{2}(\sigma_1 + \sigma_3) \qquad\qquad (3-23')$$

正十二边形双剪应力屈服准则式(3-23),(3-23′)具有较为简单的数学表达式.作为对比,我们列出 Mises 屈服准则

$$f = \frac{1}{\sqrt{2}}\left[(\sigma_1 - \sigma_2)^2 + (\sigma_2 - \sigma_3)^2 + (\sigma_3 - \sigma_1)^2\right]^{1/2}$$

$$= \sigma_s \tag{3-24}$$

Mises 屈服准则在应力空间的屈服面为一无限长圆柱面,如图 3-2(a)所示,它在 π 平面的屈服线则如图 3-13 的圆所示. 图中同时绘出 $b = \dfrac{1}{1+\sqrt{3}}$(左侧)和 $b = \dfrac{1}{2}$(右侧)两种十二边形. 可以看出,它们都可以逼近 Mises 圆,其中 $b = \dfrac{1}{2}$ 更为逼近,并且表达式(3-21),(3-21')也更为简单.

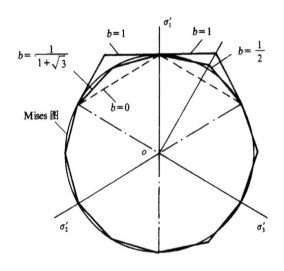

图 3-13　Mises 圆及其线性逼近

事实上,由于 Mises 屈服准则也可解释为三个主剪应力的均方根剪应力准则,而三个主剪应力只有二个独立量,因此,Mises 屈服准则也可解释为二次式双剪应力屈服准则,并从下列式中推导得出:

$$\begin{aligned}
f &= \tau_{13}^2 + \tau_{12}^2 + (\tau_{13} - \tau_{12})^2 \\
&= \frac{1}{4}\left[(\sigma_1 - \sigma_2)^2 + (\sigma_2 - \sigma_3)^2 + (\sigma_3 - \sigma_1)^2\right] \\
&= C \tag{3-25}
\end{aligned}$$

$$f = \tau_{13}^2 + \tau_{23}^2 + (\tau_{13} - \tau_{23})^2$$
$$= \frac{1}{4}\left[(\sigma_1 - \sigma_2)^2 + (\sigma_2 - \sigma_3)^2 + (\sigma_3 - \sigma_1)^2\right]$$
$$= C \qquad\qquad (3-25')$$

从式(3-21),(3-21′)和式(3-22),(3-22′)或式(3-23),(3-23′)与式(3-24)的 Mises 屈服准则的计算结果对比,以及从图3-11,图3-12和图3-13的屈服面图形对比,读者不难发现,这三者都是十分接近的.在一般情况下,三者的计算结果几乎是相同的,它们之间的最大相差不会超过 4%.因此三者可以相互通用.

熊慧而和曾晓英等在 80 年代独立提出了正十二边形屈服准则,并把它应用于求解板和圆筒厚壳等的极限平衡问题,得出了很好的结果.

3.7.5　双剪统一屈服准则($b = \frac{1}{4}$)

当 $b = 1/4$,即 $B = 9/4$ 或 $\tau_s = 0.556\sigma_s$ 时,可得另一个新的双剪应力屈服准则

$$f_5 = \sigma_1 - \frac{1}{5}(\sigma_2 + 4\sigma_3) = \sigma_s$$

$$\text{当 } \sigma_2 \leqslant \frac{1}{2}(\sigma_1 + \sigma_3) \qquad\qquad (3-26)$$

$$f_5' = \frac{1}{5}(4\sigma_1 + \sigma_2) - \sigma_3 = \sigma_s$$

$$\text{当 } \sigma_2 \geqslant \frac{1}{2}(\sigma_1 + \sigma_3) \qquad\qquad (3-26')$$

这一新的双剪应力屈服准则在应力空间中的屈服面和在 π 平面的屈服线如图 3-14 所示.它的屈服面小于 Mises 屈服准则的屈服面,大于单剪应力屈服面(Tresca 屈服准则).

3.7.6　单剪应力屈服准则($b = 0$)

当 $b = 0$,即 $B = 2$ 或 $\tau_s = 0.5\sigma_s$ 时,双剪统一屈服准则中的中

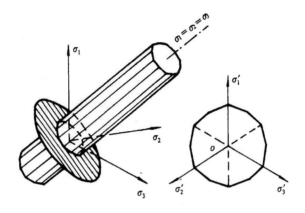

图 3-14　双剪应力屈服面$(b=\dfrac{1}{4})$

间主剪应力项不起作用,因此双剪统一屈服准则的两个表达式合并为一式,即式(3-14)与((3-14′),或式(3-16)与(3-16′),以及式(3-17)与(3-17′)均合并为一式,即

$$f = f' = \sigma_1 - \sigma_3 = \sigma_s \qquad (3-27)$$

此即为 Tresca 屈服准则.由于它只考虑了单个剪应力对材料屈服的影响,所以可称之为单剪应力屈服准则.单剪应力屈服准则在应力空间中的屈服面和 π 平面的屈服线如图 3-15 所示.它是各种外凸屈服面中的最小范围的屈服面.

　　以上 6 种典型特例都为外凸屈服面.其中双剪应力屈服面和单剪应力屈服面为六边形屈服面,前者为所有外凸屈服面中的最大范围屈服面,后者为所有外凸屈服面中的最小范围屈服面.其他 4 种双剪统一屈服准则的屈服面均为十二边形屈服面,并且都介于双剪应力屈服面和单剪应力屈服面之间.这 6 种屈服准则的参数变化规律为

$$0 \leqslant b \leqslant 1 \qquad \frac{2}{3} \leqslant B \leqslant 2. \qquad \frac{1}{2} \leqslant \frac{\tau_s}{\sigma_s} \leqslant \frac{2}{3} \qquad (3-28)$$

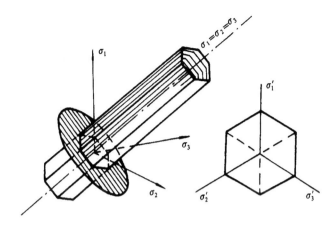

图 3-15 单剪应力屈服面(b=0)

§3.8 双剪非凸屈服准则

上面讨论了统一屈服准则及其六种典型特例. 这六种屈服准则都是外凸屈服准则. 多年来,曾经有很多人对屈服准则做过很多实验验证,特别是对剪切屈服极限 τ_s 和拉伸屈服极限进行过很多比较. 文献[6]总结了各国学者的试验结果. 得出的剪切拉伸屈服极限比 τ_s/σ_s 可以归纳为三类,即

$$\tau_s/\sigma_s = 0.5 \sim 0.57$$
$$\tau_s/\sigma_s = 0.56 \sim 0.62 \qquad (3-29)$$
$$\tau_s/\sigma_s = 0.7$$

这三种结果分别与上述的单剪应力屈服准则($\tau_s/\sigma_s = 0.5$),八面体剪应力屈服准则($\tau_s/\sigma_s = 0.577$)和双剪应力屈服准则($\tau_s/\sigma_s = 0.667$)相符合. Serensen 给出的几种钢材的剪拉比 $\tau_s/\sigma_s = 0.65 - 0.7$.

文献[7]列出 30 种材料的剪拉比,可以归纳为四大类.

第一类共 5 种材料,其剪拉比 $\tau_s/\sigma_s = 0.5 \pm 5\%$,符合单剪应力屈服准则.

第二类共 9 种材料,其剪拉比 $\tau_s/\sigma_s=0.58\pm5\%$,符合八面体剪应力屈服准则.

第三类共 7 种材料,其剪拉比 $\tau_s/\sigma_s=0.68\pm5\%$,符合双剪应力屈服准则.

第四类共 8 种材料,其剪拉比 $\tau_s/\sigma_s\leqslant0.4$. 对于这一实验结果,至今没有一种理论给予说明. 此外,也有一些报道所得出的剪拉比 τ_s/σ_s 约为 0.45. 这些都无法用现有理论进行解释. 但是,采用统一屈服准则可以非常灵活地适应这些实验结果.

当 $\tau_s/\sigma_s=0.45$,按式(3-18)可得 $B=\dfrac{\sigma_s}{\tau_s}=2.2$, $b=-\dfrac{1}{6}$. 将这一结果代入式(3-14),(3-14′)或式(3-17),(3-17′),则可得出屈服准则为

$$f = \sigma_1 + 0.2\sigma_2 - 1.2\sigma_3 = \sigma_s$$

$$\text{当 } \sigma_2 \leqslant \frac{1}{2}(\sigma_1 + \sigma_3) \qquad (3-30)$$

$$f' = 1.2\sigma_1 - 0.2\sigma_2 - \sigma_3 = \sigma_s$$

$$\text{当 } \sigma_2 \geqslant \frac{1}{2}(\sigma_1 + \sigma_3) \qquad (3-30')$$

同理,当 $\tau_s/\sigma_s=0.4$ 时,$B=\sigma_s/\tau_s=2.5$,$b=-\dfrac{1}{3}$,相应的屈服准则为

$$f = \sigma_1 + \frac{1}{2}\sigma_2 - \frac{3}{2}\sigma_3 = \sigma_s$$

$$\text{当 } \sigma_2 \leqslant \frac{1}{2}(\sigma_1 + \sigma_3) \qquad (3-31)$$

$$f' = \frac{3}{2}\sigma_1 - \frac{1}{2}\sigma_2 - \sigma_3 = \sigma_s$$

$$\text{当 } \sigma_2 \geqslant \frac{1}{2}(\sigma_1 + \sigma_3) \qquad (3-31')$$

式(3-30),(3-30′)和式(3-31),(3-31′)是两种新的屈服准则表达式. 它们的屈服面小于单剪应力屈服准则的屈服面,并形成一种内凹的屈服面,故可称之为非凸屈服面,相应的屈服面如图

3 – 16 所示.

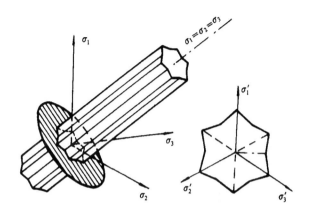

图 3 – 16　双剪非凸屈服面 $\left(b = -\dfrac{1}{3}\right)$

式 (3 – 30), (3 – 30'), 和式 (3 – 31), (3 – 31') 以及图 3 – 16 的非凸屈服面对应于 $b < 0$ 的情况. 此外, 双剪统一屈服准则还能适应于屈服面大于双剪应力屈服面的情况.

当 $b > 1$ 时, 统一屈服准则形成另一类非凸的屈服面. 若 $b = \dfrac{5}{4}$, 则式 (3 – 14), (3 – 14') 的统一屈服准则可表述为

$$f = \sigma_1 - \frac{1}{9}(5\sigma_2 + 4\sigma_3) = \sigma_s,$$

$$\text{当} \quad \sigma_2 \leqslant \frac{1}{2}(\sigma_1 + \sigma_3) \tag{3 – 32}$$

$$f' = \frac{1}{9}(4\sigma_1 + 5\sigma_2) - \sigma_3 = \sigma_s,$$

$$\text{当} \quad \sigma_2 \geqslant \frac{1}{2}(\sigma_1 + \sigma_3) \tag{3 – 32'}$$

这一非凸屈服准则在主应力空间的屈服面如图 3 – 17 所示. 图中同时绘出了这一非凸屈服准则在 π 平面的屈服线. 作为比较, 在 π

平面屈服线的上半部,以虚线绘出双剪应力屈服线.在 $\theta=30°$ 的剪切应力状态处,这一非凸屈服面向外作了扩展.我们知道,在以拉伸和压缩屈服极限 σ_t 为实验比较点时,双剪应力屈服面是所有外凸屈服面中的最大范围屈服面. $b>1$ 的非凸屈服面,则突破了双剪应力屈服准则和屈服面,有更大的屈服面范围.但目前这种屈服面只是一种数学表达式的扩展

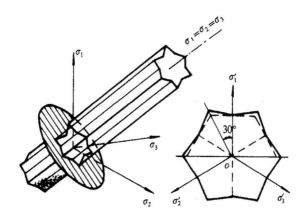

图 3-17 双剪非凸屈服准则 $\left(b=\dfrac{5}{4}\right)$

上述 $b<0$ 和 $b>1$ 两类非凸屈服准则中,前者已有实验结果的报道[7],后者尚未见有关文献报道这类实验结果,因而对它的实用意义还不能予以证实.但以双剪单元体作为力学模型所推导出的统一屈服准则,一方面建立起现有各种屈服准则之间的相互联系;另一方面统一了屈服准则所包含的外凸屈服准则($0\leqslant b\leqslant1$)和 $b<0$,$b>1$ 两族屈服准则,可以适应于各种拉压强度相同的材料,使屈服准则在理论上更为完整;此外,由于统一屈服准则和它的各种典型特例均为线性表达式,方程简单,实际应用较为方便;同时,对于 $b>\dfrac{1}{2}$ 的材料,应用双剪统一屈服准则进行结构设计,还能更好发挥材料的强度潜力,取得较好的经济效益.

由上所述可知,双剪统一屈服准则是一种与现有屈服准则完全不同的新的屈服准则. 现在已被成功地应用于各种实际问题,有的文献称之为俞茂宏统一屈服准则,以别于单剪、双剪和三剪屈服准则.

§3.9 统一屈服准则的应力不变量表达式

双剪统一屈服准则及其各种特例的屈服准则表达式,都与静水应力 σ_m 无关,屈服准则 $f(\sigma_{ij})$ 中加减一个静水应力得出的表达式仍与原表达式相等,即 $f(\sigma_{ij} \pm \sigma_m) = f(\sigma_{ij})$. 式(3 - 14),(3 - 14′),(3 - 17),(3 - 17′)和式(3 - 19),(3 - 19′)至式(3 - 32),(3 - 32′)均符合这一条件,相应的各种屈服面均为以静水应力轴为轴线的无限长柱面.因此,采用相应的柱坐标来表达屈服准则,将有很大的方便.

根据前述第二章关于柱坐标 (ξ, r, θ) 与主应力 $(\sigma_1, \sigma_2, \sigma_3)$ 的关系,以及主应力与应力不变量 I_1, J_2 和应力角 θ 的关系,可以得出用柱坐标表示的统一屈服准则为

$$f = \sqrt{\frac{3}{2}} r\cos\theta + \frac{\sqrt{2}\,(1 - b)}{2(1 + b)} r\sin\theta = \sigma_t$$

$$0 \leqslant \theta \leqslant \frac{\pi}{6} \tag{3 - 33}$$

$$f' = \frac{\sqrt{3}}{\sqrt{2}\,(1 + b)} r\cos\theta + \frac{1 + 2b}{\sqrt{2}\,(1 + b)} r\sin\theta = \sigma_t$$

$$\frac{\pi}{6} \leqslant \theta \leqslant \frac{\pi}{6} \tag{3 - 33′}$$

由上二式可以看到,屈服准则与坐标 ξ 无关,因此它的屈服面为一以 ξ 为轴线的无限长棱柱面.

同理,统一屈服准则可以表述为应力不变量的形式:

$$f = \sqrt{3J_2}\cos\theta + \frac{1 - b}{1 + b} \sqrt{J_2}\sin\theta = \sigma_t$$

$$0° \leqslant \theta \leqslant \frac{\pi}{6} \qquad (3-34)$$

$$f' = \frac{\sqrt{3J_2}}{1+b}\cos\theta + \frac{1+2b}{1+b}\sqrt{J_2}\sin\theta = \sigma_t$$

$$\frac{\pi}{6} \leqslant \theta \leqslant \frac{\pi}{3} \qquad (3-34')$$

$$\theta = \frac{1}{3}\cos^{-1}\frac{3\sqrt{3}J_3}{2\sqrt{J_2^3}} \qquad 0° \leqslant \theta \leqslant \frac{\pi}{3}$$

式(3-33),(3-33')和式(3-34),(3-34')都包含两族无限多个屈服准则,即一族外凸屈服准则($0 \leqslant b \leqslant 1$)和二类非凸屈服准则($b<0$ 和 $b>1$). 取不同的 b 值,可以得出一系列屈服准则. 当 $b = 1, \frac{3}{4}, \frac{1}{2}, \frac{1}{1+\sqrt{3}}, \frac{1}{4}$ 和 0 时,即得出六种典型屈服准则. 当 $b = 0$ 时,为单剪应力屈服准则,它的应力不变量表达式由 Nayak 和 Zienkiewicz 于 1972 年给出[8]. 但须注意,Nayak 采用的应力角为 Lode 应力角 θ_μ($-30° \leqslant \theta \leqslant +30°$);这里的应力角均统一采用双剪应力角 θ($0 \leqslant \theta \leqslant 60°$),即与双剪应力状态参数 μ_τ 或 μ_τ' 相对应的应力角. 因此形式上有某些不同. 双剪应力角 θ 避免了 Lode 应力角正负的变化,因此具体应用中更为方便. 近年来的很多文献,已逐步趋向于采用应力角 θ,而不用 Lode 角 θ_μ. 这方面的论述,可以参阅文献[9,10].

统一屈服准则的应力不变量表达式在有限元弹塑性计算中更有其特殊的优点,它可以用计算机对统一形式的屈服函数和流动法则编出统一的程序,而又十分灵活地适用于各种材料. 在文献[11]中. 作者采用统一屈服准则编制出相应的统一弹塑性有限元计算程序,并应用于工程问题的计算,可以很方便地采用各种屈服准则进行计算分析和对比. 在本书第二十五章. 我们将作进一步的阐述.

§3.10 统一屈服准则的其他双剪应力解释

在第二章中,我们研究了应力状态的分解,以及偏应力状态与双主剪应力、两组平面纯剪切应力、双偏应力和纯剪切双剪单元体之间的关系. 统一屈服准则是根据双主剪应力单元体模型(图 3-6)得出,它与图 2-14(c)和图 2-17(c)的偏应力双主剪应力是相同的. 因此,统一屈服准则也可称之为双剪统一屈服准则.

双剪统一屈服准则不仅可以根据双主剪应力单元体模型得出,也可根据二组平面纯剪切应力推导得出. 按式(2-23),(2-24)和(2-30),可以建立另一双剪模型并推导得出相同的统一屈服准则. 其定义为,当两组平面纯剪切应力的函数达到某一极限值时,材料开始发生屈服. 其数学表达式为

$$f = \tau_2 + b\tau_3 = C \qquad \text{当 } \tau_3 \geqslant \tau_1 \qquad (3-35)$$

$$f' = \tau_2 + b\tau_1 = C \qquad \text{当 } \tau_3 \leqslant \tau_1 \qquad (3-35')$$

式中 τ_2, τ_3, τ_1 为平面纯剪切应力,根据第二章式(2-24)代入,并按单向拉伸屈服条件和纯剪切屈服条件,可以求得二个材料参数为

$$b = \frac{\sigma_s}{3\tau_s - \sigma_s} \qquad C = \frac{-\sigma_s \tau_s}{3\tau_s - \sigma_s} \qquad (3-36)$$

将式(3-36)的结果和式(2-24)的纯剪切应力代入式(3-35)和(3-35')可得出以材料拉剪屈服极限比 $B = \sigma_s / \tau_s$ 表述的统一屈服准则为

$$f = \sigma_1 - (2 - B)\sigma_2 + (B - 1)\sigma_3 = \sigma_s$$

$$\text{当 } \sigma_2 \leqslant \frac{1}{2}(\sigma_1 + \sigma_3) \qquad (3-37)$$

$$f' = (B - 1)\sigma_1 + (2 - B)\sigma_2 - \sigma_3 = \sigma_s$$

$$\text{当 } \sigma_2 \geqslant \frac{1}{2}(\sigma_1 + \sigma_3) \qquad (3-37')$$

这一结果与前述§3-4的统一屈服准则式(3-17)和(3-17')完全相同. 因此,统一屈服准则除了双主剪应力的概念外,还具有两

组平面纯剪切应力的概念. 此外, 它还可以表述为双偏应力的概念, 即当两组偏应力函数达到某一极限值时, 材料开始发生屈服. 其数学表达式为

$$f = S_2 + bS_3 = C \qquad 当 S_3 \geqslant S_1 \qquad (3-38)$$

$$f' = S_2 + bS_1 = C \qquad 当 S_3 \leqslant S_1 \qquad (3-38')$$

将式(2-24)的结果代入上式, 按同样的方法, 可以得出与式(3-37)和(3-37')相同的统一屈服准则的表达式. 因此统一屈服准则也可由双偏应力函数推导得出.

§3.11 二次式双剪应力屈服准则

3.11.1 双剪应力状态的等效性

在第二章§2.7—§2.9中, 我们已经论述了 3 个主剪应力 $(\tau_{13}, \tau_{12}, \tau_{23})$、3 个主偏应力$(S_1, S_2, S_3)$、3 个平面纯剪切应力$(\tau_1, \tau_2, \tau_3)$和空间纯剪切应力状态的 2 个纯剪切应力$(\tau_{P_1}, \tau_{P_2})$都是等效的. 其中前三者虽然有 3 个变量, 但都只有 2 个独立分量. 从一个变量来看, 它们是不同的, 并且偏应力还是一种正应力, 但从双剪应力来研究, 这三者是等价的. 在数值上它们之间的关系为

$$\tau_{13} + \tau_{12} = \frac{3}{2}(\tau_2 + \tau_3) = \frac{3}{2}(S_2 + S_3) \qquad (3-39)$$

$$\tau_{13} + \tau_{23} = \frac{3}{2}(\tau_2 + \tau_1) = \frac{3}{2}(S_2 + S_1) \qquad (3-39')$$

对于空间纯剪切应力状态$(\tau_{P_1}$ 和 τ_{P_2}, 见图 2-15 和图 2-16), 则只存在 2 个纯剪切应力分量 $\tau_{P_1} = \sqrt{-S_1 S_3}$ 和 $\tau_{P_2} = \sqrt{-S_1 S_2}$. $\sqrt{-S_2 S_3}$ 虽然在数值上可以成立, 但并不是一个纯剪切应力. 同理, 对于图 2-18 的纯剪切双剪单元体. 它的 2 个纯剪切应力为 $\tau_{P_1} = \sqrt{-S_1 S_3}$ 和 $\tau_{P_2} = \sqrt{-S_2 S_3}$. 这时的 $\sqrt{-S_1 S_2}$ 并不是一个纯剪切应力. 所以, 这一空间纯剪切应力状态只有 2 个纯剪切应力, 它们等于

$$\tau_{P_1} = \sqrt{-S_1 S_3}$$

$$\tau_{P_2} = \sqrt{-S_1 S_2} \qquad 当 S_2 < 0 \qquad (3-40)$$

$$\tau'_{P_2} = \sqrt{-S_2 S_3} \qquad 当 S_2 > 0$$

以上三种双剪应力状态和一种双偏应力状态都是等效的,并且可以相互转换.

3.11.2 双剪屈服准则的一个新定义

对于空间纯剪切应力状态的两个纯剪切双剪单元体,可以定义一个新的双剪应力屈服准则为,当作用于纯剪切双剪单元体(图 2-16 和图 2-17)的两个纯剪切应力的平方和达到某一极限时,材料开始发生屈服,其数学表达式为

$$f = \tau_{P_1}^2 + \tau_{P_2}^2 = C^2 \qquad 当 S_2 \leqslant 0 \qquad (3-41)$$

$$f' = \tau_{P_1}^2 + \tau_{P_2}^2 = C^2 \qquad 当 S_2 \geqslant 0 \qquad (3-41')$$

以式(3-40)代入上式可得

$$f = -S_1 S_3 - S_1 S_2 = (S_2 + S_3)^2 = C^2$$
$$当 S_2 \leqslant 0 \qquad (3-42)$$

$$f' = -S_1 S_3 - S_2 S_3 = (S_2 + S_1)^2 = C^2$$
$$当 S_2 \geqslant 0 \qquad (3-42')$$

以偏应力公式和单向拉伸屈服条件代入上式,即可得出这一屈服准则的主应力表达式为

$$f = \sigma_1 - \frac{1}{2}(\sigma_2 + \sigma_3) = \sigma_s$$

$$当 \sigma_2 \leqslant \frac{1}{2}(\sigma_1 + \sigma_3) \qquad (3-43)$$

$$f' = \frac{1}{2}(\sigma_1 + \sigma_2) - \sigma_3 = \sigma_s$$

$$当 \sigma_2 \geqslant \frac{1}{2}(\sigma_1 + \sigma_3) \qquad (3-43')$$

可以看出,这就是式(3-19)和(3-19′)的双主剪应力屈服准则的主应力表达式.因此,双剪应力屈服准则除了可以从双主剪应力条件得出外,还可以从两个平面纯剪切应力和双偏应力条件得出,也可以从空间纯剪切状态的两个纯剪切应力的平方和条件推出.这些关系说明双剪应力的概念具有更深的含义.

3.11.3 二次式双剪应力屈服准则

根据双剪应力的概念,还可以建立各种二次式双剪应力屈服准则,它们的数学表达式分别为

$$f = \tau_{13}^2 + b^2\tau_{12}^2 = 1 \qquad 当 \ \tau_{12} \geqslant \tau_{23} \qquad (3-44)$$

$$f' = \tau_{13}^2 + b^2\tau_{23}^2 = 1 \qquad 当 \ \tau_{12} \leqslant \tau_{23} \qquad (3-44')$$

或写为

$$f = a^2\tau_{13}^2 + b^2 \ (\tau_{13}+\tau_{12})^2 = 1 \qquad 当 \ \tau_{12} \geqslant \tau_{23} \qquad (3-45)$$

$$f' = a^2\tau_{13}^2 + b^2 \ (\tau_{13}+\tau_{23})^2 = 1 \qquad 当 \ \tau_{12} \leqslant \tau_{23} \qquad (3-45')$$

不难看出,当 $a=0$ 时,上式即为双剪应力屈服准则;当 $b=0$ 时,上式即为单剪应力屈服准则.

二次式双剪应力屈服准则也可以表述为两组平面纯剪切应力 $(\tau_2+\tau_3)$、$(\tau_2+\tau_1)$ 或两个偏应力,或空间纯剪切的两个纯剪切应力 τ_{P_1} 和 τ_{P_2} 的二次形式.但二次式的表达式较为繁复,并且均可用线性式予以逼近,因此用线性式的双剪统一屈服准则已能适合于各种拉压强度相同的材料.线性式屈服准则不仅在求解塑性力学问题时较二次式简便,并且由于分段线性屈服准则的角点奇异性问题的解决,以及在弹塑性有限元计算程序中的实施,使线性式屈服准则得到更广泛的应用,在文献〔11〕中,作者将双剪统一屈服准则编入弹塑性有限元计算程序,采用统一的数学表达式,十分简便地处理了角点奇异性问题,并且可以广泛适用于从 $b=0$ 到 $b=1$ 的各类材料.

下面对双剪统一屈服准则作进一步论述.

§3.12　平面应力状态的双剪统一屈服准则

当复杂应力状态中的一个主应力等于零时,则三向应力状态简化为平面应力状态. 按 $\sigma_1 \geqslant \sigma_2 \geqslant \sigma_3$ 的主应力顺序. 平面应力状态可以分为以下几种情况:

(1) $\sigma_1 \geqslant \sigma_2 > 0$, $\sigma_3 = 0$, 统一屈服准则为

$$f = \sigma_1 - \frac{b}{1+b}\sigma_2 = \sigma_s, \qquad 当 \sigma_2 \leqslant \frac{1}{2}\sigma_1 \quad (3-46)$$

$$f' = \frac{1}{1+b}\sigma_1 + \frac{b}{1+b}\sigma_2 = \sigma_s, \qquad 当 \sigma_2 \geqslant \frac{1}{2}\sigma_1 \quad (3-46')$$

(2) $\sigma_1 \geqslant 0$, $\sigma_2 = 0$, $\sigma_3 < 0$, 统一屈服准则为

$$f = \sigma_1 - \frac{1}{1+b}\sigma_3 = \sigma_s, \qquad 当 \frac{1}{2}(\sigma_1 + \sigma_3) \geqslant 0 \quad (3-47)$$

$$f' = \frac{1}{1+b}\sigma_1 - \sigma_3 = \sigma_s, \qquad 当 \frac{1}{2}(\sigma_1 + \sigma_3) \leqslant 0 \quad (3-47')$$

(3) $\sigma_1 = 0$, $\sigma_2 \geqslant \sigma_3 < 0$, 统一屈服准则为

$$f = -\frac{1}{1+b}(b\sigma_2 + \sigma_3) = \sigma_s, \qquad 当 \sigma_2 \leqslant \frac{1}{2}\sigma_3 \quad (3-48)$$

$$f' = \frac{b}{1+b}\sigma_2 - \sigma_3 = \sigma_s, \qquad 当 \sigma_2 \geqslant \frac{1}{2}\sigma_3 \quad (3-48')$$

在一般情况下,平面应力状态的双剪统一屈服准则可写为

$$\sigma_1 - \frac{b}{1+b}\sigma_2 = \pm \sigma_s,$$

$$\frac{1}{1+b}\sigma_1 + \frac{b}{1+b}\sigma_2 = \pm \sigma_s, \qquad (3-49)$$

$$\sigma_1 - \frac{1}{1+b}\sigma_2 = \pm \sigma_s,$$

将上式进行主应力顺序转换,可得出 12 个方程,由此可在 $\sigma_1 - \sigma_2$ 平面内作出 12 条屈服迹线,形成平面应力屈服线. 在图 3-18 中,我们作出 $b=1, b=\frac{1}{2}, b=0$ 三组屈服线. 其中 $b=1$ 的双剪应力屈服线已在文献[1]中作出, $b=0$ 的单剪应力屈服线在一般塑性力学

教材中均有论述,这里不再赘述.

当 $b = \dfrac{1}{2}$ 时,为一新的双剪统一屈服准则,它在平面应力状态

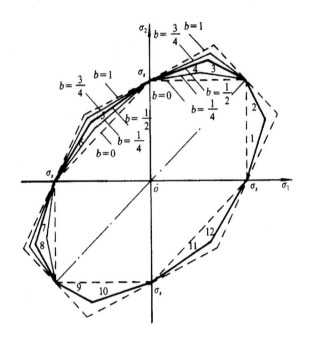

图 3-18 平面应力状态的双剪统一屈服线

时的 12 个屈服线方程分别为

$$f_{1,7} = \sigma_1 - \frac{1}{3}\sigma_2 = \pm \sigma_s$$

$$f_{2,8} = 2\sigma_1 + \sigma_2 = \pm \sigma_s$$

$$f_{3,9} = \frac{1}{3}(\sigma_1 + 2\sigma_2) = \pm \sigma_s$$

$$f_{4,10} = \frac{1}{3}\sigma_1 - \sigma_2 = \mp \sigma_s \qquad (3-50)$$

$$f_{5,11} = \frac{2}{3}\sigma_1 - \sigma_2 = \mp \sigma_s$$

$$f_{6,12} = \sigma_1 - \frac{2}{3}\sigma_2 = \mp \sigma_s$$

相应于以上 12 个方程的屈服线如图 3-18 所示.

在图 3-18 的 1,3 象限的对角线的左上部分,作者同时绘出 $b=\frac{3}{4}$ 和 $b=\frac{1}{4}$ 的双剪统一屈服准则的平面应力屈服线. 可以看出,当参数 b 从 0 变化到 1 时,屈服线很有规律地不断扩展,形成一组不同的屈服线,可以很灵活地适应各种拉压强度相同的材料. 事实上,当 b 从 0 连续变化到 1 时,将有无限多个不同的屈服准则. 在实际应用中,取 $b=0,\frac{1}{4},\frac{1}{2},\frac{3}{4},0$ 这样 5 种典型屈服准则, 已可适应于各种材料. 如取 $b=0,0.1,0.2,\cdots,0.8,0.9,1.0$ 等 11 种 b 参数值,则几乎可以覆盖全部外凸屈服线,如图 3-19 所示. 当 $b<0$ 或 $b>1$ 时,则可形成非凸的屈服线.

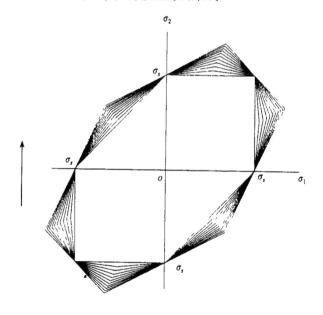

图 3-19 各种外凸屈服线

当材料的拉压强度不相同时,作者于 1990 年以双剪单元体模型为基础,提出了相应的双剪统一强度理论[12],得出相应的一组极限面,在第六章,我们将作进一步阐述. 本章的双剪统一屈服准则是第六章双剪统一强度理论的特例.

§3.13 $\sigma\text{-}\tau$ 复合应力状态的双剪统一屈服准则

在工程结构强度计算中,常遇到正应力 σ 和剪应力 τ 共同作用的复合应力状态。这时,根据 $\sigma\text{-}\tau$ 复合应力可求得 3 个主应力为

$$\sigma_1 = \frac{1}{2}(\sigma + \sqrt{\sigma^2 + 4\tau^2})$$

$$\sigma_2 = 0 \qquad\qquad (3-51)$$

$$\sigma_3 = \frac{1}{2}(\sigma - \sqrt{\sigma^2 + 4\tau^2})$$

将上式代入双剪统一屈服准则式(3 - 14)和(3 - 14′),可得 $\sigma - \tau$ 复合应力状态的双剪统一屈服准则为

$$f = \frac{2+b}{2+2b}\sqrt{\sigma^2 + 4\tau^2} + \frac{b}{2+2b}\sigma = \sigma,$$

$$当\ \sigma \geqslant 0 \qquad\qquad (3-52)$$

$$f' = \frac{2+b}{2+2b}\sqrt{\sigma^2 + 4\tau^2} - \frac{b}{2+2b}\sigma = \sigma,$$

$$当\ \sigma \leqslant 0 \qquad\qquad (3-52')$$

式(3 - 52)和(3 - 52′)是一个具有普遍意义的屈服准则,取不同的 b 值,可得出一组无限多个计算准则,其中几个典型的计算准则为

(1)$b = 0$,得单剪应力屈服准则(Tresca 屈服准则)为

$$f = f' = \sqrt{\sigma^2 + 4\tau^2} = \sigma, \qquad\qquad (3-53)$$

按此条件可得剪切屈服极限 $\tau, = 0.5\sigma,$.

(2)$b = \frac{1}{2}$,得八面体剪应力屈服准则(Mises 屈服准则)的逼近式为

$$f = \frac{5}{6} \sqrt{\sigma^2 + 4\tau^2} + \frac{1}{6}\sigma = \sigma_s$$

$$\text{当 } \sigma \geqslant 0 \tag{3-54}$$

$$f' = \frac{5}{6} \sqrt{\sigma^2 + 4\tau^2} - \frac{1}{6}\sigma = \sigma_s$$

$$\text{当 } \sigma \leqslant 0 \tag{3-54'}$$

通过比较和计算分析可知,上式与 Mises 屈服准则的 $\sigma - \tau$ 应力状态表达式 $f = \sqrt{\sigma^2 + 3\tau^2} = \sigma_s$ 十分逼近. 在多数情况下,两者的计算结果是相同的;在最大差别的情况下,两者的相差不超过 3.9%.

按式(3-54)和(3-54')可得剪切屈服极限 $\tau_s = 0.6\sigma_s$.

(3)当 $b=1$ 时,得双剪应力屈服准则为[1,2]

$$f = \frac{3}{4} \sqrt{\sigma^2 + 4\tau^2} + \frac{1}{4}\sigma = \sigma_s$$

$$\text{当 } \sigma \geqslant 0 \tag{3-55}$$

$$f' = \frac{3}{4} \sqrt{\sigma^2 + 4\tau^2} - \frac{1}{4}\sigma = \sigma_s$$

$$\text{当 } \sigma \leqslant 0 \tag{3-55'}$$

按双剪应力屈服准则可得出剪切屈服极限 $\tau_s = \frac{2}{3}\sigma_s$.

(4)$b=2$,可得 $\nu = 0.3$ 时的最大拉应变理论(第二强度理论)的逼近式为

$$f = \frac{2}{3} \sqrt{\sigma^2 + 4\tau^2} + \frac{1}{3}\sigma = \sigma_s$$

$$\text{当 } \sigma \geqslant 0 \tag{3-56}$$

$$f' = \frac{2}{3} \sqrt{\sigma^2 + 4\tau^2} - \frac{1}{3}\sigma = \sigma_s$$

$$\text{当 } \sigma \leqslant 0 \tag{3-56'}$$

按此条件可得剪切极限 $\tau_s = 0.75\sigma_s$. 它与 $\nu = 0.3$ 时的最大拉应变理论得出的相同.

泊松比 $\nu = 0.3$ 时的最大拉应变强度理论的 $\sigma - \tau$ 状态计算准则为

$$(\sigma + 1.166)^2 + 5.63\tau^2 = 4.7\sigma_s^2 \tag{3-57}$$

式(3-56),(3-56′)比式(3-57)较为规则,并且能反映 $\sigma < 0$ 时的情况.

(5)$b=4$,可得泊松比 $\nu=0.2$ 时的最大拉应变理论的逼近式为

$$f = \frac{6}{10}\sqrt{\sigma^2+4\tau^2} + \frac{2}{5}\sigma = \sigma_s$$

$$\text{当 } \sigma_2 \geqslant 0 \tag{3-58}$$

$$f' = \frac{6}{10}\sqrt{\sigma^2+4\tau^2} - \frac{2}{5}\sigma = \sigma_s$$

$$\text{当 } \sigma_2 \leqslant 0 \tag{3-58'}$$

按此条件可得剪切极限 $\tau_s = 0.83\sigma_s$,它与 $\nu=0.2$ 时的最大拉应变理论得出的相同.

(6)$b=20$,可得

$$f = \frac{22}{42}\sqrt{\sigma^2+4\tau^2} + \frac{20}{42}\sigma = \sigma_s$$

$$\text{当 } \sigma_2 \geqslant 0 \tag{3-59}$$

$$f' = \frac{22}{42}\sqrt{\sigma^2+4\tau^2} - \frac{20}{42}\sigma = \sigma_s$$

$$\text{当 } \sigma_2 \leqslant 0 \tag{3-59'}$$

按此条件可得剪切极限 $\tau_s = 0.955\sigma_s$.

(7)$b=100$,可得最大正应力强度理论(第一强度理论)的逼近式为

$$f = \frac{102}{202}\sqrt{\sigma^2+4\tau^2} + \frac{100}{202}\sigma = \sigma_s, \qquad \text{当 } \sigma \geqslant 0 \tag{3-60}$$

$$f' = \frac{102}{202}\sqrt{\sigma^2+4\tau^2} - \frac{100}{202}\sigma = \sigma_s, \qquad \text{当 } \sigma \leqslant 0 \tag{3-60'}$$

按此条件可得剪切极限 $\tau_s = 0.99\sigma_s \approx \sigma_s$.

(8)当 $b \to \infty$ 时,可以证明,式(3-52),(3-52′)的双剪统一屈服准则即为最大正应力强度理论在 $\sigma - \tau$ 应力状态下的表达式

$$f = \frac{1}{2}(\sqrt{\sigma^2+4\tau^2} + \sigma) = \sigma_s$$

$$\text{当 } \sigma \geqslant 0 \tag{3-61}$$

$$f' = \frac{1}{2}(\sqrt{\sigma^2 + 4\tau^2} - \sigma) = \sigma_s$$

$$当\ \sigma \leqslant 0 \qquad\qquad (3-61')$$

将式(3-60)和(3-60′)与式(3-61)和(3-61″)相比,可以看到两者几乎是相等的. 按式(3-61),(3-61′)可得剪切极限 $\tau_s = \sigma_s$.

在图3-20中,我们作出 $b = 0, \frac{1}{2}, 1, 2, 4, 20, 100(\infty)$ 时7种 $\sigma\text{-}\tau$ 应力状态下的双剪统一屈服准则的极限迹线. 极限迹线的范

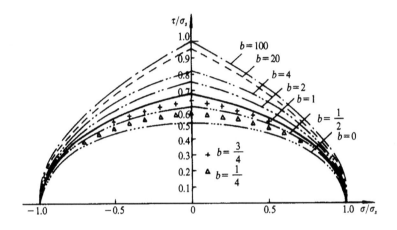

图3-20 $\sigma\text{-}\tau$ 组合应力的双剪统一屈服线

围随着 b 的数值从0向 $\frac{1}{4}, \frac{1}{2}, \frac{3}{4}, 1$ 到 $100(\infty)$ 的逐渐增加而扩展. 为了区分,其中的点划线的点数从1到4分别代表第一、第二、第三和第四强度理论的 $\sigma\text{-}\tau$ 极限曲线;粗实线为双剪屈服准则的极限线;第二强度理论的极限线有二条,分别为 $\nu = 0.3$ 和 0.2 时的极限曲线;此外,又用 $+$ 和 $\triangle$ 绘出 $b = \frac{1}{4}$ 和 $b = \frac{3}{4}$ 时双剪统一屈服准则在 $\sigma\text{-}\tau$ 应力状态时的极限曲线,它们分别介于单剪应力屈服准则与 Mises 屈服准则和 Mises 屈服准则($b = \frac{1}{2}$)与双剪应力屈服准则($b = 1$)之中.

图 3-20 中的极限曲线均为外凸曲线,即 b 从 0 变化到 100 (∞)时都是外凸的. 需要说明的是,在一般情况下,当 $b > 1$ 或 $b < 0$ 时,双剪统一屈服准则的极限曲线将是非凸的. 在 $\sigma - \tau$ 应力状态下的极限曲线则是一种特殊应力状态,它相当于一拉一压的平面应力状态. 这时,当 $b \geqslant 0$ 的各种极限曲线都是外凸的.

§3.14　中间应力系数 b 和屈服面的外凸性

上一节所讨论的 $\sigma - \tau$ 复合应力状态的双剪统一屈服准则表达式(3-52),(3-52′)以及各种特例($b = 0 - \infty$)只能适用于 $\sigma - \tau$ 的特殊应力状态下,它们不能反推到三向应力状态($\sigma_1, \sigma_2, \sigma_3$). 从图 3-20 可以看到,在 $\sigma - \tau$ 组合应力状态下,系数 b 的数值从零到无穷大时,$\sigma - \tau$ 组合应力的双剪统一屈服线的各种特例都是外凸的. 而在三向应力状态时,系数 $b < 0$ 和 $b > 1$ 时,屈服面都将是非凸的,如图 3-16 和图 3-17 所示.

下面我们从双剪统一屈服准则的基本概念和系数 b 的基本定义出发,来讨论屈服面的外凸性.

根据双剪统一屈服准则和系数 b 的定义,屈服准则的理论表达式为

$$\tau_{13} + b\tau_{12}(\text{或 } \tau_{23}) = C$$

式中的系数 b 反映中间主剪应力 $\tau_{12}(\tau_{23})$ 对材料屈服的影响程度. 对于各向同性材料,中间主剪应力的作用不会大于最大主剪应力的作用. 因此,系数 b 的数值不会大于 1,即 $b \leqslant 1$. 同理,中间主剪应力也不可能起相反的作用,因此,系数 b 的数值不应为负值,b 应大于零或至少等于零,即 $b \geqslant 0$. 系数 b 的变化范围应在零和 1 之间,即

$$0 \leqslant b \leqslant 1$$

根据 §3.6 和 §3.7 的分析可知,b 值在这一范围内的所有屈服函数都是外凸的. 双剪统一屈服准则通过双剪单元体的双剪应力以及它们对材料屈服的不同影响的研究,建立起现有的 3 种屈

服准则之间的相互联系,并且可以得出一系列新的外凸屈服准则,可以适合于众多不同特性的材料.此外,它的数学表达式还可以推广为各种非凸的屈服函数.

§3.15 屈服准则的发展综述

对于拉压强度相同的材料在复杂应力状态下的屈服准则研究,从 1864 年 Tresca 提出最大剪应力屈服准则至今,已有 100 多年的历史,大致可以分为以下几个阶段.

3.15.1 单剪应力屈服准则的研究

由于最大剪应力屈服准则只考虑 3 个主剪应力中的一个主剪应力对材料屈服的影响,因此最大剪应力屈服准则也可称之为单剪应力屈服准则.

单剪应力屈服准则的研究,从 1864 年 Tresca 提出最大剪应力条件、1868 年向法国科学院提出金属流动问题的报告,到 1900 年 Guest 提出软钢的最大剪应力条件,以及俄国的 Челнов 于 1905 年,德国的 Ludwik 于 1909 年观察到金属塑性变形的滑移线,已趋于成熟,前后经历四五十年.

由于在单剪屈服准则的计算公式中存在着明显的缺陷,即它的计算准则中没有中间主应力 σ_2,因此,在这一屈服准则提出的同时,就有人开始研究新的屈服准则.

3.15.2 八面体剪应力屈服准则的研究

这一屈服准则有多种物理解释和推导方法.从 1904 年波兰力学家 Huber 提出形状改变变形能理论,到 Mises 于 1913 年和 Hencky 于 1914 年对这一屈服准则的进一步深入研究,并应用于求解塑性变形问题,再到 1926 年 Lode 进行的中间主应力效应试验,这一屈服准则已较成熟,并常被称为 Mises 屈服准则.

由于在 Mises 屈服准则中包含了中间主应力,它的数学表达式又具有较完美的形式,并且与当时的很多实验结果相符合,因此 Mises 屈服准则得到广泛的应用,并引起各国学者对它的物理意义进行各种解释,包括 Eichinger 于 1926、Nadai 于 1937 提出的八面体剪应力解释,Илъюшин 于 1934 年的应力强度,Новожилов1952 年的统计平均剪应力解释等.作者在文献[2]中总结了 10 种不同的解释和推导方法,其中包括作者于 1962 年为了简化统计平均剪应力而提出的均方根主剪应力的解释.

从单剪应力屈服准则到八面体剪应力屈服准则,这是屈服准则研究中的一个重大进展.八面体剪应力屈服准则的屈服面不仅突破了单剪应力屈服面的范围,可以更好发挥材料的强度潜力,使材料剪切屈服极限 τ_s 从 $0.5\sigma_s$ 提高到 $0.577\sigma_s$,增加 15.5%.此外,由于它的以上特点,使人们对它的研究长达半个多世纪,直到 20 世纪 70 年代仍有一些新的研究报道.在另一方面,这一状况或许也限制了人们对新的屈服准则的研究和认识,要突破 Mises 屈服准则的概念和它的屈服面范围,并建立新的屈服准则,在屈服准则研究中将是一个使人感兴趣的难题.

3.15.3 双剪应力屈服准则的研究

从单剪应力屈服准则到双剪应力屈服准则,在概念上,这是十分自然而简单的.但从 1864 年 Tresca 提出单剪应力屈服准则到 1961 年作者首次提出双剪应力屈服准则,前后长达 97 年.在这中间,虽然有 Schmidt 于 1932 年提出过最大偏应力的概念和前苏联科学院院士 Ишлинский 于 1940 年在莫斯科大学提出歪形强度假设以及英国 Hill 于 1950 年用一个与 Mises 圆相交的六边形来代替 Mises 屈服准则以简化塑性力学问题的求解,但是直到 1961 年,方始有美国密歇根大学的 Haythornthwaite 教授正式提出最大偏应力屈服准则,与此同时,俞茂宏提出了双剪应力屈服准则.从单剪屈服准则到双剪屈服准则,今天看来,是如此自然,却经历了约一个世纪的漫长而艰难的过程,这是引人深思的.在文献[15]中,作者对这一过程和有关文献作了较全面的介绍.

双剪应力屈服准则在 1961 年之后,又经过了不断的深入和发展.作者又提出十二面体主剪应力单元体模型($\tau_{13}, \tau_{12}, \tau_{23}$)和正交扁平八面体的双剪应力单元体模型($\tau_{13}, \tau_{12}$ 和 τ_{13}, τ_{23})对双剪应力屈服准则作了进一步的论述,并从两个平面纯剪切应力状态的两组双剪应力(τ_2, τ_1 和 τ_2, τ_3)和双偏应力($S_2, S_1,$ 和 S_2, S_3)以及空间纯剪切应力状态的双纯剪切应力(τ_{P_1}, τ_{P_2} 和 $\tau_{P_1}, \tau_{P_2}^1$)作了相互论证.这些研究说明了双剪概念的普遍性和不同双剪应力准则的等效性.与此同时,又开始了对双剪应力屈服准则的应用研究[16—20].这些都使双剪应力屈服准则趋于成熟.与上两个屈服准则相似,双剪应力屈服准则的发展成熟经历了二三十年的不断深入的过程.

双剪应力屈服准则的出现,使屈服准则在理论上已较为完整,但尚未达到完美的境界.关于屈服准则的研究还可以进一步提出以下的问题.

(1)以上三个屈服准则之间存在什么相互联系?

(2)如何为各种不同的材料选用合适的屈服准则?

(3)以上三个屈服准则都只适用于某一类拉压强度相同的材料,所以也可以认为是一种单一的屈服准则.有否可能寻求一种较为普遍适用于多种材料的统一屈服准则?

3.15.4 统一屈服准则

早在 20 世纪 40 年代,前苏联科学院院士 Н.Н.Давиденков 和 Я.Б.Фридаман 就将第一强度理论(或第二强度理论)与第三强度理论结合起来,提出了联合强度理论.虽然"它实质上只是提供一个选用现成强度理论的方法"[21].但联合强度理论的出现引起人们对更普遍适用的统一强度理论和屈服准则的一种期望,并为此进行了多年的研究.

1961 年 E.A.Davis 提出如下形式的屈服准则[23]:

$$[(\sigma_1 - \sigma_2)^{n+1} + (\sigma_2 - \sigma_3)^{n+1} + (\sigma_3 - \sigma_1)^{n+1}] = 2\sigma^{n+1}$$

$$(3-62)$$

当 $n=1$ 或 3 时,上式即为 Mises 屈服准则;当 $n=\infty$ 时,上式为

Tresca 屈服准则;相应的平面应力屈服线如图 3-21 所示.图中作者补充绘上相应的双剪应力屈服准则的屈服线(最外边的实线).当式(3-62)中的 $n>3$ 时,屈服线在 Mises 屈服线和 Tresca 屈服线之间;当 n 在 1 与 3 之间时,屈服线在 Mises 屈服线之外;图中的 3 条实线分别对应于单剪应力屈服线、Mises 屈服线和双剪应力屈服线.

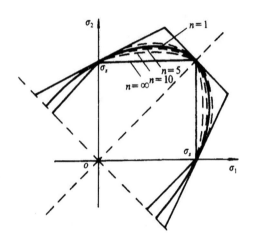

图 3-21 Davis 屈服准则

Davis 的屈服准则虽然具有较普遍的形式,但由于缺少清晰的物理概念,表达式较复杂,且为非线性,不便于应用.此后,人们对统一屈服准则不断进行研究,并提出了更高的要求.

统一屈服准则的基本要求如下:

(1)能包含或逼近现有的各种屈服准则,各种屈服准则是统一屈服准则的特例;

(2)具有清晰的物理概念,合理而有普遍意义的力学模型;计算准则中应包含各个独立的应力分量对材料屈服的影响;

(3)统一屈服准则具有较普遍的形式,因而可以包含新的可能的屈服准则;

(4)具有简单而统一的数学表达式,而又能十分灵活地适应各

种不同的材料;

(5)既便于手工计算,又便于计算机分析,并能推广成弹塑性本构关系,在结构塑性计算程序中实施.由于分段线性屈服函数的奇异性问题在理论上和计算机分析中已得到较好解决,因而希望统一屈服准则具有简单的线性形式,这样将使一般的手工计算和理论分析以及工程设计得到较大的方便.

连建设和 Barlat 于 1989 年以 Mises 屈服准则为基础,提出一个平面应力状态下的普遍形式的各向异性材料屈服准则[32].对各向同性材料,其表达式为[33]

$$f = |\kappa_1 + \kappa_2|^m + |\kappa_1 - \kappa_2|^m + 2|2\kappa_2|^m = 2\sigma_s^m \quad (3-63)$$

式中

$$\kappa_1 = \frac{1}{2}(\sigma_x + \sigma_y) \qquad \kappa_2 = \sqrt{\left(\frac{\sigma_x - \sigma_y}{2}\right)^2 + \tau_{xy}^2}$$

当 $m=2$ 时,上式即为 Mises 屈服准则,在 $\sigma_1 - \sigma_2$ 应力状态的屈服线为一椭圆.当 m 从 2 增加到 $8,14,40,\cdots$ 时,屈服线范围逐步缩小趋向于 Tresca 屈服线.这一规律类似于式(3-62)的 Davis 屈服准则.

熊慧而设定一个参数 k,取屈服函数为[25]

$$\begin{aligned}
\varphi_4 = & \{[(1+k)\sigma_1 - \sigma_2 - k\sigma_3]^2 - 4k_4^2\} \\
& \times \{[(1+k)\sigma_2 - \sigma_3 - k\sigma_1]^2 - 4k_4^2\} \\
& \times \{[(1+k)\sigma_3 - \sigma_1 - k\sigma_2]^2 - 4k_4^2\} \\
& \times \{[(1+k)\sigma_3 - \sigma_2 - k\sigma_1]^2 - 4k_4^2\} \\
& \times \{[(1+k)\sigma_2 - \sigma_1 - k\sigma_3]^2 - 4k_4^2\} \\
& \times \{[(1+k)\sigma_1 - \sigma_3 - k\sigma_2]^2 - 4k_4^2\} \\
= & \ 0
\end{aligned} \quad (3-64)$$

式中 k 为任意参数,k_4 为材料常数.由此可得一族介于双剪应力屈服准则与单剪应力屈服准则之间的一族十二边形屈服准则.熊慧而认为:"这类屈服条件虽然不具有物理意义,但作为简化计算,能更接近于实际材料的剪拉比,具有工程应用价值,她在论文中采用

$k = \sqrt{3} - 2$ 的内接于 Mises 圆的十二边形屈服准则进行了板的极限载荷计算[25,26]. 文献[27]也采用十二边形屈服准则进行厚壁筒的弹塑性分析.

作者于 1990 年以双剪单元体作为力学模型[28],按双剪强度理论的概念,考虑到单元体上所有应力分量对材料破坏的影响,提出并推导出一个以双剪概念为基础的统一强度理论,其基本思想是[12,30]

$$F = \tau_{13} + b\tau_{12} + \beta(\sigma_{13} + b\sigma_{12}) = C \qquad (3-65)$$

$$F' = \tau_{13} + b\tau_{23} + \beta(\sigma_{13} + b\sigma_{23}) = C \qquad (3-65')$$

这一双剪统一强度理论将在第六章中作深入阐述,它的主应力表达式为[12]

$$F = \sigma_1 - \frac{\alpha}{1+b}(b\sigma_2 + \sigma_3) = \sigma_t$$

$$当 \ \sigma_2 \leqslant \frac{\sigma_1 + \alpha\sigma_3}{1+\alpha} \qquad (3-66)$$

$$F' = \frac{1}{1+b}(\sigma_1 + b\sigma_2) - \alpha\sigma_3 = \sigma_t$$

$$当 \ \sigma_2 \geqslant \frac{\sigma_1 + \alpha\sigma_3}{1+\alpha} \qquad (3-66')$$

式中 $\alpha = \sigma_t/\sigma_c$ 为材料的拉压强度比. 这一统一强度理论可以十分灵活地适应各种不同的材料,现有的各种主要强度理论和光滑化极限曲线均是它的特例或线性逼近. 文献[4]取式(3-66)和(3-66')中的 $\alpha = 1$,即得出式(3-14),(3-14')的统一屈服准则,并讨论了 $b = 1, \frac{3}{4}, \frac{1}{2}, \frac{1}{1+\sqrt{3}}, \frac{1}{4}$ 和 0 的各种特例. 由于它从双剪单元体的双剪应力出发,并给予不同的系数 b,推导出一个具有简单数学表达式而又有清晰物理概念的统一屈服准则,故又可称之为双剪统一屈服准则,并通过双剪单元体力学模型与拉压强度不同的材料的强度理论建立起相互关系,从而使强度理论得到高度的概括.

谭继锦提出一种二次式的统一屈服准则为[24]

$$f = \max\left[\frac{2}{3}\frac{\tau_{23}^2}{a^2} + \frac{2(\tau_{12} - \tau_{31})^2}{9b^2}\right] = 1 \qquad (3-67)$$

它以二次式形式建立起双剪应力屈服准则与单剪应力屈服准则之间的各种屈服准则的联系. 他认为这"只是从形式上得到了屈服准则的一般表达式". 如果将式(3-67)写成双剪应力的形式, 即

$$f = \max\left[\tau_{13}^2 + b\tau_{12}^2\right] = C^2 \qquad (3-68)$$

它也可以看作是二次式的双剪统一屈服准则. 二次式屈服准则在强度计算和结构弹塑性分析中都较线性屈服准则复杂. 事实上Davis屈服准则[式(3-62)和(3-63)]也都可以看作是另一种双剪应力屈服准则. 因为式(3-62)也可以写为

$$\tau_{12}^{n+1} + \tau_{23}^{n+1} + \tau_{31}^{n+1} = C^{n+1} \qquad (3-69)$$

由于三个主剪应力中只有两个独立量, 因此它也可以写成加权双剪应力二次式的形式.

屈服准则发展的历史从1864年至今已有128年, 它从单剪应力屈服准则到八面体剪应力屈服准则, 再到双剪应力屈服准则, 最后到双剪统一屈服准则, 经历了四个不同的阶段和三次比较重大的进展, 目前进入双剪统一屈服准则阶段, 在理论上似乎已经比较完善. 对于拉压强度不同的材料, 可以归纳为双剪统一强度理论, 在第六章将作进一步阐述. 本章所述双剪统一屈服准则是第六章双剪统一强度理论的特例.

双剪统一屈服准则的基本思想、主应力表达式和应力偏量不变量表达式可以归纳如表3-1所示.

双剪统一屈服准则的各种典型特例以及它与现有的三个屈服准则, 即单剪应力屈服准则(Tresca屈服准则, 1864)、八面体剪应力屈服准则(Mises屈服准则, 1913)和双剪应力屈服准则(俞茂宏, 1961), 它们之间的关系可以总结如图3-22和图3-23所示. 图3-22给出了双剪统一屈服准则的6种典型特例的主应力表达式, 它们分别与图3-8的双剪统一屈服准则的基本概念相对应.

图3-23绘出了双剪统一屈服准则及其一些典型特例在π平面的屈服线. 这些不同大小的屈服线以比较直观的图形表述了各

种屈服准则之间的相互关系以及它们随中间应力系数 b 而逐渐变化的规律.

表 3-1

双剪统一屈服准则

基本思想	$f=\tau_{13}+b\tau_{12}=C$ 当 $\tau_{12}\geqslant\tau_{23}$ $f'=\tau_{13}+b\tau_{23}=C$ 当 $\tau_{12}\leqslant\tau_{23}$
主应力 表达式	$f=\sigma_1-\dfrac{1}{1+b}(b\sigma_2+\sigma_3)=\sigma_s$ 当 $\sigma_2\leqslant\dfrac{1}{2}(\sigma_1+\sigma_3)$ $f'=\dfrac{1}{1+b}(\sigma_1+b\sigma_2)-\sigma_3=\sigma_s$ 当 $\sigma_2\geqslant\dfrac{1}{2}(\sigma_1+\sigma_3)$
应力偏 量表达式	$f=\sqrt{3}\ \sqrt{J_2}\cos\theta+\dfrac{1-b}{1+b}\ \sqrt{J_2}\sin\theta=\sigma_s$ 当 $0°\leqslant\theta\leqslant30°$ $f'=\dfrac{\sqrt{3}}{1+b}\ \sqrt{J_2}\cos\theta+\dfrac{1+2b}{b}\ \sqrt{J_2}\sin\theta=\sigma_s$ 当 $30°\leqslant\theta\leqslant60°$ $\theta=\dfrac{1}{3}\arccos\dfrac{3\ \sqrt{3}\ J_3}{2\ \sqrt{J_2^3}}$ 当 $0°\leqslant\theta\leqslant60°$

图 2-23 的中心为双剪统一屈服准则的各种屈服线. 当 $b=0$ 时,即为单剪应力屈服准则(Tresca 屈服准则)的屈服线,它是各种外凸屈服线中的一个极小范围的屈服线,如图左上的屈服线所示. 当 b 逐步增大时,屈服线的范围逐步扩大,如图的左侧 3 个屈服线所示. 在 $b=\dfrac{1}{1+\sqrt{3}}$ 时,屈服线成为 Mises 屈服准则的屈服圆的内接十二边形,它与 Mises 屈服准则十分接近,但在 Mises 圆之内. 当 $b=\dfrac{1}{2}$ 时,统一屈服准则的十二边形屈服线与 Mises 圆相交,部分在 Mises 圆之内,部分在 Mises 圆之外,但总体上更接近 Mises 屈服准则. 在实际应用中,图 3-23 下面的 3 个屈服线是等效的,左右二侧的十二边形是中间 Mises 圆的线性化,反过来看,

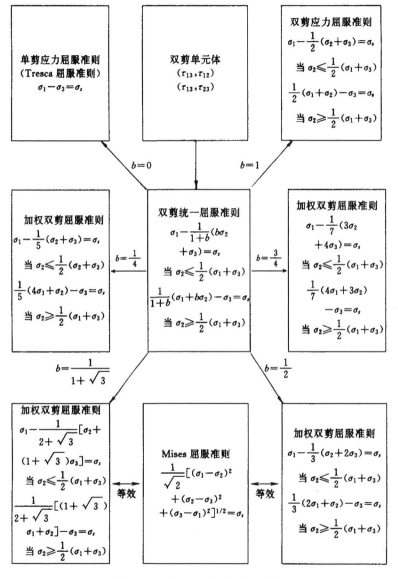

图 3-22 双剪统一屈服准则及其变化

Mises 圆是图 3-23 下面左右两个十二边形屈服线的光滑化屈服

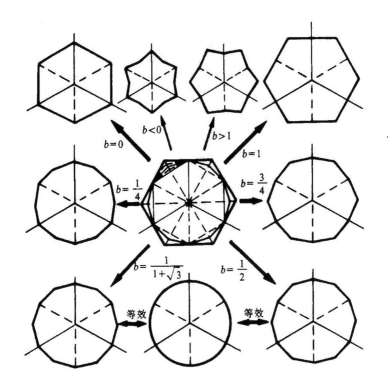

$b=0$　$b<0$　$b>1$　$b=1$

$b=\dfrac{1}{4}$　$b=\dfrac{3}{4}$

$b=\dfrac{1}{1+\sqrt{3}}$　$b=\dfrac{1}{2}$

等效　等效

图 3-23　双剪统一屈服准则及其变化

线. 当 b 值再继续增大时,统一屈服准则的屈服线的范围进一步扩大,直至 $b=1$,成为所有外凸屈服线中的一个极大范围屈服线,此即为双剪屈服准则的屈服线,如图 3-23 中的右上角屈服线所示.

　　当 $b<0$ 或 $b>1$ 时,统一屈服准则的屈服线成为非凸的形状,它们的大小分别小于单剪屈服线($b<0$)或大于双剪屈服线($b>1$). 在图 3-23 的上中部绘出了 $b<0$ 和 $b>1$ 的双剪非凸屈服线. b 值愈大,屈服线的范围也愈大.

　　图 3-8、图 3-22 和图 3-23 为本章内容的小结,它们从 3 个不同方面对双剪统一屈服准则作了概括.

§3.16 统一屈服准则在结构弹性设计中的应用

统一屈服准则不仅建立起各种屈服准则之间的相互联系,形成一个统一的理论框架和统一的数学表达式,而且在实用中也将带来很大的方便,在工程结构设计和分析中可以得到进一步的应用.

下面通过两个实例说明统一屈服准则在分析结构的许可载荷、安全系数和截面设计的计算和分析中的具体应用以及在应用中应注意判别应力状态以选定正确的计算式.

例1 承受内压 p 的薄壁圆筒,直径为 $D=200\text{cm}$,低炭钢材料的屈服极限 $\sigma_s=200\text{MPa}$,

(1)如取安全系数 $n=1.5$,求在内压 $p=1.6\text{MPa}$ 下的壁厚.
(2)如壁厚为 10mm,则用不同强度理论求得的许用内压 $[p]$ 为多少? (3)如 $p=1.6\text{MPa}$,壁厚为 $t=10\text{mm}$,则用不同强度理论求得的圆筒安全系数为多少?

解: 薄壁圆筒的应力分别为

$$\sigma_1 = \frac{pD}{2t} \qquad \sigma_2 = \frac{pD}{4t} \qquad \sigma_3 = 0 \qquad \sigma_2 = \frac{1}{2}(\sigma_1 + \sigma_3)$$

双剪统一屈服准则可写成

$$f = \sigma_1 - \frac{1}{1+b}(b\sigma_2 + \sigma_3) = \sigma_1 - \frac{b\sigma_2}{1+b} \leqslant \sigma_s/n$$

$$\text{当 } \sigma_2 \leqslant \frac{\sigma_1 + \sigma_3}{2}$$

$$f' = \frac{1}{1+b}(\sigma_1 + b\sigma_2) - \sigma_3 = \frac{1}{1+b}(\sigma_1 + b\sigma_2) \leqslant \sigma_s/n$$

$$\text{当 } \sigma_2 \geqslant \frac{\sigma_1 + \sigma_3}{2}$$

因圆筒应力状态为 $\sigma_2 = \frac{1}{2}(\sigma_1 + \sigma_3)$,所以可以用上式 f 或 f' 中的任一式,现将应力代入式 f,可得

$$f = \frac{pD}{2t} - \frac{b}{1+b}\frac{pD}{4t} \leqslant \frac{\sigma_s}{n}$$

或写成

$$\frac{2+b}{1+b}\frac{pD}{4t} \leqslant \frac{\sigma_s}{n}$$

(1)由上式得

$$t = \frac{2+b}{1+b}\frac{pDn}{4\sigma_s} = \frac{2+b}{1+b}\frac{1.6 \times 200 \times 1.5}{4 \times 200}$$

$$= \frac{2+b}{1+b} \times 0.6$$

按不同强度理论的壁厚计算值为

a)$b=0$,得 $t=1.2\text{cm}=12\text{mm}$;

b)$b=\dfrac{1}{4}$,得 $t=1.08\text{cm}=10.8\text{mm}$;

c)$b=\dfrac{1}{1+\sqrt{3}}$,$t=1.04\text{cm}=10.4\text{mm}$;

d)$b=\dfrac{1}{2}$,得 $t=1.00\text{cm}=10\text{mm}$;

e)$b=\dfrac{3}{4}$,得 $t=0.943\text{cm}=9.43\text{mm}$;

f)$b=1$,得 $t=0.9\text{cm}=9\text{mm}$;

g)第三强度理论得 $t=12\text{mm}$,与 $b=0$ 的统一理论一致;

h)第四强度理论得 $t=10.38\text{mm}$ 与 $b=\dfrac{1}{1+\sqrt{3}}$ 的统一理论

接近.

不同强度理论的壁厚相差率为

$$\frac{t_0-t_1}{t_0} = \frac{12-9}{12} = 25\%$$

(2)如壁厚为 10mm,则可由 f 求得

$$[p] = \frac{1+b}{2+b} \times \frac{4\sigma_s t}{nD}$$

a)$b=0$,得$[p]=1.33\text{MPa}$;

b）$b=\dfrac{1}{4}$，得$[p]=1.48\text{MPa}$；

c）$b=\dfrac{1}{1+\sqrt{3}}$，得$[p]=1.54\text{MPa}$；

d）$b=\dfrac{1}{2}$，得$[p]=1.60\text{MPa}$；

e）$b=\dfrac{3}{4}$，得$[p]=1.70\text{MPa}$；

f）$b=1$，得$[p]=1.78\text{MPa}$；

g）用第三强度理论得$[p]=1.33\text{MPa}$；

h）用第四强度理论得$[p]=1.54\text{MPa}$，与$b=\dfrac{1}{1+\sqrt{3}}$一致.

不同强度理论的许用压力最大差率为

$$\dfrac{[p]-[p_0]}{[p_0]}=\dfrac{1.78-1.33}{1.33}=33.8\%$$

（3）若$p=1.6\text{MPa}$，$t=10\text{mm}$，则安全系数为

$$n=\dfrac{1+b}{2+b}\times\dfrac{4\sigma_t t}{pD}$$

a）$b=0$，得$n=1.25$；

b）$b=\dfrac{1}{4}$，得$n=1.39$；

c）$b=\dfrac{1}{1+\sqrt{3}}$，得$n=1.44$；

d）$b=\dfrac{1}{2}$，得$n=1.50$；

e）$b=\dfrac{3}{4}$，得$n=1.59$；

f）$b=1$，得$n=1.67$；

g）用第三强度理论得$n=1.25$；

h）用第四强度理论得$n=1.45$.

不同强度理论的安全系数相差率最大为

$$\dfrac{n_1-n_0}{n_0}=\dfrac{1.67-1.25}{1.25}=33.6\%$$

由以上结果可知,采用不同的强度理论可以得出相差很大的结果,

选用合适的强度理论可以更好地发挥材料的强度潜力,并取得较大的经济效益.但不同的应力状态,各种强度理论的差别也有所不同.下面再取一个简单的例子进行说明

例 2 已知材料的许用拉压应力相等,约为$[\sigma]=200\mathrm{MPa}$,承受的应力状态为 $\sigma_1=210\mathrm{MPa}$,$\sigma_2=190\mathrm{MPa}$,$\sigma_3=10\mathrm{MPa}$. 校核其强度.

解: 这一应力状态的关系为 $\sigma_2>\dfrac{1}{2}(\sigma_1+\sigma_3)$,因此应选用统一屈服准则的第二式 f' 即

$$f' = \frac{1}{1+b}(\sigma_1 + b\sigma_2) - \sigma_3 \leqslant [\sigma]$$

在不同系数 b 值下,按上式计算得到的相当应力为

a)$b=0$,$f'=\sigma_1-\sigma_3=210-10=200\mathrm{MPa}$,即为第三强度理论;

b)$b=\dfrac{1}{4}$,$f'=196\mathrm{MPa}$;

c)$b=\dfrac{1}{1+\sqrt{3}}$,$f'=195\mathrm{MPa}$;

d)$b=\dfrac{1}{2}$,$f'=193\mathrm{MPa}$;

e)$b=\dfrac{3}{4}$,$f'=191\mathrm{MPa}$;

f)$b=1$,$f'=190\mathrm{MPa}$,即为双剪屈服准则;

g)第三强度理论,$\sigma_{13}=\sigma_1-\sigma_3=210-10=200\mathrm{MPa}$;

h)第四强度理论,$\sigma_{r4}=\dfrac{1}{\sqrt{2}}\left[(\sigma_1-\sigma_2)^2+(\sigma_2-\sigma_3)^2+(\sigma_3-\sigma_1)^2\right]^{1/2}=191\mathrm{MPa}$.

不同强度理论的最大差率仅为 $\dfrac{200-190}{200}=5\%$.

此例中,各种强度理论的差别不大,而在单向拉伸和单向压缩应力状态时,各种强度理论得出的结果都相同. 一般讲,在中间主应力 σ_2 接近最大主应力 σ_1 或接近最小主应力 σ_3 时,各种强度理论的差别都不大.此例的结果均小于许用应力.

在以上统一强度理论的计算中,我们先按判别式 σ_2 大于或小于 $\frac{1}{2}(\sigma_1 + \sigma_3)$ 决定选用 f 或 f' 式. 如果任意选用将导致不正确的结果. 若此例选用 f 式,即

$$f = \sigma_1 - \frac{1}{1+b}(b\sigma_2 + \sigma_3) \leqslant [\sigma]$$

则 $b=1$ 时,得

$$f = \sigma_1 - \frac{1}{2}(\sigma_2 + \sigma_3) = 210 - \frac{1}{2}(190 + 10) = 110\text{MPa}$$

将得出不正确的结果. 只有在 $b=0$ 时 $f=f'$,可以不作判别.

强度理论有各种应用. 统一屈服准则不仅建立起现有各种屈服准则之间的相互联系,并且可以用一个统一而简单的数学表达式十分方便而灵活地适合于各种不同的材料. 在本书第二十二章,将对统一屈服准则的应用作进一步阐述.

参 考 文 献

[1] 俞茂宏,各向同性屈服函数的一般性质,西安交通大学科学论文,1961.

[2] 俞茂宏,古典强度理论及其发展,力学与实践,1980,**2** (2),20—25.

[3] Yu Mao-hong,Twin shear stress yield criterion,*International Journal of Mechanical Science*,1983,**25** (1),71—74.

[4] 俞茂宏、何丽南、刘春阳、广义双剪应力屈服准则及其推广,科学通报,1992,**37** (2) 182—185.

[5] Yu Mao-hong,He Li-nan and Liu Chun-Yang,Generalized twin shear stress yield criterion and its generalization,*Chinese Science Bulletin*,1992,**37** (24),2085—2089.

[6] Подзолов,И. В.,机械制造业中黑色金属许用应力的计算,机械工业出版社,1958.

[7] Унксов,Е,П.,Инженерная теория пластинности,Машиностроение,Москва,1959.

[8] Nayak,G. C. and Zienkiewicz,O. C.,Convenient form of stress invariants for plasticity,*J. of Struct. Div.*,Proc. ASCE,1972,(4),949—953.

[9] Chen,W. F.,Plasticity in Reinforced Concrete,MaGraw-Hill Book Company,1982.

[10] Podgorski,J.,General failure criterion for isotropic media,*J. Engineering Mechanics*,1985,**111** (2).

[11] Yu Mao-hong,He Li-nan and Zeng Wen-bing,A new unified yield function:

Its model, computational implementation and engineering applications, in: Computational Methods in Engineering: Advances and applications, World Scientific Publishing Company, 1992, 157—162,

[12] Yu Mao-hong and He Li-nan, A New model and theory on yield and failure of materials under the complex stress state, Mechanical Behaviour of Materials - 6, Vol. 3, Pergamon Press, 1991, 841—846.

[13] Писаренко, Г. С., Лебедев, А. А., 江明行译, 复杂应力状态下的材料变形与强度, 科学出版社, 1983.

[14] Timoshenko, S. P., History of Strength of Materials, McGraw-Hill, 1953.

[15] 俞茂宏, 塑性理论、岩土力学和混凝土力学中的三大系列屈服函数, 双剪应力强度理论研究, 西安交通大学出版社, 1988, 1—34.

[16] 曾国平, 双剪应力屈服准则在某些平面问题中的应用, 北京农业工程大学学报, 1988, **8** (1), 98—105.

[17] 李跃明, 用一个新屈服准则进行弹塑性分析, 机械强度, 1988, **10** (3), 70—74.

[18] 黄文彬、曾国平, 应用双剪应力屈服准则求解某些塑性力学问题, 力学学报, 1989, **21** (2), 249—256.

[19] 昊绍中, 关于双剪强度理论的教学探讨, 力学与实践, 1991, **13** (3), 58—59.

[20] 俞茂宏, 塑性力学教学中的三个新概念, 力学与实践, 1992, **14** (6), 54—55.

[21] 钱令希、钱伟长、郑哲敏、林同骥、朱照宣等主编, 中国大百科全书·力学, 中国大百科全书出版社, 1985, 397—399.

[22] 俞茂宏、何丽南、宋凌宇, 双剪应力强度理论及其推广, 中国科学, A 辑, 1985, **28** (12), 1113—1120; 英文版 **28** (11), 1174—1183.

[23] Davis, E. A., The Bailey flow rule and associated yield surfaces, *Journal of Applied Mechanics*, 1961, **28**, 310.

[24] 谭继锦, 金属材料屈服准则的统一形式, 科学通报, 1990, **35** (7), 555—557.

[25] 熊慧而, 金属材料屈服函数的注记, 湖南大学学报, 1989, **16** (2), 38—45.

[26] 付铱铭、熊慧而, 松套圆筒自增强分析, 湖南大学学报, 1984, **11** (4), 84—94.

[27] 曾晓英、李冈陵, 开端厚壁筒弹塑性分析, 机械工程学报, 1986, **22** (4), 32—41.

[28] 俞茂宏, 复杂应力状态下材料屈服和破坏的一个新模型及其系列理论, 力学学报, 1989 增刊, 42—49.

[29] 赵德义、王国栋, 双剪应力屈服准则解析圆坯拔长锻造, 东北大学学报, 1993. **14** (4), 377—382.

[30] 俞茂宏、何丽南, 材料力学中强度理论内容的历史演变和最新发展, 力学与实

践，1991，**13** (2)，59—61.
[31]　俞茂宏，岩土类材料的统一强度理论及其应用，岩土工程学报，1994，**16** (2)，1—10.
[32]　Barlat, F. and Lian, J., Plastic behavior and stretchability of sheet metals, part 1: A yield function for orthotropic sheets under plane stress condition, *J. of Plasticity*, 1989, **5**, 51—56.
[33]　Owen, D. R. J., Djordje Peric, Recent developments in the application of finite elements methods to nonlinear problems, in: Computational Method in Engineering: Advances and applications, World Scientific Publishing Company, Singapore, 1992. 3—14.

第四章 统一屈服准则的推广

§4.1 概   述

上一章我们论述了拉压强度相同材料的屈服准则，并认为静水应力不影响材料的屈服，由此提出了双剪统一屈服准则. 双剪统一屈服准则不仅建立起现有的单剪应力屈服准则（Tresca 屈服准则）、八面体剪应力屈服准则（Mises 屈服准则或二次式双剪应力屈服准则）与双剪应力屈服准则之间的相互联系，并且从一个统一的单元体模型出发，提出一个统一的双剪应力引起材料屈服的概念，推导出一个统一形式的简单的数学表达式，可以灵活地适应多种材料在复杂应力状态下的屈服问题. 但是，对于静水应力影响屈服的一些材料，以上屈服准则已不能适应. 为此，世界各国学者提出了各种考虑静水应力影响的广义屈服准则，其中比较典型的是，以单剪应力屈服准则为基础的广义 Tresca 准则，以 Mises 准则为基础的广义 Mises 准则和作者于 1962 年提出的静水应力型的广义双剪应力屈服准则[1].

广义屈服准则一般都是在屈服准则的基础上推广得出，其数学表达式一般是以剪应力函数组成的屈服准则和以静水应力函数组成的影响条件组合而成，即

$$F(\sigma_{i,}) = f(\tau_{i}) + f(\sigma_{m}) \qquad (4-1)$$

这一类广义屈服准则我们称之为静水应力型广义准则.

另一类广义准则是在剪应力屈服函数的基础上，进一步考虑剪应力作用面上的正应力影响而得出，我们称之为正应力型广义准则，或广义强度理论，其数学表达式为

$$F(\sigma_{i,}) = f(\tau_{i}) + f(\sigma_{i}) \qquad (4-2)$$

本章只讨论静水应力型广义准则. 正应力型广义强度理论将

在下章论述.

§4.2 静水应力型广义屈服准则

1962 年,作者在研究广义强度理论时,曾提出一个普遍形式的广义准则,其数学表达式为[1]

$$F = f(\tau) + f(\sigma_m) = f(\tau) + A\sigma_m$$
$$+ B\sigma_m^2 + \cdots + C = 0 \qquad (4-3)$$

式(4-3)的意义是,将与静水应力 σ_m 无关的屈服函数推广为与静水应力 σ_m 成曲线变化的广义函数. 它在 $\tau - \sigma(\sigma_m)$ 坐标中的极限迹线如图 4-1 所示.

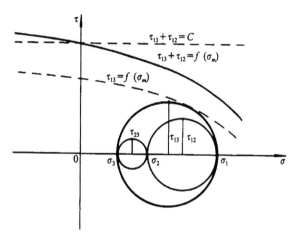

图 4-1 静水应力型广义屈服准则

在式(4-3)中,当 $B=0$ 时,广义准则与静水应力成线性关系,式(4-3)简化为

$$F = f(\tau) + A\sigma_m = C \qquad (4-4)$$

它的极限面就是将屈服准则的无限长棱柱面扩展为半无限长的锥面. 作者于 1962 年分别取 $f(\tau)$ 为单剪应力函数(最大剪应力函数)、八面体剪应力函数和双剪应力屈服函数,得出三种广义屈服

准则,它们在主应力空间的极限面和平面应力状态的极限式分别如图 4-2(a),(b)和(c)所示. 其中静水应力型的广义双剪应力屈服准则的数学表达式为

$$F = \tau_{13} + \tau_{12} + A\sigma_m = C \qquad \text{当} \ \tau_{12} \geqslant \tau_{23} \qquad (4-5)$$

$$F' = \tau_{13} + \tau_{23} + A\sigma_m = C \qquad \text{当} \ \tau_{12} \leqslant \tau_{23} \qquad (4-5')$$

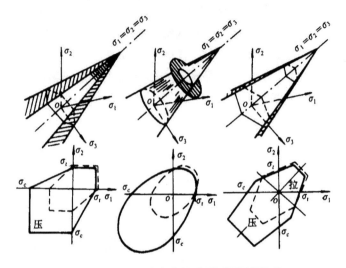

图 4-2 三种静水应力型广义屈服准则的极限面

将主应力代入式(4-5)和(4-5')中,并以材料单向拉伸极限状态 $\sigma_1 = \sigma_t, \sigma_2 = \sigma_3 = 0$ 和单向压缩极限状态 $\sigma_1 = \sigma_2 = 0, \sigma_3 = -\sigma_c$ 确定式中的两个材料强度参数 A 和 C. 令 $\alpha = \sigma_t/\sigma_c$,得

$$A = \frac{3 - 3\alpha}{1 + \alpha} \qquad C = \frac{2\sigma_t}{1 + \alpha} \qquad (4-6)$$

代入式(4-5),(4-5'),可得主应力表述的静水应力型广义双剪应力屈服准则为

$$F = \sigma_1 - \frac{3\alpha - 1}{4}(\sigma_2 + \sigma_3) = \sigma_t$$

$$\text{当} \ \sigma_2 \leqslant \frac{1}{2}(\sigma_1 + \sigma_3) \qquad (4-7)$$

$$F' = \frac{3-\alpha}{4}(\sigma_1 + \sigma_2) - \alpha\sigma_3 = \sigma_t$$

$$当\ \sigma_2 \geqslant \frac{1}{2}(\sigma_1 + \sigma_3) \qquad\qquad (4-7')$$

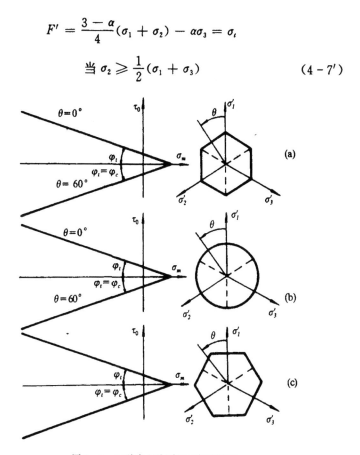

图 4-3　三种广义准则的子午极限线

　　静水应力型广义双剪应力屈服准则在主应力空间的极限面如图 4-2(c)所示. 在 σ-τ 坐标系中的子午线及其在 π 平面的极限线如图 4-3(c)所示. 作为比较,在图 4-3(a)和(b)中给出了广义 Tresca 准则和广义 Mises 准则的极限线. 可以看出,这些准则的 π 面极限线的大小将随 σ_m 的变化而变化. 在拉应力区,π 面极限线缩小;在压缩区,π 面极限线形状随 σ_m 绝对值的增加而不断扩大. 图 4-3(b)的广义 Mises 准则一般常称为 Drucker-Prager 准则,由 Drucker 和 Prager 于 1952 年提出.

§4.3　静水应力型统一屈服准则

在双剪统一屈服准则的基础上,作者引入静水应力函数,可得出一个静水应力型的统一屈服准则[2]. 静水应力型统一屈服准则的定义是,当双剪单元体的最大剪应力和中间主剪应力函数以及静水应力的线性函数到达某一极限值时,材料开始发生屈服. 它的数学表达式为[2,3]

$$F = \tau_{13} + b\tau_{12} + A\sigma_m = C \qquad 当\ \tau_{12} \geqslant \tau_{23} \qquad (4-8)$$

$$F' = \tau_{13} + b\tau_{23} + A\sigma_m = C \qquad 当\ \tau_{12} \leqslant \tau_{23} \qquad (4-8')$$

式中 A 和 C 两个材料强度参数,可由单向拉伸条件 $\sigma_1 = \sigma_t, \sigma_2 = \sigma_3 = 0$ 和单向压缩条件 $\sigma_1 = \sigma_2 = 0, \sigma_3 = -\sigma_c$,得出为

$$A = \frac{3(1+b)(1-\alpha)}{2(1+\alpha)}$$

$$C = \frac{1+b}{1+\alpha}\sigma_t \qquad \alpha = \frac{\sigma_t}{\sigma_c} \qquad (4-9)$$

将式(4-9)代入式(4-8),(4-8'),并将主应力代入,可得到静水应力型的广义双剪统一屈服准则的主应力形式:

$$F = \sigma_1 - \frac{2ab+\alpha-1}{2(b+1)}\sigma_2 - \frac{2\alpha+ab-b}{2(1+b)}\sigma_3 = \sigma_t$$

$$当\ \sigma_2 \leqslant \frac{1}{2}(\sigma_1+\sigma_3) \qquad (4-10)$$

$$F' = \frac{2+b-ab}{2(1+b)}\sigma_1 + \frac{1+2b-\alpha}{2(1+b)}\sigma_2 - a\sigma_3 = \sigma_t$$

$$当\ \sigma_2 \geqslant \frac{1}{2}(\sigma_1+\sigma_3) \qquad (4-10')$$

式(4-10),(4-10')也可改写为静水应力的型式,即写成 $\sigma_m = \frac{1}{3}(\sigma_1+\sigma_2+\sigma_3)$ 的型式.

$$F = (1+\alpha)\left[\sigma_1 - \frac{1}{1+b}(b\sigma_2+\sigma_3)\right]$$

$$+ (1-\alpha)(\sigma_1+\sigma_2+\sigma_3) = 2\sigma_t$$

$$\text{当 } \sigma_2 \leqslant \frac{1}{2}(\sigma_1 + \sigma_3) \tag{4-11}$$

$$F' = (1 + \alpha)\left[\frac{1}{1+b}(\sigma_1 + b\sigma_2) - \sigma_3\right]$$
$$+ (1 - \alpha)(\sigma_1 + \sigma_2 + \sigma_3) = 2\sigma_t$$
$$\text{当 } \sigma_2 \geqslant \frac{1}{2}(\sigma_1 + \sigma_3) \tag{4-11'}$$

可以看到,当 $\alpha=1$,即式 $(4-9)$ 和式 $(4-8),(4-8')$ 中的 $A=0$ 时,即可得出以下结果:

$$F = \tau_{13} + b\tau_{12} = C \qquad\qquad \text{当 } \tau_{12} \geqslant \tau_{23}$$
$$F' = \tau_{13} + b\tau_{23} = C \qquad\qquad \text{当 } \tau_{12} \leqslant \tau_{23}$$
$$F = \sigma_1 - \frac{1}{1+b}(b\sigma_2 + \sigma_3) = \sigma_t \qquad \text{当 } \sigma_2 \leqslant \frac{1}{2}(\sigma_1 + \sigma_3)$$
$$F' = \frac{1}{1+b}(\sigma_1 + b\sigma_2) = \sigma_t \qquad \text{当 } \sigma_2 \geqslant \frac{1}{2}(\sigma_1 + \sigma_3)$$

这就是上一章的式 $(3-12),(3-12')$ 和式 $(3-14),(3-14')$. 因此,本章的结果具有更普遍的意义. 上一章统一屈服准则及其特例均可从本章的结果蜕化得出.

式 $(4-10),(4-10')$ 和式 $(4-11),(4-11')$ 中的系数 b 是反映中间主剪应力影响的系数. 系数 b 与材料强度参数之间的关系可通过剪切屈服条件 $(\sigma_1 = \tau_s, \sigma_2 = 0, \sigma_3 = -\tau_s)$ 求得

$$b = \frac{2\sigma_t - 2\alpha\tau_s - 2\tau_s}{\alpha\tau_s + \tau_s - 2\sigma_t} = \frac{2(B - \alpha - 1)}{1 + \alpha - 2B} \tag{4-12}$$

$$C = \frac{\tau_s\sigma_t}{2\sigma_t - \alpha\tau_s - \tau_s} = \frac{\sigma_t}{2B - \alpha - 1} \tag{4-13}$$

$$\tau_s = \frac{2(1 + b)}{(1 + \alpha)(2 + b)}\sigma_t \tag{4-14}$$

$$B = \frac{\sigma_t}{\tau_s} = \frac{(1 + \alpha)(2 + b)}{2(1 + b)} \tag{4-15}$$

当 $\alpha=1$ 时,以上结果即简化为上一章式 $(3-15)$ 和式 $(3-18)$ 的结果.

因此,静水应力型的统一屈服准则除了用 b, α, σ_t 三个参数表

述如式(4-10),(4-10′)外,也可用 τ,,α,σ_t 三个材料强度参数表述,或用 B,α,σ_t 三个材料强度参数表述,这里不再赘述,读者可以自行推导. 得出的结果应在 $\alpha=1$ 时蜕化为式(3-16),(3-16′)和式(3-17),(3-17′)的结果,即第三章的有关准则是本章在 $\alpha=1$ 时的有关准则的特例.

§4.4   广义统一屈服准则的特例

本节我们讨论系数 b 变化时的一些特例.

静水应力型统一屈服准则是上一章双剪统一屈服准则的推广. 当不考虑静水应力影响时,即式(4-10),(4-10′)或式(4-11),(4-11′)中的 $\alpha=1$ 时,广义统一屈服准则简化为统一屈服准则,并可得出相应的各种典型特例,如上章§3.4和§3.5所述.

下面讨论当 $\alpha\neq1$ 时的几个特例. 这时 b 值从 0 变化到 1,包含着无限多个外凸的广义准则;当 $b>1$ 或 $b<0$ 时,可形成很多非凸的广义准则. 下面主要讨论外凸的广义准则,非凸的广义准则也可由式(4-10),(4-10′)或式(4-11),(4-11′)推导得出(当 $b>1$ 或 $b<0$ 时).

对于外凸的广义准则,一般情况下可取 $b=1,\dfrac{3}{4},\dfrac{1}{2},\dfrac{1}{4}$ 和 0 五个典型特例,并得出相应的五个广义准则. 它们在 π 平面的极限线如上章图3-7所示,但其大小随 σ_m 的改变而变. 因而在主应力空间的极限面形成半无限开口的多面棱锥体,其中 $b=1$ 和 $b=0$ 时为六边锥面,其他情况下均为十二边锥面. 为了更便于清晰地图示极限面及其沿 σ_m 轴的变化情况,一般取压应力坐标($-\sigma_1$,$-\sigma_2$,$-\sigma_3$)绘制极限锥面. 在平面应力状态下的极限线亦可相应绘出,其中 $b=1$ 和 $b=0$ 时为六边形,其他均为十二边形.

4.4.1   广义双剪准则(静水应力型广义双剪屈服准则)

当 $b=1$ 时,按式(4-11),(4-11′),可得广义双剪屈服准则

为

$$F = (1 + \alpha)\left[\sigma_1 - \frac{1}{2}(\sigma_2 + \sigma_3)\right] + (1 - \alpha)(\sigma_1 + \sigma_2 + \sigma_3)$$

$$= 2\sigma_t \qquad \text{当} \ \sigma_2 \leqslant \frac{\sigma_1 + \sigma_3}{2} \qquad (4 - 16)$$

$$F' = (1 + \alpha)\left[\frac{1}{2}(\sigma_1 + \sigma_2) - \sigma_3\right] + (1 - \alpha)(\sigma_1 + \sigma_2 + \sigma_3)$$

$$= 2\sigma_t \qquad \text{当} \ \sigma_2 \geqslant \frac{\sigma_1 + \sigma_3}{2} \qquad (4 - 16')$$

此即为作者于 1962 年提出的广义双剪准则. 它在应力空间中的极限面如图 4 - 4 所示.

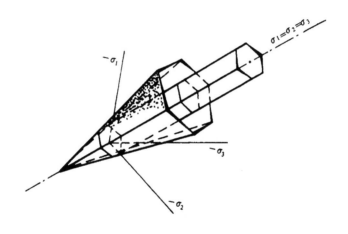

图 4 - 4   双剪广义准则的极限面(b=1)

在图 4 - 4 的极限面中间的六棱无限长柱体面是当 $\alpha = 1$ 时的双剪应力屈服面,其数学表达式为

$$f = \sigma_1 - \frac{1}{2}(\sigma_2 + \sigma_3) = \sigma_t = \sigma_c = \sigma_s, \qquad \text{当} \ \sigma_2 \leqslant \frac{1}{2}(\sigma_1 + \sigma_3)$$

$$f' = \frac{1}{2}(\sigma_1 + \sigma_2) - \sigma_3 = \sigma_s, \qquad \text{当} \ \sigma_2 \geqslant \frac{1}{2}(\sigma_1 + \sigma_3)$$

此即为上章所述的双剪应力屈服准则(俞茂宏,1961).

式(4-16),(4-16')取不同的 α 值,有不同的表达式. 若材料拉压比 $\alpha=\dfrac{1}{2}$,则按式(4-15)可得材料拉剪强度比 $B=\dfrac{9}{8}$,或按式(4-14)可得出材料的剪切屈服极限 $\tau_t=0.89\sigma_t$,这时可得静水应力型广义双剪屈服准则为

$$F=\sigma_1-\frac{1}{8}(\sigma_2+\sigma_3)=\sigma_t \qquad 当\ \sigma_2\leqslant\frac{1}{2}(\sigma_1+\sigma_3) \qquad (4-17)$$

$$F'=\frac{5}{8}(\sigma_1+\sigma_2)-\frac{1}{2}\sigma_3=\sigma_t \qquad 当\ \sigma_2\geqslant\frac{1}{2}(\sigma_1+\sigma_3) \qquad (4-17')$$

不同的拉压比 α,可以得出一系列不同的广义双剪准则.

4.4.2 广义双剪统一准则

当 $b=\dfrac{1}{2}$ 时,可得一个新的广义双剪准则为

$$F=(1+\alpha)\left[\sigma_1-\frac{1}{3}(\sigma_2+2\sigma_3)\right]+(1-\alpha)(\sigma_1+\sigma_2+\sigma_3)$$

$$=2\sigma_t \qquad 当\ \sigma_2\leqslant\frac{1}{2}(\sigma_1+\sigma_3) \qquad\qquad (4-17)$$

$$F'=(1+\alpha)\left[\frac{1}{2}(2\sigma_1+\sigma_2)-\sigma_3\right]+(1-\alpha)(\sigma_1+\sigma_2+\sigma_3)$$

$$=2\sigma_t \qquad 当\ \sigma_2\geqslant\frac{1}{2}(\sigma_1+\sigma_3) \qquad\qquad (4-17')$$

这是未被人们表述过的屈服函数,它在应力空间中的屈服面如图4-5所示. 图中中间的十二边形无限长棱柱体为上章所述的 $b=\dfrac{1}{2}$ 时的双剪统一屈服准则. 两者在 π 平面的屈服迹线均为十二边形. 当 $\alpha=1$ 时,π 平面屈服迹线的大小不随静水应力轴线 $\sigma_1=\sigma_2=\sigma_3$ 而变;当 $\alpha\neq1$ 时,π 平面屈服线的形状相似,大小随静水应力 σ_m 的大小而变. 变化的程度随 α 而定,α 在 $0\leqslant\alpha\leqslant1$ 范围变化时,α 接近于1,变化较少;α 越小,π 平面屈服线的大小的变化越大.

从图4-5可以看出,它的极限面接近于圆锥面,即大家熟知的 Drucker-Prager 准则的圆锥. 因此式(4-17),(4-17')也可作

为 Drucker-Prager 准则的线性逼近. 它是一个与 Drucker-Prager 准则屈服面相交的线性屈服面.

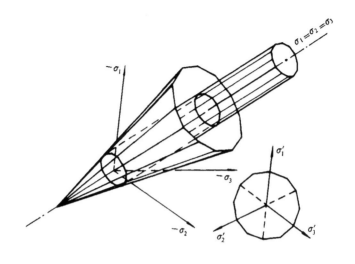

图 4 - 5 静水应力型广义统一屈服面 $\left(b = \dfrac{1}{2} \right)$

同理当 $b = \dfrac{1}{1 + \sqrt{3}}$ 时,按广义双剪统一屈服准则式(4 - 11),(4 - 11′)可得另一个与 Drucker-Prager 相逼近的静水应力型广义双剪准则. 其极限面与图 4 - 5 相似,但它是一个与 Drucker-Prager 圆锥面内切的十二边形棱锥体. 它也是一个可以与 Drucker-Prager 线性逼近的新准则. 它们在 π 平面屈服线的形状以及相互关系与上一章图 3 - 12 和图 3 - 13 相同. 近年来,由于 Drucker-Prager 准则与实验结果不符,已逐步被其他准则所代替,这里不再详述.

4.4.3 静水应力型广义单剪准则

当 $b = 0$ 时,静水应力型广义双剪统一屈服准则简化为广义单剪屈服准则,即广义 Tresca 屈服准则. 它的数学表达式可由式

$(4-11),(4-11')$得出

$$f = f' = (1 + a)(\sigma_1 - \sigma_3) + (1 - a)(\sigma_1 + \sigma_2 + \sigma_3) = 2\sigma_t$$

$$(4-18)$$

它在应力空间的屈服面如图 4-6 所示.

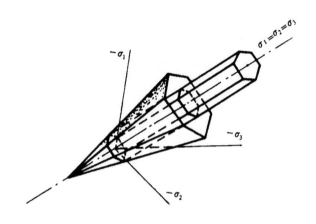

图 4-6　静水应力型广义单剪屈服面$(b=0)$

在图 4-6 中,中间的无限长六棱柱体即为 Tresca 屈服准则或单剪应力屈服准则的屈服面.

以上这三种广义准则都与实验结果不符,特别是与岩土类材料的实验结果不符.

§4.5　二次式广义统一屈服准则

如按式$(4-3)$,B$\neq$0,则可得出二次式的广义统一屈服准则

$$F = \tau_{13} + b\tau_{12} + A\sigma_m + B\sigma_m^2 = C$$

$$当 \ \tau_{12} \geqslant \tau_{23} \qquad\qquad (4-19)$$

$$F' = \tau_{13} + b\tau_{23} + A\sigma_m + B\sigma_m^2 = C$$

$$当 \ \tau_{12} \leqslant \tau_{23} \qquad\qquad (4-19')$$

它们在应力空间中的屈服面如图 4-7 中的右边一列所示. 作为对

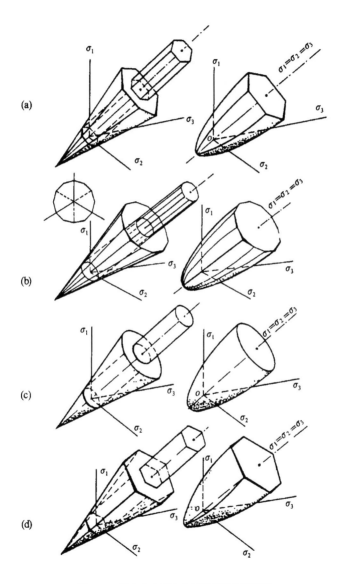

图 4-7 静水应力型广义屈服准则的极限面

比,在图4-7左边一列中,同时绘出了随静水应力作线性变化的广义准则的屈服面,以及与静水应力无关(即 $\alpha=1$)的几种典型准则的屈服面,即 $b=0$ 的单剪屈服准则[图4-7(a)]、$b=\dfrac{1}{2}$ 的双剪统一屈服准则[图4-7(b)]以及 $b=1$ 的双剪屈服准则的极限面[图4-7(d)].图中的圆柱体、圆锥体和回转圆锥体则是 Mises 屈服准则、Drucker-Prager 准则和二次型广义 Mises 准则的屈服面.[图4-7(c)].从这些图中可以比较直观地看出它们的变化关系以及它们之间的相互关系.

图4-7中,从上到下,是系数 b 变化时,屈服面从单剪屈服面($b=0$)到双剪统一屈服面 $\left(b=\dfrac{1}{2}\right)$,再到双剪屈服面($b=1$)的变化规律.其中 $b=\dfrac{1}{2}$ 或 $b=\dfrac{1}{1+\sqrt{3}}$ 时,均可作为相应的 Mises 屈服准则和 Drucker-Prager 准则的线性逼近.

图4-7中,从左面一列的屈服面到右面一列的相应屈服面,反映了材料屈服与静水应力无关或成一次、二次关系的相应屈服准则的极限面,即相对于式(4-3)中 $A=B=0$,$A\neq0$、$B=0$ 和 $A\neq B\neq0$ 三种情况得出的屈服准则的屈服面.

§4.6 静水应力型广义准则的评价

对于具有静水应力效应材料的屈服准则,式(4-3)是一种最普遍和应用最多的一种形式,这是上章所述屈服准则的自然推广.历史上曾经提出过几十种这种形式的广义屈服准则[1,4],其中又以静水应力型的广义 Mises 准则为多.由于 Mises 准则(第四强度理论)有多种解释[1],因此这类广义准则往往具有不同的名称,从不同的角度推导得出,如广义 Mises 准则、广义八面体剪应力准则、广义形状改变能准则、广义均方根剪应力准则、广义应力偏量第二不变量准则、广义等效应力准则等,在各种文献中,它们数量众多,甚至数以百计,组成了强度理论中最庞大的一族.直到20世纪90

年代,仍有人在提出这类准则,并在研究中应用. 但是,应该指出:

(1)由于八面体剪应力、形状改变能、应力偏量第二不变量、等效应力、均方根剪应力等可以相互转换,它们之间的关系为[见第三章式(3-11')]

$$J_2 = 2GU_\varphi = \frac{3}{2}\tau_8^2 = \frac{1}{3}\sigma_i^2 = \frac{5}{2}\tau_i^2 = \frac{2}{3\pi}\Omega_T = \frac{3}{2}\Delta_m$$

$$= 2\tau_{123}^2 = \frac{3}{2}S_i = 2\tau_i = \frac{2}{3}\tau_{\text{双}}^2 \approx \frac{1}{3}\tau_b^2 \qquad (4-20)$$

因此,用式(4-20)中 12 种变量中的任一种为基础所推导出的任一种广义准则都是等效的. 虽然世界各国研究者采用各种不同的名称,结果都是相同或相似的. 其中最普遍的形式系 Bursynski 于 1929 年所提出的. 而应用最广泛的则为 Drucker 和 Prager 于 1952 年所提出的 Drucker-Prager 准则,实际上这是 Bursynski 准则的一个特例.

Drucker-Prager 准则的表达式为

$$F = \sqrt{J_2} + aI_1 = K \qquad (4-21)$$

式中 J_2 为应力偏量第二不变量,I_1 为应力张量第一不变量,a,K 为材料的强度参数,一般可由材料的拉伸强度 σ_t 和压缩强度 σ_c,或由材料粘结力 C_0 和摩擦角 φ_0 求得,即

$$a = \frac{2\sin\varphi_0}{\sqrt{3}(3-\sin\varphi_0)} \qquad K = \frac{6C_0\cos\varphi_0}{\sqrt{3}(3+\sin\varphi_0)}$$

$$(4-22)$$

a,K 与 σ_t,σ_c 的关系为

$$\sigma_t = \frac{2C_0\cos\varphi_0}{1+\sin\varphi_0} \qquad \sigma_c = \frac{2C_0\cos\varphi_0}{1-\sin\varphi_0} \qquad (4-23)$$

如将式(4-21)写成广义八面剪应力准则的形式,则有

$$F = \tau_8 + aI_1 = K \qquad (4-24)$$

同理,也可写成应力强度 σ_i、均方根剪应力 τ_{123}、剪应力强度 τ_i 等等形式,如

$$F = \tau_{123} + aI_1 = K$$
$$F = \sigma_t + aI_1 = K \qquad (4-25)$$
$$F = \tau_t + aI_1 = K$$

不同表达式求得的材料强度参数 a, K 的值虽然不同,但他们用主应力形式表达出来的广义准则是完全相同的.

(2)静水应力型广义准则反映了静水应力对材料屈服和破坏的影响,但是对一般材料的强度,还存在材料拉压强度差效应(SD效应)、正应力效应、中间主应力效应等等其他特性,并且通过其他效应的考虑,也可同时反映材料的静水应力效应.关于材料强度的一些基本性质,我们在下章作比较详细的讨论.在第六章中,我们将进一步讨论正应力型的广义强度理论.通过正应力效应的考虑,不但反映了正应力的影响,同时也反映了静水应力的影响.

(3)由于 Mises 类的静水应力型广义准则在 π 平面的屈服迹线为圆形,不能反映屈服线随应力角 θ 而变化的规律,因而与很多材料的实验结果不符[5].

(4)本章所述的各种广义准则在 π 平面的屈服迹线不能反映材料屈服线在拉伸矢径长度 r_t 与压缩矢径长度 r_c 的差别.因而与 Drucker-Prager 准则存在同样的缺点,即屈服线只能通过三个拉伸矢径端点(实验点)或三个压缩矢径端点(另三个实验点),而不能同时与 3 个拉伸矢径端点和 3 个压缩矢径端点这 6 个实验点同时匹配,因而与实验结果不符[5].以后我们将作进一步的阐述,并与国内外近年来所得出的岩石、混凝土和土体等材料的实验结果进行对比.

参 考 文 献

[1] 俞茂宏,脆性断裂与塑性屈服准则,西安交通大学科学论文,1962;或俞茂宏,古典强度理论及其发展,力学与实践 1980,2(2),20—25.

[2] 俞茂宏、何丽南、刘春阳,广义双剪应力屈服准则及其推广,科学通报,1992,37(2),182—185

[3] Yu Mao-hong,He Li-nan,Liu Chun-yan,Generalized twin shear stress yield criterion and its generalization,*Chinese Science Bulletin*,1992,37(24),2085—2089.

[4] Писаренко, Г. С. , Лебедев, А. А. 著,江明行译,复杂应力状态下的材料变形与强度,科学出版社,1983.

[5] 俞茂宏、刘世煌、安 民、谷 江,岩土屈服准则的基本性质,水电和矿业工程中的岩石力学问题,科学出版社,1991,674—679.

第五章　材料强度的一些基本特性

§5.1　概　述

在第三章中，我们讨论了拉压强度相同的材料在复杂应力状态下的屈服问题，并提出了双剪统一屈服准则．双剪统一屈服准则不仅建立起现有的三个屈服准则，即单剪应力屈服准则（Tresca，1864）、八面体剪应力屈服准则（三剪屈服准则，Mises，1913）和双剪应力屈服准则（俞茂宏，1961）之间的相互联系，并且用一个简单统一的数学表达式，形成了外凸和非凸两大族屈服准则，可以灵活地适用于各种拉压强度相同的材料，因而也使屈服准则从适合于某一类材料的单一屈服准则发展为适合于多种材料的统一屈服准则．

从屈服准则的研究历史看，从单剪屈服准则发展到双剪屈服准则，以及从单一屈服准则发展到统一屈服准则，这是两个经历了漫长岁月取得的重大进展．但从材料的基本性能看，统一屈服准则仍有较大的局限性，它只能适合于某些拉压强度相同的金属类材料．对这类材料，采用一个材料强度参数，如屈服极限 σ_s 或两个强度参数如拉伸屈服极限 σ_s 和剪切屈服极限 τ_s，便可根据单一屈服准则（单剪准则、双剪准则或三剪屈服准则）或统一屈服准则求解复杂应力状态下的屈服问题．而对更多的材料，如铸铁、岩石、混凝土和土体等材料，它们的拉伸强度 σ_t 明显不等于压缩强度 σ_c．此外，还有其他一些不同的强度特性．在第四章中，虽然将统一屈服准则推广为静水应力型的广义统一屈服准则，以冀使它能够适应于拉压强度不同的材料，但尚未与实验结果相比较．

为了研究更一般的强度理论，在本章中，我们将以国内外的大量试验结果为依据，讨论大多数材料的一些基本强度特性．这些实验结果都是很珍贵的,它们是材料强度理论研究的重要基础.

§5.2 拉伸强度与压缩强度、SD效应

大多数脆性材料的压缩强度 σ_c 大于拉伸强度 σ_t. 图 5-1 为灰口铸铁拉伸和压缩的应力应变曲线. 它们的压缩强度极限 σ_c 约为拉伸强度极限的 3—5 倍. 混凝土的压缩强度 σ_c 往往超过拉伸强度 σ_t 十余倍. 黄河上游拉西瓦大型水电站和长江三峡大坝的三斗坪坝基的花岗岩的压缩强度高达 150—180MPa,而它们的拉伸强度约为 10MPa[①].

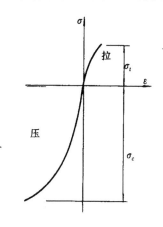

图 5-1 灰口铸铁的应力应变曲线

对于金属类材料,常认为其拉压强度相同,但近年来研究表明,很多高强度合金,如航天航空工业广泛应用的高强度不锈钢和高强度铝合金及电力工业和化工

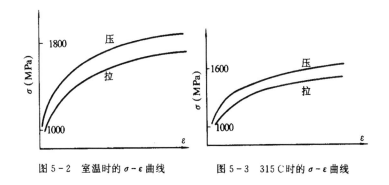

图 5-2 室温时的 $\sigma-\varepsilon$ 曲线   图 5-3 315 C 时的 $\sigma-\varepsilon$ 曲线

---

① 这里的材料分别由国防科技大学老亮教授、长江科学院、水利部以及电力部西北勘测设计院科研所提供.

工业中广泛应用的特种钢和耐热不锈钢等具有 SD 效应,即拉压强度差效应(Strength – Differential Effect)[1-5]. 图 5 – 2 和图 5 – 3 为两种高强度不锈钢的拉伸与压缩应力-应变曲线图. 其中图 5 – 2 为室温时的拉伸和压缩应力-应变曲线,图 5 – 3 是温度为 315℃时的拉压曲线对比. 可以看出,它们都存在明显的 SD 效应. 一般讲,高强度钢的 SD 效应较大. 强度愈大,拉压强度差也愈大. 国防科技大学陈荣锦对铝合金进行的拉压对比

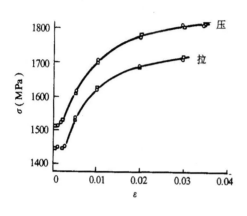

图 5 - 4 4330 钢的拉伸和
压缩应力-应变曲线

试验,也得出类似的结果.

图 5 – 4 为美国航空工业中应用很广的 4330 钢的拉伸和压缩应力-应变曲线. 可以看出 4330 钢存在较大的 SD 效应[5].

图 5 – 5 为岩土材料典型拉伸压缩曲线,混凝土也具有类似性质. 可看出,它们的拉伸和压缩性质的差异较金属类材料复杂. 由于这类材料的压缩强度较拉伸强度大得多,工程中主要利用其压缩强度,有时常取压缩方向作为坐标的正方向作应力-应变图.

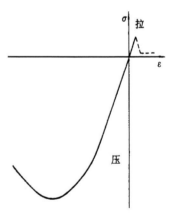

图 5 - 5 岩土材料的
拉伸压缩曲线

根据材料的这一强度特性可作出结论：统一屈服准则及其特例和逼近的单剪屈服准则、双剪屈服准则和 Mises 三剪屈服准则的使用范围是有限的，对于图 5-1—5-5 的各类材料都不适用.

§5.3 静水应力效应

静水应力 $\sigma_m = \frac{1}{3}$ ($\sigma_1 + \sigma_2 + \sigma_3$) 对材料强度有较大影响. 图 5-6为一种对材料施加围压（静水应力）和轴压的三轴室示意图. 这是冯·卡门（von Karman）于 1911 年进行岩石强度试验的基本

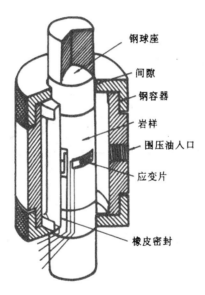

钢球座
间隙
钢容器
岩样
围压油入口
应变片
橡皮密封

图 5-6 围压三轴试验室示意图

思想. 对试件施加一定的围压,然后保持围压不变,逐步增加轴压,可以得出在这一定围压下材料的应力-应变曲线. 同理,可以得出材料在不同围压下应力-应变曲线,如图 5-7 所示. 可以看出,随

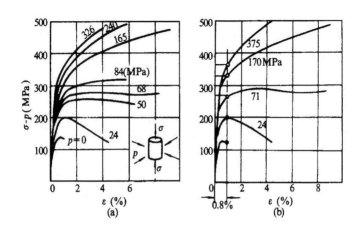

图 5 - 7 大理石力学性质与围压的关系（von Karman，1911）

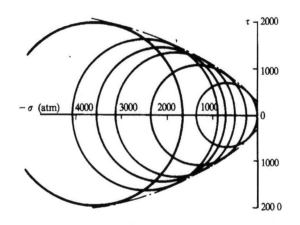

图 5 - 8 极限应力圆与围压的关系

着围压的加大，岩石的强度极限不断增大．因此也可以作出极限应力圆随围压的变化规律，如图 5 - 8 所示．图 5 - 9 为水利电力部水利水电科学研究院和西北勘测设计院科研所采用围压试验得出的拉西瓦花岗岩的极限应力圆随围压而变化的规律（材料强度特性 $C_0 = 22MPa$，$\varphi = 38°$）．

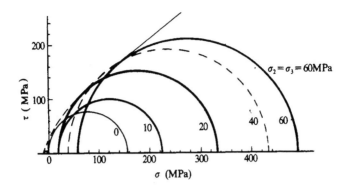

图 5 - 9   拉西瓦花岗岩围压三轴试验结果

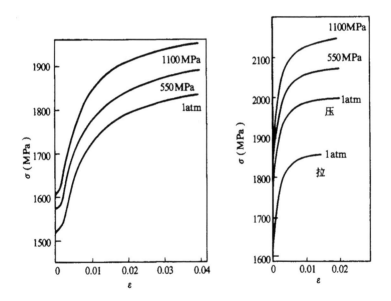

图 5-10   不锈钢的 σ_m 效应   图 5-11   高镍合金的 SD 效应和 σ_m 效应

　　在其他材料的高围压试验中，也同样可以观察到明显的静水
应力效应．图 5-10 为 4330 钢的压缩应力-应变曲线，它们分别在
静水应力为 0,550MPa 和 1100MPa 时得出．图 5-11 为高强度镍

合金钢在三种不同静水应力作用下的压缩应力-应变曲线,在图的下方同时绘出了无围压时的拉伸应力-应变曲线. 可以看到高强度镍合金钢同时存在 SD 效应和静水应力效应. 图 5-12 为聚乙烯的拉伸应力-应变曲线和压缩应力-应变曲线在 6 种不同静水应力(围压)下的变化曲线. 同一静水压力下的上面曲线为压缩曲线,下面为拉伸曲线. 在这一图中可以同时看到,聚乙烯塑料的拉压强度差效应和静水应力效应[5].

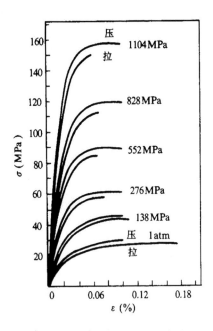

图 5-12　聚乙烯的 SD 和 σ_m 效应

如以材料的比例极限和 1% 残余应变时的屈服极限为准,作出聚乙烯和聚碳酸酯的拉伸强度和压缩强度与静水应力的关系曲线如图 5-13 所示. 图中方点为拉伸实验点,圆点为压缩实验点. 可以看出这两种材料的静水应力效应均呈线性关系.

在图 5-12 的实验中,材料在不同静水应力作用下的拉压强度变化曲线,除了最下面的无围压情况下的拉伸和压缩曲线反映

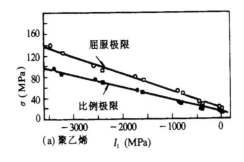

(a) 聚乙烯

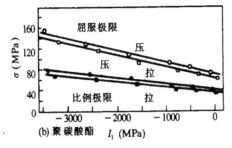

(b) 聚碳酸酯

图 5-13 两种塑料的拉伸与压缩极限应力与静水应力的关系

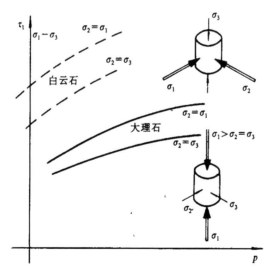

图 5-14 大理石的二种三轴试验结果

了 SD 效应外，其他曲线已不仅仅是 SD 效应的反映，而是 SD 效应和静水应力效应的综合反映. 这种现象在其他材料的围压实验中也同样可以观察到. 事实上，在 20 世纪初德国格丁根大学 L. Prandtl 教授所进行的开创性的岩石围压试验中，就已经得出了这一规律，如图 5-14 所示. 图中左上的虚线则为日本东京大学 K. Mogi（茂木清夫）教授于 1966 年对白云石得出的实验结果.

Prandtl 教授指导 von Karman 作的三轴试验为三轴压缩试验. 他从大理石试件处于三向等压的静水压力状态（$\sigma_1 = \sigma_2 = \sigma_3 = p$）开始，保持 $\sigma_2 = \sigma_3$ 于某一数值，然后增加轴向压力 σ_1 直至岩石破坏，得出岩石在这一静水压力下的强度实验点. 改变围压，可以得出不同的强度如图 5-14 的三轴压缩实验曲线所示. Prandtl 又让 R. Boker 作另一种三轴试验，开始也使大理石处于一定的静水压力状态（$\sigma_1 = \sigma_2 = \sigma_3 = p$），然后减少轴向压力 σ_3（这时围压 $\sigma_2 = \sigma_1 > \sigma_3$），或者保持轴向压力 σ_3 不变，逐步增加围压，直至岩石破坏，得出一个实验点. 依次进行不同围压下的实验，可以得出大理石的强度与围压的关系曲线，如图 5-14 的上面一条实线所示. 在这种应力状态下的三轴试验中，由于二侧围压 $\sigma_2 = \sigma_1$ 大于轴向压力 σ_3，试件在轴线方向的变形为伸长变形，所以常称之为三轴伸长试验. Boker 的试验与 von Karman 试验的岩石为同一种大理石，二者的结果的差别无法用 Mohr-Coulomb 强度理论来解释. 长期以来对 Boker 的试验结果的说明较少，但此后 Handin 及 Hager（1957）以及 Murrell（1965）等人进行了相似的试验，再次证实了岩石强度在三轴压缩条件下与三轴伸长的结果有差别，当时很多人往往把它们归因于实验的误差. 直到 60 年代，通过更进一步的实验和分析，才逐步明确差别的根本原因是中间主应力效应，Mohr-Coulomb 的单剪强度理论由于忽略了中间主应力，因而与实验结果有差别.

在轴对称围压试验中，轴向压力 σ_1 减去围压 p（σ_3）即为二倍最大剪应力 $2\tau_{max} = \sigma_1 - \sigma_3$，因此围压试验的结果往往表示为剪切强度与围压的关系. 大中康誉总结了各国学者众多岩石围压试验的结果如图 5-15 所示[6]. 总的规律是岩石强度 ($\sigma_1-\sigma_3$) 随围压 $\sigma_2=\sigma_3=p$ 的增大而增大（图中一种标志代表一种岩石）.

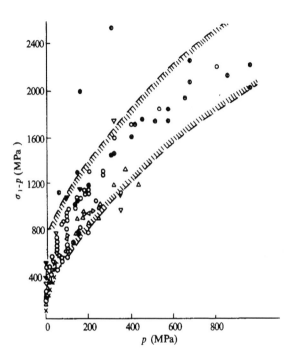

图 5-15　岩石剪切破裂强度随围压的变化（引自大中康誉，1973）

§5.4　法向应力效应（正应力 σ 效应）

由以上的实验结果可知，材料的强度往往决定于主应力的差值，即剪应力的大小. 因此有很多研究者致力于研究材料的剪切强度，以及材料受力滑动和破坏时滑动面上的剪应力与面上的正应力的关系. 图 5-16[①] 是玄武岩和花岗岩的剪切强度 τ_0 与正应

————————

① 图 5-16 为能源部西北勘测设计院科研所的实验结果.

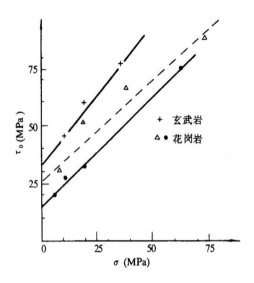

图 5 - 16 岩石的剪切强度与正应力的关系

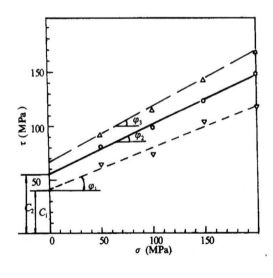

图 5 - 17 西安黄土的剪切强度与正应力的关系

力 σ 的关系. 图 5-17[①]为西安地区三种不同的湿陷性黄土的实验结果. 图中三种黄土的强度参数分别为 $C_1=40\ kpa$, $\varphi_1=21.3°$; $C_2=55\ kpa$, $\varphi_2=24.5°$; $C_3=65\ kpa$, $\varphi_3=26.7°$.

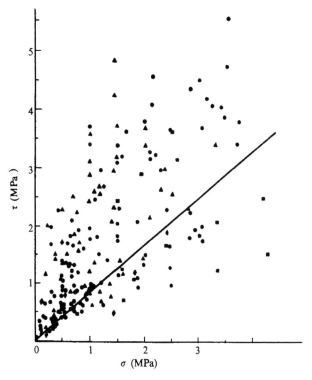

图 5-18 低压下岩石滑动面上剪应力与正应力的关系

(低压，Byerlee，1978)

图 5-16 和图 5-17 中材料的剪切强度 τ（或 C）与正应力的关系大致成线性关系，并可表述为

$$\tau=C+\sigma\ \tan\varphi$$

Byerlee 收集了大量的实验结果，并分为低压（相当于常用土

---

① 图 5-17 为煤炭部西安煤炭设计研究院的实验结果.

木工程中遇到的岩石压力）、中压（相当于矿业工程中至 3000 米深矿井中的岩石压力 100MPa 左右）和高压（相当于地球物理研究遇到的岩石压力）三种情况，分别绘出三种压力范围内岩石滑动面上的正应力与剪应力的关系如图 5-18（4 种岩石），图 5-19（10 种岩石）和图 5-20（13 种岩石）所示.

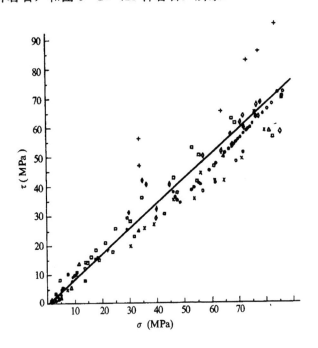

图 5-19　中等正应力下，岩石滑动面上正应力与
剪应力的关系（Byerlee，1978）

　　以上的正应力与剪应力强度的关系类似于物理中的 Coulomb 摩擦定律，实际上是 Coulomb 于 1773 年把它推广到材料破坏定律的主要思想，也是多年来人们常用的材料强度理论的一个基本概念. 应该指出的是，①滑动摩擦中只有一个作用面和一个剪应力，而在材料内部所受到的作用应力则有三个主剪应力；②在整理大量实验结果的资料时，一般只考虑最大主应力 σ_1 和最

小主应力 σ_3，并以（$\sigma_1 - \sigma_3$）为直径作出极限应力圆，而没有考虑中间主应力 σ_2 的影响；③由于在不同方式的剪切试验中的中间主应力的情况不同（应力状态不同），某些资料的结果可能不同. 这些问题的关键是 Mohr-Coulomb 强度理论所忽略的中间主应力效应.

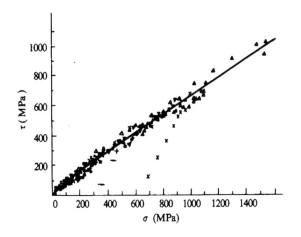

图 5-20　高压下，岩石滑动面上正应力与剪应力的关系

(Byerlee，1978)

§5.5　中间主应力效应研究的意义

中间主应力效应研究，在理论和工程实践中都具有重要的意义. 在理论上，如果材料强度与中间主应力 σ_2 无关，材料强度理论只要考虑最大和最小二个主应力 σ_1 和 σ_3，可以得到很大简化；在复杂应力试验设备研制中也只要有二个方向的应力的试验机；而在工程实践中只要分析二个主应力，可以很方便地应用强度理论来解决实际问题. 因此，中间主应力效应问题成为各国学者热心研究而长久不衰的一个兴趣问题.

另一方面，中间主应力研究又是一个十分困难的问题. 这是由于：①复杂应力试验设备更复杂，试验技术的要求更高，研究的经费投入更多；②最大剪应力屈服准则（Tresca 屈服准则，1864）和 Mohr-Coulomb 强度理论（1773—1900）已被人们所广泛接受和了解，并在工程中广为应用，而这二个理论都不考虑中间主应力 σ_2；③Mohr-Coulomb 强度理论可以适用于拉压强度不同的材料，又可以解释以上二节所述的静水应力效应和法向应力（正应力）效应，因而掩盖了中间主应力效应；④在理论上要提出一个有一定的物理概念、数学表达式简单又能反映中间主应力效应的新的强度理论并非易事；⑤中间主应力效应往往综合反映在静水应力效应等实验中，要把它独立出来，需要有明确的概念.

因此，虽然有不少实验结果表明中间主应力效应的存在，并且有不少著名科学家大声疾呼："中间主应力效应问题应该给以解决，这是具有巨大实际重要性的重大事情"[10]，"它的研究不仅具有根本的意义，而且对工程师具有直接的实际重要性"[11]；"中间主应力效应是材料的重要特性"[12]. 但是中间主应力效应问题仍然是一个多年未决的难题. 下面我们将从实验和理论两方面来研究这一问题. 实验材料主要取自几十年来特别是 60 年代以来国外一些典型的试验结果，理论研究将在下一章讨论，并将建立起一系列能够反映中间主应力效应的强度理论新体系.

中间主应力效应研究应该解决下列问题.

(1)中间主应力 σ_2 对材料的强度有否影响？

(2)中间主应力效应的大小如何？如果这一效应较大，将会推翻已有 100 余年历史的著名的最大剪应力强度理论和 Mohr-Coulomb 强度理论.

(3)中间主应力效应的特点.

(4)中间主应力效应的实验验证.

(5)中间主应力效应的理论说明. 这一点十分重要，德国著名科学家 Prandtl 于 1910—1915 年指导 von Karman 和 Boker 所作的实验结果已经表明 Mohr-Coulomb 强度理论与砂岩的实验结果并不相符[7,8,13]. 但是由于未能建立相应的新的理论，实验结果（特别是 von Karman 和 Boker 的不同实验结果）未能得到更多人的了解.

为了研究中间主应力效应,曾经进行了多年大量的实验. von Karman 和 Boker 的实验已如前所述. W. Lode 于 1925 年进行了大量实验,并引进了一个表征中间主应力状态的 Lode 应力参数

$$\mu_\sigma = \frac{2\sigma_2 - \sigma_1 - \sigma_3}{\sigma_1 - \sigma_3} \qquad (-1 \leqslant \mu_\sigma \leqslant 1)$$

它的几何意义是三向应力圆的相对关系,如图 5 - 21 所示.

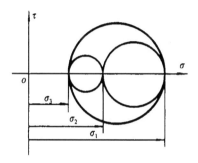

图 5 - 21　三向应力状态

Lode 参数不很简便明确. 40 年后 Bishop 对它加以改进简化,引入 b 参数为

$$b = \frac{\sigma_2 - \sigma_3}{\sigma_1 - \sigma_3} \qquad (0 \leqslant b \leqslant 1)$$

俞茂宏于 1990 年将双剪应力的概念引入应力状态类型分析,提出二个双剪应力状态参数为

$$\mu_\tau = \frac{\tau_{12}}{\tau_{13}} = \frac{\sigma_1 - \sigma_2}{\sigma_1 - \sigma_3} \qquad (1 \geqslant \mu_\tau \geqslant 0)$$

$$\mu_\tau' = \frac{\tau_{23}}{\tau_{13}} = \frac{\sigma_2 - \sigma_3}{\sigma_1 - \sigma_3} \qquad (0 \leqslant \mu_\tau' \leqslant 1)$$

这几个应力状态参数都是等效的. 它们都反映了中间主应力 σ_2 从 $\sigma_2 = \sigma_3$ 增加到 $\sigma_2 = \sigma_1$ 的过程中应力状态参数的变化情况. 它们之间的关系为

$$\mu_\tau = \frac{1-\mu_\sigma}{2} = 1 - \mu_\tau'$$

$$\mu_\tau' = \frac{1+\mu_\sigma}{2} = 1 - \mu_\tau = b$$

在这几个应力状态参数中，以 Lode 参数最繁，双剪应力参数最为简单和直观，并且赋与了一定的物理概念. 本书第二章已有说明.

§5.6　金属材料的中间主应力效应

由于单剪应力屈服准则（Tresca 屈服准则）的数学表达式中只包含最大和最小主应力 σ_1 和 σ_3，忽略了中间主应力 σ_2 的作用. 因此金属材料的中间主应力效应的实验研究自然地引起了众多学者的注意. 其中德国学者 Lode 于 1925 年最早用铁、铜和镍做的薄壁管进行了轴向拉伸和内压的试验，他得出的实验结果如图 5-22 中的实验点所示.

为了比较各种屈服准则，可将屈服准则写成应力状态参数 μ_σ 或 μ_τ 的关系，它们分别为

(1)单剪应力屈服准则(Tresca 屈服准则)

$$\frac{\sigma_1 - \sigma_3}{\sigma_s} = 1$$

(2)八面体剪应力屈服准则(Mises 屈服准则)

$$\frac{\sigma_1 - \sigma_3}{\sigma_s} = \frac{2}{\sqrt{3+\mu_\sigma^2}} = \frac{1}{\sqrt{1-\mu_\tau+\mu_\tau^2}}$$

(3)双剪应力屈服准则

$$\frac{\sigma_1 - \sigma_3}{\sigma_s} = \frac{2}{1+\mu_\tau} \qquad (1 \geqslant \mu_\tau \geqslant \frac{1}{2})$$

$$\frac{\sigma_1 - \sigma_3}{\sigma_s} = \frac{2}{2-\mu_\tau} \qquad (\frac{1}{2} \geqslant \mu_\tau \geqslant 0)$$

在图 5 - 22 中,它们分别为曲线 1,2 和 3 所示. 从图中可见,Tresca 屈服准则与三种材料的实验结果均不相符. 三种材料都存在中间主应力效应,实验结果与 Mises 屈服准则符合得较好. M. Ros 和 A. Eichinger 在苏黎士工业学院材料试验室同时(1926)也得出了相似的结果[13].

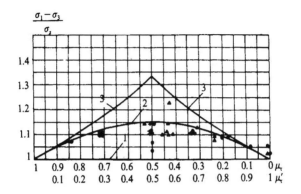

图 5 - 22 铁、铜、镍的 σ_2 效应 (Loda,1926)

▲铁,●铜,+镍

英国 G. I. Taylor 和 H. Quinney 在 1931 年用软钢、铜、铝制

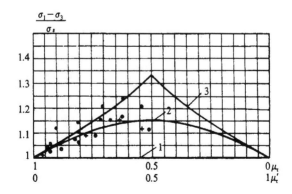

图 5 - 23 钢、铜、铝的 σ_2 效应 (Taylor,Quinney,1931)

●钢,○铜,+铝

的薄壁管进行了拉伸和扭转的复合作用试验. 得出的结果如图 5-23 所示. 可以看出, 铜、铝的试验结果符合 Mises 屈服准则, 软钢的实验结果与 Mises 准则相差较远, 而更符合双剪应力屈服准则.

图 5-24 和图 5-25 是美国 P. M. Naghdi 和英国 H. J. Ivey 用铝合金和硬铝薄壁管所得出的复合应力试验结果. 两者都表明了材料存在中间主应力效应, 与 Tresca 屈服准则不相符合, 但前者与 Mises 屈服准则较为符合, 后者与双剪应力屈服准则相符.

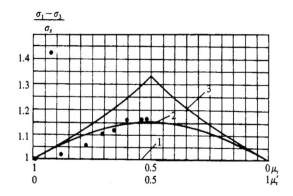

图 5-24   铝合金的 σ_2 效应 (Naghdi, 1958)

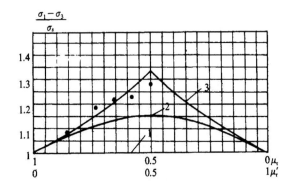

图 5-25   铝合金的 σ_2 效应 (Ivey, 1960)

1964 年，英国国家工程实验室 W. M. Mair 等人用纯铜薄壁管进行拉、扭复合试验，得出的结果介于 Mises 屈服准则和双剪应力屈服准则之间，如图 5 - 26 所示.

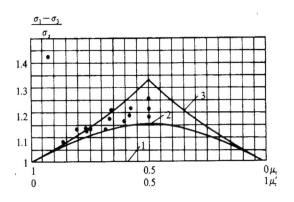

图 5 - 26　纯铜的 σ_2 效应（Mair，1964）

国内进行复合应力试验的结果较少. 1985 年，天津大学周南用 B_3 钢、69 - 1 黄铜和工业纯铝进行双向压缩试验，所得出的结果分别如图 5 - 27、图 5 - 28 和图 5 - 29 所示. 这些实验结果均与双剪应力屈服准则较符合.

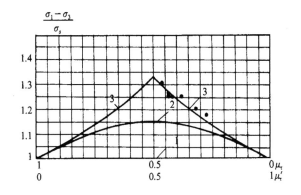

图 5 - 27　B_3 钢的 σ_2 效应（周南，1985）

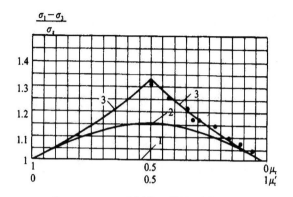

图 5-28　69-1 黄铜的 σ_2 效应（周南，1985）

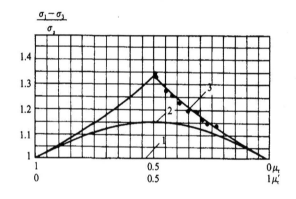

图 5-29　工业纯铝的 σ_2 效应（周南，1985）

从 1926 年的 Lode 至 80 年代的各种复合应力实验结果中可以看到，Tresca 的单剪应力屈服准则与所有的实验结果均不符合，各种材料都表现出程度不等的中间主应力效应，其差别可达 15%—33%．事实上，Tresca 屈服准则似乎很少被实验所证实过．

§5.7 岩石的中间主应力 σ_2 效应

岩石的中间主应力效应是一个重要的问题. 它不仅具有理论上的意义，而且具有巨大的工程实际意义和社会经济意义. 这个问题虽然从 20 世纪初就被广泛研究，但直到 60 年代才有比较重要的进展，70 年代有比较明确的结论，80 年代有了比较一致的认识. 下面我们通过国内外学者对不同岩石的大量实验结果，对岩石的中间主应力效应作比较详细的介绍. 这些曲线都是经过研究者大量的实验设备研制、试件准备和精心测量得出的，是十分宝贵的（如果以实验经费投入计、每条曲线的价值为数万元，其意义当然远比此值大得多）.

图 5-30 为 Hobbs 对煤试件和硬煤进行试验得出的结果. 他的结果表明，煤的强度随着中间主应力的增加而迅速增大，但当中间主应力（图中的切向应力 σ_t）较大时，煤的强度又逐步降低.

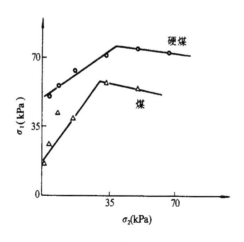

图 5-30 煤的 σ_2 效应 (Hobbs，1962)

图 5-31 和图 5-32 分别为 Mazanti，Sowers 和 Hoskins 用

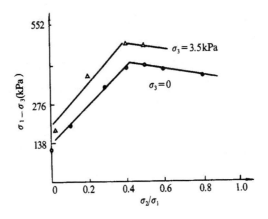

图 5 - 31 花岗岩的 σ_2 效应（空心管实验，
Mazanti 和 Sowers，1965）

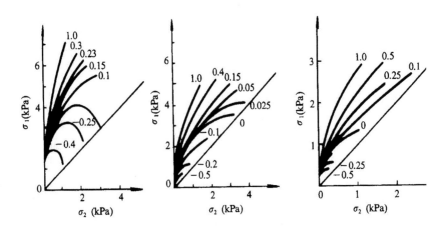

图 5 - 32 空心薄壁筒的实验结果（Hoskins，1969）

空心薄壁筒对花岗岩进行实验所得出的结果. 由于岩石大多承受
压应力，所以下面所述的岩石、混凝土和土体的强度一般都以压
缩为正，σ_1，σ_2 和 σ_3 分别表示大主应力、中主应力和小主应力.

日本东京大学茂木教授对岩石的中间主应力效应研究进行了10多年的工作．为岩石中间主应力效应的阐明作出了杰出的贡献[14,15]．他先得出岩石强度与最小主应力 σ_3 的关系，给出二种岩石（白云岩和花岗岩）的实验曲线如图 5-33（a）和（b）所示[9]．从图中可以看到，随着最小主应力 σ_3 的增大，岩石强度也随之增大，这一结果是可以预见的，也可以用 Mohr-Coulomb 强度理论解释．但是，在图中可以看到，这一规律有二条曲线，二者的规律相似，但数值有相差．上面一条曲线是在 $\sigma_2=\sigma_1$ 的轴对称三轴应力时的白云石［图 5-33（a）］和花岗岩［图 5-33（b）］的强度随最小主应力 σ_3 而变化的规律，下面一条曲线是 $\sigma_2=\sigma_3$ 时的白云石和花岗岩的强度随最小主应力 σ_3 而变化的规律，这种差别是 Mohr-Coulomb 强度理论所无法说明的．

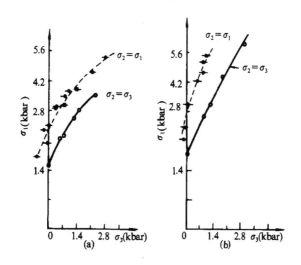

图 5-33　岩石强度随 σ_3 的变化（Mogi，1967）

（a）白云石；（b）花岗石

Mogi 教授又进一步做了中间主应力 σ_2 的影响的真三轴试验．为此他经过近 10 年的努力，对 von Karman 的轴对称三轴试验机进行了重要的改进，并研制成功了世界上第一台岩石真三轴试验机，对岩石的中间主应力效应研究得出了一系列重要的结果.

图 5 - 34 为 Mogi 对白云石的真三轴试验所得的结果. 图中 (a) 为保持 $\sigma_3 = 1.25\text{kbar}$ 不变，在不同中间主应力下（σ_2 分别等于 1.25，1.87，2.39，3.62 和 4.63kbar）得出的应力-应变曲线，由此作出白云石强度随 σ_2 变化的曲线如图 5 - 34 (b) 所示. 从图中可见，无论是 Mises 准则或 Mohr 准则都与实验结果相差较远.

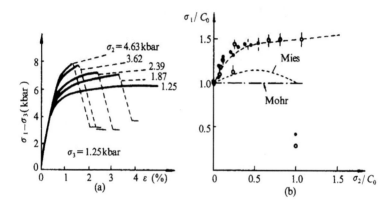

图 5 - 34　白云石强度随 σ_2 的变化 (Mogi，1967)

与此同时，Murrell[16]，Handin[17]等也从围压下的三轴压缩实验（$\sigma_1 > \sigma_2 = \sigma_3$）和三轴伸长实验（$\sigma_1 = \sigma_2 > \sigma_3$）结果的显著差异发现了中间主应力对岩石强度有相当大的影响.

70 年代初，Mogi 用他所研制的岩石真三轴试验机及其先进的实验技术，使真三轴应力状态下的岩石的基本力学特性的实验研究得到了一个突破性的发展[18-21]. 得出了一系列不同 σ_3 时的中间主应力效应的曲线，如图 5 - 35 所示.

Mogi 的实验结果充分证明了在恒定的 σ_3 作用下，岩石强度随中间主应力 σ_2 增加而增加. 肯定了中间主应力效应的存在.

当时，由于试验机施加中间主应力 σ_2 的压力的限制，σ_2 不能增加到接近 σ_1 的大小. 因此，图 5 - 34 (b)，右上的部分虚线是

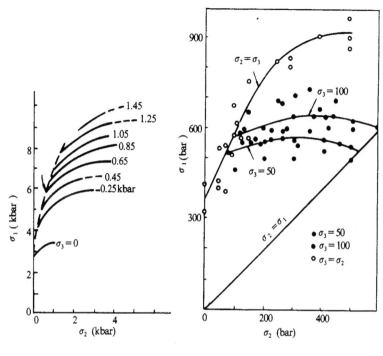

图 5-35　白云石在不同 σ_3 时的 σ_2
效应曲线（Mogi，1970）

图 5-36　软弱砂岩强度 σ_1 与
圈压及中间主应力关系曲线

实验曲线的外伸. 图 5-35 的曲线也不能讲是中间主应力效应的
全部规律. 为此，中国科学院武汉岩土力学研究所和国家地震局
地球物理研究所的研究学者许东俊和耿乃光又在 Mogi 教授的指
导下，作了进一步的实验研究.

他们将岩石保持在某一恒定的最小主应力 σ_3 作用下，将中间
主应力 σ_2 从 $\sigma_2=\sigma_3$ 的下限值增加到 $\sigma_2=\sigma_1$ 的上限值时，得出了岩
石强度中间主应力效应的完整的实验结果. 图 5-36 至图 5-40
分别为他们得出的软弱砂岩、大理石、花岗岩、白云岩和粗面岩
五种岩石的 σ_2 效应的曲线. 其中图 5-37 是对 Mogi 实验的补充.

从这些试验结果中，不仅可以看到岩石存在明显的 σ_2 效应，

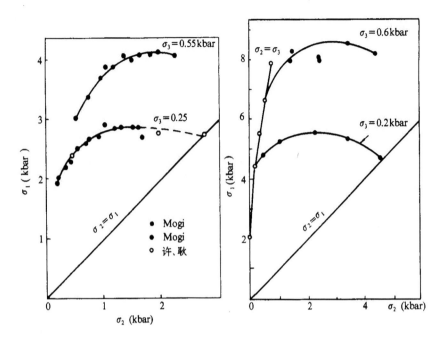

图 5-37 山口大理岩强度 σ_1 与
中间主应力 σ_2 关系曲线

图 5-38 稻田花岗岩强度 σ_1 与
围压及中间主应力关系曲线

并且 σ_2 效应还存在区间性，即在某一恒定 σ_3 作用下，当把 σ_2 从 $\sigma_2 = \sigma_3$ 的下限值增加到 $\sigma_2 = \sigma_1$ 的上限值时，岩石的强度先是逐渐增加，达到某一峰值后又逐渐下降到 $\sigma_2 = \sigma_1$ 时的强度值，且 $\sigma_2 = \sigma_1 > \sigma_3$ 时的强度又略高于 $\sigma_1 > \sigma_2 = \sigma_3$ 时的强度. 这一中主应力效应的区间性也为中国学者张金铸和林天健于 1979 年所观察到[24]. 他们得出的中细砂岩的 σ_2 效应和 σ_2 效应的区间性如图 5-41 和图 5-42 所示. 尹光志等对嘉陵江石灰岩的真三轴试验也得出了同样的结论[25].

为了进一步研究和证实岩石的中间主应力效应和这一效应的区间性，许东俊和耿乃光又在日本东京大学做了一个很有意义的试验. 他们先进行了花岗岩的真三轴试验，得出材料强度随中间主应力而变化的曲线，如图 5-43 的虚线所示（上面的虚线为

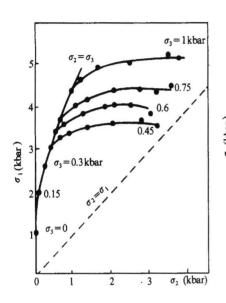

图 5-39 Dunham 白云岩强度 σ_1 与
σ_3，σ_2 关系曲线

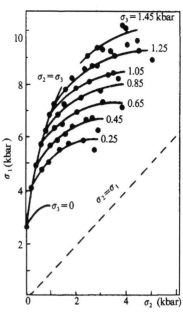

图 5-40 Mizuho 粗面岩强度 σ_1 与
围压、中间主应力关系曲线

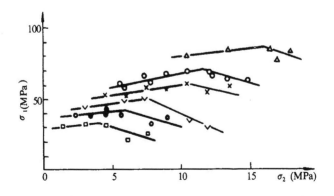

图 5-41 中细砂岩的 σ_2 效应
（张金铸、林天健，1979）

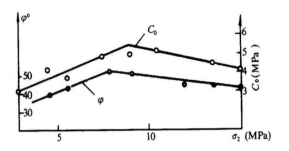

图 5 - 42 σ_2 对 C_0，φ 的影响

（张金铸、林天健）

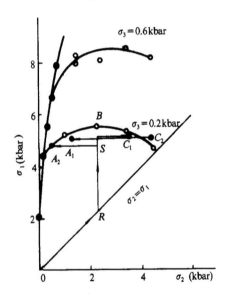

图 5 - 43   改变中间主应力引起岩石破坏

（许东俊、耿乃光，1984）

$\sigma_3 = 600$bar 的情况，下面为 $\sigma_3 = 200$bar 的情况）. 然后再用同样材料的试件，把三个主应力 σ_1，σ_2，σ_3 加载到一定大小（如图 5 - 43 中的 S 点），如果保持 σ_2 和 σ_3 不变，加大 σ_1，可以使材料破坏，这是可以理解的（如图 5 - 43 从 S 点垂直向上加大 σ_1 至破坏点 B）；

但是，这时如果保持最大主应力 σ_1 和最小主应力 σ_3 不变，只改变中间主应力 σ_2，无论是加大 σ_2（图 5-43 从 S 点向右水平加大至破坏点 C_1 和 C_2）或减少中间主应力 σ_2（图 5-43 从 S 点向左水平减少至破坏点 A_1，以及从 S 至 A_2 点），都可以引起岩石的破坏，这一现象是 Mohr-Coulomb 强度理论所无法说明的中间主应力效应的又一种表现. 耿乃光、许东俊并指出，中间主应力的改变（在 σ_1 和 σ_3 都不变的情况下增加 σ_2 或减少 σ_2）可以引起岩石的破坏，甚至可能引发地震[27,28]. 他们在日本东京大学地震研究所利用茂木的真三轴试验机的实验还表明，在某些情况下增加 σ_2 不一定导致大理岩破坏（如图 5-44 中，从 S 点开始增加 σ_2 直到 $\sigma_2=\sigma_1$，岩石也不发生破坏）；而从应力状态 S 开始，减少中间主应力 σ_2，当应力状态变化到图 5-44 中黑点 A_1 和 A_2 所示的位置，大理岩发生破坏. 由于在一般情况下，两个最大压力相等（$\sigma_1=\sigma_2>\sigma_3$）时的岩石强度大于两个最小压力相等时（$\sigma_1>\sigma_2=\sigma_3$）的强度，因此这一情况是可能出现的.

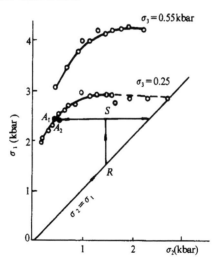

图 5-44　减少 σ_2 引起岩石的破坏

（许东俊、耿乃光，1984）

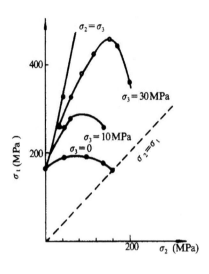

图 5-45 花岗岩的 σ_2 效应曲线
(李小春、许东俊，1990)

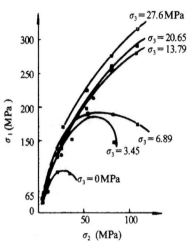

图 5-46 大理岩的 σ_2 效应
(Michelis，1985)

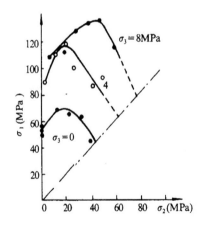

图 5-47 真三轴压力试验 $\sigma_1 - \sigma_2$ 曲线
(高廷法、陶振宇，1993)

这些研究，使中间主应力效应问题不仅具有广泛的兴趣和重要的理论意义，而且也具有重要的工程意义.

此后他们又在改进的东京大学型真三轴试验机上对黄河上游一个巨型水电站洞室的岩石进行了试验. 得出花岗岩的中间主应力效应曲线如图 5-45 所示[31]. Michelis 得出的大理石的真三轴试验结果如图 5-46 所示[12,32].

高廷法采用电液伺服刚性真三轴压力机对红砂岩进行了

中间主应力效应的试验[44]. 共进行了三组试验，最小主应力 σ_3 分别为 0，4 和 8MPa，试验得出的最大主应力强度极限 σ_1 与中间主应力 σ_2 的关系曲线如图 5-47 所示. 其规律与茂木的大理岩和许东俊等的花岗岩的实验结果一致. 他并且收集了国内外的一些研究者对多种岩石不同试验条件下得出的真三轴强度试验资料，进行了规一化处理，得出的结果如图 5-48 和表 5-1 所示.

表 5-1 岩石极限强度的中间主应力影响系数

岩石名称（实验者）	σ_3/σ_0	σ_2/σ_0 / σ_1/σ_0							中间主应力影响系数
粗面岩（茂木）	0.45	0.45	0.6	0.87	1.25	1.93	2.6	2.73	21%
		3.0	3.2	3.33	3.47	3.56	3.63	3.55	
大理岩（许东俊等）	0.31	0.31	0.55	0.85	1.15	1.5	2.0	2.5	50%
		2.4	2.8	3.20	3.35	3.5	3.55	3.4	
大理岩（李小春）	0	—	0.1	0.2	0.3	0.63	—	—	22%
			1.07	1.07	1.2	1.1			
	0.13	0.13	0.37	0.47	0.75	0.97	1.33	1.67	31%
		1.63	1.93	2.1	2.0	2.03	1.93	1.63	
	0.40	0.4	0.7	0.92	0.93	1.13	1.4	1.75	25%
		2.4	2.57	2.85	2.87	2.93	3.0	2.75	
中细砂岩（张金铸 林天健）	0	—	0.05	0.1	0.16	0.22	0.26	—	18%
			1.07	1.18	1.07	0.77	0.86		
	0.04	0.11	0.16	0.16	0.2	0.29	—	—	20%
		1.36	1.43	1.36	1.37	1.07			
	0.05	0.1	0.22	0.26	0.37	0.42	—	—	23%
		1.5	1.7	1.7	1.08	0.64			
	0.15	0.21	0.26	0.31	0.4	0.46	—	—	41%
		2.0	2.23	2.39	2.25	2.12			

岩石名称 （实验者）	σ_3/σ_0	σ_2/σ_0 σ_1/σ_0							中间主应力 影响系数
花岗岩 （许东俊等）	0.10	0.12 2.14	0.25 2.31	0.51 2.55	1.14 2.71	1.67 2.59	2.22 2.27	—	26%
花岗岩 （李小春等）	0	—	0.3 1.2	0.63 1.23	0.77 1.18	0.9 1.1	1.08 1.03	—	27%
	0.06	0.08 1.26	0.33 1.7	0.4 1.8	0.52 1.88	0.9 1.68	1.44 1.44	—	51%
	0.19	0.2 1.7	0.38 2.08	0.58 2.47	0.8 2.8	1.03 3.0	1.13 2.87	1.33 2.4	75%
红砂岩 （高廷法等）	0	—	0.24 1.38	0.44 1.34	0.65 1.28	0.79 0.92		—	38%
	0.08	0.08 1.8	0.24 2.2	0.4 2.4	0.54 2.01	0.84 1.78	0.98 1.86	—	34%
	0.16	0.16 2.18	0.39 2.22	0.59 2.54	0.79 2.67	0.98 2.71	1.19 2.25	—	25%

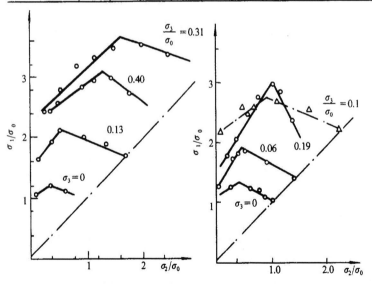

图 5-48　规一化的真三轴试验的 σ_2 效应曲线（高一陶，1993）

从这些结果中可以看到. 不同的材料和不同的试验者所得出的结果都表明岩石的中间主应力效应较为显著. 在表 5-1 最右一列中为各种试验的中间主应力影响系数, 最低为 18%, 最高为 75%, 一般约在 25%—40% 左右. 从图 5-48 同时还能看到, 在不同的 σ_3 条件下, 岩石强度的增大比值 σ_1/σ_0 也各不相同, 最低为 1.2, 最高可达 3.5 以上, 这一规律与下面要讨论的混凝土的三轴强度性质相类同.

§5.8　岩石强度的 σ_2 效应的主要
规律及其认识过程

关于岩石中间主应力的研究, 从 20 世纪初 von Karman 和 Boker 开始, 至今已有约 90 年的历史, 但是直到 60 年代末期, 对这个问题的看法还是分歧的[14,26]. 著名岩石力学专家 Jaeger 在他的岩石力学基础的著名著作中, 从 1969 年第一版到 1975 年第二版和 1979 年第三版多次呼吁: "中间主应力效应问题应该给以解决, 这是具有巨大实际重要性的事情"[33]. 但他同时又指出: "增加中间主应力的效应是材料强度增加到较高的值, 这种转变的解释是如此的复杂, 以至于它的意义还是不明确的"[33].

通过从 60 年代中期到 90 年代初的世界各国学者的大量研究, 目前, 岩石的中间主应力效应已经被大量的实验所证实, 并被认为是岩石强度的一个重要特性[12,32,34].

岩石强度的中间主应力效应的基本规律如下:

(1)中间主应力 σ_2 对岩石的强度有明显的影响. 在 σ_3 一定的应力状态下, 增加 σ_2 的各种应力状态 (即 $\sigma_1 \geqslant \sigma_2 > \sigma_3$) 下的岩石强度均大于 $\sigma_1 > \sigma_2 = \sigma_3$ 状态下的强度, 因此常规三轴压力状态下(即 $\sigma_1 > \sigma_2 = \sigma_3$) 所得出的岩石强度值均偏低, 考虑 σ_2 效应, 可以提高岩石的强度 20%—30%[44]. 小主应力 σ_3 越大, σ_2 效应也越大.

(2)中间主应力效应存在区间性. 中间主应力 σ_2 从 $\sigma_2 = \sigma_3$ 的下限值增加到 $\sigma_2 = \sigma_1$ 的上限值的过程中, 岩石的强度先逐步增加,到达某一峰值后则随 σ_2 的继续增加而逐步降低. $\sigma_2 = \sigma_1 > \sigma_3$ 时的强度略大于 $\sigma_2 = \sigma_3 < \sigma_1$ 时的强度.

(3)在一定的应力状态下,单独改变(增加或减少)中间主应力可以引起岩石的破坏.

(4)岩石越致密坚硬,中间主应力效应也越大.

国际知名学者、日本东京大学教授 Mogi 对中间主应力效应的第一个规律的研究作出了重要的贡献. 1990 年,《岩土力学》学报曾对 Mogi 的研究作出了如下的评价:"在岩石力学基础实验研究领域,Mogi 的最大贡献在于阐明了岩石力学中的中等主应力效应. 60 年代初,岩石力学实验技术已取得了重大进展,国际岩石力学界开始注意中等主应力效应是否存在的问题. 一些岩石力学家满足于自己在局限性很大的实验条件下取得的结果,否认中等主应力效应的存在. Mogi 坚信存在中等主应力效应. 为了证实这一效应的存在,茂木研制了真三轴试验机. 这个试验机的特点是在实验中最大主应力、中等主应力和最小主应力均可独立地变化. Mogi 用了十多年时间对中等主应力效应进行了全面的研究,发现中等主应力影响到岩石的强度、延性和脆性、变形和体积膨胀等一系列重要性质,以坚实的实验资料无可辩驳地证实了中等主应力效应的存在. 今天,在岩石力学中真三轴实验与中等主应力效应已经和 Mogi 的名字分不开了."

中国学者张金铸、林天健和许东俊、耿乃光对中间主应力效应的区间性进行了大量实验研究[22-26],并首次阐述了 σ_2 效应的区间性,为中间主应力效应的进一步深入作出了贡献. 许东俊、耿乃光对中间主应力的变化(减少或增加)引起岩石破坏的实验研究不仅从另一个方面证实了 σ_2 效应的存在,并且首次阐述了中间主应力效应的第三个规律. 通过对多种不同岩石的真三轴试验,他们又进一步得出了上述中间主应力效应的第四个规律,即不同岩石的中间主应力规律不同.

从 20 世纪初以来,岩石强度的中间主应力效应研究始终是岩石力学中大家感兴趣而又没有被很好解决的难题. 现在,通过大量的实验研究已经证实了 σ_2 效应的存在,并且对它的规律性进行了比较完整的研究. 但是,如何在理论上用比较简单的数学表达式表述中间主应力效应,对目前统治岩石力学的 Mohr-Coulomb 强度理论进行修正,这又是一个困难的问题;此外,理论还应该能够对中间主应力效应的各个规律进行解释,并且还能灵活地适应各种不同材料的不同程度的中间主应力效应,这也是 90 年来大家感兴趣而又没有得到解决的又一个难题;在工程应用中,考虑材料的中间主应力效应,可以充分发挥材料的强度潜力,减轻结构重量,减少工程投资,这是对中间主应力效应及其应用研究的一个重要推动. 在下一章我们将对这个问题进行理论上的探讨. 在此之前,我们再对工程中广泛应用的另一种材料——混凝土的中间主应力效应进行研究.

§5.9 混凝土的中间主应力效应

混凝土的真三轴试验几乎与岩石同时在 60 年代开始得到发展. 他们在试验设备以及实验结果等方面都很相似. 图 5 - 49 为 Michelis 进行岩石中间主应力效应研究的真三轴试验机的示意图.

Michelis 在三轴应力都可独立控制的真三轴试验机上,保持 $\sigma_3 = 1.72$MPa 不变,然后在 σ_2 分别等于 1.72,3.45,6.89 和 13.79 MPa 的应力下对混凝土进行增加 σ_1 的试验,分别得出四条应力-应变曲线如图 5 - 50 (a) 所示. 图 5 - 50 (b) 和 (c) 为同时测量得出的 ε_2 方向和 ε_3 方向的应变与 $(\sigma_1 - \sigma_3)$ 的关系曲线. 可以看出增加 σ_2 明显提高了混凝土的强度.

同理,他分别得出了 $\sigma_3 = 3.45$MPa,6.89MPa,13.79MPa 时的混凝土在不同中间主应力时的应力-应变曲线,如图 5 - 51,图 5 - 52,图 5 - 53 所示. 从图中可以看到,当中间主应力从 $\sigma_2 = \sigma_3$ 的应力状态向 $\sigma_2 = \sigma_1$ 的应力状态变化时,混凝土的强度都有显著提高[12,32].

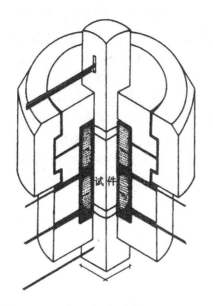

图 5-49　真三轴压力室剖面图（Michelis，1985）

Michelis 实验的缺点是中间主应力 σ_2 的大小只为最大主应力 σ_1 的 25% 至 40% 左右，没有得出中间主应力 σ_2 从最小极限 $\sigma_2=\sigma_3$ 增加到 $\sigma_2=\sigma_1$ 的上限时的全过程的混凝土 σ_2 效应的变化规律．可以预见，当中间主应力 σ_2 继续增大时，混凝土的强度将进一步提高，在到达某一峰值后，混凝土的强度又随 σ_2 的增加从而峰值下降．图 5-54 为波兰 Glomb 教授等对混凝土进行双轴试验的结果．按照 Mohr-Coulomb 强度理论，混凝土的双轴强度与 σ_2 无关，而实验结果的影响可达 23%—26%．Glomb 还总结了 70 年代前后的大量双轴试验结果，如图 5-55 所示[35]．他指出，图 5-55 给出了到目前（指 1972 年）为止的大多数研究结果．虽然，强度增长的量级还有争论，但对双轴强度（对图示情况，即为中间主应力效应）的存在已是确凿无疑的了[35]．

前苏联中央建筑结构科学研究院也进行了大量的研究．图 5-56(a)，(b)为 Кудрявев，Яшин 和 Левин 等人得出的结果[37]．

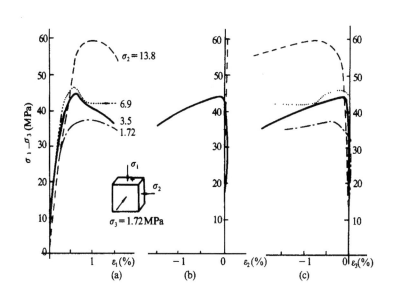

图 5-50 $\sigma_3 = 1.72$MPa 时混凝土强度的 σ_2 效应 (Michelis)

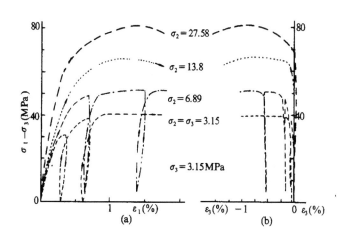

图 5-51 $\sigma_3 = 3.45$MPa 时的 σ_2 效应

van Mier 于 1984 年和清华大学王传志、过镇海、张秀琴于

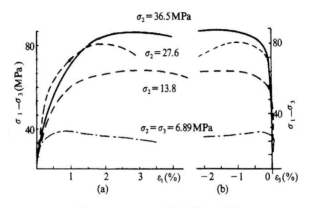

图 5 - 52 $\sigma_3 = 6.89\text{MPa}$ 时的 σ_2 效应

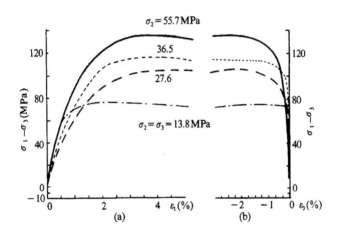

图 5 - 53 $\sigma_3 = 13.79\text{MPa}$ 时的 σ_2 效应 (Michelis, 1987)

1987 年对混凝土所进行的中间主应力效应结果如图 5 - 57 所示. 他们总结了混凝土的大量实验结果汇集于图 5 - 58[36]. 他们得出的双轴强度效应为 1.385—1.622 倍, 其他各国学者得出的约为 1.2—1.6 倍.

以上的双轴强度效应都是在平面应力状态下得出的. 这时, 由

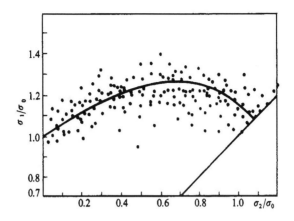

图 5 - 54　混凝土强度的中间主应力效应（Glomb，1972）

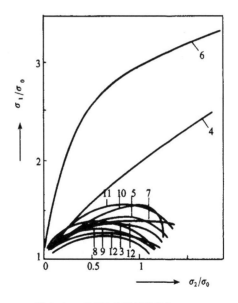

图 5 - 55　各研究者的结果[35]

3——Wastlund，4——Bellamy，5——Weigler，6——Sundara 等

7——Vile，　8——Opitz，　9——Kupfer 等，　10——Bremer，

11——Mills 和 Zimmerman，　12——Patas

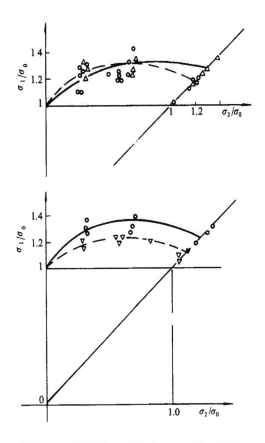

图 5 - 56　混凝土的 σ_2 效应（Кудрявев 等，1978）

于一个方向的主应力等于零（即 $\sigma_3 = 0$），所以双轴强度效应也就
是中间主应力效应，但只是在最小主应力 σ_3 为零的特殊情况下的
结果．各国学者在 70 年代到 80 年代也进行了大量真三轴的试验
研究．图 5 - 59 为法国 Gachon 教授得出的最小主应力 σ_3 分别为
0，$0.2\sigma_0$，$0.4\sigma_0$，$0.6\sigma_0$，$0.8\sigma_0$ 和 $\sigma_3 = \sigma_0$ 六种情况下的混凝土强
度极限随中间主应力 σ_2 而变化的曲线．图 5 - 60 为清华大学所得
出的 $\sigma_3/\sigma_1 = 0$，$\sigma_3/\sigma_1 = 0.1$（相当于 $\sigma_3 = 0.4\sigma_0$），$\sigma_3/\sigma_1 = 0.2$（相当
于 $\sigma_3 = \sigma_0$）和 $\sigma_3/\sigma_1 = 0.3$ 四种状态下的混凝土强度随中间主应力

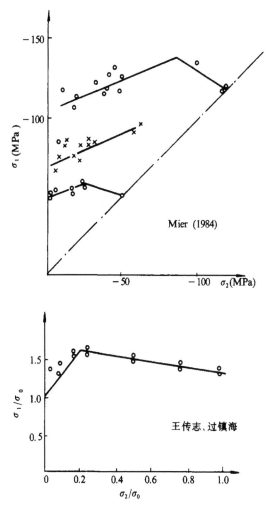

图 5 - 57 混凝土的 σ_2 效应试验

σ_2 而变化的曲线. 这些结果都表明, 中间主应力 σ_2 值对于混凝土强度有明显的影响[36].

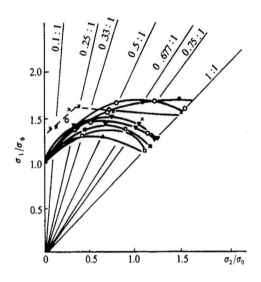

图 5-58 混凝土的双轴强度效应

●○水利水电科学院，×清华大学，□慕尼黑工业大学，■德国材料研究中心

▽▼小谷一三，○Mills et al.，△Kupfer

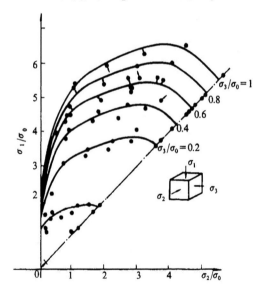

图 5-59 在不同 σ_3 情况下的混凝土的 σ_2 效应曲线

(Gachon，1972)

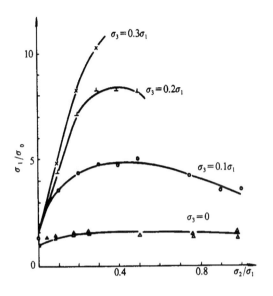

图 5-60　混凝土的 σ_2 效应（王传志、过镇海等，1987）

§5.10　混凝土中间主应力效应的工程应用

Michelis 在进行了大量岩石和混凝土的真三轴试验后得出结论认为，中间主应力效应是岩石、混凝土类材料的重要特性[12,32]。这一认识也是各国学者从 60 年代以来的大量试验研究的结果。由于在混凝土结构中，特别是一些重大的特种结构中，大部分混凝土都处于明显的多轴应力状态。因此很多学者把这一试验结果应用于工程设计。我国水利部、电力部水电科学研究院于骁中教授等通过板式平面试件得出的混凝土双轴强度为单轴强度的1.38—1.69 倍，空心圆筒砂浆试件为 1.52—1.67 倍，他们并将这一研究成果应用于拱坝的设计中[38]。Bangash 对混凝土在压-压-压状态下的中间主应力 σ_2 效应总结成图表，如图 5-61 所示。

目前，大量的混凝土强度的真三轴和双轴试验结果已经比较

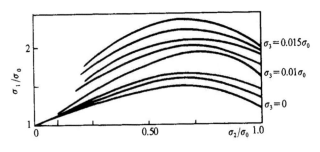

图 5-61　混凝土压-压-压状态下的 σ_2 效应

充分肯定了混凝土中间主应力效应的存在. 考虑中间主应力效应可以明显地提高混凝土的多轴强度. 美国、英国、法国和德国的预应力混凝土压力容器的设计规程, 以及前苏联的水工结构设计规范 (CHИΠ I-54-77) 都反映了多轴受压混凝土强度的提高. 在工程实践中已经取得了很大的技术、经济效益. 这些规范不仅应用于一般的混凝土结构工程, 并且应用于核电站反应堆压力容器等一些重大的混凝土结构工程. 美国权威的美国土木工程师学会制定的 ACI-ASCE 标准, 为核电站预应力混凝土压力容器设计提出的三轴压缩应力状态下容许应力增大系数曲线, 如图 5-62 所示.

从图 5-62 可以看出, 考虑中间主应力效应后, 可以十分显著地提高混凝土的强度. 强度提高的程度与小主应力 σ_3 的大小有关. 当 $\sigma_3 = 0.15\sigma_0$ 时, 混凝土容许应力值的增长系数 σ_1/σ_0 可以达到 140%. σ_3 越大, 中间主应力效应越大, 混凝土强度的增大也越大. 以 $\sigma_3 = 0.4\sigma_0$, $\sigma_2 = 0.8\sigma_0$ 时的应力状态为例, 混凝土设计容许应力 σ_{cc} 值的增长系数可以从图 5-62 的曲线 (从下至上的第四条曲线) 中求得为 1.75. 而在 $\sigma_3 = \sigma_0$ 的情况下, 混凝土容许应力值的增长系数可以达到 2.7.

美国土木工程师学会制订的这一规范已经大量应用于核反应堆的混凝土压力容器的设计和工程中, 取得了十分巨大的工程经

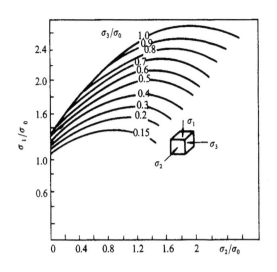

图 5 - 62　美国 ACI - ASCE 标准规定的容许应力增大系数

济效益. 核电站混凝土压力容器对结构安全性有严格的要求. ACI
- ASCE 这一规范的制订和工程应用, 反映了这一研究的成熟性
和研究成果推广应用的高效率. 比较图 5 - 62 和图 5 - 61, 可以发
现两者的相似. 实际上图 5 - 61 是 Bangash 总结了大量已建并运
行的核电站的压力容器的资料, 通过计算机分析而得出的. 这些
核电站的数量超过 10 个, 混凝土安全壳的最大直径达 23. 46m
(Oldbury) 型, 最大核电站混凝土安全壳的高度达 38. 25m (Bugey
Ⅰ型和Ⅱ型), 最大厚度达 8. 38m (Hinkley 型), 最大设计压力为
5. 36 MN/m^2 (Feasibility Sftudy - HTGCR 型), 这些核电站的混
凝土压力容器结构也正是按照 ACI - ASCE 的规范设计的. 因此
图 5 - 61 和图 5 - 62 是一致的. 在实际应用中, 也可以把图 5 - 62
的曲线用两段直线来代替, 如图 5 - 63 所示. 在图 5 - 63 中, 同时
绘出图 5 - 62 的曲线作为对比, 两者的差别不大. 实际上, 在一些
实验结果中, 直接用两段直线表示也可以得到很好的结果, 如图
5 - 48 所示. 图 5 - 48 和图 5 - 63 的两段直线既反映了材料的中间

主应力效应，又反映了中间主应力效应的区间性.

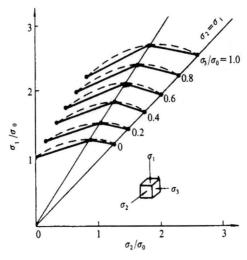

图 5-63　中间主应力效应的线性表示

§5.11　中间主应力效应问题的研究历史简述

　　以上各节所述的材料强度的基本特性中，我们讨论了有关材料强度的四个重要效应，即 SD 效应、静水压力效应、法向应力效应和中间主应力效应. 在这四个效应中，前三个效应的研究进展较快，因为实验方案较易实施，实验结果较为明确，并且可以用已有的理论予以说明. 而中间主应力效应的研究经历了十分漫长而艰难的过程. 这是因为实验方案较难实施，试验设备较为昂贵，实验结果与现有的理论不相同，在理论研究方面又长期未能突破老的理论，因而使中间主应力效应的研究成为强度理论研究中一个长期未决的难题，也成为众多科学家包括 Prandtl，Karman，Mises，Lode，Drucker，Prager，Bishop，Mogi，Jaeger 等著名学者所感兴趣并进行研究的重要问题，成为一个从 1898 年开始至今仍然在研究的一个世纪的问题.

中间主应力效应研究可以分为以下几个阶段:

(1)初期探索阶段(1898—20世纪30年代)

19世纪末和20世纪初,当时最大剪应力准则(Tresca 屈服准则)已为大家所熟悉,并在金属材料中广为应用. Mohr-Coulomb 强度理论已经经过1773年至1882年 Coulomb 和 Mohr 的研究而形成,Mohr 又经过18年研究之后于1900年重新发表和推广,已为大家所了解.

但无论是 Tresca 屈服准则或 Mohr-Coulomb 强度理论,它们的表达式($\sigma_1-\sigma_3=\sigma_t$ 或 $\sigma_1-\alpha\sigma_3=\sigma_t$)中都不包括中间主应力 σ_2. 这是一个十分显然的问题,自然引起众多研究者的注意和研究. 当时世界力学研究中心的德国也自然有较多学者注意到这个问题并开始研究. 如德国的世界著名学者 A. Föppl 早在1900年就进行过砂浆的二轴强度试验,他出版于1898年的《材料力学》一书在德国曾被广泛阅读,成为德语国家中最流行的教本,并被译成俄文和法文. 1871—1873年,Foppl 在德国斯图加特大学听过 Mohr 的吸引人的讲课,1893年他到 Bauschinger 教授多年工作的慕尼黑大学从事工程力学教学,当时 Bauschinger 刚刚去世,Föppl 开始进行了一系列有关材料强度理论的研究. 他曾经利用一个高强度钢制成的厚壁筒进行各种材料在很大静水压力下的压缩试验,发觉材料的强度提高很多. 他并且设计制成了能在立方体试件上产生两个垂直方向上的压力的专用仪器,并且用水泥试件作出了一系列试验. 这是关于中间主应力效应研究的最早试验.

在此同时,另一德国著名科学家、格丁根大学教授 W. Voigt 也做了很多组合应力的试验来校核 Mohr-Coulomb 强度理论,得出的结果并不与 Mohr 理论相符. Voigt 由此得出结论,材料强度问题是如此复杂,要想提供一个单独的理论有效地应用到所有各种结构材料上是不可能的.

1904年,杰出的科学家 L. Prandtl 到格丁根大学领导一批青年学者从事材料力学研究. Prandtl 曾在慕尼黑工业大学学习,毕业后留校担任 Föppl 的助教,并完成一些重要的研究工作. 在格丁根大学,他先后指导 Karman,Boker,S. P. Timoshenko,W. Prager,等著名学者从事过材料强度理论的研究. 铁木辛柯于1904 年发表他的第一篇论文“论强度理论”,就是在格丁根大学开始的. Prandtl 指导 Karman 和 Boker 所作的围压三轴试验(见 §5-3)现在已成为材料强度研究的一个经典资料[7,8]. 卡门的实验常被引用作为 Mohr 理论的论证,但他所作的是 $\sigma_1 > \sigma_2 = \sigma_3$ 的特殊应力状态的试验. 这一试验与 Boker 所作的 $\sigma_1 = \sigma_2 > \sigma_3$ 的另一种特殊应力状态的结果并不相符. 两者结果的不同,不能用 Mohr 理论予以解释. 这个问题却一直成为几十年没有解决的一个疑问.

在这阶段,对金属材料的中间主应力效应也进行了研究,并且得出了新的理论结果. 这就是波兰力学家 M. T. Huber 于 1904 年提出的歪形能强度理论,其表达式中包含有中间主应力 σ_2. Föppl 在他的《应力与变形》一书中也引用了这一结果. Mises 于 1913 年又独立得出了同样的结果. 此后,Lode 于 1926 年进行了大量复合应力状态下的铜、镍、铁等材料试验,Ros 和 Eichinger 同年也在瑞士进行了类似的试验. 他们都证明了中间主应力效应的存在,并肯定了歪形能强度理论或 Mises 屈服准则. 1931 年,Taylor 和 Quinney 对铝铜两种金属的试验,再一次肯定了上述的结论. Mises 准则或歪形能强度理论从此得到了一致的肯定和广泛的应用,但它不能应用于岩石等材料.

这一阶段的特点是对各种材料的中间主应力效应进行了广泛的探索,并提出了歪形能强度理论. 但在概念上试图用一个理论去说明各种不同材料的破坏,产生了一些困难,很多人用 Mises 准则去说明岩石等的中间主应力效应,形成了概念上的混乱.

(2)争论阶段(30 年代至 70 年代)

在这一长达 50 年的过程中,岩石、混凝土等材料的中间主应力效应问题并没有解决. 由于这一阶段的理论成果相对较少,材料真三轴试验的技术没有得到解决,因此基本上是 Mises-Huber 准则统治着金属力学,Mohr-Coulomb 强度理论统治着岩石力学.

但同时又有很多学者致力于岩石等材料的中间主应力效应的研究，并逐步发现中间主应力效应的存在．因此，在这一阶段后期，争论的意见已变化为中间主应力效应的大小和程度的讨论[26]．

这一阶段的主要成果是 Drucke-Prager 准则的提出（1952）和广泛应用，以及 70 年代起的角隅模型的研究．由于在 Drucker-Prager 准则中既包含有中间主应力 σ_2，又反映了静水应力 σ_m 的影响，因此，这一准则受到广泛的重视和普遍的应用．

到 70 年代，人们逐步发现 Drucker-Prager 准则所给出的极限面在 π 平面上的圆形迹线与很多实验结果不相符合，并由 Zienkiecwicz，W. F. Chen 等很多著名学者所指出．由于 Mohr-Coulomb 强度理论和 Drucker-Prager 准则所存在的缺点，并且有一些真三轴试验结果的出现，很多学者提出了各种与试验结果相拟合的经验曲线．这些曲线一般都是将 Mohr-Coulomb 的角点光滑化而得出，所以可以通称之为角隅模型（下章将作介绍），它们可以更好逼近实验结果，但缺少物理意义，数学式较繁，并且只能适用于某一类材料．

(3)成熟阶段(60 年代至 90 年代)

这一阶段的特点是真三轴试验机的研制成功和双剪强度理论的提出．

真三轴仪的研制和试验，在 60 年代几乎是同时在岩石、混凝土和土体三个方面开展了研究．由于在核电站反应堆压力容器等一些重大结构中，混凝土处于明显的复杂应力状态，为了解决这些结构的设计问题，混凝土的三轴强度问题受到各国学者的重视，进行了较广泛、系统的试验研究，获得了大量宝贵的研究成果，并且迅速应用于核电站等工程中．

岩石真三轴试验研究的代表是，日本东京大学的 Mogi 教授、在东京大学访问的中国科学院许东俊、国家地震局耿乃光和 330 设计院张金铸、珠江水利委员会科研所林天健等所得出的岩石中间主应力效应的实验证实和中间主应力效应的区间性规律的发现和阐述以及中间主应力变化引起岩石破坏规律的研究[18-31]．

Michelis 在 1985 年也得出了同样的结果[32]. 李小春、许东俊等在90 年代又作了进一步研究，证实了岩石中间主应力效应的存在[46,47].

在混凝土的真三轴试验研究方面，美国、法国、德国、英国、前苏联等都进行了大量工作[35-37,39]. 我国清华大学王传志、过镇海，大连理工大学赵国藩、宋玉普和他们的研究生，从 1985 年起也进行了系统的研究，得出了一批有价值的成果[34,36]. 这方面的研究已进入到实用的阶段，美、英、法、德、苏都把中间主应力对混凝土强度的提高订入设计规范，图 5-55 是这一研究成果的代表. 陆才善则用俞茂宏的统一强度理论去分析国外学者的试验资料[48-50].

在土的中间主应力效应研究方面，日本京都大学的 Shibata 和 Karube[41]于 1965 年发表了粘土的真三轴试验结果，他们的研究结论是，粘土的应力应变曲线的形状与中间主应力 σ_2 有关，土的强度在 $\sigma_1 > \sigma_2 > \sigma_3$ 的试验结果大于传统的围压三轴试验（$\sigma_1 > \sigma_2 = \sigma_3$）的结果. 实验得出的 π 平面的极限线均大于 Mohr-Coulomb 的极限线. 英国剑桥大学、帝国理工学院和 Glasgow 大学得出的试验结果也与 Mohr-Coulomb 强度理论不相符合[42,51,52].

以上所述是这方面研究的典型结果，此外还有大量的致力于中间主应力的研究.

中间主应力研究，从 1898 年至今近百年，经历了探索阶段、争论阶段和成熟阶段，成为一个世纪难题和重要而经久的研究问题. 现在，大量的实验结果已经证实中间主应力的存在，并希望能突破 Mohr-Coulomb 强度理论的界限，建立一个更完善的新的强度理论.

新的强度理论应该具有以下的特点.

（1）能够反映岩石、混凝土类材料的基本强度特性，即本章以上各节所述的拉压强度不等、静水应力效应、法向应力效应、中间主应力效应以及拉伸子午线与压缩子午线不重合等；

（2）有清晰的物理概念、统一的模型和计算准则，计算准则应包含所有的独立应力分量；

（3）理论和计算准则的数学表达式简单、应用方便；

（4）强度理论能够适用于各种不同特点的众多材料和不同的应力状态；

（5）能与国内外的大多数三轴试验结果相符合；

（6）能更好地发挥材料的强度特性.

这是很多学科和众多工程界所共同感兴趣的重要问题，也是一个困难的问题. 在下二章我们将作深入的讨论，并建立起相应的理论.

参 考 文 献

[1] Chait, R., Factors influencing the strength differential of high strength steels, *Metallurgical Transactions*, 1972, 3, 365—371.

[2] Rauch, G. C., and Leslie W. C., The extent and nature of the strength-differential effect in steels, *Metallurgical Transactions*, 1972, 3, 373—815.

[3] Drucker, D. C., Plasticity theory, strength differential (SD) phenemenon and volume expension in metals and plastics, *Mettallurgical Transactions*, 1973, 4, 667—673.

[4] Casey, J. and Sullivan, T. D., Pressure dependency, strength-differential effect, and plastic volume expansion in metals, *International Journal of Plasticity*, 1985, 1, 39—61.

[5] Richmond, O. and Spitzig, W. A., Pressure dependence and dilatancy of plastic flow, Theoretical and Applied Mechanics, 15 th ICTAM, 1980.

[6] 陈 顒，地壳岩石的力学性能——理论基础与实验方法，地震出版社，1988.

[7] 李小春、许东俊、刘世煌、安 民，真三轴应力状态下拉西瓦花岗岩的强度、变形及破裂特性试验研究，中国岩石力学与工程学会第三次大会论文集，中国科学技术出版社，1994，153—159.

[8] Zhou Wei-yuan, The development and state of art of rock mechanics in China, in: Application of computer methods in Rock Mechanics (Proc. of Int. Symp. on Application of Computer Methods in Rock Mechanics and Engineering), Shaanxi Sci. and Tech. Press, 1993, Vol. 1, 81—88.

[9] Mogi, K., Effect of intermediate principal stress on rock failure, *J. of Geophys. Research*, 1967, 72, 5117—5131.

[10] Jaeger, J. C. and Cook, N. G. W., Fundamentals of Rock Mechanics, 3ed., Chapman and Hall, London, 1979.

[11] Bishop, A. W., The strength of soils as engineering materials, *Geotechnique*, 1966, **16** (2), 91—130.

[12] Michelis, P., True triaxial cyclic behavior of concrete and rock in compression, *Int. J. of Plasticity*, 1987, **3** (2), 249—270.

[13] Timoshenko, S. P., History of Strength of Materials, McGraw-Hill, 1953, § 75.

[14] 许东俊、耿乃光，日本地震学和岩石力学专家茂木清夫，岩土力学，1990，**11** (1)，97—98.

[15] 李 贺、尹光志、许 江、张文卫，岩石断裂力学，重庆大学出版社，1987.

[16] Murrell, S. A. F., The effect of triaxial stress systems on the strength of rocks at atmospheric temperatures. *Geophys. J.*, 1965, 10, 231—282.

[17] Handin, J., Heard, H. C. and Magouırk, J. N., Effect of the intermediate principal stress on the failure of limestone, dolomite and glass at different temperatures and strain rates, *J. Geophys. Res.*, 1967, 72, 611—640.

[18] Mogi, K., Effect of the triaxial stress system on the failure of dolomite and limestone, *Tectono physics*, 1971, 11, 111—127.

[19] Mogi, K., Fracture and flow of rocks under high triaxial compression, *J. Geophys. Res.*, 1971, 76, 1255—1269.

[20] Mogi, K., Fracture and flow of rocks, *Tectonophysics*, 1972, 13, 541—568.

[21] 许东俊，茂木清夫型岩石真三轴压缩仪的结构及其特点，岩土力学，1980. (3).

[22] 许东俊，高孔隙性软弱砂岩在一般三轴应力状态下的力学特性，岩土力学，1981，**3** (1)，13—25.

[23] 许东俊、耿乃光，岩石强度随中间主应力变化规律，固体力学学报，1985，**6** (1)，72—80.

[24] 张金铸、林天健，三轴试验中岩石的应力状态和破坏性质，力学学报，1979，**2** (2)，99—105.

[25] 尹光志、李贺、鲜学福、许 江，工程应力变化对岩石强度特性影响的试验研究，岩土工程学报，1987，**9** (2)，20—28.

[26] 林天健、张金铸，近十年来岩石（工程）强度理论的发展，力学与实践，1981，3，17—23.

[27] 许东俊、耿乃光，中等主应力变化引起的岩石破坏与地震，地震学报，1984，**6** (2)，159—166.

[28] 耿乃光，应力减少引起地震，地震学报，1985，**7** (4)，445—461.

[29] 耿乃光、许东俊，最小主应力减少引起的岩石破坏，地球物理学报，1985，28，191—197.

[30] 刘世煌，拉西瓦水电站工程高地应力地区大型地下厂房群围岩稳定性研究，西北水电，1994，4（总第50期）.

[31] 李小春、许东俊，双剪应力强度理论的实验验证——拉西瓦花岗岩强度特性的真三轴试验研究，中国科学院岩土力学研究所，岩土（90）报告52号.

[32] Michelis, P., Polyaxial yielding of granular rock, *J. of Engineering Mechanics*, 1985, **111** (8), 1049—1066.

[33] Jaeger, J. C. and Cook, N. G. W., Fundamentals of rock mechanics, 3rd, Chapman and Hall, 1979 (中译本：耶格、柯克著，中国科学院工程力学研究所译，岩石力学基础，科学出版社，1981).

[34] 过镇海、王传志，多轴应力下混凝土的强度和破坏准则研究，土木工程学报，1991，**24** (3)，1—14.

[35] 水利水电科学研究院，混凝土的强度和破坏译文集，水利出版社，1982.

[36] 王传志、过镇海、张秀琴，二轴和三轴受压混凝土的强度试验，土木工程学报，1987，**20** (1)，15—26.

[37] Гениев, Г. А., Киссюк, В. Н., Левин, Н. И., Никонова, Г. А., Прочность легких и ячеистых ьетонов при сложных напряженных состояниях, Москва Строииздат, 1978.

[38] 于骁中等，混凝土的二轴强度及其在拱坝设计中的应用，水利水电科学研究院科学研究论文集，第19集（结构、材料），1982.

[39] Mills, L. L. and Zimmerman, R. M., Compressive strength of plain concrete under multiaxial loading condition, *J. of ACI*, 1970, **67** (10).

[40] 明治清、沈 俊、顾金才，拉-压真三轴仪的研制及其应用，防护工程，1994，(3)，1—9.

[41] Shibata, T. and Karube, D., Influence of the variation of the intermediate principal stress on the mechanical properties of normally consolidated clays., Proc. of Sixth ICSMFE, 1965. Vol. 1, 359—361.

[42] Green, G. E. and Bishop, A. W., A note on the drained strength of sand under generalized strain conditions, *Geotechnique*, 1969, **19** (1).

[43] 黄文熙等，土的工程性质，水利电力出版社，1983.

[44] 高廷法、陶振宇，岩石强度准则的真三轴压力试验检验与分析，岩土工程学报，1993，**15** (4)，26—32.

[45] 张学言，岩土塑性力学，人民交通出版社，1993.

[46] 李小春、许东俊，中间主应力对岩石强度的影响程度和规律，岩土力学，1991，**12** (1)，9—16.

[47] 董毓利、樊承谋、潘景龙，钢纤维混凝土双向破坏准则的研究，哈尔滨建筑大学学报，1993，26（6），69—73.

[48] 陆才善，广义双剪应力强度理论对中细砂岩的应用，岩石力学与工程学报，1992，11（2），182—189.

[49] 陆才善，广义双剪应力强度理论修正后建立强度条件的方法，土木工程学报，1995，28（4），73—77.

[50] 陆才善，广义双剪应力强度理论对真三轴压缩混凝土的应用，西安交通大学学报，1995，29（8），95—101.

[51] Parry, R. H. G. (ed), Stress-Strain Behaviour of Soils (Proceedings of the Roscoe Memorial Symposium, Cambridge University, 1971), G. T. Foulis &. Co Ltd. Oxford, 1972.

[52] Sutherland, H. B. and Mesdary M. S. , The influence of the intermediate principal stress on the strength of sand, in :Proceedings of 7th Int. Conf. on Soil Mechanics and Foundation Engineering, Vol. 1, 1969, 391—399.

第六章　各种单一形式的强度理论

§6.1　概　　述

强度理论是研究材料在复杂应力状态下产生屈服和破坏的规律和计算准则的理论. 由于各种工程结构材料和自然界的材料大多处于复杂应力的作用下,因此,强度理论的研究对于材料力学、塑性力学、岩土力学、材料科学、和各种工程应用都具有十分重要的意义.

首先,对于土木、水利、电力、化工、航空、船舶、军工、机械等各种工程结构,它是判断材料是否安全的设计准则.

其次,它对金属塑性加工、滑坡灾害研究、材料破碎加工、战争武器攻防等,又是判断和计算材料是否屈服或破坏的准则.

同时,由于有限元计算技术的迅速发展和普遍推广,对描述材料性能的材料本构理论也提出了更高的要求. 其中最基本、最重要的就是判断材料在复杂应力状态下发生初始屈服或破坏的强度理论.

此外,采用合理的强度理论和计算准则,又能更好地发挥材料的强度潜力、减轻结构重量、取得较好的经济效益以及节约能源、减少运输工作量等综合效益. 因此强度理论及其相应的弹塑性本构关系在固体力学的各个分支学科、材料科学以及各个工程领域都得到十分广泛的研究和应用,并成为材料和结构力学的重要组成部分.

在强度理论中,最基本、最重要的、也是应用最广泛的是常温静载下的各向同性强度理论. 这时强度理论的一般表达式可用主应力函数和材料强度参数 K 表示为

$$F(\sigma_1,\sigma_2,\sigma_3,K_1,K_2,\cdots)=0 \qquad (6-1)$$

它也可以用应力张量和应力偏量的不变量表示为

$$F(I_1, I_2, I_3, K_1, K_2, \cdots) = 0 \qquad (6-2)$$

$$F(I_1, J_2, J_3, K_1, K_2, \cdots) = 0 \qquad (6-3)$$

此外,它也可以表述为静水应力 σ_m 或八面体应力以及应力角 θ 的函数

$$F(\sigma_m, \tau_m, \theta, K_1, K_2, \cdots) = 0 \qquad (6-4)$$

$$F(\sigma_8, \tau_8, \theta, K_1, K_2, \cdots) = 0 \qquad (6-5)$$

近年来,作者则用双剪应力 τ_{13} 和 τ_{12}(或 τ_{23})及其面上的正应力 σ_{13} 和 σ_{12}(或 σ_{23})来表述强度理论[1].

$$F[\tau_{13}, \tau_{12}, (\tau_{23}); \sigma_{13}, \sigma_{12}, (\sigma_{23}); K_1, K_2, \cdots] = 0 \qquad (6-6)$$

200 多年来,世界各国学者曾经提出过众多的强度理论,并进行了大量的实验验证. 总的说,强度理论的研究历史悠久. 经久不衰,并且具有以下一些特点.

简单而复杂

强度理论的研究对象是一个微小的单元体,研究它在空间应力 $\sigma_i(\sigma_1, \sigma_2, \sigma_3)$ 作用下屈服和破坏的规律,并建立相应的计算准则. 它牵涉到力学、材料科学、固体物理和工程应用等很多领域. 强度理论的实验验证则要求实验设备能产生一个各点应力状态均相同的均匀应力场,这对机器、测试仪器、试件加工、实验技术等的要求都较高. 因此强度理论研究的命题虽然明了简单,但问题却十分广泛而复杂.

古老而年轻

强度理论的研究最早是从 1638 年 G. Galileo 的名著《两种新科学》开始的. 它是 G. Galileo 开辟近代自然科学研究的两大重要主题之一. 但由于这一问题的研究没有遇到教会强力的反对;因此它不像地球和太阳运行规律,即动力学研究那样为大家所熟知.

G. Galileo 之后各个世纪都有很多新理论和新模型出现. 如 20 世纪初的歪形能理论,30 年代的八面体剪应力理论和广义八面体剪应力理论,40 年代的联合强度理论,50 年代的屈服面公设和分段线性屈服面,60 年代的剑桥帽子模型,70 年代的角隅模型和

真三轴试验,80 年代的各种本构模型以及多参数准则和双剪强度理论等.持续不断的大量实验研究、计算机模拟分析和工程应用,都使强度理论的内容得到不断的发展和丰富,并正在逐步形成一个新的分支学科,它是一门既古老而又年青的学科.

学科交叉综合

强度理论的研究涉及很多领域和很多方面,有的以理论研究为主,有的以实验研究为主;有的采用微观或细观手段,有的则从宏观现象和规律出发;有的以金属物理为基础,有的又以热力学或连续介质力学为基础,或者以工程应用为基础进行研究.强度理论研究的各个方面相互结合,形成一个范围十分广泛的交叉性学科.由于学科的交叉综合也促进了强度理论及其应用的研究不断深入发展.

研究众多进展缓慢

由于这一问题在理论上的普遍性和实践中的重要性,从 17 世纪到现在,都广泛吸引着各种不同领域的研究者,其中包括很多著名学者,如 17 世纪的 G. Galileo, E. Mariotte, 18 世纪的 C. Coulomb, 19 世纪的 J. C. Maxwell, Saint-Venant, H. Tresca, W. J. M. Rankine, O. Mohr, 20 世纪的 von Mises, L. Prandtl, W. Prager, A. L. Nadai, von Karman, 当代的 D. C. Drucker, P. G. Hodge, А. А. Ильюшин, Н. Н. Давиденков, Я. Ь. Фридман 等等. 他们进行过很多研究,提出过多种设想和理论,做过大量的实验,为强度理论的发展作出了卓越的贡献. 著名力学家 Timoshenko 于 1904 年发表他的第一篇论文就是以"各种强度理论"为题的[2].

另一方面,强度理论的进展是缓慢的,以现在常用的几个著名屈服准则为例,1773 年 Coulomb 发表土体的最大剪应力屈服准则,1864—1872 年 Tresca 提出金属最大剪应力屈服条件,1913 年 Mises 给出屈服圆条件,前后相差 49—140 年. 再以教材和工程中常用的四个古典强度理论为例,第一强度理论从 1638 年 Galileo 的初步概念到 1858 年 Rankine 在他的《应用力学手册》进行全面阐述;第二强度理论从 1682 年 Mariotte 的伸长断裂概念、Poncelet (1788—1867)的最大应变假设,到 1856 年 Saint-Venant 建议以最大应变作为材料极限强度的设计依据;第三强度理论,从 1773 年的 Coulomb、1864 年的 Tresca 到 1900 年的 Guest 的最大剪应力强度理论;第四强度理论,从 Huber 的歪形能准则(1904)、Mises 的屈服圆方程(1913)到 1937 年 Nadai 提出八面体剪应力理论,每个强度理论的发展和完善都经过几十年以至上百年的时间.

百家争鸣景象繁荣

由强度理论研究的以上特点可见,这一领域必然呈现一种百家争鸣、百花齐放的景象,这种情况在其他学科中见之不多. 到目前为止,各国学者所提出的假设和理论几乎有几百个之多. 所发表的论文,包括理论、实验研究、应用等,数以千计. 国外一个学者所写的一本专著中各章参考文献累计达 3209 种之多,虽然各章有部分重复,但足以说明这方面文献之多. 直到 90 年代,各国有关的学报和期刊仍经常刊有关于强度理论的最新研究论文.

随着历史的发展,经过生产实践的检验,有些理论和假设已被逐步淘汰,例如应变能理论于 1885 年由 E. Beltrami 提出,因为与实验结果不符,于 1904 年被波兰力学家 Huber 修正为形状改变比能理论,并于 1937 年由 Nadai 提出为八面体剪应力理论;有的则被逐步修正,如最大正应力理论被修正为最大拉应力理论;有的则被进一步推广和发展,出现了帽子模型、角隅模型、多重屈服面、边界面等很多新的概念.

进入 20 世纪 80 年代,由于材料本构关系成为力学和有关工程科学的研究热点,更促进了强度理论的研究和发展. 复合应力试验机和高压真三轴机的不断改进,得出了很多新的试验结果,提出了众多的多参数计算准则[4]. 电子计算机的推广有可能采用形式较为复杂的强度理论进行工程计算,并采用多种计算准则进行分析对比. 这一切使强度理论的研究出现了更为繁荣的景象.

§6.2 强度理论及其极限面的一般性质

强度理论及其在应力空间的极限面形状应该符合一定的规律.根据上一章关于材料强度的一些基本特性的研究和实验结果,对于各向同性材料的强度理论和极限面应符合一定的规律.第三章的屈服准则是强度理论的最简单的情况.极限面的一般性质为

(1)极限面必须同时通过拉伸和压缩子午线的六个基本实验点.

对各向同性材料,应力坐标变换对材料屈服没有影响,因此在应力空间中,屈服面与 π 平面相交的屈服曲线在 $\sigma_1',\sigma_2',\sigma_3'$ 三轴上必有相同的矢径长度.若在 σ_1' 方向拉伸至 1 点($\sigma_1'=\sigma_0',\sigma_2'=\sigma_3'=0$)发生屈服,则 2 点($\sigma_1'=\sigma_3'=0,\sigma_2'=\sigma_0'$)和 3 点($\sigma_1'=\sigma_2'=0,\sigma_3'=\sigma_0'$)也必是屈服面上的一点,如图 6-1 中的 1,2,3 点所示.同理如果在 σ_1' 负方向上压缩至 1′点($\sigma_1'=-\sigma_0',\sigma_2'=\sigma_3'=0$)发生屈服,那么 2′点($\sigma_1'=\sigma_3'=0,\sigma_2'=-\sigma_0'$)和 3′点($\sigma_1'=\sigma_2'=0,\sigma_3'=-\sigma_0'$)也必是屈服面上的一点.在同一 π 平面上,静水应力轴至拉伸子午线和压缩子午线的矢长分别为 r_t 和 r_c,令它们之比为 $K=\dfrac{r_t}{r_c}$,则 K 与材料拉伸极限应力 σ_t、压缩极限应力 σ_c 的拉压比 $\alpha=\dfrac{\sigma_t}{\sigma_c}$ 之间的关系为

$$K = \frac{1+2\alpha}{2+\alpha} \qquad (6-7)$$

由于材料拉压比的变化为 $0<\alpha\leqslant1$,因此 K 的变化范围应为

$$\frac{1}{2} < K \leqslant 1 \qquad (6-8)$$

在一般情况下,$r_c\neq r_t$,因此 π 平面上屈服线或极限线的形状不应是一个圆.只有在 $r_c=r_t$ 的特殊情况下 π 平面的屈服线形状才可能是一个圆.

(2)极限面的三轴对称性.

以上情况可推广至一般主应力状态.如果应力点 $c_1(\sigma_1^0,\sigma_2^0,\sigma_3^0)$

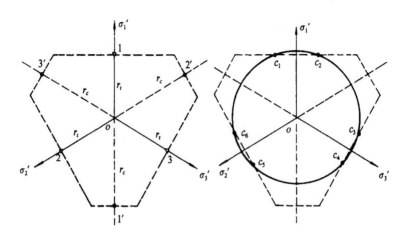

图 6 - 1　六个基本实验点　　　　图 6 - 2　极限面的三轴对称性

为极限面上一点，那么应力点 $c_2(\sigma_1^0, \sigma_3^0, \sigma_2^0)$ 也必是极限面上一点。由此类推，c_3, c_4, c_5 和 c_6 各点也必为极限曲面上的一点。因此，π 平面上的极限曲线必对称于 $11', 22'$ 和 $33'$ 三个坐标轴，即形成三轴对称性。如图 6 - 2 所示。

在图 6 - 2 中绘出了一种可能的屈服面形状，如图中虚线所形成的一个不等边六角形。它符合三轴对称性。同理，由于这六个点的矢径长均相同，因此连接这六个点的一个圆亦满足这一条件。但圆不能满足拉伸矢长 r_t 和压缩矢长 r_c 不等的要求；不等边六角形则可同时满足图 6 - 1 和图 6 - 2 的要求。

（3）极限面的外凸性。

如将屈服面的外凸性（第三章）推广到材料在复杂应力状态下的破坏情况，一般情况下也常常认为材料的极限面具有外凸性。这时，极限面不应是内凹的，但它可以由分段光滑的曲面（曲线）或分段线性的平面（直线）组成一个极限面（极限迹线），并且可以形成各种角点，如图 6 - 1 的极限线。

（4）极限面的普遍性。

从极限面应该可以蜕化得出相应的屈服面，屈服面是相应极限面的特例.

§6.3　极限面的极限范围

上节讨论了极限面或屈服面的一般性质.其中条件(1),(2)说明主应力空间中各轴线可相互置换,在 π 平面上的屈服线对称于 $\sigma_1,\sigma_2,\sigma_3$ 轴在 π 平面上的投影轴 $\sigma_1',\sigma_2',\sigma_3'$.若屈服线为多边形,则其边数应为3的倍数,如三角形、六角形、十二边形等等.如果材料的拉、压强度极限相等,则多边形屈服线的边数应为偶数, π 平面上的多边形屈服线的边数应为 $2\times3=6$ 的倍数,即为六边形、十二边形、十八边形……和圆(无穷多边形),且为外凸多边形.

现研究 π 平面上的多边形屈服线的形状.极限曲线必须同时通过图6-3中的 a_1,a_2,a_3 和 a_1',a_2',a_3' 六个点.用不同曲线连接六点,就得到了各种不同的多边形屈服线.但连接此六点的方式必须符合屈服线的一般性质.显然,根据以上规律,即按屈服面的外凸性,连接六点的屈服线只能是外凸的,最小的可能屈服线是连接两点的直线,而不可

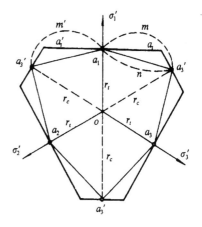

图6-3　各向同性屈服函数的极限范围

能是内凹的,故用直线连接此六点而成的不等边六角形必为最小范围的屈服线.下面可以看到,这一不等边六角形即为 Mohr-Coulomb 的单剪强度理论的极限面.

此外,连接这六点的屈服线的外凸曲线也应有一限度.因为在图6-3中,如连接 a_1a_3' 的外凸曲线 a_1ma_3' 为屈服线,则根据屈服曲面的对称性,这时在 a_1 点形成了内凹的尖点,违反了屈服面的外

凸性.因此,封闭屈服线的内角必小于或等于 180°,过 a_1 点的最大可能的屈服线应为垂直于 σ_1' 轴线的的直线.再根据对称条件,由垂直于 $\sigma_1',\sigma_2',\sigma_3'$ 三轴并通过六个基本实验点的直线所组成外面一个不等边六角形必为最大范围的屈服线.下面我们可以看到外面这个不等边六角形即为作者提出的双剪应力强度理论在主应力空间中的极限面.一切各向同性的外凸屈服面必在上述两个不等边六角形之间.

可能屈服面的形状和相对大小还将随着实验比较点的不同而有所改变.因为图 6-3 的极限屈服线是以拉伸和压缩的实验点(拉伸极限应力 σ_t 和压缩极限应力 σ_c)作为各种屈服线的共同点而得出的.这时,内不等边六角形屈服线 f_1 具有极小性质,而极大范围的屈服线是外不等边六角形屈服线 f_3.它们的数学表达式将在下面作进一步讨论.

§6.4　十二边形极限面和光滑化的角隅模型

现研究图 6-4 和图 6-5 两种可能的极限面.

以上研究说明了各向同性屈服函数的极限范围.它们分别对

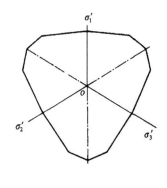

图 6-4　十二边形极限面

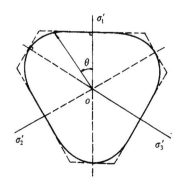

图 6-5　光滑化角隅模型

应于 Mohr-Coulomb 强度理论和下面将要讨论的由作者提出的双剪强度理论. 其他各种屈服面都应介于这两者之间. 在这些屈服面中有代表性的为十二边形屈服面和角点光滑化的角隅模型. 它们在 π 平面的屈服线分别如图 6-4 和图 6-5 所示.

图 6-4 和图 6-5 中的十二边形极限线和光滑化的角隅模型分别对应于作者提出的双剪统一强度理论和双剪角隅模型. 它们的数学推导和论证将在下面作进一步阐述.

§6.5 Mohr-Coulomb 强度理论

Mohr-Coulomb 强度理论是各种强度理论中历史最久、研究最多、应用最广、也是被争论最多的一个强度理论. 1773 年法国著名科学家和工程师 Coulomb 提出一个有关土体强度的定律, 这也是他将物体表面摩擦力的概念向物体内部的一个推广. 他认为, 岩土材料的受力面上的极限抗剪强度可表示为

$$\tau^0 = C_0 - \sigma \tan\varphi \qquad (6-9)$$

式中 τ^0 为材料极限抗剪强度, C_0 为材料的粘聚力, φ 为材料的内摩擦角, σ 为剪切面上的正应力(以拉为正). 它们在 $\sigma-\tau$ 平面上的关系如图 6-6 所示.

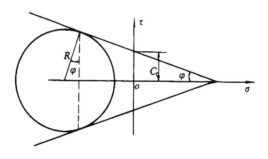

图 6-6 Mohr-Coulomb 理论

Mohr 把式(6-9)的线性方程表述为更一般的曲线形式, 如

上章图5-8和图5-9所示.最常用的还是如图6-6或图6-7所示的线性形式.

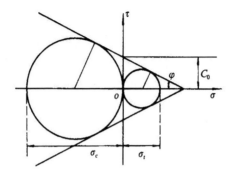

图6-7 σ-τ 坐标中的极限线

图6-7 表示两组不同的材料强度参数以及它们之间的关系.拉伸强度极限 σ_t、压缩强度极限 σ_c 和粘结力参数 C_0、内摩擦角 φ,它们之间的关系为

$$\sigma_t = \frac{2C_0\cos\varphi}{1+\sin\varphi}$$

$$\sigma_c = \frac{2C_0\cos\varphi}{1-\sin\varphi}$$

$$\alpha = \frac{\sigma_t}{\sigma_c} = \frac{1-\sin\varphi}{1+\sin\varphi}$$

(6-10)

或

$$\sin\varphi = \frac{\sigma_c - \sigma_t}{\sigma_c + \sigma_t} = \frac{1-\alpha}{1+\alpha}$$

$$C_0 = \frac{(1+\sin\varphi)\sigma_t}{2\cos\varphi}$$

(6-11)

因此,根据不同的情况,Mohr-Coulomb 强度理论可以有各种不同的表达形式,如

(1)剪应力形式

$$F = \tau_{13} + \beta\sigma_{13} = C$$

(6-12)

或

$$\tau_0 = C_0 - \sigma \tan\varphi \qquad (6-9)$$

(2)主应力形式 $F(\sigma_1,\sigma_2,\sigma_3,\sigma_t,\sigma_c)$

$$F = \sigma_1 - \alpha\sigma_3 = \sigma_t \qquad \alpha = \frac{\sigma_t}{\sigma_c} \qquad (6-13)$$

(3)主应力形式 $F(\sigma_1,\sigma_2,\sigma_3,C_0,\varphi)$

$$F = (\sigma_1 - \sigma_3) + (\sigma_1 + \sigma_3)\sin\varphi = 2C_0 \cdot \cos\varphi \qquad (6-14)$$

(4)应力不变量形式 $F(I_1,J_2,\theta,\alpha,\sigma_t)$

$$F = (1 - \alpha)\frac{I_1}{3} + \alpha\sqrt{J_2}\sin\theta + (2 - \alpha)\sqrt{\frac{J_2}{3}}\cos\theta = \sigma_t$$

$$(6-15)$$

(5)应力不变量形式 $F(I_1,J_2,\theta,C_0,\varphi)$

$$F = \frac{I_1}{3}\sin\varphi + \sqrt{J_2}\sin\left(\theta + \frac{\pi}{3}\right) + \frac{\sqrt{J_2}}{2\sqrt{3}}\sin\varphi\cos\left(\theta + \frac{\pi}{3}\right)$$

$$= C_0 \cdot \cos\varphi \qquad (6-16)$$

(6)广义应力式 $F(p,q,C_0,\varphi)$

当 $\theta = 0°$ 时

$$q = \frac{6\sin\varphi}{3 + \sin\varphi}p + \frac{6C_0 \cdot \cos\varphi}{3 + \sin\varphi} \qquad (6-17)$$

当 $\theta = 60°$ 时

$$q = \frac{6\sin\varphi}{3 - \sin\varphi}p + \frac{6C_0 \cdot \cos\varphi}{3 - \sin\varphi} \qquad (6-18)$$

式中广义应力

$$p = \frac{1}{3}(\sigma_1 + \sigma_2 + \sigma_3) = \sigma_m = \sigma_8$$

$$q = \frac{1}{\sqrt{2}}\left[(\sigma_1 - \sigma_2)^2 + (\sigma_2 - \sigma_3)^2 + (\sigma_3 - \sigma_1)^2\right]^{1/2}$$

$$= \sqrt{3J_2} = \frac{3}{\sqrt{2}}\tau_8 = \sqrt{6}\,\tau_m \qquad (6-19)$$

(7)柱坐标形式 $F(\xi,r,\theta)$

$$F = \frac{\xi}{\sqrt{3}}\sin\varphi + \frac{r}{\sqrt{2}}\sin\left(\theta + \frac{\pi}{3}\right) + \frac{r}{2\sqrt{6}}\sin\varphi\cos\left(\theta + \frac{\pi}{3}\right)$$

$$= C_0 \cdot \cos\varphi \qquad (6-20)$$

式中应力柱坐标主轴矢长 ξ 和应力柱坐标 π 平面应力矢长 r 分别等于

$$\xi = \frac{1}{\sqrt{3}}(\sigma_1 + \sigma_2 + \sigma_3) = \frac{1}{\sqrt{3}}I_1$$

$$= \sqrt{3}\,\sigma_8 = \sqrt{3}\,\rho = \sqrt{3}\,\sigma_m$$

$$r = \frac{1}{\sqrt{3}}\left[(\sigma_1 - \sigma_2)^2 + (\sigma_2 - \sigma_3)^2 + (\sigma_3 - \sigma_1)^2\right]^{\frac{1}{2}}$$

$$= 2\tau_m = \sqrt{2J_2} = \sqrt{3}\,\tau_8 = \sqrt{\frac{2}{3}}\,q \qquad (6-21)$$

Mohr-Coulomb 强度理论在主应力空间中的极限面以及它们在 π 平面和 σ_1-σ_3 平面中的极限线如图 6-8 所示.

Mohr-Coulomb 理论由于简单实用而得到广泛的应用. 当材料拉压比 $\alpha = 1$(即 $\varphi = 0$)时,由 Mohr-Coulomb 理论可蜕化得出 Tresca 屈服准则. Mohr-Coulomb 理论和 Tresca 准则只考虑了单元体的一个剪应力及其面上的正应力对材料屈服和破坏的影响,故作者称其为单剪强度理论.

单剪强度理论的最大缺点是,它只考虑了三个主应力中的最大和最小主应力,而没有考虑材料的中间主应力 σ_2 效应,因而与很多材料的实验结果有偏差. 为此,从单剪强度理论一出现,也就开始了中间主应力效应的研究.

从 Mohr 于 1882 年提出 Mohr 理论至今,已有 100 多年的历史. 关于这一问题的研究情况,在第五章 §5.5至 §5.11 中已作阐述. 总的情况是:(a)大量的实验研究结果证明了金属、岩石、混凝土等材料都存在中间主应力效应及中间主应力效应的区间性. (b)大量的实验结果向理论研究提出了新的、更高的要求. (c)由于中间主应力效应问题在理论上、工程实践中以及经济效益上的重要意义,这一问题已引起了更广泛的重视.

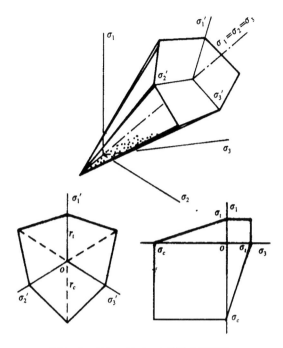

图 6 - 8　Mohr－Coulomb 理论的极限面

§6.6　Drucker-Prager 准则

　　为了克服 Mises 准则没有考虑静水压力对屈服与破坏的影响以及 Mohr-Coulomb 理论没有考虑中间主应力效应的不足,美国著名学者 Drucker 和 Prager 于 1952 年提出了考虑静水压力影响的广义 Mises 屈服与破坏准则,常称为 Drucker-Prager 准则,沈珠江称其为三剪破坏准则,其数学表达式为

$$F = F(I_1, J_2) = \sqrt{J_2} - aI_1 = k \qquad (6-22)$$

或

$$F = F(p, q) = q - 3\sqrt{3}\,ap = \sqrt{3}\,K$$

式中 a,K 为材料强度参数,可由粘结力参数 C_0 和内摩擦角参数 φ 确定,根据不同的情况,可以有以下四种情况:

(1)伸长锥(以 $\theta=0°$ 的实验点为准的情况)

$$a = \frac{2\sin\varphi}{\sqrt{3}\,(3+\sin\varphi)}$$

$$K = \frac{6C_0 \cdot \cos\varphi}{\sqrt{3}\,(3+\sin\varphi)} \qquad (6-23)$$

(2)压缩锥(以 $\theta=60°$ 的实验点为准的情况)

$$a = \frac{2\sin\varphi}{\sqrt{3}\,(3-\sin\varphi)}$$

$$K = \frac{6C_0 \cdot \cos\varphi}{\sqrt{3}\,(3-\sin\varphi)} \qquad (6-24)$$

(3)折衷锥(伸长锥与压缩锥的平均值)

$$a = \frac{2\sqrt{3}\sin\varphi}{9-\sin^2\varphi}$$

$$K = \frac{6\sqrt{3}\,C_0 \cdot \cos\varphi}{9-\sin\varphi} \qquad (6-25)$$

(4)内切锥

$$a = \frac{\sin\varphi}{\sqrt{3}\,\sqrt{3+\sin^2\varphi}}$$

$$K = \frac{\sqrt{3}\,C_0 \cdot \cos\varphi}{\sqrt{3+\sin^2\varphi}} \qquad (6-26)$$

Drucker-Prager 准则的数学表达式中包含了中间主应力 σ_2 和静水应力 σ_m(即 I_1 或 p),因此提出后即得到广泛的应用和推广. 但是,由于它不能与实龄结果相符合,近年来已逐步趋向于不用. 此外,采用不同的 a,k 值,例如压缩锥的 a,k 值和内切锥的 a,k 值,求得的极限载荷可以相差 3—4 倍之多[5],因此要慎重选择.

关于 Drucker-Prager 准则的极限面以及它们的不足之处将在 §6.8 中作进一步阐述.

§6.7 双剪应力强度理论

　　由于 Mohr-Coulomb-Tresca 的单剪应力强度理论中只包含三个主应力$(\sigma_1,\sigma_2,\sigma_3)$中的 σ_1,σ_3 二个主应力,因此,从单剪应力强度理论提出之后(Tresca 1864,Mohr 1882),这一显然的缺点即为大家所注意,并进行了大量的研究,但是,理论上的进展十分缓慢.一个主要原因是,很多研究直接从 σ_2 去研究 σ_2 效应,碰到了困难.

　　下面我们从一条新的途径去探索.为此,我们先将主应力状态转换成主剪应力状态.主应力单元体如图 6-9(a)所示,相应的三向应力圆如图 6-9(b)所示.图 6-9(b)中的三个应力圆与 σ 轴的交点为三个相应的主应力 $\sigma_1,\sigma_2,\sigma_3$;三个应力圆的顶点则为三个主剪应力 $\tau_{13},\tau_{12},\tau_{23}$ 和相应的三个正应力 $\sigma_{13},\sigma_{12},\sigma_{23}$.主应力单元体转换为相应的主剪应力单元体如图 6-10 所示.由于剪应力的成对性,每一个主剪应力有四个相互垂直的作用面,因此,三个主剪应力单元体为十二面单元体[1].

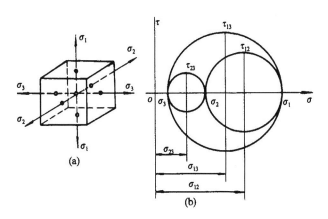

图 6-9　主应力单元体和三向应力圆

　　单剪应力强度理论只考虑了作用于单元体上的三个主剪应力

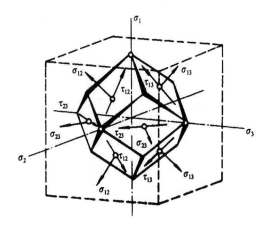

图 6-10　主剪应力单元体

中的一个最大主剪应力 τ_{13} 及其面上的正应力 σ_{13} 对材料屈服和破坏的影响. 实验证明,除最大剪应力 τ_{13} 之外,其他主剪应力 τ_{12} 或 τ_{23} 也对材料的屈服与破坏有一定影响. 但是三个主剪应力之间存在关系 $\tau_{13}=\tau_{12}+\tau_{23}$,因此,三个主剪应力中只有两个主剪应力为独立变量. 俞茂宏取最大主剪应力 τ_{13} 和次大主剪应力(中间主剪应力) τ_{12} (或 τ_{23})作为影响材料屈服和破坏的共同因素,由此提出双剪应力和双剪单元体的力学模型[6],如图 6-11 所示.

双剪单元体是一种新的扁平的正交八面体,它与大家已知的等倾八面体和八面体剪应力 τ_8 和八面体正应力 σ_8 不同. 考虑到一般应力状态中,可能为 $\tau_{12}>\tau_{23}$ [如图 6-9(b)],也可能为 $\tau_{12}<\tau_{23}$,因此双剪单元体可能存在两种组合,即图 6-11(a)和(b)两种双剪单元体.

对于图 6-11(a)的双剪单元体,相应的应力为

$$\tau_{13} = \frac{1}{2}(\sigma_1 - \sigma_3) \qquad \sigma_{13} = \frac{1}{2}(\sigma_1 + \sigma_3)$$
$$\tau_{12} = \frac{1}{2}(\sigma_1 - \sigma_2) \qquad \sigma_{12} = \frac{1}{2}(\sigma_1 + \sigma_2)$$

$$(6-27)$$

对于图 6-11(b)的双剪单元体,相应的应力为

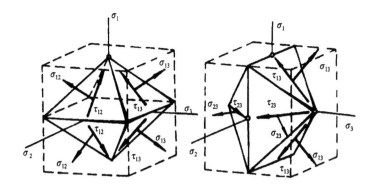

图 6-11 双剪单元体模型

$$\tau_{13} = \frac{1}{2}(\sigma_1 - \sigma_3) \qquad \sigma_{13} = \frac{1}{2}(\sigma_1 + \sigma_3)$$

$$\tau_{23} = \frac{1}{2}(\sigma_2 - \sigma_3) \qquad \sigma_{23} = \frac{1}{2}(\sigma_2 + \sigma_3)$$

$$(6-28)$$

从双剪单元体的双剪应力状态概念出发,俞茂宏于 1985 年建立了相应的双剪应力强度理论或广义双剪应力破坏准则,其定义是,当作用于双剪单元体上的两组剪应力和相应面上的正应力影响函数到达某一临界值时,材料发生屈服或破坏. 它的数学表达式为[1]

$$F = \tau_{13} + \tau_{12} + \beta(\sigma_{13} + \sigma_{12}) = C$$
$$\text{当 } \tau_{12} + \beta\sigma_{12} \geqslant \tau_{23} + \beta\sigma_{23} \qquad (6-29)$$

$$F' = \tau_{13} + \tau_{23} + \beta(\sigma_{13} + \sigma_{23}) = C$$
$$\text{当 } \tau_{12} + \beta\sigma_{12} \leqslant \tau_{23} + \beta\sigma_{23} \qquad (6-29')$$

式中 β 和 C 为材料参数,可以由材料拉伸强度极限 σ_t 和压缩强度极限 σ_c(或材料拉压强度比 $\alpha = \sigma_t/\sigma_c$)确定为

$$\beta = \frac{\sigma_c - \sigma_t}{\sigma_c + \sigma_t} = \frac{1 - \alpha}{1 + \alpha} \qquad C = \frac{2}{1 + \alpha}\sigma_t \qquad (6-30)$$

将式(6-30)和(6-27),(6-28)代入式(6-29),(6-29'),可得出双剪强度理论的主应力表达式为

$$F = \sigma_1 - \frac{\alpha}{2}(\sigma_2 + \sigma_3) = \sigma_t \qquad \text{当 } \sigma_2 \leqslant \frac{\sigma_1 + \alpha\sigma_3}{1 + \alpha} \qquad (6-31)$$

$$F' = \frac{1}{2}(\sigma_1 + \sigma_2) - \alpha\sigma_3 = \sigma_t \qquad \text{当 } \sigma_2 \geqslant \frac{\sigma_1 + \alpha\sigma_3}{1 + \alpha} \qquad (6-31')$$

如果用材料参数 C_0 和 φ 表示,则可将式(6-10)代入上式,可得出双剪强度理论的另一表达式为

$$F = (1 + \sin\varphi)\sigma_1 - \frac{1}{2}(1 - \sin\varphi)(\sigma_2 + \sigma_3) = 2C_0 \cdot \cos\varphi$$

$$\text{当 } \sigma_2 \leqslant \frac{1}{2}(\sigma_1 + \sigma_3) - \frac{\sigma_1 - \sigma_3}{2}\sin\varphi \qquad (6-32)$$

$$F = \frac{1}{2}(\sigma_1 + \sigma_2)(1 + \sin\varphi) - (1 - \sin\varphi)\sigma_3 = 2C_0 \cdot \cos\varphi$$

$$\text{当 } \sigma_2 \geqslant \frac{(\sigma_1 + \sigma_3)}{2} - \frac{\sigma_1 - \sigma_3}{2}\sin\varphi \qquad (6-32')$$

双剪应力强度理论的应力不变量形式的表达式为

$$F = (1 - \alpha)\frac{I_1}{3} + \frac{2 + \alpha}{\sqrt{3}}\sqrt{J_2}\cos\theta = \sigma_t$$

$$0° \leqslant \theta \leqslant \theta_b \qquad (6-33)$$

$$F' = (1 - \alpha)\frac{I_1}{3} + \left(\frac{1}{2} + \alpha\right)\sqrt{J_2}\sin\theta$$

$$+ \left(\frac{1}{2} + \alpha\right)\sqrt{\frac{J_2}{3}}\cos\theta = \sigma_t \qquad \theta_b \leqslant \theta \leqslant 60° \qquad (6-33')$$

式中 I_1 为应力张量第一不变量(静水应力), J_2 为偏应力张量第二不变量, θ 为与双剪应力参数 $\mu_\tau = \tau_{12}/\tau_{13}$ 或 $\mu_\tau' = \tau_{23}/\tau_{13}$ 相对应的应力角,交接处的角度 θ_b 可由 $F = F'$ 的条件求得

$$\theta_b = \text{arc tg } \frac{\sqrt{3}(1 + \beta)}{3 - \beta} \qquad \beta = \frac{1 - \alpha}{1 + \alpha} \qquad (6-34)$$

用应力不变量 I_1, J_2 和应力角 θ 以及岩土工程中常用的两个强度参数 C_0 和 φ 表示时,双剪应力强度理论可表示为

$$F = \frac{2}{3}I_1\sin\varphi + \sqrt{J_2}\left[\sin\left(\theta + \frac{\pi}{3}\right) - \sin\left(\theta - \frac{\pi}{3}\right)\right]$$

$$+ \sqrt{\frac{J_2}{3}} \left[\sin\varphi\cos\left(\theta + \frac{\pi}{3}\right) + \sin\varphi\cos\left(\theta - \frac{\pi}{3}\right) \right]$$

$$= 2C_0 \cdot \cos\varphi \qquad\qquad 0° \leqslant \theta \leqslant \theta_b \qquad (6-35)$$

$$F' = \frac{2}{3} I_1 \sin\varphi + \sqrt{J_2} \left[\sin\left(\theta + \frac{\pi}{3}\right) + \sin\theta \right]$$

$$+ \sqrt{\frac{J_2}{3}} \left[\sin\varphi\cos\left(\theta + \frac{\pi}{3}\right) - \sin\varphi\cos\theta \right]$$

$$= 2C_0 \cdot \cos\varphi \qquad\qquad \theta_b \leqslant \theta \leqslant 60° \qquad (6-35')$$

由式(6-31),(6-31')和式(6-32),(6-32')可以看出,双剪强度理论通过中间主剪应力而自然地反映了中间主应力 σ_2 对材料屈服和破坏的影响.它通过双剪单元体力学模型,从理论上对中间主应力效应给予了说明,具有清晰的物理概念和简单的数学表达式.此外,它的两个不同表达式组成一个完整的屈服或破坏的表示式,它们反映了中间主应力 σ_2 变化对材料屈服或破坏的不同区间的影响,即上章所述的中间主应力效应的区间性,由于不同的中间主应力 σ_2 区间相对于不同的应力角 θ 区间,如式(6-33),(6-33')和式(6-35),(6-35'),因此,在使用双剪应力强度理论时需要由附加式中的判别条件(判别中间主应力的区间)来决定使用哪一个公式.这是与以前各种强度理论和屈服准则的不同之处.

§6.8 双剪应力强度理论的极限面

第二章§2.15对应力空间柱坐标各分量之间的相互关系作了阐述.在 π 平面上,三轴坐标 $\sigma_1', \sigma_2', \sigma_3'$ 与直角坐标 x, y 的关系为

$$x = \sigma_3'\cos30° - \sigma_2'\cos30° = \frac{\sqrt{3}}{2}(\sigma_3' - \sigma_2')$$

$$= \frac{1}{\sqrt{2}}(\sigma_3 - \sigma_2) \qquad\qquad (6-36)$$

$$y = \sigma_1' - \sigma_2'\sin30° - \sigma_3'\sin30° = \frac{1}{2}(2\sigma_1' - \sigma_2' - \sigma_3')$$

$$= \frac{1}{\sqrt{6}}(2\sigma_1 - \sigma_2 - \sigma_3) \tag{6-37}$$

$$z = \frac{1}{\sqrt{3}}(\sigma_1 + \sigma_2 + \sigma_3) \tag{6-38}$$

反之,主应力可表示为

$$\sigma_1 = \frac{2}{\sqrt{6}}y + \frac{1}{\sqrt{3}}z$$

$$\sigma_2 = -\frac{1}{\sqrt{2}}x - \frac{1}{\sqrt{6}}y + \frac{1}{\sqrt{3}}z \tag{6-39}$$

$$\sigma_3 = \frac{1}{\sqrt{2}}x - \frac{1}{\sqrt{6}}y + \frac{1}{\sqrt{3}}z$$

在 π_0 平面($\sigma_1 + \sigma_2 + \sigma_3 = 0$ 的平面)上,上式简化为

$$\sigma_1 = \frac{2}{\sqrt{6}}y$$

$$\sigma_2 = -\frac{1}{\sqrt{2}}x - \frac{1}{\sqrt{6}}y$$

$$\sigma_3 = \frac{1}{\sqrt{2}}x - \frac{1}{\sqrt{6}}y \tag{6-40}$$

将上式代入双剪强度理论式(6-32),(6-32′)中,可得双剪强度理论在 π_0 平面的极限线方程为

$$F = y = \frac{2\sqrt{6}C_0 \cdot \cos\varphi}{3 + \sin\varphi} \qquad 0° \leqslant \theta \leqslant \theta_b \tag{6-41}$$

$$F' = \sqrt{2}y - \sqrt{6}x = \frac{4\sqrt{12}C_0\cos\varphi}{3 - \sin\varphi}$$

$$\theta_b \leqslant \theta \leqslant 60° \tag{6-41′}$$

显然,式(6-41)的斜率 $k=0$ 为一垂直于 y 轴的直线,与 y 轴的截距为 $y = \dfrac{2\sqrt{6}C_0 \cdot \cos\varphi}{3 + \sin\varphi} = $ 常量. 式(6-41′)的斜率 $k' = \sqrt{3}$,

oo_3' 轴的斜率为 $k_3 = \mathrm{tg}\,150° = -\dfrac{\sqrt{3}}{3}$,由于 $k' \cdot k_3 = -1$,即 F' 方程垂直于 oo_3' 轴,F' 与 x, y 轴的截距分别为

F' 式，$x = 0$ $y = \dfrac{4\sqrt{6}\,C_0 \cdot \cos\varphi}{3 - \sin\varphi}$

$y = 0$ $x = \dfrac{4\sqrt{2}\,C_0 \cdot \cos\varphi}{3 - \sin\varphi}$ $(6-42)$

F 与 F' 式的交点为 b 点，其坐标为

$$x_b = \dfrac{12\sqrt{3}\,(1 + \sin\varphi)C_0 \cdot \cos\varphi}{9 - \sin^2\varphi}$$ $(6-43)$

$$y_b = \dfrac{2\sqrt{6}\,C_0 \cdot \cos\varphi}{3 + \sin\varphi}$$

F 与 F' 式的夹角为

$$\mathrm{tg}\psi = \dfrac{k - k'}{1 + kk'} = -\sqrt{3}\qquad \psi = 120°$$

从而可以绘出 F 和 F' 式在 π_0 平面的极限线方程如图 $6-12$ 左上两条直线所示. 根据极限线的三轴对称性，可作出双剪强度理论在 π_0 平面的极限线如图 $6-12$. 它是一个不规则的六边形.

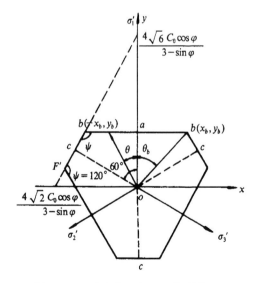

图 6-12　双剪强度理论 π_0 平面极限线

从图 6-12 可知,双剪强度理论在 π_0 平面极限线在 oa 方向的矢长 $r_t=\overline{oa}$ 和在 oc 方向的矢长 $r_c=\overline{oc}$ 分别称为拉伸矢长和压缩矢长,它们分别等于

$$r_t = \frac{2\sqrt{6}\,C_0 \cdot \cos\varphi}{3+\sin\varphi} \qquad (6-44)$$

$$r_c = \frac{4\sqrt{6}\,C_0 \cdot \cos\varphi}{3-\sin\varphi} \cdot \cos 60° = \frac{2\sqrt{6}\,C_0 \cdot \cos\varphi}{3-\sin\varphi} \quad (6-45)$$

它们的比为

$$K = \frac{r_t}{r_c} = \frac{3-\sin\varphi}{3+\sin\varphi} = \frac{1+2\alpha}{2+\alpha} \qquad (6-46)$$

材料拉压强度相等时,即 $\alpha=1,\varphi=0$,有 $r_t=r_c$,极限面蜕化为一等边六角形,此即为第三章所述的双剪应力屈服准则极限面.

双剪强度理论在静水应力不等于零 $(\sigma_1+\sigma_2+\sigma_3\neq 0)$ 的其他 π 平面上的极限线亦可按式(6-39)和(6-32),(6-32′)作出. 它们的形状均为不规则六边形,是 π_0 平面极限线的放大或缩小,即向拉伸静水应力方向缩小,而向压缩静水应力方向扩大,如图 6-13 所示. 它们构成了一个开口的不等边六角锥体极限面[1].

双剪应力强度理论极限面的不等边六角形的形状与材料的拉压强度比大小有关. 当 $\alpha=1$,即材料的拉伸强度 σ_t 与压缩强度 σ_c 相等时,为一正六边形和正六角无限长柱体;当 α 接近于零时,极限面在 π 平面的极限线趋向于一等边三角形.

双剪强度理论在平面应力状态时的极限线为一对称于 $\sigma_1=\sigma_2$ 线的六边形,它的形状与材料拉压比有关. 在图 6-14 中绘出 $\alpha=0.5$ 时的平面应力下的双剪强度理论的极限线. 极限线的六条直线的极限线方程分别为

$$f_1 = \sigma_1 + \sigma_2 = 2\sigma_t \qquad f_2 = \sigma_1 - \frac{1}{4}\sigma_2 = \sigma_t$$

$$f_3 = \sigma_2 - \frac{1}{4}\sigma_1 = \sigma_t \qquad f_4 = \sigma_1 - \sigma_2 = 2\sigma_t$$

$$f_5 = \sigma_2 - \sigma_1 = 2\sigma_t \qquad f_6 = \sigma_1 + \sigma_2 = -4\sigma_t$$

双剪强度理论在 $\sigma-\tau$ 应力状态下的极限线如图 6-15 所示.

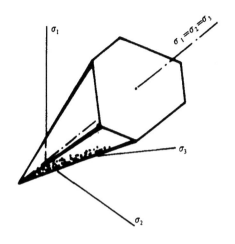

图 6 - 13　双剪应力强度理论极限面

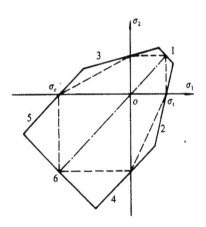

图 6 - 14　平面应力状态的双剪强度理论极限面

读者可以用 $\sigma - \tau$ 应力状态时的主应力代入双剪强度理论式 (6 - 31),(6 - 31'),即可得出相应的表达式,这里不再推导. 图 6 - 15 中各条极限线是在相同 σ_t 条件下不同的拉压比 $\alpha = \sigma_t / \sigma_c$ 时的极限线. 它们可以适合于各种不同的材料.

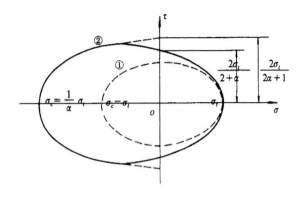

图 6-15 σ-τ组合应力时的双剪强度理论极限面
①双剪屈服准则(α=1);②双剪强度理论($\alpha \neq 1$)

§6.9 单剪强度理论和双剪强度理论的对比

单剪强度理论的发展从 1864 年的 Tresca 屈服准则到 1882—1900 年的 Mohr 强度理论,前后经历 36 年之久. 双剪应力强度理论从 1961 年的双剪应力屈服准则到 1983 年的双剪强度理论(广义双剪应力准则),前后经历 22 年. 而从单剪强度理论到双剪强度理论则有 100 多年之长. 它们的一些主要特点列于表 6-1.

在表 6-1 中也列出了一些其他双剪条件,这些将在以后各章进一步阐述.

在表 6-1 中,我们可以看到:

(1)双剪强度理论从双剪单元体模型、双剪概念到理论和各种计算准则,形成了一个内容较为广泛的强度理论新的体系.

(2)单剪强度理论从 1773 年 Coulomb 的土体剪应力定律至 1964 年剑桥大学的帽子模型,前后历经 191 年;八面体剪应力强度理论研究,如果从 1856 年 Maxwell 给 Kelvin 的一封信开始到 1964 年提出的帽子模型也有 108 年;而双剪强度理论从 1961 年

表 6-1 从单剪强度理论到双剪强度理论

	单剪强度理论 (1864—1924)	双剪强度理论 (1961—1990)
理论的组成和提出的时间	1. 最大剪应力准则 Tresca, 1864 2. Mohr-Coulomb 强度理论. Coulomb, 1773; Mohr, 1990 3. 晶体剪应力定律 Schmid, 1924	1. 双剪应力屈服准则 Yu,1961 2. 双剪强度理论 Yu-Song,1983 3. 晶体双剪滑移条件 Yu–He, 1983 4. 双剪多参数准则 Yu-Liu, 1988—1990
力学模型		
单元体应力	$(\tau_{13}, \sigma_{13}, \sigma_2)$	$(\tau_{13}, \tau_{12}, \sigma_{13}, \sigma_{12})$ 或 $(\tau_{13}, \tau_{23}, \sigma_{13}, \sigma_{23})$
理论假设及特点	$\tau_{13} = C$ $\tau_{13} + \beta\sigma_{13} = C$, 只考虑一个剪应力及其面上的正应力,忽略了中间主应力 σ_2	$f = \tau_{13} + \tau_{12} = C$, 当 $\tau_{12} \geqslant \tau_{23}$ $f' = \tau_{13} + \tau_{23} = C$, 当 $\tau_{12} \leqslant \tau_{23}$ $F = \tau_{13} + \tau_{12} + \beta(\sigma_{13} + \sigma_{12}) = C$ $F' = \tau_{13} + \tau_{23} + \beta(\sigma_{13} + \sigma_{23}) = C$ 考虑二个剪应力及其面上的正应力,反映了全部应力的作用

		单剪强度理论 (1864—1924)	双剪强度理论 (1961—1990)
理论公式	$\sigma_t = \sigma_c$	$f = \sigma_1 - \sigma_3 = \sigma_s$	$f = \sigma_1 - \dfrac{1}{2}(\sigma_2 + \sigma_3) = \sigma_s$ 当 $\sigma_2 \leqslant \dfrac{1}{2}(\sigma_1 + \sigma_3)$ $f' = \dfrac{1}{2}(\sigma_1 + \sigma_2) - \sigma_3 = \sigma_s$ 当 $\sigma_2 \geqslant \dfrac{1}{2}(\sigma_1 + \sigma_3)$
理论公式	$\sigma_t \neq \sigma_c$	$F = \sigma_1 - \alpha\sigma_3 = \sigma_t$ $\alpha = \dfrac{\sigma_t}{\sigma_c}$	$F = \sigma_1 - \dfrac{\alpha}{2}(\sigma_2 + \sigma_3) = \sigma_t$ 当 $\sigma_2 \leqslant \dfrac{\sigma_1 + \alpha\sigma_3}{1+\alpha}$ $F' = \dfrac{1}{2}(\sigma_1 + \sigma_2) - \alpha\sigma_3 = \sigma_t$ 当 $\sigma_2 \geqslant \dfrac{\sigma_1 + \alpha\sigma_3}{1+\alpha}$
表达式		一个方程,分段线性,较简单	二个方程,须由判别条件决定选用式 F 或 F',分段线性
中主应力效应		没有反映	能反映
σ_2 效应区间性		不能说明	能说明
对某些实验现象的解释		在一定应力 $(\sigma_1、\sigma_2、\sigma_3)$ 作用下,只增加或减少中间主应力 σ_2 可能引起材料的破坏甚至激发地震	
对某些实验现象的解释		不能解释	能解释
极限面范围		外凸最小 	外凸最大
实验结果		近年的实验结果表明,单剪强度理论的极限面小于实验结果	近年的实验结果大多介于单剪强度理论与双剪强度理论之间,并偏向于双剪强度理论,某些则直接符合双剪强度理论
工程应用的经济意义		不能充分发挥材料的强度潜力	可以较好发挥材料的强度潜力并取得巨大的经济效益

提出至今不到 30 年,目前这一理论在深化和推广应用等方面都得到了一定的发展.

(3)单剪强度理论由法国、德国、英国等科学家的长期研究而发展形成;八面体剪应力强度理论由德国、英国、美国等科学家逐步形成;而双剪强度理论的概念、模型、参数和计算准则均由俞茂宏及其研究组所提出,并形成了一个较为完整的体系.现在,这一工作已扩展到有关高等学校、研究所和设计院等单位,使双剪强度理论的研究进一步深入和发展,今后可望有更多的研究成果出现.

(4)双剪强度理论可以说明单剪强度理论所无法说明的中间主应力效应以及中间主应力效应的区间性,并且能够解释一些复合应力实验结果大于单剪强度理论的现象,以及在一定应力状态下减小或增加中间主应力引起岩石破坏和地震的现象.由于复杂应力试验的设备、试件加工、试验技术的要求都较高.如试件加工精度、同心度、载荷偏心等因素都会使试验的结果偏低.近年来,由于复杂应力试验技术的提高,实验得出的材料强度极限面已较前扩大,并接近于双剪强度理论的极限面.因而,双剪强度理论与国外近期的一些实验结果较为接近.用这种独立于理论之外的实验结果来论证理论的正确性是客观的.若采用下章所述的统一强度理论,则可以适用于较为宽广的各类材料.

(5)双剪强度理论的极限面为所有可能的强度极限面的上限,与单剪强度理论和八面体剪应力强度理论相比,对于适合双剪强度理论的材料,可分别提高材料强度极限最高达 15% 和 33%.因而应用双剪理论可以更好发挥材料强度潜力,减轻结构重量,取得较大的经济效益.

(6)单剪强度理论和八面体剪应力强度理论已经被大量研究、论证和应用,并已发表了成千上万篇论文.双剪强度理论目前初步形成体系,关于它的进一步研究和推广应用还有很多工作可做.

§6.10 光滑化的角隅模型

在 60 年代和 70 年代,人们对 Mohr-Coulomb 强度理论和 Drucker-Prager 准则又有进一步认识. Drucker-Prager 准则由于不能与 π 平面三对称轴上的 6 个实验点同时匹配而与实验结果不符. 当时开始的大量真三轴试验结果表明,岩土类材料的中间主应力效应是一个重要的特性,大量的实验结果均在 Mohr-Coulomb 强度理论的极限面之外(见下章);此外,Mohr-Coulomb 强度理论的极限面为一分段线性极限面,在它的角隅上存在奇异性,因此出现很多用光滑化曲线来拟合实验点并取代 Mohr-Coulomb 强度理论的努力,如图 6 - 16 所示.

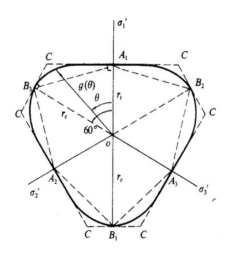

图 6 - 16 极限面的上、下限和光滑化的角隅模型

在这种努力中,最早出现也是最简单的是一种锥形极限面. 这就是 Mises 准则的推广,即 Drucker-Prager 准则. 它们在 π 平面上的极限线如图 6 - 17 所示.

图 6 - 17 中的四种圆,从内到外分别为内切于 Mohr-

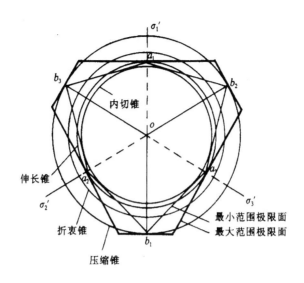

图 6-17 各种圆锥极限面和极限面的上、下限

Coulomb 极限面的内切圆;连接三个广义拉伸实验点 a_1, a_2, a_3 的伸长圆锥;折衷圆锥;连接三个广义压缩实验点 b_1, b_2, b_3 的压缩锥.

近年来,Mogi,Humpheson-Naylor 以及 Zienkiewicz 等的研究表明,圆锥面与真实的破坏情况不符,并且在使用中往往造成概念上的混乱.例如内切锥和伸长锥使材料在某些应力状态区的强度没有充分发挥,造成浪费;压缩锥则在某些广义拉伸应力状态区超出了材料极限面,而导致不安全;折衷锥则在某些应力状态区超出了材料极限面,而在另一些应力状态区则没有达到材料的极限状态.

在图 6-18 和图 6-19 中分别绘出了以上四种锥面与 Mohr-Coulomb 极限面和双剪强度理论极限面的对比情况.图中的阴影区域表示材料的强度没有充分发挥,而用斜线表示的区域则超出了材料的极限面.

为了克服圆锥极限面的缺点.在 20 世纪 70 年代和 80 年代出现了大量用光滑曲线表示的极限面.它们的目的之一是消除

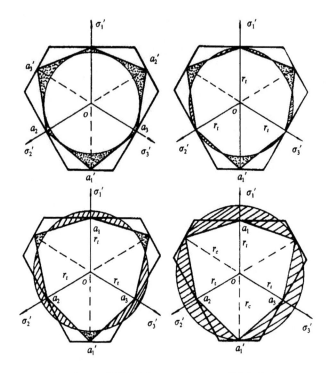

图 6 - 18   四种圆锥面与 Mohr-Coulomb 理论的对比

Mohr-Coulomb 强度理论极限面角隅上的奇异性,因此往往称之为光滑角隅模型或角隅模型. 这些角隅模型虽然没有物理概念,但由于没有比 Mohr-Coulomb 强度理论更好的理论,并且角隅模型可以对一些实验结果进行拟合,所以在那时得到广泛的研究和应用.

　　为了便于角隅模型的数学描述,下面我们先来研究极限面的柱坐标表示以及它们与主应力表示之间的相互关系.

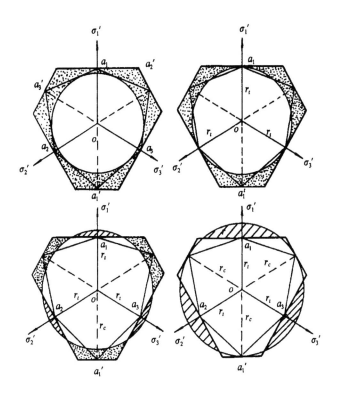

图 6-19 四种圆锥面与外凸极限面上限的比较

§6.11 极限面的柱坐标表示

主应力空间的极限面 $F(\sigma_1, \sigma_2, \sigma_3) = 0$ 可以转换为静水应力轴 $\xi(\sigma_m)$ 和 π 平面 (r, θ) 的柱坐标表示的极限面

$$F(\xi, r, \theta) = 0$$

它们之间的关系如图 6-20 所示.

柱坐标与有关应力量及应力不变量的关系为

$$\xi = \frac{1}{\sqrt{3}} I_1 = \sqrt{3}\, \sigma_8$$

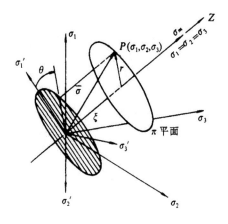

图 6-20 主应力空间和 π 平面

$$r = \sqrt{2J_2} = 2\tau_m = \sqrt{3}\,\tau_8$$

$$\cos\theta = \frac{T_r}{\sqrt{6}\,\tau_m} = \frac{\tau_{13} + \tau_{12}}{\sqrt{6}\,\tau_m} = \frac{2\sigma_1 - \sigma_2 - \sigma_3}{\sqrt{6}\,\tau_m} \qquad (6-47)$$

$$\tau_{13} = \sqrt{J_2}\sin\left(\theta + \frac{\pi}{3}\right)$$

$$\tau_{12} = \sqrt{J_2}\sin\left(\frac{\pi}{3} - \theta\right)$$

$$\tau_{23} = \sqrt{J_2}\sin\theta$$

$$(6-48)$$

极限面与 π 平面的交线为 π 平面极限迹线

$$r(\theta) = g(\theta)r_c \qquad (6-49)$$

式中 $r(\theta)$ 为 π 平面极限迹线的矢径, $g(\theta)$ 为一决定 π 平面极限迹线变化规律的形状函数, 它满足以下条件:

(1) $g(0°) = K$, $r(0°) = r_t$, $g(60°) = 1$, $r(60°) = r_c$

$$K = \frac{r_t}{r_c} = \frac{3 - \sin\varphi}{3 + \sin\varphi} \qquad (6-50)$$

(2) 当 $\theta = 0°$ 和 $60°$ 时, $\dfrac{dg(\theta)}{d\theta} = 0$

(3) $\dfrac{1}{g(\theta)} + \left(\dfrac{1}{g(\theta)}\right)^{\cdot\cdot} \geqslant 0$

极限面与某一垂直于 π 面的平面的交线称为子午线,其中与 $\theta=0°$ 的平面相交的子午线称为拉伸子午线,与 $\theta=30°$ 的平面相交的子午线称为剪切子午线,与 $\theta=60°$ 的平面相交的子午线称为压缩子午线.下面讨论 π 平面的极限迹线的形状函数.

Mohr-Coulomb 理论在 π 平面上的形状函数为

$$g(\theta) = \dfrac{3K}{3\cos\theta - \sqrt{3}(2K-1)\sin\theta} \qquad (6-51)$$

它的适用范围为 $0°\leqslant\theta\leqslant60°$,其他范围可按三轴对称条件得出.

双剪应力强度理论在 π 平面的形状函数为

$$g(\theta) = \dfrac{K}{\cos\theta} \qquad 0°\leqslant\theta\leqslant\theta_b \qquad (6-52)$$

$$g(\theta) = \dfrac{1}{\cos\left(\theta - \dfrac{\pi}{3}\right)} \qquad \theta_b\leqslant\theta\leqslant60° \qquad (6-52')$$

它们在 π 平面的极限线分别为图 6-16 中的内外两个虚线不等边六角形.

§6.12 国内外学者提出的各种角隅模型

Mohr-Coulomb 理论在 $\theta=0°$ 和 60° 处,不能满足光滑条件 $\dfrac{dg(\theta)}{d\theta}=0$,即在此处存在角点.为消除这些角点,近年来曾提出很多光滑化的角隅模型.

6.12.1 Gudehus-Argyris 模型[4]

西德卡尔斯鲁厄大学岩土力学研究所所长 Gudehus 和斯图加特大学宇航动力学研究所所长 Argyris 分别于 1973 年独立提出一个光滑化的形状函数,即

$$g(\theta) = \dfrac{2K}{(K+1) + (1-K)\cos3\theta} \qquad 0°\leqslant\theta\leqslant60°$$

$$(6-53)$$

此式表述较为简单,但它仅在 $K > \dfrac{7}{9}$(或 $\varphi < 22°$)时才能保证极限面的外凸性. Lin Fengbao 和 Bazant 以及史述昭、杨光华等分别指出了这一点.

6.12.2 Willam-Warnke 椭圆模型[4]

Willam 和 Warnke 提出椭圆角隅模型为

$$g(\theta) = \sec\left(\theta - \frac{\pi}{3}\right)\left[\frac{2(1-K)^2}{4(1-K^2) + (1-2K^2)\sec^2(\theta - \pi/3)}\right.$$

$$\left. + \frac{(2K-1)\sqrt{4(1-K^2) + K(5K-4)\sec^2(\theta - \pi/3)}}{4(1-K^2) + (1-2K^2)\sec^2(\theta - \pi/3)}\right]$$

$$0° \leqslant \theta \leqslant 60° \qquad (6-54)$$

Willam-Warnke 用上式来描述 π 平面上的 Mohr-Coulomb 理论. 这一形状函数消除了角隅奇异性,并处处外凸,它与 Mohr-Coulomb 理论的六角形外接,而内接于双剪强度理论的六角形,如图 6-21 所示,图中同时绘出了其他一些模型的极限迹线.

6.12.3 杨光华-史述昭的改进

杨光华等对 Gudehus-Argyris 模型提出一个改进的角隅模型为

$$g(\theta) = \frac{2}{[(1+K)+1.125(1-K)^2]-[(1-K)-1.125(1-K)^2]\sin3\theta}$$

$$(6-55)$$

它是一个无棱角、处处外凸的角隅模型,在形状上与 Mohr-Coulomb 准则有较好的接近,但它只能与三个广义拉伸实验点相交,不能与六个实验点同时匹配.

6.12.4 Lade-Duncan 模型

Lade 和 Duncan 于 1975 年根据砂土材料的大量真三轴试验

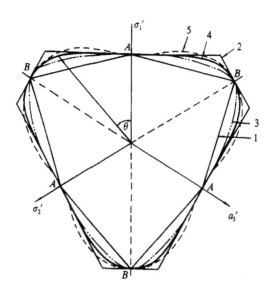

图 6-21　一些典型的角隅模型

1——Mohr-Coulomb 理论；2——双剪强度理论；

3——Willam-Warnke 模型；4——双剪角隅模型；

5——Argyris-Gudehus-Zienkiewicz 模型

资料，提出了一个以应力张量第一不变量 I_1 和第三不变量 I_3 表达的破坏准则. 它的表达式为

$$F(I_1,I_3) = \frac{I_1^3}{I_3} = \frac{(\sigma_1 + \sigma_2 + \sigma_3)^3}{\sigma_1\sigma_2\sigma_3} = C \qquad (6-56)$$

它也可以表述为

$$F(I_1,I_3) = \frac{I_3}{I_1^3} = \frac{\sigma_1\sigma_2\sigma_3}{(\sigma_1 + \sigma_2 + \sigma_3)^3} = C \qquad (6-57)$$

用柱坐标表示可写为

$$F(I_1,J_2,\theta) = \frac{2}{\sqrt{27}} \sqrt{J_2^3} \sin 3\left(\theta - \frac{\pi}{6}\right) = \frac{1}{3} I_1 J_2$$

$$+ \left(\frac{1}{27} - \frac{1}{C}\right) I_1^3 = 0 \qquad (6-58)$$

Lade-Duncan 准则只有一个材料参数,它在 π 平面上的极限线为一外接于 Mohr-Coulomb 强度理论极限面的曲边三角形,如图 6-22 所示.

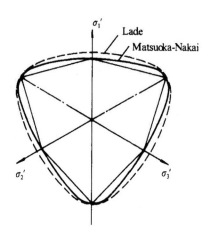

图 6-22　Lade 和 Matsuoka 模型

Lade-Duncan 准则反映了三个主应力,特别是中间主应力 σ_2 对材料破坏的影响.但它只能适用于无粘性砂土类材料,并且它的准则表达式中的应力张量第三不变量 $I_3 = \sigma_1 \sigma_2 \sigma_3$,因此,当任何一个主应力等于零时,将形成使用上的困难.此外它的极限面只能与三个压缩子午线的实验点相一致,不能与三个伸长子午线的实验点相匹配.

6.12.5　Matsuoka-Nakai 准则

日本名古屋工业大学 Matsuoka 和 Nakai 于 1974 年提出了一个考虑三个主应力或应力张量三个不变量的破坏准则[8].它是建立在空间滑动面理论的基础上,其破坏准则的表达式为

$$F(I_1, I_2, I_3) = \frac{I_1 I_2}{I_3} = \frac{I_1 I_2}{\sigma_1 \sigma_2 \sigma_3} = K \qquad (6-59)$$

写为主应力表达式为

$$F = \frac{(\sigma_1 - \sigma_2)^2}{\sigma_1 \sigma_2} + \frac{(\sigma_2 - \sigma_3)^2}{\sigma_2 \sigma_3} + \frac{(\sigma_3 - \sigma_1)^2}{\sigma_1 \sigma_3}$$

$$= K \tag{6-60}$$

Matsuoka 准则的 π 平面极限线外接 Mohr-Coulomb 极限面的 6 个顶点(即 3 个伸长子午线的实验点和 3 个压缩子午线的实验点),如图 6-22 所示,所以它较 Lade-Duncan 准则更符合于实验结果. 但在式(6-59)中,当任何一个主应力等于零时,也会产生与 Lade-Duncan 准则同样的问题. 为此,他又于 1990 年作了改进[9],在主应力表达式中引进一个粘结力 σ_0,它的数值为

$$\sigma_0 = C_0 \cdot \cot\varphi$$

则三个主应力 $\sigma_1, \sigma_2, \sigma_3$ 分别为

$$\hat{\sigma}_1 = \sigma_1 + \sigma_0$$
$$\hat{\sigma}_2 = \sigma_2 + \sigma_0$$
$$\hat{\sigma}_3 = \sigma_3 + \sigma_0$$

应力张量不变量为

$$I_1 = \hat{\sigma}_1 + \hat{\sigma}_2 + \hat{\sigma}_3 = (\sigma_1 + \sigma_0) + (\sigma_2 + \sigma_0) + (\sigma_3 + \sigma_0)$$
$$I_2 = \hat{\sigma}_1 \hat{\sigma}_2 + \hat{\sigma}_2 \hat{\sigma}_3 + \hat{\sigma}_3 \hat{\sigma}_1$$
$$= (\sigma_1 + \sigma_0)(\sigma_2 + \sigma_0) + (\sigma_2 + \sigma_0)(\sigma_3 + \sigma_0)$$
$$+ (\sigma_3 + \sigma_0)(\sigma_1 + \sigma_0)$$
$$I_3 = \hat{\sigma}_1 \hat{\sigma}_2 \hat{\sigma}_3 = (\sigma_1 + \sigma_0)(\sigma_2 + \sigma_0)(\sigma_3 + \sigma_0)$$

相应的准则修改为

$$\frac{(\sigma_1 - \sigma_2)^2}{(\sigma_1 + \sigma_0)(\sigma_2 + \sigma_0)} + \frac{(\sigma_2 - \sigma_3)^2}{(\sigma_2 + \sigma_0)(\sigma_3 + \sigma_0)}$$
$$+ \frac{(\sigma_3 - \sigma_1)^2}{(\sigma_3 + \sigma_0)(\sigma_1 + \sigma_0)} = K \tag{6-61}$$

这一结果与 Houlsby[10]于 1986 年提出的 Matsuoka-Nakai 的推广式 是一致的,即当上式的 $K = 8\mu^2$ 时,可写为

$$\frac{(\sigma_1 - \sigma_2)^2}{(C + \mu\sigma_1)(C + \mu\sigma_2)} + \frac{(\sigma_2 - \sigma_3)^2}{(C + \mu\sigma_2)(C + \mu\sigma_3)}$$
$$+ \frac{(\sigma_3 - \sigma_1)^2}{(C + \mu\sigma_3)(C + \mu\sigma_1)} = 8 \tag{6-62}$$

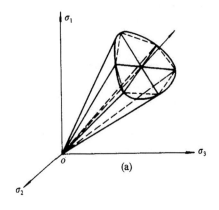

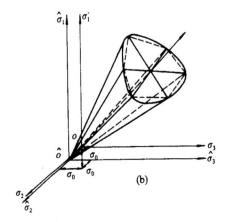

图 6 - 23 广义 Matsuoka-Nakai 准则

式中 $\sigma_0 = \dfrac{C}{\mu}$，$\mu = \tan\varphi$.

推广的 Matsuoka-Nakai 准则在主应力空间中的极限面如图 6 - 23 所示[9]. 图中(a)为 Matsuoka-Nakai 准则的极限面，(b)为修正后的极限面，两者的差别在于坐标的原点相差$(\sigma_0,\sigma_0,\sigma_0)$，因而可以适用于有粘性土的情况，并与很多实验结果相一致[9].

6.12.6 双剪角隅模型(俞茂宏、刘凤羽,1988)

双剪强度理论在 π 平面上的极限迹线如式(6-41)、(6-41')和图 6-12 所示. 在 $\theta=0°$ 和 60°处,它们自然满足光滑条件 $\dfrac{dg(\theta)}{d\theta}=0$,但在 $\theta=\pi/3-\text{arctg}\left[(2-K)/(\sqrt{3}\,K)\right]$ 处带有尖角. 为了消除该角点,作者和刘凤羽导出了一个双曲线角隅模型. 它能很好地描述 π 平面的双剪强度理论,其表达式为[11]

$$g(\theta)=$$

$$\frac{2(1-K^2)+(K-2)\sqrt{4(K^2-1)+(5-4K)\sec^2\theta}}{4(1-K^2)-(K-2)^2\sec^2\theta}\cdot K\sec\theta$$

$$0°\leqslant\theta\leqslant 60° \tag{6-63}$$

上式为一条光滑并处处外凸的曲线,如图 6-21 所示. 它与双剪应力强度理论在整个 π 平面上均较为接近,是一种光滑化的双剪强度理论的角隅模型,简称双剪角隅模型.

6.12.7 清华大学模型

清华大学李广信根据砂的真三轴试验,提出了双圆弧的 π 平面上破坏曲线,该模型 π 平面的形状函数 $g(\theta)$ 可以有多种方式来拟合试验数据. 双圆弧的具体作法可见图 6-24.

6.12.8 西北水利科学研究所模型(邢义川等,1991)

邢义川等在 William-Warnke 准则的基础上提出下述修正公式,并应用于黄土的强度条件[13]

$$g(\theta)=\frac{K}{(2K-1)+\left[\sin\left(\theta-\frac{\pi}{6}\right)+\sqrt{3}\cos\left(\theta-\frac{\pi}{6}\right)\right](1-K)} \tag{6-64}$$

6.12.9 三剪模型

Mises 准则、Drucker-Prager 准则和 Matsuoka 准则都是一种

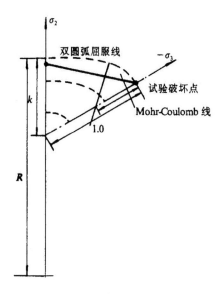

图 6-24 清华大学模型的 π 平面极限线

考虑三个剪应力的准则. 水利部南京水利科学研究院沈珠江也提出一个类似的表达式为

$$F = \frac{1}{\sqrt{2}}\left[\left(\frac{\sigma_1 - \sigma_2}{\sigma_1 + \sigma_2}\right)^2 + \left(\frac{\sigma_2 - \sigma_3}{\sigma_2 + \sigma_3}\right)^2 + \left(\frac{\sigma_3 - \sigma_1}{\sigma_3 + \sigma_1}\right)^2\right]^{1/2} = C$$

$$(6-65)$$

清华大学过镇海等[15]在研究混凝土的多轴强度中提出一个以八面体剪应力 τ_8 和八面体正应力 σ_8 组合的准则为

$$\begin{aligned} F &= \tau_8 - \alpha[f(\sigma_8)]^\beta \\ &= \tau_8 - a\left(\frac{b - \sigma_8}{C - \sigma_8}\right)^d \\ &= \tau_8 - 6.9638\sigma_c\left(\frac{0.09 - \sigma_8/\sigma_c}{C - \sigma_8/\sigma_c}\right)^{0.9297} \end{aligned} \quad (6-66)$$

国外学者还提出了各种准则,这方面的模型已多得难以统计[14]，其中比较著名的有 Reimann 准则（1965）、Ottosen 准则（1977）、Hsieh-Ting-Chen 准则（1979）、Willam-Warnke 准则（1975）、Bresler-Pister 准则（1958）、Podgorski 准则（1985）、Kotsovos 准则（1979）以及江见鲸模型、黄克智-张模型、宋玉普-赵国藩模型等. 在文献[4]和[17]中作了具体介绍. 这些准则实际上都可以写成为八面体应力的函数，即

$$\tau_8 = f(\sigma_8) = C + A\sigma_8 + B\frac{\sigma_8^2}{\sigma_c} \qquad (6-67)$$

或

$$\sigma_8 = f(\tau_8) = C + A\tau_8 + B\frac{\tau_8^2}{\sigma_c} \qquad (6-68)$$

由于八面体剪应力 τ_8、形状改变能 U_φ、均方根剪应力 τ_{123} 等都可以表述为三个剪应力的函数，所以从这些关系得出的各种准则都是一种三剪准则（τ_8，U_φ，τ_{123} 等定义以及其他有关的十种定义和它们之间的相互关系可见本书 §3.4），即

$$J_2 = 2GU_\varphi = \frac{3}{2}\tau_8^2 = \frac{1}{3}\sigma_r^2 = T^2 = \frac{5}{2}\tau_t^2 = \frac{2}{3\pi}\Omega_T$$

$$= \frac{3}{2}\Delta_m = 2\tau_{123}^2 = \frac{3}{2}S_t = 2\tau_s$$

$$= \frac{1}{6}\left[(\sigma_1 - \sigma_2)^2 + (\sigma_2 - \sigma_3)^2 + (\sigma_3 - \sigma_1)^2\right]$$

$$= \frac{4}{6}(\tau_{12}^2 + \tau_{23}^2 + \tau_{13}^2) \qquad (6-69)$$

从以上不同的解释出发，结合式(6-67)，(6-68)，可以得出大量各种不同的准则，这也就是模型较多的原因之一. 例如，式(6-67)也可以写成应力偏量第二不变量的形式为

$$J_2 = f(I_1) = C + AI_1 + B\frac{I_1^2}{\sigma_c}$$

或再加入应力角 θ 可表述为

$$F = F(J_2, I_1, \theta) = \sqrt{J_2^3} + AI_1^3 + BJ_3 = C \qquad (6-70)$$

$$F = F(\tau_8, \sigma_8, \theta) = \tau_8 + A\sigma_8 + BJ_3^{1/3} = C \qquad (6-71)$$

式中 J_3 为应力偏量第三不变量,它与应力角 θ 之间的关系为

$$\cos 3\theta = \frac{3\sqrt{3}}{2} \frac{J_3}{\sqrt{J_2^3}} \qquad (6-72)$$

最近 Boer 提出一个土体破坏准则也具有类似的形式[18]

$$F = \sqrt{J_2 + \frac{1}{2} A_1 I_1^2} \sqrt[3]{1 - A_3 \frac{J_3}{\sqrt{\phi^3}}}$$

或

$$F = \sqrt{\phi} \sqrt[3]{1 - A_3 \overline{\theta}} + A_2 I + C \qquad (6-73)$$

式中

$$\phi = J_2 + \frac{1}{2} A_1^2 I_1^2 \qquad \overline{\theta} = -\frac{J_3}{\sqrt{\phi^3}} \qquad (6-74)$$

同年 Kim 和 Lade 又将 Lade-Duncan 准则改进为[19]

$$F = \left(A_1 \frac{I_1^3}{I_3} - \frac{I_1^2}{I_2} + A_2 \right) \left(\frac{I_1}{p_a} \right) \qquad (6-75)$$

式中 A_1, A_2 为材料常数, p_a 为大气压力.

1990 年 Faruque 和 Chang 提出一个这类准则为[20]

$$F = r^2 - \left\{ \alpha I_1^n - \frac{J_1^{2n}}{\beta} + K^2 \right\} \left[\cos \left\{ \frac{1}{3} \cos^{-1} (- A \cos 30) \right\} \right]$$

$$(6-76)$$

式中 α, β, K 为材料参数,

$$A = A_0 \exp[- \gamma I_1] \qquad 0 \leqslant A_0 \leqslant 1$$

Desai 于 1984 年提出的 π 平面的极限曲线形状函数为

$$g(\theta) = \left[1 - \beta \frac{\sqrt[3]{J_3}}{\sqrt{J_2}} \right]^m \qquad (6-77)$$

这一类准则可以统称为三剪理论或八面体剪应力理论或 J_2 理论. 按式(6-69),它们都是等效的. 文献中还有其他很多类似的理论,它们基本上都是如图 6-21 所示连接 A, B 二个实验点的三瓣曲线.

值得指出的是,由于最大主剪应力恒等于另二个主剪应力之和(按代数值则三个主剪应力之和等于零),三个主剪应力中只有二个独立量. 因此,三剪理论各种表达式中的三个剪应力均可化为二个剪应力的函数,三剪应力理论实质上是一种加权双剪理论. 多年来,这一简单的关系一直没有被人们所认识. 俞茂宏于 1961 年曾经应用这一关系提出一种用加权双剪应力准则来代替 Mises 准则的三剪应力公式为

$$f = \left(1 + \sqrt{3}\right) \tau_{13} + \tau_{12}(\text{或 } \tau_{23}) = \sigma_s$$

上式为一种线性逼近式,如写为

$$f = \frac{1}{\sqrt{2}} \left[(\sigma_1 - \sigma_2)^2 + (\sigma_2 - \sigma_3)^2 + (\sigma_3 - \sigma_1)^2\right]^{1/2}$$
$$= \sqrt{2} \left[\tau_{13}^2 + \tau_{12}^2 + (\tau_{13} - \tau_{12})^2\right]^{1/2}$$
$$= \sigma_s \qquad\qquad (6-78)$$

二者是完全等效的,三剪函数转化为双剪函数,Mises 准则表述为一种新的双剪平方根准则.

§6.13　加权双剪强度理论

由以上分析可以看到,对于拉压强度相同的材料,存在四种基本屈服准则,即

(1)Tresca 屈服准则——单剪屈服准则

单剪屈服准则在 π 平面的屈服面为各种外凸屈服面的下限,如图 6-25 中的最小范围屈服面(图中的虚线)所示,它的屈服线为一正六边形.

(2)双剪屈服准则(俞茂宏,1961)

双剪屈服准则在 π 平面的屈服面为各种外凸屈服面的上限,如图 6-25 中的最小范围屈服面(图中外面的实线)所示,它的屈服线也是正六边形.

(3)Mises 屈服准则——三剪屈服准则

Mises 屈服准则在 π 平面的屈服线介于单剪屈服线和双剪屈服线之中,它的形状是通过拉压实验点 A,B 各点的图,如图 6-25 所示.

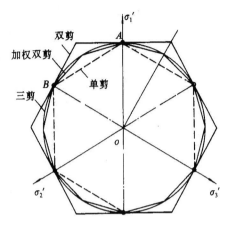

图 6-25　几种典型屈服准则的 π 平面屈服线

(4)加权双剪屈服准则

俞茂宏于 1961 年提出的加权双剪屈服准则的屈服线为内接于 Mises 圆的正十二边形. 如图 6-25. 它介于单剪屈服面和双剪屈服面之中,可以逼近 Mises 屈服准则.

以上为四种基本屈服准则,适用于 $\sigma_c = \sigma_t$ 的材料. 对于拉压强度不等的材料,则 $\sigma_c \neq \sigma_t$,在 π 平面上屈服面的拉压矢径长也不相等,即 $r_c \neq r_t$. 因此,圆形极限面已不再适用. 这时存在下述三个基本强度理论,即

(1)Mohr-Coulomb 强度理论——单剪强度理论.

单剪强度理论在 π 平面的极限面为各种外凸极限面的下限,如图 6-26 中的最小范围极限面(图中的虚线)所示,它的极限面为一不等边六角形

(2)双剪强度理论(俞茂宏,1985)

双剪强度理论在 π 平面的极限面为各种外凸极限面的上限,

如图 6-26 中的最大范围极限面(图中外面的虚线)所示.它的极限面为一不等边六角形.

(3)加权双剪强度理论

单剪强度理论和双剪强度理论分别构成了极限面的上、下限,而在它们之间是否也存在像 Mises 屈服准则一样介于单剪和双剪屈服面之中的理论和准则.实际上, §6.7 所介绍的国内外学者所提出的众多角隅模型,都

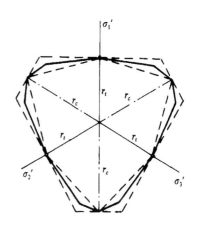

图 6-26 加权双剪强度理论的
π 平面极限线

是一种介于单剪强度理论和双剪强度理论之间的准则(见图 6-21).它们虽然可以与一些实验结果相符合,但它们都是一种数学拟合式或逼近式,缺少清晰的力学概念;并且数学表达式较繁,不便于工程应用.

俞茂宏从双剪单元体模型出发,于 1990 年提出了一个新的加权双剪强度理论,它的理论表达式为

$$F = \tau_{13} + \frac{1}{2}\tau_{12} + \beta\left(\sigma_{13} + \frac{1}{2}\sigma_{12}\right) = C \qquad (6-79)$$

$$F' = \tau_{13} + \frac{1}{2}\tau_{23} + \beta\left(\sigma_{13} + \frac{1}{2}\sigma_{23}\right) = C \qquad (6-79')$$

经过推导可得出这一新的强度理论的主应力表达式为

$$F = \sigma_1 - \frac{\alpha}{3}(\sigma_2 + 2\sigma_3) = \sigma_t \qquad 当\ \sigma_2 \leqslant \frac{\sigma_1 + \alpha\sigma_3}{1+\alpha} \quad (6-80)$$

$$F' = \frac{1}{3}(2\sigma_1 + \sigma_2) - \alpha\sigma_3 = \sigma_t \qquad 当\ \sigma_2 \geqslant \frac{\sigma_1 + \alpha\sigma_3}{1+\alpha} \quad (6-80')$$

这一新的强度理论具有简单的数学表达式,它在 π 平面的极限线为一个介于单剪强度理论和双剪强度理论之中的十二边形,如图 6-26 中间的实线所示.这是在双剪强度理论的基础上,考虑

到二个剪应力对材料破坏的不同作用,而对大剪应力补充一个加权系数(或对较小剪应力补充一个小于 1 的加权系数),即

$$F = 2\tau_{13} + \tau_{12} + \beta(2\sigma_{13} + \sigma_{12}) = C \qquad (6-81)$$
$$F' = 2\tau_{13} + \tau_{23} + \beta(2\sigma_{13} + \sigma_{23}) = C \qquad (6-81')$$

所以将这一新的强度理论称之为加权双剪强度理论. 它是下章所述统一强度理论的一个特例. 通过分析比较可以看出,这一新的加权双剪强度理论与以上所述的各种角隅模型都比较接近,并且具有清晰的物理概念和简单的数学表达式,因此可望成为一个代替 Drucker-Prager 准则的新理论,在岩土等工程中得到应用. 加权双剪强度理论在主应力空间中的极限面如图 6-27 所示.

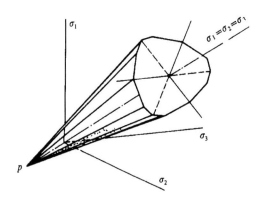

图 6-27 加权双剪强度理论的极限面

为了便于对比,在图 6-28 中绘出了单剪强度理论、双剪强度理论和加权双剪强度理论在主应力空间中的极限面. 图中虚线为单剪强度理论极限面,外面不等边六角锥面为双剪强度理论极限面,介于两者之间的不等边十二面锥面为加权双剪强度理论的极限面. 图 6-29 为它们各个极限面的对比,其中右下图为一种光滑化的模型.

加权双剪强度理论在平面应力状态时的极限线为一组由 12 条方程组成的不规则十二边形. 它对称于 $\sigma_1 = \sigma_2$ 轴线,如图 6-30

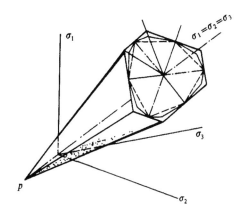

图 6 - 28　三种极限面

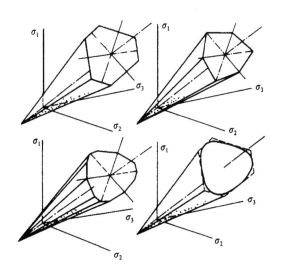

图 6 - 29　四种极限面的对比

所示. 极限线的形状与材料拉压比 α 有关. 图 6 - 30 为 $\alpha = 0.5$ 时的相应的加权双剪强度理论的极限线. 极限线的 12 条直线方程可

由式(6-80),(6-80')的加权双剪强度理论蜕化得出. 与图 6-30 中各直线相应的方程为

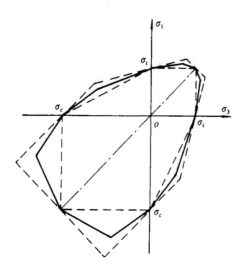

图 6-30 平面应力状态下的加权双剪极限线

$$F_1 = 2\sigma_1 + \frac{1}{3}\sigma_2 = \sigma_t$$

$$F_2 = \frac{1}{3}(\sigma_1 + 2\sigma_2) = \sigma_t$$

$$F_3 = \sigma_1 - \frac{1}{6}\sigma_2 = \sigma_t$$

$$F_4 = \sigma_2 - \frac{1}{6}\sigma_1 = \sigma_t$$

$$F_5 = \sigma_1 - \frac{1}{3}\sigma_2 = \sigma_t$$

$$F_6 = \sigma_2 - \frac{1}{3}\sigma_1 = \sigma_t$$

$$F_7 = \frac{2}{3}\sigma_1 - \frac{1}{2}\sigma_2 = \sigma_t$$

$$F_8 = \frac{1}{2}\sigma_1 - \frac{2}{3}\sigma_2 = \sigma_t$$

$$F_9 = \frac{1}{3}\sigma_1 - \frac{1}{2}\sigma_2 = \sigma_t$$

$$F_{10} = \frac{1}{2}\sigma_1 - \frac{1}{3}\sigma_2 = \sigma_t$$

$$F_{11} = \frac{1}{6}\sigma_1 + \frac{1}{3}\sigma_2 = -\sigma_t$$

$$F_{12} = \frac{1}{3}\sigma_1 + \frac{1}{6}\sigma_2 = -\sigma_t$$

§6.14   各种强度理论的比较

本章以上各节所述的各种强度理论都只能适用于某一类材料,所以可以称之为单一强度理论.这些理论不管具有什么数学表达式,它们在 π 平面的极限线形状都可归结如图 6-31 所示.图中 A 为由拉伸矢长 r_t 所确定的实验点,B 为由压缩矢长 r_c 所确定的实验点,合理的理论的极限线都应该通过这两个实验点.

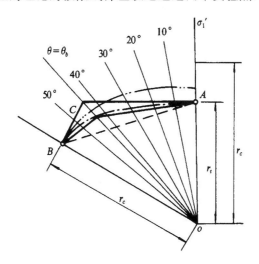

图 6-31 π 平面上的各种极限线

通过 A,B 两个实验点的各种准则又可分为三类.

(1)最小范围极限线(下限)

联接 A，B 两点的直线为最简单的外凸极限线的下限,这就是单剪强度理论的极限线.

(2)最大范围极限线(上限)

AC 和 BC 两段直线所组成的折线为外凸极限线的上限,这就是双剪强度理论.

(3)介于两者之间的是角隅模型和加权双剪强度理论. 它们之间的关系如图 6-31 所示.

为了对各种强度理论进行对比. 现取一具体例子. 若取材料参数为

$$\alpha = \frac{\sigma_t}{\sigma_c} = \frac{1}{3}$$

即

$$K = \frac{2\alpha + 1}{\alpha + 2} = \frac{5}{7}$$

则一些角隅模型与 Mohr-Coulomb 强度理论、双剪应力强度理论和加权双剪强度理论在 π 平面上的极限迹线的对比可按以上各式计算得出,列于表 6-2. 表 6-2 中最上面一行是在不同应力角下的极限线的相对矢径长度函数,其他各行为相应各个准则的矢径相对长度.

表 6-2

	$g(\theta)$	$g(0°)$	$g(10°)$	$g(20°)$	$g(30°)$	$g(40°)$	$g(50°)$	$g(60°)$
1	Mohr-Coulomb 理论	0.714	0.695	0.697	0.722	0.772	0.858	1
2	双剪强度理论	0.714	0.725	0.760	0.825	0.932	1.02	1
3	加权双剪强度理论	0.714	0.715	0.738	0.787	0.871	0.929	1
4	Gudehus-Argyris	0.714	0.728	0.769	0.833	0.909	0.974	1
5	Willam-Warnke	0.714	0.723	0.748	0.793	0.858	0.940	1
6	双剪角隅模型	0.714	0.724	0.753	0.804	0.876	0.958	1

由以上结果对比可见:

(1)双剪角隅模型与双剪强度理论吻合较好,它们的最大相差不超过6.5%.见表6-2中的第2和第6两个准则对比.

(2)Gudehus-Argyris模型,Willam-Warnke模型和双剪角隅模型三种光滑化的角隅模型与表6-1中的第3种准则即加权双剪强度理论四者都比较接近,它们之间的最大相差不超过6%.因此,在实际应用中,表6-2中的第3,4,5,6四种准则可以相互替代,三种光滑化准则和加权双剪强度理论的线性准则是等效的.

(3)Gudehus-Argyris模型、Willam-Warnke模型和双剪角隅模型均逼近于双剪强度理论,而与Mohr-Coulomb理论相差较远.Gudehus-Argyris模型与Mohr-Coulomb理论可相差17%,而Willam-Warnke模型与Mohr-Coulomb理论则可相差11%.

(4)Gudehus-Argyris模型和Willam-Warnke模型以及双剪角隅模型,实际上均可看作为光滑化的双剪强度理论,而不是光滑化的Mohr-Coulomb理论.

(5)至今已提出数十种光滑化的角隅模型,它们在π平面的极限线都比较接近(除去那些与A,B两个实验点不能同时匹配的模型),并且都与加权双剪强度理论相接近.近年来,由于分段线性屈服面角点的奇异性问题已经得到较好地解决,并在很多计算机程序中实施,因此,表达式复杂、应用不便的各种数学拟合方程和各种角隅模型,包括俞茂宏-刘凤羽于1988年提出的双剪角隅模型都可用式(6-80),(6-80)的加权双剪强度理论来代替.

关于加权双剪强度理论角点奇异性的处理方法,在下面关于双剪统一弹塑性一章中将作具体阐述.

应该指出,目前世界各国文献中关于各种强度理论和计算准则的比较研究,得出的结论不尽相同.有的认为各种准则相差不大,有的认为相差较大,有的认为相差很大.这种差别的原因,主要在于比较的条件不同,得出的结果也不相同.例如,在通常以轴向压缩和轴向拉伸或以三轴围压伸长试验和三轴围压压缩试验的条件下,在$\sigma_1=\sigma_2=0,\sigma_3=\sigma_c$或$\sigma_1=\sigma_2,\sigma_3=p$的应力条件下,所有的强度理论所得出的结果都是相同的,在这些应力状态的附近的各种应力组合下,各种强度理论的相差也不大. 在表 6-1 中可以看到,当应力角 $\theta=0°$ 和 $\theta=60°$ 时,各种强度理论在 π 平面的形状函数 $g(\theta)$ 都相等;在 $\theta=10°$ 时,各种强度理论的形状函数 $g(10°)$ 相差不大,特别是双剪强度理论、Gudehus-Argyris 模型、Willam-Warnke 模型和双剪角隅模型四者的 $g(10°)$ 几乎相同;当应力角 $\theta=40°-50°$ 时,各种强度理论的差别较大,从图 6-31 中也可以直观地观察到这种差别. 因此,强度理论的对比结果与应力状态有关.

其次,强度理论的差别还与材料性质有关. 张学言在研究了俞茂宏的双剪强度理论和 Mohr-Coulomb 的单剪强度理论之间的差别后,指出两者的最大差别处在图 6-31 的 $\theta=\theta_b$ 处,此时二者的 π 平面的形状函数的比值为[5]

$$\frac{g(\theta_b)_{双}}{g(\theta_b)_{单}} = \frac{4(3-\sin^2\varphi)}{9-\sin^2\varphi} \qquad (6-82)$$

式中 φ 为材料的摩擦角(或正应力影响系数),它与材料拉压比 $\alpha = \sigma_t/\sigma_c$ 的关系为

$$\sin\varphi = \frac{1-\alpha}{1+\alpha}$$

或

$$\alpha = \frac{1-\sin\varphi}{1+\sin\varphi} \qquad (6-83)$$

由式(6-82)可知,当 $\varphi=0$ 时,二者差别最大,其比值为 1.33. 当 $\varphi=90°$ 时,二者相等,当 φ 变化于 $0°-90°$ 之间时,二者之比值变化于 1.33—1.0 之间. 它们之间的关系如图 6-32 所示. 从图中可见,各种强度理论的差别,不仅与应力状态有关,而且与材料的性质有关.

如以剪切强度 τ^0 作为对比,则单剪强度理论

$$\tau^0_{单} = \frac{\sigma_t}{1+\alpha}$$

双剪强度理论和加权双剪强度理论

$$\tau_{双}^0 = \frac{2\sigma_t}{2+\alpha} \qquad \tau_{加权}^0 = \frac{3\sigma_t}{3+2\alpha} \qquad (6-84)$$

它们的比值分别为

$$\frac{\tau_{双}^0}{\tau_{单}^0} = \frac{2+2\alpha}{2+\alpha} \qquad \frac{\tau_{加权}^0}{\tau_{单}^0} = \frac{3(1+\alpha)}{3+2\alpha} \qquad (6-85)$$

它们随材料拉压比 α 的变化规律如图 6-33 所示[5].

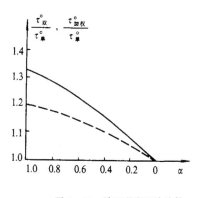 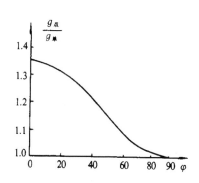

图 6-32 单双强度理论比较　　　图 6-33 单双强度理论比较

从以上二图可见,$\alpha=1$($\varphi=0$),即 $\sigma_t=\sigma_c$ 的材料,两者在 π 平面 $\theta=30°$ 时的相差最大,达 33%. 这时,由于单剪应力屈服准则、加权双剪屈服准则(图 6-33 中的虚线)和双剪应力屈服准则在 $\theta=30°$ 时的子午线均为平行于 $\sigma_1=\sigma_2=\sigma_3$ 的轴线,如图 6-34 所示. 这时从坐标原点出发,按不同的比例加载得出的不同屈服准则的相差率都相同.

此外,强度理论的差别也与加载条件或起始条件有关. 上面我们所讨论的都是在 π 平面上的比较. 从极限面的子午线(如图 6-27 中的 pA,pB 等线)看,若取应力角 $\theta=\theta_b$ 处的子午面,则单剪强度理论(Mohr-Coulomb 强度理论)、双剪强度理论和加权双剪强度理论的三条子午线分别如图 6-35 的 p_0B_1,p_0B_2,p_0B_3 所示.

在图 6-35 中,与 σ_m 轴线垂直的面为 π 平面. 在不同的应力角时,不同理论的子午线各不相同. 在 $\theta=0°$ 或 $\theta=60°$ 时,各种强度理

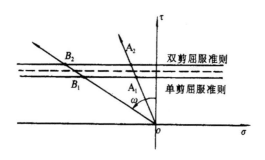

图 6-34 $\alpha=1, \theta=30°$ 的三条子午线

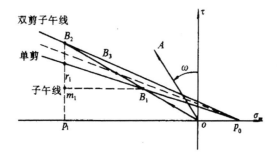

图 6-35 $\alpha \neq 1, \theta=\theta_b$ 时的三条子午线

论的子午线没有差别；在 $\theta=\theta_b$ 处不同理论的差别最大，最大相差可达 33%（如图 6-32）. 它们的相差如图 6-35 中的 p_1r_1 与 p_1B_2 的相差，比值为

$$\frac{g_{双}}{g_{单}}=\frac{p_1B_2}{p_1r_1} \qquad \frac{g_{加权}}{g_{单}}=\frac{p_1r_3}{p_1r_1}$$

如果我们从主应力状态为 $\sigma_1=\sigma_2=\sigma_3=0$ 的原点 O 按比例加载，则加载路径是从原点 O 出发的射线 $OB_1 \longrightarrow OB_3 \longrightarrow OB_2$ 所示. 这时，到达不同强度理论极限面的应力状态将为 OB_1,OB_3 和 OB_2. 从图中显然可见

$$\frac{OB_2}{OB_1}=\frac{p_1B_2}{p_1m_1}>\frac{p_1B_2}{p_1r_1}$$

因此,在比例加载条件下,对于拉压强度不同的材料,按不同强度理论得出的极限应力可能有很大的差别.如令比例加载矢径与纵坐标 τ_b 的夹角为 ω,则从图 6-35 可以看出,当 ω 愈大时,按不同强度理论所得出的结果的差别也愈大.按 OA 矢径加载和按 OB 矢径加载,得出的结论就可能有很大的不同.一般讲,在 $\theta=\theta_b$ 处,静水应力愈大,不同的强度理论的差别也越大.

§6.15 单一强度理论小结

我们在第三章、第四章和本章所述的各种强度理论,都只能适用于某一类材料,所以可通称为单一强度理论.这些理论的理论假设、数学表达式和准则的适用范围都各不相同.在表 6-3 中,我们对一些主要的强度理论和它们的数学表达式作了小结;在表6-4中,则对这些理论和准则的特点和局限性进行了小结.为了对这些强度理论和计算准则有更直观的了解,在图 6-36,图 6-37 和图 6-38 中对这些理论和准则的子午极限线和 π 平面极限线作了小结.它们可以分为三种类型

(1)单参数准则,包括 Tresca 屈服准则(单剪应力屈服准则)、Mises 屈服准则(三剪应力屈服准则)、加权双剪屈服准则、双剪应力屈服准则和 Lade-Duncan 准则以及 Matsuoka-Nakai 准则.这些准则中只包含一个材料强度参数,前四者都只适用于 $\sigma_c=\sigma_t$ 的材料.

(2)二参数准则(静水应力型)

(3)二参数准则(正应力型).这类准则具有较清晰的力学概念和简单的数学表达式,并能符合一些试验结果,是一种比较合理的理论模型.

以上我们对现有的一些主要的强度理论进行了介绍和系统的分类.在这些理论中,除了双剪统一屈服准则外,都是只能够适用于某类材料的单一强度理论.为了便于比较和分析,我们将各种单一强度理论的数学表达式、特点和局限性列于表 6-3 和表 6-4.

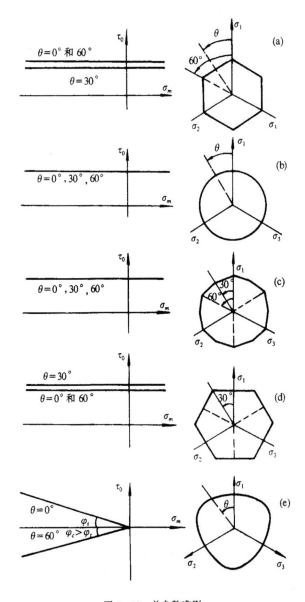

图 6-36　单参数准则

(a)Tresca；(b)Mises；(c)加权双剪(俞)；(d)双剪(俞)；(e)Lade-Duncan

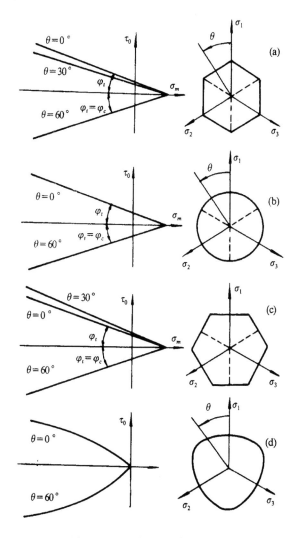

图 6-37 两参数准则(静水应力型)

(a)广义 Tresca;(b)广义 Mises;(c)广义双剪(静水应力型,俞);(d)Lade

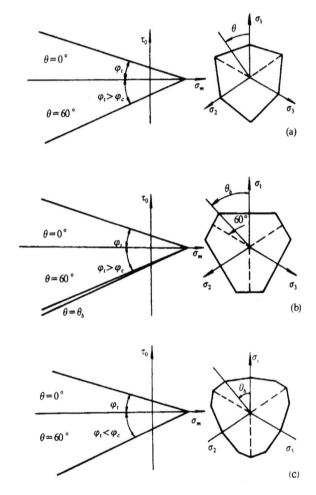

图 6-38 两参数准则(正应力型)
(a)Mohr-Coulomb;(b)双剪强度理论(俞);(c)加权双剪强度理论(俞)

表 6-3 各种单一强度理论的表达式

序号	强度理论	计算准则的数学表达式	材料参数
1	最大拉应力准则	$f = \sigma_1 = \sigma_t$	单参数准则
2	最大拉应变准则	$f = \sigma_1 - \nu(\sigma_2 + \sigma_3) = \sigma_t$	
3	单剪应力屈服准则	$f = \sigma_1 - \sigma_3 = \sigma_t$	
4	三剪应力屈服准则	$f = \dfrac{1}{3}(\tau_{13}^2 + \tau_{12}^2 + \tau_{23}^2) = C$	
5	加权双剪屈服准则	$f = \left(1 + \sqrt{3}\right)\tau_{13} + \tau_{12}(\text{或 }\tau_{23}) = C$	
6	Lade-Duncan 准则	$f = I_1^3/I_3 = C$	
7	Matsuoka-Nakai 准则	$f = I_1 I_2/I_3 = C$	
8	双剪应力屈服准则	$f = \sigma_1 - \dfrac{1}{2}(\sigma_2 + \sigma_3) = \sigma_t,$ $f' = \dfrac{1}{2}(\sigma_1 + \sigma_2) - \sigma_3 = \sigma_t$	
9	统一屈服准则	$f = \sigma_1 - \dfrac{1}{1+b}(b\sigma_2 + \sigma_3) = \sigma_t,$ 当 $\sigma_2 \leqslant \dfrac{1}{2}(\sigma_1 + \sigma_3)$ $f' = \dfrac{1}{1+b}(\sigma_1 + b\sigma_2) - \sigma_3 = \sigma_t,$ 当 $\sigma_2 \geqslant \dfrac{1}{2}(\sigma_1 + \sigma_3)$	
10	广义 Tresca 准则	$F = \tau_{13} + a\sigma_m = C$	二参数准则
11	广义 Mises 准则	$F = \dfrac{1}{\sqrt{3}}(\tau_{13}^2 + \tau_{12}^2 + \tau_{23}^2)^{1/2} + a\sigma_m = C$	
12	广义双剪屈服准则	$F = \tau_{13} + \tau_{12}(\text{或 }\tau_{23}) + a\sigma_m = C$	
13	单剪强度理论	$F = \sigma_1 - a\sigma_3 = \sigma_t, a = \sigma_t/\sigma_c$	二参数准则
14	光滑化角隅模型	$g(\theta) = 2K/(K+1) + (1-K)\cos 3\theta$ 等	
15	加权双剪强度理论	$F = \sigma_1 - \dfrac{a}{3}(\sigma_2 + 2\sigma_3) = \sigma_t, \sigma_2 \leqslant \dfrac{\sigma_1 + a\sigma_3}{1+a}$ $F' = \dfrac{1}{3}(2\sigma_1 + \sigma_2) - a\sigma_3 = \sigma_t, \sigma_2 \geqslant \dfrac{\sigma_1 + a\sigma_3}{1+a}$	
16	双剪强度理论	$F = \sigma_1 - \dfrac{a}{2}(\sigma_2 + \sigma_3) = \sigma_t, \sigma_2 \leqslant \dfrac{\sigma_1 + a\sigma_3}{1+a}$ $F' = \dfrac{1}{2}(\sigma_1 + \sigma_2) - a\sigma_3 = \sigma_t, \sigma_2 \geqslant \dfrac{\sigma_1 + a\sigma_3}{1+a}$	

表 6-4 各种单一强度理论的特点和局限性

材料参数准则	序号	强度理论	特 点	局 限 性
单参数准则	1	最大拉应力准则	可用于受拉应力区	只考虑一个应力,拉压区较危险
	2	最大拉应变准则		与实验结果不符,已不用
	3	单剪应力屈服准则	简单,线性	没有考虑 σ_2,单一理论用于 $\tau_s=0.5\sigma_s$ 的材料
	4	三剪应力屈服准则	方程整齐,考虑 σ_2	单一理论,只适用于 $\tau_s=0.577\sigma_s$ 的材料
	5	加权双剪应力准则	简单,线性,为 Mises 准则的线性逼近	单一理论,只适用于 $\tau_s=0.577\sigma_s$ 的材料
	6	Lade-Duncan 准则	光滑,考虑 σ_2	只适用于无粘性土
	7	Matsuoka-Nakai 准则	光滑,考虑 σ_2	只适用于无粘性土,1990 年有修正
	8	双剪屈服准则	简单,线性,考虑 σ_2	单一理论,只适用于 $\tau_s=0.667\sigma_s$ 的材料
	9	统一屈服准则	屈服准则的统一理论,简单,线性,考虑 σ_2,可适合于 $\sigma_t=\sigma_c$ 的各类材料	只适用 $\sigma_t=\sigma_c$ 的材料
二参数准则	10	广义 Tresca 准则	简单,线性,正六角锥体极限面	只能与 6 个实验点中的 3 个实验点相匹配,近年来已逐步少用
	11	广义 Mises 准则 Drucker-Prager	简单,光滑,圆锥形极限面	
	12	广义双剪屈服准则	简单,线性,正六角形锥体极限面	
二参数准则	13	单剪强度理论 Mohr-Coulomb	简单,为所有外凸强度理论的下限	没有考虑 σ_2,单一理论只适用于 $\tau_0=\dfrac{\sigma_t}{1+\alpha}$ 的材料
	14	角隅模型	光滑	单一理论,表达式较繁
	15	加权双剪强度理论	简单,线性,为所有外凸极限面的中间值	单一理论,只适用于 $\tau_0=\dfrac{3\sigma_t}{3+2\alpha}$ 的材料
	16	双剪强度理论	简单,线性,考虑 σ_2,为外凸极限面的上限	单一理论,只适用于 $\tau_0=\dfrac{2\sigma_t}{2+\alpha}$ 的材料

参 考 文 献

[1] 俞茂宏、何丽南、宋凌宇，双剪强度理论及其推广，中国科学（A辑），1985，**28**（12），1113—1120.

[2] 钱令希等主编，中国大百科全书·力学，中国大百科全书出版社，1985，471.

[3] Rowlands R. E., Strength (failure) theories and their experimental correlation, Failure Mechanics of Composites, Sih, G. C., Skudra A. M. ed, Elsevier Science Publishing Company Inc., 1985.

[4] Chen Wei-Fan（陈惠发），Plasticity in Reinforced Concrete, McGraw-Hill Book Company, 1982.

[5] 张学言，岩土塑性力学，人民交通出版社，1993.

[6] 俞茂宏，复杂应力状态下材料屈服和破坏的一个新模型及其系列理论，力学学报，1989，**21**（增刊），42—49.

[7] 俞茂宏、刘凤羽，广义双剪应力准则角隅模型，力学学报，1990，**22**（2），213—216.

[8] Matsuoka, H., Nakai, T., Stress-deformation and strength characteristics of soil under three different principal stresses, *Proc. of Japan Society of Civil Engineers*, 1974, No. 232, 59—70.

[9] Matsuoka, H., Hoshikawa, T., and Ueno, K., A general failure criterion and stress-strain reration for granular materials to metals, *Soils and Foundations*, Japanese Society of Soil Mechanics and Foundation Engineering, 1990. **30**（2），119—127.

[10] Houlsby G. T., A general failure criterion for frictional and cohesive materials, *Soil and Foundations*, 1986, **26**（2），97—101.

[11] 俞茂宏、刘凤羽，双剪应力三参数准则及其角隅模型，土木工程学报，1988，**21**（3），90—95.

[12] 李广信，土在 π 平面上的屈服轨迹的研究，中国土木工程学会第五届土力学及基础工程学术会议论文集，中国建筑工业出版社，1990，152—156.

[13] 邢义川等，黄土的弹塑性模型试验研究，第三届全国岩土力学数值分析与解析方法讨论会论文集，珠海，1988，I-193.

[14] 沈珠江，几种屈服函数的比较，岩土力学，1993，**14**（1），41—50.

[15] 过镇海、王传志，多轴应力下混凝土的强度和破坏准则研究，土木工程学报，1991，**24**（3），1—14.

[16] 宋玉普、赵国藩、彭放、胡信雷，多轴应力下混凝土的破坏准则，第五届岩石、混凝土断裂和强度学术会议论文集，涂传林主编，国防科技大学出版社，1993.

[17] 江见鲸、钢筋混凝土结构非线性有限元分析，当代土木建筑科技丛书，许溶烈主编，陕西科学技术出版社，1994.

[18] Boer，R. D.，On plastic deformation of soils，*Int. J. of Plasticity*，1988，**4**，371—391.

[19] Kim，M. K.，Lade，P. V.，Modelling rock strength in three dimensions，*Int. J. Rock Mech. Min. Sci. & Geomech Abstr.* 1984，**21** (1)，21—33.

[20] Faruque，M. O.，Chang，C. J.，A constitutive model for pressure sensitive materials with particular reference to plain concrete，*Int. J. of Plasticity*，1990，**6** (1)，29—43.

[21] 于骁中、居襄，混凝土的强度和破坏，水利学报，1983，(2)，22—35.

第七章 统一强度理论

§7.1 概　　述

　　在上几章中我们讨论了强度理论研究的重要意义，以及一些重要的实验结果和 200 多年来各国学者提出的一些主要强度理论（屈服准则和破坏准则）. 这些理论都从各自不同的假设和力学模型出发，推导得出不同的数学表达式，一般只能适用于某一类特定的材料. 如 Tresca 最大剪应力屈服准则只适用于剪切屈服极限 τ_s 为拉伸屈服极限 σ_s 的一半的材料；Mises 屈服准则（第四强度理论）只适用于 $\tau_s = 0.577\sigma_s$ 的材料；俞茂宏于 1961 年提出的双剪应力屈服准则[4,5]只适用于 $\tau_s = 0.667\sigma_s$ 的材料；Mohr-Coulomb 强度理论只适用于剪切强度极限 τ_0 与拉伸强度极限 σ_t 和压缩强度极限 σ_c 的关系为 $\tau_0 = \dfrac{\sigma_t \sigma_c}{\sigma_c + \sigma_t}$ 的材料；而俞茂宏于 1983 年提出的双剪强度理论则适用于 $\tau_0 = \dfrac{2\sigma_t \sigma_c}{2\sigma_c + \sigma_t}$ 的材料；Drucker-Prager 准则不能与实验结果相符. 因而，以上这些理论都是一种只能适用于某一类材料的单一强度理论.

　　在众多强度理论之间存在什么联系？有没有可能突破单一强度理论而建立一个较为广泛适用的统一强度理论？这是 19 世纪末以来世界各国学者所关心的一个重要问题，并为此进行了大量研究[1-8]，但是 100 多年来并没有得到解决. 在 19 世纪末 20 世纪初，德国很多大学的著名科学家如慕尼黑工业大学的 J. Bauschinger、斯图加特大学的 O. Mohr、卡尔斯鲁厄大学的 A. Föppl、以及格丁根大学的 W. Voigt 和 L. Prandtl 都进行了很多研究，理论结果与不同材料的试验结果并不相符. 1901 年，Voigt

作出结论认为，"强度理论问题是非常复杂的，要想提供一个单独的理论应用到所有各种结构材料上是不可能的". 前苏联科学院院士 Флидман 和 Давиденков 于 20 世纪提出了一种企图应用于各种材料的联合强度理论，但也未获成功[5]. 到 50 年代，著名力学家 Timoshenko 再次重述了 Voigt 的结论[1]. 统一强度理论成为各国学者多年研究而没有解决的难题. 到 20 世纪 80 年代，作者在《中国科学》发表的文章中也曾认为，"似乎还不可能用单一的理论或准则去说明各种不同材料在复杂应力状态下的破坏和滑移现象". 同年，文献 [5] 也认为，"想建立一种统一的、适用于各种工程材料和各种不同的应力状态的强度理论是不可能的".

这样的统一强度理论，必然希望它

(1) 具有清晰而合理的物理概念和统一的力学模型；

(2) 具有简单而统一的数学表达式；

(3) 便于手工计算，并能推广为弹塑性本构理论，在结构弹塑性计算程序中实施. 由于分段线性屈服函数的角点奇异性问题已得到较好解决，因而希望统一强度理论具有简单的线性形式，这将使一般的手工计算和工程设计以及理论分析得到很大的方便；

(4) 统一强度理论应能包含或逼近（代替）现有的各种主要强度理论和新的可能的强度理论，并能十分灵活地适用于各种不同的材料；

(5) 统一强度理论的力学模型和计算准则应包含各个独立的应力分量对材料破坏的影响，并能适用于各种不同的应力状态，必要时可以进行补充和推广.

(6) 统一强度理论能够符合世界各国学者所得出的不同材料的大量实验结果. 由于强度理论研究的特点（如 §6.1 所述），目前世界学术界形成一种共识，即保持强度理论的理论研究与实验验证的相对独立性，使实验结果更具客观性.

显然，建立统一强度理论将是一个困难而又吸引人们的任务. 根据上述 6 条要求，可以先排除那些单一因素的理论，如一个正应力、一个偏应力、一个主剪应力或一个纯剪切应力、一个八面体应力等等.

§7.2 统一强度理论的力学模型

长期以来，人们在研究强度理论时，基本上采用主应力六面体和等倾八面体两种力学模型，如图 7-1 (a)，(b) 所示. 作为连续介质力学的模型，它们都是一种空间等分体，即用一种单元体可以处处充满空间而不造成空隙或重叠，因此也是合适的. 其中图 7-1 (a) 为最常用的主应力六面体单元体，作用着 σ_1, σ_2, σ_3 三个主应力；图 7-1 (b) 则为等倾八面体单元体，作用着八面体剪应力 τ_8 和八面体正应力 σ_8，它是建立八面体剪应力系列强度理论（Mises 屈服准则、Drueker-Prager 准则以及各种 τ_8, σ_8, q, p, τ_m, σ_m 和形状变形能理论等）的力学模型；图 7-1 (c) 是建立单剪应力系列强度理论(Tresca 屈服准则, Mohr-Coulomb 理论等) 的力学模型，但它们只考虑了这一力学模型上的最大剪应力 τ_{13} 及其面上的正应力 σ_{13}，而忽略了作用在这一模型上的另一个应力 σ_2. 这是单剪强度理论在力学模型上的不足. 实际上，中间主应力 σ_2 即使在数值上等于零，它也将通过其它主剪应力而起作用.

作为空间等分体，也可以取其他形式的单元体. 图 7-1 (d) 就是另一种空间等分体，它可以处处充满空间，如第二章图 2-8 所示. 图 2-7 的菱形十二面体也是一种空间等分体. 因此它们都可能作为一种新的单元体模型，作者首先建立了这种双剪单元体模型.

然后，从应力状态考虑. 将主应力状态 $(\sigma_1, \sigma_2, \sigma_3)$ 转换为主剪应力状态 $(\tau_{13}, \tau_{12}, \tau_{23})$. 考虑到主剪应力中只有两个独立量，因此将它们转换为双剪应力状态 $(\tau_{13}, \tau_{12}; \sigma_{13}, \sigma_{12})$ 或 $(\tau_{13}, \tau_{23}; \sigma_{13}, \sigma_{23})$. 这种应力状态恰好与图 7-1 (d) 的空间等分体相一致，它们的两组剪应力共八个作用面形成了一种新的八面体单元体，从而得出两个相应的双剪单元体力学模型[10,11]，如图 7-2 (a) 所

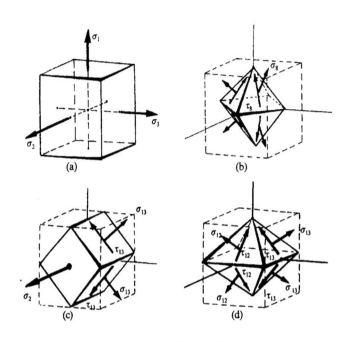

图 7-1　四种单元体模型

示．双剪单元体与 Nadai 提出八面体剪应力屈服准则时所用的等
倾八面体不同，它是一种扁平的正交八面体，在它们的两组相互
垂直各四个截面上作用着最大主剪应力 τ_{13} 和次大主剪应力 τ_{12} 或
τ_{23}.

　　如将正交八面体一截为二，可得出一种新的四棱锥体单元体，
如图 7-2（b）所示．在这两个四棱锥体单元体上可以看到，双剪
应力与主应力 σ_1 或 σ_3 的平衡关系．同理，可得出图 7-2（c）所
示的正交八面体的 1/4 单元体．在这两个单元体上，可以同时建
立双剪应力 τ_{13} 和 τ_{12}（或 τ_{23}）与两个主应力 σ_1 和 σ_3 的关系．

　　正交八面体和它们的 1/2 与 1/4 单元体都是一种空间等分
体，或双剪应力单元体．它们将作为我们建立统一强度理论的物
理或力学模型．

　　下面我们从这个统一的物理模型出发，考虑所有应力分量以

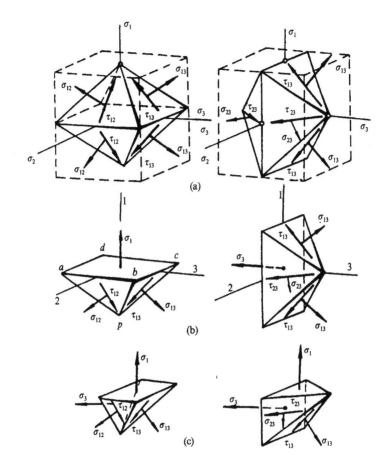

图 7-2 双剪单元体力学模型

及它们对材料破坏的不同影响，提出一个能够适用于各种岩土类材料的新的统一强度理论和统一形式的数学表达式．Mohr-Coulomb 强度理论和双剪强度理论均为其特例，并且还包含了可以比 Drucker-Prager 准则更合理的新的计算准则，以及可以描述非凸极限面试验结果的新的非凸强度理论．

§7.3 统一强度理论

对于金属类材料,在第三章已经讨论了双剪统一屈服准则,它的数学表达式为[16]

$$f = \sigma_1 - \frac{1}{1+b}(b\sigma_2 + \sigma_3) = \sigma_s$$

$$\sigma_2 \leqslant \frac{\sigma_1 + \sigma_3}{2} \qquad (7-1)$$

$$f' = \frac{1}{1+b}(\sigma_1 + b\sigma_2) - \sigma_3 = \sigma_s$$

$$\sigma_2 \geqslant \frac{\sigma_1 + \sigma_3}{2} \qquad (7-1')$$

式中 b 为反映中间主剪应力影响的权系数,它与材料的剪切屈服极限 τ_s 和拉伸屈服极限 σ_s 之间的关系为

$$b = \frac{2\tau_s - \sigma_s}{\sigma_s - \tau_s} = \frac{2-B}{B-1}$$

引入剪应力系数 $B = \sigma_s/\tau_s$,并代入式(7-1)和式(7-1')可得统一屈服准则的另一表达式为

$$f = \sigma_1 - (2-B)\sigma_2 - (B-1)\sigma_3 = \sigma_s$$

$$\sigma_2 \leqslant \frac{\sigma_1 + \sigma_3}{2} \qquad (7-2)$$

$$f' = (B-1)\sigma_1 - (2-B)\sigma_2 - \sigma_3 = \sigma_s$$

$$\sigma_2 \geqslant \frac{\sigma_1 + \sigma_3}{2} \qquad (7-2')$$

它们都是等效的. 当 $b=0(B=2)$, $b=1/2(B=5/3)$, $b=1(B=3/2)$ 时可分别得出 Tresca 屈服准则、Mises 准则的线性逼近式和双剪屈服准则. 实际上,统一屈服准则是以双剪理论为基础,以 b(或 B)为参数的包括无限多个的一族双剪屈服准则,故称之为双剪统一屈服准则. 一般取 $b=0,1/4,1/2,3/4,1$ 这五种,基本上可以适应于各种拉压强度性质相同的材料在复杂应力状态下的屈服计

算.

双剪统一屈服准则的不足在于它只能适用于拉压强度相等的金属类材料,而不能适应拉压强度不等并与静水应力有关的铸铁、高强度金属、聚合物和岩土类材料.其主要原因是它没有考虑双剪单元体上正应力的影响.

为了建立能够适用于更广泛的材料的统一强度理论,考虑作用于双剪单元体上的全部应力分量以及它们对材料破坏的不同影响,俞茂宏于 1990 年提出一个新的统一强度理论,其定义为:当作用于双剪单元体上的两个较大剪应力及其面上的正应力影响函数到达某一极限值时,材料开始发生破坏.由于这一统一强度理论是以双剪理论为基础并以此推导得出的,故称之为双剪统一强度理论,其数学表达式为

$$F = \tau_{13} + b\tau_{12} + \beta(\sigma_{13} + b\sigma_{12}) = C$$

$$\text{当 } \tau_{12} + \beta\sigma_{12} \geqslant \tau_{23} + \beta\sigma_{23} \qquad (7-3)$$

$$F' = \tau_{13} + b\tau_{23} + \beta(\sigma_{13} + b\sigma_{23}) = C$$

$$\text{当 } \tau_{12} + \beta\sigma_{12} \leqslant \tau_{23} + \beta\sigma_{23} \qquad (7-3')$$

式中 b 为反映中间主剪应力作用的系数,β 为反映正应力对材料破坏的影响系数,C 为材料的强度参数.双剪应力 τ_{13},τ_{12} 或 τ_{23} 及其作用面上的正应力 σ_{13},σ_{12} 或 σ_{23} 分别等于

$$\tau_{13} = \frac{1}{2}(\sigma_1 - \sigma_3) \qquad \sigma_{13} = \frac{1}{2}(\sigma_1 + \sigma_3)$$

$$\tau_{12} = \frac{1}{2}(\sigma_1 - \sigma_2) \qquad \sigma_{12} = \frac{1}{2}(\sigma_1 + \sigma_2) \qquad (7-4)$$

$$\tau_{23} = \frac{1}{2}(\sigma_2 - \sigma_3) \qquad \sigma_{23} = \frac{1}{2}(\sigma_2 + \sigma_3)$$

参数 β 和 C 可以由材料拉伸强度极限 σ_t 和压缩强度极限 σ_c 确定,其条件为

$$\sigma_1 = \sigma_t \qquad \sigma_2 = \sigma_3 = 0$$

$$\sigma_1 = \sigma_2 = 0 \qquad \sigma_3 = -\sigma_c \qquad (7-5)$$

由此可得出统一强度理论中的两个材料参数 β 和 C 分别等于

$$\beta = \frac{\sigma_c - \sigma_t}{\sigma_c + \sigma_t} = \frac{1 - \alpha}{1 + \alpha}$$

$$C = \frac{2\sigma_c\sigma_t}{\sigma_c + \sigma_t} = \frac{2}{1 + \alpha}\sigma_t \tag{7-6}$$

将它们代入统一强度理论的主剪应力形式表示式(7-3),(7-3′),可以得出主应力形式的双剪统一强度理论为[12,13]

$$F = \sigma_1 - \frac{\alpha}{1 + b}(b\sigma_2 + \sigma_3) = \sigma_t$$

$$当\ \sigma_2 \leqslant \frac{\sigma_1 + \alpha\sigma_3}{1 + \alpha} \tag{7-7}$$

$$F' = \frac{1}{1 + b}(\sigma_1 + b\sigma_2) - \alpha\sigma_3 = \sigma_t$$

$$当\ \sigma_2 \geqslant \frac{\sigma_1 + \alpha\sigma_3}{1 + \alpha} \tag{7-7′}$$

双剪统一强度理论中的 b 参数是反映中间主剪应力以及相应面上的正应力对材料破坏影响程度的系数,它与材料剪切强度极限 τ_0 和拉压强度极限 σ_t, σ_c 的关系为

$$b\frac{(1 + \alpha)\tau_0 - \sigma_t}{\sigma_t - \tau_0} = \frac{1 + \alpha - B}{B - 1}, \alpha = \frac{\sigma_t}{\sigma_c} \tag{7-8}$$

$$B = \frac{\sigma_t}{\tau_0} = \frac{1 + b + \alpha}{1 + b} \tag{7-9}$$

将式(7-8)代入式(7-7),(7-7′),可得双剪统一强度理论的另一表达式为

$$F = \sigma_1 - (1 + \alpha - B)\sigma_2 - (B - 1)\sigma_3 = \sigma_t$$

$$当\ \sigma_2 \leqslant \frac{\sigma_1 + \alpha\sigma_3}{1 + \alpha} \tag{7-10}$$

$$F' = \frac{B - 1}{\alpha}\sigma_1 + \frac{1 + \alpha - B}{\alpha}\sigma_2 - \alpha\sigma_3 = \sigma_t$$

$$当\ \sigma_2 \leqslant \frac{\sigma_1 + \alpha\sigma_3}{1 + \alpha} \tag{7-10′}$$

式(7-7),(7-7′)和式(7-10),(7-10′)就是统一强度理论的主应力表示式.

统一强度理论是作者从 1961 年到 1991 年 30 年来对强度理论长期研究的结果,是作者的双剪应力屈服准则(1961)、加权双剪应力屈服准则(十二边形,1961)、双剪强度理论(1985)、双剪角隅模型(1987)、双剪单元体(1985)、双剪多参数准则(1988—1990)等一系列研究的继续和发展[10—29],也是 200 多年来强度理论研究的高度概括.文献[12,13]给出了统一强度理论的初步表述和方程,文献[30—32]对统一强度理论作了更系统的阐述和推广.

统一强度理论从一个统一的力学模型出发,考虑应力状态的所有应力分量以及它们对材料屈服和破坏的不同影响,建立了一个全新的统一强度理论和一系列新的典型计算准则,可以十分灵活地适应于各种不同的材料.

统一强度理论不仅符合人们对统一理论的各种要求,并且可以进一步推广,建立与之相连的统一弹塑性本构方程和统一弹塑性有限元计算程序,可以十分方便地应用于工程问题分析.

统一强度理论的数学表达式虽然很简单,但是在以后的阐述中可以看到,它具有十分广泛而丰富的内涵,并且与现已见到的多数真三轴试验结果相符合.下章我们将统一强度理论与实验结果进行对比.

§7.4 统一强度理论的其他形式

在上节中,我们给出了统一强度理论的双剪应力表示式(7 - 3),(7 - 3′)和统一强度理论的两种主应力表示式(7 - 7),(7 - 7′)和式(7 - 10),(7 - 10′).统一强度理论还可以表述为其他的形式.

(1)应力不变量形式 $F(I_1, J_2, \theta, \sigma_t, \alpha)$

统一强度理论的应力不变量形式的表达式为

$$F = (1 - \alpha) \frac{I_1}{3} + \frac{\alpha(1 - b)}{1 + b} \sqrt{J_2} \sin\theta$$

$$+ (2 + \alpha) \sqrt{\frac{J_2}{3}} \cos\theta = \sigma_t \qquad 0° \leqslant \theta \leqslant \theta_b \quad (7 - 11)$$

$$F' = (1 - \alpha) \frac{I_1}{3} + \left(\alpha + \frac{b}{1 + b} \right) \sqrt{J_2} \sin\theta$$

$$+ \left(\frac{2 - b}{1 + b} + \alpha \right) \sqrt{\frac{J_2}{3}} \cos\theta = \sigma_t$$

$$\theta_b \leqslant \theta \leqslant 60° \tag{7-11'}$$

式中 I_1 为应力张量第一不变量(静水应力),J_2 为偏应力张量第二不变量,θ 为与双剪应力参数 $\mu_\tau = \tau_{12}/\tau_{13}$ 或 $\mu_\tau' = \tau_{23}/\tau_{13}$ 相对应的应力角,交接处的角度 θ_b 可由 $F = F'$ 的条件求得

$$\theta_b = \text{arctg} \frac{\sqrt{3}(1 + \beta)}{3 - \beta}, \quad \beta = \frac{1 - \alpha}{1 + \alpha} \tag{7-12}$$

(2)主应力表达式 $F(\sigma_1, \sigma_2, \sigma_3, C_0, \varphi)$

在双剪统一强度理论式(7-7,7-7')中,采用材料拉伸和压缩两个强度参数 σ_t 和 $\alpha = \sigma_t/\sigma_c$.如采用岩土工程中常用的剪切强度参数 C_0 和正应力影响系数 φ(一般称为粘结力和摩擦角),则可按关系式 $\alpha = (1 - \sin\varphi)/(1 + \sin\varphi)$,$\sigma_t = 2C_0\cos\varphi/(1 + \sin\varphi)$ 代入式(7-7),(7-7')即可得出用 C_0 和 φ 表示的双剪统一强度理论,它们的数学表达式分别为

$$F = \sigma_1 - \frac{1 - \sin\varphi}{(1 + b)(1 + \sin\varphi)}(b\sigma_2 + \sigma_3) = \frac{2C_0\cos\varphi}{1 + \sin\varphi}$$

$$\sigma_2 \leqslant \frac{1}{2}(\sigma_1 + \sigma_3) - \frac{\sin\varphi}{2}(\sigma_1 - \sigma_3) \tag{7-13}$$

$$F' = \frac{1}{1 + b}(\sigma_1 + b\sigma_2) - \frac{1 - \sin\varphi}{1 + \sin\varphi}\sigma_3 = \frac{2C_0\cos\varphi}{1 + \sin\varphi}$$

$$\sigma_2 \geqslant \frac{1}{2}(\sigma_1 + \sigma_3) - \frac{\sin\varphi}{2}(\sigma_1 - \sigma_3) \tag{7-13'}$$

(3)应力不变量表达式 $F(I_1, J_2, \theta, C_0, \varphi)$

用应力不变量和应力角 I_1, J_2, θ 及岩土工程中常用的两个强度参数 C_0 和 φ 表示时,双剪统一强度理论可表示为

$$F = \frac{2I_1}{3}\sin\varphi + \frac{2\sqrt{J_2}}{1 + b}\left[\sin\left(\theta + \frac{\pi}{3} \right) - b\sin\left(\theta - \frac{\pi}{3} \right) \right]$$

$$+ \frac{2\sqrt{J_2}}{(1+b)\sqrt{3}}\left[\sin\varphi\cos\left(\theta+\frac{\pi}{3}\right)+b\sin\varphi\cos\left(\theta-\frac{\pi}{3}\right)\right]$$

$$=2C_0\cos\varphi \qquad 0°\leqslant\theta\leqslant\theta_b \tag{7-14}$$

$$F'=\frac{2I_1}{3}\sin\varphi+\frac{2\sqrt{J_2}}{1+b}\left[\sin\left(\theta+\frac{\pi}{3}\right)+b\sin\theta\right]$$

$$+\frac{2\sqrt{J_2}}{(1+b)\sqrt{3}}\left[\sin\varphi\cos\left(\theta+\frac{\pi}{3}\right)-b\sin\varphi\cos\theta\right]$$

$$=2C_0\cos\varphi \qquad \theta_b\leqslant\theta\leqslant60° \tag{7-14'}$$

(4)主应力形式 $F(\sigma_1,\sigma_2,\sigma_3,\alpha,\sigma_c)$

在岩土力学和工程中,一般采用压缩强度参数 σ_c,则式 $(7-7),(7-7')$可分别改写为以下两组公式:

$$F=\frac{1}{\alpha}\sigma_1-\frac{1}{1+b}(b\sigma_2+\sigma_3)=\sigma_c$$

$$\sigma_2\leqslant\frac{\sigma_1+\alpha\sigma_3}{1+\alpha} \tag{7-15}$$

$$F'=\frac{1}{\alpha(1+b)}(\sigma_1+b\sigma_2)-\sigma_3=\sigma_c$$

$$\sigma_2\geqslant\frac{\sigma_1+\alpha\sigma_3}{1+\alpha} \tag{7-15'}$$

(5)应力不变量表达式 $F(I_1,J_2,\theta,\alpha,\sigma_c)$

$$F=\frac{1-\alpha}{3\alpha}I_1+\frac{1-b}{1+b}\sqrt{J_2}\sin\theta$$

$$+\frac{2+\alpha}{\alpha\sqrt{3}}\sqrt{J_2}\cos\theta=\sigma_c \qquad 0\leqslant\theta\leqslant\theta_b \tag{7-16}$$

$$F'=\frac{1-\alpha}{3\alpha}I_1+\frac{\alpha+\alpha b+b}{\alpha(1+b)}\sqrt{J_2}\sin\theta$$

$$+\frac{2+\alpha+\alpha b-b}{\alpha\sqrt{3}(1+b)}\sqrt{J_2}\cos\theta=\sigma_c$$

$$\theta_b\leqslant\theta\leqslant60° \tag{7-16'}$$

统一强度理论还可以表述为其他的形式.强度参数也可采用

σ_c, σ_t, C_0, φ 以外的其他材料强度指标.

§7.5 统一强度理论的特例

统一强度理论包含了四大族无限多个强度理论,即

双剪统一强度理论,外凸理论,

$$0 \leqslant b \leqslant 1, 或(1+\alpha) \geqslant B \geqslant (1+\alpha/2).$$

双剪非凸强度理论,非凸理论,

$$b < 0, 或 b > 1, 即 B > (1+\alpha), 或 B \leqslant (1+\alpha/2).$$

双剪统一屈服准则,$\alpha = 1, 0 \leqslant b \leqslant 1(2 \geqslant B \geqslant 3/2)$.

双剪非凸屈服准则,$\alpha = 1, b < 0(B > 2)$.

在一般情况下,可取 $b = 0, 1/4, 1/2, 3/4, 1, 5/4, 3/2$ 等 7 种典型参数,得出下列各种准则:

(1)$b = 0$,得出 Mohr-Coulomb 强度理论($B = 1 + \alpha$)为

$$F = F' = \sigma_1 - \alpha\sigma_3 = \sigma_t$$

或

$$F = F' = \frac{1}{\alpha}\sigma_1 - \sigma_3 = \sigma_c \tag{7-17}$$

(2)$b = \frac{1}{4}$,得加权双剪强度理论($B = 1 + \frac{4}{5}\alpha$)为

$$F = \sigma_1 - \frac{\alpha}{5}(\sigma_2 + 4\sigma_3) = \sigma_t$$

$$\sigma_2 \leqslant \frac{\sigma_1 + \alpha\sigma_3}{1 + \alpha} \tag{7-18}$$

$$F' = \frac{1}{5}(4\sigma_1 + \sigma_2) - \alpha\sigma_3 = \sigma_t$$

$$\sigma_2 \geqslant \frac{\sigma_1 + \alpha\sigma_3}{1 + \alpha} \tag{7-18'}$$

(3)$b = \frac{1}{2}$,得加权双剪强度理论($B = 1 + \frac{2}{3}\alpha$)为

$$F = \sigma_1 - \frac{\alpha}{3}(\sigma_2 + 2\sigma_3) = \sigma_t$$

$$\sigma_2 \leqslant \frac{\sigma_1 + \alpha\sigma_3}{1 + \alpha} \qquad (7-19)$$

$$F' = \frac{1}{3}(2\sigma_1 + \sigma_2) - \alpha\sigma_3 = \sigma_t$$

$$\sigma_2 \geqslant \frac{\sigma_1 + \alpha\sigma_3}{1 + \alpha} \qquad (7-19')$$

由于 Drucker-Prager 准则与实际不符,在理论上讲,这一准则应该是代替 Drucker-Prager 准则的一个较为合理的新的强度准则.

(4) $b = \frac{3}{4}$,得加权双剪强度理论 $\left(B = 1 + \frac{4}{7}\alpha\right)$ 为

$$F = \sigma_1 - \frac{\alpha}{7}(3\sigma_2 + 4\sigma_3) = \sigma_t$$

$$\sigma_2 \leqslant \frac{\sigma_1 + \alpha\sigma_3}{1 + \alpha} \qquad (7-20)$$

$$F' = \frac{1}{7}(4\sigma_1 + 3\sigma_2) - \alpha\sigma_3 = \sigma_t$$

$$\sigma_2 \geqslant \frac{\sigma_1 + \alpha\sigma_3}{1 + \alpha} \qquad (7-20')$$

(5) $b = 1\left(B = 1 + \frac{\alpha}{2}\right)$,可得出笔者于 1983 年提出的双剪应力强度理论

$$F = \sigma_1 - \frac{\alpha}{2}(\sigma_2 + \sigma_3) = \sigma_t$$

$$\sigma_2 \leqslant \frac{\sigma_1 + \alpha\sigma_3}{1 + \alpha} \qquad (7-21)$$

$$F' = \frac{1}{2}(\sigma_1 + \sigma_2) - \alpha\sigma_3 = \sigma_t$$

$$\sigma_2 \geqslant \frac{\sigma_1 + \alpha\sigma_3}{1 + \alpha} \qquad (7-21')$$

(6) $b = \frac{5}{4}$,得双剪非凸强度理论 $\left(B = 1 + \frac{4}{9}\alpha\right)$ 为

$$F = \sigma_1 - \frac{\alpha}{9}(5\sigma_2 + 4\sigma_3) = \sigma_t$$

$$\sigma_2 \leqslant \frac{\sigma_1 + \alpha\sigma_3}{1 + \alpha} \tag{7-22}$$

$$F' = \frac{1}{9}(4\sigma_1 + 5\sigma_2) - \alpha\sigma_3 = \sigma_t$$

$$\sigma_2 \geqslant \frac{\sigma_1 + \alpha\sigma_3}{1 + \alpha} \tag{7-22'}$$

(7) $b = \frac{3}{2}$, 得双剪非凸强度理论 $\left(B = 1 + \frac{2}{5}\alpha \right)$ 为

$$F = \sigma_1 - \frac{\alpha}{5}(3\sigma_2 + 2\sigma_3) = \sigma_t$$

$$\sigma_2 \leqslant \frac{\sigma_1 + \alpha\sigma_3}{1 + \alpha} \tag{7-23}$$

$$F' = \frac{1}{5}(2\sigma_1 + 3\sigma_2) - \alpha\sigma_3 = \sigma_t$$

$$\sigma_2 \geqslant \frac{\sigma_1 + \alpha\sigma_3}{1 + \alpha} \tag{7-23'}$$

(8) $b = 1$, $\alpha = 2\nu$, 得最大拉应变强度理论为

$$F = \sigma_1 - \nu(\sigma_2 + \sigma_3) = \sigma_t \tag{7-24}$$

以上这 8 种计算准则基本上可以适应于各种拉压强度不等的材料,也可作为各种角隅模型的线性代替式应用.

(9) 双剪统一屈服准则

当材料拉压强度相同时,材料拉压比 $\alpha = 1$,或材料的摩擦角系数 $\varphi = 0$,则统一强度理论蜕化为统一屈服准则,如式 (7-1),(7-1') 和式 (7-2),(7-2') 所示.统一屈服准则包含了一系列屈服准则.

下面我们用表的形式分析统一强度理论与各强度理论的关系.表 7-1 用双剪应力的形式清晰地表述了它们之间的关系;表 7-2 用主应力形式给出了统一强度理论与现有的一些强度理论之间的相互关系.

表 7-1 统一强度理论及其特例

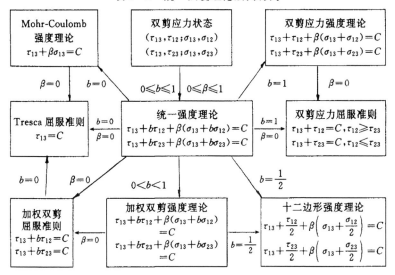

表 7-2 强度理论的统一

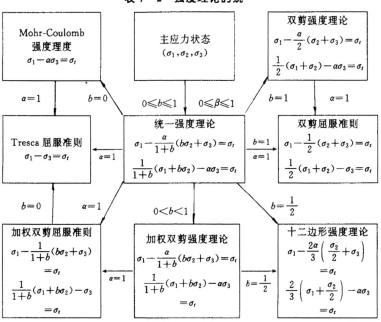

§7.6　统一强度理论的 π 平面极限线

以上通过双剪单元体力学模型推导得出了统一强度理论。现进一步研究它的极限面的 π 平面形状及其变化规律.

统一强度理论的主应力表示式为

$$F = \sigma_1 - \frac{\alpha}{1+b}(b\sigma_2 + \sigma_3) = \sigma_t$$

$$\text{当 } \sigma_2 \leqslant \frac{\sigma_1 + \alpha\sigma_3}{1+\alpha}$$

$$F' = \frac{1}{1+b}(\sigma_1 + b\sigma_2) - \alpha\sigma_3 = \sigma_t$$

$$\text{当 } \sigma_2 \geqslant \frac{\sigma_1 + \alpha\sigma_3}{1+\alpha}$$

π 平面的直角坐标与主应力之间的相互关系为

$$x = \frac{1}{\sqrt{2}}(\sigma_3 - \sigma_2)$$

$$y = \frac{1}{\sqrt{6}}(2\sigma_1 - \sigma_2 - \sigma_3) \qquad (7-25)$$

$$z = \frac{1}{\sqrt{3}}(\sigma_1 + \sigma_2 + \sigma_3)$$

$$\sigma_1 = \frac{1}{3}(\sqrt{6}\,y + \sqrt{3}\,z)$$

$$\sigma_2 = \frac{1}{6}(2\sqrt{3}\,z - \sqrt{6}\,y - 3\sqrt{2}\,x) \qquad (7-26)$$

$$\sigma_3 = \frac{1}{6}(3\sqrt{2}\,x - \sqrt{6}\,y + 2\sqrt{3}\,z)$$

将式(7-26)代入式(7-7),(7-7'),可得统一强度理论在 π 平面的直角坐标方程为

$$F = -\frac{\sqrt{2}(1-b)}{2(1+b)}\alpha x + \frac{\sqrt{6}(2+\alpha)}{6}y$$

$$+ \frac{\sqrt{3}(1-\alpha)}{3}z = \sigma_t \qquad\qquad (7-27)$$

$$F' = -\left(\frac{b}{1+b}+\alpha\right)\frac{\sqrt{2}}{2}x + \left(\frac{2-b}{1+b}+\alpha\right)\frac{\sqrt{6}}{6}y$$

$$+ \frac{\sqrt{3}(1-\alpha)}{3}z = \sigma_t \qquad\qquad (7-27')$$

7.6.1 b 变化时的统一强度理论极限面

α, σ_t 为材料的拉压强度比和拉伸强度极限, b 为反映中间主应力影响或中间主剪应力影响的系数. 不同的 b 值, 可以得出一系列不同的极限面. 下面我们取 $b=0, \frac{1}{4}, \frac{1}{2}, \frac{3}{4}, 1$ 五种典型情况进行研究.

(1) $b=0$

$$F = F' = -\frac{\sqrt{2}}{2}\alpha x + \frac{\sqrt{6}}{6}(2+\alpha)y$$

$$+ \frac{\sqrt{3}}{3}(1-\alpha)z = \sigma_t \qquad\qquad (7-28)$$

这就是 Mohr-Coulomb 的极限面, 如图 7-3 的虚线所示.

(2) $b=\frac{1}{4}$

$$F = -\frac{3\sqrt{2}}{10}\alpha x + \frac{\sqrt{6}}{6}(2+\alpha)y$$

$$+ \frac{\sqrt{3}}{3}(1-\alpha)z = \sigma_t \qquad\qquad (7-29)$$

$$F' = -\left(\frac{1}{5}+\alpha\right)\frac{\sqrt{2}}{2}x + \left(\frac{7}{5}+\alpha\right)\frac{\sqrt{6}}{6}y$$

$$+ \frac{\sqrt{3}}{3}(1-\alpha)z = \sigma_t \qquad\qquad (7-29')$$

这是一个新的强度极限面, 如图 7-3 右上接近 Mohr-Coulomb 虚线($b=0$)的两条直线所示.

(3) $b = \dfrac{1}{2}$

$$F = -\frac{\sqrt{2}\,\alpha}{6}x + \frac{\sqrt{6}}{6}(2 + \alpha)y$$
$$+ \frac{\sqrt{3}}{3}(1 - \alpha)z = \sigma_t \qquad (7-30)$$

$$F' = -\left(\frac{1}{3} + \alpha\right)\frac{\sqrt{2}}{2}x + (1 + \alpha)\frac{\sqrt{6}}{6}y$$
$$+ \frac{\sqrt{3}}{3}(1 - \alpha)z = \sigma_t \qquad (7-30')$$

此即 §6.12 所述加权双剪强度理论的极限面,它居于 Mohr-Coulomb 单剪强度理论和俞茂宏双剪强度理论的中间,如图 7-3 中间的极限线所示. 可作为一个新的独立的强度理论得到应用.

(4) $b = \dfrac{3}{4}$

$$F = -\frac{\sqrt{2}\,\alpha}{14}x + \frac{\sqrt{6}}{6}(2 + \alpha)y$$
$$+ \frac{\sqrt{3}}{3}(1 - \alpha)z = \sigma_t \qquad (7-31)$$

$$F' = -\left(\frac{3}{7} + \alpha\right)\frac{\sqrt{2}}{2}x + \left(\frac{5}{7} + \alpha\right)\frac{\sqrt{6}}{6}y$$
$$+ \frac{\sqrt{3}}{3}(1 - \alpha)z = \sigma_t \qquad (7-31')$$

(5) $b = 1$

$$F = \frac{\sqrt{6}}{6}(2 + \alpha)y + \frac{\sqrt{3}}{3}(1 - \alpha)z = \sigma_t \qquad (7-32)$$

$$F' = -\left(\frac{1}{2} + \alpha\right)\frac{\sqrt{2}}{2}x + \left(\frac{1}{2} + \alpha\right)\frac{\sqrt{6}}{6}y$$
$$+ \frac{\sqrt{3}}{3}(1 - \alpha)z = \sigma_t \qquad (7-32')$$

此即为上章 §6.7 所述的双剪强度理论,它的极限面如图 6-12 和图 7-3 的最外边的极限线所示.

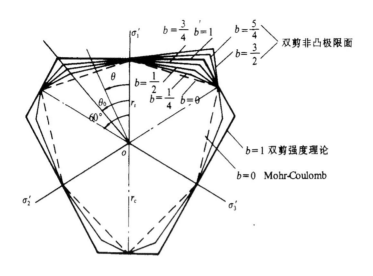

图 7 - 3 统一强度理论的 π 平面极限线

以上作图中都不考虑 z(即 $z=0$ 的 π_0 平面). 图 7 - 3 均为在某一相同 z 值下不同 b 值时的极限线的相对大小和形状. 如以 $\sigma_t = \dfrac{2C_0 \cdot \cos\varphi}{1+\sin\varphi}$, $\alpha = \dfrac{1-\sin\varphi}{1+\sin\varphi}$ 代入式(7 - 32),(7 - 32'),可得

$$F = y = \frac{2\sqrt{6}\,C_0 \cdot \cos\varphi}{3 + sin\varphi}$$

$$F' = \sqrt{2}\,y - \sqrt{6}\,x = \frac{4\sqrt{12}C_0\cos\varphi}{3 - \sin\varphi}$$

此即为上章式(6 - 41),(6 - 41')的双剪强度理论在 π_0 平面的极限线方程. 相应的方程特点和极限线形状均相同. 同理, 可以证明, $b=0$ 时的统一单剪强度理论在 π 平面的极限线, 即为 Mohr-Coulomb 单剪强度理论的极限线. $b=\dfrac{1}{2}$ 时的统一强度理论极限线, 即为上章所述的加权双剪强度理论(§6.12)的极限线. 所以, 它们均为统一强度理论的特例.

统一强度理论还可蜕化得出更多计算准则. 图 7 - 4 给出当中间应力系数 b 改变时统一强度理论的 π 平面极限线变化的规律.

在图 7-4 中可以清晰地看出,当 $0 \leqslant b \leqslant 1$ 时,极限线均为外凸的极限线;当 $b < 0$ 或 $b > 1$ 时,则形成了非凸的极限线.因此,统一强度理论并未受传统的外凸理论的限制,它除了可以形成一系列外凸极限面外,还可以形成一系列非凸的极限面,可以十分灵活地适应各种不同的材料.

在图 7-4 中还可以看到,极限面的形状和大小随着系数 b 的大小而有规律的变化.从左上角的 $b < 0$ 情况逆时针绕中间的统一强度理论的极限面变化,b 值逐步增加,极限面的大小在保持与三

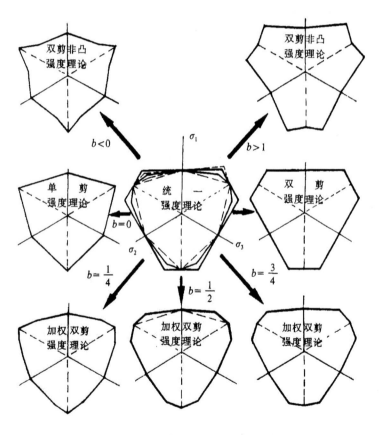

图 7-4 b 变化时的统一强度理论极限线

根 σ 轴($\sigma_1, \sigma_2, \sigma_3$ 轴)的交点不变的情况下不断地扩大. b 值越大,极限面也越大. 在所有外凸极限面中,$b=0$ 的单剪强度理论的极限面最小;$b=1$ 的双剪强度理论的极限面最大;$b=\dfrac{1}{2}$ 的加权双剪强度理论的极限面则居于它们两者之中间.

7.6.2 α 变化时的统一强度理论极限面

统一强度理论还可以适合于不同材料拉压比时的情况. 在式 (7-27),(7-27') 中,如令 $\alpha = \sigma_t / \sigma_c = 1$,即材料的拉压强度相同,则统一强度理论 π 平面极限线在 $\sigma_1, \sigma_2, \sigma_3$ 轴的正负方向上的矢径 r 均相同,它们的拉伸矢长 r_t 与压缩矢长 r_c 之比 K 值等于

$$K = \frac{1 + 2\alpha}{2 + \alpha} = \frac{3 - \sin\varphi}{3 + \sin\varphi} = 1 \qquad (7-33)$$

这时,图 7-3 的不规则六边形和十二边形蜕化为正六边形和十二边形. 用计算机绘出 b 值连续变化从 0 到 1 时的 10 条相应的极限线如图 7-5 所示. 这就是第三章所述统一屈服准则的极限面.

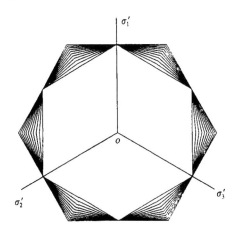

图 7-5 $\alpha=1$ 时的统一强度理论极限面

图 7-5 中极限线方程可由式(7-27),(7-27')式得出为

$$F = -\frac{\sqrt{2}\,(1-b)}{2(1+b)}x + \frac{\sqrt{6}}{2}y = \sigma_t \qquad (7-34)$$

$$F' = -\frac{\sqrt{2}\,(1+2b)}{2(1+b)}x + \frac{\sqrt{6}}{2(1+b)}y = \sigma_t \qquad (7-34')$$

由上二式可见,统一屈服准则的极限面方程与 z 无关,即它的 π 平面极限线的形状和大小均不随 z 轴而变. 因此,它的极限面是一族以 $\sigma_1 = \sigma_2 = \sigma_3$ 为轴线的无限长柱面(六面柱体和十二面柱体). 当 $b = 0, \frac{1}{4}, \frac{1}{2}, \frac{3}{4}, 1$ 时的极限面方程分别为

$$b = 0: \quad F = F' = -\frac{\sqrt{2}}{2}x + \frac{\sqrt{6}}{2}y = \sigma_t \qquad (7-35)$$

$$b = \frac{1}{4}: \quad F = -\frac{3}{10}\sqrt{2}\,x + \frac{\sqrt{6}}{2}y = \sigma_t \qquad (7-36)$$

$$F' = -\frac{3}{5}\sqrt{2}\,x + \frac{2}{5}\sqrt{6}\,y = \sigma_t \qquad (7-36')$$

$$b = \frac{1}{2}: \quad F = -\frac{1}{6}\sqrt{2}\,x + \frac{\sqrt{6}}{2}y = \sigma_t \qquad (7-37)$$

$$F' = -\frac{2}{3}\sqrt{2}\,x + \frac{1}{3}\sqrt{6}\,y = \sigma_t \qquad (7-37')$$

$$b = \frac{3}{4}: \quad F = -\frac{1}{14}\sqrt{2}\,x + \frac{1}{2}\sqrt{6}\,y = \sigma_t \qquad (7-38)$$

$$F' = -\frac{5}{7}\sqrt{2}\,x + \frac{2}{7}\sqrt{6}\,y = \sigma_t \qquad (7-38')$$

$$b = 1: \quad F = \frac{1}{2}\sqrt{6}\,y = \sigma_t \qquad (7-39)$$

$$F' = -\frac{3}{4}\sqrt{2}\,x + \frac{1}{4}\sqrt{6}\,y = \sigma_t \qquad (7-39')$$

如材料的拉伸强度极限不等于压缩强度极限,且拉压比 $\alpha = \sigma_t/\sigma_c = \frac{1}{2}$,则相应的统一强度理论在 x, y, z 坐标中的极限方程为

$$F = -\frac{1-b}{4(1+b)}\sqrt{2}\,x + \frac{5}{12}\sqrt{6}\,y$$

$$+ \frac{1}{6} \sqrt{3} z = \sigma_t \tag{7-40}$$

$$F' = - \frac{3b+1}{4(1+b)} \sqrt{2} x + \frac{5-b}{12(1+b)} \sqrt{6} y$$

$$+ \frac{1}{6} \sqrt{3} z = \sigma_t \tag{7-40'}$$

当 $b = 0, \frac{1}{4}, \frac{1}{2}, \frac{3}{4}, 1$ 时的极限面方程分别为

$$b = 0: \quad F = F' = - \frac{1}{4} \sqrt{2} x + \frac{5}{12} \sqrt{6} y + \frac{1}{6} \sqrt{3} z$$

$$= \sigma_t \tag{7-41}$$

$$b = \frac{1}{4}: \quad F = - \frac{3}{20} \sqrt{2} x + \frac{5}{12} \sqrt{6} y + \frac{1}{6} \sqrt{3} z$$

$$= \sigma_t \tag{7-42}$$

$$F' = - \frac{7}{20} \sqrt{2} x + \frac{19}{60} \sqrt{6} y + \frac{1}{6} \sqrt{3} z$$

$$= \sigma_t \tag{7-42'}$$

$$b = \frac{1}{2}: \quad F = - \frac{1}{12} \sqrt{2} x + \frac{5}{12} \sqrt{6} y + \frac{1}{6} \sqrt{3} z$$

$$= \sigma_t \tag{7-43}$$

$$F' = - \frac{5}{12} \sqrt{2} x + \frac{1}{4} \sqrt{6} y + \frac{1}{6} \sqrt{3} z$$

$$= \sigma_t \tag{7-43'}$$

$$b = \frac{3}{4}: \quad F = - \frac{1}{28} \sqrt{2} x + \frac{5}{12} \sqrt{6} y + \frac{1}{6} \sqrt{3} z$$

$$= \sigma_t \tag{7-44}$$

$$F' = - \frac{13}{28} \sqrt{2} x + \frac{17}{84} \sqrt{6} y + \frac{1}{6} \sqrt{3} z$$

$$= \sigma_t \tag{7-44'}$$

$$b = 1: \quad F = \frac{5}{12} \sqrt{6} y + \frac{1}{6} \sqrt{3} z = \sigma_t \tag{7-45}$$

$$F' = - \frac{1}{2} \sqrt{2} x + \frac{1}{6} \sqrt{6} y + \frac{1}{6} \sqrt{3} z$$

$$= \sigma_t \qquad\qquad (7-45')$$

用计算机绘出的 $\alpha = \dfrac{1}{2}$ 时的统一强度理论的 10 条外凸极限线如图 7-6 所示.

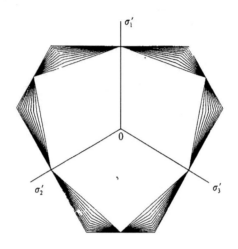

图 7-6 $\quad \alpha = \dfrac{1}{2}$ 时的统一强度理论极限面

从以上所述可见,统一强度理论不仅包含了现有的一些主要强度理论,建立起各种强度理论之间的联系,并且可以产生出一系列新的计算准则. 特别是 $b = \dfrac{1}{2}$ 和 $b = \dfrac{3}{4}$ 的两种计算准则,因为它们可以作为很多光滑化的角隅模型的线性逼近,用简单的线性式代替复杂的角隅模型,如图 7-7 所示.

事实上,我们从上章图 6-31 可以看出,所有强度理论的极限面,要通过 A, B 两点和满足外凸性条件,双剪统一强度理论不仅具有明确的力学模型和物理概念,而且它的两条折线可以包含从下限到上限的所有范围,这也是曲线方案所难以做到的,因而双剪统一强度理论又具有简单、实用范围广的特点.

在图 7-7 中可以看到,统一强度理论有很多的变化.

当 $\alpha = 1$ 时,统一强度理论简化为统一屈服准则,如图中的最

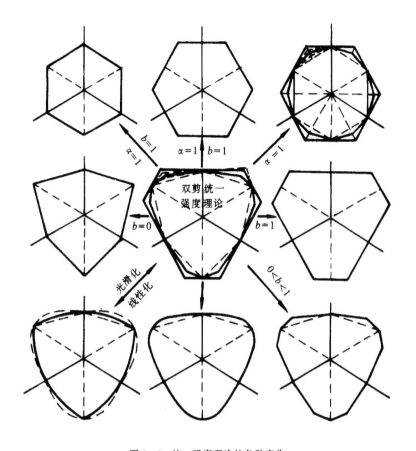

图 7-7　统一强度理论的各种变化

上一排右边的极限面所示．它包含了一族外凸屈服准则．当 $b=0$ 时，即得图上中的单剪强度理论；当 $b=1$ 时，即得图上中的双剪屈服准则．这二个屈服准则亦可分别由图 7-7 中间一排的单剪强度理论（Mohr-Coulomb 强度理论）和双剪强度理论蜕化得出，亦可直接由统一强度理论得出．它们之间的关系如图 7-7 中的箭头所示．

　　一般情况下，$0 \leqslant b \leqslant 1, 0 < \alpha \leqslant 1$，这时统一强度理论可变化为单剪强度理论、双剪强度理论和加权双剪强度理论，并可作为光滑

化的角隅模型的线性逼近,如图7-7中下两排的极限面所示.当 $\alpha \to 0$ 时,统一强度理论在 π 平面的极限线形状趋近于三角形,这就是最大拉应力准则在 π 平面的极限线形状[4],如图7-7第三排中间的极限线所示.

当 α 为定值,$0 \leqslant b \leqslant 1$ 以及 $b < 0$ 和 $b > 1$ 的情况可得外凸和非凸两族强度理论,它们的变化关系已在图7-4中给出.

§7.7 统一强度理论的主应力空间极限面

统一强度理论在主应力空间中的极限面,是一族以静水应力轴($\sigma_1 = \sigma_2 = \sigma_3$)为轴线的不等边六面锥体和不等边十二面锥体,如图7-8所示.极限面的形状和大小与材料的拉压比 α 和系数 b 的数值有关.当 $\alpha = 1$,即材料的拉、压强度极限相等时,统一强度理论的不等边锥体变化为等边的无限长柱体,即第三章所述的双剪统一屈服准则的极限面.

在工程中,由于常用材料的抗压强度 σ_c 比它的抗拉强度 σ_t 大

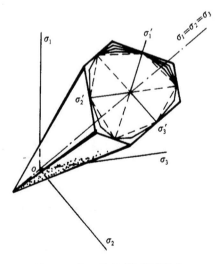

图7-8 统一强度理论的极限面

得多,极限面在拉应力区的范围较小,极限面的压应力区范围较大.因此常取压应力作为坐标正方向,此时极限面的开口向上,如图 7-8 所示.图 7-9(a),(b)为统一强度理论在 $b=0$ 和 $b=\frac{1}{4}$ 时时的极限面.

同理,$b=\frac{1}{2}$ 和 $b=\frac{3}{4}$ 时的统一强度理论的极限面分别如图 7-10(a),(b)所示.图 7-11 为 $b=1$ 时的统一强度理论极限面,此即为上章所述的双剪应力强度理论极限面.

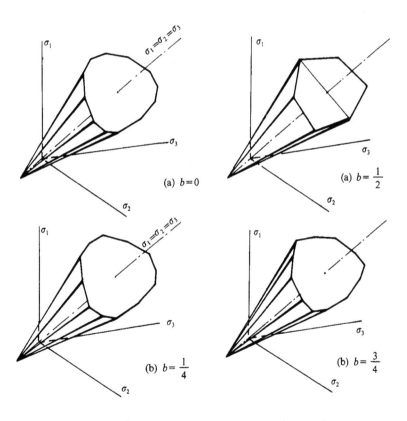

(a) $b=0$

(a) $b=\frac{1}{2}$

(b) $b=\frac{1}{4}$

(b) $b=\frac{3}{4}$

图 7-9 $b=0$ 和 $b=\frac{1}{4}$ 时的极限面   图 7-10 $b=\frac{1}{2}$ 和 $b=\frac{3}{4}$ 时的极限面

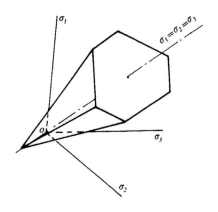

图 7 - 11 $b=1$ 时的统一强度理论极限面

§7.8 平面应力状态下的统一强度理论极限线

在平面应力状态(σ_1,σ_2)时,统一强度理论在主应力空间的极限面与σ_1-σ_2平面相交的截线即为平面应力时的统一强度理论极限线. 它的一般形状随α和b值的大小而变. 当$b=0$和$b=1$时,为六边形;当$0<b<1$时,为十二边形.

一般情况下,统一强度理论在平面应力状态时的 12 条极限线的方程为

$$\sigma_1 - \frac{\alpha b}{1+b}\sigma_2 = \sigma_t$$

$$\sigma_2 - \frac{\alpha b}{1+b}\sigma_1 = \sigma_t$$

$$\sigma_1 - \frac{\alpha}{1+b}\sigma_2 = \sigma_t$$

$$\sigma_2 - \frac{\alpha}{1+b}\sigma_1 = \sigma_t \qquad (7-46)$$

$$\frac{\alpha}{1+b}(b\sigma_1 + \sigma_2) = -\sigma_t$$

$$\frac{\alpha}{1+b}(b\sigma_2 + \sigma_1) = -\sigma_t$$

$$\frac{1}{1+b}(\sigma_1+b\sigma_2)=\sigma_t$$

$$\frac{1}{1+b}(\sigma_2+b\sigma_1)=\sigma_t$$

$$\frac{1}{1+b}\sigma_1-\alpha\sigma_2=\sigma_t$$

$$\frac{1}{1+b}\sigma_2-\alpha\sigma_1=\sigma_t \qquad\qquad (7-46')$$

$$\frac{b}{1+b}\sigma_1-\alpha\sigma_2=\sigma_t$$

$$\frac{b}{1+b}\sigma_2-\alpha\sigma_1=\sigma_t$$

由此可以作出不同 α 值和不同 b 值时的平面应力极限线. 图

7-12为 $\alpha=\frac{1}{2}$ 时的统一强度理论在 σ_1 - σ_2 平面的极限线. 图

7-13为 $\alpha=\frac{1}{4}$ 时的统一强度理论在 σ_1 - σ_2 平面的极限线.

当 $\alpha=1$ 时,材料拉压强度相等,统一强度理论蜕化为统一屈

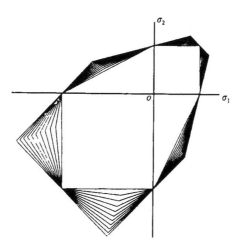

图 7-12 $\alpha=\frac{1}{2}$ 时的统一强度理论极限线

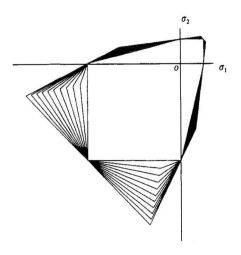

图 7-13 $\alpha=\dfrac{1}{4}$ 时的统一强度理论极限线

服准则,它在 $\sigma_1 - \sigma_2$ 平面的极限线如第三章图 3-18 和图 3-19 所示.

§7.9 σ-τ 应力状态下的统一强度理论极限线

在 σ-τ 组合应力状态下,三个主应力分别为

$$\sigma_1 = \frac{\sigma}{2} + \frac{1}{2}\sqrt{\sigma^2 + 4\tau^2}$$
$$\sigma_2 = 0 \qquad\qquad\qquad (7-47)$$
$$\sigma_3 = \frac{\sigma}{2} - \frac{1}{2}\sqrt{\sigma^2 + 4\tau^2}$$

将式(7-47)代入统一强度理论式(7-7),(7-7'),即可得出 σ-τ 应力状态下的统一强度理论表达式,并作出相应的极限线. 在图

7-14中绘出两种材料拉压比 $\alpha=1$ 和 $\alpha=0.4$ 时的 $b=0,\dfrac{1}{2},1$ 的
极限线.

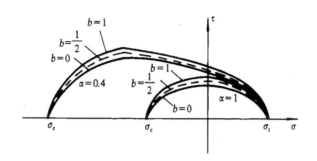

图 7-14 σ-τ 应力状态下的统一强度理论极限面

图 7-14 中 $\alpha=1$ 时的一组极限线,即为第三章所述双剪统一
屈服准则在 σ-τ 应力状态下的极限线. 其中 $b=0$ 的极限线为
Tresca 屈服准则,$b=1$ 为双剪应力屈服准则,中间的虚线为 $b=\dfrac{1}{2}$
的加权双剪屈服准则. 范围较大的一组曲线为 $\alpha=0.4$ 时的统一强
度理论在 σ-τ 应力状态下的极限线. 其中 $b=0$ 的极限线为 Mohr-
Coulomb 强度理论,$b=1$ 为双剪强度理论,$b=\dfrac{1}{2}$ 为介于两者之中
的加权双剪强度理论.

§7.10 各种子午面上的统一强度理论

在 §7.4 中,我们给出了统一强度理论的各种不同的表达形
式. 考虑到各种不同书刊和不同专业领域习惯上所用的变量,统一
强度理论亦可表述为其他的形式,例如塑性力学中常用的八面体
正应力 σ_8 和八面体剪应力 τ_8,土力学和岩土塑性力学中常用的广
义正应力 σ_g 或 p 和广义剪应力 τ_g 或 q 等等.

由第二章式(2-70)，三个主应力 $\sigma_1, \sigma_2, \sigma_3$ 与主应力空间的柱坐标 ξ, r, θ 之间的关系为

$$\left\{\begin{array}{c} \sigma_1 \\ \sigma_2 \\ \sigma_3 \end{array}\right\} = \frac{1}{\sqrt{3}}\xi + \sqrt{\frac{2}{3}}r\left\{\begin{array}{c} \cos\theta \\ \cos\left(\theta - \dfrac{2\pi}{3}\right) \\ \cos\left(\theta + \dfrac{2}{3}\pi\right) \end{array}\right\} \qquad (7-48)$$

式中 ξ 为应力柱坐标主轴，r 为 π 平面的应力矢长，分别为

$$\xi = \frac{1}{\sqrt{3}}(\sigma_1 + \sigma_2 + \sigma_3)$$

$$r = \frac{1}{\sqrt{3}}\sqrt{(\sigma_1 - \sigma_2)^2 + (\sigma_2 - \sigma_3)^2 + (\sigma_3 - \sigma_1)^2} \qquad (7-49)$$

各变量之间的关系为

$$\xi = \frac{1}{\sqrt{3}}I_1 = \sqrt{3}\,\sigma_8 = \sqrt{3}\,p = \sqrt{3}\,\sigma_m$$

$$r = \sqrt{2J_2} = \sqrt{3}\,\tau_8 = \sqrt{\frac{2}{3}}q = 2\tau_m \qquad (7-50)$$

因此可得各种主应力式为

$$\left\{\begin{array}{c} \sigma_1 \\ \sigma_2 \\ \sigma_3 \end{array}\right\} = \frac{1}{3}I_1 + \frac{2}{\sqrt{3}}\sqrt{J_2}\left\{\begin{array}{c} \cos\theta \\ \cos\left(\theta - \dfrac{2}{3}\pi\right) \\ \cos\left(\theta + \dfrac{2}{3}\pi\right) \end{array}\right\} \qquad (7-51)$$

$$\left\{\begin{array}{c} \sigma_1 \\ \sigma_2 \\ \sigma_3 \end{array}\right\} = p + \frac{2}{3}q\left\{\begin{array}{c} \cos\theta \\ \cos\left(\theta - \dfrac{2}{3}\pi\right) \\ \cos\left(\theta + \dfrac{2}{3}\pi\right) \end{array}\right\} \qquad (7-52)$$

$$\begin{Bmatrix} \sigma_1 \\ \sigma_2 \\ \sigma_3 \end{Bmatrix} = \sigma_8 + \sqrt{2}\,\tau_8 \begin{Bmatrix} \cos\theta \\ \cos\left(\theta - \dfrac{2}{3}\pi\right) \\ \cos\left(\theta - \dfrac{2}{3}\pi\right) \end{Bmatrix} \qquad (7-53)$$

$$\begin{Bmatrix} \sigma_1 \\ \sigma_2 \\ \sigma_3 \end{Bmatrix} = \sigma_m + \frac{2\sqrt{2}}{\sqrt{3}}\,\tau_m \begin{Bmatrix} \cos\theta \\ \cos\left(\theta - \dfrac{2}{3}\pi\right) \\ \cos\left(\theta - \dfrac{2}{3}\pi\right) \end{Bmatrix} \qquad (7-54)$$

将以上各式分别代入统一强度理论式(7-7),(7-7′),即可得出其他形式的统一强度理论表达式.这里我们不再具体推导,读者可自行推导得出.在图7-15中,我们给出了它们在$\theta = 0°$和$60°$的子午平面上的极限线.从图中可以较直观地看出它们之间的异同.

$\theta = 0°$和$60°$的子午线也称为拉伸子午线和压缩子午线.了解了各个变量之间的相互关系,对于不同书刊上的各种公式和图表就可相互融汇贯通.在有的岩土力学和土力学书刊中,也常用$(\sigma_1 - \sigma_3)$作为纵坐标而绘出$p\text{-}(\sigma_1\text{-}\sigma_3)$图或$\sigma_8\text{-}(\sigma_1\text{-}\sigma_3)$图和$\sigma_m\text{-}(\sigma_1\text{-}\sigma_3)$图,并作为与$p\text{-}q$图相同的内容讨论.这主要是指在岩土力学中常用的围压三轴试验中,应力状态为$\sigma_2 = \sigma_3$的轴对称状态.因此,广义剪应力q等于

$$q = \sqrt{\frac{1}{2}\left[(\sigma_1 - \sigma_2)^2 + (\sigma_2 - \sigma_3)^2 + (\sigma_3 - \sigma_1)^2\right]}$$
$$= \sigma_1 - \sigma_3$$

这时$p\text{-}q$坐标和$p\text{-}(\sigma_1\text{-}\sigma_3)$坐标以及相应的曲线都是等效的.但在一般情况下,两者并不等效.

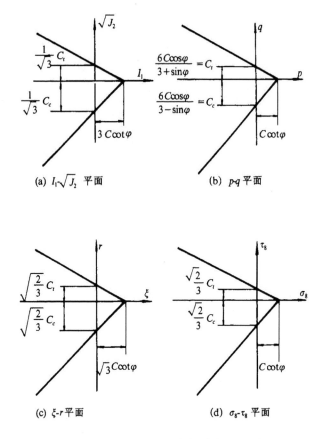

图 7 - 15 统一强度理论的各种形式的拉压子午线

§7.11 统一强度理论的意义

从 Coulomb—Tresca—Mohr 的单剪强度理论到双剪强度理论,再从双剪强度理论到统一强度理论,强度理论的这两次进展可以用 π 平面的极限面的形状变化表述,如图 7 - 16 所示.

图 7 - 16 中左面一列上下三图分别为单剪屈服准则(Tresca 屈服准则)、单剪强度理论(Mohr-Coulomb 强度理论)以及 20 世

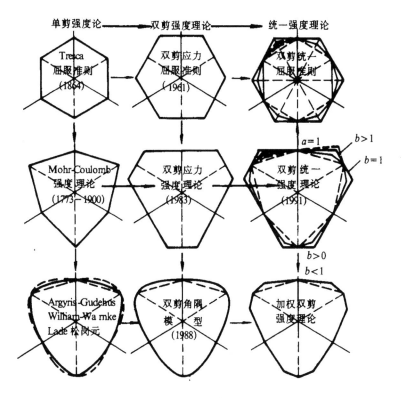

图 7-16   强度理论的发展:从单剪到双剪到统一

纪 70 年代至 90 年代各国学者为了解决 Mohr-Coulomb 强度理论
与实验结果不符(极限面小于实验结果)和存在角点而提出的各种
光滑化的角隅模型.中间一列分别为俞茂宏及其研究小组从 1961
年至 1988 年所提出的双剪屈服准则(1961)、双剪强度理论和双剪
角隅模型.图的右边一列为统一强度理论的提出和形成(1989—
1991),这一列上下二图均为中间统一强度理论的特例.统一强度
理论最终包含了以前的各种强度理论.

统一强度理论不仅包含了现有的各种强度理论(包括作者的
双剪强度理论),即现有的各种强度理论均为统一强度理论的特例

或线性逼近；而且可以产生出一系列新的可能有的强度理论；此外，它还可以发展出其他更广泛的理论和计算准则，这些将在以下各章中作进一步介绍.

统一强度理论与各种现有的和可能有的强度理论之间的关系如图 7－17 所示.图中以统一强度理论为中心，建立起各种强度理论之间的联系，形成了一个统一强度理论新体系，有的文献称其为俞茂宏统一强度理论.俞茂宏统一强度理论的意义如下：

（1）将以往各种只适用于某一类材料的单一强度理论发展为可以适合于众多类型材料的统一强度理论.

（2）用一个简单的统一数学表达式包含了现有的和可能有的各种强度理论.

（3）将现有的各种分散的强度理论用一个统一的力学模型和统一的计算准则联系起来，形成了一个理论体系.

（4）为 Voigt（1901）和 Timoshenko（1953）以及作者等（1985）认为不可能解决的统一强度理论问题提供了一个可能.

（5）用一个简单的统一的方程可以十分灵活地适合于各类材料的实验结果.在下一章中，我们将用世界各国学者得出的大量材料，包括金属、岩石、土体、混凝土、铸铁等材料的实验结果与统一强度理论进行对比.

（6）用统一强度理论解题，可以得出一系列新的计算结果，这些结果大多没有被研究过或被复杂化.在以下一些章节中，我们将对一些典型结构求解，得出统一形式的解析解.其中很多结果是以前用解析解所无法得出的.

（7）统一强度理论可以进一步推广为统一弹塑性本构方程并在有限元程序中实施，形成一个统一形式的结构弹塑性分析程序，可以十分方便地应用于结构的弹性极限设计、结构的弹塑性分析和塑性极限分析.最近，中国航空总公司飞机强度研究所等三大研究所完成的国家八五重点攻关项目 Hajif(x) 大型结构分析程序，有很多新的特点，其中之一是"采用了最新的俞茂宏统一强度理论".

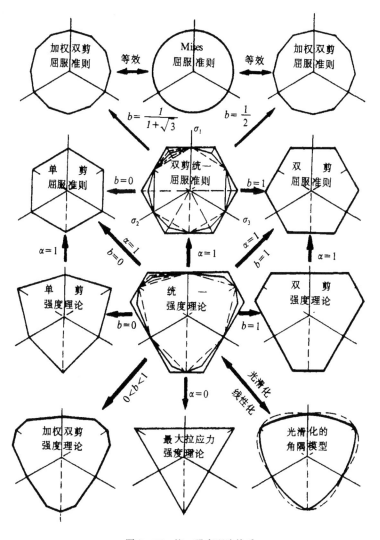

图 7-17　统一强度理论体系

(8)统一强度理论的概念可以在其他很多领域得到广泛的推广,并建立起相应的双剪统一滑移线场理论、统一多重屈服面理

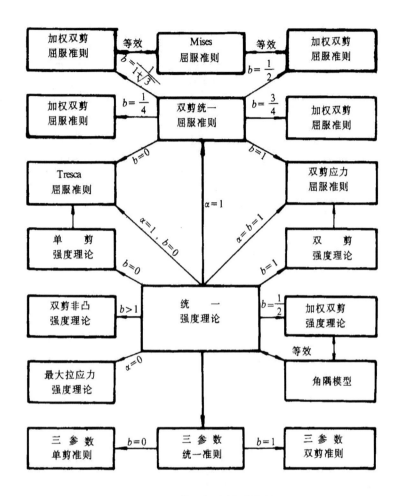

图 7-18 统一强度理论的发展

论、应变空间的统一强度理论等等,这些在以后有关章节中作进一步介绍.

（9）以统一强度理论为基础,可以发展成三参数统一强度理论和五参数统一强度理论. 它们可以进一步适合于拉压强度不等且双轴等压强度 σ_{cc} 亦不等于单轴压缩强度 σ_c 的材料. 它们之间的相互关系可以用方框图表述,如图 7-18 所示.三参数统一强度理论的详细内容将在第九章中阐述.

参 考 文 献

[1] Timoshenko, S. P., History of Strength of Materials, McGraw-Hill Publishing Co., 1953.

[2] Rowlands, R. E., Strength (failure) theories and their experimental correlation, in Failure Mechanics of Composites, Sih G. C., Skudra A. M. ed, Elsevier Science Publishing Company, Inc., 1985.

[3] Г. C. 皮萨林科、A. A 列别捷夫著,江明行译,复杂应力状态下的材料变形与强度,科学出版社,1983.

[4] Chen, W. F., Plasticity in Reinforced concrete, McGraw-Hill Book Company, 1982.

[5] 《中国大百科全书·力学》,中国大百科全书出版社,1985,398.

[6] 蒋彭年,土的本构关系,科学出版社,1982

[7] 徐积善,强度理论及其应用,水利电力出版社,1984

[8] 俞茂宏,双剪应力强度理论研究,西安交通大学出版社,1988

[9] 于骁中、居襄、混凝土的强度和破坏,水利学报,1983,(2),22—35.

[10] 俞茂宏、何丽南,晶体和多晶体金属塑性变形的非 Schmid 效应和双剪应力准则,金属学报,1983,**19**(5).

[11] 俞茂宏,复杂应力状态下材料屈服和破坏的一个新模型及其系列理论,力学学报,1989 年增刊,42—49

[12] 俞茂宏、何丽南,材料力学中强度理论内容的历史演变和最新发展,力学与实践,1991,**16**(1),59—61.

[13] Yu Maohong, He Linan, A new model and theory on yield and failure of materials under the complex stress state, Mechanical Behaviour of Materials-Ⅵ, Ed. M. Jono and T. Inoue, Vol. 3, 841—846, Pergamon Press, 1991.

[14] 俞茂宏、何丽南、宋凌宇,双剪应力强度理论及其推广,中国科学(A 辑),1985,**28**(12),1113—1120.

[15] Yu Mao-hong, He Li-nan, Song Ling-yu, Twin shear stress theory and its generalization, *Scientia Sinica (Science in China)*, *Series*, A, 1985, **28**(11), 1174—1183.

[16] 俞茂宏、何丽南、刘春阳,广义双剪应力屈服准则及其推广.科学通报,1992,**37**(2):182—185.

[17] Yu Mao-hong, He Li-nan, Liu Chun-yang, Generalized twin shear stress yield

criterion and its generalization, *Chinese Science Bulletin*, 1992, **37** (24), 2085 —2089.

[18] 俞茂宏, 复杂应力状态下材料屈服和破坏的一个新模型及其系列理论, 力学学报, 1989, **21** (增刊), 42—49.

[19] Yu Mao-hong, Twin shear stress yield criterion, *Int J of Mechanical Science*, 1983, **25** (1), 71—74.

[20] 俞茂宏, 双剪强度理论与莫尔-库仑强度理论——对"一个新的普遍形式的强度理论"的讨论, 土木工程学报, 1991, **24** (2), 82—86.

[21] 俞茂宏, 古典强度理论及其发展, 力学与实践, 1980, **2** (2), 20—25.

[22] 俞茂宏, 刘凤羽, 广义双剪应力准则角隅模型, 力学学报, 1990, **22** (2), 213—216.

[23] 俞茂宏, 塑性理论、岩土力学和混凝土力学中的三大系列屈服函数, 双剪应力强度理论研究, 西安交通大学出版社, 1988, 1—34.

[24] 俞茂宏, 李跃明, 广义剪应力双椭圆帽子模型, 全国第五届土力学和基础工程学术会议论文选集, 中国建筑工业出版社, 1990, 165—169.

[25] 俞茂宏, 刘凤羽, 双剪应力三参数准则及其角隅模型, 土木工程学报, 1988, **21** (3), 90—95.

[26] 俞茂宏、刘凤羽, 双剪应力四参数准则和五参数准则, 西安交通大学学报, 1989, **23** (2), 9—15.

[27] 俞茂宏、刘凤羽等, 一个新的普遍形式强度理论, 土木工程学报, 1990, **23** (1), 34—40.

[28] 濮家骝、李广信, 土的本构关系及其验证与应用, 岩土工程学报, 1986, **8** (1), 47—82.

[29] 黄文熙, 土的工程性质, 水利电力出版社, 1983.

[30] 俞茂宏, 岩土类材料的统一强度理论及其应用, 岩土工程学报, 1994, **16** (2), 1—10.

[31] 俞茂宏、曾文兵, 工程结构分析新理论及其应用, 工程力学, 1994, **11** (1), 9—20.

[32] 俞茂宏, 强度理论新体系, 西安交通大学出版社, 1992.

[33] 杨光, 对"岩土类材料的统一强度理论及其应用"一文的讨论, 岩土工程学报, 1996, **18** (5), 95—97

[34] 俞茂宏, 对'统一强度理论'讨论的答复, 岩土工程学报, 1996, **18** (5), 97—99.

第八章 强度理论的实验验证

§8.1 概　述

在工程材料和结构的强度试验中，有一些属于基本的力学性能试验，有一些属于基础理论研究的试验，有一些则为具体的结构试验. 对于基础理论研究的试验往往有很多的实验结果，各国学者有时会反复实验进行研究对比.对于具体结构或构件如飞机、导弹、房屋、大坝等结构和它们的某些重要构件，往往只有设计研究者对它们进行试验研究,因此除了一些典型构件如梁、板、柱等有比较多的试验外，一般只有研究者所做的结构试验可供参考.

强度理论的试验属于基础理论的试验研究，几十年来已发表了不少复杂应力试验的结果. 这些实验资料为理论研究提供了有价值的对比资料. 从某种意义上讲，理论和实验验证的相互独立研究可能更为客观. 因此，材料强度理论的理论研究和实验验证的相对独立性已为世界各国学者所共识.

强度理论的实验所要求的复杂应力试验，需要专门的复杂的试验设备，对试验技术和试件加工的要求都较高，试件的数量也较多. 因此，复杂应力状态下的材料性能试验，包括试验机的研制、试验技术、测试手段的提高和改进、试验结果的计算机处理等已形成一个专门的技术领域，并进行了很多不同材料的复杂应力试验[6—42]. 但是，与众多的材料和其他的材料力学性能试验相比，工程中所做的复杂应力试验还是少得多. 随着试验技术的发展以及对材料和结构强度研究的不断深入,目前在某些工程领域,对材料的复杂应力试验的要求已在逐步提高. 例如，在国内外大型工程结构的地基设计中已普遍要求进行轴对称三轴应力试验和剪切强度试验，美国空军部门所用的金属材料性能中，除了拉伸强度极限等性能外,也提供金属材料的剪切强度数据,并发展出很多材料剪切试验的设备.

另一方面,现有的试验结果也不尽相同. 实验结果往往与实验点的定义和实验技术有关. 由于材料不均匀、加工精度(如圆管试件的同心度、三轴试验中的试件平行度和垂直度等)和试件加载偏心等都会使复杂应力试验得出的实验值偏低,因此,随着复杂应力试验技术水平的提高,复杂应力试验所得出的材料屈服面或极限面有某些增大,材料的拉剪强度比 τ_0/σ_0 也有所不同.

除了强度理论的理论研究和实验研究外,还采用材料基本力学性能试验和材料细观力学模拟相结合的方法,用实验-计算机模拟材料的复杂应力试验,研究材料屈服和破坏的规律,得出一些材料的屈服和极限曲线. 美国著名力学家林同骅在这方面进行了开创性的工作.

下面我们对一些基本的试验现象进行新的研究,引用国内外大量的不同材料的复杂应力试验结果,并与理论结果进行对比.

§8.2 单向拉伸和压缩时的双剪现象

金属材料的单向拉伸和单向压缩试验一般采用圆形截面的试件. 很多文献和教科书中一般都用图 8-1 的单斜截面上的一个剪应力来说明它们的破坏现象. 但是很多现象往往无法用一个截面上的一个剪应力来解释. 例如钢材的拉伸破坏往往由很多剪切面形成一种杯锥形破坏,岩石试件的压缩破坏往往形成一种多组剪切面的现象,如图 8-2. 它们的破坏都是由多组剪应力所引起.

西北勘测设计研究院科研所对黄河上游的拉西瓦花岗岩进行的压缩试验的多组结果表明,花岗岩和长英砂岩的破坏形式多为锥体破坏,如图 8-3 所示.

当我们采用方形截面的试件时,可以更直观地看出多组剪应力的作用. 图 8-4 为大家熟知的混凝土试件的破坏现象. 作者在1981 年采用方形钢试件进行拉伸试验,得出的试件破坏形状如图

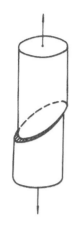

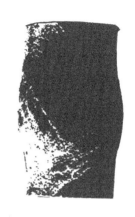

图 8-1　单滑移　　　　　　　图 8-2　石灰岩的多组剪切面

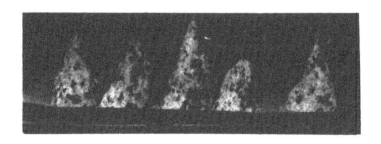

图 8-3　花岗岩压缩的锥体破坏

8-5 所示.

　　对这种破坏形式,显然不可能用一个最大剪应力 τ_{13} 所能解释. 它们的破坏是由于 τ_{13} 和 τ_{12} 两组剪应力共同作用的结果,并且这两组剪应力对破坏的贡献是相等的. 这时,可以认为材料的破坏是由于双剪应力 $T=\tau_{13}+\tau_{12}$ 达到某一极限值的结果,这就是双剪应力屈服准则的概念. 用数学式表述为

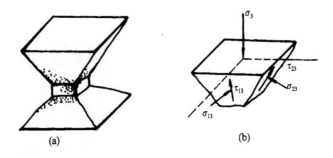

图 8 - 4 混凝土试件的锥形破坏

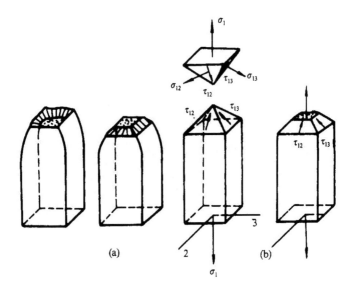

图 8 - 5 方形钢试件的锥形破坏

$$\tau_{13} + \tau_{12} = C \qquad (8-1)$$

对于压缩的情况,如按 $\sigma_1 \geqslant \sigma_2 \geqslant \sigma_3$ 的顺序,则受力情况如图 8-5(b).这时两个大小相等的主剪应力为 τ_{13} 和 τ_{23},双剪的数学式应为

$$\tau_{13} + \tau_{23} = C \tag{8-1'}$$

对于正应力敏感型材料,考虑到剪应力作用面上的正应力的影响以及正应力与剪应力的不同程度的影响,双剪的概念可以扩大为

$$\tau_{13} + \tau_{12} + \beta(\sigma_{13} + \sigma_{12}) = C \tag{8-2}$$

$$\tau_{13} + \tau_{23} + \beta(\sigma_{13} + \sigma_{23}) = C \tag{8-2'}$$

在一般情况下,结构构件各点的应力状态不同,并且二个主剪应力也不相等,考虑到两个主剪应力及其面上的正应力对材料破坏的不同影响,可以对最大主剪应力 τ_{13} 的作用进行加权,或对中间主剪应力的作用乘以一个<1 的系数,由此得出一般双剪强度函数为

$$\tau_{13} + b\tau_{12} + \beta(\sigma_{13} + b\sigma_{12}) = C \tag{8-3}$$

$$\tau_{13} + b\tau_{23} + \beta(\sigma_{13} + b\sigma_{23}) = C \tag{8-3'}$$

以上三组公式就是俞茂宏于 1961 年、1985 年、1990 年提出的双剪应力屈服准则、双剪强度理论[3,4]和统一强度理论[5],分别在第三章、第六章、第七章已作了阐述.它们之间的关系是后者包含了前者,前者为后者的特例.其中式(8-3),(8-3')又包含了四大族已有的和未被表述过的众多新的计算准则.下面从实验方面对强度理论作进一步研究.

§8.3 复杂应力试验设备

强度理论的实验研究是强度理论研究的一个重要方面.近年来,在试验机的研制、实验技术、实验内容等方面,都得到迅速的发展.

下面介绍进行复杂应力试验的一些设备.

8.3.1 拉伸(压缩)-扭转试验机

薄壁圆管在拉伸(压缩)和扭转载荷作用下,产生一种拉应力(压应力)和剪应力的复合应力状态.由于圆杆扭转时的剪应力沿

截面成线性三角形规律分布,因此,要形成均匀分布的应力场,应使薄壁圆管的管壁较薄,对试件的加工和试验技术要求都较高.这类试验机已比较成熟,图8-6为西南交通大学力学系实验室引进的一种拉伸(压缩)-扭转复合应力试验机.

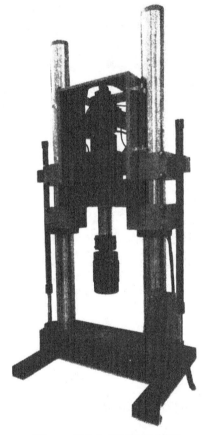

图8-6 轴向力-扭转复合试验机

图8-7为西安航空发动机公司研究所引进的大功率卧式拉扭试验机.该机除进行静力试验外,还可进行疲劳复合应力试验.

图 8-7 大功率卧式拉扭静动复合试验机

8.3.2 平板双向应力试验机

平面双向应力试验的试件受力示意图如图 8-8 所示. 对它的基本要求是,能够在二个方面独立施加载荷,并且将载荷均匀分布到试件上. 近年来.国外已有大量的研究,不断改进试验设备和载荷施加方式(包括试件的形状),并有成型的专用设备(图 8-9).

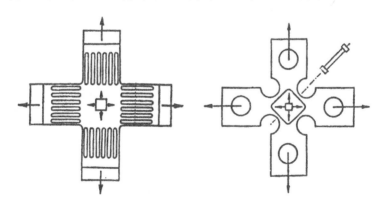

图 8-8 平面双向应力试件

图 8-9 平面双向加载系统

8.3.3 轴对称三轴试验机

这种试验设备已较普遍采用. 它所产生的是一种特殊的三向应力状态,即 $\sigma_1 \geqslant \sigma_2 = \sigma_3$ 或 $\sigma_1 = \sigma_2 \geqslant \sigma_3$ 的应力状态. 它的受力示意图可见第六章图 5-6.

8.3.4　真三轴试验机

这种试验机的要求是能够在三个方向独立施加载荷,以产生任意组合($\sigma_1 : \sigma_2 : \sigma_3$)的空间应力状态(轴对称三轴试验只能在应力空间中产生一种特殊的应力状态平面). 图 8-10 为德国研制的一种真三轴试验机的示意图[31].

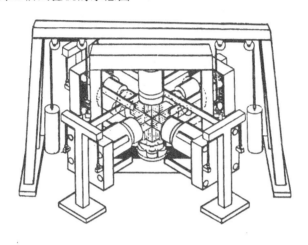

图 8-10　真三轴试验机示意图

东京大学为试验岩石在高压应力下的性能, 研制了一种高压真三轴试验机(东京大学型). 中国科学院武汉岩土力学研究所在东京大学型三轴机的基础上研制的一种改进型岩石高压真三轴压缩试验机如图 8-11 所示. 它能够施加独立的 σ_1, σ_2, σ_3 三个方向的应力. 应力值可分别达到 800, 250, 200MPa 能满足坚硬岩石的真三轴试验要求[16]. 该机的最大特点是, 施加 σ_1 的垂直框架及施加 σ_2 的水平框架具有可动性, 可将荷载同步地施加给试件相对表面, 从而保证在加卸荷过程中试件的变形中心、受力中心同试件的几何中心一致. 主机的高压三轴压力室的结构示意图如图 8-12.

图 8-13是美国 MTS 公司为冰的三轴试验而设计生产的一

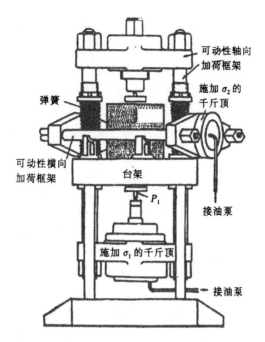

图 8-11 高压真三轴压缩试验机

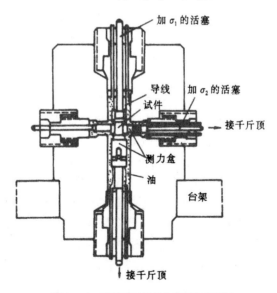

图 8-12 高压真三轴压力室结构示意图

种真三轴试验和控制系统.

图 8-13　冰的真三轴试验装置

§8.4　轴力-扭转试验

薄壁圆管在轴向力和扭矩作用下,产生一种 σ-τ 组合应力. 这方面已进行了各种不同材料的大量试验. 图 8-14 为 Taylor-Quinney[6] 所进行的钢的实验结果(图 8-14 的右部分)和 Ivey 所进行的铝合金的实验结果[7]. 它们均与双剪应力屈服准则较为符合. Taylor-Quinney 还进行了铜和铝的实验,得出的结果（图中未标出）与 Mises 三剪屈服准则较为符合. 图 8-15 给出了在 π 平面上表示的实验结果.

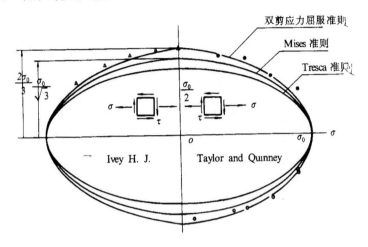

图 8-14　σ-τ 复合应力实验

　　对于铸铁等脆性材料，由于拉伸与压缩强度不同，因此材料的极限曲线不再对称于 τ 坐标轴. 并且，由于材料的拉压强度比也常常发生变化，因此需要用两个材料参数来表达，如拉伸强度 σ_t、压缩强度 σ_c；或拉伸强度 σ_t、材料拉压强度比 $\alpha = \sigma_t / \sigma_c$（$\alpha \leqslant 1$）；或用材料的压缩强度 σ_c 和材料压拉强度比 $m = \sigma_c / \sigma_t$. 例如，对于双剪应力强度理论，在不同拉压比 α 时的极限曲线如图 8-16 所示[4]. 对于不同拉压比的混凝土的实验结果如图 8-17[14].

　　Grassi，Cornet 和 Mair，Coffin 曾经分别对铸铁在 σ-τ 复合应力状态下的强度性能进行过一系列实验[9-13]. 他们得出的灰铸铁和孕育铸铁的实验结果分别如图 8-18 和图 8-19 的各条曲线所示.

　　以上我们介绍了在 σ-τ 复合应力下一些材料的实验结果. 下面将按材料类别分别研究金属、岩石、混凝土和土体的有关强度理论的大量实验结果.

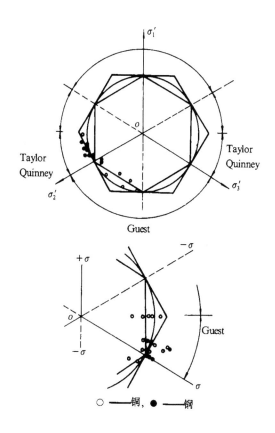

○ ——铜, ● ——铜

图 8-15 π 平面的实验结果

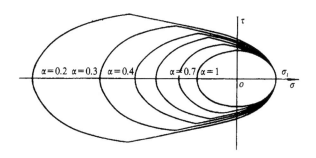

图 8-16 双剪应力强度理论在 σ-τ 复合应力状态的极限迹线

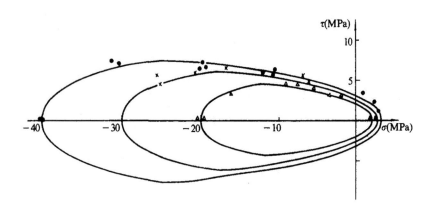

图 8-17　双剪应力强度理论与三种不同标号混凝土实验结果的比较

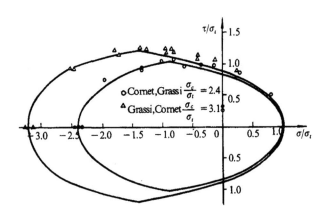

图 8-18　灰铸铁（△）和孕育铸铁（○）的实验结果

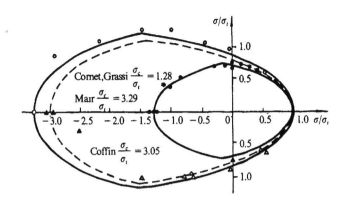

图 8-19　双剪应力强度理论与铸铁实验资料的比较

§8.5　金属类材料的强度理论实验

一些材料在 σ-τ 复合应力下的实验结果已在上节作了介绍. 从强度理论来看，可以用 σ-τ 状态的双剪统一屈服准则表示为

$$f = \frac{2+b}{2+2b}\sqrt{\sigma^2 + 4\tau^2} + \frac{b}{2+2b}\sigma = \sigma_s$$

$$当 \ \sigma \geqslant 0 \qquad\qquad (8-4)$$

$$f' = \frac{2+b}{2+2b}\sqrt{\sigma^2 + 4\tau^2} - \frac{b}{2+2b}\sigma = \sigma_s$$

$$当 \ \sigma \leqslant 0 \qquad\qquad (8-4')$$

此式已在第三章式(3-52),(3-52')给出,它可以适用于 $b \geqslant 0$ 的各种情况(在三维和三维主应力状态下的统一强度理论的中间应力系数 b 一般变化范围为 $0 \leqslant b \leqslant 1$),相应的 σ-τ 屈服迹线如图 8-20 所示.具体说明见 §3.13 节.

从图 8-20 可知:(1)(σ-τ)双剪统一屈服准则几乎包含了现有的各种强度理论;(2)(σ-τ)双剪统一屈服准则的系数 b 可以从 0 变化到 100 以上都是外凸的(在二维、三维主应力状态下 $b > 1$ 即

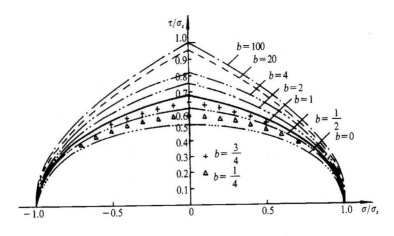

图 8-20　σ-τ 组合应力的双剪统一屈服线

形成非凸屈服面);(3)以拉压极限应力 σ_s 为准时,各种强度理论在纯剪切时的差别最大.一些典型屈服准则的纯剪切屈服极限 σ_s 分别等于

$$单剪屈服准则 \quad \tau_s = 0.50\sigma_s$$
$$三剪屈服准则 \quad \tau_s = 0.577\sigma_s$$
$$双剪屈服准则 \quad \tau_s = 0.667\sigma_s$$
$$最大伸长应变理论 \quad \tau_s = 0.769\sigma_s,(\nu = 0.3)$$
$$最大正应力理论 \quad \tau_s = 1.0\sigma_s$$

因此,有的研究者对各种材料在纯剪切状态下的强度进行了专门的试验研究.得出的结果分别列于表 8-1 和表 8-2.

表 8-1　钢的剪切极限

τ_s/σ_s 比值	研　究　者	附　　注
0.5—0.822	Hancock	软钢拉伸和扭转
0.438—0.7	Hancock	压缩和扭转
0.55	Smith	软钢

τ_s/σ_s 比值	研 究 者	附 注
0.55—0.65	Turner	
0.460—0.572	Turner	退火钢管
0.64	Mason	钢管
0.60	Seeley, Putnam	平均值
0.678	陆才善	软钢

表 8 - 2 两类钢材的剪切屈服极限

材 料		$\sigma_s(\text{kg/mm}^2)$	τ_s	τ_s/σ_s
结构钢 10		21	14	0.667
	20	25	16	0.64
	30	30	17	0.567
	35	32	19	0.59
	45	36	22	0.61
	40×H	80	39	0.488
	12×H3A	70	40	0.57
弹簧钢	中炭钢	100—120	60—80	0.60—0.667*
	高炭钢	95—135	65—90	0.68—0.667
	铬钒钢	150—160	95—100	0.63—0.625
	硅锰钢	140—150	95—100	0.679—0.667
	硅钒钢	95—105	90	0.947—0.857

前苏联学者 Кишкин 和 Ратнер 为了研究材料拉伸屈服极限和扭转屈服极限之间的比值,进行了大量的研究,并将实验结果分成四类,即

第一类材料　　$\tau_s = (0.5 \pm 5\%)\sigma_s$　　单剪屈服准则

第二类材料　　$\tau_s = (0.58 \pm 5\%)\sigma_s$　　三剪屈服准则

第三类材料　　$\tau_s = (0.68 \pm 5\%)\sigma_s$　　双剪屈服准则

第四类材料　　$\tau_s < 0.4\sigma_s$

这些结果恰好对应了单剪、三剪和双剪三个屈服准则,但第四类结果 $(\tau_s < 0.4\sigma_s)$ 一直没有一种理论或准则与之说明. 现在可用双剪统一屈服准则在 $b = -\dfrac{1}{3}$ 时的屈服准则与之适应,此时 $\tau_s = 0.4\sigma_s$ $\left(b = -\dfrac{1}{3}\right)$. 相应的计算表达式如第三章式(3-31),(3-31′)所示. Кишкин 和 Ратнер 的实验结果列于表 8-3.

表 8-3　四类不同剪切强度的实验结果

材　　料	热　　处　　理	τ_s/σ_s	分　　类
工业纯铁	800℃退火	0.48	
钢 25	900℃退火	0.49	第一类
钢 45	800℃退火	0.53	$\dfrac{\tau_s}{\sigma_s} = 0.5 \pm 5\%$
铝	360 C退火	0.49	
铜	600 C退火	0.49	
钢 25	淬火+200℃回火	0.61	
钢 45	淬火+600℃回火	0.59	
钢 45	淬火+500℃回火	0.62	
钢 Y7	830℃正常化	0.54	第二类
同上	淬火+66 C回火	0.56	$\dfrac{\tau_s}{\sigma_s} = 0.58 \pm$
同上	淬火+500℃回火	0.61	5%
钢 30×ECA	正常化	0.55	
镍铬钢	淬火+200℃回火	0.60	
铝合金 BK-4	淬火+170℃下时效	0.61	
钢 45	淬火+400 C回火	0.665	
同上	淬火+300℃回火	0.665	
同上	淬火+200℃回火	0.71	
钢 Y7	淬火+300℃回火	0.64	第三类
同上	淬火+200℃回火	0.74	$\dfrac{\tau_s}{\sigma_s} = 0.68 \pm$
钢 30×ГСА	淬火+500℃回火	0.67	5%
A8 铸态	430℃淬火	0.67	
青铜	850℃淬火+350℃回火	0.89	

材　　料	热　　处　　理	τ_s/σ_s	分　　类
铝铜镁锌合金	淬火＋140℃下时效	0.41	
铝铜镁锌金金	—	0.40	
铝合金凸-16	淬火＋自然时效	0.39*	第四类
铝合金 AK-6	淬火＋150℃下时效	0.39	$\dfrac{\tau_s}{\sigma_s}<0.4$
镁	350℃退火	0.27	
合金 MA2	出厂状态	0.31	
合金 MA3	出厂状态	0.31	
合金 MA6	420℃淬火	0.25	

* 莫斯科工业学院实验为＞0.42

关于金属的剪拉强度比 τ_s/σ_s，有的手册提供的数据为 0.52—0.63（炭钢）和 0.65—0.78（合金钢）. 美国 Wisconsin 大学 Sander 谈到："许多人常常认为形状变形能理论（三剪屈服准则）$\tau_s=0.577\sigma_s$ 较好，事实上很多金属的屈服性能比这个数值高很多，剪切屈服极限的范围为 $\tau_s=(0.25-0.75)\sigma_s$."一般情况下，不同的材料有不同的 τ_s/σ_s 比值.

由于材料的剪切极限应力相差较大，因此有人建议应该把剪切极限应力作为材料的一个基本材料参数，并根据材料的剪切极限应力 τ_0 与拉伸极限应力 σ_0 之比值来选取强度理论. 美国等一些国家在飞机用的金属材料的基本力学性能中也往往提供它们的剪切极限应力. 法国则根据法国钢的最新实验结果，认为结构钢的剪切极限应力 $\tau_s=0.65\sigma_s$.

英国 Winstone 在第四届国际材料力学性能大会上发表了新的研究结果[8]. 他采用声发射技术精确得出了镍在 750℃高温下的四组初始屈服面，如图 8-21 所示. 根据这四组实验结果，得出的剪切屈服应力和拉伸屈服应力之比为 0.7，接近双剪应力屈服准则的 0.667. Mises 三剪准则和 Tresca 单剪准则所预测的分别为 0.58 和 0.50. 图 8-21(b)给出了他所得出的四组初始屈服面的结果比较. 可以看出，屈始屈服面的形状虽然略有不同，但比值

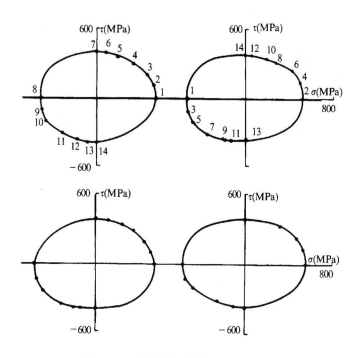

图 8-21　镍的高温屈服面（Winstone,1983）

τ_s/σ_s 均为 0.7,与双剪应力屈服准则相一致.

§8.6　岩石强度理论的实验验证

岩石材料的强度理论的实验验证,是除了金属材料以外进行得较多和最早的强度理论的实验验证.早期的工作可以上朔到 19 世纪末和 20 世纪初,主要的工作集中在对 Mohr 强度理论的检验上,其关键是中间主应力 σ_2 效应的存在与否.由于一般材料都处于 $\sigma_1,\sigma_2,\sigma_3$ 的三向应力作用下,因此 Mohr 强度理论的表达式中不包括中间主应力 σ_2 的这一事实,立即就成为当时一些最著名科学家的热切关心并投入研究的重要问题.Mohr 在 1882 年提出论文之后 18 年的 1900 年,不得不再次提出论证,并把自己的理论作了一个假设:"我们假定,决定破坏极限和屈服极限的不是各主应力的大小本身,而是最大主应力和最小主应力的最大差值,"并认为:"不能要求这一个假设具有一般的适用性,因为我们知道,对于大多数的匀质材料和建筑材料,三个主应力 $\sigma_1,\sigma_2,\sigma_3$ 的三个应力圆具有完全不同的直径,而这个假设与这一事实是矛盾的"[17].

当时,一些著名科学家如 Bauschinger 和 Föppl 在慕尼黑大学的实验结果与 Mohr 的单剪理论的中间主应力无关的结果相一致. 而另一著名科学家 Voigt (1919) 则在格丁根大学推动并指导进行了一系列重要的实验,其中包括著名的 Prandtl, Karman, Böker 和 Duguet 等人的实验. 这些实验结果与 Mohr 的单剪理论相对立[17]. Karman 的结论是:"Mohr 理论中关于中间主应力无足轻重的基本假设,难以适用于任何情况"[17].

至 1928 年,Mohr 的学生 Beyer 在 Mohr 的《工程力学》第三版的注释中作出如下关于中间主应力效应的结论[17]:"按 Mohr 的假设,中间主应力在极限状态的描述中被排除了. 所以,对这个假设的一般适用性产生了怀疑. 事实上,仍然有许多试验得出了中间主应力对于由弹性过渡到塑性的影响,但不可能画出极限曲线. 因此,按照目前的理解,Mohr 的塑性条件只能作为近似的."

关于 Mohr 强度理论的这种争论和认识一直继续到 20 世纪 80 年代,成为强度理论研究中一个近百年未决的难题. 这一问题的根本解决则有赖于实验技术特别是真三轴试验技术的提高和理论上的突破.

图 8-22 是一个岩石真三轴试验的一组典型实验结果. 在这一试验中,采用一组同样的岩石试件,然后进行不同应力状态的试验,即固定 σ_3 不变,变化中间主应力 σ_2,得出不同 σ_2 时的材料强度值 σ_0. 根据这些应力可以作出一组极限应力圆如图 8-22 左边上下一组三向应力圆. 如按 Mohr 强度理论,不管中间主应力如何变化,最大应力圆的直径 $\sigma_0-\sigma_3$ 都是不变的(在这组试验中,由于固定 σ_3 不变,所以按 Mohr 强度理论,材料强度 σ_0 也应该不变). 但是实验结果表明三轴强度 σ_0 随着 σ_2 的增加而不断提高,当到达某

一峰值后,又随着 σ_2 的继续提高而逐步下降,作出 σ_0-σ_2 变化图如图 8-22 右图的二段线性式或曲线所示(以后这类图将转 90°取 σ_2 为横坐标).

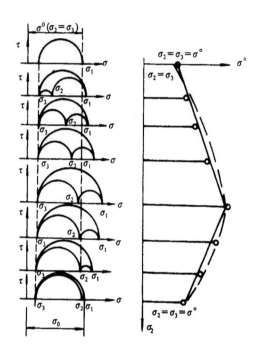

图 8-22　不同 σ_2 时的极限应力圆

在第五章已经介绍了一系列有关中间主应力效应的实验结果.这些结果都表明了 Mohr-Coulomb 的单剪强度理论没有考虑中间主应力而与实验不相符合.对于强度理论的验证,可以在主应力空间的 π 平面上更为清晰地显示出来,并且可以与各种强度理论进行比较.

图 8-23 为日本东京大学 Mogi 教授进行真三轴试验得出的火山岩的 π 平面极限线的实验结果[18].作为对比,我们绘出了四种强度理论的理论曲线,即

Drucker-Prager 准则,如图中的圆;

$b=0$ 的统一强度理论,即 Mohr-Coulomb 强度理论;

$b=\dfrac{1}{2}$ 的统一强度理论,即广义双剪强度理论;

$b=1$ 的统一强度理论,即双剪强度理论.

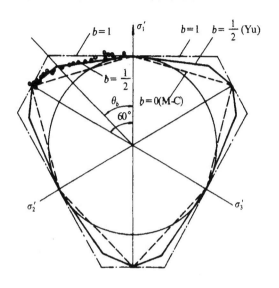

图 8-23　火山岩的 π 平面极限线(Mog1,1971)

从图 8-23 的对比中,可以显然看到,Drucker-Prager 准则或其他各种圆形准则很难与岩石类材料的实验结果相符. 在下述二节中还可以看到,圆形准则也很难与混凝土和土体的实验结果相符. 对于不同系数 b 值的统一强度理论,$b=1$ 则极限线稍大;$b=0$ 则极限线稍小;取 $b=\dfrac{1}{2}$ 得出的极限线,则可以与 Mogi 的火山岩的实验结果很好相符,如图 8-23 中粗实线的十二边形极限线所示.$b=\dfrac{1}{2}$ 的统一强度理论极限线位于 $b=0$ 的 Mohr-Coulomb 单剪强度理论极限线和 $b=1$ 的双剪强度理论极限线之中间. 图 8-24给出了 Mogi 对白云石进行真三轴试验得出的实验结果[20]. 可以看出,它们与 $b=\dfrac{1}{2}$ 的统一强度理论的极限线能较好地符合.

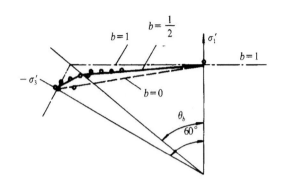

图 8-24　白云石的 π 平面极限线（Mogi,1967）

　　Michelis 等人在他们精心研制的真三轴机上进行了很多岩石和混凝土的真三轴试验,并得出了"中间主应力效应是岩土类材料的重要特性"的结论[21]. 不足之处是实验点不能覆盖全部应力状态区,使得与各种强度理论的对比验证较为困难,现按文献[21]图 15 中较为完整的曲线 5 的三组实验点绘出在 π 平面的极限线如图 8-25 所示. 可以看到,这组实验结果与 $b=1$ 的统一强度理论即双剪应力强度理论相符合.

　　在此同时,也对岩石进行了很多双轴试验. 图 8-26 为 Amadei 和 Kuberan 在 1984 年美国第 24 届岩石力学会议上所发表的试验结果[23]. 图 8-27 则为 Maso 和 Lerau 对法国的 Vosges 砂岩所得出的双轴试验结果[24]. 在这二图中的虚线为 Mohr-Coulomb 强度理论的平面应力极限线,外面的实线为 $b=\frac{3}{4}$ 时的统一强度理论的平面应力极限线. 与实验结果相比, Mohr-Coulomb 的单剪强度理论过于保守,并且与实验结果相差太大;而 $b=\frac{3}{4}$ 的统一强度理论的极限线与实验结果较为接近,但在双轴等压区域似乎仍然偏于保守.

　　由于复杂应力试验设备的研制、试件的加工和试验都较复杂

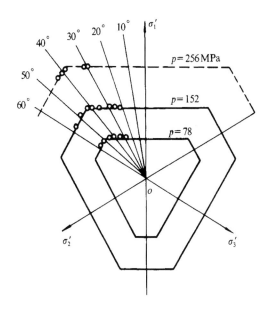

图 8-25 大理石的 π 平面极限线(Michelis,1981)

而昂贵,因此,以上的实验结果和得出的曲线都是十分珍贵的. 另一方面,虽然希望强度理论的理论研究和实验验证由不同的研究者相互独立进行,然后将两者的结果进行对比,使得出的结果更具客观性. 但为了更有效地发挥实验的效果,得出更完整的实验结果,所以实验研究也需要有一般性的理论概念相配合,制订出一个完备的计划和方案.这种方案具有客观性,通过实验的结果可以看出哪一种强度理论符合得更好些.

作者在阅读并收集国内外有关复杂应力试验资料的过程中,见到一些很好的实验,由于实验点不够或只集中于某一些特殊的应力状态,因而未能给出更好的资料,不能更好地为其他研究者所引用. 这些情况的典型例子就是在 20 世纪 50 年代以后所进行的大量轴对称三轴试验. 由于这类试验所产生的应力状态只是应力空间中 $\theta=0°$ 或 $\theta=60°$ 的某一特殊子午面,它应该是强度理论的一

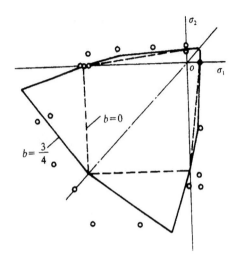

图 8 - 26　石灰岩的双轴试验结果(Amadei 等,1984)

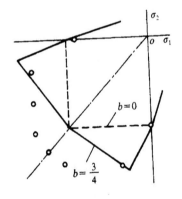

图 8 - 27　砂岩的双轴试验
(Maso 等,1980)

个基本实验点,各种强度理论都应该通过这个基本实验点.因此,在这个应力点或它的附近应力点所进行的实验,很难区分各种强度理论的不同.各种强度理论在这类应力点附近的差别都不大.

关于强度理论验证比较完整的实验可以包括下述几个方面:

(1)中间主应力效应及其区间性的实验.这一部分的内容已在第五章作了较详细的阐述.

(2)不同子午线的实验.实验中使施加的三个主应力所形成的

应力状态参数$\left(\text{双剪应力状态参数 } \mu_\tau = \dfrac{\sigma_1 - \sigma_2}{\sigma_1 - \sigma_3}\right.$ 或 $\left.\mu_\tau' = \dfrac{\sigma_2 - \sigma_3}{\sigma_1 - \sigma_3}\right)$ 保

持不变,即在 π 平面上为同一应力角,通过一组试体的屈服或破坏试验,可以得出一条屈服子午线或破坏子午线,例如图 8-28 中的 $\theta = 0°$ 的 $A1$ 子午线.然后进行第二组试件在另一应力角 θ 下的试验,可得出第二条子午线 $A2$.同理,可得 $A3, A4, A5$ 等不同应力角下的不同子午线如图 8-28 所示.由此可得出有规律的系统的实验极限面资料,图 8-28 为这种极限面的一般形状.

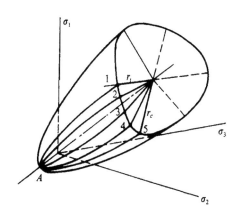

图 8-28 应力空间极限面的一般形状

(3) π 平面极限线.以上的实验一般取 5 条子午线[1],即双剪应力状态参数 $\mu_\tau = 1, \dfrac{3}{4}, \dfrac{1}{2}, \dfrac{1}{4}, 0$(相应于应力角 $\theta = 0°, 13.9°, 30°,$ $46.1°, 60°$,见第二章图 2-26 和表 2-2),即可得出主应力空间中比较完整的空间极限面.但在空间图上较难对各种强度理论的具体差别进行比较,为此可将这 5 条子午线绘制在 p-q 平面上,如图 8-29 所示. p 为静水应力,q 为 π 平面上相应的极限面矢长.如果这 5 条子午线不重合(Drucker-Prager 准则极限面在各个应力角下的子午线都相同),则可取某一 p 值(如图 8-29 中的 p_1)作垂直线,与 5 条子午线相交得出不同应力角下的 q 值为 $q_{0°}, q_{13.9°}$,

―――――――――
1) 也可采取 $\theta = 0°, 10°, 20°, 30°, 40°, 50°, 60°$ 等 7 条子午线.

$q_{30°}$，$q_{46.1°}$，$q_{60°}$. 由此可以作出 π 平面的极限线如图 8 - 29 的左上方所示. 根据极限面的三轴对称性可得出材料在 π 平面极限线的完整形状.

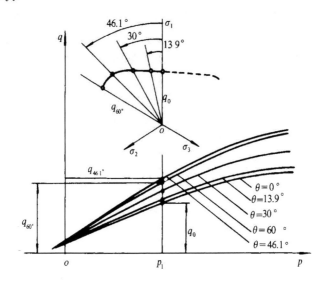

图 8 - 29 5 条子午线及其相应的 π 平面截面

在图 8 - 29 中，我们注意到在同一 p 值下，不同子午线的 q 值，并不一定随应力角 θ 的增加而单调增加，图中的 $\theta = 46.1°$ 的子午线较 $\theta = 60°$ 的子午值略高一些，表明 $q_{46.1°} > q_{60°}$. 但这只是一种可能性，在实验研究中，它们的大小只能由实验的结果来确定，而不是由理论计算来确定. 如按 Drucker-Prager 准则的圆形极限线，则可得出 $q_{0°} = q_{13.9°} = q_{30°} = q_{46.1°} = q_{60°}$，这已经为迄今为止的各种岩石的实验结果所否定. 因此从 70 年代中期起，Drucker-Prager 准则已被世界一些著名科学家如 Zienkiwicz、陈惠发（Chen W. F.）等认为与实验结果不符.

（4）π 平面极限线的直接实验. 如将一组试件分别在相同静水应力而应力角不同的条件下进行试验，则得出的实验点均在同一 p 值下，可直接作出在这一静水应力（或平均应力 p）下的 π 平面极限线. 在这一试验中, 要求平均应力 $p = \frac{1}{3}(\sigma_1 + \sigma_2 + \sigma_3)$ 保持不变, 又要使应力角 θ 从 $0°$ 逐步变化到 $30°$ 和 $60°$, 也就是使中间主应力 σ_2 从 $\sigma_2 = \sigma_3$ 的最小值逐步增加到 $\sigma_2 = \frac{1}{2}\sigma_1$ 和 $\sigma_2 = \sigma_1$ 的最大值 [在 $p = \frac{1}{3}(\sigma_1 + \sigma_2 + \sigma_3)$ 为常数的条件下], 因此要求试验方案作出详细的计划, 实验较为困难.

以上试验可得出在某一 p 值下的岩石 π 平面极限线. 取不同的 p 值, 可得出一系列不同 p 值下岩石 π 平面极限线, 并组成完整的应力空间的极限面. 由于各种强度理论在 π 平面的极限线的形状和大小的差别都比较大, 因此可以将实验结果很直观地与各种强度理论进行对比和验证.

根据以上试验方案, 可以得出关于岩石极限面的比较系统的结果, 即中间主应力效应实验、不同应力角的子午极限线实验和 π 平面极限线的系统试验. 这一试验方案也可以推广应用于混凝土和土体的真三轴试验研究中, 可以得出相应材料的强度极限面的完整资料, 为工程中验证和选用强度理论提供科学依据.

§8.7 一个较完整的岩石强度理论实验研究

黄河上游拉西瓦花岗岩为坚硬、致密、高强度、高弹模的材料. 它的单轴抗压强度 $\sigma_c = 157\text{MPa}$, 弹性模量 $G = 50\text{GPa}$, 拉伸强度 $\sigma_t = 7.8\text{MPa}$, 剪切强度参数 $C_0 = 16\text{MPa}$, $\text{tg}\varphi = 0.96(\varphi = 43.8°)$, 容重 $\gamma = 2.68\text{g/cm}^3$, 泊松比 $\nu = 0.20$. 电力部、水利部西北勘测设计研究院与水利部水利水电科学院和中国科学院武汉岩土力学研究所对拉西瓦花岗岩进行了大量系统的试验研究, 得出了关于花岗岩强度的完整的实验资料, 为黄河上游第一高拱坝大型水电站的设计提供了科学依据. 这是目前国内外关于岩石强度试验研究的最完整的结果之一. 它们包括以下几个方面[25].

8.7.1 高围压下的岩石强度

试验结果表明,随着作用于岩石的围压 p 的提高,岩石强度明显提高,如图 8-30 和图 8-31 所示.当围压达 60MPa 时,其强度较单轴抗压强度提高 2.14—3.12 倍[25].

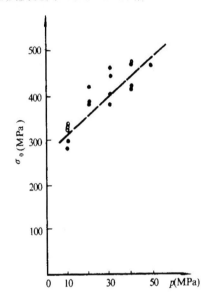

图 8-30　花岗岩强度与围压关系

图 8-30 和图 8-31 是在轴对称三轴应力条件下得出的试验结果.图 8-31 一般也常作为岩石力学参数 C_0 和 φ 的重要依据.

8.7.2 中间主应力效应[1]

在固定 $\sigma_3 = 30\mathrm{MPa}$ 的情况下,对花岗岩进行中间主应力 $\sigma_2 =$

---

1)电力工业部、水利部西北勘测设计研究院,高地应力地区大型地下厂房洞群围岩稳定性研究,1993 年 12 月.

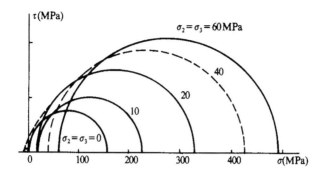

图 8-31　花岗岩在不同围压下的极限应力圆

表 8-4　中间主应力效应

工　况	破坏时应力(MPa)		
	σ_3	σ_2	σ_1
$\sigma_1 > \sigma_2 > \sigma_3$ $\sigma_3 = 30MPa$	30	30	260
	30	60	325
	30	90	379
	30	120	430
	30	150	440
	30	200	370
	30	136	465

　　30,60,90,120,150,200MPa 的真三轴试验. 其结果如表 8-4 和图 8-32 所示.

　　分析试验结果为:

　　(a)拉西瓦花岗岩有明显的中间主应力效应.

　　(b)中间主应力效应存在区间性. 当 σ_3 保持常量时,随着 σ_2 从 $\sigma_2 = \sigma_3$ 状态增加到 $\sigma_2 = \sigma_1$ 状态的过程中,强度极限 $\sigma_1 = \sigma_0$ 有一个逐渐增加—到达峰值后—又逐渐减少的过程.

　　(c)中间主应力效应可使岩石强度极限提高 80% 左右. 这充

分说明岩体强度在高围压下因中间主应力 σ_2 的提高会有较大提高,忽视中间主应力效应将不利材料强度潜力的发挥.

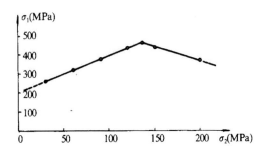

图 8 - 32 花岗岩的中间主应力效应

(中国科学院武汉岩土力学研究所,1990)

8.7.3 应力角效应

西北勘测设计研究院和中国科学院武汉岩土力学研究所又进行了应力角效应的试验研究. 他们在使静水应力 $p=130$MPa 的情况下,进行了 5 组不同应力角的试验($\theta=0°,13.9°,30°,46.1°,60°$),得出的结果如表 8 - 5 和图 8 - 33 所示.

表 8 - 5 应力角效应

工 况	破坏应力(MPa)			p	q	θ
	σ_3	σ_2	σ_1			
	3	193.5	193.5	130	190.5	0°
	2	166.6	221.4	130	197.8	13.9°
$p=130$MPa	12	130	248	130	204.4	30°
	10	80	300	130	262.1	46.1°
	45	45	300	130	255	60°

从这一结果中可以看到:

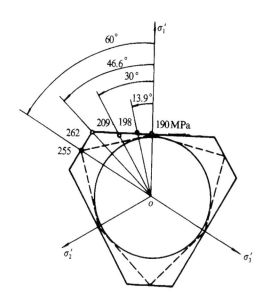

图 8 - 33　花岗岩在 $p=130\text{MPa}$ 时的 π 平面破坏线

(刘世煌、许东俊、李小春，1990)

（a）在静水应力 p 保持不变的条件下，在 π 平面上不同应力角 θ 时的实验点矢长 q 均不相同，花岗岩存在明显的应力角效应，Drucker-Prager 准则的 π 平面极限圆与实验结果相差较大，将带来较大误差.

（b）实验点均在 Mohr-Coulomb 理论的极限线（图 8 - 33 中的虚线）之外，与双剪强度理论更为接近.

（c）当应力角 $\theta=0°$ 到 $\theta=60°$ 的变化过程中，q 的数值从小到大，在到达 $q=262.1\text{MPa}$ 后（$\theta=46.1°$），又减少到 $q=255\text{MPa}$（$\theta=60°$）. 这一结果符合于双剪强度理论的规律.

8.7.4　极限子午线

西北勘测设计研究院和中国科学院武汉岩土力学研究所又在保持应力角为某一常值下，对岩石试体进行了不同高压条件下的试验,从而得出在这一应力角下不同静水应力时的岩石破坏值 q,连接这些实验点,即可得到岩石在这一应力角下的极限子午线.

他们分别取 $\theta=0°,13.9°,30°,46.1°,60°$ 共 5 个应力角,得出 5 条极限子午线如图 8 – 34 所示.从图中可以看到:

(a)花岗岩的强度随静水应力 p 的增加而提高.

(b)不同应力角时的极限子午线各不相同.

(c)Drucker-Prager 准则以及各种不同形式的广义 Mises 准则(内切锥、伸长锥、折衷锥、压缩锥等)的极限子午线与应力角 θ 无关,与实验结果相差较大.

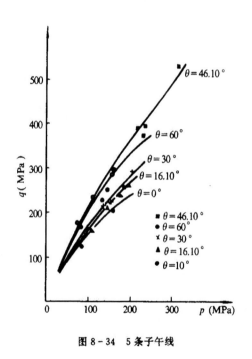

图 8 – 34　5 条子午线

8.7.5　π 平面极限线

根据以上 5 条子午极限线,即可作出如图 8 – 35 的极限面.以

垂直于极限面轴线 p 的平面与极限面相截,两者的交线即为岩石在 π 平面的极限线. 不同 p 值的截面可得出在不同静水应力下的 π 平面极限线. 上述图 8-33 即为 $p=130$MPa 时的 π 平面极限线.

图 8-34 中,在 $p=80$—200MPa 的范围内,取 6 个截面,即可得出在相应 p 值下的 6 个 π 平面极限线,如图 8-35 所示.

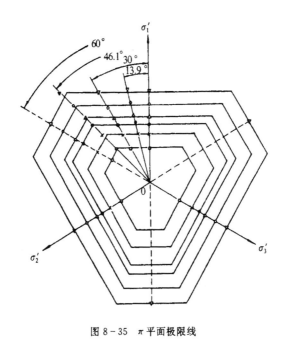

图 8-35 π 平面极限线

§8.8 混凝土强度理论的实验验证

混凝土强度理论在现代得到迅速的发展. 这是由于混凝土结构在各个工程领域有着广泛的应用,从土木、水利、道路、核工程、铁道、桥梁等工程中大量的混凝土结构的理论研究,设计和工程应用中,都对混凝土强度理论提出了更新的要求[26-38]. 在最新出版的有关专著(文献[27—29])中也都对混凝土破坏准则作了较多介绍.国内外研究者近年来进行了很多研究,并提出了从二参数到五参数的混凝土破坏准则[29],进行了大量实验.

这些实验结果以及与理论的比较可以从它们的空间极限面来研究.一般可以从它们的 π 平面极限线和子午线两个方面来讨论.这里我们主要从 π 平面极限线的实验结果来分析.子午线的分析将在第十章中作进一步介绍.

关于混凝土的 π 平面极限线的著名实验是法国国立高等工艺学院教授 Gachon 和 Launay 所做[31].他们给出了一系列在不同静水压力下混凝土破坏的 π 平面极限线,并用一组不同的曲线连接起来,很多研究者提出了各种不同的经验公式来逼近这一实验结果.与此同时,Magnas 和 Audibert 也得出了相似的结果.图 8 - 36 为 Magnas-Audibert 得出的混凝土 π 平面极限线.图 8 - 37 为 Launay-Gachon 的实验结果

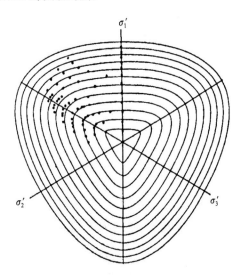

图 8 - 36 混凝土的 π 平面极限线(Magnas-Audibert,1971)

从图 8 - 36 和图 8 - 37 的对比中可见,虽然曲线的拟合能力

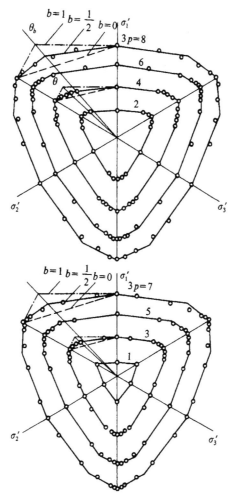

图 8 - 37 $b = \frac{1}{2}$ 的统一强度理论与混凝土极限面的对比

（○是 Launay 的真三轴实验点，1972）

是很强的，但图 8 - 37 的折线与实验结果的符合情况更好．图
8 - 37系将 Launay-Gachon 的实验结果分为不同静水应力的三组

极限线,以便更好地与理论曲线对比.图 8 - 37 的理论极限线为 b = $\frac{1}{2}$ 的统一强度理论极限线.作为对比,在上图中同时绘出了静水应力 $3p=4$ 和 8 时的 $b=0$ 的单剪强度理论极限线(虚线)和 $b=1$ 的双剪强度理论极限线(点划线).图中除了 $3p=1$ 的 π 平面只有两个实验点,无法与理论比较外,$b=\frac{1}{2}$ 的统一强度理论的预计与实验结果都比较一致.对于图 8 - 36 的实验结果,如用 $b=\frac{1}{2}$ 的统一强度理论的极限线比较,也可以得出比较一致的结果.

我国清华大学王传志、过镇海等教授进行了多年混凝土真三轴强度研究,得出的混凝土的 π 平面实验结果如图 8 - 38[32].除了个别实验点外,$b=\frac{1}{2}$ 的统一强度理论与实验点符合得较好(由于三轴对称性,只绘出三分之一极限线,一般只绘出六分之一即可).图 8 - 39 是他们按不同静水应力,分成四挡所得出的 π 平面极限线范围,即静水应力 $\sigma_m = (0.85{-}1.15)\sigma_c$,$(1.7{-}2.3)\sigma_c$,$(2.6{-}3.4)\sigma_c$ 和 $\sigma_m = (4.5{-}5.5)\sigma_c$ 时的 π 平面极限线,它们与 $b=\frac{1}{2}$ 的统一强度理论也较为一致.

大连理工大学赵国藩、宋玉普等教授也进行了混凝土真三轴强度研究[36].他们得出在不同静水应力时的 π 平面极限线范围如图 8 - 40.从这一结果对比中可见,采用 $b=\frac{1}{2}$ 的统一强度理论也与实验结果较为一致.

在 90 年代,国外也进行过很多混凝土的真三轴试验.Faruque 和 Chang 用素混凝土进行了三组试验[38],三组试验的应力状态分别为 $(\sigma_2=\sigma_3,\sigma_1)$、$(\sigma_1=-\sigma_3,\sigma_2)$ 和 $(\sigma_1=\sigma_2,\sigma_3)$ 的三轴伸长、三轴剪切和三轴压缩.把他们的实验结果用二条折线连接起来,如图 8 - 41 所示.从图中可见,这一实验结果与 $b=1$ 的统一强度理论(即双剪强度理论)基本吻合.文献[44]对钢纤维混凝土的试验结果也与双剪强度理论相一致.

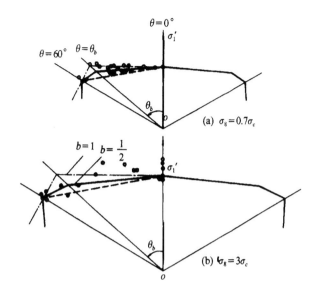

图 8 - 38　混凝土真三轴实验结果(过镇海等,1991)

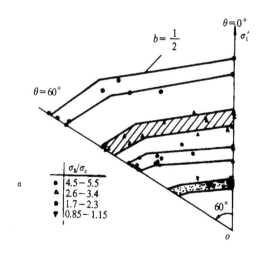

图 8 - 39　混凝土真三轴试验结果(过镇海、王传志,1991)

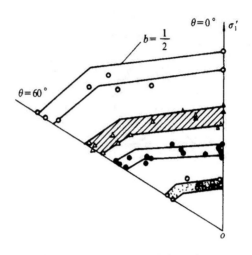

图 8-40　混凝土真三轴试验结果

（宋玉普、赵国藩等，1993）I_1/σ_0 比如下：

○是 4.5—6.5；△是 2.6—3.4；●是 1.7—2.3；▽是 0.85—1.15

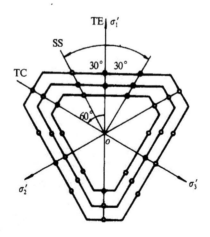

图 8-41　素混凝土的 π 平面极限面

（Faruque，Chang，1990）TE（三轴伸长），SS（剪切试验），TC（三轴压缩）

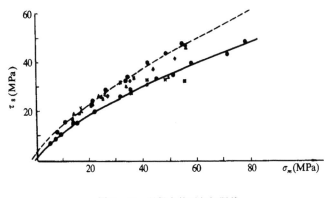

图 8-42 混凝土的子午极限线

从以上实验结果可知,混凝土的 π 平面极限线介于 $b=\dfrac{1}{2}$ 和 $b=1$ 的统一强度理论之间. 混凝土的子午线形状的实验也有很多的资料. 在文献[29]中有较多介绍. 图 8-42 为清华大学和国外一些实验结果[28]. 它们可近似用二参数准则表示,这时的子午极限线为直线. 在一般情况下,需要采用三参数、四参数和五参数准则来表示,这时的子午极限线将为曲线. 在下二章中我们将作理论上的进一步研究.

§8.9 粘土和黄土的强度理论实验

土是结构工程和岩土工程中广泛应用和碰到的材料,它的强度问题研究经历了数百年,是土力学和基础工程中最基本的内容. 由于土体大多处于复杂应力作用下,因此,对土力学和基础工程的研究必须考虑它的三轴特性,工程中对土的三轴特性试验提出了更高的要求. 目前,土的轴对称三轴试验已成为土力学的基本试验,并逐步发展了真三轴试验. 英国的 Bishop 和日本京都大学 Shibata 等人是开展真三轴土试验的最早研究者之一. 图 8-43 为京都大学得出的试验结果.

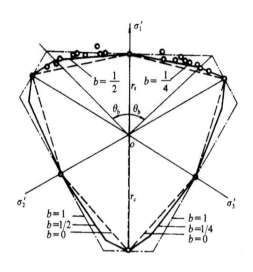

图 8 - 43　正常固结粘土的极限线(Shibata,Karube,1965)

图 8 - 43 的正常固结粘土的三轴试验结果大多介于 $b=\frac{1}{4}$ 和 $b=1$ 的统一强度理论之间,因而与 Mohr-Coulomb 的单剪强度理论不一致.这一实验结果相当于 $b=\frac{1}{2}$ 和 $b=\frac{1}{4}$ 的统一强度理论.

河海大学方开泽于 1986 年给出的击实黄土试验结果如图

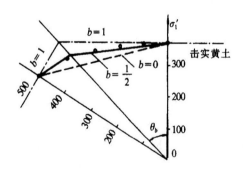

图 8 - 44　击实黄土试验结果(方开泽,1986)

8-44. 西安水利科学研究所邢义川等于 1991 年给出原状黄土和重塑黄土的真三轴试验结果如图 8-45 所示[35]. 这三者得出的结果均与 $b = \frac{1}{2}$ 的统一强度理论十分吻合.

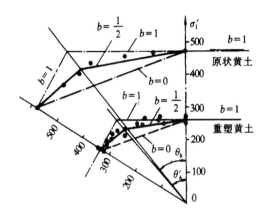

图 8-45 黄土试验结果(邢义川、郑颖人等,1992)

美国密歇根大学 Haythornthwaite 于 1960 年给出的重塑粘

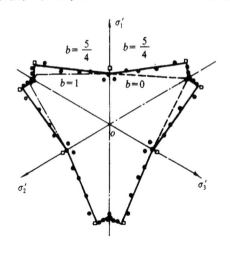

图 8-46 重塑粘土的 π 平面极限线

土的试验结果如图 8-46 所示[42]. 用一强度理论的双折线连接各实验点,则与 $b=\dfrac{5}{4}$ 的统一强度理论相一致,因而形成一种非凸的极限面.

§8.10 砂土的强度理论实验

砂土的复杂应力强度曾为很多研究者所探讨. 图 8-47 为美国加利福尼亚大学 Lade 教授所得出的 Monterey 砂的 π 平面极限线,被各种文献所引用[40,41],并用各种曲线去拟合[如图中的虚线]. 图中方形实验点为密砂的实验结果,如采用下章所述的 $\beta_1 \neq \beta_2$ 的统一强度理论,它几乎就是 $b=\dfrac{3}{4}$ 的统一强度理论所给出的极限线,如图中外面的极限线所示. 最外面的点划线为 $b=1$ 的情况. 图中内部的圆点实验点是松砂的实验结果,它与 $b=\dfrac{1}{4}$ 且 $\beta_1 \neq \beta_2$ 的统一强度理论相符合.

砂土的另一著名实验由英国 Green-Bishop 于 1969 年给出,如图 8-48 所示.

图 8-49 为日本名古屋工业大学 Matsuoka 得出的一种 Toyoura 砂的实验结果[40]. 这一结果与 Lade 的 Monterey 密砂的结果相同. 均与 $b=\dfrac{3}{4}$ 的统一强度理论相一致.

Dakoulas 和 Sun 在 1992 年给出的 Ottawa 细砂的极限线如图 8-50(a),(b)所示. 图中(a)为松砂的实验结果,它与 $b=\dfrac{1}{2}$ 的统一强度理论一致. 图中(b)为密砂的实验结果,它与 $b=\dfrac{3}{4}$ 的统一强度理论相符合.

Ko H-Y 和 Scott 得出的砂土和唐仑得出的中砂的 π 平面极限线分别如图 8-51 和图 8-52 所示. 它们的结果均符合 $b=\dfrac{1}{2}$ 的统一强度理论.

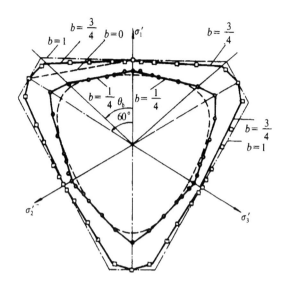

图 8-47 Monterey 砂的极限线(Lade,1973,1979)

○——松砂;□——密砂

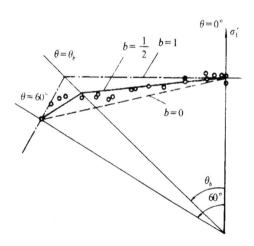

图 8-48 砂的 π 平面极限线(Green,Bishop,1969)

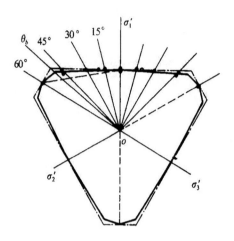

图 8-49 统一强度理论($b=\dfrac{3}{4}$)与 Toyoura 砂的 π 平面极限线

(Matsuoka,Nakai,1982)

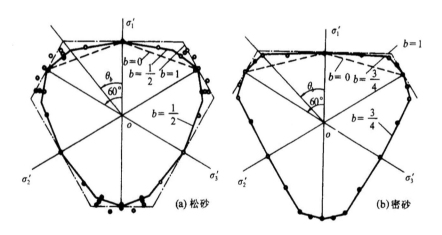

图 8-50 Ottawa 细砂的极限线(Dakoulas,Sun,1992)

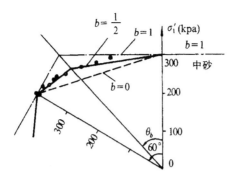

图 8-51 中砂的 π 平面极限线($p=300\text{kPa}\pi$ 平面)(唐仑,1981)

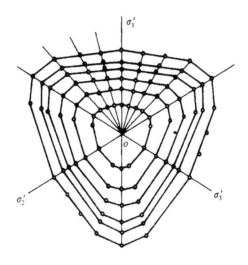

图 8-52 $b=\dfrac{1}{2}$ 的统一强度理论与砂土实验结果(Ko H-Y,Scott)

§8.11 砂土的动强度破坏线

土的静力试验已经有较多的复杂应力试验结果. 对土的动强度的研究,目前也开展了很多的研究. 西安理工大学水利水电学院张建民和邵生俊等对砂土的动强度与应力状态的变化规律进行了一系列研究[39]. 他们采用常规三轴振动试验和振动扭剪三轴试验相结合的方法，探讨了饱和砂土在三维应力条件下的砂土动有效强度特性.

图 8-53 为饱和砂土的三维应力得出的静强度破坏线. 实验点均处于 $b=\frac{1}{2}$ 和 $b=1$ 的统一强度理论之间[39]. 相同材料的动强度破坏线如图 8-54 所示.

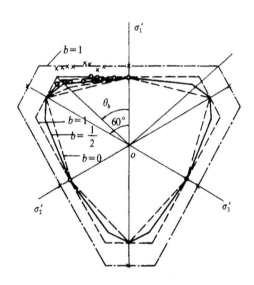

图 8-53　饱和砂土的静强度破坏线(张建民、邵生俊，1987)

图 8-53 和图 8-54 表明，饱和砂土在静三维条件下和动三维条件下的强度具有相似的规律. 图 8-55 和图 8-56 为张建民等所得出的砂土动强度实验结果.

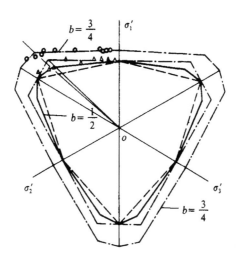

图 8-54　饱和砂土动强度破坏线(张建民、邵生俊,1987)

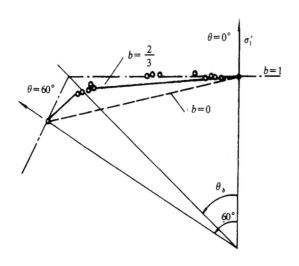

图 8-55　砂土的动强度实验(张建民等,1989)

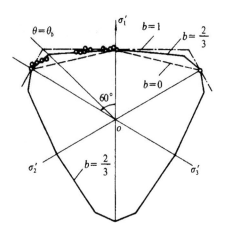

图 8-56 砂土的动强度实验(张建民、邵生俊,1989)

参 考 文 献

[1] Yu Mao-hong, General behaviour of isotropic yield function, Res. report, Xian Jiaotong University,1961；双剪应力强度理论研究,西安交通大学出版社,1988, 155—173.

[2] Yu Mao hong, Twin shear stress yield criterion, *Int. J. of Mechanical Science*, 1983. **25** (1), 71—74.

[3] Yu Mao-hong, He Li nan, Song Ling-yu, Twin shear stress theory and its generalization. *Scientia Sinica (Science in China)*, Series A, 1985, **28** (11), 1174—1183.

[4] 俞茂宏、何丽南、宋凌宇,双剪应力强度理论及其推广,中国科学 (A 辑),1985, **28** (12), 1113—1120.

[5] Yu Mao-hong, He Li-nan, A new model and theory on yield and failure of materials under the complex stress state, Mechanical Behaviour of Materials-6, Vol. 3, Pergamon Press, 1991, 841—846.

[6] Taylor, G. I. and Quinney, H., The plastic distortion of metal, *Phil. Trans.*, Roy, Soc., S. A., 1931, 230 323—362.

[7] Ivey, H. J.. Plastic stress strain relations and yield surface for aluminum alloys,

J. Mech. Engng. Sci., 1961, 3 (1), 15—31.

[8] Winstone, M. R., Influence of prestress on the yield surface of the cast nickel superalloy Mar-Mooz at elevated temperature, Mechanical, Behaviour of Materials - 4, Pergamon Press, London, 1984, 199—205.

[9] Cornet, I., Grassi, R. C., J. Appl. Mech., 1949, 16, 178—182.

[10] Grassi, R. C., Cornet, I., J. Appl. Mech., 1955, 22, 172—174.

[11] Cornet I., Grassi, R. C., Trans. ASME, Series D, 1961, 38 (1), 39—44.

[12] Mair, W. M., J. Strain Analysis, 1968, 3 (4), 254—263.

[13] Coffin, L. F., J. Appl. Mech., 1950. 17. 233.

[14] 徐积善, 强度理论及其应用, 水利电力出版社, 1984, 231—233.

[15] Farmer, I. W., Engineering Behaviour of Rocks, Chapman & Hall, London, 1983; 中译本：汪浩译, 朱效嘉校, 岩石的工程性质, 中国矿业大学出版社, 1988.

[16] 李小春、许东俊, 双剪强度理论的实验验证——拉西瓦花岗岩强度特性真三轴试验研究, 中国科学院武汉岩土力学研究所, 岩土 (90) 报告 52 号.

[17] Mohr, O., 吴之瀚译, 李国豪校, 什么情况决定材料的弹性极限和破坏, 摩尔工程力学论文选辑, 上海科学技术出版社, 1966 (按 1928 年原文第三版译出, 第一版发表于 1905 年).

[18] Mogi, K., Failure and flow of rocks under high triaxial compression, J. Geophys. Res., 1971, 76, 1255—1269.

[19] Kım, M. K., Lade, P, V., Modelling rock strength in three dimensions, Int. J. Rock Mech. Min. Sci. & Geomech. Abstr. 1984, 21 (1), 21—33.

[20] Mogi, K., Effect of intermediate principal stress on rock failure, J. Geophys. Res., 1967, 72, 5117—5131.

[21] Michelis, P., True triaxial cyclic kehavior of concrete and rock in compression, Int. J. of Plasticity, 1987, 3, 249—270.

[22] Michelis, P., Polyaxial yielding of granular rock, J. Engng. Mech., 1985, 111 (8), 1049—1066.

[23] Amadei, V. J., Robison, M. and Kuberan, R., Strength of indiana limestone in true biaxial loading conditions, Proceedings 24th Symposium on Rock Mechanics. 338—348.

[24] Maso, J. C. and Lerau, J., Mechanical behaviour of darney sandstone in biaxial compression. Int. J. Rock Mech. Min. Sci. & Geomech. Abstr., 1980, 17, 109—115.

[25] 电力工业部、水利部西北勘测设计研究院, 高地应力地区大型地下厂房洞群围

岩稳定性研究，1993，1—106.

[26] Chen, W. F., Placticity in reinforced concrete, McGraw-Hill Book Company, 1982.

[27] 江见鲸，混凝土力学，中国铁道出版社，1990.

[28] 沈聚敏、王传志、江见鲸，钢筋混凝土有限元与板壳极限分析，清华大学出版社，1993.

[29] 江见鲸，钢筋混凝土结构非线性有限元分析，当代土木建筑科技丛书，陕西科学技术出版社，1994.

[30] 于骁中、居襄，混凝土的强度和破坏，水利学报，1983，(2)，22—36.

[31] 水利水电科学研究院，混凝土的强度和破坏译文集，水利出版社，1982.

[32] 王传志、过镇海、张秀琴，二轴和三轴受压混凝土的强度试验，土木工程学报，1987，**20** (1)，15—27.

[33] 高廷法、陶振宇，岩石强度准则的真三轴压力试验检验与分析，岩土工程学报，1993，**15** (4)，26—32.

[34] 过镇海、王传志，多轴应力下混凝土的强度和破坏研究，土木工程学报，1991，**24** (3)，1—14.

[35] 邢义川、刘祖典、郑颖人，黄土的强度条件，第四届全国岩土力学数值分析与解析方法讨论会论文集，武汉测绘科技大学出版社，1991.

[36] 宋玉普、赵国藩、彭放、胡倍雷，多轴应力下混凝土的破坏准则，第五届岩石，混凝土断裂和强度学术会议论文集（涂传林主编），国防科技大学出版社，1993，121—129.

[37] 宋玉普、赵国藩、彭放、沈吉纳，三轴受压状态下轻骨料混凝土的强度特性，水利学报，1993，(6)，10—16.

[38] Faruque, M. O. and Chang, C. J., A constitutive model for pressure sensitive materials with particular reference to plain concrete, *Int. J. Plasticity*, 1990, **6**, 29—43.

[39] 张建民、邵生俊，三维应力条件下饱和砂土的动有效强度准则，水利学报，1988，3，54—59.

[40] Matsuoka, H., Hoshikawa T. and Ueno K., A general failure criterion and stress-strain relation for granular materials to metals, *Soil and Foundations* (*JSSMFE*), 1990, **30** (2), 119—127.

[41] Boer, R., On plastic deformation of soils, *Int. J. Plasticity*, 1988, **4**, 371—391.

[42] Haythornthwaite, R. M., Stress and strain in soils, in: Plasticity, ed. by E. H. Lee and P. S. Symonds, Pergamon Press, Oxford, 1960, 185—193.

[43] 李小春、许东俊、刘世煌、安民，真三轴应力状态下拉西瓦花岗岩的强度、变

形及破裂特性试验研究,中国岩石力学与工程学会第三次大会论文集,中国科学技术出版社,1994,153—159

[44] 董毓利、樊承谋、潘景龙,钢纤维混凝土双向破坏准则的研究,哈尔滨建筑工程学院学报,1993年 **26**(6),69—73

[45] 明治清、沈俊、顾金才,拉-压真三轴仪的研制及其应用,防护工程,1994,3,1—9.

第九章　三参数统一强度理论

§9.1　概　　述

不同的材料具有不同的力学性能，因而也有不同的强度理论和不同的强度参数. 在第三章中，我们阐述了只要一个强度参数的双剪统一屈服准则，它适合于材料拉伸强度 σ_t 和压缩强度 σ_c 相同的材料. 在第七章中，我们得出统一强度理论，它适合于材料拉伸强度 σ_t 和压缩强度 σ_c 不相等的材料，因而需要两个强度参数（σ_c，σ_t 或 C_0，φ），但它得出的材料双轴等压强度 σ_{cc} 与单轴压缩强度 σ_c 相同. 对于 $\sigma_{cc} \neq \sigma_c$ 的材料，则需要更多的强度参数. 下面我们先对统一单参数准则和统一两参数准则作一回顾.

9.1.1　统一单参数准则

对于拉伸强度与压缩强度相同的材料（$\sigma_t = \sigma_c$），只需用一个强度参数就可以进行复杂应力状态下的强度计算. 以塑性材料的屈服为例，相应的统一屈服准则为

$$f = \sigma_1 - \frac{1}{1+b}(b\sigma_2 + \sigma_3) = \sigma_t \qquad 当\ \sigma_2 \leqslant \frac{\sigma_1 + \sigma_3}{2} \qquad (9-1)$$

$$f' = \frac{1}{1+b}(\sigma_1 + b\sigma_2) - \sigma_3 = \sigma_t \qquad 当\ \sigma_2 \geqslant \frac{\sigma_1 + \sigma_3}{2} \qquad (9-1')$$

当 $b = 1$ 时，即为双剪应力屈服准则；当 $b = 0$ 时，$f = f' = \sigma_1 - \sigma_3 = \sigma_t$，即为单剪应力屈服准则；当 $0 < b < 1$ 时，即为一族加权双剪应力屈服准则，其中 $b = \dfrac{1}{1+\sqrt{3}}$ 和 $b = \dfrac{1}{2}$ 时，可作为两种 Mises 准则的分段线性逼近式. 它们的主应力表达式分别为

$$f = (2+\sqrt{3})\sigma_1 - \sigma_2 - (1+\sqrt{3})\sigma_3 = (2+\sqrt{3})\sigma_t,$$

$$\text{当 } \sigma_2 \leqslant \frac{1}{2}(\sigma_1 + \sigma_3) \tag{9-2}$$

$$f' = (1+\sqrt{3})\sigma_1 + \sigma_2 - (2+\sqrt{3})\sigma_3 = (1+\sqrt{3})\sigma_t,$$

$$\text{当 } \sigma_2 \geqslant \frac{1}{2}(\sigma_1 + \sigma_3) \tag{9-2'}$$

和

$$f = 3\sigma_1 - \sigma_2 - 2\sigma_3 = 3\sigma_t, \quad \text{当 } \sigma_2 \leqslant \frac{1}{2}(\sigma_1 + \sigma_3) \tag{9-3}$$

$$f' = 2\sigma_1 + \sigma_2 - 3\sigma_3 = 2\sigma_t, \quad \text{当 } \sigma_2 \geqslant \frac{1}{2}(\sigma_1 + \sigma_3) \tag{9-3'}$$

以上几个屈服准则中,单剪应力屈服准则为最小范围的屈服面,双剪应力屈服准则为最大范围的屈服面,其他屈服准则均介于这两者之间.这些屈服准则中的材料强度参数都只有一个,所以均可称为单参数准则.

9.1.2 统一双参数准则

对于拉伸强度与压缩强度不等的材料,在屈服和强度计算准则中,需要两个材料强度参数,即材料拉伸强度极限 σ_t 和压缩强度极限 σ_c. 相应的统一强度理论为

$$F = \sigma_1 - \frac{\alpha}{1+b}(b\sigma_2 + \sigma_3) = \sigma_t \quad \text{当 } \sigma_2 \leqslant \frac{\sigma_1 + \alpha\sigma_3}{1+\alpha} \tag{9-4}$$

$$F' = \frac{1}{1+b}(\sigma_1 + b\sigma_2) - \alpha\sigma_3 = \sigma_t \quad \text{当 } \sigma_2 \geqslant \frac{\sigma_1 + \alpha\sigma_3}{1+\alpha} \tag{9-4'}$$

当 $b=1$ 时,即为双剪应力强度理论;当 $b=0$ 时,$F=F'=\sigma_1 - \alpha\sigma_3 = \sigma_t$,即为 Mohr-Coulomb 的单剪强度理论;当 $0<b<1$ 时,即为一族介于双剪强度理论和 Mohr-Coulomb 强度理论之间的加权双剪强度理论.其中 $b=\frac{1}{2}$ 的加权双剪强度理论为一个典型的新的强度准则,即

$$F=\sigma_1-\frac{\alpha}{3}(\sigma_2+2\sigma_3)=\sigma_t \qquad \text{当 } \sigma_2\leqslant\frac{\sigma_1+\alpha\sigma_3}{1+\alpha} \qquad (9-5)$$

$$F'=\frac{1}{3}(2\sigma_1+\sigma_2)-\alpha\sigma_3=\sigma_t \qquad \text{当 } \sigma_2\geqslant\frac{\sigma_1+\alpha\sigma_3}{1+\alpha} \qquad (9-5')$$

下面我们将在以上统一强度理论的基础上,进一步研究双剪应力三参数准则和三参数统一强度理论.

§9.2 双剪应力三参数准则

以上的单参数准则和两参数准则分别适用于拉压强度相等的材料和拉压强度不等,但单轴压缩强度与双轴等压强度相等的材料. 对于拉伸强度 σ_t、压缩强度 σ_c 和双轴等压强度 σ_{cc} 都不相等的材料,则在强度准则中需要引入三个强度参数,故称为三参数准则.

双剪应力三参数准则有两种类型,介绍如下.

9.2.1 $\beta_1\neq\beta_2$ 的情况

如在双剪应力强度理论的基本表达式 F 和 F' 中,取不同的正应力影响系数 β_1 和 β_2,得

$$F=\tau_{13}+\tau_{12}+\beta_1(\sigma_{13}+\sigma_{12})=C \qquad (9-6)$$

$$F'=\tau_{13}+\tau_{23}+\beta_2(\sigma_{13}+\sigma_{23})=C \qquad (9-6')$$

用单向拉伸、单向压缩和双向等压时的三个材料强度参数 σ_t, σ_c 和 σ_{cc},并令 $\alpha=\sigma_t/\sigma_c, \bar{\alpha}=\sigma_{cc}/\sigma_c$,相应条件为

单向拉伸 $\sigma_1=\sigma_t, \sigma_2=\sigma_3=0$,用(9-6)式;

单向压缩 $\sigma_1=\sigma_2=0, \sigma_3=-\sigma_c$,用(9-6')式;

双向等压 $\sigma_1=0, \sigma_2=\sigma_3=-\sigma_{cc}$,用(9-6)式.

求得三个参数分别为

$$\beta_1=\frac{\bar{\alpha}-\alpha}{\alpha+\bar{\alpha}}$$

$$\beta_2 = \frac{\alpha + \bar{\alpha} - 2\alpha\bar{\alpha}}{\alpha + \bar{\alpha}}$$

$$C = \frac{2\bar{\alpha}}{\alpha + \bar{\alpha}}\sigma_t \qquad (9-7)$$

代入式(9-6)和(9-6′),可得双剪强度理论的三参数计算准则

$$F = \sigma_1 - \frac{1}{2}\frac{\alpha}{\bar{\alpha}}(\sigma_2 + \sigma_3) = \sigma_t \qquad (9-8)$$

$$F' = \left(1 - \alpha + \frac{\alpha}{\bar{\alpha}}\right)\frac{1}{2}(\sigma_1 + \sigma_2) - \alpha\sigma_3 = \sigma_t \qquad (9-8')$$

上两式中,只要有一个条件满足,材料便到达极限状态. $\beta_1 \neq \beta_2$ 的双剪三参数准则可见文献[8].

9.2.2 考虑静水应力影响的情况

在双剪应力两参数准则的基础上,再考虑静水应力的影响,可以推得双剪应力三参数准则,其数学表达式如下:

$$F = \tau_{13} + \tau_{12} + \beta(\sigma_{13} + \sigma_{12}) + a\sigma_m = C$$
$$\text{当 } \tau_{12} + \beta\sigma_{12} \geq \tau_{23} + \beta\sigma_{23} \qquad (9-9)$$

$$F' = \tau_{13} + \tau_{23} + \beta(\sigma_{13} + \sigma_{23}) + a\sigma_m = C$$
$$\text{当 } \tau_{12} + \beta\sigma_{12} \leq \tau_{23} + \beta\sigma_{23} \qquad (9-9')$$

式中 β 为反映正应力对材料破坏的影响参数;a 为静水应力对材料破坏的影响参数;C 为反映材料强度的参数. 参数 β, a, C 的值可由材料的拉伸极限应力 σ_t、压缩极限应力 σ_c 和双轴等压极限应力 σ_{cc} 确定:

$$\beta = \frac{\bar{\alpha} + 2\alpha - 3\alpha\bar{\alpha}}{\bar{\alpha}(1+\alpha)}, a = \frac{6\alpha(\bar{\alpha}-1)}{\bar{\alpha}(1+\alpha)}, C = \frac{2\alpha}{1+\alpha}\sigma_c$$

$$\alpha = \frac{\sigma_t}{\sigma_c} \qquad \bar{\alpha} = \frac{\sigma_{cc}}{\sigma_c} \qquad (9-10)$$

用主应力表示的双剪应力三参数准则为

$$F = \sigma_1 - \frac{1}{2}(\sigma_2 + \sigma_3) + \beta\left[\sigma_1 + \frac{1}{2}(\sigma_2 + \sigma_3)\right]$$

$$+ \frac{a}{3}(\sigma_1 + \sigma_2 + \sigma_3) = C$$

$$\text{当 } 2\sigma_2 \leqslant (\sigma_1 + \sigma_3) + \beta(\sigma_1 - \sigma_3) \qquad (9-11)$$

$$F' = -\sigma_3 + \frac{1}{2}(\sigma_1 + \sigma_2) + \beta\left[\sigma_3 + \frac{1}{2}(\sigma_1 + \sigma_2)\right]$$

$$+ \frac{a}{3}(\sigma_1 + \sigma_2 + \sigma_3) = C$$

$$\text{当 } 2\sigma_2 \geqslant \beta(\sigma_1 - \sigma_3) + \sigma_1 + \sigma_3 \qquad (9-11')$$

或写为

$$F = \sigma_1 - \frac{1}{2}(\sigma_2 + \sigma_3) + \frac{\beta}{2}\sigma_1 + \left(a + \frac{3\beta}{2}\right)\sigma_m = C$$

$$\text{当 } 2\sigma_2 \leqslant \beta(\sigma_1 - \sigma_3) + \sigma_1 + \sigma_3 \qquad (9-12)$$

$$F' = \frac{1}{2}(\sigma_1 + \sigma_2) - \sigma_3 + \frac{\beta}{2}\sigma_3 + \left(a + \frac{3\beta}{2}\right)\sigma_m = C$$

$$\text{当 } 2\sigma_2 \geqslant \beta(\sigma_1 - \sigma_3) + \sigma_1 + \sigma_3 \qquad (9-12')$$

显然,当 $\bar{a}=1$ 时,即材料双轴等压强度等于单轴压缩强度时,双剪应力三参数准则变为两参数准则,亦即双剪应力两参数准则是双剪应力三参数准则的特例.两者在主应力空间中的极限面的形状相似.

§9.3 三参数统一强度理论

将统一强度理论和双剪应力三参数准则相结合,可得三参数统一强度理论.其定义是,当作用于单元体上的两个较大主剪应力以及相应的正应力函数和静水应力函数达到某一极限值时,材料发生破坏.三参数统一强度理论的数学表达式为

$$F = \tau_{13} + b\tau_{12} + \beta(\sigma_{13} + b\sigma_{12}) + a\sigma_m = C$$

$$\text{当 } \tau_{12} + \beta\sigma_{12} \geqslant \tau_{23} + \beta\sigma_{23} \qquad (9-13)$$

$$F' = \tau_{13} + b\tau_{23} + \beta(\sigma_{13} + b\sigma_{23}) + a\sigma_m = C$$

$$\text{当 } \tau_{12} + \beta\sigma_{12} \leqslant \tau_{23} + \beta\sigma_{23} \qquad (9-13')$$

式中 b, β, C 的意义与统一强度理论中的参数相同(但两者的数值有所不同),a 为反映静水应力对材料破坏的影响的参数.

三参数统一强度理论中的三个材料参数 β, C, a 的值可由材料的拉伸强度极限 σ_t、压缩强度极限 σ_c 和双轴等压强度极限 σ_{cc} 确定. 因有 $\sigma_1 = \sigma_t$, $\sigma_2 = \sigma_3 = 0$;$\sigma_1 = \sigma_2 = 0$, $\sigma_3 = -\sigma_c$;$\sigma_1 = 0$, $\sigma_2 = \sigma_3 = -\sigma_{cc}$. 由此可得出三参数统一强度理论中的三个材料强度参数

$$\beta = \frac{\sigma_{cc}\sigma_c + 2\sigma_t\sigma_c - 3\sigma_t\sigma_{cc}}{\sigma_{cc}(\sigma_t + \sigma_c)} = \frac{\bar{\alpha} + 2\alpha - 3\alpha\bar{\alpha}}{\bar{\alpha}(1+\alpha)}$$

$$a = \frac{3\sigma_t(1+b)(\sigma_{cc} - \sigma_c)}{\sigma_{cc}(\sigma_t + \sigma_c)} = \frac{3\alpha(1+b)(\bar{\alpha}-1)}{\bar{\alpha}(1+\alpha)}$$

$$C = \frac{\sigma_c\sigma_t(1+b)}{\sigma_t + \sigma_c} = \frac{1+b}{1+\alpha}\sigma_t \qquad (9-14)$$

式中 $\alpha = \sigma_t/\sigma_c$,$\bar{\alpha} = \sigma_{cc}/\sigma_c$.

三参数统一强度理论的主应力表达式为

$$F = \frac{1+b}{2}(1+\beta)\sigma_1 - \frac{1-\beta}{2}(b\sigma_2 + \sigma_3) + \frac{a}{3}(\sigma_1 + \sigma_2 + \sigma_3) = C$$

$$\text{当 } \sigma_2 \leqslant \frac{1}{2}(\sigma_1 + \sigma_3) + \frac{\beta}{2}(\sigma_1 - \sigma_3) \qquad (9-15)$$

$$F' = \frac{1+\beta}{2}(\sigma_1 + b\sigma_2) - \frac{1+b}{2}(1-\beta)\sigma_3 + \frac{a}{3}(\sigma_1 + \sigma_2 + \sigma_3) = C$$

$$\text{当 } \sigma_2 \geqslant \frac{1}{2}(\sigma_1 + \sigma_3) + \frac{\beta}{2}(\sigma_1 - \sigma_3) \qquad (9-15')$$

可以看出,三参数统一强度理论比统一强度理论和统一屈服准则具有更大的适用性. 统一强度理论和统一屈服准则均是三参数统一强度理论的特例.

如将上节所述的 $\beta_1 \neq \beta_2$ 的双剪三参数准则与俞茂宏的统一强度理论相结合,则可得另一形式的三参数统一强度理论为

$$F = \tau_{13} + b\tau_{12} + \beta_1(\sigma_{13} + b\sigma_{12}) = C \qquad (9-16)$$

$$F' = \tau_{13} + b\tau_{23} + \beta_2(\sigma_{13} + b\sigma_{23}) = C \qquad (9-16')$$

读者可以按照上节所述的文献[8]的方法,很方便地推导出相应的三个参数 β_1, β_2, C, 得出 $\beta_1 \neq \beta_2$ 时的双剪三参数统一强度理论. 这里不再赘述.

§9.4 三参数统一强度理论的特例

三参数统一强度理论可以包含以上各种强度理论,并形成一系列新的强度准则.

9.4.1 三参数单剪强度理论($b=0$)

当 $b=0$ 时,三参数统一强度理论式 $(9-15)(9-15')$ 简化为

$$F = F' = \frac{1+\beta}{2}\sigma_1 - \frac{1-\beta}{2}\sigma_3 + \frac{a}{3}(\sigma_1 + \sigma_2 + \sigma_3) = C \quad (9-17)$$

这是一个新的强度理论,称为三参数单剪强度理论. Mohr-Coulomb 强度理论和 Tresca 屈服准则(第三强度理论)均可由此蜕化得出.

当材料的双轴等压强度 σ_{cc} 与单轴压缩强度 σ_c 相等时,由式 $(9-14)$ 可得

$$\beta = \frac{1-\alpha}{1+\alpha} \qquad C = \frac{\sigma_t}{1+\alpha} \qquad a = 0 \qquad (9-18)$$

代入式 $(9-17)$ 得

$$F = F' = \sigma_1 - \alpha\sigma_3 = \sigma_t$$

此即为 Mohr-Coulomb 强度理论.

当 $\bar{\alpha} = \alpha = 1$ 时,即 $\sigma_{cc} = \sigma_c = \sigma_t$ 时,三参数单剪强度理论蜕化为单参数准则,即 Tresca 屈服准则

$$f = f' = \sigma_1 - \sigma_3 = \sigma_t$$

9.4.2 三参数双剪强度理论（$b=1$）

当 $b=1$ 时,三参数统一强度理论式(9-15),(9-15') 简化为式(9-11),(9-11'). 这就是俞茂宏、刘凤羽于 1988 年提出的双剪应力三参数准则[1,2].

9.4.3 三参数加权双剪强度理论（$0<b<1$）

当 $0<b<1$ 时,可得出一族介于三参数单剪强度理论和三参数双剪强度理论之间的各种三参数加权双剪强度理论,它们适合于范围很广的各种材料. 我们可取 $b=\dfrac{1}{2}$ 的三参数加权双剪强度理论作为例子,得出它的主应力表达式为

$$F=\frac{3}{4}(1+\beta)\sigma_1-\frac{1-\beta}{4}(\sigma_2+2\sigma_3)+\frac{a}{3}(\sigma_1+\sigma_2+\sigma_3)=C$$

$$当\ \sigma_2\leqslant\frac{1}{2}(\sigma_1+\sigma_3)+\frac{\beta}{2}(\sigma_1-\sigma_3) \qquad (9-19)$$

$$F'=\frac{1+\beta}{4}(2\sigma_1+\sigma_2)-\frac{3}{4}(1-\beta)\sigma_3+\frac{a}{3}(\sigma_1+\sigma_2+\sigma_3)=C$$

$$当\ \sigma_2\geqslant\frac{1}{2}(\sigma_1+\sigma_3)+\frac{\beta}{2}(\sigma_1-\sigma_3) \qquad (9-19')$$

它适用于 $\sigma_{cc}\neq\sigma_c\neq\sigma_t$ 的材料.

当 $\sigma_{cc}=\sigma_c\neq\sigma_t$ 时,三参数加权双剪强度理论简化为式(9-5),(9-5'),此即为 §7.5 所述的 $b=\dfrac{1}{2}$ 时的加权双剪强度理论.

当 $\sigma_{cc}=\sigma_c=\sigma_t$ 时,三参数加权双剪强度理论进一步简化为

$$f=\sigma_1-\frac{1}{3}(\sigma_2+2\sigma_3)=\sigma_t \qquad 当\ \sigma_2\leqslant\frac{1}{2}(\sigma_1+\sigma_3) \quad (9-20)$$

$$f'=\frac{1}{3}(2\sigma_1+\sigma_2)-\sigma_3=\sigma_t \qquad 当\ \sigma_2\geqslant\frac{1}{2}(\sigma_1+\sigma_3) \quad (9-20')$$

此即为 §3.7.3 所述的 $b=\dfrac{1}{2}$ 时的加权双剪屈服准则,它也可以作为 Mises 屈服准则的线性逼近.

9.4.4　统一强度理论

以上讨论了 b 值变化时的三参数统一强度理论变化的情况. 它可以得出一系列新的三参数强度准则.

如果材料的双轴等压强度 σ_{cc} 等于单轴压缩强度 σ_c, 即 $\bar{a}=1$, 则

$$\beta=\frac{1-\alpha}{1+\alpha} \qquad C=\frac{1+b}{1+\alpha}\sigma_t \qquad a=0$$

材料的三个强度参数缩减为两个, 三参数统一强度理论即蜕化为双参数统一强度理论, 即第七章所述的统一强度理论.

9.4.5　统一屈服准则

如果材料强度 $\sigma_{cc}=\sigma_c=\sigma_t$, 那么三个强度参数为

$$C=\frac{1+b}{2}\sigma_t \qquad \beta=a=0$$

即三个强度参数缩减为一个, 三参数统一强度理论蜕化为单参数统一强度理论, 即第三章所述的统一屈服准则.

9.4.6　三参数非凸强度理论($b<0$ 或 $b>1$)

以上各种情况的权系数 b 的数值范围为 $0\leqslant b\leqslant1$, 它们所得出的均为外凸的强度理论极限面. 若 $b<0$, 则可得出一族极限面小于三参数单剪强度理论极限面的非凸强度理论；$b>1$ 时, 则可得出一族极限面大于三参数双剪强度理论极限面的非凸强度理论.

$$§9.5\quad 三参数统一强度理论的极限面$$
$$以及与实验资料的对比$$

9.5.1　三参数统一强度理论的极限面

三参数统一强度理论在主应力空间的极限面与统一强度理论

的极限面相似,亦为一不等边六角锥体或不等边十二边锥体,如图9-1所示.

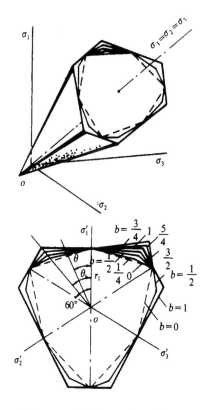

图9-1 三参数统一强度理论极限面

三参数统一强度理论在主应力空间中的极限面在形式上虽然与统一强度理论的极限面相似.但是需要注意,两者的材料参数发生了变化,材料的正应力影响系数 β 的数值也有所不同.因此,三参数统一强度理论极限面的半开口锥体与静水应力轴($\sigma_1 = \sigma_2 = \sigma_3$)的交点和锥体的开口角度都发生了改变.材料的双轴等压强度 σ_{cc} 及单轴压缩强度 σ_c 差别越大,极限面的差别也越大.在 $\sigma_1 - \sigma_2$ 平面的极限线中,可以更清晰地看出它们之间的差别.图9-2的

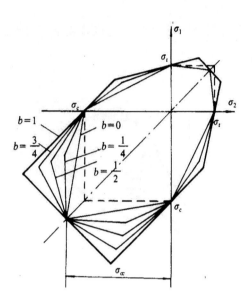

图 9 - 2　平面应力时的三参数统一强度理论的极限线

$$\left(\alpha=\frac{1}{2},\bar{\alpha}=1.2\right)$$

极限线是相对于 $\sigma_c=2\sigma_t$，$\sigma_{cc}=1.2\sigma_c$ 的材料而作出. 这时 $\alpha=\frac{1}{2}$，$\bar{\alpha}=1.2$，相应的三个参数分别等于

$$\beta=\frac{\bar{\alpha}+2\alpha-3\alpha\,\bar{\alpha}}{\bar{\alpha}(1+\alpha)}=\frac{2}{9}$$

$$a=\frac{3\alpha(1+b)(\bar{\alpha}-1)}{\bar{\alpha}(1+\alpha)}=\frac{1}{6}(1+b) \qquad (9-21)$$

$$C=\frac{1+b}{1+\alpha}\sigma_t=(1+b)\cdot\frac{2}{3}\sigma_t=\frac{1+b}{3}\sigma_c$$

这时,三参数统一强度理论的主应力表示为

$$F=\frac{11}{18}(1+b)\sigma_1-\frac{7}{18}(b\sigma_2+\sigma_3)$$

$$+\frac{1+b}{18}(\sigma_1+\sigma_2+\sigma_3)=\frac{1+b}{3}\sigma_c \qquad (9-22)$$

$$F'=\frac{11}{18}(\sigma_1+b\sigma_2)-\frac{7}{18}(1+b)\sigma_3$$
$$+\frac{1+b}{18}(\sigma_1+\sigma_2+\sigma_3)=\frac{1+b}{3}\sigma_c \qquad (9-22')$$

根据上二式可作出权系数 b 值不同时的一系列极限面. 如 $b=1$,则可得 $\alpha=0.5, \bar{a}=1.2$ 时的三参数双剪准则为

$$F=2\sigma_1-\frac{5}{12}(\sigma_2+\sigma_3)=\sigma_c$$

$$当 \ \sigma_2 \leqslant \frac{11}{18}\sigma_1+\frac{7}{18}\sigma_3 \qquad (9-23)$$

$$F'=\frac{13}{12}(\sigma_1+\sigma_2)-\sigma_3=\sigma_c$$

$$当 \ \sigma_2 \geqslant \frac{1}{18}(11\sigma_1+7\sigma_3) \qquad (9-23')$$

在平面应力状态下,它的极限线由以下 6 个直线方程所组成,极限线如图9-2的最外边的不等边六角形所示.

$$F_1=2\sigma_1-\frac{5}{12}\sigma_2=\sigma_c$$

$$F_2=\frac{5}{12}\sigma_1-2\sigma_2=\sigma_c$$

$$F_3=\frac{5}{12}(\sigma_1+\sigma_2)=-\sigma_c$$

$$F_4=\frac{13}{12}(\sigma_1+\sigma_2)=\sigma_c$$

$$F_5=\frac{13}{12}\sigma_1-\sigma_2=\sigma_c$$

$$F_6=\sigma_1-\frac{13}{12}\sigma_2=\sigma_c$$

$b=0$ 时,可得出一个新的三参数单剪强度理论

$\left(\alpha=\dfrac{1}{2},\bar{a}=1.2\right)$ 为

$$F=F'=2\sigma_1+\frac{1}{6}\sigma_2-\sigma_3=\sigma_c \qquad (9-24)$$

它在平面应力状态时的极限线如图 9-2 的最内部的实线所示,它们由以下 6 个直线方程所组成:

$$F_1=2\sigma_1+\frac{1}{6}\sigma_2=\sigma_c$$

$$F_2=\frac{1}{6}\sigma_1+2\sigma_2=\sigma_c$$

$$F_3=2\sigma_1-\sigma_2=\sigma_c$$

$$F_4=\sigma_1-2\sigma_2=\sigma_c$$

$$F_5=\frac{1}{6}\sigma_1-\sigma_2=\sigma_c$$

$$F_6=\sigma_1-\frac{1}{6}\sigma_2=\sigma_c$$

从以上分析及图 9-1 和图 9-2 中可以看出,三参数统一强度理论具有以下的特点.

(1)可以反映材料特别是混凝土类材料的双轴等压强度与单轴压缩强度和单轴拉伸强度不相等的特点.因此可以应用于 $\sigma_{cc}\neq\sigma_c\neq\sigma_t$ 的材料.

(2)数学表达式具有简单的线性形式,应用方便.

(3)可以灵活地适应于各种不同的材料,统一强度理论和统一屈服准则均为其特例.

(4)三参数统一强度理论的极限面与统一强度理论的极限面相比较,在双轴拉伸和三轴拉伸区有所减少,例如在上例 $\alpha=0.5$,$\bar{a}=1.2$ 的情况下,得出的双轴等拉强度 $\sigma_{tt}=\dfrac{12}{13}\sigma_t=0.92\sigma_t$,如图 9-2所示.而在压缩区则有较大扩展.因而可以更好地发挥这类材料的强度潜力.

(5)三参数统一强度理论在 $b=0$ 时得出的三参数单剪强度理

论是一个新的强度准则. 从图 9-2 的极限线中可以看出,与图中虚线的 Mohr-Coulomb 强度理论极限线相比较,在拉伸区的极限线范围有所缩小,而在压缩区则有较大扩展. 它可以比 Mohr-Coulomb 强度理论有较大的适用性.

(6)在一般情况下,可以推荐采用 $b=\frac{1}{2}$ 或 $b=\frac{3}{4}$ 的三参数统一强度理论作为计算准则,如式(9-19),(9-19′).

(7)三参数统一强度理论有较丰富的内涵,可以作很多进一步的讨论.

9.5.2　三参数统一强度理论与实验资料的比较

从 70 年代至 90 年代,国内外的大量混凝土的三轴试验表明[3],混凝土的双轴等压强度 σ_{cc} 均大于单轴压缩强度 σ_c. 一般情况下 $\sigma_{cc}=(1.15-1.35)\sigma_c$,因此宜于选用双轴等压强度 σ_{cc}、单轴压缩强度 σ_c 和单轴拉伸强度 σ_t 均不相同的三参数统一强度理论.

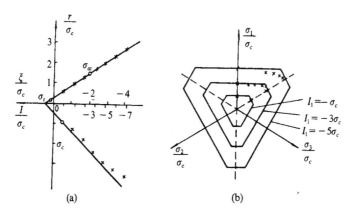

图 9-3　双剪应力三参数准则与混凝土三轴试验结果的比较.
(a)子午面;(b)π 平面

图 9-3 为法国 Launay 和 Gachon 于 1972 年得出的混凝土三轴压缩的实验资料[3]. 材料的强度比分别为 $\alpha=\sigma_t/\sigma_c=0.15, \bar{\alpha}=$

$\sigma_{cc}/\sigma_c = 1.18$. 图 9-3(a)为子午面上的拉伸子午线和压缩子午线,图 9-3(b)为 π 平面的极限线. 图中我们绘出双剪应力三参数准则(三参数统一强度理论 $b=1$ 时)的极限线. 可以看到,在低静水压力范围内两者较为符合,在高静水压力范围内,取 $b=\dfrac{3}{4}$ 或 $b=\dfrac{1}{2}$ 时可得到较好的一致性.

§9.6 三参数统一强度理论的其他形式

与统一强度理论相似,三参数统一强度理论也可以表述为其他应力变量和其他不同的材料参数. 在计算机计算中往往将强度理论的主应力表达式改写为应力张量第一不变量 I_1、应力偏张量第二不变量 J_2 和 π 平面的应力角 θ 的形式.

9.6.1 应力不变量形式

按本书第二章和第六章所述的转换关系,通过换算并整理,可得出用 I_1, J_2, θ 表示的三参数统一强度理论表达式为

$$F = \frac{I_1}{3}(a+\beta+\beta b) + \sqrt{\frac{J_2}{3}}\ \frac{(3+\beta)(1+b)}{2}\cos\theta$$
$$+ \frac{\sqrt{J_2}}{2}(1-\beta)(1-b)\sin\theta = C \qquad (9-25)$$
$$\text{当 } 0° \leqslant \theta \leqslant \theta_b$$

$$F' = \frac{I_1}{3}(a+\beta+\beta b) + \sqrt{\frac{J_2}{3}}\ \frac{3+\beta-2b\beta}{2}\cos\theta$$
$$+ \frac{\sqrt{J_2}}{2}(1+2b-\beta)\sin\theta = C \qquad (9-25')$$
$$\text{当 } \theta_b \leqslant \theta \leqslant 60°$$

式中 F 与 F' 的相交点的应力角 θ_b 可由 $F=F'$ 条件求得为

$$\mathrm{tg}\theta_b = \frac{\sqrt{3}(1+\beta)}{3-\beta} \qquad (9-26)$$

9.6.2 其他材料参数

由于混凝土的单轴拉伸试验的数据较少，σ_t 的数值不易确定，因此三参数统一强度理论的三个参数亦可由以下三个基本试验来确定.

单轴压缩，即 $\sigma_1=\sigma_2=0, \sigma_3=-\sigma_c$.

双轴等压，即 $\sigma_1=0, \sigma_2=\sigma_3=-\sigma_{cc}$.

普通三轴压缩，即 $\sigma_1=\sigma_2=-\sigma_p, \sigma_3=-\sigma_{3c}$.

若令材料的强度比为

$$\bar{a}_{cc}=\frac{\sigma_{cc}}{\sigma_c}, \ \alpha_p=\frac{\sigma_p}{\sigma_c}, \alpha_{3c}=\frac{\sigma_{3c}}{\sigma_c} \qquad (9-27)$$

$$\gamma=\alpha_p+\bar{a}(\alpha_{3c}-1)$$

则三参数统一强度理论的三个参数可表示为

$$\beta=\frac{1}{\gamma}\left[3\alpha_p+\bar{a}(\alpha_{3c}-1-4\alpha_p)\right]$$

$$a=\frac{3}{\gamma}(1+b)\alpha_p(\bar{a}-1) \qquad (9-28)$$

$$C=\frac{1}{\gamma}(1+b)\bar{a}\alpha_p\sigma_c$$

将式(9-28)代入三参数统一强度理论式(9-15),(9-15′)或式(9-25),(9-25′),即可得出按式(9-28)的三个新的强度参数表述的三参数统一强度理论. 三参数统一强度理论亦可表述为其他形式,如式(9-16),(9-16′),这里不再详述.

§9.7 双剪应力三参数准则的应用

9.7.1 用三参数反推其他应力状态下的实验点[5]

根据文献[6]中介绍的轴对称三轴试验和真三轴试验结果,马国伟、曾文兵取单轴压缩点 σ_c、双轴压缩点 σ_{cc} 和普通三轴试验点 $(\sigma_{tc}, \sigma'_{tc})$ 作为双剪三参数准则的三个参数,按双剪三参数准则推算,其他应力状态下的结果如表 9-1 和表 9-2 所示[5].

表 9-1 圆柱体试块数据与计算结果比较 （单位:MPa）

σ_1	σ_2	σ_3		误差 %	参数值
		试验结果	双剪三参数准则		
-10	-10	-76.4	-78.1	3	$\sigma_c = 42.7$
-15	-15	-103	-95.7	7	$\sigma_m = 53.4$
-20	-20	-113.4	-113.4	0	$\sigma_{tc} = 20$
-30	-30	-144	-148.8	3	$\sigma'_{tc} = 113.4$
-5.0	-5.0	$-51.$	-50.1	2	
-10	-10	-69.3	-68.5	1	$\sigma_c = 31.7$
-15	-15	-86.9	-86.9	0	$\sigma_{cc} = 40.0$
-20	-20	-106.3	-105.3	1	$\sigma_{tc} = 15$
-25	-25	-123.2	-123.7	0.4	$\sigma'_{tc} = 86.9$
-30	-30	-147.2	-142.1	3	

从表 9-1 和表 9-2 的试验结果和双剪三参数准则的理论计算结果对比可见,除个别的实验点外,理论预见得出的结果与实验结果的一致性是令人满意的.

表 9-2　立方体试块实验数据与计算结果比较　(单位:MPa)

σ_1	σ_2	σ_3		误差 %	参数值
		试验结果	双剪三参数准则		
−5.0	−5.0	−97.5	−80.06	18	
−10	−10	−119.4	−111.6	6	
−15	−15	−148.3	−143.1	3	
−20	−20	−169.4	−174.6	3	$\sigma_c = 48.6$
−5.0	−15	−116.0	−111.6	4	$\sigma_m = 60.8$
−5.0	−20	−126.8	−127.3	0.4	$\sigma_{tc} = 17.5$
−10	−20	−136.5	−143.1	5	$\sigma'_{tc} = 158.9$
−10	−25	−146.5	−158.8	8	
−10	−30	−163.3	−174.6	7	
−15	−25	−171.0	−174.6	2	

9.7.2　用双剪三参数准则计算钢管混凝土结构的极限荷载

将双剪三参数准则编入结构弹塑性分析程序,研究如图 9-4 所示的钢管混凝土结构.材料参数和结构尺寸均采自文献[7]中的试验资料.结构尺寸如图中所示,材料参数为

混凝土:　　　　钢管:

$\sigma_c = 27.44$MPa　　　$\sigma_s = 264.89$MPa

$E_h = 3.13 \times 10^4$MPa　　$E_s = 2.065 \times 10^5$MPa

$\gamma_h = 0.2$　　　　$\gamma = 0.283$

$\sigma_{cc} = 45.0$MPa

$\sigma_{tc} = 7.38$MPa

$\sigma'_{tc} = 72.6$MPa

钢管混凝土结构程序计算按轴对称问题分析,单元划分如图 9-4 所示.采用位移加载形式.柱顶总荷载 $N = \sigma_h A_h + \sigma_s A_s$. 程序计算极限荷载值为 605kN,根据文献[7]得出的相同结构的实验

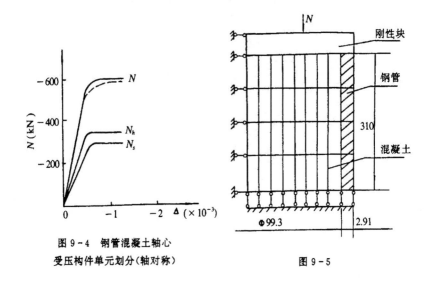

图 9-4　钢管混凝土轴心
受压构件单元划分（轴对称）

图 9-5

极限荷载值为 586kN，误差 3.3%. 它们之间的比较如图 9-5 所示. 图中总荷载 N 的实线为双剪三参数准则的计算结果，虚线为文献[7]的试验结果.

§9.8　三参数统一强度理论的意义

三参数统一强度理论还包含很多具体的内容，读者可以参照第七章统一强度理论（两参数）得出，这里不再详述. 在图 9-6 中用方框图表示出三参数统一强度理论与各种强度理论之间的关系.

（1）三参数统一强度理论用一个简单的三参数准则建立起各种强度理论之间的联系.

（2）三参数统一强度理论包含了统一屈服准则（单参数统一理论）和统一强度理论（两参数统一理论）以及它们的各种具体准则. 它们都可以作为三参数统一强度理论的特例从式（9-15），

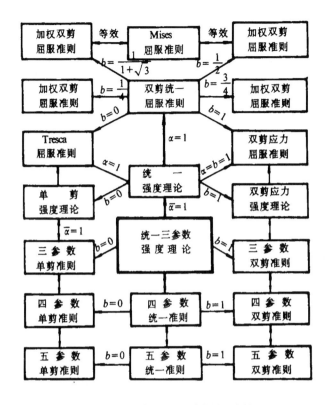

图 9-6   三参数统一强度理论的发展

(9-15′)和式(9-14)中推导得出.

(3)三参数统一强度理论可以适合于更广泛的各种类形的材料.

(4)三参数统一强度理论的极限面,在压缩区较统一强度理论有更大的弹性范围.

(5)以三参数统一强度理论为基础,可以进一步发展为统一形式的四参数准则和五参数准则.在下一章我们将对这些多参数准则作进一步的阐述.

参 考 文 献

[1] 俞茂宏、刘凤羽，广义双剪应力准则角隅模型，力学学报，1990，**21**（2），213—216.

[2] 俞茂宏、刘凤羽，双剪应力三参数准则及其角隅模型，土木工程学报，1988，**21**（3），90—95.

[3] 水利水电科学研究院，混凝土的强度和破坏译文集，水利电力出版社，1982.

[4] Chen, W. F., Plasticity in Reinforced Concrete, McGraw-Hill, 1982.

[5] 马国伟、曾文兵，用一个新的三参数准则计算三向应力混凝土，混凝土结构理论及应用第二届学术讨论会论文集，1990 年.

[6] 余永遐，三参数强度理论，约束与普通混凝土强度理论及其应用学术讨论会文集，1987.

[7] 钟善桐，钢管混凝土结构，哈尔滨建筑工程学院出版社，1985.

[8] 俞茂宏，强度理论新体系，西安交通大学学术专著，西安交通大学出版社，1992，117—118.

[9] 俞茂宏、鲁宁、曾文兵等，高拱坝弹塑性分析的新理论和实例，西安交通大学科学技术报告，93—152.

第十章 双剪应力多参数准则

§10.1 应力空间强度极限面的一般形式

材料在复杂应力状态下的变形和强度问题在力学和各种工程应用中具有重要的理论和实践意义. 寻求一个符合实验结果, 有一定物理概念, 易被工程技术人员接受, 便于计算机应用, 并适应于全部应力状态的强度理论和相应的计算准则, 已成为现代结构工程计算中的一个重要任务. 近年来, 国外学者在一些著名强度理论的基础上提出了更为复杂的多参数准则, 主要以单剪应力理论或八面体剪应力理论为基础, 或者是一些实验结果的逼近, 其中以八面体剪应力理论为基础的多参数准则为数最多, 并得到很多应用. 但它不能适应拉伸子午线和压缩子午线的不同变化, 与一些工程材料的实验结果不符. 一些数学逼近的经验公式, 在概念上缺少物理意义, 有时不得不用 0°, 30°和 60°三条子午线来描述材料的屈服和破坏面, 造成使用上的困难.

材料在应力空间的破坏面的一般形式极其复杂. 近年来大量进行的一些工程材料在复杂应力状态下的破坏性能实验, 要求普遍形式的强度理论应具有以下特点[1-8].

(1)在压应力区, 极限面在 π 平面的迹线为一外凸、光滑的非圆曲线;

(2)在低压应力区, π 平面上的迹线为一近似三角形, 随着压应力的增高, 逐渐变为一个三瓣曲线或三轴对称的多边形, 并逐步接近于圆;

(3)在子午线上也是一外凸的曲线, 随着压应力的提高, 破坏面逐步扩大;

(4)拉伸子午线与压缩子午线有不同的变化规律, 两者在 π 平

面上的拉压极限比 r_t/r_c 从低压区的接近于 0.5 逐步向高压区增大,但数值仍小于 1;

(5)一般情况下,材料的拉压强度不等,双轴等压强度 σ_{cc} 也不等于单轴压缩强度 σ_c,即 $\sigma_t \neq \sigma_c \neq \sigma_{cc}$,并且拉压子午线上高静水应力点的数值也不相同,所以普遍形式的强度理论应包含多个材料强度参数.

目前,在众多的研究结果中,以 Mohr-Coulomb 理论为基础的多参数准则较好,但其最大不足是没有考虑中间主应力 σ_2 对屈服的影响. 为此,曾进行过大量研究,认为中间主应力对材料的强度有一定的影响,但一般未能得出一个完善的理论说明. Jaeger 和 Cook 在 1979 年的岩石力学著名著作中谈到:"增加中间主应力的效应是使材料强度增加到较高值,这种转变的解释是如此之复杂,以至于它的意义还是不明确的." 各国学者曾经提出过各种计算准则,美国普度大学陈惠发教授总结各种准则的极限面形状如图 10-1 所示.

为了描述材料强度的复杂变化情况,俞茂宏于 1962 年提出了一个普遍形式的强度理论,其极限强度曲面方程为[9]

$$F = f_{用} + f(\sigma_m)$$
$$= f(\tau_g) + A\sigma_m + B\sigma_m^2 + \cdots + C = 0 \qquad (10-1)$$

上式可写为更一般的形式为

$$F = f(\tau_g) + f_1(\sigma_g) + f_2(\sigma_m) = C \qquad (10-2)$$

式中 τ_g 为广义剪应力,σ_g 为广义正应力,σ_m 为静水应力. 在一定的前提条件下,选择不同形式的 τ_g,σ_g 及 f,f_1,f_2,便可得到不同的强度准则. 例如取

$$\tau_g = \begin{cases} \tau_{max} = \tau_{13} \\ \tau_8 \\ \tau_{nw} = (\tau_{13} + \tau_{12}) \text{或} (\tau_{13} + \tau_{23}) \end{cases} \qquad (10-3)$$

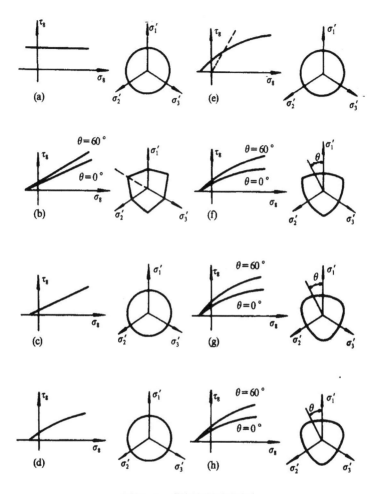

图 10-1 各种准则的极限面

(a)von Mises; (b)Mohr-Coulomb; (c)Drucker-Prager; (d)Bresler-Pister;
(e)Chen-Chen; (f)Hsieh-Ting-Chen; (g)Willam-Warnke; (h)Ottosen

$$\sigma_g = \begin{cases} \sigma_{13} \\ \sigma_8 \\ \sigma_{tw} = (\sigma_{13} + \sigma_{23}) \text{或}(\sigma_{13} + \sigma_{23}) \end{cases} \quad (10-4)$$

式中 τ_{tw} 为双剪应力，σ_{tw} 为双剪应力作用面上相应的双正应力.

在这一章中，我们将以广义双剪应力准则为剪应力函数，并进一步考虑材料强度性质在 π 平面和拉伸子午线及压缩子午线上的不同变化规律，推导出一个既考虑中间主应力效应，又包含极限面复杂性质的双剪四参数准则和双剪五参数准则（俞茂宏、刘凤羽，1990）. 有关双剪单参数准则（双剪屈服准则，俞茂宏，1961）、双剪二参数准则（双剪强度理论，俞茂宏，1985）、双剪三参数准则（俞茂宏、刘凤羽，1988）和双剪角隅模型的内容，已在以上各章阐述，这里不再重复.

§10.2 广义双剪应力四参数准则[10,11]

10.2.1 静水应力敏感型材料

岩土类材料对静水应力比较敏感，因此，它们的屈服函数式中应包含静水应力项. 考虑到双剪应力准则以及屈服函数的限制条件，在式(10-2)中取

$$f(\tau_g) = \tau_{13} + \tau_{12} \qquad (10-5)$$

$$f'(\tau_g) = \tau_{13} + \tau_{23} \qquad (10-5')$$

$$f_1(\sigma_g) = \beta(\sigma_{13} + \sigma_{12}) \qquad (10-6)$$

$$f_1'(\sigma_g) = \beta(\sigma_{13} + \sigma_{23}) \qquad (10-6')$$

$$f_2(\sigma_m) = A\sigma_m + B\sigma_m^2 \qquad (10-7)$$

这样，屈服准则可以写为

$$F = \tau_{13} + \tau_{12} + \beta(\sigma_{13} + \sigma_{12}) + A\sigma_m + B\sigma_m^2 = C$$
$$\text{当} \; F \geqslant F' \qquad (10-8)$$

$$F' = \tau_{13} + \tau_{23} + \beta(\sigma_{13} + \sigma_{23}) + A\sigma_m + B\sigma_m^2 = C$$
$$\text{当} \; F \leqslant F' \qquad (10-8')$$

式中 β, A, B, C 为常数. 式(10-8),(10-8')可用主应力表达为

$$F = \sigma_1 - \frac{1}{2}(\sigma_2 + \sigma_3) + \frac{\beta}{2}\sigma_1 + \left(A + \frac{3\beta}{2}\right)\sigma_m + B\sigma_m^2 = C$$

$$\text{当 } F \geqslant F' \tag{10-9}$$

$$F' = \frac{1}{2}(\sigma_1 + \sigma_2) - \sigma_3 + \frac{\beta}{2}\sigma_3 + \left(A + \frac{3\beta}{2}\right)\sigma_m + B\sigma_m^2 = C$$

$$\text{当 } F \leqslant F' \tag{10-9'}$$

以上四式中的 β, A, B, C 四个系数须由实验确定. 为了能便利地确定出这些系数, 我们设计四组实验得到下列四个实验点:

(1) $\sigma_1 = \sigma_t, \sigma_2 = \sigma_3 = 0$;

(2) $\sigma_1 = \tau_0, \sigma_2 = 0, \sigma_3 = -\tau_0$;

(3) $\sigma_1 = \sigma_2 = 0, \sigma_3 = -\sigma_c$;

(4) $\sigma_1 = 0, \sigma_2 = \sigma_3 = -\sigma_{cc}$.

这里 σ_t 是拉伸强度, σ_c 是压缩强度, τ_0 为剪切强度, σ_{cc} 为双轴等压强度. 将这些实验点分别代入式 (10-8), (10-8') 或 (10-9), (10-9'), 可得[10],

$$\beta = \frac{1}{H}\left[-4\,\bar{\alpha}^2(3\varphi + 3\alpha\varphi - 4\alpha) + 3G + \alpha^2(2\,\bar{\alpha} - 6\varphi\bar{\alpha} + 3\varphi)\right]$$

$$A = \frac{1}{H}\left[24\,\bar{\alpha}^2(2\varphi + \alpha\varphi - 2\alpha) - 6G + 12\alpha^2\varphi(\bar{\alpha} - 1)\right]$$

$$B = \frac{18G}{(H\sigma_c)} \tag{10-10}$$

$$C = \frac{\varphi(3 + \beta)\sigma_c}{2}$$

式中

$$G = 2\varphi + \alpha\varphi\bar{\alpha} - 2\alpha\,\bar{\alpha}$$

$$H = 4\varphi\bar{\alpha}^2(\alpha + 1) - G + \alpha^2(2\,\bar{\alpha} + 2\varphi\bar{\alpha} - \varphi)$$

$$\alpha = \sigma_t/\sigma_c \tag{10-11}$$

$$\bar{\alpha} = \sigma_{cc}/\sigma_c$$

$$\varphi = \tau_0/\sigma_c$$

显然, 式 (10-8), (10-8') 在不同的情况下可蜕化为

(1)双剪三参数准则,当 $B=0$;

(2)双剪二参数准则,当 $A=B=0$ 或 $\bar{a}=1$;

(3)双剪屈服准则,当 $A=B=\beta=0$ 或 $\alpha=\bar{a}=1$;

(4)广义双剪应力屈服准则,当 $\beta=B=0$.

10.2.2 剪应力型材料[10]

对于破坏与剪应力关系更密切的另一类材料,可选择如下的强度准则:

$$F=\tau_{13}+\tau_{12}+\beta(\sigma_{13}+\sigma_{12})+A\sigma_m+B(\tau_{13}+\tau_{12})^2=C$$
$$\text{当 } F\geqslant F' \tag{10-12}$$

$$F'=\tau_{13}+\tau_{23}+\beta(\sigma_{13}+\sigma_{23})+A\sigma_m+B(\tau_{13}+\tau_{23})^2=C$$
$$\text{当 } F\leqslant F' \tag{10-12'}$$

相应的主应力表示式为

$$F=\sigma_1-\frac{1}{2}(\sigma_2+\sigma_3)+\frac{\beta}{2}\sigma_1+\left(A+\frac{3\beta}{2}\right)\sigma_m$$
$$+B\left[\sigma_1-\frac{1}{2}(\sigma_2+\sigma_3)\right]^2=C \qquad \text{当 } F\geqslant F' \tag{10-13}$$

$$F'=\frac{1}{2}(\sigma_1+\sigma_2)-\sigma_3+\frac{\beta}{2}\sigma_3+\left(A+\frac{3\beta}{2}\right)\sigma_m$$
$$+B\left[\frac{1}{2}(\sigma_1+\sigma_2)-\sigma_3\right]^2=C \qquad \text{当 } F\leqslant F' \tag{10-13'}$$

上两式中 β,A,B,C 也是由实验确定的常数.若仍采用上述设计的四个实验点,则求得的四个系数分别为

$$\beta=\frac{1}{L}\left[(4\alpha-3\varphi-3\varphi\alpha)\left(\bar{a}^2-\frac{9\varphi^2}{4}\right)\right.$$
$$\left.+(2\bar{a}-6\bar{a}\varphi+3\varphi)(\alpha^2-\frac{9\varphi^2}{4})+3K\right] \tag{10-14}$$

$$A=\frac{1}{L}\left[12\varphi(\bar{a}-1)\left(\alpha^2-\frac{9\varphi^2}{4}\right)-6K\right.$$
$$\left.+6(\alpha\varphi-2\varphi-2\alpha)\left(\bar{a}^2-\frac{9\varphi^2}{4}\right)\right]$$

$$B = 2(\alpha\varphi + 2\varphi\bar{a} - 2\alpha\bar{a})/(L\sigma_c) \quad C = \varphi(6 + 2\beta + 9\varphi B\sigma_c)\sigma_c$$

这里

$$K = (\alpha\varphi + \alpha\varphi\bar{a} - 2\alpha\bar{a})\left(1 - \frac{9\varphi^2}{4}\right)$$

$$L = \varphi(\alpha+1)\left(\bar{a}^2 - \frac{9\varphi^2}{4}\right) - K + (2\bar{a} + 2\bar{a}\varphi - \varphi)\left(\alpha^2 - \frac{9\varphi^2}{4}\right)$$

方程(10-14)中的 $\alpha, \bar{a}, \varphi$ 与式(10-10)相同,式(10-12),(10-12′)和(10-13),(10-13′)在一些特定条件下也可转化为三参数或两参数准则,即

(1)当 $B=0$ 时,即为上章所述的双剪三参数准则;

(2)当 $A=B=0$ 时,即为第六章所述的广义双剪强度理论;

(3)当 $\beta=B=0$ 时,即为第四章所述的广义双剪应力屈服准则;

(4)当 $\beta=A=B=0$ 时,即为第三章所述的双剪应力屈服准则.

§10.3 双剪应力四参数准则的柱坐标表示[10]

为描述方便,采用 π 平面上的柱坐标 (ξ, r, θ),该准则(10-9),(10-9′)可表示为

$$r = \frac{\sqrt{6}C}{(3+\beta)\cos\theta}\left[1 - \frac{A+2\beta}{\sqrt{3}}\xi + \frac{B}{3}\xi^2\right]$$

$$0 \leqslant \theta \leqslant \theta_b \qquad (10-15)$$

$$r' = \frac{\sqrt{6}C}{(3+\beta)\cos\left(\theta - \frac{\pi}{3}\right)}\left[1 - \frac{A+2\beta}{\sqrt{3}}\xi + \frac{B}{3}\xi^2\right]$$

$$\theta_b \leqslant \theta \leqslant \frac{\pi}{3} \qquad (10-15')$$

这里

$$\theta_b = \text{arctg} \left[\frac{\sqrt{3}\,(1+\beta)}{3-\beta} \right]$$

$$\xi = \frac{\sigma_1 + \sigma_2 + \sigma_3}{\sqrt{3}\,\sigma_c}$$

$$r = \sqrt{(\sigma_1 - \sigma_2)^2 + (\sigma_2 - \sigma_3)^2 + (\sigma_3 - \sigma_1)^2}$$

$$\theta = \arccos \frac{2\sigma_1 - \sigma_2 - \sigma_3}{\sqrt{6}\,r\sigma_c}$$

角度 θ_b 反映了 π 平面上的极限迹线角点的位置.

在式(10-15),(10-15')中令 $\theta = 0$ 和 $\theta = \frac{\pi}{3}$,可得到拉压子午线方程为

$$r_t = a_0 + a_1 \xi + a_2 \xi^2 \qquad \theta = 0 \qquad\qquad (10-16)$$

$$r_c = b_0 + b_1 \xi + b_2 \xi^2 \qquad \theta = \frac{\pi}{3} \qquad\qquad (10-16')$$

式中

$$a_0 = \frac{\sqrt{6}\,C}{(3+\beta)}$$

$$a_1 = \frac{\sqrt{2}\,(A+2\beta)}{3+\beta}$$

$$a_2 = \frac{\sqrt{2}\,BC}{\sqrt{3}\,(3+\beta)}$$

$$b_0 = \frac{\sqrt{6}\,C}{3-\beta}$$

$$b_1 = -\frac{\sqrt{2}\,(A+2\beta)}{3-\beta}$$

$$b_2 = \frac{\sqrt{2}\,BC}{\sqrt{3}\,(3-\beta)}$$

这里 β, A, B, C 由式(10-10)决定. 将式(10-16)、(10-16')分别代入式(10-15),(10-15'),可得到广义双剪应力四参数准则的

简单表达式

$$r = \frac{r_t}{\cos\theta} \qquad 0 \leqslant \theta \leqslant \theta_c \qquad (10-17)$$

$$r' = \frac{r_c}{\cos\left(\theta - \dfrac{\pi}{3}\right)} \qquad \theta_c \leqslant \theta \leqslant \frac{\pi}{3} \qquad (10-17')$$

§10.4 广义双剪应力五参数准则

为了反映材料在拉伸子午线与压缩子午线的不同静水应力函数,俞茂宏、刘凤羽于 1990 年提出更一般的普遍形式强度理论为[12-15]

$$F = \tau_{13} + \tau_{12} + \beta(\sigma_{13} + \sigma_{12}) + A_1\sigma_m + B_1\sigma_m^2 = C$$
$$\text{(广义拉伸)} \qquad (10-18)$$

$$F' = \tau_{13} + \tau_{23} + \beta(\sigma_{13} + \sigma_{23}) + A_2\sigma_m + B_2\sigma_m^2 = C$$
$$\text{(广义压缩)} \qquad (10-18')$$

式(10-18),(10-18')用主应力形式表示为

$$F = \sigma_1 - \frac{\sigma_2 + \sigma_3}{2} + \frac{\beta}{2}\sigma_1 + \left(A_1 + \frac{3\beta}{2}\right)\sigma_m + B_1\sigma_m^2 = C$$
$$\text{(广义拉伸)} \qquad (10-19)$$

$$F' = \frac{\sigma_1 + \sigma_2}{2} - \sigma_3 + \frac{\beta}{2}\sigma_3 + \left(A_2 + \frac{3\beta}{2}\right)\sigma_m + B_2\sigma_m^2 = C$$
$$\text{(广义压缩)} \qquad (10-19')$$

式中 $\beta, A_1, A_2, B_1, B_2, C$ 均可由实验确定.

如用柱坐标 (ξ, r, θ) 表示,则上式可写成如上节四参数准则相同的形式,但四参数准则中的参数 A 和 B 均为一个,而这里的五参数准则中有 A_1, B_1 和 A_2, B_2 四个参数.

两式可写为

$$r = \frac{\sqrt{6}\,C}{(3+\beta)\cos\theta}\left[1 - \frac{(A_1+2\beta)}{\sqrt{3}\,C}\xi + \frac{B_1}{3}\xi^2\right]$$

$$0° \leqslant \theta \leqslant \theta_b \qquad\qquad (10-20)$$

$$r' = \frac{\sqrt{6}\,C}{(3-\beta)\cos\left(\theta - \dfrac{\pi}{3}\right)}\left[1 - \frac{A_2+2\beta}{\sqrt{3}\,C}\xi + \frac{B_2}{3}\xi^2\right]$$

$$\theta_b < \theta \leqslant 60° \qquad\qquad (10-20')$$

式中 ξ 表示应力空间中的点在静水应力轴上的投影,(r,θ) 是 π 平面上的极坐标. 它们的定义与上节相同.

为了确定角度 θ_b,可令式(10-20),(10-20')中 $\xi=0$,再使两式相等,求得

$$\theta_b = \text{arctg}\,\frac{\sqrt{3}\,(1+\beta)}{3-\beta}$$

它反映了 π_0 平面上极限迹线的角点位置. 当 $\xi \neq 0$ 时,θ_b 的大小发生改变. 因此,在不同 π 平面上的 θ_b 角不同. 在式(10-20),(10-20')中分别代入 $\theta=0°$ 和 $\theta=60°$,并合并常数,得到拉压子午线方程为

$$r_t = a_0 + a_1\xi + a_2\xi^2 \qquad \theta=0° \qquad (10-21)$$

$$r_c = b_0 + b_1\xi + b_2\xi^2 \qquad \theta=60° \qquad (10-21')$$

式中

$$a_0 = \frac{\sqrt{6}\,C}{3+\beta},\ a_1 = -\frac{\sqrt{2}\,(A_1+2\beta)}{3+\beta}$$

$$a_2 = \frac{\sqrt{2}\,B_1 C}{\sqrt{3}\,(3+\beta)}$$

$$b_0 = \frac{\sqrt{6}\,C}{3-\beta},\ b_1 = -\frac{\sqrt{2}\,(A_2+2\beta)}{3-\beta}$$

$$b_2 = \frac{\sqrt{2}\,B_2 C}{\sqrt{3}\,(3-\beta)} \qquad\qquad (10-22)$$

由于规定这两个子午线与静水压力轴交于相同的点 $\rho=\xi_0$，故确定上式中的系数 a_0,a_1,a_2,b_0,b_1,b_2 只需五个实验点：

(1)单轴压缩强度 σ_c（$\theta=60°$，$\sigma_c>0$）；

(2)单轴拉伸强度 σ_t（$\theta=0°$）；

(3)双轴等压强度 σ_{cc}（$\theta=0°$，$\sigma_{cc}>0$）；

(4)拉子午线上的高静水应力点 $(\sigma_m/\sigma_c,\tau_m/\sigma_c)=(-\xi_1,r_1)$ （$\theta=0°,\xi_1>0$）；

(5)压子午线上的高静水应力点 $(\sigma_m/\sigma_c,\tau_m/\sigma_t)=(-\xi_2,r_2)$ （$\theta=60°,\xi_2>0$）.

把上述五个实验点代入式(10-21)，(10-21')两式，可得

$$a_2=\frac{\sqrt{2/3}\xi(\alpha-\bar{\alpha})-\sqrt{2}/3\alpha\bar{\alpha}+\sqrt{5}/3r_1(2\bar{\alpha}+\alpha)}{(2\bar{\alpha}+\alpha)(\xi_1^2-2/3\bar{\alpha}\xi_1+1/3\alpha\xi_1-2/9\alpha\bar{\alpha})}$$

$$a_1=1/3\sqrt{5/3}(2\bar{\alpha}-\alpha)a_2+\sqrt{2}\frac{\alpha-\bar{\alpha}}{2\bar{\alpha}+\alpha} \qquad (10-23)$$

$$a_0=2\sqrt{5}/3\bar{\alpha}a_1-4\sqrt{5}/9\bar{\alpha}^2a_2+\sqrt{2/3}\bar{\alpha}$$

$$\rho=\frac{-a_1-\sqrt{a_1^2-4a_0a_2}}{2a_2}, \quad \alpha=\frac{\sigma_t}{\sigma_c}, \quad \bar{\alpha}=\frac{\sigma_{cc}}{\sigma_c} \qquad (10-24)$$

$$b_2=\frac{r_2(\rho+1/3)-\sqrt{2/15}(\rho+\xi_2)}{(\xi_2+\rho)(\xi_2-1/3)(\rho+1/3)}$$

$$b_1=(\xi_2+1/3)b_2+\frac{\sqrt{6/5}-3r_2}{3\xi_2-1} \qquad (10-25)$$

$$b_0=-\rho b_1-\rho^2 b_2$$

方程(10-20)，(10-20')可表示为

$$r=\begin{cases} r_t/\cos\theta & 0°\leqslant\theta\leqslant\theta_b \\ r_c/\cos\left(\theta-\frac{\pi}{3}\right) & \theta_b<\theta\leqslant 60° \end{cases} \qquad (10-26)$$

式中 r_t,r_c 分别由式(10-21)，(10-21')决定；θ_b 可由式(10-20) (10-20')相等的条件求得. 这时，由于 r 与 r' 两式的变化规律不

同,在不同静水压力下(不同 π 平面)两式交点的角度不再相同,如图 10 - 2 右图所示.式(10 - 26)可称为双剪五参数准则.

双剪五参数准则的拉压子午线为抛物线,π 平面上的图形在低静水应力($\xi \to 0$)范围内接近三角形,随着静水应力的升高,它向不等边六边形过渡,当静水应力足够高时($\xi \to \infty$),图形变为正六边形,如图 10 - 2 所示.

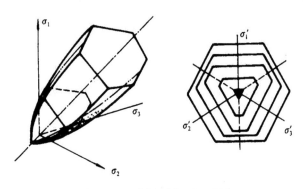

图 10 - 2　双剪五参数准则极限面

双剪五参数准则的极限线与双剪三参数准则相比,三参数准则在 π 平面上的极限迹线在不同静水应力值时的形状均相同,只是大小变化;而双剪五参数准则的形状和大小都发生了变化;此外,拉压子午线也由直线变为曲线.因此可以适应更普遍的情况,当 $a_2 = b_2 = 0$ 时,它即为双剪三参数准则;当 $a_2 = b_2 = a_1 = b_1 = 0$ 时,它即为双剪强度理论或双剪两参数准则;当 $\beta = a_2 = b_2 = a_1 = b_1 = 0$ 时,它即为双剪屈服准则或双剪单参数准则.

§10.5　双剪五参数准则的简化形式[12]

如果我们确定系数 $a_0, a_1, a_2, b_0, b_1, b_2$ 采用如下五个实验点:

(1)　$\sigma=\sigma_t$，$\sigma_2=\sigma_3=0$；

(2)　$\sigma_1=\sigma_2=0$，$\sigma_3=-\sigma_c$；

(3)　$\sigma_1=0$，$\sigma_2=\sigma_3=-\sigma_{cc}$；　　　　　　　　　(10-27)

(4)　$\sigma_m/\sigma_c=-\bar{\xi}$，$\tau_m/\sigma_c=\bar{r}$；

(5)　$\sigma_1=\sigma_2=\sigma_3=\sigma_m^0$，并设 $\sigma_m^0=\sigma_t$.

上面前四个是由实验得到的实验点，第五个是由 Mohr-Coulomb 准则确定的三向等拉点，由于三向等拉试验很难实现，可设三向等拉点 σ_m^0 等于 σ_t，这样得到的六个系数表达式较前更为简单，实验也比较容易，避免了要做拉子午线上高静水应力破坏点的三轴试验. 各系数的表达式为

$$a_2=\frac{2\sqrt{\dfrac{2}{15}}\,\bar{\alpha}+\sqrt{\dfrac{3}{10}}\,\alpha}{\dfrac{4}{9}(2\alpha+\bar{\alpha})\bar{\alpha}+\dfrac{1}{3}\alpha^2}$$

$$a_1=\sqrt{\frac{3}{10}}-\frac{4}{3}\alpha a_2 \qquad\qquad (10-28)$$

$$a_0=2\sqrt{\frac{2}{15}}-\frac{4}{9}(2\alpha\,\bar{\alpha}+\bar{\alpha}^2)a_2$$

$$b_2=\left[\frac{2\sqrt{\dfrac{6}{5}}\,\xi}{1+3\alpha}-r\right]\Bigg/\left[\frac{1}{3}\xi-\alpha\xi-\xi^2+\frac{1}{3}\alpha\right]$$

$$b_1=(1/3-\alpha)b_2-\sqrt{\frac{6}{5}}\Bigg/(1+3\alpha) \qquad (10-28')$$

$$b_0=\bar{r}-\frac{\sqrt{\dfrac{6}{5}}\,\xi}{1+3\alpha}+\xi\left(\frac{1}{3}-\alpha-\xi\right)b_2$$

将单轴拉伸强度 σ_t、单轴压缩强度 σ_c、双轴等压强度 σ_{cc} 和拉伸子午线上的高静水应力点 $(-\xi,r)$ 四个实验点所得到的值代入式 (10-28) 和 (10-28')，便得到双剪应力多参数准则式 (10-21) 和

(10-21′)中的六个系数,即可与上节双剪应力五参数准则同样应用. 这时,虽然从理论概念推证中采用五个实验点,但由于实际上只有四个实验点,所以也可称之为双剪应力四参数准则.

§10.6   子午极限线的一般形式[15-17]

多参数准则的 π 平面极限线已在以上各章节中作了详细的阐述. 多参数准则的另一方面是它在子午面上的极限线形状. 一般讲,由于材料极限面在 π 平面极限线的形状为非圆极限线,因此它在不同子午面上的极限线也各不相同. 有时需要分别研究 $\theta=0°$ 的拉伸子午极限线, $\theta=30°$ 的剪切子午极限线和 $\theta=60°$ 的压缩子午极限线,如图 10-3 所示. 图中(a)为子午极限线,(b)为 π 平面极限线(不同静水应力时). π 平面的极限线亦可由一定数量的子午线从不同静水应力时(ξ)的 r 值作出.

子午面上的极限线一般可以有以下几种类型[17-23].

10.6.1   开口型函数

1. 幂函数

这类函数可表述为

$$\frac{\tau_m}{g(\theta)} = d\left(1 + \frac{\sigma_m}{p_r}\right)^n \qquad (10-29)$$

2. 双曲函数

单剪形式为

$$\tau_{13}^2 = \sin\varphi[(\sigma_{13} + C_0\cot\varphi)^2 - (C_0\cot\varphi - p_r)^2] \qquad (10-30)$$

八面体剪应力形式

$$(9 - \sin^2\varphi)\frac{\tau_m^2}{g^2(\theta)} - 12\sin^2\varphi\,\sigma_m\,\frac{\tau_m}{g(\theta)} - 36\sin^2\varphi\,\sigma_m$$
$$+ 36\sin\varphi(C_0\cot\varphi - p_r)^2 = 0 \qquad (10-31)$$

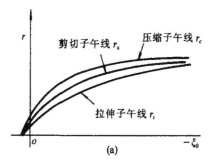

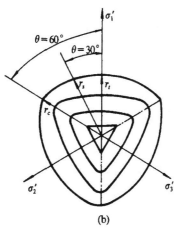

图 10-3 极限面的一般形状.(a)子午线;(b)π平面极限线

或简化为

$$\frac{\tau_m}{g(\theta)} - \frac{d}{p_r}\left(1 - \frac{\tau_m}{a}\right)\sigma_m = d \qquad (10-32)$$

3. 指数函数

$$\frac{\tau_m}{g(\theta)} + (a-d)\exp\left(-\frac{\sigma_m}{p_r}\ln\frac{a}{a-d}\right) = a \qquad (10-33)$$

以上三类子午线的形状如图 10-4(a),(b)所示,图中同时表明了函数式中的一些参数的定义.

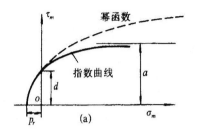

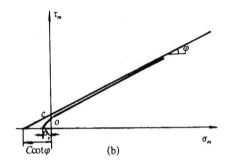

图 10-4 开口型子午线

10.6.2 封闭型函数[23]

这类函数可以分为两类 5 族. 一类是两头呈圆形的蛋形函数, 另一类是一头尖一头圆的弹头形. 5 族函数如下.

A 族函数为

$$\sigma_m \exp\left(\frac{\eta}{\eta_0}\right)^n = p \qquad (10-34)$$

式中

$$\eta = \frac{\tau_m}{\sigma_m g(\theta)}$$

当 $\eta = 1$ 时, 式(10-34)即是 Roscoe 最早建议的弹头形式屈服面. A 族曲线如图 10-5 (a)所示.

B 族函数为

$$\sigma_m\left[1+\left(\frac{\eta}{\eta_0}\right)^n\right]=p \qquad (10-35)$$

此为一族蛋形曲线,$n=2$ 时即为椭圆,如图 10-5 (b).

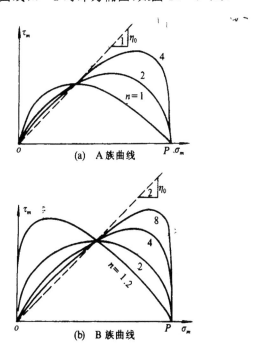

图 10-5　A 族和 B 族曲线

C 族函数为[18]

$$\left(\frac{\sigma_m-\alpha p}{1-\alpha}\right)^2+\left[\frac{p^2(1-\alpha)(1-\beta^2)}{(1-\alpha)p+\beta(\sigma_m-\alpha p)}\right]^2\left(\frac{\eta}{\eta_0}\right)^2=p^2$$

$$(10-36)$$

式中 $\beta=0$ 相当于式(10-35)中 $n=2$,这时为椭圆,αp 和 p 代表曲线与 σ_m 轴的左交点与右交点.

上式也可写为下述形式[23]：

$$\frac{\sqrt{2}\,\tau_m}{g(\theta)} = \frac{b}{1-\beta^2}\left(1+\beta\,\frac{\sigma_m-d}{a}\right)\sqrt{1-\left(\frac{\sigma_m-d}{a}\right)^2} \quad (10-37)$$

式中参数 a,b,d 分别为椭圆的长短半轴及 σ_m 上的中心. β 为椭圆的修正系数,当 $\beta=0$ 时,为椭圆;当 $0<\beta<1$ 时,为蛋形曲线,如图 10-6 中的实线所示;当 $\beta\rightarrow1$ 时,蛋形曲线变为角缘光滑的近似三角形;当 $-1<p<0$ 时,则如图 10-6 中左头大的点划线曲线.

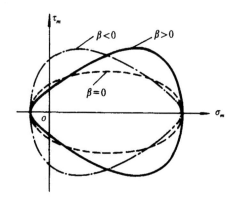

图 10-6　蛋形曲线

D 族函数为

$$\frac{\sigma_m}{\left[1-\dfrac{\eta}{\eta_0}\right]^{1/n}} = p$$

或

$$\frac{\sigma_m}{\left[1-\left(\dfrac{\eta}{\eta_0}\right)^2\right]^{1/n}} = p \quad (10-38)$$

这族曲线如图 10-7(a)所示,其中 $n=2$ 的曲线曾由沈珠江建议过(1963).

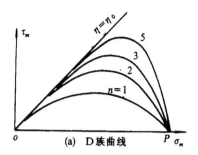

(a) D 族曲线

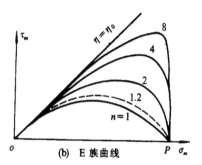

(b) E 族曲线

图 10-7 D 族和 E 族曲线

E 族函数为

$$\frac{\sigma_m}{1-\left(\dfrac{\eta}{\eta_0}\right)^n}=p \qquad (10-39)$$

此式为沈珠江于 1989 年所建议[21]. 此外 Desai 于 1984 年建议为[22]

$$\tau_m=\gamma\sigma_m-\alpha\sigma_m^{n+1} \qquad (10-40)$$

式(10-39)和(10-40)可以相互转化. 它们的子午线形状如图 10-7(b)所示.

此外, Desai 又提出一个子午线函数为

$$F=J_2+\alpha I_1-\beta I_1 J_3^{\frac{1}{3}}-\gamma I_1-K^2=0 \qquad (10-41)$$

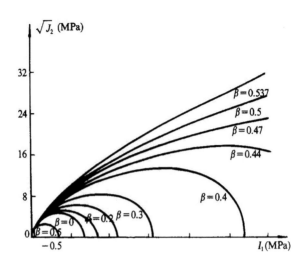

图 10 - 8　Desai 子午极限线

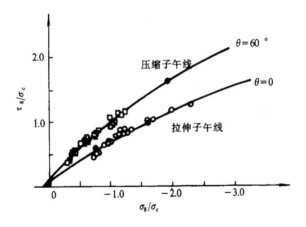

图 10 - 9　Mills-Zimmerman 实验结果

式中 α,γ,K 为材料参数,β 为硬化参数,其变化曲线如图 10 - 8.

关于子午极限线,国内外做过不少实验,有的已在第六章作过介绍.图 10 - 9 是 Mills 和 Zimmerman 于 1970 年关于混凝土的三轴压缩实验结果. 我国王传志、过镇海和赵国藩、宋玉普等也进行了混凝土和轻质混凝土的大量实验,得出了一批有价值的实验结果.

§10.7 双剪多参数准则的讨论

近十年来,各国研究者提出过多种多参数强度准则,以适应材料极限面的复杂变化规律. 本章所述的双剪五参数准则、双剪四参数准则和双剪五参数角隅模型不是以实验点的数学拟合得出,而是从双剪单元体模型出发,考虑全部应力分量的贡献以及极限面的复杂变化规律,推导得出的一个新的普遍形式的强度理论. 双剪应力三参数准则、双剪应力两参数准则(双剪强度理论)和双剪屈服准则均是本章双剪多参数准则的特例.

双剪多参数准则与统一强度理论相结合,可得出双剪统一多参数准则,即在式(10-18),(10-18′)中加了考虑中间应力影响的系数 b,得

$$F = \tau_{13} + b\tau_{12} + \beta_1(\sigma_{13} + b\sigma_{12}) + A_1\sigma_m + B_1\sigma_m^2 = C \qquad (10-42)$$

$$F' = \tau_{13} + b\tau_{23} + \beta_2(\sigma_{13} + b\sigma_{23}) + A_2\sigma_m + B_2\sigma_m^2 = C \qquad (10-42')$$

按相同方法推导,即可得出各种不同形式的双剪统一多参数准则.

在双剪强度理论和上一章双剪三参数准则的基础上,进一步考虑材料强度性质在 π 平面和拉伸子午线和压缩子午线上的不同变化规律,在上述各节中提出了一个有六个系数的普遍形式的双剪应力强度理论. 它与以 Mohr-Coulomb 为基础的多参数准则相比,考虑了中间主应力的影响,并且克服了 Drucker-Prager 准则不能反映拉压子午线不同的缺点.

多参数准则中强度参数的确定有多种方法,这里提出了确定其六个系数的两套方法,并由此得出了实现这一普遍形式双剪强度理论的两个多参数准则,即双剪五参数准则和双剪四参数准则. 并可进一步推广为统一五参数和统一四参数准则[25].

这一新的普遍形式的双剪应力强度理论可以适用于岩土和混凝土类材料，金属材料可为其特例，即是它的简化形式.

在以上各章的基础上，在下一章我们将进一步研究双剪帽子模型，它与§10.6的封闭形子午线有些相似，但在概念上则有所不同.

参 考 文 献

[1] Chen W. F. , Plasticity in Reinforced Concrete, McGraw-Hill, 1982.

[2] 于骁中、屈襄，混凝土的强度和破坏，水利学报，1983，(2) 22—35.

[3] 王传志、过镇海、张秀琴，二轴和三轴受压混凝土的强度试验，土木工程学报，1987，**20** (1)，15—26.

[4] Michelis P. , True triaxial cyclic behavior of concrete and rock in compression, *Int. J. of Plasticity*, 1987, **3** (2), 249—270.

[5] 陈志达，短期载荷下混凝土的一个一般破坏强度判据，水利学报，1985，(2)，54—59.

[6] 江见鲸、殷小清，不同混凝土强度理论在有限元分析中的应用，约束混凝土与普通混凝土强度理论及应用学术讨论会论文集，清华大学，1986.

[7] 刘西拉、籍孝广，混凝土本构模型的研究，同上论文集. 1986.

[8] 水利水电科学研究院，混凝土的强度和破坏译文集，水利电力出版社，1982.

[9] 俞茂宏，古典强度理论及其发展，力学与实践，1980，**2** (2)，20—25.

[10] 俞茂宏、李晓玲、张义军，岩土材料四参数强度准则，第五届岩石、混凝土断裂和强度学术会议论文集（涂传林主编），国防科技大学出版社，1993，244—248.

[11] Yu Mao-hong, Li Xiaoling, The new multiple parameter strength criteria, Invited paper, in Proc. of the First Asia-Oceania Int. Symp. on Plasticity, Peking University Press, Beijing, 1994, 406—411.

[12] 俞茂宏、刘凤羽等，一个新的普遍形式强度理论，土木工程学报，1990，**23** (1)，34—40.

[13] 俞茂宏，双剪强度理论和单剪强度理论（答杨光同志），土木工程学报，1991，**24** (2)，83—86.

[14] 江见鲸，混凝土力学，中国铁道出版社，1991.

[15] 江见鲸，钢筋混凝土结构非线性有限元分析，当代土木建筑技术丛书（许溶烈主编），陕西科学技术出版社，1994.

[16] 沈聚敏、王传志、江见鲸，钢筋混凝土有限元与板壳极限分析，清华大学出版

社，1992，87—114.

[17] 沈珠江，几种屈服函数的比较，岩土力学，1993，**14**（1），41—50.

[18] 任放、盛谦、常燕庭，岩土类工程材料的蛋形屈服函数，岩土工程学报，1993，**15**（4）.

[19] 俞茂宏，岩土类材料的统一强度理论及其应用，岩土工程学报，1994，**16**（2），1—10.

[20] Yu Mao-hong, Liu Feng-yu, Li Yaoming and Liu Feng, Twin shear stress five-parameter criterion and its smooth ridge model, Advances in Constitntive Laws for Engineering Materials, ed. Fan Jinghong and S. Murakami, Int. Academic Publishers, Pergamon Press, Beijing, 1989, Vol. 1, 244—248.

[21] Shen Z. J.（沈珠江），A stress-strain model for sands under complex loading, ibid, 303—308.

[22] Desai C. S. and Faruque M. O., Constitutive model for geological materials, *Journal of Eng. Mech.*, *ASCE*, 1984, **110**（EMq），1391.

[23] 沈珠江，关于破坏准则和屈服函数的总结，岩土工程学报，1994，**16**（1），1—9.

[24] 杨光，对"岩土类材料的统一强度理论及其应用"一文的讨论，岩土工程学报，1996，18（5），93—94.

[25] 俞茂宏，对"统一强度理论"讨论的答复，岩土工程学报，1996，18（5），94—96.

第十一章 双剪帽子模型

§11.1 概　述

在以上各章所述的各种强度理论中，我们从统一屈服准则（单参数准则）到统一强度理论（双参数准则）再到三参数统一强度理论和多参数准则，根据作者的统一强度理论的概念，对极限面在 π 平面的极限线形状和变化规律已经有较完整的认识. 对极限面的子午线形状也有了逐步深入的认识，它们的变化从平行于静水应力轴的两端无限长的柱面到一端开口的但拉压子午线相等的锥体，再到一端开口但拉压子午线不相同的不等边锥体和子午线成曲线变化的极限曲面（多参数准则）. 它们的子午线变化情况如图 11-1 所示.

图 11-1 (a) 是最简单的单参数屈服准则的情况. 单剪应力屈服准则（Tresca 屈服准则）、双剪应力屈服准则、Mises 屈服准则和加权双剪屈服准则的拉压子午线均相同. 图 11-1 (b) 是静水应力型广义屈服准则的拉压子午线，这类准则的拉压子午线亦均相同，如本书第四章所述. 图 11-1 (c) 是本书第七章所述的统一强度理论的拉压子午线，对各种不同特例，它们在 $\theta=0°$ 和 $\theta=60°$ 的拉压子午线亦均相同. 但不同特例在 $0<\theta<60°$ 的其他子午线则各不相同. 三参数统一强度理论的拉压子午线亦为直线，但它与静水应力轴的交点和开口角度则与统一强度理论不同. 考虑到在高静水应力区静水应力影响函数成非线性变化时，得出多参数准则的子午线如图 11-1 (d) 所示. 图 11-1 也反映了强度理论从单参数到两参数到多参数的发展情况. 它们已分别在第三至十章的有关章节中作了介绍.

上面这些强度理论中，它们的极限面在静水应力的压缩方向

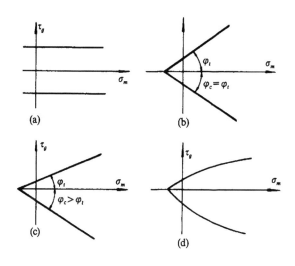

图 11-1　各种强度理论的拉压子午线形状

(a) 单参数屈服准则；(b) 静水应力型广义准则；

(c) 正应力型广义准则；(d) 多参数准则

都是开口的，也就是说，单纯的静水压应力不引起材料的屈服和破坏．但是，很多材料，特别是岩土类材料，在静水压应力作用下将产生体积塑性应变，虽然这时的应力并未达到强度理论的屈服面和破坏面．

针对粘土类材料在静水压应力作用下产生塑性应变的情况，很多学者从不同的方面对以往的强度理论进行修正，通过不同的推导方法，提出了一种帽子模型 (cap model, cap 是指一种无边的帽子)，帽子模型附加在以往强度理论极限面的开口端上，使极限面形成一个全封闭的曲面，如图 11-2 所示．

图 11-2 的帽子模型基本上由强度理论的广义准则 $F(\sigma_{ij})$ 的一端无限大的极限面和考虑体积塑性应变的帽子函数 $\Phi(\sigma_{ij})$ 的帽形极限面所组成．图 11-3 是各种不同组合的帽子模型的子午极限线．

由于帽子模型最早是从土的模型中提出来的，并且在土体结

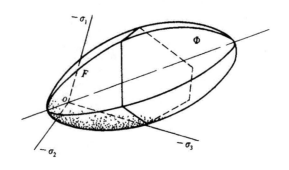

图 11-2 帽子模型的一般形状

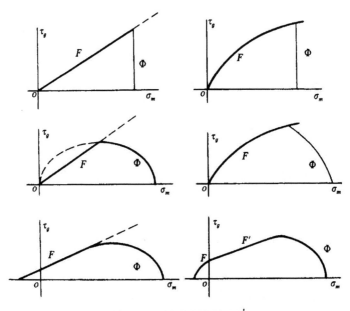

图 11-3 各种形状的帽子模型

构中应用较多. 下面我们先对土的性质进行讨论.

土的性质较为复杂,它是一种松散介质. 土在复杂应力状态下的屈服和破坏性质不同于一般的金属材料,它具有以下的一些特点.

(1)土体一般不能受拉（如砂土）或仅有很小的抗拉强度（如粉土）；

(2)土体一般没有明显的屈服点，应力应变关系一般为非线性；

(3)静水应力的影响很大，它不仅影响剪切屈服与破坏的规律，而且单纯的静水压力可以使土体产生屈服，即产生塑性体积应变（压硬性）；

(4)纯剪切应力可以引起土的弹塑性体积变化（剪胀性）；

(5)中间主应力 σ_2 对土的强度和变形均有影响；

(6)拉伸和压缩子午线不重合.

下面我们用双剪强度理论进一步研究能够反映土体塑性体变形的帽子模型，以及作者于 1986 年提出的双剪帽子模型和三种广义剪应力双椭圆帽子模型.

§11.2　三轴平面极限面(Rendulic 图)

在土力学试验中，常规的三轴试验大多是轴对称三轴试验，即 $\sigma_1 = \sigma_2$ 或 $\sigma_2 = \sigma_3 = \sigma_r$ 的应力状态，它们在主应力空间中是一个特殊的应力状态面，如图 11-4(a) 中的阴影面所示. 因此土力学中常用 $\sigma_1 - \sqrt{2}\sigma_2(\sqrt{2}\sigma_3)$ 的三轴平面中的极限面来表示土体的破坏面，如图 11-4(b)所示. 此图可以表示各种应力途径和应力状态，它首先由 Rendulic 于 1937 年建议，1960 年又由 Henkel 加以发展，所以三轴平面破坏面也称为 Rendulic 图.

在图 11-4(a)中，oa 为轴向应力加载，ob 为径向均匀加载（围压加载），轴对称三轴加载的应力点均在 oa 和 ob 所组成的平面（图中的阴影面）内. 图 11-4（b）中 d 为静水应力线，它与 σ_1 轴夹角的方向余弦为 $1/\sqrt{3}$，与静水应力线 od 成直角的各面为 π 平面（或称八面体平面）. 如果土试件在三轴压缩应力状态处

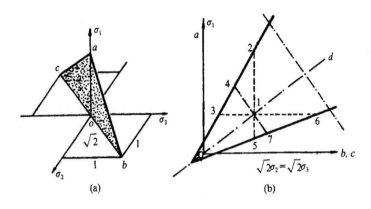

图 11 - 4 三轴平面

于某点 1，则可以由不同的加载应力途径到达广义拉伸破坏迹线和广义压缩破坏迹线，如图 11 - 4（b）所示，其中线段

1—2 为保持围压不变，增加轴向压力的广义压缩试验；

1—3 为保持轴力不变，减少围压的广义压缩试验；

1—4 为保持静水应力不变，增加双剪应力的广义压缩试验，即保持 $(\sigma_z + 2\sigma_r)$ 为常数，增加轴压 σ_z 同时减少围压 σ_r；

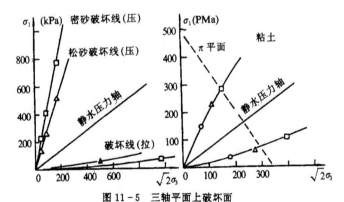

图 11 - 5 三轴平面上破坏面

(a)Monterey 0 号松砂和密砂；(b)Grundite 粘土

1—5　为保持围压不变，减少轴向压力的广义拉伸试验；

1—6　为保持轴压不变，增加围压的广义拉伸试验；

1—7　为保持静水应力不变,减少双剪应力的广义拉伸试验,即保持$(\sigma_z+2\sigma_r)$为常数，减少轴压 σ_z 同时增加围压 σ_r.

此外还有其他的加载应力途径，由此可作出三轴平面的破坏面. 图 11 - 5 即为松砂、密砂和粘土的三轴平面内的破坏迹线. 有时再在此图上附加帽子模型.

§11.3　单剪帽子模型

1958—1963 年，英国剑桥大学 Roscoe 教授等人针对流经剑桥大学附近的 Cam 河的一种正常固结粘土和弱超固结粘土（湿粘土）的特性而提出一种新的弹塑性模型，它包含一系列基本概念和假设，常称之为剑桥模型.

剑桥模型提出较早，发展也较完善，在一般土力学和岩土塑性力学书中已成为经典内容[1-14]. 它的一个主要的结果是附加在 Mohr-Coulomb 极限面之上的状态边界面，称之为 Roscoe 屈服面，如图 11 - 6 所示.

最初提出的剑桥模型的屈服面为子弹头型，后来

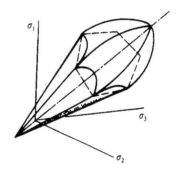

图 11 - 6　剑桥模型（单剪帽子模型）

修改为椭球形. 它在应力空间中是一个以原点为顶点，以静水应力轴为轴线的六边形锥体，附加一个半椭球形的"帽子"扣在六边形锥体的开口端. 当单元体的应力处于屈服或破坏面以内时，材料处于弹性状态；应力点在屈服面上时，材料开始进入塑性状态；当应力点到达破坏面时，材料处于破坏状态. 帽子屈服面与破坏

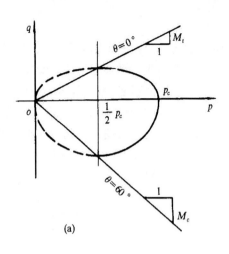

(a)

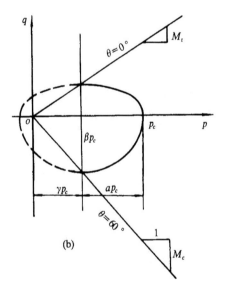

(b)

图 11-7 单剪帽子模型

(a) 剑桥模型；(b) 魏汝龙模型

面的交线常称为临界状态迹线. 剑桥模型为帽子模型中的一种.

剑桥模型在 p-q 平面的屈服曲线的方程为

$$\Phi(p,q) = p^2 - p_c p + \left(\frac{q}{M}\right)^2 = 0 \qquad (11-1)$$

或写为

$$\Phi = \left(\frac{p - p_c}{p_c/2}\right)^2 + \left(\frac{q}{M\frac{p_c}{2}}\right) - 1 = 0 \qquad (11-2)$$

式中 p_c 为土壤固结压力(这里即为硬化参数 H,即 $H=p_c$),M 为破坏线的直线斜率.

剑桥模型在 p-q 平面的屈服曲线是一个以 $\left(0, \frac{1}{2}p_c\right)$ 为中心,以 $\frac{1}{2}p_c$ 为长半轴,以 $q = \frac{1}{2}Mp_c$ 为短半轴的椭圆.由于拉压时的破坏线斜率 M 不同,故拉伸椭圆和压缩椭圆的短半轴长度也不相同,形成上下两个不同短半轴长度的半椭圆,如图 11-7(a)所示.在图 11-7(b)中绘出我国南京水利科学研究院魏汝龙于 1964 年提出的一种帽子模型.这是对剑桥模型的修正,适用性比剑桥模型更普遍,当 $\gamma = a = \frac{1}{2}$ 时,两者相同.魏汝龙提出的帽子屈服函数为

$$\Phi(p,q) = \left(\frac{p - \gamma p_c}{a}\right)^2 + \left(\frac{q}{\beta}\right)^2 - p_c^2 = 0 \qquad (11-3)$$

式(11-3)和式(11-2)均为一个椭圆方程.

§11.4 八面体剪应力帽子模型

剑桥模型和魏汝龙模型都根据能量原理和正交流动法则推导得出.它们也可以直接由屈服面的形状和方程给出.1957 年 Drucker 在 Drucker-Prager 准则的基础上,附加一个考虑土的体积塑性应变的帽子屈服面,如图 11-8 所示.这一帽子模型的破坏曲面采用广义八面体剪应力准则(即 Drucker-Prager 准则),并在

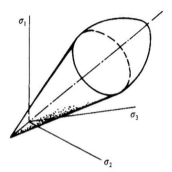

图 11-8 八面体剪应力帽子模型

它的圆锥开口端附加一个帽子，所以可称为八面体剪应力帽子模型.

与单剪帽子模型相似，八面体剪应力帽子模型中的帽子屈服面的常用形式亦为椭圆帽盖，其方程为

$$\Phi(p,q)=p_x-p-r(b^2-q^2)^{1/2} \tag{11-4}$$

此外，各国学者还采用不同的帽子屈服面，以及它与原有广义准则的剪切破坏面的各种不同的相交方法，提出不同的模型，如

(1) Baladi 等模型(1970)

$$\Phi=\left(\frac{\sigma-p_x}{p_c-p_x}\right)^2+\left(\frac{q}{A-Ce^{-B\sigma_n}}\right)^2-1=0 \tag{11-5}$$

(2) Khosla-Wu(吴天行)模型(1976)

$$\Phi=\left(\frac{p-p_x}{p_c-p_x}\right)^2+\left(\frac{q}{Mp_x}\right)^2-1=0 \tag{11-6}$$

(3) Lade 模型(1977)

$$\Phi=I_1^2+2I_2-p_c=0 \tag{11-7}$$

(4) 黄文熙(清华大学)模型(1979)

$$\Phi=\left(\frac{p-h}{Kh}\right)^2+\left(\frac{q}{Krh}\right)^2-1=0 \tag{11-8}$$

(5) 沈珠江(南京水利研究科学院)模型(1981)

$$\Phi=C_0\ln\frac{p(1+x)}{p_1}-C_0\ln\frac{p}{p_1}-p_c=0 \tag{11-9}$$

以上各种模型的详细阐述可见文献[15—19],各种模型所采用的符号和形式虽不相同,但基本概念都是一致的.

§11.5 双剪帽子模型

1986 年,俞茂宏-李跃明在广义双剪强度理论的基础上,提出双剪帽子模型[8]. 它的剪切破坏面由双剪强度理论 F 和 F' 控制,体积屈服面采用椭圆方程 Φ,其主应力空间的破坏面和屈服面如图 11-9 所示.

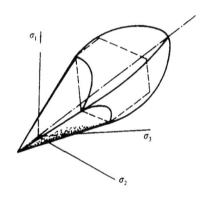

图 11-9 双剪帽子模型

双剪帽子模型的破坏面和屈服面,由于采用了广义双剪强度理论,因而其极限面范围均较前两类帽子模型扩大了. 在具体应用时,与广义双剪强度理论相同,需注意不同的应力状态采用不同的破坏式 F 或 F',如下式所示:

$$F = \sigma_1 - \frac{\alpha}{2}(\sigma_2 + \sigma_3) = \sigma_t \qquad (11-10)$$

$$F' = \frac{1}{2}(\sigma_1 + \sigma_2) - \alpha\sigma_3 = \sigma_t \qquad (11-10')$$

$$\Phi = \frac{\tau_{\text{双}}^2}{a^2} + \frac{(p - p_x)}{b^2} - 1 = 0 \qquad (11-11)$$

在图 11 - 10 中绘出相应的破坏线和屈服线.

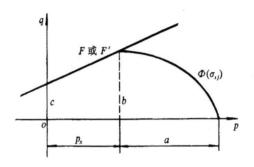

图 11 - 10 p - q 平面的双剪帽子模型

图 11 - 10 中的参数 a, b, p_x 与式(11 - 11)相对应,可由试验资料来拟合确定. 事实上,在 p - q 平面中所绘的曲线为 $\theta = 0°$ 和 $\theta = 60°$ 的子午极限线,而在这一子午面的单剪强度理论和双剪强度理论是一致的. 因此,图 11 - 10 的双剪帽子模型也可绘成如图 11 - 7 的剑桥帽子模型的形式,两者是一致的. 式(11 - 10)的 F 式相应于 $\theta = 0°$ 时的极限线;式(11 - 10′)的 F' 式相应于 $\theta = 60°$ 时的极限线. 两者的差别在 $0° < \theta < 60°$ 的其他子午线上,这时双剪帽子模型的极限线范围均大于单剪帽子模型(剑桥模型)的极限线.

§11.6 广义剪应力双椭圆帽子模型

在帽子模型中,广义屈服准则 F 和帽子函数 Φ 一般都建立在两个独立假设的基础上,并且广义屈服准则 F 在三轴拉伸状态时形成尖角.

由于岩土介质的抗拉能力很差,因此需把头部截去而拟以光滑的曲面. 有的用抛物线来逼近 Coulomb 剪切破裂线,或用抛物线和椭圆来表示屈服面，也有将尖角处用一个光滑曲面过渡并用于岩土数值计算，这样增加了一个附加的修正函数 F'，形成了 F'，F 和 Φ 三段曲线的破坏屈服准则.

在以上工作和实验资料的基础上，作者于 1986 年提出把广义屈服准则和帽子函数加以合成的统一的模型，即广义剪应力双椭圆帽子模型，其形式为[7]

$$\Phi = a\sqrt{\sigma_g^2 + 4\tau_g^2} + b\sigma_g = C \tag{11-12}$$

$$\Phi' = a'\sqrt{\sigma_g^2 + 4\tau_g^2} + b'\sigma_g = C \tag{11-12'}$$

上式中 a，a'，b，b' 和 C 为材料常数，σ_g，τ_g 分别取单剪应力（τ_{13} 和 σ_{13}）、八面体应力（τ_8 和 σ_8）及双剪应力（$\tau_{t\omega}$ 和 $\sigma_{t\omega}$）. 由此可得到三个新的帽子模型，分别称为广义单剪应力双椭圆帽子模型、广义八面体剪应力双椭圆帽子模型和广义双剪应力双椭圆帽子模型. 它们在 σ_g 和 τ_g 坐标中的图形由两个椭圆方程的曲线构成，如图 11-11 所示.

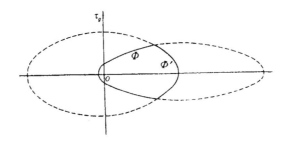

图 11-11　双椭圆帽子模型

岩土类材料既有剪切破坏，又具有体积屈服. 式（11-12）中的 Φ 模拟了材料的脆性破坏且无尖角，而式（11-12'）中的 Φ' 则是满足体积塑性应变的帽子. 这里的双椭圆并不是破坏准则和帽子模型两种函数（以往其他帽子模型均为两种函数），而是同时满足上述两种破坏屈服条件的统一模型中的两个方程式，但也不是Meeh，Tokuoka 等表述的一个封闭椭圆. 用一个封闭椭圆去反映岩土类材料的两种破坏屈服条件,在低围压情形时是不确切的. 因此，双椭圆帽子模型可较为灵活地适应各种不同的情况.

双椭圆帽子模型把破坏准则和帽子模型统一为一个准则（两个方程，根据判别条件选用一个），带来了表述和使用上的方便，并且完全避免了线性破坏准则在拉伸区形成的尖角，可以与实验结果更为符合. 式中的材料常数 a, b 和 C 可由常规的三轴试验来确定. a 和 a', b 和 b' 只相差一个常数,可根据材料性质调整.

下面我们讨论如图 11-11 所示的几个特殊应力状态,以确定常数 a, b, C.

（1）A 点：该点代表三轴均压（静水应力）产生屈服的应力状态，即 $\sigma_1 = \sigma_2 = \sigma_3 = p_0$，此时相应的广义正应力为

$$\sigma_g^c = \begin{cases} 2\sigma_0 & \text{广义单剪应力帽子函数} \\ p_0 & \text{广义八面体剪应力帽子函数} \\ 2p_0 & \text{广义双剪应力帽子函数} \end{cases}$$

此时式(11-12)简化为

$$a'\sigma_g^c + b'\sigma_g^c = C \qquad (11-13)$$

（2）B 点：该点为三轴均拉极限应力状态. 由于实际中三轴拉伸状态较难达到,可近似取单轴拉伸极限 σ_t 代替,即

$$\sigma_1 = \sigma_2 = \sigma_3 = -\sigma_t$$

广义正应力 σ_g^T 为

$$\sigma_g^T = \begin{cases} 2\sigma_t \\ \sigma_t \\ 2\sigma_t \end{cases} \qquad (\text{此处 } \sigma_g^T \text{ 取正值})$$

由式(11-12)可得

$$a\sigma_g^T - b\sigma_g^T = C \qquad (11-14)$$

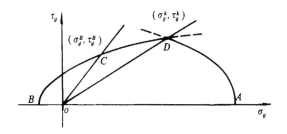

图 11-12 双椭圆模型的参数

(3)设两椭圆的交点 D 的应力状态为 (σ_g^k, τ_g^k), 此时, $\varPhi = \varPhi'$, 即有

$$a\sqrt{(\sigma_g^k)^2 + 4(\tau_g^k)^2} + b\sigma_g^k = a'\sqrt{(\sigma_g^k)^2 + 4(\tau_g^k)^2} + b'\sigma_g^k$$

若令

$$\eta = b' - b, \quad \xi = a - a', \quad K = \frac{\tau_g^k}{\sigma_g^k}$$

则有

$$\frac{\eta}{\xi} = \sqrt{1 + 4K^2} \qquad (11-15)$$

(4)取一任意低围压侧限三轴压缩状态 C, $\sigma_1 = \sigma_1^0$, $\sigma_2 = \sigma_3 = \gamma\sigma_1^0$, 其中系数 $\gamma < 1$. 对于岩土类材料, 这种试验是容易实现的.

$$\tau_g^\beta = \begin{cases} (1-\gamma)\sigma_1^0 & \text{广义单剪应力或广义双剪应力准则} \\ (1+\gamma)\sigma_1^0 & \text{广义八面体剪应力准则} \end{cases}$$

$$\sigma_g^\beta = \begin{cases} (1+\gamma)\sigma_1^0 & \text{广义单剪应力或广义双剪应力准则} \\ \dfrac{1+2\gamma}{3}\sigma_1^0 & \text{广义八面体剪应力准则} \end{cases}$$

令 $\dfrac{\tau_g^\beta}{\sigma_g^\beta}=\beta$，则

$$\beta=\begin{cases}\dfrac{1-\gamma}{1+\gamma} & \text{用于广义单剪应力或广义双剪应力准则}\\[4mm]\dfrac{3(1-\gamma)}{1+2\gamma} & \text{用于广义八面体剪应力准则}\end{cases}$$

当 $\beta>K$ 时，由式(11-12)可得

$$a\sqrt{(\sigma_g^\beta)^2+4(\tau_g^\beta)^2}+b\sigma_g^\beta=C \qquad (11-16)$$

$\beta<K$ 时，则由式(11-12')可得

$$a'\sqrt{(\sigma_g^\beta)^2+4(\tau_g^\beta)^2}+b'\sigma_g^\beta=C \qquad (11-16')$$

从以上所得各式联立解出 a,b,C 即

$$a=\dfrac{\alpha(\eta-\xi)\left(1+\dfrac{\sigma_g^c}{\alpha\sigma_g^\beta}\right)}{(1+\alpha)\sqrt{1+4\beta^2}-2\dfrac{\sigma_g^c}{\sigma_g^\beta}-\alpha+1}$$

$$b=\dfrac{1-\alpha}{1+\alpha}\ \dfrac{\alpha(\eta-\xi)\left(1+\dfrac{\sigma_g^c}{\alpha\sigma_g^\beta}\right)}{(1+\alpha)\sqrt{1+4\beta^2}-2\dfrac{\sigma_g^c}{\sigma_g^\beta}-\alpha+1}-\dfrac{\alpha}{1+\alpha}(\eta-\xi)$$

$$C=\dfrac{2\alpha}{1+\alpha}\ \dfrac{\alpha(\eta-\xi)\left(1+\dfrac{\sigma_g^c}{\alpha\sigma_g^\beta}\right)}{(1+\alpha)\sqrt{1+4\beta^2}-2\dfrac{\sigma_g^c}{\sigma_g^\beta}-\alpha+1}+\dfrac{\alpha}{1+\alpha}(\eta-\xi)$$

而 $a'=a-\xi$，$b'=\eta+b$，其中 $\alpha=\dfrac{\sigma_g^c}{\sigma_g^t}$ 称为材料的广义压拉特性比，η,ξ 的选取应满足式(11-15)，而 K 值则由试验资料确定.

为保证模型的双椭圆性，需满足 $C\neq0$，即材料的抗拉极限不能为零，故本文所建议的模型适用于具有抗拉强度的岩石、粘土及紧密砂类介质. 基于岩土类介质的抗压极限大于抗拉极限的事实，

即 $\sigma_g^c > \sigma_g^T$，可知 $a > 1$. 从式(11-13)和(11-14)还可知 $(a-b) > (a'+b') > 0$.

在以往的椭圆帽子模型中，一般认为屈服轨迹椭圆的顶点与破坏迹线正好相交，而不能反映土的剪胀性. 后来清华大学黄文熙提出的模型克服了这一缺点. 现在的模型中无此限制，破坏准则 Φ 和屈服准则 Φ' 可在任意处相交，只需调整 η,ξ 的数值. 适当选取 η 和 ξ 可反映土的剪胀性，因而比前述各类椭圆模型有较大的适用范围，能拟合更多的岩土材料的实验曲线.

若用于描述材料的硬化或软化特性，常数 a',b' 和 C 是塑性内变量的函数.

当 $a \neq b$ 时，模型的标准椭圆方程如下[7,8]：

破坏

$$\frac{\left(\sigma_g + \dfrac{bC}{a^2-b^2}\right)^2}{\left(\dfrac{aC}{a^2-b^2}\right)^2} + \frac{\tau_g^2}{\left(\dfrac{C}{2\sqrt{a^2-b^2}}\right)^2} = 1 \qquad (11-17)$$

屈服

$$\frac{\left(\sigma_g + \dfrac{b'C}{a'^2-b'^2}\right)^2}{\left(\dfrac{a'C}{a'^2-b'^2}\right)^2} + \frac{\tau_g^2}{\left(\dfrac{C}{2\sqrt{a'^2-b'^2}}\right)^2} = 1 \qquad (11-18)$$

$a=b$ 时，模型为抛物线型.

近年来帽子模型得到较大发展和应用，美国已应用于原子防护工程、结构工程抗震设计、穿地动力学、核武器的攻击威力估算等研究中，并编入大型有限元计算程序，进行岩土工程和土与结构物相互作用的计算与研究[9,10]. 下面将介绍在双剪应力准则和双椭圆帽子模型应用中的两个主要公式的推导. 这些将结合本书第十四、十五两章作进一步深入研究.

§11.7 双椭圆帽子模型的计算机实施

双剪帽子模型和双椭圆帽子模型不仅具有理论意义，而且具有工程实用价值. 它主要通过计算机来实施，并在岩土和地下工程的弹塑性和弹粘塑性分析中得到应用. 关于结构弹塑性分析和弹粘塑性分析将在第十四和十五章中阐述，主要阐述在统一弹塑性和统一弹粘塑性方面的研究成果. 有关帽子模型的计算机实施将集中在本章介绍，在具体推导中遇到的有关公式可参阅第十四和十五章.

11.7.1 广义双剪准则的计算机实施

以往有关弹塑性和弹粘塑性分析的文献，主要应用 Tresca 屈服准则和 Mises 屈服准则. 1988—1990 年, 李跃明、俞茂宏推导得出了广义双剪准则和双椭圆帽子模型计算实施中的塑性应变增量矢量和粘塑性应变增量的矩阵{H}，并在计算机程序中实施应用于工程分析，下面主要阐述这两部分的具体公式[10].

在 π 平面内以应力张量第一不变量 I_1、应力偏量不变量 J_2，J_3 和 Lode 角 θ 表达的广义双剪准则

$$F = -\frac{2}{3}I_1\sin\varphi + \left[\frac{3}{2}\cos\theta - \frac{\sqrt{3}}{2}\sin\theta \right.$$
$$\left. - \left(\frac{1}{2}\cos\theta - \frac{1}{2\sqrt{3}}\sin\theta\right) \cdot \sin\varphi\right]\sqrt{J_2} = 2C\cos\varphi$$
$$\text{当 } \theta \leqslant \text{tg}^{-1}\left(-\frac{\sin\varphi}{\sqrt{3}}\right) \qquad (11-19)$$

$$F' = -\frac{2}{3}I_1\sin\varphi + \left[\frac{3}{2}\cos\theta + \frac{\sqrt{3}}{2}\sin\theta \right.$$
$$\left. + \left(\frac{1}{2}\cos\theta + \frac{1}{2\sqrt{3}}\sin\theta\right) \cdot \sin\varphi\right]\sqrt{J_2} = 2C\cos\varphi$$
$$\text{当 } \theta \geqslant \text{tg}^{-1}\left(-\frac{\sin\varphi}{\sqrt{3}}\right) \qquad (11-19')$$

对于不同的准则将有不同形式的 $\frac{\partial F}{\partial\{\sigma\}}$，下面讨论基于广义双剪准则的 $\frac{\partial F}{\partial\{\sigma\}}$.

因为

$$\frac{\partial F}{\partial \{\sigma\}}=\frac{\partial F}{\partial I_1}\frac{\partial I_1}{\partial \{\sigma\}}+\frac{\partial F}{\partial \sqrt{J_2}}\frac{\partial \sqrt{J_2}}{\partial \{\sigma\}}+\frac{\partial F}{\partial \theta}\frac{\partial \theta}{\partial \{\sigma\}} \qquad (11-20)$$

而

$$\frac{\partial \theta}{\partial \{\sigma\}}=-\frac{\sqrt{3}}{2\cos 3\theta}\left[\frac{1}{(J_2)^{3/2}}\frac{\partial J_3}{\partial \{\sigma\}}-\frac{3J_3}{(J_2)^2}\frac{\partial \sqrt{J_2}}{\partial \{\sigma\}}\right] \qquad (11-21)$$

将式(11-19)或(11-19′)代入上两式可导出

$$\frac{\partial F}{\partial \{\sigma\}}=\{a\}=C_1\{a_1\}+C_2\{a_2\}+C_3\{a_3\} \qquad (11-22)$$

其中

$$\{a_1\}=\frac{\partial I_1}{\partial \{\sigma\}}=\{1,\ 1,\ 1,\ 0,\ 0,\ 0\}^T$$

$$\{a_2\}=\frac{\partial \sqrt{J_2}}{\partial \{\sigma\}}=\frac{1}{2\sqrt{J_2}}\{\sigma'_x,\sigma'_y,\sigma'_z,2\tau_{yz},2\tau_{zx},2\tau_{xy}\}^T$$

$$\{a_3\}=\frac{\partial J_3}{\partial \{\sigma\}}=\left\{\left(\sigma'_y\sigma'_z-\tau^2_{yz}+\frac{J_2}{3}\right),\left(\sigma'_x\sigma'_z-\tau^2_{zx}+\frac{J_2}{3}\right),\right.$$

$$\left(\sigma'_x\sigma'_y-\tau^2_{xy}+\frac{J_2}{3}\right),2(\tau_{zx}\tau_{xy}-\sigma'_x\tau_{yz}),$$

$$\left.2(\tau_{xy}\tau_{yz}-\sigma'_y\tau_{zx}),2(\tau_{yz}\tau_{zx}-\sigma'_z\tau_{xy})\right\}^T$$

它们只与应力状态有关,而与所用屈服准则无关;

$$C_1=\frac{\partial F}{\partial I_1}=\frac{\partial F'}{\partial I_1}=-\frac{2}{3}\sin\varphi$$

$$
C_2 = \begin{cases}
\dfrac{\partial F}{\partial \sqrt{J_2}} - \dfrac{\mathrm{tg}\,3\theta}{\sqrt{J_2}}\dfrac{\partial F}{\partial\theta} = \dfrac{1}{2}\cos\theta\Bigg\{ 3 - \sqrt{3}\,\mathrm{tg}\theta + \sqrt{3}\,\mathrm{tg}\,3\theta \\
\qquad + 3\mathrm{tg}\theta\mathrm{tg}\,3\theta - \sin\varphi\Big(1 - \dfrac{1}{\sqrt{3}}\mathrm{tg}\theta - \mathrm{tg}\theta\mathrm{tg}\,3\theta + \dfrac{\mathrm{tg}\,3\theta}{\sqrt{3}} \Big) \Bigg\} \\[2mm]
\dfrac{\partial F'}{\partial \sqrt{J_2}} - \dfrac{\mathrm{tg}\,3\theta}{\sqrt{J_2}}\dfrac{\partial F'}{\partial\theta} = \dfrac{1}{2}\cos\theta\Bigg\{ 3 + \sqrt{3}\,\mathrm{tg}\theta - \sqrt{3}\,\mathrm{tg}\,3\theta \\
\qquad + 3\mathrm{tg}\theta\mathrm{tg}\,3\theta + \sin\varphi\Big(1 + \dfrac{1}{\sqrt{3}}\mathrm{tg}\theta + \mathrm{tg}\theta\mathrm{tg}\,3\theta - \dfrac{\mathrm{tg}\,3\theta}{\sqrt{3}} \Big) \Bigg\}
\end{cases}
$$

$$
C_3 = \begin{cases}
\dfrac{-3\sqrt{3}}{2\cos 3\theta}\dfrac{1}{(J_2)^{3/2}}\dfrac{\partial F}{\partial\theta} \\
\qquad = \dfrac{\cos\theta}{4J_2\cos 3\theta}\big[3 + 3\sqrt{3}\,\mathrm{tg}\theta - \sin\varphi(1 + \sqrt{3}\,\mathrm{tg}\theta) \big] \\[2mm]
\dfrac{-3\sqrt{3}}{2\cos 3\theta}\dfrac{1}{(J_2)^{3/2}}\dfrac{\partial F'}{\partial\theta} \\
\qquad = \dfrac{\cos\theta}{4J_2\cos 3\theta}\big[-3 + 3\sqrt{3}\,\mathrm{tg}\theta - \sin\varphi(1 - \sqrt{3}\,\mathrm{tg}\theta) \big]
\end{cases}
$$

屈服准则的不同,导致 $\dfrac{\partial F}{\partial\{\sigma\}}$ 的差别仅在 C_1,C_2 和 C_3.

再由式(11 - 20)我们有

$$
\dfrac{\partial\{a\}^T}{\partial\{\sigma\}} = C_1\dfrac{\partial\{a_1\}^T}{\partial\{\sigma\}} + C_2\dfrac{\partial\{a_2\}^T}{\partial\{\sigma\}} + C_3\dfrac{\partial\{a_3\}^T}{\partial\{\sigma\}} \tag{11 - 23}
$$
$$
+ \dfrac{\partial C_1}{\partial\{\sigma\}}\{a_1\}^T + \dfrac{\partial C_2}{\partial\{\sigma\}}\{a_2\}^T + \dfrac{\partial C_3}{\partial\{\sigma\}}\{a_3\}^T
$$

其中 $\dfrac{\partial\{a_1\}^T}{\partial\{\sigma\}} = 0$, $\dfrac{\partial\{a_2\}^T}{\partial\{\sigma\}}$ 和 $\dfrac{\partial\{a_3\}^T}{\partial\{\sigma\}}$ 与准则无关,这里不再作讨论. 而与准则有关的是 C_1,C_2 和 C_3. 对于广义双剪准则有

$$
\dfrac{\partial C_1}{\partial\{\sigma\}} = 0 \tag{11 - 24}
$$

$$\frac{\partial C_2}{\partial\{\sigma\}}=\frac{\partial C_2}{\partial\theta}\frac{\partial\theta}{\partial\{\sigma\}}=\begin{cases}A_{22}\{a_2\}+A_{32}\{a_3\} & \text{当 }\theta\leqslant\text{tg}^{-1}\left(-\frac{\sin\varphi}{\sqrt{3}}\right)\\[3mm] A'_{22}\{a_2\}+A'_{32}\{a_3\} & \text{当 }\theta\geqslant\text{tg}^{-1}\left(-\frac{\sin\varphi}{\sqrt{3}}\right)\end{cases}$$

$$(11-25)$$

$$\frac{\partial C_3}{\partial\{\sigma\}}=\frac{\partial C_3}{\partial\theta}\frac{\partial\theta}{\partial\{\sigma\}}=\begin{cases}A_{23}\{a_2\}+A_{33}\{a_3\} & \text{当 }\theta\leqslant\text{tg}^{-1}\left(-\frac{\sin\varphi}{\sqrt{3}}\right)\\[3mm] A'_{23}\{a_2\}+A'_{33}\{a_3\} & \text{当 }\theta\geqslant\text{tg}^{-1}\left(-\frac{\sin\varphi}{\sqrt{3}}\right)\end{cases}$$

$$(11-26)$$

式中

$$\begin{aligned}A_{22}=&\frac{3\sqrt{3}J_3\cos\theta}{4J_2^2\cos3\theta}\Big[2\sqrt{3}+6\text{tg}\theta-\sqrt{3}\,\text{tg}\theta\text{tg}3\theta\\ &+3\text{tg}3\theta+3\sqrt{3}\,\text{tg}^2 3\theta+9\text{tg}\theta\text{tg}^2 3\theta+\sin\varphi\Big(-\frac{2}{\sqrt{3}}+4\text{tg}\theta\\ &+\text{tg}3\theta+\frac{1}{\sqrt{3}}\text{tg}\theta\text{tg}3\theta+3\text{tg}\theta\text{tg}^2 3\theta-\sqrt{3}\,\text{tg}^2 3\theta\Big)\Big]\end{aligned}$$

$$\begin{aligned}A_{22}{}'=&\frac{3\sqrt{3}J_3\cos\theta}{4J_2^2\cos3\theta}\Big[-2\sqrt{3}+6\text{tg}\theta+\sqrt{3}\,\text{tg}\theta\text{tg}3\theta\\ &+3\text{tg}3\theta-3\sqrt{3}\,\text{tg}^2 3\theta+9\text{tg}\theta\text{tg}^2 3\theta+\sin\varphi\Big(-\frac{2}{\sqrt{3}}+2\text{tg}\theta\\ &+\text{tg}3\theta+\frac{1}{\sqrt{3}}\text{tg}\theta\text{tg}3\theta+3\text{tg}\theta\text{tg}^2 3\theta-\sqrt{3}\,\text{tg}^2 3\theta\Big)\Big]\end{aligned}$$

$$\begin{aligned}A_{32}=&-\frac{3\sqrt{3}\cos\theta}{4(J_2)^2\cos3\theta}\Big[2\sqrt{3}+6\text{tg}\theta-\sqrt{3}\,\text{tg}\theta\text{tg}3\theta\\ &+3\text{tg}3\theta+3\sqrt{3}\,\text{tg}^2 3\theta+9\text{tg}\theta\text{tg}^2 3\theta+\sin\varphi\Big(-\frac{2}{\sqrt{3}}+4\text{tg}\theta\\ &+\text{tg}3\theta+\frac{1}{\sqrt{3}}\text{tg}\theta\text{tg}3\theta+3\text{tg}\theta\text{tg}^2 3\theta-\sqrt{3}\,\text{tg}^2 3\theta\Big)\Big]\end{aligned}$$

$$A_{32}' = -\frac{3\sqrt{3}\cos\theta}{4(J_2)^2\cos3\theta}\Big[-2\sqrt{3}+6\text{tg}\theta+\sqrt{3}\,\text{tg}\theta\text{tg}3\theta$$

$$+3\text{tg}3\theta3\sqrt{3}\,\text{tg}^23\theta+9\text{tg}\theta\text{tg}^23\theta+\sin\varphi\Big(-\frac{2}{\sqrt{3}}+2\text{tg}\theta$$

$$+\text{tg}3\theta+\frac{1}{\sqrt{3}}\text{tg}\theta\text{tg}3\theta+3\text{tg}\theta\text{tg}^23\theta-\sqrt{3}\,\text{tg}^23\theta\Big)\Big]$$

$$A_{23} = \frac{3\sqrt{3}\,J_3\cos\theta}{8J_2^3\cos^23\theta}\Big[3\sqrt{3}-3\text{tg}\theta+9\text{tg}3\theta+9\sqrt{3}\,\text{tg}\theta\text{tg}3\theta$$

$$-\sin\varphi\left(\sqrt{3}-\text{tg}\theta+3\text{tg}3\theta+3\sqrt{3}\,\text{tg}\theta\text{tg}3\theta\right)\Big]$$

$$A_{23}' = \frac{3\sqrt{3}\,J_3\cos\theta}{8J_2^3\cos^23\theta}\Big[3\sqrt{3}+3\text{tg}\theta-9\text{tg}3\theta+9\sqrt{3}\,\text{tg}\theta\text{tg}3\theta$$

$$+\sin\varphi\left(\sqrt{3}+\text{tg}\theta-3\text{tg}3\theta+3\sqrt{3}\,\text{tg}\theta\text{tg}3\theta\right)\Big]$$

$$A_{33} = -\frac{\sqrt{3}\cos\theta}{8J_2^{5/2}\cos^23\theta}\Big[3\sqrt{3}-3\text{tg}\theta+9\text{tg}3\theta+9\sqrt{3}\,\text{tg}\theta\text{tg}3\theta$$

$$-\sin\varphi\left(\sqrt{3}-\text{tg}\theta+3\text{tg}3\theta+3\sqrt{3}\,\text{tg}\theta\text{tg}3\theta\right)\Big]$$

$$A_{33}' = -\frac{\sqrt{3}\cos\theta}{8J_2^{5/2}\cos^23\theta}\Big[3\sqrt{3}+3\text{tg}\theta-9\text{tg}3\theta+9\sqrt{3}\,\text{tg}\theta\text{tg}3\theta$$

$$+\sin\varphi\left(\sqrt{3}+\text{tg}\theta-3\text{tg}3\theta+3\sqrt{3}\,\text{tg}\theta\text{tg}3\theta\right)\Big]$$

粘塑性分析中的应变增量公式为[26]

$$\{\Delta\varepsilon^{vp}\}^n = \{\dot{\varepsilon}^{vp}\}^n\Delta t_n + \Theta\Delta t_n[H]^n\{\Delta\sigma\}^n \qquad (11-27)$$

其中矩阵

$$[H]^n = \frac{\partial\{\dot{\varepsilon}^{vp}\}^n}{\partial\{\sigma\}^n} = \gamma\left\{\langle R\rangle\frac{\partial\{a\}^T}{\partial\{\sigma\}}+\frac{\partial\langle R\rangle}{\partial F}\{a\}\{a\}^T\right\} \qquad (11-28)$$

将式(11-23)代入上式,并考虑到式(11-24),(11-25),(11-26)及 $\dfrac{\partial\{a_1\}^T}{\partial\{\sigma\}}=0$,可获得矩阵$[H]^n$的具体表达式为

$$[H]^n = p_2[M_2] + p_3[M_3] + \sum_{i,j=2}^{3} p_{ij}[M_{ij}] + p[M] \qquad (11-29)$$

其中矩阵

$$[M_2] = \frac{\partial \{a_2\}^T}{\partial \{\sigma\}} \qquad [M_3] = \frac{\partial \{a_3\}^T}{\partial \{\sigma\}}$$

$$[M_{ij}] = \{a_i\} \{a_j\}^T \qquad [M] = \{a\} \{a\}^T$$

只与应力状态有关,与准则形式无关. 各矩阵的系数

$$p_2 = \gamma \langle R \rangle C_2 \qquad p_3 = \gamma \langle R \rangle C_3$$

$$p_{ij} = \gamma \langle R \rangle A_{ij} \qquad p = \gamma \frac{\partial \langle R \rangle}{\partial F}$$

与准则及函数 R 的形式有关,但与应力状态无关. 函数 R 的选取常有如下几种形式:

$$R(X) = X^N$$
$$R(X) = X$$
$$R(X) = e^{MX} - 1$$

式中 M, N 为常数. 当 $\theta \geqslant \mathrm{tg}^{-1}\left(-\dfrac{\sin\varphi}{\sqrt{3}}\right)$ 时,系数 p_{ij} 中的 A_{ij} 应换为 $A_{ij}{}'$.

11.7.2 双椭圆帽子模型的计算机实施

双椭圆帽子模型由两个椭圆函数 Φ 和 Φ' 组成,如上节公式 (11-12),(11-12′). Φ 和 Φ' 则由广义剪应力 τ_g 和广义正应力 σ_g 组成. τ_g 和 σ_g 可以分别是单剪应力(最大剪应力)τ_{13}、八面体剪应力 τ_8 或双剪应力 τ_{twn} 以及它们相应的广义正应力 σ_{13},σ_8 和 σ_{twn}. 它们分别等于

$$\tau_g = \begin{cases} \tau_{\max} = \sqrt{J_2'}\cos\theta & (11-30) \\[2mm] \tau_{\text{oct}} = \sqrt{\dfrac{2}{3}}\,\sqrt{J_2'} & (11-31) \\[2mm] \tau_{\text{twi}} = \begin{cases} \left(\dfrac{3}{2}\cos\theta - \dfrac{\sqrt{3}}{2}\sin\theta\right)\sqrt{J_2'} & (11-32) \\[2mm] \left(\dfrac{3}{2}\cos\theta + \dfrac{\sqrt{3}}{2}\sin\theta\right)\sqrt{J_2'} & (11-32') \end{cases} \end{cases}$$

$$\sigma_g = \begin{cases} \sigma_{13} = \dfrac{1}{3}I_1 - \dfrac{\sin\theta}{\sqrt{3}}\sqrt{J_2'} & (11-33) \\[2mm] \sigma_{\text{oct}} = \dfrac{1}{3}I_1 & (11-34) \\[2mm] \sigma_{\text{twi}} = \begin{cases} \dfrac{2}{3}I_1 - \dfrac{1}{\sqrt{3}}\left(\dfrac{1}{2}\sin\theta - \dfrac{\sqrt{3}}{2}\cos\theta\right)\sqrt{J_2'} & (11-35) \\[2mm] \dfrac{2}{3}I_1 - \dfrac{1}{\sqrt{3}}\left(\dfrac{1}{2}\sin\theta + \dfrac{\sqrt{3}}{2}\cos\theta\right)\sqrt{J_2'} & (11-35') \end{cases} \end{cases}$$

将它们代入文中的双椭圆帽子函数,即可得以 $\sqrt{J_2'}$,θ 表达的三种剪应力形式的双椭圆帽子函数.

(1)最大剪应力双椭圆帽子函数

$$a\left[\left(\frac{1}{3}I_1 - \frac{\sin\theta}{\sqrt{3}}\sqrt{J_2'}\right)^2 + 4J_2'\cos^2\theta\right]^{1/2} + b\left(\frac{1}{3}I_1 - \frac{\sin\theta}{\sqrt{3}}\sqrt{J_2'}\right) = C$$

$$\text{当 } I_1 \leqslant \left(\frac{6\xi}{\sqrt{\eta^2-\xi^2}}\cos\theta + \sqrt{3}\sin\theta\right)\sqrt{J_2'} \qquad (11-36)$$

$$a'\left[\left(\frac{1}{3}I_1 - \frac{\sin\theta}{\sqrt{3}}\sqrt{J_2'}\right)^2 + 4J_2'\cos^2\theta\right]^{1/2} + b'\left(\frac{1}{3}I_1 - \frac{\sin\theta}{\sqrt{3}}\sqrt{J_2'}\right) = C$$

$$\text{当 } I_1 \geqslant \left(\frac{6\xi}{\sqrt{\eta^2-\xi^2}}\cos\theta + \sqrt{3}\sin\theta\right)\sqrt{J_2'} \qquad (11-36')$$

在偏平面上,I_1=常数,其迹线为一不等内角六边形.

(2)八面体剪应力双椭圆帽子函数

$$\frac{a}{3}(I_1^2 + 14J_2')^{1/2} + \frac{b}{3}I_1 = C$$

$$当 \ I_1 \leqslant \left(\frac{2\sqrt{6}\,\xi}{\sqrt{\eta^2 - \xi^2}}\right)\sqrt{J_2'} \qquad (11-37)$$

$$\frac{a'}{3}(I_1^2 + 14J_2')^{1/2} + \frac{b'}{3}I_1 = C$$

$$当 \ I_1 \geqslant \left(\frac{2\sqrt{6}\,\xi}{\sqrt{\eta^2 - \xi^2}}\right)\sqrt{J_2'} \qquad (11-37')$$

在偏平面上,其迹线为一个圆.

(3)双剪应力双椭圆帽子函数

双剪应力有两种表达式,$\tau_{tw_1} = \tau_{13} + \tau_{12}$ 或 $\tau_{13} + \tau_{23}$,该理论体系的基本思想是,以双剪应力所构成的准则的两个判别式哪一个大,就采用与之相应的双剪应力作为基本参量,所以有

$$\Phi_{1312} = a\sqrt{(\sigma_{13} + \sigma_{12})^2 + 4(\tau_{13} + \tau_{12})^2} + b(\sigma_{13} + \sigma_{12})$$
$$(11-38)$$

$$\Phi_{1323} = a\sqrt{(\sigma_{13} + \sigma_{23})^2 + 4(\tau_{13} + \tau_{23})^2} + b(\sigma_{13} + \sigma_{23})$$
$$(11-38')$$

当 $\Phi_{1312} > \Phi_{1323}$ 时,采用 $\tau_{tw_1} = \tau_{13} + \tau_{12}$ 及 $\sigma_{tw_1} = \sigma_{13} + \sigma_{12}$;当 $\Phi_{1323} > \Phi_{1312}$ 时,采用 $\tau_{tw_1} = \tau_{13} + \tau_{23}$ 及 $\sigma_{tw_1} = \sigma_{13} + \sigma_{23}$.

(a)当 $\Phi_{1312} > \Phi_{1323}$ 时,有

$$a\left\{\left[\frac{2}{3}I_1 - \left(\frac{\sin\theta}{2\sqrt{3}} - \frac{1}{2}\cos\theta\right)\sqrt{J_2'}\right]^2 + 4\left(\frac{3}{2}\cos\theta - \frac{\sqrt{3}}{2}\sin\theta\right)^2 J_2'\right\}^{1/2}$$

$$+ b\left[\frac{2}{3}I_1 - \left(\frac{\sin\theta}{2\sqrt{3}} - \frac{1}{2}\cos\theta\right)\sqrt{J_2'}\right] = C$$

$$当 \ I_1 \leqslant \frac{3}{2}\left[\frac{\xi}{\sqrt{\eta^2 - \xi^2}}\left(3\cos\theta - \sqrt{3}\sin\theta\right) + \frac{\sin\theta}{2\sqrt{3}} - \frac{1}{2}\cos\theta\right]\sqrt{J_2'}$$
$$(11-39)$$

$$a'\left\{\left[\frac{2}{3}I_1-\left(\frac{\sin\theta}{2\sqrt{3}}-\frac{1}{2}\cos\theta\right)\sqrt{J_2'}\right]^2+4\left(\frac{3}{2}\cos\theta-\frac{\sqrt{3}}{2}\sin\theta\right)^2 J_2'\right\}^{1/2}$$

$$+b'\left[\frac{2}{3}I_1-\left(\frac{\sin\theta}{2\sqrt{3}}-\frac{1}{2}\cos\theta\right)\sqrt{J_2'}\right]=C$$

当 $I_1\geqslant\dfrac{3}{2}\left[\dfrac{\xi}{\sqrt{\eta^2-\xi^2}}(3\cos\theta-\sqrt{3}\sin\theta)+\dfrac{\sin\theta}{2\sqrt{3}}-\dfrac{1}{2}\cos\theta\right]\sqrt{J_2'}$

$$(11-39')$$

(b)当 $\Phi_{1323}>\Phi_{1312}$ 时,有

$$a\left\{\left[\frac{2}{3}I_1-\left(\frac{\sin\theta}{2\sqrt{3}}+\frac{1}{2}\cos\theta\right)\sqrt{J_2'}\right]^2+(3\cos\theta+\sqrt{3}\sin\theta)^2 J_2'\right\}^{1/2}$$

$$+b\left[\frac{2}{3}I_1-\left(\frac{\sin\theta}{2\sqrt{3}}+\frac{1}{2}\cos\theta\right)\sqrt{J_2'}\right]=C$$

当 $I_1\leqslant\dfrac{3}{2}\left[\dfrac{\xi}{\sqrt{\eta^2-\xi^2}}(3\cos\theta+\sqrt{3}\sin\theta)+\dfrac{\sin\theta}{2\sqrt{3}}-\dfrac{1}{2}\cos\theta\right]\sqrt{J_2'}$

$$(11-40)$$

$$a'\left\{\left[\frac{2}{3}I_1-\left(\frac{\sin\theta}{2\sqrt{3}}+\frac{1}{2}\cos\theta\right)\sqrt{J_2'}\right]^2+(3\cos\theta+\sqrt{3}\sin\theta)^2 J_2'\right\}^{1/2}$$

$$+b'\left[\frac{2}{3}I_1-\left(\frac{\sin\theta}{2\sqrt{3}}+\frac{1}{2}\cos\theta\right)\sqrt{J_2'}\right]=C$$

当 $I_1\geqslant\dfrac{3}{2}\left[\dfrac{\xi}{\sqrt{\eta^2-\xi^2}}(3\cos\theta+\sqrt{3}\sin\theta)+\dfrac{\sin\theta}{2\sqrt{3}}-\dfrac{1}{2}\cos\theta\right]\sqrt{J_2'}$

$$(11-40')$$

当 $\sigma_m=\dfrac{1}{3}I_1=$ 常数时,就可分别得到这三种双椭圆模型在偏平面上的迹线形状;当 $\theta=$ 常数时,就得到在子午面内模型的形状——两个椭圆相交的内曲线,判别条件表明,在主应力空间静水应力大于某一值时为初始屈服,小于该值时为破坏,并且该值是和应力状态及材料特性有关的.

因为

$$\frac{\partial \Phi'}{\partial \{\sigma\}} = B_g'(\sigma_{i,}) \frac{\partial \sigma_g}{\partial \{\sigma\}} + A_g'(\sigma_{i,}) \frac{\partial \tau_g}{\partial \{\sigma\}} \qquad (11-41)$$

其中

$$A'(\sigma_{i,}) = \frac{4a'\tau_g}{\sqrt{\sigma_g^2 + 4\tau_g^2}} \qquad B'(\sigma_{i,}) = \frac{a'\tau_g}{\sqrt{\sigma_g^2 + 4\tau_g^2}} + b'$$

考虑到 $\sin 3\theta = -\dfrac{3\sqrt{3}J_3}{2\sqrt{(J_2)^3}}$，由式(11-30)至式(11-32')和式

(11-33)至式(11-35')，有

(1)最大剪应力时

$$\frac{\partial \tau_g}{\partial \{\sigma\}} = [\cos\theta + \mathrm{tg}3\theta\sin\theta]\{a_2\} + \frac{\sqrt{3}\sin\theta}{2J_2'\cos3\theta}\{a_3\} \qquad (11-42)$$

$$\frac{\partial \sigma_g}{\partial \{\sigma\}} = \frac{1}{3}\{a_1\} - \left[\frac{\sin\theta}{\sqrt{3}} - \frac{1}{\sqrt{3}}\mathrm{tg}3\theta\cos\theta\right]\{a_2\} + \frac{\cos\theta}{2J_2'\cos3\theta}\{a_3\}$$

$$(11-43)$$

(2)八面体剪应力时

$$\frac{\partial \tau_g}{\partial \{\sigma\}} = \sqrt{\frac{2}{3}}\{a_2\} \qquad \frac{\partial \sigma_g}{\partial \{\sigma\}} = \frac{1}{3}\{a_1\} \qquad (11-44)$$

(3)双剪应力时

$$\frac{\partial \tau_g}{\partial \{\sigma\}} = \begin{cases} \left[\dfrac{3}{2}\cos\theta - \dfrac{\sqrt{3}}{2}\sin\theta + \dfrac{\sqrt{3}}{2}\mathrm{tg}3\theta(\sqrt{3}\sin\theta + \cos\theta)\right]\{a_2\} \\[4mm] \qquad\qquad + \dfrac{3(\sqrt{3}\sin\theta + \cos\theta)}{4J_2'\cos3\theta}\{a_3\} \\[4mm] \left[\dfrac{3}{2}\cos\theta + \dfrac{\sqrt{3}}{2}\sin\theta + \dfrac{\sqrt{3}}{2}\mathrm{tg}3\theta(\sqrt{3}\sin\theta - \cos\theta)\right]\{a_2\} \\[4mm] \qquad\qquad + \dfrac{3(\sqrt{3}\sin\theta - \cos\theta)}{4J_2'\cos3\theta}\{a_3\} \end{cases}$$

$$(11-45)$$

$$\frac{\partial\tau_g}{\partial\{\sigma\}}=\begin{cases}\dfrac{2}{3}\{a_1\}+\left[\dfrac{1}{2}\cos\theta-\dfrac{\sin\theta}{2\sqrt{3}}+\dfrac{\text{tg}3\theta}{2\sqrt{3}}(\sqrt{3}\sin\theta+\cos\theta)\right]\{a_2\}\\\qquad+\dfrac{3(\sqrt{3}\sin\theta+\cos\theta)}{4J_2'\cos3\theta}\{a_3\}\\\dfrac{2}{3}\{a_1\}+\left[-\dfrac{1}{2}\cos\theta-\dfrac{\sin\theta}{2\sqrt{3}}-\dfrac{\text{tg}3\theta}{2\sqrt{3}}(\sqrt{3}\sin\theta-\cos\theta)\right]\{a_2\}\\\qquad+\dfrac{3(\sqrt{3}\sin\theta-\cos\theta)}{4J_2'\cos3\theta}\{a_3\}\end{cases}$$

$$(11-46)$$

这样,我们把相应各种剪应力的 $\dfrac{\partial\tau_g}{\partial\{\sigma\}}$ 和 $\dfrac{\partial\sigma_g}{\partial\{\sigma\}}$ 代入式(11-41),可得

$$\frac{\partial\Phi'}{\partial\{\sigma\}}=\{a\}=C_1\{a_1\}+C_2\{a_2\}+C_3\{a_3\}\qquad(11-47)$$

其中 $\dfrac{\partial I_1}{\partial\{\sigma\}}$,$\dfrac{\partial\sqrt{J_2'}}{\partial\{\sigma\}}$ 及 $\dfrac{\partial J_3}{\partial\{\sigma\}}$ 仅仅与应力状态有关,而 C_1,C_2 和 C_3 与应力状态、材料特性和采用的屈服函数有关. 相应各屈服函数的 C_1,C_2 和 C_3 的值如下.

(1)最大剪应力时

$$C_1=\frac{1}{3}B_{13}'(\sigma_{t,})$$

$$C_2=[\cos\theta+\text{tg}3\theta\sin\theta]A_{13}'(\sigma_{t,})$$
$$\qquad-\left[\frac{1}{\sqrt{3}}\sin\theta-\frac{1}{\sqrt{3}}\text{tg}3\theta\cos\theta\right]B_{13}'(\sigma_{t,})$$

$$C_3=\frac{\sqrt{3}\sin\theta}{2J_2'\cos3\theta}A_{13}'(\sigma_{t,})+\frac{\cos\theta}{2J_2'\cos3\theta}B_{13}'(\sigma_{t,})\qquad(11-48)$$

(2)八面体剪应力时

$$C_1=\frac{1}{3}B'_{\text{oct}}(\sigma_{t,})$$

$$C_2 = \sqrt{\frac{2}{3}} A_{\mathrm{oct}}{}'(\sigma_{ij}) \qquad (11-49)$$

$$C_3 = 0$$

(3)双剪应力时

$$C_1 = \frac{2}{3} B_{\mathrm{tw1}}{}'(\sigma_{ij}) \qquad (11-50)$$

$$C_2 = \begin{cases} \left[\dfrac{3}{2}\cos\theta - \dfrac{\sqrt{3}}{2}\sin\theta + \dfrac{\sqrt{3}}{2}\mathrm{tg}3\theta\left(\sqrt{3}\sin\theta+\cos\theta\right)\right]A_{\mathrm{tw1}}{}'(\sigma_{ij}) \\ \qquad + \left[\dfrac{1}{2}\cos\theta - \dfrac{\sin\theta}{2\sqrt{3}} + \dfrac{\mathrm{tg}3\theta}{2\sqrt{3}}\left(\sqrt{3}\sin\theta+\cos\theta\right)\right]B_{\mathrm{tw1}}{}'(\sigma_{ij}) \\[2mm] \left[\dfrac{3}{2}\cos\theta + \dfrac{\sqrt{3}}{2}\sin\theta + \dfrac{\sqrt{3}}{2}\mathrm{tg}3\theta\left(\sqrt{3}\sin\theta+\cos\theta\right)\right]A_{\mathrm{tw1}}{}'(\sigma_{ij}) \\ \qquad - \left[\dfrac{1}{2}\cos\theta + \dfrac{\sin\theta}{2\sqrt{3}} + \dfrac{\mathrm{tg}3\theta}{2\sqrt{3}}\left(\sqrt{3}\sin\theta-\cos\theta\right)\right]B_{\mathrm{tw1}}{}'(\sigma_{ij}) \end{cases}$$

$$(11-51)$$

$$C_3 = \begin{cases} \dfrac{3\left(\sqrt{3}\sin\theta+\cos\theta\right)}{4J_2{}'\cos3\theta}A_{\mathrm{tw1}}{}'(\sigma_{ij}) + \dfrac{\sqrt{3}\sin\theta+\cos\theta}{4J_2{}'\cos3\theta}B_{\mathrm{tw1}}{}'(\sigma_{ij}) \\[2mm] \dfrac{3\left(\sqrt{3}\sin\theta-\cos\theta\right)}{4J_2{}'\cos3\theta}A_{\mathrm{tw1}}{}'(\sigma_{ij}) - \dfrac{\sqrt{3}\sin\theta-\cos\theta}{4J_2{}'\cos3\theta}B_{\mathrm{tw1}}{}'(\sigma_{ij}) \end{cases}$$

$$(11-52)$$

由式(11-23)可知

$$\frac{\partial \{a\}^T}{\partial \{\sigma\}} = \frac{\partial C_1}{\partial \{\sigma\}}\{a_1\}^T + \frac{\partial C_2}{\partial \{\sigma\}}\{a_2\}^T + \frac{\partial C_3}{\partial \{\sigma\}}\{a_3\}^T$$

$$+ C_1 \frac{\partial \{a_1\}^T}{\partial \{\sigma\}} + C_2 \frac{\partial (a_2)^T}{\partial \{\sigma\}} + C_3 \frac{\partial \{a_3\}^T}{\partial \{\sigma\}} \qquad (11-53)$$

其中 $\dfrac{\partial \{a_1\}^T}{\partial \{\sigma\}} = 0$，$\dfrac{\partial \{a_2\}^T}{\partial \{\sigma\}}$ 及 $\dfrac{\partial \{a_3\}^T}{\partial \{\sigma\}}$ 只与应力状态有关,而

$$\frac{\partial C_i}{\partial \{\sigma\}} = \frac{\partial C_i}{\partial \theta}\frac{\partial \theta}{\partial \{\sigma\}} + \frac{\partial C_i}{\partial A'}\frac{\partial A'}{\partial \{\sigma\}} + \frac{\partial C_i}{\partial B'}\frac{\partial B'}{\partial \{\sigma\}} \qquad (i=1,2,3)$$

由前面可导出

$$\frac{\partial A'}{\partial\{\sigma\}} = \frac{4a'\sigma_g^2}{(\sigma_g^2)^{2/3}}\frac{\partial\tau_g}{\partial\{\sigma\}} - \frac{4a'\tau_g\sigma_g}{(\sigma_g^2+4\tau_g^2)^{2/3}}\frac{\partial\sigma_g}{\partial\{\sigma\}} \qquad (11-54)$$

$$\frac{\partial A'}{\partial\{\sigma\}} = -\frac{4a'\sigma_g^2}{(\sigma_g^2)^{2/3}}\frac{\partial\tau_g}{\partial\{\sigma\}} + \frac{4a'\tau_g\sigma_g}{(\sigma_g^2+4\tau_g^2)^{2/3}}\frac{\partial\sigma_g}{\partial\{\sigma\}} \qquad (11-55)$$

这样,对于不同剪应力形式的帽子函数,将相应的 τ_g, σ_g, $\frac{\partial\tau_g}{\partial\{\sigma\}}$, $\frac{\partial\sigma_g}{\partial\{\sigma\}}$ 和 $C_i(i=1,2,3)$, $\frac{\partial C_i}{\partial\theta}$, $\frac{\partial C_i}{\partial A'}$ 及 $\frac{\partial C_i}{\partial B'}$ 反代回去就可得到相应的 $\frac{\partial A'}{\partial\{\sigma\}}$, $\frac{\partial B'}{\partial\{\sigma\}}$ 和 $\frac{\partial C_i}{\partial\{\sigma\}}$,即得到 $\frac{\partial\{a\}^T}{\partial\{\sigma\}}$,最后代入式(11-28),就获得了矩阵 $[H]^n$.

帽子模型在具体应用中的计算较繁,一般在有限元计算程序中实施.

参 考 文 献

[1] 黄文熙主编,土的工程性质,水利电力出版社,1983.

[2] Das, Braja M., Advanced Soil Mechanics, Hemisphere Publishing Corporation, 1983.

[3] 蒋彭年,土的本构关系,科学出版社,1982

[4] Chen W. F., Baladi G. Y., Soil Plasticity, Theory and Implementation, Elsevier Sci. Publ., 1985.

[5] Desai C. S., Gallagher R. H., Mechanics of Engineering Materials, John Wiley & Sons., 1984.

[6] 俞茂宏,古典强度理论及其发展,力学与实践,1980,**2** (2),20—25.

[7] 俞茂宏,塑性理论、岩土力学和混凝土力学中的三大系列屈服函数,双剪应力强度理论研究,西安交通大学出版社,1988,1—36.

[8] 俞茂宏、李跃明,广义剪应力双椭圆帽子模型,第五届全国土力学与基础工程学术会议论文选集,中国建筑工业出版社,1990.

[9] 黄日德,岩土本构关系概述及帽盖模型的发展、应用近况,防护工程,1986,4.

[10] 李跃明、俞茂宏,土体介质的弹-粘塑性本构方程及其有限元化,双剪应力强度理论研究,西安交通大学出版社,1988.

[11] Boer R. D. , On plastic deformation of soils, *Int. J. of Plasticity*, 1988, **4**, 371—391.

[12] 俞茂宏、龚晓南、曾国熙, 岩土力学和基础工程基本理论中的若干新概念, 第六届全国土力学及基础工程学术会议论文集, 中国建筑工业出版社, 1991.

[13] 李跃明、俞茂宏、曾国熙, 重塑 Q_3 黄土的真三轴应力应变特性 (同上).

[14] 李跃明, 双剪应力理论应用于若干土工问题, 浙江大学博士学位论文, 1990.

[15] 龚晓南, 土塑性力学, 浙江大学出版社, 1990.

[16] 张学言, 岩土塑性力学, 人民交通出版社, 1993.

[17] 龚晓南、潘秋元、张季容, 土力学及基础工程实用名词词典, 浙江大学出版社, 1993.

[18] 郑颖人、龚晓南, 岩土塑性力学基础, 中国建筑工业出版社, 1989.

[19] 朱百里、沈珠江, 计算土力学, 上海科学技术出版社, 1989.

[20] 黄文熙, 土的弹塑性应力-应变模型理论, 清华大学学报, 1979, **19** (1), 1—26.

[21] 沈珠江, 土的弹塑性应力-应变关系的合理形式, 岩土工程学报, 1980, **2** (2), 11—19.

[22] 魏汝龙, 正常固结粘土的本构定律, 岩土工程学报, 1981, **3** (3), 10—18.

[23] Drucker, D. C. , Gibsen, R. E. and Henkel, D. J. , Soil mechanics and workhardening theories of plasticity, *Trans. ASCE*, 1957, **122**, 338—348.

[24] Lade, P. V. , Elasto - plastic stress - strain theory for cohesionless soil with curved yield surfaces, *Int. J. Solids and Structures*, 1977, **13**, 1019—1035.

[25] Khosla V. K. , Wu T. H (吴天行), Stress - strain behavior of sand, *J. Geotec. Eng. Div.* , Proc. ASCE, 1976, **102**, (GT4).

第十二章 统一多重屈服面理论及其实施

§12.1 前 言

屈服面理论是塑性力学本构关系研究中的基本问题之一. 随着历史的发展和人们对各种材料屈服特性认识的深化，人们提出了各种不同的屈服准则[1−12]，如对金属类材料适用的 Tresca 准则、Mises 准则以及双剪应力屈服准则等；对岩土类材料提出的 Mohr-Coulomb 准则、Drucker-Prager 准则，广义双剪应力屈服准则以及以剑桥模型为代表的各种帽子模型[5,6]. 这些准则均在一定程度上反映了材料的屈服特性. 但由于岩土类材料的复杂性，这些准则均不能全面地反映这类材料的屈服特点，它既有剪切屈服又有体变屈服，还有明显的剪胀剪缩现象. 要找出既能反映上述两种屈服，又能反映不同加载路径下各种剪胀（缩）现象与塑性应变方向变化的单一屈服面模型是困难的. 尽管一些作者如 C. S. Desai[2]等提出过以双硬化参数为基础的单屈服面模型，也可以较好地反映上述岩土类材料的屈服特性，但由于其公式的复杂性和推导的非直观性，对该模型的推广造成了一定的困难.

§12.2 多重屈服面历史回顾

正是因为单屈服面理论存在上述的问题，因此，自 70 年代中期以来，人们提出了各种双屈服面模型[3,4,7,8]. 图 12−1 所示的是其中较有代表性的几个模型. 这些模型均由压缩屈服面和剪切屈服面组成，各屈服面服从流动法则，剪切屈服面产生塑性剪切应变和塑性体缩应变；压缩屈服面产生塑性剪切应变和塑性体胀应变. 沈珠江等在上述双屈服面模型的基础上，进一步提出了部分屈服面的概念[13-15]. 他把塑性应变分成几个具有独立物理意义的部分之和. 然后针对各部分建立各自的屈服面. 各个屈服面只产生与本屈服面硬化规律相对应的塑性变形, 各个屈服面不相互影响. 部分屈服面不要求服从流动法则, 而是建立在塑性应变与应力之间存在唯一关系的假设上, 此时的应变点在几个独立的屈服面的交点上. 部分屈服面不同于经典的屈服面理论. 在经典的屈服理论中, 弹、塑性区之间有一明显的界线. 而部分屈服面理论, 从弹性区穿过塑性区时, 塑性应变是逐步增加的. 上述各种双屈服面和部分屈服面, 都难以保证在剪切屈服面上移动时完全不产生剪切变形, 而在压缩屈服面上移动时完全不产生体积变形. 如取 q = 常数作为剪切屈服面, 但在 p 不断减小时, 土体将产生显著的剪切变形; 又如取 q/p = 常数作为剪切屈服面时, 沿此路线进行不等压试验时, 也会产生显著的剪切变形. 因此, 有人(如 Vermeer、黄文熙等)直接采用剪切塑性应变的等值线作为剪切屈服面, 以体缩塑性应变的等值线作为体积屈服面, 即可符合中性加载时屈服面不出现塑性应变的原则. 这些屈服面的共同特点是: 剪切屈服面都在锥形的一边, 而压缩屈服面都在帽形一边; 一般以塑性体应变作为压缩屈服面的硬化参数, 以塑性偏应变作为剪切屈服面的硬化变量, 但也有少数以塑性功作为硬化变量的. 这些模型大多数采用正交流动法则, 少数采用非正交流动法则.

在国内, 沈珠江、殷宗泽、郑颖人、向大润、杨光华等对多重(部分)屈服面(势面)的发展作出了积极的贡献[13-25].

如上所述, 沈珠江建议采用塑性体应变 ε_v^p 等值线作为体积屈服面 f_v, 以八面体塑性剪应变 $\bar{\varepsilon}^p$ 等值线作为剪切屈服面 f_r. 他放弃了流动理论, 而建议采用塑性应变与应力间存在唯一关系的假设, 即用如下关系式:

$$d\varepsilon_v^p = \frac{\partial f_v}{\partial p}dp + \frac{\partial f_v}{\partial q}dq \qquad (12-1)$$

$$d\bar{\varepsilon}^p = \frac{\partial f_r}{\partial p}dp + \frac{\partial f_r}{\partial q}dq \qquad (12-2)$$

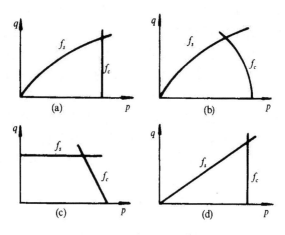

图 12-1　几种双屈服面模型

(a) Vermeer (1978)；(b) Lade (1977)；

(c) Prevost (1975)；(d) Ohmaki (1979)

沈珠江又将两个部分屈服面推广到多重屈服面,提出了三重屈服面模型(图 12-2),即

$$f_1 - p = 0$$
$$f_2 - q = 0 \qquad (12-3)$$
$$f_3 - \eta = 0$$

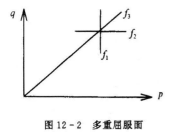

图 12-2　多重屈服面

分别称 f_1, f_2 和 f_3 为压缩屈服面、剪切屈服面和剪胀屈服面. 认为塑性变形分别由三个屈服面产生,即一部分由 p 的增加产生,另一部分由八面体剪应力 q 的增加产生,第三部分由 $\eta = q/p$ 的增加产生. 用下式计算 $d\varepsilon_v^p$ 及 $d\bar{\varepsilon}^p$:

$$d\varepsilon_v^p = Adp + Cd\eta$$
$$d\bar{\varepsilon}^p = Bdq + Dd\eta \qquad (12-4)$$

A, B, C, D 称为塑性系数,由实验得到.

随后,沈珠江又提出其他几种多重屈服面模型,如图 $12-3$ 所示.这几种模型的屈服面是针对土的不同加载路径的变形特征而构造出来的,并且采用了正交流动法则.

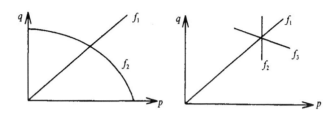

图 $12-3$ 符合正交流动法则的多重屈服面

殷宗泽指出,一切以塑性体应变为硬化参量的单屈服面模型只能反映剪缩,不能反映剪胀;反之,一切屈服面为开口锥面的模型,都只能反映剪胀,而不能反映剪缩.如图 $12-4$ 所示.他认为,剪切引起的体积变化是

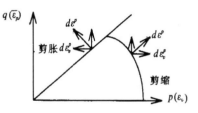

图 $12-4$ 屈服面剪胀(缩)示意图

由于微观颗粒错动滑移的不同效果引起的,有的微观错动引起体积膨胀,有的引起体积收缩.这两种作用在同一土体、同一加载路径中都存在.宏观土体的具体表现应是这两种作用的综合效应,表现出起主导地位的微观作用所引起的效果.基于这种考虑,殷宗泽在他与 Duncan 共同提出的双屈服面模型及修正的剑桥模型的基础上提出了一个新的双屈服面模型.

椭圆帽子屈服面反映剪缩,其方程为

$$p + \frac{q^2}{M_1^2(p + p_r)} = \frac{h\varepsilon_v^p}{1 - t\varepsilon_v^p} p_a \qquad (12-5)$$

表 12 - 1 国内几种多重屈服面模型及其应用

基本理论	模型名称	采用的屈服面	应用情况
基于广义塑性力学	双屈服面模型 殷宗泽(1988)	$$\Phi_1 = p + \frac{q}{M_1^2(p+P_r)} - \frac{h\varepsilon_v^p}{1-t\varepsilon_v^p}p_a$$ $$\Phi_2 = \frac{aq}{G}\sqrt{\frac{q}{M_2(p+P_r)-q}} - \bar{\varepsilon}^p$$	曾用于坝工和加筋土堤等工程,计算结果与现场实测结果相符
基于广义塑性力学	黄土双屈服面模型 冯旭光,郑颖人 (1990)	$$\Phi_1 = \frac{(p-x)^2}{a^2} + \frac{q^2}{b^2} - 1$$ $$\Phi_2 = \frac{(Mp+\bar{c})q}{3G[(Mp+\bar{c})-R_f q]}$$	曾用于黄土边坡工程
采用试验拟合方法求塑性系数	双屈服面模型 沈珠江(1989)	$$f_1 = \eta$$ $$f_2 = p^2 + r^2q^2$$	曾用于软土工程
采用试验拟合方法求塑性系数	三重屈服面模型 沈珠江(1989)	$$f_1 = \eta$$ $$f_2 = p$$ $$f_3 = p + rq$$	
采用试验拟合方法求塑性系数	三重屈服面模型 冯旭光,郑颖人 (1990)	$$f_1 = p$$ $$f_2 = q$$ $$f_3 = \eta$$ 且假定: $$d\varepsilon_v^p = A_1\frac{\partial f_1}{\partial p}df_1 + A_2\frac{\partial f_2}{\partial p}df_2$$ $$+ A_3\left(\frac{\partial f_3}{\partial p} + \lambda\frac{\partial f_3}{\partial q}\right)df_3$$	曾用于黄土边坡工程
基于塑性应变与应力唯一性假设	双屈服面的部分屈服面模型 沈珠江(1980)	$$f_v = \lambda\ln\frac{p(1+\chi)}{p_0} - \chi\ln\frac{p}{p_0}$$ $$f_r = \frac{a\eta}{1-b\eta}\ln\frac{p(1+\eta)}{p_0} - \frac{\tau}{G}$$	我国沿海五个软土工程,计算沉降量与实测结果相差 $10\% \sim 25\%$
基于塑性应变与应力唯一性假设	三重屈服面的部分屈服面模型 沈珠江(1984)	$$f_1 = p$$ $$f_2 = q$$ $$f_3 = \eta$$	曾通过曼谷砂与福建标准砂进行试验验证
基于塑性应变与应力唯一性假设	三重屈服面模型 严德俊,郑颖人 (1989)	$$\varepsilon_i^p = A_i\sigma_1^2 + B_i\sigma_2^2 + C_i\sigma_3^2 + D_i\sigma_1\sigma_2$$ $$+ E_i\sigma_2\sigma_3 + F_i\sigma_3\sigma_1 + R_i\sigma_1 + S_i\sigma_2$$ $$+ T_i\sigma_3 + P_i(i=1,2,3)$$	曾用于黄土边坡工程,用真三轴试验结果验证吻合较好

根据 $q - \bar{\epsilon}^p$ 近似为双曲线的假设,可以导出反映剪胀的抛物线锥形屈服面,其方程为

$$\frac{\alpha}{G} q \sqrt{\frac{q}{M_2(p + p_r) - q}} = \bar{\epsilon}^p \qquad (12-6)$$

其中 G 为弹性模量,可通过下式求得

$$G = K_G p_a \left(\frac{p}{p_a} \right) \qquad (12-7)$$

模型中的参数可由三轴排水实验确定. 具体定义和实验确定方法参见殷宗泽的有关文献.

除此之外,国内冯旭光、郑颖人、严德俊等也都提出了各自的多重屈服面模型,具体见表 12-1[19].

§12.3 多重屈服面的优越性及研究现状

为了说明多重(部分)屈服面的优越性,我们将从下面三个问题着手.

1. 双屈服面模型和三屈服面模型比单屈服面模型能更好地反映各种加载路径. 沈珠江对单屈服面(剑桥屈服面)、双屈服面和三屈服面(文献[14]建议的模式)按七种加载方式进行计算[14]. 将单、双和三屈服面方案算出的应变增量矢量分别与试验结果[1]进行了对比,得出按三屈服面理论计算的应变增量定性上最符合文献[1]中的试验结果.

2. 图 12-5(a)所示是以 ϵ_v^p 为硬化参量的单屈服面模型. 当沿路径①由 A 点到 C 点时,$d\epsilon_{v1}^p > 0$,$d\bar{\epsilon}_1^p > 0$;而当沿路径②由 A,B 到 C,则 AB 路线中只产生 $d\epsilon_{v2}^p > 0$,而 BC 为屈服面,按中性加载条件下不产生塑性应变的假设,可得 $d\epsilon_{v1}^p = d\epsilon_{v2}^p > 0$,而 $d\bar{\epsilon}_1^p > 0$,$d\bar{\epsilon}_2^p = 0$. 显然路径②从 B 到 C 不产生塑性偏应变的结论是不符合实际的. 而如图 12-5(b)所示的双屈服面模型便可以解决这个

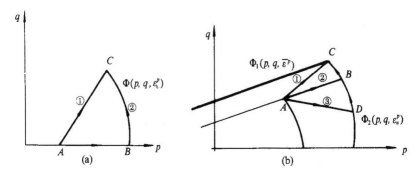

图 12-5　单、双屈服面加载示意图

问题.

在图 12-5(b)中，Φ_1,Φ_2 是分别以 $\bar{\varepsilon}^p$ 和 ε_v^p 为硬化参数的双屈服面. 现在讨论沿 AC 应力路径加载时塑性应变的变化. 沿路径① 将产生 ε_{v1}^p 和 $\bar{\varepsilon}_1^p$; 沿路径②，AB 段只产生 $\varepsilon_{v2AB}^p>0,\bar{\varepsilon}_{2AB}^p=0,BC$ 段产生 $\varepsilon_{v2BC}^p=0,\bar{\varepsilon}_{2BC}^p>0$，因此，沿路径②加载时将产生 $\varepsilon_{v2}^p>0,\bar{\varepsilon}_2^p>0$ 的塑性应变，这里用到了中性加载条件；对路径③，AD 段只产生 $\varepsilon_{v3AD}^p>0,\bar{\varepsilon}_{3AD}^p=0$，因为此段相对于屈服函数 Φ_1 为卸载，不产生与该硬化参数相应的塑性变形. DB 段产生 $\bar{\varepsilon}_{3DB}^p=0,\varepsilon_{v3DB}^p=0$，这里还用到了中性加载条件. BC 段产生 $\bar{\varepsilon}_{3DB}^p>0,\varepsilon_{v3DB}^p=0$，因此，沿路径③加载时也将产生 $\varepsilon_{v3}^p>0,\bar{\varepsilon}_3^p>0$ 的塑性应变. 对其他加载路径也可以做类似的分析. 如果对有势场(即塑性应变的产生与加载路径无关，只与起点和终点在场中的位置有关)，可以通过调整多重屈服面的流动法则而得到 $\varepsilon_{v1}^p=\varepsilon_{v2}^p=\varepsilon_{v3}^p>0,\bar{\varepsilon}_1^p=\bar{\varepsilon}_2^p=\bar{\varepsilon}_3^p>0$ 的结论.

3. 多重屈服面可以模拟岩土类变形的全过程. 实验表明，在 p 等于常数的情况下增大 q 值，先出现剪缩，后出现剪胀. 这种现象用单屈服面理论很难给予合理的解释，而采用双屈服面模型时就很容易解释. 图 12-6 所示的双屈服面分别以塑性体应变和塑性偏应变作为硬化参数. 当 q 值较小时(A 点)，体积屈服面的剪缩分量大于剪切屈服面的剪胀分量，从而出现剪缩现象；而当 q 值较大时(B点),体积屈服面的剪缩分量小于剪切屈服面的剪胀分量,因而出现剪胀现象.

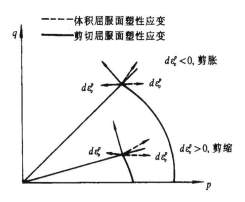

图 12-6 双重屈服面解释剪胀、剪缩示意图

杨光华提出了针对岩土类材料的三重势面本构理论[25].该理论从数学上论证了岩土类材料的本构方程均可写成

$$\varepsilon_i^p = f_i(\sigma_j) \tag{12-8}$$

即

$$\varepsilon_1^p = f_1(\sigma_1, \sigma_2, \sigma_3)$$

$$\varepsilon_2^p = f_2(\sigma_1, \sigma_2, \sigma_3)$$

$$\varepsilon_3^p = f_3(\sigma_1, \sigma_2, \sigma_3) \tag{12-9}$$

其中 f_1, f_2, f_3 是任意三个线性无关的三维矢量,可以通过实验拟合的方法求得,其形式是任意的.该理论可以这样理解.本构理论所研究的是材料的应力-应变关系.从数学上说是应力、应变空间的一种映射关系.矢量代数论指出,n 维空间中的任一矢量 $\boldsymbol{a}(a_1, a_2, \cdots, a_n)$ 均可以用任意 n 个线性无关的 n 维矢量 $\boldsymbol{b}_1, \boldsymbol{b}_2, \cdots, \boldsymbol{b}_n$ 线性组合唯一地表示出来,即

$$\boldsymbol{a} = \lambda_1 \boldsymbol{b}_1 + \lambda_2 \boldsymbol{b}_2 + \cdots + \lambda_n \boldsymbol{b}_n \tag{12-10}$$

而本构理论所研究的是三维空间中的映射关系(这里考虑的是恒温等熵状态),因此本构关系可以统一地写成

$$\varepsilon(\varepsilon_1,\varepsilon_2,\varepsilon_3)=\sum_{i=1}^{3}\lambda_i f_i(\sigma_1,\sigma_2,\sigma_3) \qquad (12-11)$$

或在(p,q,θ_σ)空间中

$$\varepsilon(\varepsilon_1,\varepsilon_2,\varepsilon_3)=\sum_{i=1}^{3}\lambda_i f_i(p,q,\theta_\sigma) \qquad (12-11-1)$$

或在(I_1,J_2,J_3)空间中

$$\varepsilon(\varepsilon_1,\varepsilon_2,\varepsilon_3)=\sum_{i=1}^{3}\lambda_i f_i(I_1,J_2,J_3) \qquad (12-11-2)$$

等等.

将式(12-11)展开,最简单的形式就是式(12-8)或(12-9).下面我们将对多重屈服面理论作进一步的讨论.

§12.4 多重屈服面的进一步阐述

多重屈服面是指屈服面的个数 $N \geqslant 2$ 的情况,而且各屈服面具有不同的硬化参量. 如果各屈服面采用同一硬化参量. 就是通常所说的奇异屈服面,它们是几个正则屈服面的交点.

多重屈服面通常有如下两种情况:

1. 多屈服面的模型:这种模型的特性是各屈服面之间具有联系和耦合,它们需要服从流动法则,一个屈服面的移动必然会影响到其他屈服面. 这类屈服面可以是具有不同硬化参量的分段屈服面的交点,也可以是 N 个任选的具有不同硬化参量的屈服面的交点. 前者应变点可位于 M 个 $(M \leqslant N)$ 屈服面的交点上,也可以位于第 φ 个 $(\varphi \in M)$ 光滑屈服面上. 后者的应变点则必位于 N 个屈服面交点上.

2. 部分屈服面模型:这种模型是先把塑性应变分成 N 个具

有独立物理意义的部分之和. 然后针对各部分建立各自的屈服面. 这样形成的多屈服面间没有耦合和联系, 因为它们不要求服从流动法则, 而是建立在塑性应变与应力之间存在唯一关系的假设上, 此时应变点必位于 N 个屈服面的交点上, 但各屈服面都是独立的.

无论是多屈服面模型还是部分屈服面模型, 它们的塑性应变分量都是各屈服面塑性应变分量之和. 当二个屈服面时通常采用体积屈服面和剪切屈服面, 这时有

$$d\varepsilon_{ij} = d\varepsilon_{ij}^e + d\varepsilon_{ij}^c + d\varepsilon_{ij}^z \qquad (12-12)$$

式中 $d\varepsilon_{ij}^e$ 为弹性应变, $d\varepsilon_{ij}^c$ 为塑性球应变, $d\varepsilon_{ij}^z$ 为塑性偏应变. 对于部分屈服面, 球应变对应着体积屈服面, 偏应变对应着剪切屈服面. 对于一般双屈服面, 球应变和偏应变都分别对应着体积和剪切两个屈服面.

在 N 个屈服面情况下, 有

$$d\varepsilon_{ij} = d\varepsilon_{ij}^e + d\varepsilon_{ij}^{p_1} + d\varepsilon_{ij}^{p_2} + \cdots + d\varepsilon_{ij}^{p_N} \qquad (12-13)$$

或写成

$$d\varepsilon_v = d\varepsilon_v^e + d\varepsilon_v^{p_1} + d\varepsilon_v^{p_2} + \cdots + d\varepsilon_v^{p_N} \qquad (12-14)$$

$$d\bar{\varepsilon} = d\bar{\varepsilon}^e + d\bar{\varepsilon}^{p_1} + d\bar{\varepsilon}^{p_2} + \cdots + d\bar{\varepsilon}^{p_N}$$

式(12-13)和(12-14)对多屈服面和部分屈服面都适用.

§12.5　统一多重屈服面理论

以上讨论的多重屈服面模型均以 $p-q$ 空间内的屈服面作为讨论对象, 而要完全考察岩土类材料的应力-应变历史, 应在 $p-q-\theta_\sigma$ 空间或 $\sigma_1-\sigma_2-\sigma_3$ 应力空间内考察, 因此上述模型中或没有考虑应力角的影响, 或没有考虑中间主应力效应. 大量的研究表明, 中间主应力对岩土类材料的屈服影响是不容忽略的. 而八面

体剪应变是在反映金属等拉压强度相等且不产生塑性体应变的状态下引入的，它能否反映岩土类材料的剪切屈服特性需要作进一步研究.

目前，多数多重屈服面理论基于塑性流动理论，一般采用相关流动法则. 这一方面是因为使用较为简便，获得的弹塑性矩阵可能是对称的（对单屈服面理论，该矩阵是对称的；对多重屈服面理论，它不是对称的. 具体讨论见下面的论证）；另一方面，根据实验资料，所选的屈服面大致与塑性势面一致，因而，多重屈服面一般采用正交流动法则，按 Köiter 法则有[23,24]

$$d\varepsilon_{ij}^p = \sum_{R=1}^{N} d\lambda_i \frac{\partial \Phi_R}{\partial \sigma_{ij}} \qquad (12-15)$$

弹塑性增量理论的一般表达式如下：

$$d\varepsilon_{ij}^p = d\lambda \frac{\partial Q}{\partial \sigma_{ij}}$$

$$\Phi(\{\sigma\}, H_a) = 0$$

$$A = -\frac{\partial \Phi}{\partial H_a} dH_a \frac{1}{d\lambda}$$

$$d\lambda = \frac{\left\{\frac{\partial \Phi}{\partial \sigma}\right\}^T [D]\{d\varepsilon\}}{A + \left\{\frac{\partial \Phi}{\partial \sigma}\right\}^T [D]\left\{\frac{\partial Q}{\partial \sigma}\right\}} \qquad (12-16)$$

$$\{d\sigma\} = [D_{ep}]\{d\varepsilon\}$$

$$[D_{ep}] = [D] - \frac{[D]\left\{\frac{\partial Q}{\partial \sigma}\right\}\left\{\frac{\partial \Phi}{\partial \sigma}\right\}^T [D]}{A + \left\{\frac{\partial \Phi}{\partial \sigma}\right\}^T [D]\left\{\frac{\partial Q}{\partial \sigma}\right\}}$$

其中 Q 为塑性势函数，$d\lambda$ 为一大于零的系数，Φ 为屈服函数，H_a 为硬化参量，A 为硬化函数，$[D]$ 为弹性矩阵，$[D_{ep}]$ 为弹塑性矩阵，式(12-16)为弹塑性材料普遍的应力-应变公式. 当 $Q = \Phi$ 时对应于相关联流动特性的材料，否则对应不相关联流动的材料. 硬

化函数 A 是硬化参量 H_a 的函数,且随着 H_a 的不同定义取不同的值.具体参看表 12 - 2[27].

12.5.1 多重屈服面的加卸载准则

对相关联流动的材料,按照弹塑性增量理论的一般表达式,可以写出多重屈服面加载时的本构关系[23,24]

$$\begin{Bmatrix} d\lambda_1 \\ d\lambda_2 \\ \cdot \\ \cdot \\ \cdot \\ d\lambda_N \end{Bmatrix} = [A_N]^{-1} \begin{Bmatrix} \dot{\Phi}_1 \\ \dot{\Phi}_2 \\ \cdot \\ \cdot \\ \cdot \\ \dot{\Phi}_N \end{Bmatrix} \qquad (12-17)$$

其中

$$\dot{\Phi}_k = \left\{ \frac{\partial \Phi_k}{\partial \sigma} \right\} \{d\sigma\}$$

$$[A_N] = [a_{ij}] \qquad (i,j = 1,2,\cdots,N)$$

$$a_{kl} = \left\{ \frac{\partial \Phi_k}{\partial \sigma} \right\}^T [D] \left\{ \frac{\partial \Phi_l}{\partial \sigma} \right\} + A_k \qquad (k,l = 1,2,\cdots,N)$$

硬化函数 A_k 的具体取值见表 12 - 2.

式(12 - 17)也可以写成

$$\{d\lambda\} = [A_N]^{-1} \left\{ \frac{\partial \Phi}{\partial \sigma} \right\}_N \{d\sigma\} \qquad (12-18)$$

其中

$$\left\{ \frac{\partial \Phi}{\partial \sigma} \right\}_N = \left[\frac{\partial \Phi_1}{\partial \sigma}, \frac{\partial \Phi_2}{\partial \sigma}, \cdots, \frac{\partial \Phi_N}{\partial \sigma} \right]^T$$

将式(12 - 18)代入式(12 - 16)中,并注意到相关流动 $Q = \Phi$,即可得到多重屈服面本构方程

$$\{d\sigma\}=\left([D]-[D]\left\{\frac{\partial \Phi}{\partial \sigma}\right\}_N [A_N]^{-1}\left\{\frac{\partial \Phi}{\partial \sigma}\right\}_N^T [D]\right)\{d\varepsilon\}$$

$$=[D_{ep}]\{d\varepsilon\} \tag{12-19}$$

表 12 - 2 　不同硬化参量 H_a 时的 A 值

H_a	A
w^p 　（塑性功）	$(-)\,\dfrac{\partial \Phi}{\partial w^p}(\sigma)\left\{\dfrac{\partial \Phi}{\partial \sigma}\right\}$
$H(\varepsilon_{ij}^p)$ 　（塑性应变）	$(-)\,\dfrac{\partial \Phi}{\partial H}\left\{\dfrac{\partial H}{\partial \varepsilon^p}\right\}\left\{\dfrac{\partial \Phi}{\partial \sigma}\right\}$
$\gamma^p=\int\sqrt{d\varepsilon^p d\varepsilon^p}$ 　（塑性剪应变）	$(-)\,\dfrac{\partial \Phi}{\partial \gamma^p}\left[\left\{\dfrac{\partial \Phi}{\partial \sigma}\right\}^T\left\{\dfrac{\partial \Phi}{\partial \sigma}\right\}\right]^{1/2}$
ε_v^p 　（塑性体应变）	$(-)\,\dfrac{\partial \Phi}{\partial \varepsilon_v^p}\{\sigma_{ij}\}\left\{\dfrac{\partial \Phi}{\partial \sigma}\right\}$ 其中 $\{\sigma_{ij}\}=[111000]$

　　多重屈服面的加载分为完全加载和部分加载. 完全加载是指 N 个屈服面全部达到屈服,即 N 个 $d\lambda_k>0$;部分加载是指 N 个屈服面中只有部分屈服面达到屈服,即有小于 N 个 $d\lambda_k>0$. 可用下式表达:

$$\min(d\lambda_1,d\lambda_2,\cdots,d\lambda_N)\begin{cases}\leqslant 0 & \text{部分加载}\\ >0 & \text{完全加载}\end{cases} \tag{12-20}$$

其中 $d\lambda_j=\Delta_j/\det[A_N]$,$\det[A_N]$ 是 $[A_N]$ 行列式的值;Δ_j 是以 Φ_1,$\Phi_2,\cdots,\Phi_N$ 代换 $[A_N]$ 中第 j 列元素后得到的行列式的值.

　　对部分加载的情况,只需用 $r(r<N)$ 代替式(12-19)中的 N 即可.

12.5.2　多重屈服面的应力-应变关系

　　对多屈服面和奇异屈服面,应在判断部分加载和完全加载的基础上给出本构关系. 当完全加载时,即有

$$\min\left(\frac{\Delta_1}{\det[A_N]},\frac{\Delta_2}{\det[A_N]},\cdots,\frac{\Delta_N}{\det[A_N]}\right)>0 \tag{12-21}$$

将式(12-15)写成如下形式:

$$\{d\lambda\} = [A_N]^{-1} \left\{\frac{\partial \Phi}{\partial \sigma}\right\}_N \{d\sigma\} \qquad (12-22)$$

式中

$$\{d\lambda\} = [d\lambda_1, d\lambda_2, \cdots, d\lambda_N]^T$$

$$\left\{\frac{\partial \Phi}{\partial \sigma}\right\}_N = \left[\frac{\partial \Phi_1}{\partial \sigma}, \frac{\partial \Phi_2}{\partial \sigma}, \cdots, \frac{\partial \Phi_N}{\partial \sigma}\right]^T$$

由上得应力-应变关系

$$\{d\varepsilon\} = [C]\{d\sigma\} + \left\{\frac{\partial \Phi}{\partial \sigma}\right\}_N^T \{d\lambda\}$$
$$= \left([C] + \left\{\frac{\partial \Phi}{\partial \sigma}\right\}_N^T [A_N]^{-1} \left\{\frac{\partial \Phi}{\partial \sigma}\right\}_N\right)\{d\sigma\} \qquad (12-23)$$

对于部分加载,设 N 个屈服面中只有 r 个屈服面屈服,即 r 个屈服面处于加载,且有 $r < N$,此时有

$$\min\left(\frac{\Delta_1}{\det[A_N]}, \frac{\Delta_2}{\det[A_N]}, \cdots, \frac{\Delta_N}{\det[A_N]}\right) \leqslant 0 \qquad (12-24)$$

同样,可导出适应各种部分加载时的本构关系

$$\{d\varepsilon\} = [C]\{d\sigma\} + \left\{\frac{\partial \Phi}{\partial \sigma}\right\}_r^T \{d\lambda\}$$
$$= \left([C] + \left\{\frac{\partial \Phi}{\partial \sigma}\right\}_r^T [A_r]^{-1} \left\{\frac{\partial \Phi}{\partial \sigma}\right\}_r\right)\{d\sigma\} \qquad (12-25)$$

其中 $[A_r]$ 与 $[A_N]$ 类似,$\left\{\dfrac{\partial \Phi}{\partial \sigma}\right\}_r$ 与 $\left\{\dfrac{\partial \Phi}{\partial \sigma}\right\}_N$ 类似,只是将 r 换成 $N(r < N)$. 式(12-25)也是一般关系式,当 $r = N$ 时,$[A_r] = [A_N]$,$\left\{\dfrac{\partial \Phi}{\partial \sigma}\right\}_r = \left\{\dfrac{\partial \Phi}{\partial \sigma}\right\}_N$,即完全加载时的应力-应变关系.

一般说来,多重屈服面的弹塑性矩阵是不对称的,它不同于相流动的单屈服面理论.下面以一个简单的双屈服面模型为例加以

说明. 因

$$d\varepsilon_{ij}^{\rho} = d\lambda_1 \frac{\partial\Phi_1}{\partial\sigma} + d\lambda_2 \frac{\partial\Phi_2}{\partial\sigma} \qquad (12-26)$$

由式(12-17)可得

$$\left. \begin{aligned} d\lambda_1 &= \frac{1}{|A_N|} \left(a_{22} \left\{ \frac{\partial\Phi_1}{\partial\sigma} \right\}^T - a_{12} \left\{ \frac{\partial\Phi_2}{\partial\sigma} \right\}^T \right) \{d\sigma\} \\ d\lambda_2 &= \frac{1}{|A_N|} \left(-a_{21} \left\{ \frac{\partial\Phi_1}{\partial\sigma} \right\}^T + a_{11} \left\{ \frac{\partial\Phi_2}{\partial\sigma} \right\}^T \right) \{d\sigma\} \end{aligned} \right\} \qquad (12-27)$$

式中

$$[A_N] = \begin{bmatrix} a_{11} & a_{12} \\ a_{21} & a_{22} \end{bmatrix}$$

$$a_{kl} = \left\{ \frac{\partial\Phi_k}{\partial\sigma} \right\}^T [D] \left\{ \frac{\partial\Phi_l}{\partial\sigma} \right\} - A_k \qquad k,l = 1,2$$

A 为硬化函数,将式(12-27)代入式(12-26)可得到弹塑性矩阵. 不难发现,采用相关联流动法则的多重屈服面模型的弹塑性矩阵是非对称的. 除非两屈服面采用相同的硬化参量,$A_1 = A_2$,此时弹塑性矩阵对称.

12.5.3 统一多重屈服面理论

统一强度理论在主应力空间是一开口六面锥(理论阐述见本书前面章节)如图 12-7 所示.

我们采用多重屈服面理论对统一强度理论进行修正,使其适合岩土类材料屈服的特点,并引用 §12.3 中所述的多重势面概念,就可得到统一多重屈服面理论,如图 12-8 所示. 具体修正如下.

1. 在岩土类材料帽子模型的研究中,一般采用过三轴等压点(A 点)的一段曲面(在子午线平面上为图中的虚线)来描述静水应力对岩土类材料屈服破坏的影响,这里我们采用一平面(在子午

线平面上为 AC)来描述这一现
象. 这与 Prevost(1975)的概
念[4]相似. 这不仅可使问题的
研究大为简化,而且还能通过
选择斜率 K 适用于各种不同
的材料. 另外,用该平面代替曲
面更偏于安全,斜率 K 可以通
过各类岩土类材料的实验点加
以线性化后选择.

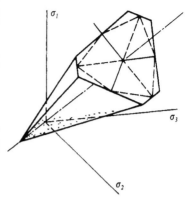

2. 针对问题的普遍性,
为使这一理论适用于更广泛的
材料,我们连接三轴等拉点 B
与单向拉伸点 D(这里假设三

图 12-7 主应力空间中的
统一强度理论描述

轴等拉强度 σ_{ttt} 等于单轴拉伸强度,因此 $\sigma_{mB} = \sigma_{mD}$).

同样,对广义压缩区,我们连接 AC'、BD'. 其中 C',D' 点为 C,
D 点在 π 平面上对应的压缩点. 这样,我们就得到了以广义双剪应
力强度理论为基础的分段线性的三重屈服面 Φ_1, Φ_2, Φ_3 或 $\Phi_1', \Phi_2',$
Φ_3',如图 12-8 所示. 图中各点坐标如下:

$A(\sigma_{ccc}, 0)$

$B(\sigma_t, 0)$

$$C\left(-\frac{A_3 + A_2 K \sigma_{ccc}}{A_1 + A_2 K}, \left(\sigma_{ccc} - \frac{A_3 + A_2 K \sigma_{ccc}}{A_1 + A_2 K}\right) K\right)$$

$$C'\left(-\frac{A_3 + A_2 K \sigma_{ccc}}{A_1 + A_2 K}, \frac{A_1'(A_3 + A_2 K \sigma_{ccc}) - A_3'(A_1 + A_2 K)}{A_2'(A_1 + A_2 K)}\right)$$

$$D\left(\frac{\sigma_t}{3}, -\frac{A_1 \sigma_t + 3A_3}{3A_2}\right)$$

$$D'\left(\frac{\sigma_t}{3}, -\frac{A_1' \sigma_t + 3A_3'}{3A_2'}\right)$$

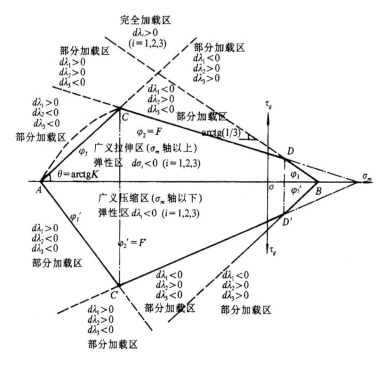

图 12-8 统一多重屈服面理论的子午线极限线

§12.6 统一多重屈服面理论的实施

统一强度理论可以用应力不变量和双剪应力角$[I_1,J_2,\theta]$表示如下(具体推导见本书前面章节):

$$A_1=1-\alpha=A_1{'}$$

$$A_2=\frac{2}{\sqrt{3}}\left(1+\frac{\alpha}{2}\right)\cos\theta+\frac{\alpha(1-b)}{(1+b)}\sin\theta$$

$$A_3=-\sigma_t=A_3{'}$$ (12-28)

$$A_2{'}=\frac{1}{\sqrt{3}}\left(\frac{2-b}{1+b}+\alpha\right)\cos\theta+\left(\alpha+\frac{b}{1+b}\right)\sin\theta$$

$$F = A_1\sigma_m + A_2\sqrt{J_2} = -A_3 \qquad \text{当条件 } S_1 \text{ 满足} \qquad (12-29)$$

$$F' = A_1'\sigma_m + A_2'\sqrt{J_2} = -A_3' \qquad \text{当条件 } S_2 \text{ 满足} \qquad (12-29')$$

对岩土类材料,经常用凝聚力 C 和摩擦角 φ 代替上式中的 α 和 σ_t,由式[10]

$$\alpha = \frac{\sigma_t}{\sigma_c} = \frac{1-\sin\varphi}{1+\sin\varphi} \qquad \sigma_t = \frac{2C\cos\varphi}{1+\sin\varphi} \qquad (12-30)$$

可得

$$A_1 = 2\sin\varphi = A_1'$$

$$A_2 = \frac{1}{\sqrt{3}}\left[(3+\sin\varphi)\cos\theta + \sqrt{3}\frac{1-b}{1+b}(1-\sin\varphi)\sin\theta\right]$$

$$A_3 = -2\cos\varphi = A_3' \qquad (12-30')$$

$$A_2' = \frac{1}{\sqrt{3}}\left[(3-\sin\varphi)\cos\left(\theta-\frac{\pi}{3}\right)\right.$$

$$\left. - \sqrt{3}\frac{1-b}{1+b}(1+\sin\varphi)\sin\left(\theta-\frac{\pi}{3}\right)\right]$$

条件 S_1:

$$\sigma_2 \leqslant \frac{\sigma_1 + \alpha\sigma_3}{1+\alpha} \qquad (12-31)$$

或

$$\sigma_2 \leqslant \frac{\sigma_1+\sigma_3}{2} + \frac{\sigma_1-\sigma_3}{2}\sin\varphi$$

条件 S_2:

$$\sigma_2 \geqslant \frac{\sigma_1 + \alpha\sigma_3}{1+\alpha} \qquad (12-31')$$

或

$$\sigma_2 \geqslant \frac{\sigma_1+\sigma_3}{2} + \frac{\sigma_1-\sigma_3}{2}\sin\varphi$$

这里用的是双剪应力角[10]

$$\theta = \frac{1}{3}\arccos\frac{3\sqrt{3}}{2}\frac{J_3}{J_2^{3/2}} \qquad (0 \leqslant \theta \leqslant \frac{\pi}{3})$$

而不是 Lode 角 $\theta_\sigma\left(-\frac{\pi}{6} \leqslant \theta_\sigma \leqslant \frac{\pi}{6}\right)$，$\theta$ 与 θ_σ 满足 $\theta = \theta_\sigma + \frac{\pi}{6}$.

主应力可以用 (I_1, J_2, θ) 表示成 $(\sigma_1 \geqslant \sigma_2 \geqslant \sigma_3)$

$$\begin{Bmatrix} \sigma_1 \\ \sigma_2 \\ \sigma_3 \end{Bmatrix} = \frac{I_1}{3}\begin{Bmatrix} 1 \\ 1 \\ 1 \end{Bmatrix} + \frac{2\sqrt{J_2}}{\sqrt{3}}\begin{Bmatrix} \cos\theta \\ \cos\left(\theta - \frac{2}{3}\pi\right) \\ \cos\left(\theta + \frac{2}{3}\pi\right) \end{Bmatrix} \qquad (\sigma_1 \geqslant \sigma_2 \geqslant \sigma_3)$$

$$(12-32)$$

为了数值计算的方便，由式(12-19)可知，要计算 $[D_{ep}]$，我们可以定义流动矢量[28-30]

$$\bar{a}_i^T = \frac{\partial \Phi_i}{\partial \sigma} = \frac{\partial \Phi_i}{\partial I_1}\frac{\partial I_1}{\partial \sigma} + \frac{\partial \Phi_i}{\partial \sqrt{J_2}}\frac{\partial \sqrt{J_2}}{\partial \sigma} + \frac{\partial \Phi_i}{\partial \theta}\frac{\partial \theta}{\partial \sigma}$$

$$(i = \overline{1,N}) \qquad (12-33)$$

其中 σ 为应力矢量，$\{\sigma\} = [\sigma_x, \sigma_y, \sigma_z, \tau_{yz}, \tau_{zx}, \tau_{xy}]^T$. 由双剪应力角 θ 的定义可知

$$\frac{\partial \theta}{\partial \sigma} = -\frac{\sqrt{3}}{2\sin 3\theta}\left[\frac{1}{J_2^{3/2}}\frac{\partial J_3}{\partial \sigma} - 3J_3\frac{\sqrt{J_2}}{\partial \sigma}\right]$$

将上式代入式(12-33)得

$$\bar{a}_i = C_{i1}\alpha_1 + C_{i2}\alpha_2 + C_{i3}\alpha_3 \qquad (i = 1, 2, \cdots, N) \quad (12-34)$$

其中 $\alpha_1 = \partial I_1/\partial \sigma$，$\alpha_2 = \partial \sqrt{J_2}/\partial \sigma$，$\alpha_3 = \partial J_3/\partial \sigma$. $\alpha_i(i=1,2,3)$ 与屈服准则的选取无关，只有 $C_{ij}, (j=\overline{1,3})$ 与所选的屈服准则有关. 当屈服

准则选定后,系数 C_i 也可以确定,既而可以确定流动向量 $\bar{a}_i$,弹塑性矩阵 $[D_{ep}]$.因而就解决了弹塑性增量理论的问题.

对如图 12-8 所示的三重屈服面问题,有

$$C_{i1} = \frac{\partial \Phi_i}{\partial I_1}$$

$$C_{i2} = \frac{\partial \Phi_i}{\partial \sqrt{J_2}} + \frac{\mathrm{ctg}3\theta}{\sqrt{J_2}} \frac{\partial \Phi_i}{\partial \theta} \qquad i = 1,2,3 \qquad (12-35)$$

$$C_{i3} = -\frac{\sqrt{3}}{2\sin 3\theta} \frac{1}{\Phi_2^{3/2}} \frac{\partial \Phi_i}{\partial \theta}$$

$$\Phi_1 : (\sigma_m + \sigma_c)K - \sqrt{J_2} = 0$$

$$\Phi_2 : A_1\sigma_m + A_2\sqrt{J_2} + A_3 = 0$$

$$\Phi_3 : \frac{A_1\sigma_t + 3A_3}{2A_2\sigma_t}(\sigma_m - \sigma_t) - \sqrt{J_2} = 0$$

$$\Phi_1' : (\sigma_m + \sigma_c)\frac{A_1'(A_3 + A_2K\sigma_c) - A_3'(A_1 + A_2K)}{A_2'(A_1\sigma_c - A_3)} - \sqrt{J_2} = 0$$

$$(12-36)$$

$$\Phi_2' : A_1'\sigma_m + A_2'\sqrt{J_2} + A_3' = 0$$

$$\Phi_3' : (\sigma_m - \sigma_t)\frac{A_1'\sigma_t + 3A_3'}{2A_2'\sigma_t} - \sqrt{J_2} = 0$$

由式(12-35),(12-36)可得
$\Phi_i : (i=1,2,3)$

$$C_{11} = \frac{K}{3}$$

$$C_{12} = -1 \qquad (12-37-1)$$

$$C_{13} = 0$$

$$C_{21} = \frac{1}{3}(1-\alpha) = \frac{2}{3}\sin\varphi$$

$$C_{22} = \left(1 + \frac{\alpha}{2}\right)\frac{2}{\sqrt{3}}\cos\theta + \frac{\alpha(1-b)}{1+b}\sin\theta$$

$$+ \operatorname{ctg}3\theta\left[-\left(1+\frac{\alpha}{2}\right)\frac{2}{\sqrt{3}}\sin\theta + \frac{\alpha(1-b)}{1+b}\cos\theta\right]$$

$$= \frac{1}{\sqrt{3}}\sin\theta\left[(\operatorname{ctg}\theta - \operatorname{ctg}3\theta)(3+\sin\varphi)\right. \qquad (12-37-2)$$

$$\left. + \sqrt{3}\frac{1-b}{1+b}(1-\sin\varphi)(1+\operatorname{ctg}3\theta\operatorname{ctg}\theta)\right]$$

$$C_{23} = -\frac{\sqrt{3}}{2J_2\sin3\theta}\left[-\left(1+\frac{\alpha}{2}\right)\frac{2}{\sqrt{3}}\sin\theta + \frac{\alpha(1-b)}{1+b}\cos\theta\right]$$

$$= \frac{1}{2J_2\sin3\theta}\left[(3+\sin\varphi)\sin\theta - \sqrt{3}\frac{1-b}{1+b}(1-\sin\varphi)\cos\theta\right]$$

$$C_{31} = \frac{A_1\sigma_t + 3A_3}{6A_2\sigma_t}$$

$$C_{32} = -1 \qquad (12-37-3)$$

$$C_{33} = 0$$

Φ_i' : $(i=1,2,3)$

$$C_{11}' = \frac{A_1'(A_3 + A_2K\sigma_c) - A_3'(A_1 + A_2K)}{A_2'(A_1\sigma_c - A_3)}$$

$$C_{12}' = -1 \qquad (12-37-1')$$

$$C_{13}' = 0$$

$$C_{21}' = \frac{1}{3}(1-\alpha) = \frac{2}{3}\sin\varphi$$

$$C_{22}' = \left(\frac{2-b}{1+b}+\alpha\right)\frac{\cos\theta}{\sqrt{3}} + \left(\alpha + \frac{b}{1+b}\right)\sin\theta$$

$$+ \operatorname{ctg}3\theta\left[-\left(\frac{2-b}{1+b}+\alpha\right)\frac{\sin\theta}{\sqrt{3}} + \left(\alpha + \frac{b}{1+b}\right)\cos\theta\right]$$

$$= \frac{\sin\left(\theta - \frac{\pi}{3}\right)}{\sqrt{3}}\left\{(3-\sin\varphi)\left[\operatorname{ctg}\left(\theta - \frac{\pi}{3}\right) - \operatorname{ctg}3\theta\right]\right.$$

$$\left. - \sqrt{3}\frac{1-b}{1+b}(1+\sin\varphi)\left[1+\operatorname{ctg}\left(\theta - \frac{\pi}{3}\right)\operatorname{ctg}3\theta\right]\right\}$$

$$C_{23}{}' = -\frac{\sqrt{3}}{2\sin 3\theta J_2}\left[-\left(\frac{2-b}{1+b}+\alpha\right)\frac{\sin\theta}{\sqrt{3}}+\left(\alpha+\frac{b}{1+b}\right)\cos\theta\right]$$

$$= \frac{1}{2J_2\sin 3\theta}\left[(3-\sin\varphi)\sin\left(\theta-\frac{\pi}{3}\right)\right. \qquad (12-37-2')$$

$$\left.+\sqrt{3}\frac{1-b}{1+b}(1+\sin\varphi)\cos\left(\theta-\frac{\pi}{3}\right)\right]$$

$$C_{13}{}' = \frac{A_1{}'\sigma_t+3A_3{}'}{2A_2{}'\sigma_t}$$

$$C_{32}{}' = -1 \qquad\qquad (12-37-3')$$

$$C_{33}{}' = 0$$

由流动矢量$\bar{a}_i$[或(12-33)]的定义以及统一屈服准则可知,该准则在$F=F'$处奇异,即由式(12-37)求得的Φ_2,Φ_2'的系数存在无穷大的分量.由式(12-29),(12-29'),并令$F=F'$,解得奇异点处的双剪应力角

$$\theta_0 = \mathrm{arctg}\,\frac{\sqrt{3}(1+\sin\varphi)}{3-\sin\varphi} \qquad (12-38)$$

所以在角点处有$\theta=\theta_0$,$F=F'$.此时由式(12-35)可得

$$C_{21} = C_{21}{}' = \frac{2}{3}\sin\varphi$$

$$C_{22} = C_{22}{}' = \frac{1}{\sqrt{3}}\left[(3+\sin\varphi)\cos\theta_0+\sqrt{3}\frac{1-b}{1+b}(1-\sin\varphi)\sin\theta_0\right]$$

$$C_{23} = C_{23}{}' = 0$$

$$(12-39)$$

由式(12-34)得(其中$\sigma_x{}',\sigma_y{}',\sigma_z{}'$为主应力偏张量的分量)

$$\alpha_1 = \frac{\partial I_1}{\partial\sigma} = [1,1,1,0,0,0]^T$$

$$\alpha_2 = \frac{\partial\sqrt{J_2}}{\partial\sigma} = \frac{1}{2\sqrt{J_2}}[\sigma_x{}',\sigma_y{}',\sigma_z{}',2\tau_{yz},2\tau_{zx},2\tau_{xy}]^T \qquad (12-40)$$

$$a_3 = \frac{\partial J_3}{\partial \sigma} = \left[\left(\sigma_y{}'\sigma_z{}' - \tau_{yz}^2 + \frac{J_2}{3} \right), \left(\sigma_x{}'\sigma_z{}' - \tau_{zz}^2 + \frac{J_2}{3} \right), \right.$$

$$\left(\sigma_x{}'\sigma_y{}' - \tau_{xy}^2 + \frac{J_2}{3} \right), 2\left(\tau_{zz}\tau_{xy} - \sigma_z{}'\tau_{yz} \right),$$

$$\left. 2\left(\tau_{xy}\tau_{yz} - \sigma_y{}'\tau_{zz} \right), 2\left(\tau_{yz}\tau_{zz} - \sigma_z{}'\tau_{xy} \right) \right]^T$$

综上所述,我们可以得到以下的结论.

1. 统一多重屈服面理论由一系列强度理论组成,其中基本包括了现有的各种强度理论.它能够较好地反映岩土类材料屈服的特点.由于它能通过参数 b 和 K 的不同选择适合各种不同的材料,因此能够更方便地通过计算机来实施.

2. 以上各式给出了运用有限元法求解弹塑性问题关键部分的解法,即弹塑性矩阵 $[D_{ep}]$ 的解法.具体步骤如下:

(a)式(12-31),(12-31′),(12-29),(12-29′)判断该计算点在图 12-8 中的位置,由此确定屈服函数系列 Φ_1, Φ_2, Φ_3 或 $\Phi_1{}', \Phi_2{}', \Phi_3{}'$;

(b)当 $N=3$ 时,由式(12-20),(12-18),(12-36),(12-28),(12-28′)及表 12-2 判断该点是在图 12-8 中哪个区域,是弹性区还是塑性区,是部分加载区还是完全加载区;

(c)由式(12-28),(12-39),(12-37)求出 $d\lambda > 0$ 所对应的系数 C_{ij},$(j=1,2,3)$,对 $d\lambda \leqslant 0$ 所对应的系数,取 $C_{ij}=0$ $(j=1,2,3)$;

(d)由式(12-40),(12-34)以及由(c)步骤中求出的 C_{ij} 确定流动矢量 $\bar{a}_i$,对 $d\lambda \leqslant 0$ 所对应的 $\bar{a}_i=0$;

(e)由 $\bar{a}_i$,$(i=1,2,3)$,式(12-19),(12-17)及表 12-2 确定弹塑性矩阵 $[D_{ep}]$.

参 考 文 献

[1] Balasubramanian, A. S., Strain increment ellipses for a normally consolidated clay, Proc. 5th Int. Conf. SMFE, 1974, 429.

[2] Desai, C. S., Wathugala, G. W., Navayogarajah, N., Developments in hierar-

chical modeling for solids and discontinuities and applications, In: Fan Jinghong & Sumio Murakami eds. , Advances in Constitutive Laws for Engineering Materials, International Academic Publishers, Vol. I, 1989, 43—53.

[3] Lade, P. V. , Elasto-plastic stress-strain theory for cohesionless soil with curved yield surface, *Int. J. Solids Struct.* , 1977, **13** (11).

[4] Prevost, J. H. & Hoeg, K. , Effective stress-strain strength model for soils, *J. Geot. Eng.* , Div. ASCE, **101** (1975), 3.

[5] Roscoe, K. H. & Poorooshash, H. B. , A theoretical and experimental study of strain in triaxial compression tests on normally consolidated clays, *Geotechnique*, 1963, **13** (1).

[6] Roscoe, K. H. & Burland, J. B. , On the generalized stress-strain behaviour of wet clay, Engineering Plasticity, Cambridge University Press, 1968, 535.

[7] Seiki Ohmaki, A mechanical model for the consolidated cohesive soil, *Soils and Foundations*, 1979, **19** (3).

[8] Vermeer, P. A. , A double hardening model for sand, *Geotechnique*, 1978, **28** (4).

[9] Matsuoka, H. , et al, A constitutive model of soils for estimating liquefaction resistance, 5th Int. Conf. Num. Methods in Geomechanics, Vol. 1, 1985, 383.

[10] 俞茂宏, 强度理论新体系, 西安交通大学学术专著丛书, 西安交通大学出版社, 1992.

[11] 俞茂宏、李跃明, 强度理论研究新进展, 西安交通大学出版社, 1993.

[12] 俞茂宏等, 双剪应力强度理论研究, 西安交通大学出版社, 1988.

[13] 沈珠江, 土的弹塑性应力应变关系的合理形式, 岩土工程学报, 1980, **2** (2).

[14] 沈珠江, 土的三重屈服面应力应变模式, 固体力学学报, 1984, **6** (2).

[15] 沈珠江、盛树馨, 土的应力应变理论中的唯一性假设, 水运水利科学研究, 1982, 1.

[16] 殷宗泽, 剪胀土与非剪胀土的应力应变关系, 岩土工程学报, 1984, **6** (6).

[17] 殷宗泽, 一个土的双屈服面模型, 岩土工程学报, 1987, **9** (4).

[18] 郑颖人, 岩土的多重屈服面理论与应变空间理论, 岩石力学新进展, 东北工学院出版社, 1989.

[19] 郑颖人, 土的多重屈服面理论与模型, 塑性力学与细观力学文集, 北京大学出版社, 1993.

[20] Zheng Yingren, Yan Dejun, Theory of multiple yield surfaces for soil material, In: Fan Jinghong & Sumio Murakami eds. , Advances in Constitutive Laws for Engineering Materials, International Academic Publishers, Vol. II, 1989.

[21] 向大润, 土体弹塑性理论加载准则和计算模型讨论, 岩土工程学报, 1983, **5**

(4).

[22] 濮家骝、李广信,土的本构关系及其验证与应用,岩土工程学报,1986,**8** (1),47—82.

[23] 殷有泉,奇异屈服面的加-卸载准则,固体力学学报,1984,**2**(2),282—285.

[24] 殷有泉,奇异屈服面的弹塑性本构关系的应力空间表述和应变空间表述,力学学报,1986,**18**(1),31—38.

[25] 杨光华,岩土类材料的多重屈服面弹塑性本构模型理论,岩土工程学报,1991,**13**(5).

[26] 王仁、熊祝华、黄文彬,塑性力学基础,科学出版社,1982.

[27] 李广信,土的三维本构关系的探讨与模型验证,博士学位论文,清华大学,1985.

[28] Owen,D. R. J.,Hinton,E.,Finite Element in Plasticity-theory and practice, Pineridge Press Ltd.,1980.

[29] 殷宗泽,加筋土堤的变形与稳定,第一届全国计算岩土力学讨论会论文集,西南交通大学出版社,1987.

[30] 俞茂宏、杨松岩,双剪统一多重屈服面理论,第七届全国土力与基础工程学术会议论文集,中国建筑工业出版社,1994.

第十三章　双剪孔隙水压力方程

§13.1　概　　述

土和大多数的岩石及混凝土含有孔隙,孔隙中往往充满流体,流体可以具有一定的压力,称为孔隙压力,用符号 u 来表示.这样,土、岩石和混凝土等孔隙材料,除受到作用在固体骨架(固相)上的应力 $\sigma_1,\sigma_2,\sigma_3$ 外,内部还受到孔隙流体的压力作用.

孔隙压力问题最早由 Terzahi 于 1920—1925 年所提出. Terzahi 最著名的实验如图 13-1 所示.他把多孔试样盛放于容器并浸泡于水中,所有孔隙皆为水所充满(饱和),如图 13-1(a).这时,要增加试样表面 A 处的压应力,有两个方法.第一是增加水柱高度,试样体积几乎没有变化,如图 13-1(b),第二种方法是在试样 A 面撒一层均匀的铅砂,使 A 面的应力与增加水柱后的压力[图 13-1(b)]相同,试样体积缩小,如图 13-1(c)所示.

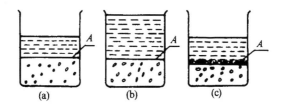

图 13-1　Terzahi 的孔隙压力实验

这时,我们会发现,在第一种方法中,试样的体积几乎没有变化;而在第二种方法中,试样的体积缩小了.这种差别的出现,是由于 A 面上的应力在两种情况中的变化虽然相同,但试样中的孔隙压力的变化却不相同.在第一种情况中,A 面上的应力与孔隙压力都增加了相同的大小,造成样品体积几乎没有变化. 在第二种情况中,孔隙压力并没有变化,但试样的固相部分(骨架)所受的压力则增加了,使骨架的变形增加.

因此,在考虑了岩土类材料的孔隙中的流体压力后,描述它们应力状态的参数,除构造应力 $\sigma_1,\sigma_2,\sigma_3$ 外,又增加了一个孔隙压力 u. 孔隙压力的概念,在岩土力学研究中,是一个极为重要的概念. 孔隙压力对岩石、土等的力学性质有很大影响.

孔隙压力 u 的数值需根据具体情况确定. 例如,在地球物理学研究中,处理岩石圈岩石中的孔隙压力 u 时,常用的孔隙压力有以下几种[1,2].

(1)静水压力

假定岩石中所有孔隙皆连通,并且一直通至地面,则在水深 h 处的岩石中的孔隙压力称为静水压力. 它的大小与水的密度 ρ_h,重力加速度 g 和水深 h 成正比,即

$$u_h = \rho_h \cdot gh \approx 10h \qquad (\text{MPa},h \text{ 单位为 km})$$

(2)岩石静压力 u_R

假定在 h 深处岩石中的孔隙压力 u 等于 h 以上岩石柱体的压力,这种孔隙压力称为岩石静压力. 如果岩石孔隙中充满水,而且所有孔隙皆不连通,则岩石中的孔隙压力近似地等于岩石静应力,即

$$u_R = \rho_R \cdot gh$$

式中 ρ_R 为岩石的密度.

(3)任意孔隙压力 u

上述的静水压力 u_h 和岩石静压力 u_R 为孔隙压力的两个极端例子. 对于一般情况下的孔隙压力 u 可写为

$$u = \lambda u_R$$

式中 λ 为参数,它的范围在 0 至 1 之间,即 $0 \leqslant \lambda \leqslant 1$.

几种特例情况为

$\lambda = 0, u = 0$,这相当于孔隙中无水干燥的情况;

$\lambda = 0.42, u = u_h$(因 $\rho_{水} \approx 0.42 \rho_R$)

$\lambda=1, u=u_R$

孔隙压力的概念和 Terzahi 的实验还可以推广到其他很多方面. 作者曾用一个简单的试验用具做了一个类似的试验, 如图 13 - 2 (a), (b) 所示. 作者把多孔试样盛放于容器并浸泡于水中, 所有孔隙皆为水所充满, 容器中的水位较高, 并在试样 A 面施加一层均匀的压力 (铁砂), 如图 13 - 2 (a); 再在容器底部开一小孔, 使容器内的水位逐步降低. 这时, 我们发现, 试样 A 面上的铁砂的压力并没有增大, 而试验的体积缩小了, A 面在排水的过程中逐渐下移. 这是由于多孔试样中的孔隙压力减小了. 城市中地下水抽取过量使地下水位下降, 引起原有房屋的沉陷增加, 也就是这一现象.

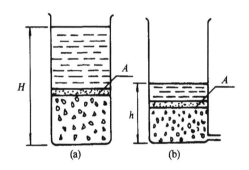

图 13 - 2 本书作者的简单试验

(a) 多孔试样上均布一层铁砂并浸泡于高水位水中;

(b) 水位下降, 多孔试样体积缩小

§13.2 有效应力原理

有效应力原理被看作是现代土力学的核心. 它是著名学者 Terzahi 在 1920—1925 年间所创立的. 在 10 多年以后, 于 1936 年第一届国际土力学和基础工程大会上, Terzahi 通俗易懂地阐述了这一原理. 他说: "在土剖面上任何一点的应力(通过土体)可根据作用在这点上的总主应力 $\sigma_1, \sigma_2, \sigma_3$ 来计算. 如果土中的孔隙是在

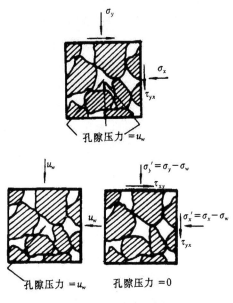

图 13-3 孔隙介质中的总应力 $\sigma = u_w + \sigma'$

应力 u(孔隙应力)下被水充满,总主应力由二部分组成. 一部分是 u,以各个方向相等的强度作用于水和固体,这一部分称作孔隙水压力;另一部分为总主应力 σ 和孔隙水压力 u 之差,即 $\sigma_1' = \sigma_1 - u, \sigma_2' = \sigma_2 - u, \sigma_3' = \sigma_3 - u$,它只是在土的固相中发生作用,总主应力的这一部分称作有效主应力(改变孔隙水压力实际上并不产生体积变化,孔隙水压力实际上与在应力条件下土体产生破裂无关). 多孔材料(如砂、粘土和混凝土)对 u 所产生的反应似乎是不可压缩的,好像内摩擦等于零. 改变应力所能测到的结果,诸如压缩,变形和剪切阻力的变化,仅仅是由有效应力 σ_1', σ_2' 和 σ_3' 的变化而引起的. 因此,对饱和土体稳定性的调查研究需要具有总应力和孔隙水压力的知识". 有效应力原理的实质是有效应力控制了土

体的体积变化和强度. 有效应力原理对于土体特别是饱和土体来说基本上是正确的.

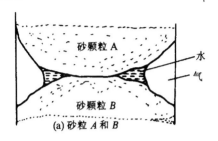

(a) 砂粒 A 和 B

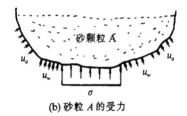

(b) 砂粒 A 的受力

图 13-4　粒间力和孔隙压力示意图

孔隙介质中的总应力等于有效应力加孔隙压力. 它们之间的关系如图 13-3.

Terzahi 的饱和土的有效应力公式为

$$\sigma' = \sigma - u_w \qquad (13-1)$$

1955 年 Bishop 提出非饱和土中的有效应力公式为

$$\sigma' = \sigma - [u_a - \chi(u_a - u_w)] \qquad (13-2)$$

式中 u_a 为孔隙中的空气压力,简称孔隙气压力,u_w 为孔隙水压力,χ 为一个与饱和度有关的参数. 饱和土 $\chi = 1$,干土 $\chi = 0$.

在有效应力方程的各项中,一般只有总应力 σ 可直接测得. 孔隙压力可以通过粒间区之外的一点上测得. 有效应力是一个推导出来的量. 在工程中往往用粒间应力的概念来说明有效应力(在土力学文献中,有效应力和粒间应力这两个名词可以通用[1]). 粒间力和孔隙压力(包括孔隙水压力 u_w 和孔隙气压力 u_a)的示意图如

图 13 - 4 所示.

有效应力原理中,孔隙压力的概念是一个重要的概念. 下面我们对土体中的孔隙水压力方程进行进一步的研究.

§13.3 孔隙水压力方程

土中的孔隙水压力是土力学中的一个基本问题,自 Terzagh 提出有效应力原理以来,土工学者得以对孔隙水压力的研究有了依据,多年来受到许多学者的重视且做了大量的研究. Skempton (1954)首先提出大家现已熟知的孔隙水压力方程[1-5]

$$\Delta u = B[\Delta\sigma_3 + A(\Delta\sigma_1 - \Delta\sigma_3)] \qquad (13-3)$$

其中假定土骨架是线弹性体,A、B 为系数. 该方程是根据常规三轴剪应力仪的应力状态下导出的. 随后,Henkel(1960,1965)、曾国熙(1964,1979)等作了进一步的研究,分别提出了适用于饱和土和非饱和土的用应力不变量表达的孔隙水压力方程以及由三轴试验结果得到的考虑土应变关系的孔隙压力函数式(曾国熙,1980).

Henkel 认为,利用三轴试验确定孔隙压力系数,应该考虑中主应力的影响,因此他引用八面体剪应力,使上述孔隙水压力方程具有普遍意义,并对饱和土提出表达式

$$\Delta u = \Delta\sigma_{oct} + 3a\Delta\tau_{oct} \qquad (13-4)$$

曾国熙认为

$$\Delta u = \Delta\sigma_{oct} + \alpha\Delta\tau_{oct} \qquad (13-5)$$

Law 和 Holtz 论述了主应力轴的转动对孔隙水压力系数 A 的影响和孔隙水压力与土的应力应变关系. 最近,王铁儒等(1987)又对孔隙水压力方程的参数进行了研究.认为 A 或 α 并非是一个简单的常数,而是与土应力应变特性有关的变量[16].

Skempton 方程概念清楚,形式简单,参数可通过常规试验确定而得广泛应用,但它不能模拟中主应力 σ_2 的效应;Henkel 等建议的孔隙水压力方程,是一简单的以应力特征量对式(13-3)加以推广而得,并且是一个非线性表达式,缺乏严格的数学推导. 为此

我们通过一点复合应力状态来分析孔隙水压力,就方程中的各应力分量的完整性进行研究,从而建立了新的孔隙水压力方程.

§13.4 一个新的三维孔隙水压力方程

在饱和土的真三轴实验中,应力改变通常是由三个阶段引起的,设由大主应力增量 $\Delta\sigma_1$ 引起的孔隙水压力为 Δu_1,$\Delta\sigma_2$ 引起的为 Δu_2,$\Delta\sigma_3$ 引起的为 Δu_3,则总的孔隙水压力为

$$\Delta u = \Delta u_1 + \Delta u_2 + \Delta u_3$$

如图 13-5 所示.

相应的有效应力

$$\Delta\sigma_1' = \Delta\sigma_1 - \Delta u$$

$$\Delta\sigma_2' = \Delta\sigma_2 - \Delta u$$

$$\Delta\sigma_3' = \Delta\sigma_3 - \Delta u$$

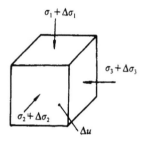

图 13-5 三维增量应力状态

土单元体体积变化

$$\Delta V = V(\varepsilon_1 + \varepsilon_2 + \varepsilon_3) = V\left[\frac{1}{E}(\Delta\sigma_1' - \mu(\Delta\sigma_2' + \Delta\sigma_3'))\right.$$

$$\left. + \frac{1}{E}(\Delta\sigma_2' - \mu(\Delta\sigma_1' + \Delta\sigma_3')) + \frac{1}{E}(\Delta\sigma_3' - \mu(\Delta\sigma_1' + \Delta\sigma_2'))\right]$$

$$= \frac{1-2\mu}{E}V[\Delta\sigma_1 + \Delta\sigma_2 + \Delta\sigma_3 - 3\Delta u] \qquad (13-6)$$

孔隙的压缩量为

$$\Delta V_v = V \cdot n \cdot C_v \cdot \Delta u \qquad (13-7)$$

其中 V_v 是孔隙的体积压缩系数. 由式(13-6)和(13-7)相等,得(Sutton,1986)

$$\Delta u = B \cdot \left[\frac{\Delta\sigma_1 + \Delta\sigma_2 + \Delta\sigma_3}{3}\right] \qquad (13-8)$$

其中 $B = \dfrac{1}{1 + n\dfrac{C_v}{3C_c}}$,$C_c = \dfrac{1-2\mu}{E}$ 是土骨架的压缩系数.

孔隙水压力方程(13-8)可进一步变换形式为

$$\Delta u = B\left[\frac{\Delta\sigma_2 + \Delta\sigma_3}{2} + \frac{1}{3}\left(\Delta\sigma_1 - \frac{\Delta\sigma_2 + \Delta\sigma_3}{2}\right)\right]$$

同样,我们考虑到土体并非完全线弹性体,故引入系数 A,写成一般式为:

$$\Delta u = B\left[\frac{\Delta\sigma_2 + \Delta\sigma_3}{2} + A\left(\Delta\sigma_1 - \frac{\Delta\sigma_2 + \Delta\sigma_3}{2}\right)\right] \quad (13-9)$$

上式可写成双剪应力的形式[8],即

$$\Delta u = B[\Delta\sigma_{23} + A(\Delta\tau_{12} + \Delta\tau_{13})] \quad (13-9')$$

所以这一新的孔隙水压力方程可称为双剪孔隙水压力方程.它首先由李跃明于 1989 年推导得出,式中 A 为孔隙压力系数.

当 $\Delta\sigma_2 = \Delta\sigma_3$,即常规三轴应力状态时,可自然转化为 Skempton 的孔隙水压力方程.因此,Skempton 方程是双剪孔隙水压力方程的特例.

值得注意的是,一些试验结果表明三轴伸长试验测得的 A 恰为三轴压缩试验的 A 的二倍,因此曾有建议

$$三轴压缩:\Delta u = \Delta\sigma_3 + \frac{1}{3}(\Delta\sigma_1 - \Delta\sigma_3) \quad (13-10)$$

$$三轴伸长:\Delta u = \Delta\sigma_3 + \frac{2}{3}(\Delta\sigma_1 - \Delta\sigma_3) \quad (13-10')$$

然而,双剪孔隙水压力方程式(13-9)若变换成与 Skempton 方程相似的形式,则有

$$\Delta u = B\left[\Delta\sigma_3 + \frac{2}{3}\left(\frac{\Delta\sigma_1 + \Delta\sigma_2}{2} - \Delta\sigma_3\right)\right]$$

三轴伸长时 $\Delta\sigma_1 = \Delta\sigma_2$,即化为(13-10'),所以考虑中主应力增量变化后即在理论上证明了这种两倍关系.

另外,Kars 粘土在轴向伸长和侧向压缩试验中,其有效应力途径和应力-应变曲线虽然一致,但是绝对孔隙压力反应却绝然不同.侧向压缩为加荷状态,产生正孔隙压力,正如方程(13-9)表达.而轴向伸长属退荷状态,形成负孔隙水压力,实际上我们再将式(13-8)转换成另一种形式,有

$$\Delta u = B\left[\frac{\Delta\sigma_1 + \Delta\sigma_2}{2} - \frac{1}{3}\left(\frac{\Delta\sigma_1 + \Delta\sigma_2}{2} - \Delta\sigma_3\right)\right]$$

同理,写成一般形式为

$$\Delta u = B\left[\frac{\Delta\sigma_1 + \Delta\sigma_2}{2} - A'\left(\frac{\Delta\sigma_1 + \Delta\sigma_2}{2} - \Delta\sigma_3\right)\right]$$

注意到系数 A' 前是负号,因此,这个方程恰好反应了这种三向伸长状态的情况.而原 Skempton 方程是无法反应的,它可能只反映三轴压缩状态.双剪孔隙水压力方程式(13-9)及(13-9′)在中主应力分量的大小不同时具有不同的表达式.

§13.5 增量应力状态的分解

双剪孔隙水压力方程也可从应力状态的分解中导出.对于如图 13-5 所示的真三轴增量应力状态,当 $\sigma_2 + \Delta\sigma_2 \leqslant \frac{1}{2}(\sigma_1 + \Delta\sigma_1 + \sigma_3 + \Delta\sigma_3)$ 时,由于 $\sigma_2 + \Delta\sigma_2$ 离 $\sigma_1 + \Delta\sigma_1$ 远而靠近 $\sigma_3 + \Delta\sigma_3$,该应力状态接近于常规三轴压缩状态.因此可分解成如图 13-6 的增量应力.从图 13-6(b),(c),(d)可见,它们分别是 $\Delta\tau_{13} = \frac{1}{2}(\Delta\sigma_1 - \Delta\sigma_3)$, $\Delta\tau_{12} = \frac{1}{2}(\Delta\sigma_1 - \Delta\sigma_2)$ 及 $\Delta\tau_{23} = \frac{1}{2}(\Delta\sigma_2 - \Delta\sigma_3)$ 这三个主剪应力增量的作用.图 13-6(d)是大小相等的一拉一压应力状态,它们产生数值相同的一负一正的孔隙水压

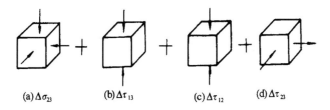

(a) $\Delta\sigma_{23}$ (b) $\Delta\tau_{13}$ (c) $\Delta\tau_{12}$ (d) $\Delta\tau_{23}$

图 13-6 三轴压缩状态,当 $(\sigma_2 + \Delta\sigma_2) \leqslant \frac{1}{2}(\sigma_1 + \Delta\sigma_1 + \sigma_3 + \Delta\sigma_3)$

力,相互抵消.所以在该应力状态的分解中,自然取图 13-6(a)、(b)和(c)为产生孔隙水压力的应力体系等效于一点的三向应力增量状态,这样图 13-6(a)可类似看作三轴压缩,应力状态为 $\Delta\sigma_{23}=\frac{1}{2}(\Delta\sigma_2+\Delta\sigma_3)$,故有

$$\Delta u' = B\,\frac{\Delta\sigma_2+\Delta\sigma_3}{2}$$

对于图 13-6(b),(c)分别有

$$\Delta u_{13} = \frac{A}{2}(\Delta\sigma_1-\Delta\sigma_3)$$

$$\Delta u_{12} = \frac{A}{2}(\Delta\sigma_1-\Delta\sigma_2)$$

所以

$$\begin{aligned}\Delta u &= \Delta u' + \Delta u_{13} + \Delta u_{12}\\ &= B\,\frac{\Delta\sigma_2+\Delta\sigma_3}{2} + A\left(\Delta\sigma_1-\frac{\Delta\sigma_2+\Delta\sigma_3}{2}\right)\end{aligned}$$

当 $\sigma_2+\Delta\sigma_2 \geqslant \frac{1}{2}(\sigma_1+\Delta\sigma_1+\sigma_3+\Delta\sigma_3)$ 时,$\sigma_2+\Delta\sigma_2$ 离 $\sigma_3+\Delta\sigma_3$ 远,而靠近 $\sigma_1+\Delta\sigma_1$,故可近似认为三轴伸长状态,这样图 13-5 应力增量状态可分解为图 13-7 的应力状态.

从 图 13-7(b),(c),(d) 可 见,它 们 分 别 代 表 $\Delta\tau_{13}=\frac{1}{2}(\Delta\sigma_1-\Delta\sigma_3)$,$\Delta\tau_{23}=\frac{1}{2}(\Delta\sigma_2-\Delta\sigma_3)$ 及 $\Delta\tau_{12}=\frac{1}{2}(\Delta\sigma_1-\Delta\sigma_2)$ 三个主剪应力增量的作用.同理图 13-7(d)产生的孔隙水压力相互抵消.所以在该应力增量状态的分解中,自然取图 13-7(a)、(b)和(c)为产生孔隙水压力的应力体系,它等效于一点的三向应力增量状态.这样由图 13-7(a)有

$$\Delta u' = B\,\frac{\Delta\sigma_1+\Delta\sigma_2}{2}$$

对于图 13-6(b),(c)分别有

$$\Delta u_{13} = -A'\,\frac{\Delta\sigma_1-\Delta\sigma_3}{2}$$

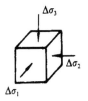

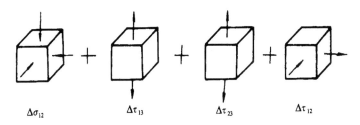

图 13-7 三轴伸长状态,当 $(\sigma_2 + \Delta\sigma_2) \geqslant \dfrac{1}{2} (\sigma_1 + \Delta\sigma_1 + \sigma_3 + \Delta\sigma_3)$

$$\Delta u_{23} = - A' \frac{\Delta\sigma_2 - \Delta\sigma_3}{2}$$

所以

$$\Delta u = \Delta u' + \Delta u_{13} + \Delta u_{23}$$

$$= B \frac{\Delta\sigma_1 + \Delta\sigma_2}{2} - A' \left(\frac{\Delta\sigma_1 + \Delta\sigma_2}{2} - \Delta\sigma_3 \right)$$

在三轴伸长应力状态时,$\Delta\sigma_1 = \Delta\sigma_2$,上式化为

$$\Delta u = B\Delta\sigma_1 - A' (\Delta\sigma_1 - \Delta\sigma_3)$$

其中第一项 $B\Delta\sigma_1$ 表示在 σ_1 围压上增加 $\Delta\sigma_1$ 可产生的孔隙水压力;第二项表示增加 $\Delta\sigma_1$ 后,再在一个方向上卸荷 $\Delta\sigma_3$ 而消除的孔隙水压力 $A' (\Delta\sigma_1 - \Delta\sigma_3)$,所以系数 A' 前为负号. 以前的 Skempton 方程是无法反映这种情形的.

由上可见,李跃明建议的孔隙水压力方程(13-9)或(13-9$'$)的第二项正是双剪应力增量 $\Delta\tau_{13} + \Delta\tau_{12}$ 或 $\Delta\tau_{13} + \Delta\tau_{23}$ 所产生的孔隙水压. 因此,真三轴应力状态时,若考虑中间主应力增量产生的孔隙水压力,正好是一点的双剪应力增量,物理概念明确、是通过

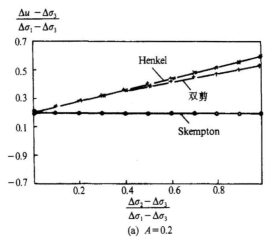

(a) $A=0.2$

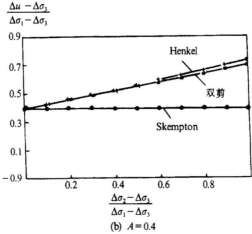

(b) $A=0.4$

图 13-8 A 较小时的双剪孔隙水压力 Δu 变化曲线

严格的理论推导得出的. 由于这一新的孔隙水压力方程的双剪应力增量概念和关系, 我们称其为双剪孔隙水压力方程.

用常规三轴压缩试验测定双剪孔隙水压力方程的孔隙水压力系数, 与 Skempton 方程的一样, 对饱和土来讲, $B=1$(干土时 $B=$

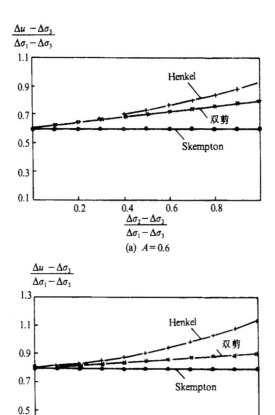

图 13-9 A 较大时的双剪孔隙水压力 Δu 变化曲线

0),此时 $A = \dfrac{\Delta u - \Delta\sigma_3}{\Delta\sigma_1 - \Delta\sigma_3}$;若以三轴伸长试验测定,则此应力状态

应由式(13-9′)测出 $A' = \dfrac{\Delta\sigma_1 - \Delta u}{\Delta\sigma_1 - \Delta\sigma_3}$·当然,若采用真三轴应力

状态测定,则更能反映真实情形,此时系数 A,B 本身也反映了真

三轴的内涵.

图 13-8,13-9 为 $\Delta\sigma_2$ 从 $\Delta\sigma_3 \longrightarrow \Delta\sigma_1$ 过程中,三种方程计算的孔隙水压力 Δu 变化曲线,当 A 较小时($A=0.2,0.4$)双剪方程较接近于 Henkel 方程,如图 13-8(a)(b)所示.当 A 增大时($A=0.6,0.8$)双剪方程逐渐接近 Skempton 方程.如图 13-9(a),(b)所示.Henkel 方程变化是非线性的.

§13.6 双剪孔隙水压力方程的应用

有了上述新的孔隙水压力方程,就可用于沉降分析.我们知道,地基土受到附加应力后,变形并不像在固结仪中简单地沿一个垂直方向压缩,侧向变形对固结沉降的影响甚大,特别是当地基中粘性土层的厚度超过基础面积的尺寸时,这种影响更大.因此,固结变形计算应充分考虑水平侧向变形的影响.Skempton 曾利用他导出的孔隙水压力方程采取半经验的方法解决此问题.下面我们分析两个具体问题.

13.6.1 土体固结变形

我们以一个条形受载基础下中心处固结沉降问题为例,讨论用三种孔隙水压力分别计算固结变形的差别.受力情况如图 13-10 所示.

对这一问题,分别用 Skempton 方程、Henkel 方程和双剪孔隙水压力方程进行计算,得出结果如下[18].

(1)对饱和土来讲 $B=1$,按照 Skempton 方法有

$$\Delta u = \Delta\sigma_1 \left[A + \frac{\Delta\sigma_3}{\Delta\sigma_1}(1 - A) \right]$$

设 m_v 是土的体积压缩系数,即单位体积土体在单位力作用下的竖向压缩量.对于厚 H 的土层,固结变形的压缩量可近似地按下式计算:

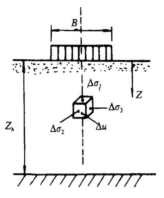

图 13 - 10   三维固结变形计算

$$S_c^1 = \int_0^H m_v \cdot \Delta u dz = \int_0^H m_v \Delta\sigma_1 \left[A + \frac{\Delta\sigma_3}{\Delta\sigma_1}(1 - A) \right] dz$$

而固结仪中单向压缩的固结变形

$$S_c = \int_0^H m_v \cdot \Delta\sigma_1 dz$$

设 C_ρ 代表这两个固结变形沉降比,则:

$$C_\rho = \frac{S_c^1}{S_c} = \frac{\int_0^H m_v \Delta\sigma_1 \left[A + \frac{\Delta\sigma_3}{\Delta\sigma_1}(1 - A) \right] dz}{\int_0^H m_v \cdot \Delta\sigma_1 dz}$$

对某一指定土层来说,m_v 和 A 是常数,所以

$$C_\rho = A + \alpha(1 - A)$$

其中

$$\alpha = \frac{\int_0^H \Delta\sigma_3 dz}{\int_0^H \Delta\sigma_1 dz}$$

大小视荷载面积的形状及土厚度 H 而定.

（2）按 Henkel 方程时,$\Delta\sigma_2 = \frac{1}{2}(\Delta\sigma_1 + \Delta\sigma_3)$,代入式 (13 - 4) 有

$$\Delta u = \Delta \sigma_3 + \left[\frac{\sqrt{3}}{2} \left(A - \frac{1}{3} \right) + \frac{1}{2} \right] (\Delta \sigma_1 - \Delta \sigma_3)$$

固结沉降比

$$C_\rho = \frac{\sqrt{3}}{2} \left(A - \frac{1}{3} \right) + \frac{1}{2} + \alpha \left[\frac{1}{2} - \frac{\sqrt{3}}{2} \left(A - \frac{1}{3} \right) \right]$$

(3)同样,若按双剪孔隙水压力方程也可推出相应的沉降侧向修正系数. 由方程(13-9)得

$$\Delta u = \Delta \sigma_1 \left[A + \frac{\Delta \sigma_2 + \Delta \sigma_3}{2 \Delta \sigma_1} (1 - A) \right]$$

将 $\Delta \sigma_2 = \frac{1}{2} (\Delta \sigma_1 + \Delta \sigma_3)$ 代入,其固结变形压缩量为

$$S_c^1 = \int_0^H m_v \Delta \sigma_1 \left[A + \frac{\Delta \sigma_2 + \Delta \sigma_3}{\Delta \sigma_1} (1 - A) \right] dz$$

所以,沉降比

$$C_\rho = A + \frac{1}{4} (1 + 3\alpha)(1 - A)$$

图 13-11 示出了不同 α 值时三种结果的变化曲线. 双剪孔隙水压力方程介于 Skempton 和 Henkel 方程之间,A 较小时接近 Henkel 方程,A 较大时接近 Skemton 方程.

若是更一般的情形,我们则可推出三向应力状态的固结沉降比

$$C_\rho = \frac{S_c^1}{S_c} = A + \frac{1}{2} (\alpha_{12} + \alpha_{13})(1 - A)$$

其中 $\alpha_{12} = \dfrac{\displaystyle\int_0^H \Delta \sigma_2 dz}{\displaystyle\int_0^H \Delta \sigma_1 dz}, \alpha_{13} = \dfrac{\displaystyle\int_0^H \Delta \sigma_3 dz}{\displaystyle\int_0^H \Delta \sigma_1 dz}$,当 $\alpha_{12} = \alpha_{13} = \alpha$ 时,上式即为 Skempton 结果. 如果是三轴卸荷情形,由式(13-9′)得

$$\Delta u = \frac{\Delta \sigma_1 + \Delta \sigma_2}{2} \left[1 - A' \left(1 - \frac{2\Delta \sigma_3}{\Delta \sigma_1 + \Delta \sigma_2} \right) \right]$$

则固结伸长沉降比为

$$C_\rho = \frac{S_c^1}{S_c} = A' \alpha_{13} + \frac{1}{2} (1 + \alpha_{12})(1 - A')$$

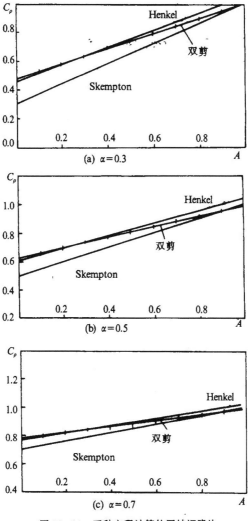

图 13-11 三种方程计算的固结沉降比

13.6.2 条形基础

没有一长条基础受竖向均布荷载 q,如图 13-12 所示. 研究

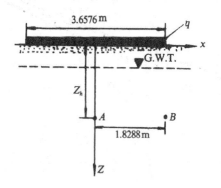

图 13-12 条形基础

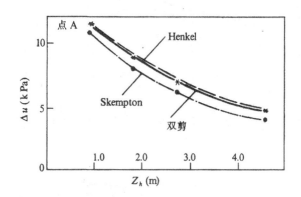

图 13-13 孔隙水压力随深度变化曲线(A 点)

基础下 A,B 两点的孔隙水压力[18].

已知,$q=143.54$ kPa(3000 lb/ft²),$A=0.6,v=0.45$. 在此荷载作用下,以三种孔隙水压力方程计算出点 A 和 B 沿不同深度所引起的空隙水压力. 图 13-13 为 A 点在不同深度时的孔隙水压力,图 13-14 为 B 点在不同深度时的孔隙水压力. 可以看出,这时的双剪孔隙水压力方程的结果与 Henkel 方程的结果较接近.

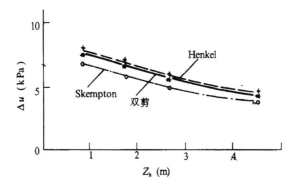

图 13 - 14 B 点的孔隙水压力变化

§13.7   双剪孔隙水压力方程分析

孔隙水压力是土力学中的一个重要概念. Skempton 的土的孔隙水压力方程式(13 - 3)为

$$\Delta u = B[\Delta\sigma_3 + A(\Delta\sigma_1 - \Delta\sigma_3)] \qquad (13 - 3)$$

式中 B,A 为孔隙水压力系数. 对饱和土而言,因为 $B=1$,上式可简化为

$$\Delta u = \Delta\sigma_3 + A(\Delta\sigma_1 - \Delta\sigma_3) \qquad (13 - 3')$$

根据这一孔隙水压力方程,如果知道了土体中任一点的大、小主应力变化,就可以根据孔隙水压力系数计算相应的孔隙水压力.

对一些粘土类的土,在饱和状态下($B=1$),破坏时的孔隙压力系数 A 值如表 13 - 1 所示.

式(13 - 3)和式(13 - 10)的显然不足是没有考虑中主应力的变化 $\Delta\sigma_2$ 对空隙压力的影响. Henkel 认为,利用三轴试验确定孔隙压力系数,应该考虑中主应力的影响. 此外,根据试验资料[11],对两种加拿大 Leda 软粘土的三轴压缩试验和三轴伸长试验得出的结果,软粘土的孔隙压力系数如表 13 - 2 所示[1].

表 13 - 1　饱和粘土破坏时的 A 值

	土　类	孔隙压力系数 A
1	高灵敏粘土	0.75—1.5
2	正常固结粘土	0.5—1.0
3	压实砂质粘土	0.25—0.75
4	弱超固结粘土	0.0—0.5
5	压实粘质砾石	−0.25—0.25
6	强超固结粘土	−0.25—0.0

表 13 - 2　Leda 软粘土的 A_f 值

试验类别	侧压力系数 K_o	τ_{max}(kPa)	A_f
Kars 粘土			
三轴压缩(轴压)	0.75	52.2	0.39
三轴伸长(侧压)	0.75	35.6	0.73
三轴伸长(轴伸)	0.75	35.2	0.73
Gloucestr 粘土			
三轴压缩(轴压)	0.80	48.9	0.40
三轴伸长(侧压)	0.80	35.2	0.80
三轴伸长(轴伸)	0.80	35.7	0.80

　　从表 13 - 2 的结果可知,三轴伸长试验测得的 A_f 恰为三轴压缩试验的 A_f 的两倍. 这些也是式(13 - 3)和式(13 - 10)所不能解释的.

　　双剪孔隙水压力方程的完整表达式为

$$\Delta u = B[\Delta\sigma_{23} + A(\Delta\tau_{13} + \Delta\tau_{12})]$$

$$\text{当 } \tau_{12} + \Delta\tau_{12} \geqslant \tau_{23} + \Delta\tau_{23} \qquad (13 - 10)$$

$$\Delta u = B[\Delta\sigma_{12} - A'(\Delta\tau_{13} + \Delta\tau_{23})]$$

$$\text{当 } \tau_{12} + \Delta\tau_{12} \leqslant \tau_{23} + \Delta\tau_{23} \qquad (13 - 10')$$

写成主应力形式时,有

$$\Delta u = B\left[\frac{\Delta\sigma_2 + \Delta\sigma_3}{2} + A\left(\Delta\sigma_1 - \frac{\Delta\sigma_2 + \Delta\sigma_3}{2}\right)\right]$$

当 $\sigma_2 + \Delta\sigma_2 \leqslant \frac{1}{2}(\sigma_1 + \Delta\sigma_1 + \sigma_3 + \Delta\sigma_3)$ （13-9）

$$\Delta u = B\left[\frac{\Delta\sigma_1 + \Delta\sigma_2}{2} - A'\left(\frac{\Delta\sigma_1 + \Delta\sigma_2}{2} - \Delta\sigma_3\right)\right]$$

当 $\sigma_2 + \Delta\sigma_2 \geqslant \frac{1}{2}(\sigma_1 + \Delta\sigma_1 + \sigma_3 + \Delta\sigma_3)$ （13-9'）

这一新的孔隙水压力方程考虑了中间主应力的变化对孔隙水压力的影响,同时可以说明三轴压缩与三轴伸长试验所得出的不同结果(如表 13-2).这一情况与单剪强度理论(Mohr-Coulomb强度理论)和双剪强度理论两者的优缺点比较是相同的.事实上,Skempton 的孔隙水压力方程(13-3)可写为

$$\Delta u = B(\Delta\sigma_3 + A'\Delta\tau_{13}) \qquad (13-11)$$

也可以称为单剪孔隙水压力方程.最近的研究表明[12],应力角 θ 的变化对孔隙水压力的发展规律有显著影响,因而八面体剪应力孔隙水压力方程不能反映这一现象.

§13.8　有效应力强度理论

13.8.1　单剪有效应力强度理论

Terzahi 提出的有效应力原理已在 §13.2 中阐述,它主要包含下述两点：

(1)作用于土体上的总应力是有效应力和孔隙水压力之和,即

$$\sigma = \sigma' + u_w \qquad (13-1)$$

(2)土体的强度和变形性质只决定于其有效应力,而孔隙水压力对于这些性质并无影响.

由于无法直接测定有效应力,因此,只有知道了孔隙水压力,才能通过式(13-1)算出有效应力.准确地确定孔隙水压力成为应用和推广有效应力原理的关键.Shempton 和 Bishop 根据三轴试

验中实测的孔隙水压力与应力变化的关系而提出孔隙压力系数 A 和 B 以后[1,13], 有效应力原理才开始在实用上获得日益广泛的应用[14]. 很多有关土和岩石的性质, 都可以找出与之相应的有效应力定律或关系.

关于岩石的强度、脆性破裂、摩擦滑动等问题的研究表明, 孔隙水压力 u 的变化对于剪应力分量没有影响 (孔隙水压力实质上为静水压力), 对于正应力 (或主应力) 可写成十分简单的关系式

$$\sigma_{ij}' = \sigma_{ij} - u$$

或

$$\sigma_1' = \sigma_1 - u \qquad \sigma_2' = \sigma_2 - u \qquad \sigma_3' = \sigma_3 - u$$

$$(13 - 12)$$

因此, 关于岩石和粘性土的单剪强度理论 (Mohr-Coulomb 强度理论) 可推广为单剪有效应力强度理论, 即[2,14]

$$\tau = C' + (\sigma - u) + g\varphi \qquad (13 - 13)$$

式中 C' 为用有效应力定义的凝聚力, φ 为有效应力剪阻角. 如写成主应力形式, 则为

$$m\sigma_1' - \sigma_3' = \sigma_c'$$
$$m(\sigma_1 - u) - (\sigma_3 - u) = \sigma_c' \qquad (13 - 14)$$
$$m = \frac{\sigma_c}{\sigma_t}$$

式中 m 为材料的压拉强度比.

13.8.2 双剪有效应力强度理论

单剪有效应力强度理论没有考虑中主应力或相应的中间有效主应力 $\sigma_2' = \sigma_2 - u$ 的作用. Bishop, Henkel, 以及 Karman 和 Böker 等的实验都表明, 强度理论与中间主应力有关[2,6,15].

通过中间主剪应力研究而获得的双剪强度理论自然地反映了中间主应力的作用, 它们已在第三章及以后各章中阐述. 对于 Terzahi 的有效应力原理, 可以同样推导得出双剪有效应力强度理论, 它的表达式为

$$F = (\sigma_1 - u)(1 + \sin\varphi')$$
$$- \frac{1}{2}(\sigma_2 + \sigma_3 - 2u)(1 - \sin\varphi') = 2C'\cos\varphi \quad (13-15)$$

$$F' = \frac{1}{2}(\sigma_1 + \sigma_2 - 2u)(1 + \sin\varphi')$$
$$- (\sigma_3 - u)(1 - \sin\varphi') = 2C'\cos\varphi' \quad (13-15')$$

在以上两式中,F 和 F' 中以先达到 $2C'\cos\varphi'$ 者作为计算依据,它主要决定于应力状态和材料性质.

双剪有效应力强度理论也可像单剪理论一样写成如式(13-14)的形式,即

$$m(\sigma_1 - u) - \frac{1}{2}(\sigma_2 + \sigma_3 - 2u) = \sigma_c$$

$$\text{当 } \sigma_2 \leqslant \frac{m\sigma_1 + \sigma_3}{1 + m} \quad (13-16)$$

$$\frac{m}{2}(\sigma_1 + \sigma_2 - 2u) - (\sigma_3 - u) = \sigma_c$$

$$\text{当 } \sigma_2 \geqslant \frac{m\sigma_1 + \sigma_3}{1 + m} \quad (13-16')$$

$$m = \frac{\sigma_c}{\sigma_t}$$

双剪有效应力强度理论可以像单剪有效应力原理一样,在岩石和土体的有关强度分析问题中得到应用,这是 Terzahi 有效应力原理的一个推广应用. 此外,魏汝龙提出一种综合性的饱和粘土抗剪强度理论,可见文献[14].

§13.9 临界孔隙水压力

土体开始破坏时的孔隙水压力称为临界孔隙水压力. 当土体某点的孔隙水压力达到临界孔隙水压力时,破坏面上的剪应力即为土体的抗剪强度. 文献[16]把临界孔隙水压力作为判断土体破坏的一个界限值,用来研究地基稳定性. 由于孔隙水压力是各向同

性的,可以实际测定,因此这一方法有很大实用意义,可用来探讨地基塑性区的开展规律,并在施工过程中监控地基稳定性[16].

13.9.1 地基中某点的安全度

临界孔隙水压力法,根据临界孔隙水压力的概念,用地基中某点的实测孔隙水压力 u_t,以及同一点的静水压力和前期荷载未消散的孔隙水压力与该荷载加载方式所产生的临界孔隙水压力之和 u_f 来定义地基任一点的安全度,即按临界孔隙水压力定义的安全度 F_u 为[16]

$$F_u = \frac{u_f}{u_t} \qquad (13-17)$$

相应的地基中某点的稳定条件为

(1) $u_t = u_f$, $F_u = 1$, 地基中该点处于极限平衡状态;

(2) $u_t < u_f$, $F_u > 1$, 地基中该点处于静力平衡状态;

(3) $u_t > u_f$, $F_u < 1$, 地基中该点处于破坏状态.

以上的安全度分析是指某一点的破坏状态分析. 当荷载增量较大时,塑性区的范围增大,反之则小或不存在.

13.9.2 地基容许承载力和工程应用实例

王维江、王铁儒根据他们提出的临界孔隙水压力法,用来研究地基塑性区的扩展状况和确定地基容许承载能力[14].

经验证明,即使地基发生局部剪切破坏,地基中塑性区有所发展,只要塑性区不超过某一范围,就不致影响建筑物的安全和使用. 但地基中塑性区究竟容许发展多大范围,这与建筑物的性质、荷载性质以及土的特性等因素有关,目前尚难定论. 参照熟知的塑性区最大深度控制在 $1/4D$ 范围内(D 为油罐直径)来确定地基容许承载力,又根据油罐的特点采用塑性区深度 $1/5D$ 进行比较验算. 下面是他们对一大型油罐进行计算和实测的结果.

(1)工程概况

南京炼油厂 $5^\#$,$2 \times 10^4 \mathrm{m}^3$ 的浮顶油罐,内径为 40.5m,罐体高

为 15.8m,罐内充水,基础及场地填土等共计荷载为 29kPa,建在长江岸滩地带.场地地质条件复杂,土质非常软弱,且厚度大分布又不均匀.

(2)计算程序及结果

计算程序:先算各级荷载作用下的孔隙水压力,其次算地基的总应力、有效应力,再算达到临界状态时的偏应力、总正应力增量、临界孔隙水压力、测点临界荷载,再后计算相应各荷载阶段安全度.

根据计算的临界孔隙水压力和实测的孔隙水压力,可确定各测点的安全度,从而发现地基加荷时塑性区增大、停荷时塑性区缩小的变化规律,如图 13-15 所示.也可发现整个加荷过程地基稳定的变化情况.利用上述的方法,可有效地监控地基稳定的发展动态.

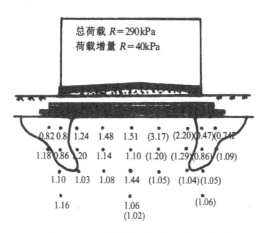

图 13-15 地基中各测点的安全度及塑性区
(括号中的数据为按临界荷载计算的安全度)

在图 13-15 中可见,在油罐外环基处首先出现塑性区,并逐步向下部发展,如图中的安全度 F_u 小于 1 的各点所示.由于实际地基土的复杂情况,实际测得的安全度的数值不完全对称,但塑性区的扩展图较对称,图中括号中的数据为按另一种方法计算的安全度.

(3)油罐地基的容许承载力

根据塑性区的开展规律,得出油罐地基在各级荷载时相应的地基容许承载力,见表 13-3.说明加荷刚结束时地基容许承载力 313.2kPa 大于地基所受的实际荷载 290kPa,说明地基承载力仍有一定的安全储备,能满足设计和使用要求.随着间歇时间的增长,地基土的固结,使土体的强度增大,则地基的安全储备逐渐增大.

表 13-3 油罐地基容许承载力(单位:kPa)

荷载 增量 [R] 标准	130	170	185	205	250	290	290	290
	50	40	15	20	45	40	0	恒载后
1/4D	146.9	227.8	238.0	256.3	265.0	295.8	313.2	>313.2
1/5D	135.2	200.6	203.6	203.4	219.0	242.5	272.5	>303.2

孔隙水压力和有效应力原理还有很多其他内容,可以进一步推广应用. 此外,还有很多新的内容需要进一步研究和探讨. 在近年来的一些国内外学术会议上,有很多这方面的研究成果,读者可参考有关的文献[9—26].

参 考 文 献

[1] 黄文熙主编,土的工程性质,水利电力出版社,1983.
[2] 陈顒,地壳岩石的力学性能——理论基础与实验方法,地震出版社,1988.
[3] 郑颖人、龚晓南,岩土塑性力学基础,中国建筑工业出版社,1988.
[4] 张学言,岩土塑性力学,人民交通出版社,1993.
[5] 曾国熙,正常固结饱粘土不排水剪的归一化性状,软土地基学术讨论论文选集,水利出版社,1980,13—26.
[6] 曾国熙等,饱和粘性土地基的孔隙水压力,高校自然科学学报,1965,1(3).

[7] Yu Mao-hong, Twin shear stress yield criterion, *Int. J. Mech. Sci.*, 1983, **25** (1), 71—74.

[8] 李跃明、俞茂宏，一个新的孔隙水压力方程，中国青年力学协会第四届学术年会论文集，1990.

[9] Law, K. T. and Holtz. R. D., A note on skempton's a parameter with rotation of principal stresses, *Geotechnique*, 1978, **28** (1).

[10] 李锦坤、张清慧，应力劳台角对孔隙压力发展的影响，岩土工程学报，1994，**16** (4)，17—23.

[11] Skempton, A. W. The pore pressure coefficient A and B, *Geotechnique*, 1954, **4** (3). 143.

[12] 魏汝龙，正常压密饱和粘土的抗剪强度理论，岩土工程学报，1985，7 (1)，1—14.

[13] 李广信，土在 π 平面上的屈服轨迹及其对孔隙水压力的影响，塑性力学和细观力学文集，北京大学出版社，1993.

[14] 王维江、王铁儒，一种地基稳定控制的新方法——临界孔隙水压方法，首届全国岩土力学与工程青年工作者学术讨论会论文集，浙江大学出版社，1992.

[15] Skempton, A. W. and L. Bjerrum, A contribution to settlement analysis of foundations in clay, *Geotechnique*, 1957, **7**, 168.

[16] 王铁儒、陈龙珠、李明邀，正常固结饱和粘性土孔隙水压力性状的研究，岩土工程学报，1987，9 (4)，23.

[17] Yu Maohong, Li Yaoming, The basic ideas of twin shear stress strength theory and its system, Advances in Plastisity, Pergamon Press, 1989, 43—46.

[18] 李跃明，双剪应力理论在若干土工问题中的应用，浙江大学博士学位论文，1990.

[19] 景来红、濮家骝，击实粘性土平面应变不排水特性的弹塑性预测，第六届全国土力学及基础工程学术会议论文集，同济大学出版社，1991.

[20] 李广信，土的三维本构关系的探讨与模型验证，清华大学工学博士学位论文，1985.

[21] 李跃明、俞茂宏，土各向同性及各向异性强度准则讨论、双剪应力强度理论研究，西安交通大学出版社，1988.

[22] 徐日庆，粘性土孔隙水压力增长规律的研究，西安公路学院硕士学位论文，1989.

[23] Rahardjo, H. and Fredlund, D. G., Stress paths for shear strength testing of unsaturated soils, Proc. of the Eleventh Southeast Asian Geotechnical Conference, National University of Singapore, Singapore, 1993, 187—192.

[24] Yi, F. and Ishihara, K., A general principle of effective stress, ibid, 287—

292.

[25] Tsushima, M. and Mitachi, T. , Influence of stress release due to sampling on shear strength of orgaric soil, ibid, 263—267.

[26] Wood, D. M. , Soil behaviour and Critical state soil mechanics, Cambridge University Press, 1990.

第十四章　双剪弹塑性理论和统一弹塑性理论

§14.1　概　　述

弹塑性材料的屈服条件已在以上章节中阐述,这是弹塑性理论中最基本最重要的基础.第六章介绍了各种适合于某种材料的单一强度理论,第七章阐述适合于众多材料的统一强度理论.这里我们将把它们作为屈服条件,并推广到弹塑性应力应变分析和有限元程序.

结构弹塑性分析的加载过程,经历了四个阶段.

(1)弹性阶段.材料和结构未出现塑性变形,这时的应力应变关系可用标准的线性弹性定律即 Hooke 定律来表示.

(2)弹性极限.结构的某一点到达弹性极限并即将开始出现塑性变形,这时可用强度理论的等效应力到达材料的屈服极限来判别.

(3)弹塑性变形阶段.这时继续加载,结构的大部分区域仍然处于弹性阶段,而某些部分已开始屈服,结构某些部分开始出现塑性区,随着载荷的增大,塑性区逐步扩大.应该指出,结构在某一载荷下的塑性区的大小,与所采用的屈服条件有关.不同的屈服条件,得出的结构塑性区的形状和大小也都各不相同.这时还需要研究材料屈服后的性能.

(4)塑性极限.当结构的塑性区逐步扩大并形成一连续的滑移区域时,载荷已不能增加,加载点的位移不断增加,结构达到塑性极限状态.

本章将讨论弹塑性有限元计算中的一些基本理论和 6 种基本的屈服准则及其相连的流动法则,并具体推导一些有限元计算的公式.由于不同的屈服准则有不同的表达式,并且每一种屈服准则都只适用于某一类特定的材料,因而在公式推导,程序实施及公式的适用范围等方面都有诸多不便. 其中的 Tresca 准则和 Mohr-Coulomb 准则由于没有考虑中间主应力 σ_2,而与材料的实验结果有所偏差;Drucker-Prager 准则只能与 6 个实验点的 3 个相匹配,与实验结果的差距较大,近年来已被一些学者所指出[12,13,16].

本章最后将以统一强度理论为基础,采用统一的模型、统一的屈服准则、统一的流动矢量表达式以及统一的角点奇导性处理方法,建立统一屈服函数及其相连的流动法则,以及统一的有限元处理方法,用于编制统一弹塑性有限元程序,可以适合于众多不同特性的材料,应用十分方便.

§14.2　弹性本构关系

工程结构分析中,弹性本构关系可用各向同性材料的广义胡克定律表示为

$$\varepsilon_1 = \frac{1}{E}[\sigma_1 - \nu(\sigma_2 + \sigma_3)]$$

$$\varepsilon_2 = \frac{1}{E}[\sigma_2 - \nu(\sigma_3 + \sigma_1)]$$

$$\varepsilon_3 = \frac{1}{E}[\sigma_3 - \nu(\sigma_1 + \sigma_2)]$$

$$\varepsilon_{12} = \frac{1}{2G}\tau_{12}$$

$$\varepsilon_{23} = \frac{1}{2G}\tau_{23}$$

$$\varepsilon_{13} = \frac{1}{2G}\tau_{13}$$

(14-1)

式中 E 为杨氏模量,ν 为泊松比,G 为剪切弹性模量,它们之间的关系为

$$G = \frac{E}{2(1+\nu)}$$

(14-2)

广义 Hooke 定律可用张量符号表示为

$$\varepsilon_{ij} = \frac{1}{2G}\sigma_{ij} - \frac{3\nu}{E}\sigma_m\delta_{ij} \qquad (14-3)$$

亦可写为

$$\varepsilon_{ij} = \frac{1}{E}\left[(1+\nu)\sigma_{ij} - 3\nu\sigma_m\delta_{ij}\right]$$

$$= \frac{1}{E}\left[(1+\nu)\delta_{ik}\delta_{jl} - \nu\delta_{ik}\delta_{kl}\right]\sigma_{kl}$$

$$= M_{ijkl}\sigma_{kl} \qquad (14-4)$$

弹性应力应变关系可写成逆关系式

$$\sigma_{ij} = \frac{E}{1+\nu}\left[\frac{3\nu}{1-2\nu}\varepsilon_m\delta_{ij} + \varepsilon_{ij}\right]$$

$$= \frac{E}{1+\nu}\left[\delta_{ik}\delta_{il} + \frac{\nu}{1-2\nu}\delta_{ij}\delta_{kl}\right]\varepsilon_{kl}$$

$$= C_{ijkl}\varepsilon_{kl} \qquad (14-5)$$

以上各式中,σ_{ij} 为应力分量,ε_{ij} 为应变分量,系数 C_{ijkl} 为弹性常数张量,有

$$C_{ijkl} = \frac{E}{1+\nu}\left[\delta_{ik}\delta_{il} + \frac{\nu}{1-2\nu}\delta_{ij}\delta_{kl}\right] \qquad (14-6)$$

式(14-6)亦可写成 Lame 常数的形式

$$C_{ijkl} = \lambda\delta_{ij}\delta_{kl} + \mu\delta_{ik}\delta_{jl} + \mu\delta_{jl}\delta_{jk} \qquad (14-6')$$

式中 μ,λ 均为拉梅常数,δ_{ij} 为 Kronecker 符号,其定义为

$$\delta_{ij} = \begin{cases} 1 & \text{若 } i = j \\ 0 & \text{若 } i \neq j \end{cases} \qquad (14-7)$$

弹性本构关系亦可表示为增量形式

$$d\varepsilon_{ij} = M_{ijkl}d\sigma_{kl} \qquad (14-8)$$

$$d\sigma_{ij} = C_{ijkl}d\varepsilon_{kl} \qquad (14-9)$$

§14.3 屈服条件(屈服准则)

对于各种工程材料,可以将强度理论的计算准则作为屈服条件,屈服条件或屈服准则可用来确定材料开始塑性变形时应力的

大小和状态,它可以表示为应力状态(可用应力张量 σ_{ij} 或矩阵形式 $\{\sigma\}$ 表示)和材料参数 K 的函数

$$F(\sigma_{ij},K) = 0 \qquad \text{或} \qquad F(\{\sigma\},K) = 0 \qquad (14-10)$$

材料参数 K 可以包含多个材料强度参数,对不同的材料,它可以为一常数(理想塑性材料),也可以是材料强化参数的一个函数,即

$$K = K(k) \qquad (14-11)$$

对于各向同性材料,屈服准则不依赖于应力坐标系方向,因此它也可以写为应力张量三个不变量 I_1,I_2,I_3 的形式;在塑性理论中,往往表示成应力偏量 S_{ij} 不变量的第二和第三不变量 J_2 和 J_3 的形式,即

$$F(I_1,J_2,J_3,K) = 0 \qquad (14-12)$$

式中

$$I_1 = \sigma_{ii}$$

$$I_2 = \frac{1}{2}\sigma_{ij}\sigma_{ij}$$

$$I_3 = \frac{1}{3}\sigma_{ij}\sigma_{jk}\sigma_{ki}$$

$$J_1 = S_1 + S_2 + S_3 = 0 \qquad\qquad (14-13)$$

$$J_2 = \frac{1}{2}S_{ij}S_{ij} = \frac{1}{6}\left[(\sigma_1-\sigma_2)^2 + (\sigma_2-\sigma_3)^2 + (\sigma_3-\sigma_1)^2\right]$$

$$J_3 = \frac{1}{3}S_{ij}S_{jk}S_{ki} = \frac{1}{3}(S_1^3+S_2^3+S_3^3) = S_1S_2S_3$$

$$S_{ij} = \sigma_{ij} - \frac{1}{3}\sigma_{kk}\delta_{ij}$$

以上不变量中,应力张量第一不变量 I_1 和应力偏量第二不变量是二个最常用的表示应力状态的不变量. I_1 与平均应力 σ_m 和八面体正应力 σ_8 的关系为

$$\sigma_8 = \sigma_m = \frac{1}{3}I_1$$

应力偏量第二不变量 J_2 与八面体剪应力 τ_8 和均方根剪应力 τ_m 的关系为

$$\tau_m = \frac{1}{\sqrt{12}} \left[(\sigma_1 - \sigma_2)^2 + (\sigma_2 - \sigma_3)^2 + (\sigma_3 - \sigma_1)^2 \right]$$

$$= \frac{\sqrt{2}}{2} \sqrt{J_2}$$

$$\tau_8 = \frac{1}{3} \left[(\sigma_1 - \sigma_2)^2 + (\sigma_2 - \sigma_3)^2 + (\sigma_3 - \sigma_1)^2 \right]$$

$$= \sqrt{\frac{2}{3} J_2} \tag{14-14}$$

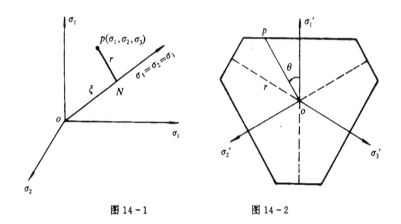

图 14-1   图 14-2

应力不变量在主应力空间中可表示为

$$\xi = |ON| = \frac{1}{\sqrt{3}} I_1 = \sqrt{3}\,\sigma_m = \sqrt{3}\,\sigma_8 \tag{14-15}$$

$$r^2 = |NP|^2 = S_1^2 + S_2^2 + S_3^2 = 2J_2 = 3\tau_3^2 = 4\tau_m^2 \tag{14-16}$$

由图 14-1 可见, $|ON|$ 代表了应力状态 $(\sigma_1, \sigma_2, \sigma_3)$ 的静水应力分量, $|NP|$ 代表了应力状态的偏应力部分. NP 位于垂直于静水应力轴 $\sigma_1 = \sigma_2 = \sigma_3$ 的平面内, 该平面称为 π 平面或偏平面. 应力状态点 P 在 π 平面的角度可用图 14-2 所示的 θ 表示, 其值为

$$\cos\theta = \frac{2S_1 - S_2 - S_3}{2\sqrt{3J_2}} = \frac{2\sigma_1 - \sigma_2 - \sigma_3}{2\sqrt{3J_2}}$$

$$= \frac{\tau_{13} + \tau_{12}}{2\sqrt{3J_2}} \qquad (14-17)$$

$$\cos 3\theta = \frac{3\sqrt{3}}{2} \frac{J_3}{\sqrt{J_2^3}} = \frac{\sqrt{2}J_3}{\tau_8^3}$$

$$当 \ 0° \leqslant \theta \leqslant 60° \qquad (14-18)$$

根据应力的转换关系,屈服准则可表示为

$$F(\sigma_1, \sigma_2, \sigma_3) = 0$$
$$F(I_1, J_2, J_3) = 0$$
$$F(I_1, J_2, \theta) = 0$$
$$F(\xi, r, \theta) = 0$$
$$F(\sigma_8, \tau_8, \theta) = 0 \qquad (14-19)$$

主应力$(\sigma_1, \sigma_2, \sigma_3)$与应力不变量和柱坐标$(\xi, r, \theta)$之间的关系为

$$\begin{Bmatrix} \sigma_1 \\ \sigma_2 \\ \sigma_3 \end{Bmatrix} = \frac{I_1}{3} \begin{Bmatrix} 1 \\ 1 \\ 1 \end{Bmatrix} + \frac{2\sqrt{J_2}}{\sqrt{3}} \begin{Bmatrix} \cos\theta \\ \cos\left(\theta - \frac{2\pi}{3}\right) \\ \cos\left(\theta + \frac{2\pi}{3}\right) \end{Bmatrix} \qquad (14-20)$$

$$\begin{Bmatrix} \sigma_1 \\ \sigma_2 \\ \sigma_3 \end{Bmatrix} = \frac{1}{\sqrt{3}} \begin{Bmatrix} \xi \\ \xi \\ \xi \end{Bmatrix} + \sqrt{\frac{2}{3}}r \begin{Bmatrix} \cos\theta \\ \cos\left(\theta - \frac{2\pi}{3}\right) \\ \cos\left(\theta + \frac{2\pi}{3}\right) \end{Bmatrix} \qquad (14-21)$$

为了阐述方便,下面先对一些典型的单一形式屈服准则作一简单小结和回顾.

§14.4 单参数屈服准则

四个单参数强度理论可表示为四个单参数屈服准则,下面采用二种形式表示.

(1)Tresca 的单剪屈服准则可表示为

$$f_1 = \sigma_1 - \sigma_3 = \sigma_s, \qquad \sigma_s = \sigma_t = \sigma_c \qquad (14-22)$$

$$f_1 = \sqrt{J_2}\sin\theta + \sqrt{3J_2}\cos\theta = \sigma_s \qquad \text{当 } 0 \leqslant \theta \leqslant 60° \qquad (14-22')$$

(2)Mises 的三剪屈服准则可表示为

$$f_2 = \frac{1}{\sqrt{2}}\big[(\sigma_1 - \sigma_2)^2 + (\sigma_2 - \sigma_3)^2 + (\sigma_3 - \sigma_1)^2\big] = \sigma_s \qquad (14-23)$$

$$f_2 = \sqrt{3J_2} = \sigma_s \qquad (14-23')$$

(3)双剪屈服准则(俞茂宏,1961)可表示为

$$f_3 = \sigma_1 - \frac{1}{2}(\sigma_2 + \sigma_3) = \sigma_s \qquad \text{当 } \sigma_2 \leqslant \frac{1}{2}(\sigma_1 + \sigma_3) \quad (14-24)$$

$$f_3' = \frac{1}{2}(\sigma_1 + \sigma_2) - \sigma_3 = \sigma_s \qquad \text{当 } \sigma_2 \geqslant \frac{1}{2}(\sigma_1 + \sigma_3) \quad (14-24')$$

或

$$f_3 = \sqrt{3J_2}\cos\theta = \sigma_s \qquad \text{当 } 0° \leqslant \theta \leqslant \theta_b \qquad (14-25)$$

$$f_3' = \frac{\sqrt{3}}{2}\sqrt{J_2}\cos\theta + \frac{3}{2}\sqrt{J_2}\sin\theta = \sigma_s$$
$$\text{当 } \theta_b \leqslant \theta \leqslant \theta \qquad (14-25')$$

(4)加权双剪屈服准则可表示为

$$f_4 = \sigma_1 - \frac{1}{3}(\sigma_2 + 2\sigma_3) = \sigma_s \qquad \text{当 } \sigma_2 \leqslant \frac{1}{2}(\sigma_1 + \sigma_3)$$
$$(14-26)$$

$$f_4' = \frac{1}{3}(2\sigma_1 + \sigma_2) - \sigma_3 = \sigma_s \qquad \text{当 } \sigma_2 \geqslant \frac{1}{2}(\sigma_1 + \sigma_3)$$
$$(14-26')$$

§14.5 二参数准则

(1)Mohr-Coulomb 屈服准则可表示为

$$\sigma_1 - \alpha\sigma_3 = \sigma_t \qquad (14-27)$$

式中 σ_t 为材料拉伸强度参数, α 为材料拉压强度比

$$\alpha = \frac{\sigma_t}{\sigma_c}$$

Mohr-Coulomb 准则也可表示为

$$\tau = C - \sigma \mathrm{tg}\varphi \tag{14-28}$$

$$F = (\sigma_1 - \sigma_3) + (\sigma_1 + \sigma_3)\sin\varphi = 2C_0\cos\varphi \tag{14-29}$$

$$F = \frac{I_1}{3}(1-\alpha) + (2+\alpha)\frac{\sqrt{J_2}}{\sqrt{3}}\cos\theta + \left(\alpha + \frac{1}{2}\right)\sqrt{J_2}\sin\theta$$

$$当\ 0 \leqslant \theta \leqslant 60° \tag{14-30}$$

以上三式中的 C_0 为材料的粘聚力, φ 为摩擦角, 它们与材料拉伸强度 σ_t, 压缩强度 σ_c 和剪切强度 τ_0 之间的关系为

$$C_0 = \frac{(1+\sin\varphi)}{2\cos\varphi}\sigma_t \tag{14-31}$$

$$\tau_0 = C_0\cos\varphi = (1+\sin\varphi)\frac{\sigma_t}{2}$$

这一关系亦可用图 14-3 的极限应力图表示.

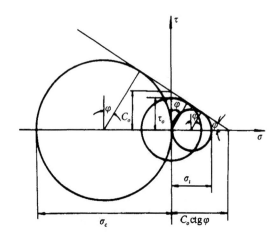

图 14-3 Mohr-Coulomb 屈服准则

Mohr-Coulomb 理论的极限面在 π 平面的形状如图 14-4 中

的不等边六角形所示.

(2)Drucker-Prager 准则可表示为

$$F = \sqrt{J_2} + aI_1 = K \qquad (14-32)$$

它在 π 平面上的屈服线图形如图 14-4 中的不等边六边形的内接圆和外接圆所示

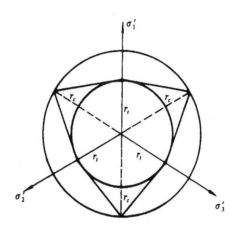

图 14-4　Drucker-Prager 圆

图 14-4 中的六边形为 Mohr-Coulomb 理论的屈服线. 这六边形的 6 个顶点分别代表了由实验确定的拉伸子午线和压缩子午线在 π 平面的半径 r_t 和 r_c（见图 14-1 和图 14-3）. Drucker-Prager 准则在 π 平面的屈服线则为一个圆. 式(14-32)中的参数分别为

$$\alpha = \frac{2\sin\varphi}{\sqrt{3}\,(3-\sin\varphi)}$$

$$K = \frac{6C_0\cos\varphi}{\sqrt{3}\,(3-\sin\varphi)} \qquad 当\ r = r_c \qquad (14-33)$$

$$\alpha = \frac{2\sin\varphi}{\sqrt{3}\,(3-\sin\varphi)}$$

$$K = \frac{6C_0\cos\varphi}{\sqrt{3}\,(3-\sin\varphi)} \qquad 当\ r=r_t \qquad (14-33')$$

（3）双剪强度理论（俞茂宏，1983），其主应力表达式和应力不变量表达式分别为

$$F = \sigma_1 - \frac{\alpha}{2}\,((\sigma_2+\sigma_3) = \sigma_t \qquad 当\ \sigma_2 \leqslant \frac{\sigma_1+\alpha\sigma_3}{1+\alpha} \qquad (14-34)$$

$$F' = \frac{1}{2}\,(\sigma_1+\sigma_2) - \alpha\sigma_3 = \sigma_t \qquad 当\ \sigma_2 \geqslant \frac{\sigma_1+\alpha\sigma_3}{1+\alpha} \qquad (14-34')$$

和

$$F = (1-\alpha)\frac{I_1}{3} + \left(1+\frac{\alpha}{2}\right)\frac{2\sqrt{J_2}}{\sqrt{3}}\cos\theta$$

$$= \sigma_t \qquad\qquad 当\ 0° \leqslant \theta \leqslant \theta_b \qquad (14-35)$$

$$F' = (1-\alpha)\frac{I_1}{3} + \left(\frac{1}{2}+\alpha\right)\left[\frac{\sqrt{J_2}}{\sqrt{3}}\cos\theta + \sqrt{J_2}\sin\theta\right]$$

$$= \sigma_t \qquad\qquad 当\ \theta_b \leqslant \theta \leqslant 60° \qquad (14-35')$$

或

$$F = \frac{2}{3}I_1\sin\varphi + \frac{1}{\sqrt{3}}\sqrt{J_2}\,(3+\sin\varphi)\cos\theta$$

$$= 2C_0\cos\varphi \qquad 当\ 0° \leqslant \theta \leqslant \theta_b \qquad (14-36)$$

$$F' = \frac{2}{3}I_1\sin\varphi + \frac{1}{\sqrt{3}}\sqrt{J_2}\,(3-\sin\varphi)\cos\left(\theta-\frac{\pi}{3}\right)$$

$$= 2C_0\cos\varphi \qquad 当\ \theta_b \leqslant \theta \leqslant 60° \qquad (14-36')$$

广义双剪应力屈服准则在 π 平面的屈服线如图 14-5 所示，它可以与三个 r_t 矢端和三个 r_c 矢端相配合.

（4）加权双剪强度理论. 这是俞茂宏于 1990 年提出的介于单剪强度理论（Mohr-Coulomb 理论）和双剪强度理论之中的一种新的强度准则，它的主应力表达式

$$F = \sigma_1 - \frac{\alpha}{3}\,(\sigma_2+2\sigma_3) = \sigma_t \qquad 当\ \sigma_2 \leqslant \frac{\sigma_1+\alpha\sigma_3}{1+\alpha} \qquad (14-37)$$

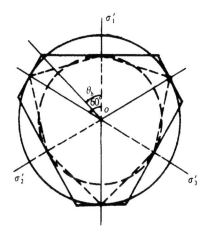

图 14-5 广义双剪应力屈服准则

$$F' = \frac{1}{3}(2\sigma_1 + \sigma_2) - \alpha\sigma_3 = \sigma_t \qquad \text{当} \ \sigma_2 \geqslant \frac{\sigma_1 + \alpha\sigma_3}{1+\alpha} \qquad (14-37')$$

它有可能作为一个新的强度准则而取代 Drucker - Prager 准则.

§14.6 理想塑性材料的加载卸载准则

理想塑性材料的单向应力-应变关系如图 14-6(a)所示,图 14-6(b)是在 $\sigma-\tau$ 空间中的屈服面. 理想塑性材料的屈服应力与塑性变形的程度没有关系,因此屈服面的形状和大小都不改变,后继屈服条件就是初始屈服条件. 所以,当应力保持在初始屈服面上时就是加载,当应力点从初始屈服面上改变到屈服面内时为卸载. 它们的加载、卸载准则为

$$F(\sigma_{ij}) < 0 \qquad \text{弹性状态}$$

$$\left.\begin{array}{l} F(\sigma_{ij}) = 0 \\ dF = F(\sigma_{ij} + d\sigma_{ij}) - F(\sigma_{ij}) = \dfrac{\partial F}{\partial \sigma_{ij}} d\sigma_{ij} = 0 \end{array}\right\} \text{加载}$$

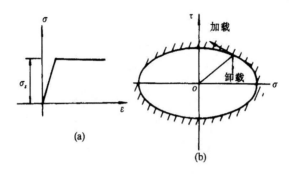

图 14 - 6　理想塑性材料

$$
\left.
\begin{aligned}
& F(\sigma_{ij}) = 0 \\
& dF = \frac{\partial F}{\partial \sigma_{ij}} d\sigma_{ij} < 0
\end{aligned}
\right\} 卸载
$$

§14.7　强化材料

强化材料的单向应力-应变曲线和 $\sigma - \tau$ 应力状态的初始屈服面和加载（后继）屈服面如图 14 - 7 所示.

单向应力状态的各向同性强化理论可表示为

$$
\bar{\sigma} = H\left(\int d\varepsilon^p\right) \tag{14 - 38}
$$

式中 $\bar{\sigma}$ 为强化后的应力（或称强化应力或加载瞬时应力）, $\int d\varepsilon^p$ 表示沿应变路径累计进行的塑性应变, H 为材料强化参数.

各向同性强化材料的强化屈服条件式（14 - 10）可写为

$$
F(\sigma_{ij}, K) = F(\sigma_{ij}) - K(k) = 0 \tag{14 - 39}
$$

式中强化参数 k 表示屈服应力 K 与塑性变形的关系, 可以确定屈服面逐渐扩展的规律. 如假定它是总塑性功 W_p 的一个函数, 则可写为

$$
k = W_p = \int d\omega_p = \int \sigma_{ij} d\varepsilon_{ij}^p \tag{14 - 40}
$$

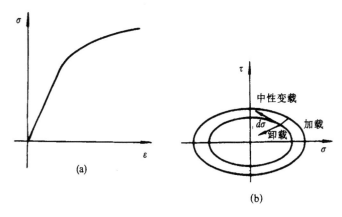

图 14-7 理想塑性材料

式中 $d\varepsilon_{ij}^p$ 是应变增量过程中所产生的塑性应变分量.

关于 $K(k)$,也可用总塑性变形程度的度量,如等效应变来量度硬化程度. 在塑性增量理论中,考虑到塑性的不可压缩性,有 $d\varepsilon_m^p = 0$,所以塑性应变增量等于塑性应变偏量增量,$d\varepsilon_{ij}^p = de_{ij}^p$. 因此

$$d\varepsilon_i^p = de_i^p = \sqrt{\frac{2}{3}}\sqrt{d\varepsilon_{ij}^p d\varepsilon_{ij}^p} \qquad (14-41)$$

将上式定义为塑性应变增量强度,并将 $\bar{\sigma}$ 和 $\int d\varepsilon_i^p$ 联系起来,即

$$\bar{\sigma} = H\left(\int d\varepsilon_i^p\right) \qquad (14-42)$$

式中 H 是与材料有关的某一函数,可以通过单向应力状态的试验来确定,具体方法将在下节说明.

对于硬化材料的加载、卸载准则为

$$F = 0 \qquad dF = \frac{\partial F}{\partial \sigma_{ij}} d\sigma_{ij} > 0 \qquad \text{加载}$$

$$F = 0 \qquad dF = 0 \qquad \text{中性变载}$$

$$F = 0 \qquad dF < 0 \qquad \text{卸载}$$

它们所表示的应力增量的方向分别如图 14-7(b) 的各矢量所示.

§14.8 弹塑性应力应变关系

材料初始屈服后的应变变化分为弹性部分和塑性部分,即

$$d\varepsilon_{ij} = d\varepsilon_{ij}^e + d\varepsilon_{ij}^p \qquad (14-43)$$

式中弹性应变增量

$$d\varepsilon_{ij}^e = \frac{dS_{ij}}{2\mu} + \frac{(1-2\nu)}{E} d\sigma_{kk}\delta_{ij} \qquad (14-44)$$

塑性应变增量与塑性势 Q 的应力梯度成正比,在正交性法则下,塑性势 Q 与屈服函数 F 相一致,故

$$d\varepsilon_{ij}^p = d\lambda \frac{\partial Q}{\partial \sigma_{ij}} = d\lambda \frac{\partial F}{\partial \sigma_{ij}}$$

对于任一方向 x 的塑性应变,有

$$d\varepsilon_x^p = d\lambda \frac{\partial F}{\partial \sigma_x} \qquad (14-45)$$

硬化屈服函数

$$F(\sigma_{ij}, k) = F(\sigma_{ij}) - K(k) = 0 \qquad (14-46)$$

微分,得

$$dF = \frac{\partial F}{\partial \{\sigma\}} d\{\sigma\} + \frac{\partial F}{\partial k} dk = \frac{\partial F}{\partial \sigma_1} d\sigma_1 + \frac{\partial F}{\partial \sigma_2} d\sigma_2 + \cdots \frac{\partial F}{\partial k} dk$$

$$= 0$$

$$(14-47)$$

引入参数 $A = -\frac{1}{d\lambda} \frac{\partial F}{\partial k} dk$,将上式写为矩阵形式

$$\left\{ \frac{\partial F}{\partial \{\sigma\}} \right\}^T d\{\sigma\} - A d\lambda = 0 \qquad (14-48)$$

式(14-43)的应变增量可写为矩阵形式

$$d\{\varepsilon\} = [D]^{-1} \{d\sigma\} + \left\{ \frac{\partial F}{\partial \{\sigma\}} \right\} d\lambda \qquad (14-49)$$

以 $\left\{ \frac{\partial F}{\partial \{\sigma\}} \right\}^T [D]$ 乘上式两端,得

$$\left\{\frac{\partial F}{\partial\{\sigma\}}\right\}^T[D]d\{\varepsilon\} = \left\{\frac{\partial F}{\partial\{\sigma\}}\right\}^T d\{\sigma\} + d\lambda\left\{\frac{\partial F}{\partial\{\sigma\}}\right\}^T[D]\left\{\frac{\partial F}{\partial\{\sigma\}}\right\}$$

$$= Ad\lambda + d\lambda\left\{\frac{\partial F}{\partial\{\sigma\}}\right\}^T[D]\left\{\frac{\partial F}{\partial\{\sigma\}}\right\} \quad (14-50)$$

式中塑性乘子

$$d\lambda = \frac{\left\{\dfrac{\partial F}{\partial\{\sigma\}}\right\}^T[D]d\{\varepsilon\}}{A + \left\{\dfrac{\partial F}{\partial\{\sigma\}}\right\}^T[D]\left\{\dfrac{\partial F}{\partial\{\sigma\}}\right\}} \quad (14-51)$$

将塑性乘子 $d\lambda$ 代入式(14-49),得

$$d\{\sigma\} = [D]d\{\varepsilon\} - [D]\left\{\frac{\partial F}{\partial\{\sigma\}}\right\}d\lambda$$

$$= [D]d\{\varepsilon\} - \frac{[D]\left\{\dfrac{\partial F}{\partial\{\sigma\}}\right\}\left\{\dfrac{\partial F}{\partial\{\sigma\}}\right\}^T[D]}{A + \left\{\dfrac{\partial F}{\partial\{\sigma\}}\right\}^T[D]\left\{\dfrac{\partial F}{\partial\{\sigma\}}\right\}}d\{\varepsilon\}$$

或

$$d\{\sigma\} = [D]_{ep}d\{\varepsilon\} \quad (14-52)$$

式中弹塑性应力应变增量的刚度矩阵

$$[D]_{ep} = [D] - \frac{[D]\left\{\dfrac{\partial F}{\partial\{\sigma\}}\right\}\left\{\dfrac{\partial F}{\partial\{\sigma\}}\right\}^T[D]}{A + \left\{\dfrac{\partial F}{\partial\{\sigma\}}\right\}^T[D]\left\{\dfrac{\partial F}{\partial\{\sigma\}}\right\}} \quad (14-53)$$

弹塑性矩阵中的 A 是硬化参数 K 的函数,硬化参数 K 可由塑性变形时的塑性功表示为

$$dK = \sigma_1 d\varepsilon_1^p + \sigma_2 d\varepsilon_2^p + \cdots\cdots = \{\sigma\}^T d\{\varepsilon\}_p$$

$$= \{\sigma\}^T d\lambda\frac{\partial F}{\partial\{\sigma\}} \quad (14-54)$$

参数

$$A = -\frac{1}{d\lambda}\frac{\partial F}{\partial K}dK = -\frac{\partial F}{\partial K}\{\sigma\}^T\left\{\frac{\partial F}{\partial\{\sigma\}}\right\} \quad (14-55)$$

由以上各式可知,只要屈服函数 $F(\{\sigma\},K)=0$ 的显式是已知的,就可从式(14-55)求出参数 A,并求出塑性增量应力应变矩

阵,从而得到增量塑性刚度矩阵

单向应力条件下,有 $\sigma = \bar{\sigma} = \sigma_s$, $d\varepsilon_p = d\bar{\varepsilon}_p$, $\bar{\sigma}$ 和 $\bar{\varepsilon}_p$ 分别为等效应力和等效应变,所以式(14-54)可写为

$$dK = \sigma_s d\bar{\varepsilon}_p = d\lambda \frac{\partial F}{\partial\{\sigma\}}\{\sigma\} \qquad (14-56)$$

在单轴应力条件下,$\bar{\sigma} = H(\bar{\varepsilon}_p)$,对其微分得

$$\frac{d\bar{\sigma}}{d\bar{\varepsilon}_p} = H'(\bar{\varepsilon}_p) = \frac{d\sigma_s}{d\bar{\varepsilon}_p} \qquad (14-57)$$

根据一阶齐次函数的欧拉理论,对屈服函数式(14-46)微分,有

$$\frac{\partial F}{\partial\{\sigma\}}\{\sigma\} = \sigma_s \qquad (14-58)$$

得出

$$d\lambda = d\bar{\varepsilon}_p$$
$$A = H' \qquad (14-59)$$

因此参数 A 可由单向应力塑性应变曲线的局部斜率求得,并可按下式及图14-8从试验确定:

$$H'(\bar{\varepsilon}_p) = \frac{d\{\sigma\}}{d\varepsilon_p} = \frac{d\sigma}{d\varepsilon - d\varepsilon_e} = \frac{1}{\dfrac{d\varepsilon}{d\sigma} - \dfrac{d\varepsilon_e}{d\sigma}} = \frac{E_T}{1 - \dfrac{E_T}{E}}$$

$$(14-60)$$

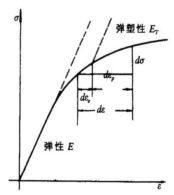

图14-8 弹塑性应力-应变关系

§14.9 六种屈服准则的系数

为了便于数值计算，Nayak 采用应力不变量形式的屈服准则，用计算机对屈服函数和流动法则编出程序，这时可写出流动矢量

$$a^T = \frac{\partial F}{\partial \{\sigma\}} = \frac{\partial F}{\partial I_1}\frac{\partial I_1}{\partial \{\sigma\}} + \frac{\partial F}{\partial \sqrt{J_2}}\frac{\partial \sqrt{J_2}}{\partial \{\sigma\}} + \frac{\partial F}{\partial \theta}\frac{\partial \theta}{\partial \{\sigma\}}$$

$$(14-61)$$

式中

$$\{\sigma\}^T = \{\sigma_x, \sigma_y, \sigma_z, \tau_{xy}, \tau_{yz}, \tau_{zx}\}$$

$$\frac{\partial \theta}{\partial (\sigma)} = \frac{\sqrt{3}}{2\sin 3\theta}\left[\frac{1}{\sqrt{J_2^3}}\frac{\partial J_3}{\partial \{\sigma\}} - \frac{3J_3}{J_2^2}\frac{\partial \sqrt{J_2}}{\partial \{\sigma\}}\right] \quad (14-62)$$

代入式(14-61)，并利用式(14-18)，流动矢量式(14-61)可写为

$$\{a\} = C_1\{a_1\} + C_2\{a_2\} + C_3\{a_3\} \quad (14-63)$$

式中

$$\{a_1\}^T = \frac{\partial I_1}{\partial \{\sigma\}} = \{1,1,1,0,0,0\} \quad (14-64)$$

$$\{a_2\}^T = \frac{\partial \sqrt{J_2}}{\partial \{\sigma\}} = \frac{1}{2\sqrt{J_2}}\{S_x, S_y, S_z, 2\tau_{xy}, 2\tau_{yz}, 2\tau_{zx}\} \quad (14-65)$$

$$\{a_3\}^T = \frac{\partial J_3}{\partial \{\sigma\}} = \{a_3'\}^T + \frac{1}{3}J_2\{1,1,1,0,0,0\} \quad (14-66)$$

$$\{a_3'\}^T = \{(S_yS_z - \tau_{yz}^2), (S_xS_z - \tau_{zx}^2), (S_xS_y - \tau_{xy}^2),$$
$$2(\tau_{yz}\tau_{zx} - S_z\tau_{xy}), 2(\tau_{zx}\tau_{xy} - S_x\tau_{yz}), 2(\tau_{xy}\tau_{yz} - S_y\tau_{zx})\}$$

$$(14-67)$$

$$J_3 = \sigma_x\sigma_y\sigma_z + 2\tau_{xy}\tau_{yz}\tau_{zx} - \sigma_x\tau_{yz}^2 - \sigma_y\tau_{zx}^2 - \sigma_z\tau_{xy}^2 \quad (14-68)$$

和

$$C_1 = \frac{\partial F}{\partial I_1} \quad (14-69)$$

表 14-1 6 种屈服准则计算得出的常数 C_1, C_2 及 C_3

屈服准则		C_1	C_2	C_3
Tresca		0	$2\left[\sin\left(\theta+\frac{\pi}{3}\right)+\cos\left(\theta+\frac{\pi}{3}\right)\operatorname{ctg}3\theta\right]$	$-\dfrac{\sqrt{3}\cos\left(\theta+\frac{\pi}{3}\right)}{J_2\sin3\theta}$
Mises		0	$\sqrt{3}$	0
双剪应力	f $\theta\leqslant\theta_b$	0	$\sqrt{3}\sin\theta(\operatorname{ctg}\theta-\operatorname{ctg}3\theta)$	$\dfrac{3\sin\theta}{2J_2\sin3\theta}$
双剪应力	f $\theta\geqslant\theta_b$	0	$\sqrt{3}\left[\cos\left(\theta-\frac{\pi}{3}\right)-\sin\left(\theta-\frac{\pi}{3}\right)\operatorname{ctg}3\theta\right]$	$\dfrac{3\sin\left(\theta-\frac{\pi}{3}\right)}{2J_2\sin3\theta}$
Mohr-Coulomb		$\dfrac{\sin\varphi}{3}$	$\left(\dfrac{\sin\varphi}{\sqrt{3}}+\operatorname{ctg}3\theta\right)\cos\left(\theta+\frac{\pi}{3}\right)+\left(1-\dfrac{1}{\sqrt{3}}\operatorname{ctg}3\theta\sin\varphi\right)\sin\left(\theta+\frac{\pi}{3}\right)$	$\dfrac{\sin\left(\theta+\frac{\pi}{3}\right)\sin\varphi-\sqrt{3}\cos\left(\theta+\frac{\pi}{3}\right)}{2J_2\sin3\theta}$
Drucker-Prager		a 式 (14-33) (14-33')	1	0
广义双剪	F $\theta\leqslant\theta_b$	$\dfrac{2\sin\varphi}{3}$	$\dfrac{1}{\sqrt{3}}(3+\sin\varphi)\sin\theta(\operatorname{ctg}\theta-\operatorname{ctg}3\theta)$	$\dfrac{(3+\sin\varphi)\sin\theta}{2J_2\sin3\theta}$
广义双剪	F' $\theta\geqslant\theta_b$	$\dfrac{2\sin\varphi}{3}$	$\dfrac{1}{\sqrt{3}}(3-\sin\varphi)\sin\left(\theta-\frac{\pi}{3}\right)\times\left[\operatorname{ctg}\left(\theta-\frac{\pi}{3}\right)-\operatorname{ctg}3\theta\right]$	$\dfrac{(3-\sin\varphi)\sin\left(\theta-\frac{\pi}{3}\right)}{2J_2\sin3\theta}$

$$C_2 = \left(\frac{\partial F}{2\sqrt{J_2}} + \frac{\text{ctg}3\theta}{\sqrt{J_2}} \frac{\partial F}{\partial \theta} \right) \qquad (14-70)$$

$$C_3 = - \frac{\sqrt{3}}{2\sin3\theta \sqrt{J_2^3}} \frac{\partial F}{\partial \theta} \qquad (14-71)$$

根据式(14-61)至式(14-71),不难求出 6 种屈服函数的 C_1, C_2, C_3 三个常数,并求出相应屈服准则的应力-应变关系的增量矩阵 $[D]_{ep}$.

由 6 种屈服函数所得出的流动矢量计算式(14-63)中的三个常数 C_1, C_2 和 C_3 见表 14-1.

§14.10　分段线性屈服准则的角点

分段线性屈服函数角点的奇异性问题,曾经长期困扰着各国学者对分段线性屈服函数的认识和应用. 从 50 年代至 80 年代,人们提出了各种光滑化的角隅模型来代替分段线性屈服函数,直至 90 年代初,这种模型已达数十种之多. 这些光滑化角隅模型可以分为二大类:一类是最简单的圆,但由于不能与不同矢长的六个实验点同时匹配而与实验不符,已在近年被很多学者所指出;另一类就是其他各种光滑化模型,也存在数学表达式较繁,缺乏物理概念,在实际中不便应用等缺点. 人们反过来又发现,分段线性屈服函数的角点奇异性问题可以采用十分简单而巧妙的方法予以解决,特别是在塑性有限元中可以方便地在程序中实施. 但在解决角点奇异性问题时又有各种不同具体方法.

在弹塑性计算过程中,采用相关联流动法则,塑性应变增量向量(或称塑性应变流动矢量)与屈服函数的关系如式(14-45),即

$$d\varepsilon_{ij}^p = d\lambda \frac{\partial F}{\partial \sigma_{ij}} \qquad (14-72)$$

式中 $F = F(\sigma_{ij}, k)$ 为屈服函数,当 F 连续并对 σ_{ij} 可导时,$d\varepsilon_{ij}^p$ 的大小和方向可以唯一确定. 对于图 14-9 所示的分段线性屈服函数,

屈服函数在角点不可导,角点的塑性应变增量向量的大小和方向不能唯一确定,即在角点塑性流动存在奇异性. Koiter[11],Nayak[12],Zienkiewicz,Owen[13]等人曾分别对这种奇异性进行过描述,提出了几种处理方法:

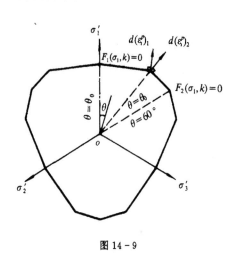

图 14-9

(1)求矢量和方法,其数学表达式为

$$d\varepsilon^p_{ij} = d\lambda_1 \frac{\partial F_1}{\partial \sigma_{ij}} + d\lambda_2 \frac{\partial F_2}{\partial \sigma_{ij}} \qquad (14-73)$$

(2)局部光滑化方法(Nayak,1972). Nayak 等在处理 Tresca 准则、Mohr-Coloumb 准则的奇异性时,将屈服函数表示为 $F = F(I_1, J_2, \theta, k)$,其中 I_1 为第一应力不变量,J_2 为第二偏应力不变量,θ 为 π 平面上方向角. 角点($\theta = \theta_0$)塑性应变增量可表示为

$$d\varepsilon^p_{ij} = d\lambda \left(\frac{\partial F_{\theta=\theta_0}}{\partial I_1} \frac{\partial I_1}{\partial \sigma_{ij}} + \frac{\partial F_{\theta=\theta_0}}{\partial \sqrt{J_2}} \frac{\partial \sqrt{J_2}}{\partial \sigma_{ij}} + \frac{\partial F_{\theta=\theta_0}}{\partial \theta} \frac{\partial \theta}{\partial \sigma_{ij}} \right)$$

$$(14-74)$$

上式中第三项为零.

(3)线性组合方法,即

$$d\varepsilon^p_{ij} = \mu d(\varepsilon^p_{ij})_1 + (1 - \mu) d(\varepsilon^p_{ij})_2$$

$$= \mu d\lambda_1 \frac{\partial f_1}{\partial \sigma_{ij}} + (1-\mu) d\lambda_2 \frac{\partial f_2}{\partial \sigma_{ij}} \qquad (14-75)$$

式中 $0 \leqslant \mu \leqslant 1$, $d\varepsilon_{ij}^p$ 的方向在 $d(\varepsilon_{ij}^p)_1$ 与 $d(\varepsilon_{ij}^p)_2$ 所夹的范围内.

这三种方法在某些情况下可以消除屈服面上的奇异性,但都存在不足甚至错误. 对于方法(1),当分段线性函数取特殊情况 $F_1 = F_2$ 时,式(14-73)所得的塑性应变增量的大小是实际应变增量的两倍,因此是不合理的. 为此,俞茂宏等采用矢量和平均值的办法进行处理[15,27]. 方法(2)虽然在数学上消除了 $\frac{\partial \theta}{\partial \sigma_{ij}}$ 的奇异性,但增加了假设 $\left.\frac{\partial F}{\partial \theta}\right|_{\theta=\theta_0} = 0$,而且这种方法的适用范围有限. 方法(3)引入了一个不确定的参数 μ,且从以后的分析可知,这种方法在某些情况下不能消除奇异性. 由于角点奇异性问题没有得到很好解决,Agyris,Zienkiewicz 等,从 70 年代到 80 年代提出了很多光滑化的角隅模型来取代分段线性屈服函数[12,16],但是这些角隅模型的数学表达式较繁杂,并且缺少物理意义,不便于工程应用. 近年来,由于双剪应力系列屈服函数的提出和逐步推广应用,分段线性屈服函数又为人们所重视,并进一步提出角点奇异性的处理问题. 因此有必要对塑性流动奇异性处理方法进行更深入探讨,得出适合于分段线性屈服函数奇异性处理的简便方法.

§14.11 塑性应变增量的奇异性

统一强度理论的不变量表达式已在本书第七章阐述,它的方程为

$$F = \left(1 + \frac{\alpha}{2}\right) \frac{2}{\sqrt{3}} J_2^{1/2} \cos\theta$$

$$+ \frac{\alpha(1-b)}{1+b} J_2^{1/2} \sin\theta + \frac{I_1}{3}(1-\alpha) = \sigma_t \quad (14-76)$$

$$F' = \left(\frac{2-b}{1+b} + \alpha\right) \frac{1}{\sqrt{3}} J_2^{1/2} \cos\theta$$

$$+ \left(\alpha + \frac{b}{1+b} \right) J_2^{1/2} \sin\theta + \frac{I_1}{3} (1 - \alpha) = \sigma_t \quad (14-77)$$

上式在 π 平面上的投影曲线见图 14-10. 由 $F = F'$,可得 $\theta_0 =$ arctg $\frac{\sqrt{3}}{2\alpha+1}$. 根据对称性,可只考虑 A, B, C 三点的奇异性,对 Tresca 准则,Mohr-Coloumb 准则,存在 A, B 两点的奇异性.

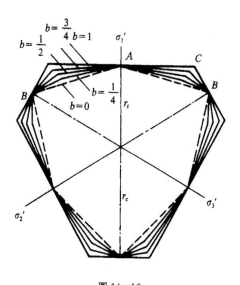

图 14-10

式 (14-72) 用向量形式表示为

$$d\{\varepsilon_p\} = d\lambda \frac{\partial F}{\partial \{\sigma\}} = d\lambda \{a\} \quad (14-78)$$

流动向量 $\{a\}$ 可以用式(14-61)和(14-63)来表达. 在式(14-63) 中,$\{a_1\} = \frac{\partial I_1}{\partial \{\sigma\}}$,$\{a_2\} = \frac{\partial J^{1/2}}{\partial \{\sigma\}}$,$\{a_3\} = \frac{\partial J_3}{\partial \{\sigma\}}$ 只与应力状态有关, 而与所采用的屈服函数无关,且

$$C_1 = \frac{\partial F}{\partial I_1} \qquad C_2 = \frac{\partial F}{\partial J_2^{1/2}} + \frac{\text{ctg}3\theta}{J_2^{1/2}} \frac{\partial F}{\partial \theta},$$

$$C_3 = -\frac{\sqrt{3}}{2\sin3\theta} \cdot \frac{1}{J_2^{3/2}} \frac{\partial F}{\partial\theta}$$

采用分段线性屈服函数式(14-76)和(14-77),当 $F \geqslant F'$,即 $0 \leqslant \theta \leqslant \theta_0$ 时,有

$$C_1 = \frac{1}{3}(1-\alpha)$$

$$C_2 = \left(1+\frac{\alpha}{2}\right)\frac{2}{\sqrt{3}}\cos\theta + \frac{\alpha(1-b)}{1+b}\sin\theta$$

$$\quad + \mathrm{ctg}3\theta\left[-\left(1+\frac{\alpha}{2}\right)\frac{2}{\sqrt{3}}\sin\theta + \frac{\alpha(1-b)}{1+b}\cos\theta\right]$$

$$C_3 = -\frac{\sqrt{3}}{2J_2\sin3\theta}\left[-\left(1+\frac{\alpha}{2}\right)\frac{2}{\sqrt{3}}\sin\theta + \frac{\alpha(1-b)}{1+b}\cos\theta\right]$$

$$(14-79)$$

当 $F < F'$,$\theta_0 < \theta \leqslant \dfrac{\pi}{3}$ 时,有

$$C_1' = \frac{1}{3}(1-\alpha)$$

$$C_2' = \left(\frac{2-b}{1+b}+\alpha\right)\frac{1}{\sqrt{3}}\cos\theta + \left(\alpha+\frac{b}{1+b}\right)\sin\theta$$

$$\quad + \mathrm{ctg}3\theta\left[-\left(\frac{2-b}{1+b}+\alpha\right)\frac{1}{\sqrt{3}}\sin\theta + \left(\alpha+\frac{b}{1+b}\cos\theta\right)\right]$$

$$C_3' = -\frac{\sqrt{3}}{2\sin3\theta J_2}\left[-\left(\frac{2-b}{1+b}+\alpha\right)\frac{1}{\sqrt{3}}\sin\theta + \left(\alpha+\frac{b}{1+b}\right)\cos\theta\right]$$

$$(14-80)$$

在 AC,BC 两条边上,C_1,C_2,C_3 或 C_1',C_2',C_3' 可以唯一确定,这时塑性应变增量向量是确定的. 以下将分别讨论 A,B,C 三点塑性流动的奇异性.

A 点,$\sigma_1 \geqslant \sigma_2 = \sigma_3$,$\theta = 0$

当 $b \neq 1$ 时,

$$\sin\theta = 0 \qquad \cos\theta = 1 \qquad \mathrm{ctg}3\theta \to \infty$$

因此 $C_2 \to \infty$,$C_3 \to \infty$,塑性流动存在奇异性.

当 $b = 1$ 时,

$$C_1 = \frac{1}{3}(1 - \alpha)$$

$$\lim_{\theta \to 0} C_2 = \frac{2}{3\sqrt{3}}(2 + \alpha)$$

$$\lim_{\theta \to 0} C_3 = \frac{1}{6J_2}(2 + \alpha)$$

可取

$$C_2 \big|_{\theta = 0} = \frac{2}{3\sqrt{3}}(2 + \alpha)$$

$$C_3 \big|_{\theta = 0} = \frac{1}{6J_2}(2 + \alpha)$$

这样 $b = 1$ 时在 A 点没有奇异性.

B 点, $\sigma_1 = \sigma_2 \geqslant \sigma_3, \theta = \dfrac{\pi}{3}$

当 $b \neq 1$ 时,

$$\sin\left(\theta - \frac{\pi}{3}\right) = 0$$

$$\cos\left(\theta - \frac{\pi}{3}\right) = 1$$

$$\mathrm{ctg}\, 3\theta \to \infty$$

因此 $C_2' \to \infty, C_3' \to \infty$,塑性流动存在奇异性.

当 $b = 1$ 时,

$$C_1' = \frac{1}{3}(1 - \alpha)$$

$$\lim_{\theta \to \frac{\pi}{3}} C_2' = \frac{2}{3\sqrt{3}}(2\alpha + 1)$$

$$\lim_{\theta \to \frac{\pi}{3}} C_3' = -\frac{1}{6J_2}(2\alpha + 1)$$

可取

$$C_2' \big|_{\theta = \frac{\pi}{3}} = \frac{2}{3\sqrt{3}}(2\alpha + 1)$$

$$C_3' \big|_{\theta=\frac{\pi}{3}} = -\frac{1}{6J_2}(2\alpha + 1)$$

这样 $b=1$ 时在 B 点没有奇异性.

C 点,$F = F'$,$\theta = \theta_0 = \text{arctg}\dfrac{\sqrt{3}}{2\alpha + 1}$

当 $b \neq 0$ 时,
$$C_1 = C_1', C_2 \neq C_2', C_3 \neq C_3'$$

塑性流动存在奇异性.

当 $b=0$ 时,$F = F'$,此时为 Mohr-Coloumb 准则,
$$C_1 = C_1'$$
$$C_2 = C_2'$$
$$C_3 = C_3'$$

塑性流动没有奇异性.

因此,对 A, B, C 三个奇异点,当 $b=1$ 时,在 A, B 两点没有奇异性;当 $b=0$ 时,C 点没有奇异性.

§14.12 奇异性处理[27]

首先我们采用过去经常使用的三种方法来进行 A, B, C 点的奇异性处理.

A 点. 采用方法(1)则
$$C_1^{\mathrm{I}} = \frac{2}{3}(1-\alpha)$$
$$C_2^{\mathrm{I}} = \lim_{\theta\to 0^+} C_2 + \lim_{\theta\to 0^-} C_2 = \frac{4}{3\sqrt{3}}(2+\alpha)$$
$$C_3^{\mathrm{I}} = \lim_{\theta\to 0^+} C_3 + \lim_{\theta\to 0^-} C_3 = \frac{1}{3J_2}(2+\alpha)$$

由于 $b=1$ 时 A 点没有奇异性,$b\to 1$ 时 $C_1^{\mathrm{I}}, C_2^{\mathrm{I}}, C_3^{\mathrm{I}}$ 应分别与 $C_1\big|_{\substack{b=0\\\theta=0}}$, $C_2\big|_{\substack{b=1\\\theta=0}}$, $C_3\big|_{\substack{b=1\\\theta=0}}$ 相等,而 $C_1^{\mathrm{I}} = 2C_1\big|_{\substack{b=1\\\theta=0}}$, $C_2^{\mathrm{I}} = 2C_2\big|_{\substack{b=1\\\theta=0}}$, $C_3^{\mathrm{I}} = 2C_3\big|_{\substack{b=1\\\theta=0}}$,因此方法(1)是不合理的.

采用方法(2),则

$$C_1^I = \frac{1}{3}(1 - \alpha)$$

$$C_2^I = \frac{1}{\sqrt{3}}(2 + \alpha)$$

$$C_3^I = 0$$

$C_1^I = C_1|_{\substack{b=1 \\ \theta=0}}$,但 $C_2^I \neq C_2|_{\substack{b=1 \\ \theta=0}}$,$C_3^I \neq C_3|_{\substack{b=1 \\ \theta=0}}$,因此方法(2)也是不合理的.

采用方法(3),则

$$C_1^I = \frac{1}{3}(1 - \alpha)$$

$$C_2^I = \mu \lim_{\theta \to 0^+} C_2 + (1 - \mu) \lim_{\theta \to 0^-} C_2$$

$$C_3^I = \mu \lim_{\theta \to 0^+} C_3 + (1 - \mu) \lim_{\theta \to 0^-} C_3$$

当 $\mu = \frac{1}{2}$ 时,$C_1^I = C_1|_{\substack{b=1 \\ \theta=0}}$,$C_2^I = C_2|_{\substack{b=1 \\ \theta=0}}$,$C_3^I = C_3|_{\substack{b=1 \\ \theta=0}}$,可以消除 A 点的奇异性,当 $\mu \neq \frac{1}{2}$ 时,$C_2^I \to \infty$,$C_3^I \to \infty$,不能消除 A 点的奇异性,因此方法(3)并 不是在所有情况下都适用.

B 点. 适当推导后可得

$$C'^I_1 = \frac{2}{3}(1 - \alpha)$$

$$C'^I_2 = \frac{4}{3\sqrt{3}}(2\alpha + 1)$$

$$C'^I_3 = -\frac{1}{3J_2}((2\alpha + 1)$$

$$C'^I_1 = \frac{1}{3}(1 - \alpha)$$

$$C'^I_2 = \frac{1}{\sqrt{3}}(2\alpha + 1)$$

$$C'^I_3 = 0$$

$$C'^{\,\mathbf{I}}_1 = \frac{1}{3}(1-\alpha)$$

$$C'^{\,\mathbf{I}}_2 = \mu \lim_{\theta \to \frac{\pi}{3}^+} C_2' + (1-\mu) \lim_{\theta \to \frac{\pi}{3}^-} C_2'$$

$$C'^{\,\mathbf{I}}_3 = \mu \lim_{\theta \to \frac{\pi}{3}^+} C_3' + (1-\mu) \lim_{\theta \to \frac{\pi}{3}^-} C_3'$$

在 B 点可得出与 A 点类似的结论.

C 点. 采用方法(1),则

$$C^{\mathbf{I}}_1 = \frac{2}{3}(1-\alpha)$$

$$C^{\mathbf{I}}_2 = C_2\big|_{\theta=\theta_0} + C_2'\big|_{\theta=\theta_0}$$

$$C^{\mathbf{I}}_3 = C_3\big|_{\theta=\theta_0} + C_3'\big|_{\theta=\theta_0}$$

可见 $\lim\limits_{b \to 0} C^{\mathbf{I}}_1 = 2C_1\big|_{b=0}$, $\lim\limits_{b \to 0} C^{\mathbf{I}}_2 = 2C_2\big|_{b=0}$, $\lim\limits_{b \to 0} C^{\mathbf{I}}_3 = 2C_3\big|_{b=0}$, 而 $b=0$ 时 C 点没有奇性, 因此方法(1)是不合理的.

采用方法(2),则

$$C^{\mathbf{I}}_1 = C'^{\,\mathbf{I}}_1 = \frac{1}{3}(1-\alpha)$$

$$C^{\mathbf{I}}_2 = \left(1+\frac{\alpha}{2}\right)\frac{2}{\sqrt{3}}\cos\theta_0 + \left(\frac{\alpha(1-b)}{1+b}\right)\sin\theta_0$$

$$C'^{\,\mathbf{I}}_2 = \left(\frac{2-b}{1+b}+\alpha\right)\frac{1}{\sqrt{3}}\cos\theta_0 + \left(a+\frac{b}{1+b}\right)\sin\theta_0$$

$$C^{\mathbf{I}}_3 = C'^{\,\mathbf{I}}_3 = 0$$

由于 $C^{\mathbf{I}}_2 \neq C'^{\,\mathbf{I}}_2$ ($b\neq0$),因此方法(2)不能消除 C 点的奇异性.

采用方法(3),则

$$C^{\mathbf{I}}_1 = \frac{1}{3}(1-\alpha)$$

$$C^{\mathbf{I}}_2 = \mu C_2\big|_{\theta=\theta_0} + (1-\mu)C_2'\big|_{\theta=\theta_0}$$

$$C^{\mathbf{I}}_3 = \mu C_3\big|_{\theta=\theta_0} + (1-\mu)C_3'\big|_{\theta=\theta_0}$$

这 种 方法可以消除 C 点的奇异性,且 $\lim\limits_{b \to 0} C^{\mathbf{I}}_2 = C_2\big|_{b=0}$, $\lim\limits_{b \to 0} C^{\mathbf{I}}_3 = C_3\big|_{b=0}$.

§14.13 建议的方法

通过上述讨论,方法(1)、方法(2)是不合理的,方法(3)在某些情况下不能消除奇异性. 为此,马国伟、俞茂宏建议两种消除奇异性的简便方法.

方法(4):取流动矢量平均和,即取方法(3)中 $\mu = \dfrac{1}{2}$.

对 A 点,有

$$C_1^{(A)} = \frac{1}{3}(1 - \alpha)$$

$$C_2^{(A)} = \frac{2}{3\sqrt{3}}(2 + \alpha)$$

$$C_3^{(A)} = \frac{1}{6J_2}(2 + \alpha)$$

对 B_1 点,有

$$C'^{(A)}_1 = \frac{1}{3}(1 - \alpha)$$

$$C'^{(A)}_2 = \frac{2}{3\sqrt{3}}(2\alpha + 1)$$

$$C'^{(A)}_3 = -\frac{1}{6J_2}(2\alpha + 1)$$

它们分别等于 $b=1$ 时对应的参数,因此是合理的.

对 C 点,有

$$C_1^{(A)} = \frac{1}{2}\left(C_1\big|_{\theta=\theta_0} + C_1'\big|_{\theta=\theta_0}\right) = \frac{1}{3}(1 - \alpha)$$

$$C_2^{(A)} = \frac{1}{2}\left(C_2\big|_{\theta=\theta_0} + C_2'\big|_{\theta=\theta_0}\right)$$

$$C_3^{(A)} = \frac{1}{2}\left(C_3\big|_{\theta=\theta_0} + C_3'\big|_{\theta=\theta_0}\right)$$

且 $\lim\limits_{b\to 0} C_1^{(A)} = C_1\big|_{b=0}, \lim\limits_{b\to 0} C_2^{(A)} = C_2\big|_{b=0}, \lim\limits_{b\to 0} C_3^{(A)} = C_3\big|_{b=0}$,因此也是合理的.

方法(5)：A,B 两点取 $b=1$ 时常数，C 点取 $b=0$ 时常数.

对 A 点，有

$$C_1^{(B)} = \frac{1}{3}(1 - \alpha)$$

$$C_2^{(B)} = \frac{2}{3\sqrt{3}}(2 + \alpha)$$

$$C_3^{(B)} = \frac{1}{6J_2}(2 + \alpha)$$

对 B 点，有

$$C'_1{}^{(B)} = \frac{1}{3}(1 - \alpha)$$

$$C'_2{}^{(B)} = \frac{2}{3\sqrt{3}}(2\alpha + 1)$$

$$C'_3{}^{(B)} = -\frac{1}{6J_2}(2\alpha + 1)$$

对 C 点，有

$$C_1^{(B)} = \frac{1}{3}(1 - \alpha)$$

$$C_2^{(B)} = \left(1 + \frac{\alpha}{2}\right)\frac{2}{\sqrt{3}}\cos\theta_0 + \alpha\sin\theta_0$$

$$C_3^{(B)} = -\frac{\sqrt{3}}{2J_2\sin3\theta_0}\left[-\left(1 + \frac{\alpha}{2}\right)\frac{2}{\sqrt{3}}\sin\theta_0 + \alpha\cos\theta_0\right]$$

这两种处理方法用图 $14-11(a),(b)$ 来表示，前一种取分段线性屈服函数流动矢量的平均矢量，后一种则将屈服函数的角点给"切掉"了.

表 $14-2$ 给出采用不同方法时 A,B 两点的参数 C_1,C_2,C_3 的值，从表 $14-2$ 中可看出，方法(4)和方法(5)在 A,B 两点的参数 C_1,C_2,C_3 完全相同. 这两种方法比方法(1)，方法(2)合理，比方法(3)更适用，在数学处理上非常简单，且物理概念明确.

表 $14-3$ 列出了 α,b 取不同值时采用方法(4)和方法(5)的参数，由表 $14-3$ 可见，方法(5)与 b 取值无关，方法(4)在 b 接近 0

表 14-2

奇异点 / 参数 / 方法	A点			B点		
	C_1	C_2	C_3	C_1	C_2	C_3
(1)	$\dfrac{2}{3}(1-\alpha)$	$\dfrac{4}{3\sqrt{3}}(2+\alpha)$	$\dfrac{1}{3J_2}(2+\alpha)$	$\dfrac{2}{3}(1-\alpha)$	$\dfrac{4}{3\sqrt{3}}(2\alpha+1)$	$-\dfrac{1}{3J_2}(2\alpha+1)$
(2)	$\dfrac{1}{3}(1-\alpha)$	$\dfrac{1}{\sqrt{3}}(2+\alpha)$	0	$\dfrac{1}{3}(1-\alpha)$	$\dfrac{1}{\sqrt{3}}(2\alpha+1)$	0
(3)	$\dfrac{1}{3}(1-\alpha)$	$\mu \neq \dfrac{1}{2}, \infty$ $\mu = \dfrac{1}{2}$ $\dfrac{2}{3\sqrt{3}}(2+\alpha)$	$\mu \neq \dfrac{1}{2}, \infty$ $\mu = \dfrac{1}{2}$ $\dfrac{1}{6J_2}(2+\alpha)$	$\dfrac{1}{3}(1-\alpha)$	$\mu \neq \dfrac{1}{2}, \infty$ $\mu = \dfrac{1}{2}$ $\dfrac{2}{3\sqrt{3}}(2\alpha+1)$	$\mu \neq \dfrac{1}{2}, \infty$ $\mu = \dfrac{1}{2}$ $-\dfrac{1}{6J_2}(2\alpha+1)$
(4)	$\dfrac{1}{3}(1-\alpha)$	$\dfrac{2}{3\sqrt{3}}(2+\alpha)$	$\dfrac{1}{6J_2}(2+\alpha)$	$\dfrac{1}{3}(1-\alpha)$	$\dfrac{2}{3\sqrt{3}}(2\alpha+1)$	$-\dfrac{1}{6J_2}(2\alpha+1)$
(5)	$\dfrac{1}{3}(1-\alpha)$	$\dfrac{2}{3\sqrt{3}}(2+\alpha)$	$\dfrac{1}{6J_2}(2+\alpha)$	$\dfrac{1}{3}(1-\alpha)$	$\dfrac{2}{3\sqrt{3}}(2\alpha+1)$	$-\dfrac{1}{6J_2}(2\alpha+1)$

表 14-3

方法 / b / 参数 α值	方法(5) 0≤b≤1		方法(4) b=0		b=0.25		b=0.5		b=0.75		b=1	
	C_2	$C_3 \cdot J_2$	C_2	$C_3 \cdot J_2$	C_2	$C_3 \cdot J_2$	C_2	$C_3 \cdot J_2$	C_2	$C_3 \cdot J_2$	C_2	$C_3 \cdot J_2$
$\alpha=1$	2.0	0.0	2.0	0.0	1.8	0.0	1.67	0.0	1.57	0.0	1.5	0.0
$\alpha=0.75$	1.81	0.26	1.81	0.26	1.62	0.21	1.50	0.17	1.41	0.15	1.34	0.13
$\alpha=0.5$	1.78	0.58	1.78	0.58	1.58	0.47	1.44	0.39	1.35	0.33	1.27	0.29
$\alpha=0.25$	2.32	1.31	2.32	1.31	1.98	1.05	1.76	0.88	1.61	0.75	1.49	0.66

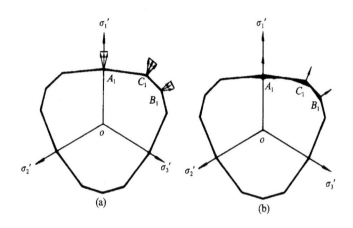

图 14-11

时接近方法(5).

§14.14　角点奇异性的统一处理结果

由以上所述可知:

(1)线性屈服函数表达式较简单,使用较方便,因此实际应用广泛,但是由于分段线性屈服函数塑性流动的奇异性经常给弹塑性计算带来困难,所以消除奇异性是一个重要的问题.

(2)过去用来消除奇异性的方法有的不合理,有的适用范围不普遍,存在明显的错误或不足.

(3)上面所建议的两种方法物理概念明确,数学处理很简单,适合于现有的分段线性屈服函数塑性流动奇异性处理.

(4)将统一强度理论作为屈服势函数,采用流动矢量奇异性的统一处理方法,可以十分简便而有效地处理各种角点的奇异性,提高计算效率,并形成统一的弹塑性计算方法,可以灵活地适用于岩石、混凝土和各种金属材料以及各种结构的弹塑性分析.

根据上面建议的方法,对各种单一屈服准则和统一强度理论的角点进行统一处理,得出的结果如下.

14.14.1 几种单一准则的处理结果

(1)Tresca 屈服准则

在 $\theta = 0°$ 或 $60°$ 时得

$$f = \sqrt{3}\sqrt{J_2} - \sigma_s = 0$$

按式(14-69)—(14-71)求导得

$$C_1 = 0 \qquad C_2 = \sqrt{3} \qquad C_3 = 0$$

与表 14-1 相比,可见在 Tresca 的角点上,这一结果与 Mises 准则相同.

(2)Mohr-Coulomb 屈服准则

$$\theta = 0° \qquad F = \frac{1}{3}I_1\sin\varphi + \frac{1}{2}\sqrt{\frac{J_2}{3}}(3 + \sin\varphi) - C_0\cos\varphi = 0$$

$$\theta = 60° \qquad F = \frac{1}{3}I_1\sin\varphi + \frac{1}{2}\sqrt{\frac{J_2}{3}}(3 - \sin\varphi) - C_0\cos\varphi = 0$$

同理按式(14-69)—(14-71)求导得

$$\theta = 0° \qquad C_1 = \frac{1}{3}\sin\varphi$$

$$C_2 = \frac{1}{2\sqrt{3}}(3 + \sin\varphi) \qquad C_3 = 0$$

$$\theta = 60° \qquad C_1 = \frac{1}{3}\sin\varphi$$

$$C_2 = \frac{1}{2\sqrt{3}}(3 - \sin\varphi) \qquad C_3 = 0$$

(3)双剪应力屈服准则

在角点处

$$\theta_b = \text{arctg}\,\frac{\sqrt{3}}{3} = \frac{\pi}{6}$$

$$f = f' = \frac{3}{2}\sqrt{J_2} - \sigma_3 = 0$$

由此可得

$$C_1 = 0 \qquad C_2 = 3/2 \qquad C_3 = 0$$

(4)广义双剪应力屈服准则

这时角点不在 $\theta = \pi/6$ 处,由 $F = F'$ 条件可求得角点处的角度
(见图 14－9)

$$\theta_b = \mathrm{arctg}\left(\frac{\sqrt{3}\,(1 + \sin\varphi)}{3 - \sin\varphi}\right)$$

角点处

$$F = F' = \frac{2}{3}I_1\sin\varphi + \sqrt{\frac{J_2}{3}}\,(3 + \sin\varphi)\cos\theta_b - 2C_0\cos\varphi$$

故按式(14－69)—(14－71)求得

$$C_1 = \frac{2}{3}\sin\varphi$$

$$C_2 = \frac{1}{\sqrt{3}}\,(3 + \sin\varphi)\cos\theta_b$$

$$C_3 = 0$$

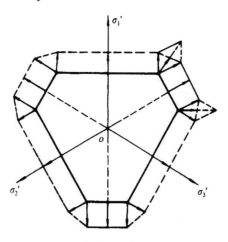

图 14－12 双剪强度理论各处的流动矢量

对广义双剪应力屈服准则处理后,它的各处的塑性流动矢量的方向和相对大小如图 14-12 所示.

由以上处理方法,可以得出各个准则的流动矢量的确定值.但各个准则需要各个处理,在概念上和处理方法上都不相同.下面我们将在统一强度理论的基础,用统一处理的方法,得出统一弹塑性方程和统一的结果.本章各个具体准则,除 Drucker-Prager 准则因与基本的实验结果不符而不作讨论外,其他均是统一强度理论和统一弹塑性关系的特例或线性逼近.统一强度理论和统一弹塑性本构关系,可以十分灵活地适用于金属、岩石、土、混凝土等各类材料.

14.14.2 统一强度理论的流动矢量

经过一定处理后的统一强度理论流动矢量的有关常数 C_i $(i=1,2,3)$ 见表 14-4.

表 14-4

θ	b	C_1	C_2	C_3
$\theta=0°$	$b=1$	$\frac{1}{3}(1-\alpha)$	$\frac{2}{3\sqrt{3}}(2+\alpha)$	$\frac{1}{6J_2}(2+\alpha)$
	$0\leqslant b<1$	$\frac{1}{3}(1-\alpha)$	$\frac{1}{\sqrt{3}}(2+\alpha)$	0
$\theta=60°$	$b=1$	$\frac{1}{3}(1-\alpha)$	$\frac{2}{3\sqrt{3}}(2\alpha+1)$	$-\frac{1}{6J_2}(2\alpha+1)$
	$0\leqslant b<1$	$\frac{1}{3}(1-\alpha)$	$\frac{1}{\sqrt{3}}(1+2\alpha)$	0
$\theta=\theta_b$	$0<b\leqslant 1$	$\frac{1}{3}(1-\alpha)$	$\frac{(2+\alpha)}{\sqrt{3}}\cos\theta - \frac{(2+\alpha)\cos 3\theta}{\sqrt{3}(3\cos^2\theta-\sin^2\theta)}$	$\frac{2+\alpha}{2J_2(3\cos^2\theta-\sin^2\theta)}$

统一强度理论各处的塑性流动矢量的方向和相对大小如图 14-13 中的各实线所示. 可以看到,俞茂宏等提出的对统一强度

理论的角点奇异性处理的方法，可以得出一个合理的均匀连续变化的流动矢量. 分段线性屈服面的角点奇异性可以合理而简单地解决.

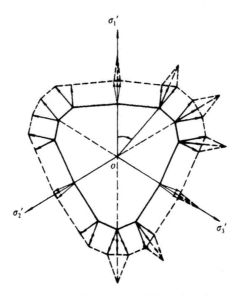

图 14-13 统一强度理论各处的流动矢量

参 考 文 献

[1] Yu Mao-hong, He Lin-man, Song Lin-yu, Twin shear stress strength theory and its generalization, *Scientia Sinica* (*Sciences in China*), series A, 1985, **28** (11), 1174—1183.

[2] Yu Mao-hong, Twin shear stress yield criterion *Int. J. of Mechanical Science*, 1985, **25** (1), 71—74.

[3] Yu Mao-hong, General behaviour of isotropic yield function, (Res. -report of Xian Jiaotong Univesily, 1961), 双剪应力强度理论研究（论文集），西安交通大学出版社，1988，155—173.

[4] 俞茂宏等，双剪应力准则的一个推广，西安交通大学学报，1983，**17**(3)，p. 65—69.

[5] 俞茂宏，何丽南，宋凌宇，双剪应力强度理论及其推广，中国科学（A），1985，**28**（12），1113—1120.

[6] 俞茂宏，复杂应力状态下材料屈服和破坏的一个新模型及其系列理论，力学学报，1989，**21**（特），42—49.

[7] Yu Mao-hong, He Li-nan, A new model and theory on yield and failure of materials under the complex stress state, Mechanical Behaviour of Materials-6, edited by M. Jono, T. Inoue, Vol. 3, 841—846, Pergamon Press, Oxford, 1991.

[8] 俞茂宏、何丽南，材料力学中强度理论内容的历史演变和最新发展，力学与实践，1991，**13**（2），59—61.

[9] 俞茂宏、何丽南、刘春阳，广义双剪应力屈服准则及其推广，科学通报，1992，**37**（2），182—185.

[10] Yu Mao-hong, He Li-nan, Liu Chun-yang, Generalized twin shear stress yield criterion and its generalization, *Chinese Science Bulletin*, 1992, **37**（24），2085—2089.

[11] Koiter, W. T., Strees-strain relations, uniqueness and variational theorems for elastic-plastic materials with singular yield surface, *Quart. Appl. Math.*, 1953, **11**, 350—354.

[12] Nayak, G. C., and Zienkiewicz, O. C., Convenient form of stress invariants for plasticity, Journ. of the Struct. Proc. of A. S. C. E., 949—953, April 1972.

[13] Owen, D. R. J. and E. Hinton, Finite Elements in Plasticity-theory and practice, Pineridge Press Limited, Swansea, 1980（曾国平、刘忠、徐家礼译），塑性力学有限元，兵器工业出版社，1989.

[14] 殷有泉、周早生，岩土介质在屈服面奇异点处的本构方程，岩石力学与工程学报，1985，**4**（1），33—38.

[15] 俞茂宏，强度理论新体系，西安交通大学学术专著，西安交通大学出版社，1992.

[16] Zienkiewicz O. C., Pande G. N., Some useful forms of isotropic yield surfaces for soil and rock mechanics, Finite Elements in Geomechanics, ed. Gudehus, John Wiley & Sons Ltd., 1977, 179—190.

[17] 俞茂宏、刘风羽，广义双剪应力准则角隅模型，力学学报，1990，**22**（2），213—216.

[18] 俞茂宏，刘风羽，双剪三参数准则及其角隅模型，土木工程学报，1988，**21**（3），90—95.

[19] 龚尧南、王寿梅，结构分析中的非线性有限元素法，北京航空学院出版社，1986.

[20] 蒋友谅，非线性有限元法，北京工业学院出版社，1988.

[21] 谢贻权、何福保，弹性和塑性力学中的有限单元法，机械工业出版社，1983.

[22] 姜晋庆、张铎，结构弹塑性有限元分析法，宇航出版社，1990.

[23] 孔钧、汪炳鉴，地下结构有限元法解析，同济大学出版社，1988.

[24] 沈聚敏、王传志、江见鲸，钢筋混凝土有限元与板壳极限分析，清华大学出版社，1993.

[25] 徐兴、郭乙木、沈永兴，非线性有限元及程序设计，浙江大学出版社，1993.

[26] 江见鲸，钢筋混凝土结构非线性有限元分析，当代土木建筑科技丛书，许溶烈主编，陕西科学技术出版社，1994.

[27] 俞茂宏、曾文兵，工程结构分析新理论及其应用，工程力学，1994，**11**（1），9—20.

第十五章 统一弹粘塑性理论

§15.1 概   述

人们在生产实践中发现,在外力作用下,固体材料的变形都不同程度地与时间有关.这种变形与时间的相关性,通常称作材料的粘性性质.如果材料的粘性不明显,可以不予考虑.有些材料在弹性变形阶段就具有明显的粘性,此种材料称之为粘弹塑性材料;而有些材料只是在塑性变形时才具有明显的粘性,称为弹性粘塑性材料,粘塑性是指能随时间而变化的塑性变形.对于大多数金属材料,当变形速度很高时,具有明显的粘性性质;在一些聚合物、土壤、混凝土等非金属材料的力学问题中,当弹性变形很小而在塑性阶段有明显粘性变形时,也应当采用粘塑性模型来分析.此外,在高温作用下的金属,同时具有蠕变现象和粘塑性性质.蠕变本质上就是弹性材料的应力和应变(或两者之一)能随时间变化而重新分布的性质,若把材料的屈服应力退化为零,即可以求解弹性蠕变问题[1-3].

本章给出了非金属材料的粘塑性分析方法,并首次形成了统一形式的弹粘塑性本构关系,可以适合于多种工程材料的弹粘塑性分析.由于粘塑性问题的稳态解,即是对应的传统的静弹塑性解,因此本章的弹性粘塑性理论与上一章的弹塑性理论是相关的,即统一弹塑性理论是统一弹性粘塑性理论的基础和特例.本章采用求解蠕变问题和塑性变形问题的统一方法,并采用统一强度理论的各个等效应力,可以方便地求解随时间而变化的问题和经典弹塑性问题.

§15.2 粘塑性材料本构方程

对于弹粘塑性材料,总应变分为弹性分量 $\{\varepsilon_e\}$ 和粘塑性分量 $\{\varepsilon_{vp}\}$ 两部分,总应变率可表示为

$$\{\dot{\varepsilon}\} = \{\dot{\varepsilon}_e\} + \{\dot{\varepsilon}_{vp}\} \qquad (15-1)$$

式中字母上面的"·"代表对时间的微分,总应力变化率与弹性应变率的关系为

$$\{\dot{\sigma}\} = [D]\{\dot{\varepsilon}_e\} \qquad (15-2)$$

式中 $[D]$ 为弹性矩阵. 弹粘塑性材料不考虑弹性变形阶段的粘性,初始屈服准则(静态屈服准则)与非粘塑性理论中的一致,在各向同性硬化条件下,应力空间中的加载曲面只是初始屈服面曲的相似扩大,即

$$F(\sigma_{ij}, \varepsilon_{vp}) - F_0 = 0 \qquad (15-3)$$

其中 F_0 是单向屈服应力,它本身可以是强化参数 k 的函数,F_0 的初始值由第七章统一强度理论的相当应力(等效应力)来确定.

目前普遍采用的粘塑性应变率与瞬时应力的关系式为

$$\{\dot{\varepsilon}_{vp}\} = \gamma\langle\Phi(F)\rangle\left\{\frac{\partial F}{\partial\sigma}\right\} = \gamma\langle\Phi\rangle\{a\} \qquad (15-4)$$

式中 γ 是控制塑性流动率的流动性参数,符号 $\langle\ \rangle$ 表示

$$\langle\Phi(F)\rangle = \begin{Bmatrix} 0 \\ \Phi(F) \end{Bmatrix} \qquad \begin{matrix} \text{当 } F \leqslant 0 \\ \text{当 } F > 0 \end{matrix} \qquad (15-5)$$

它根据实验结果来确定. $\{a\}$ 与第十四章中所用的流动矢量有相同的定义.

函数 Φ 有多种不同的选择方案,两种常用的形式是[1-6]

$$\Phi(F) = \exp\left[M\left(\frac{F - F_0}{F_0}\right)\right] - 1 \qquad (15-6)$$

和

$$\Phi(F) = \left(\frac{F - F_0}{F_0}\right)^N \qquad (15-7)$$

它们的系数形式为

$$\frac{d\Phi}{dF} = \frac{M}{F_0}\exp\left[M\left(\frac{F-F_0}{F_0}\right)\right] \quad (15-8)$$

和

$$\frac{d\Phi}{dF} = (N/F_0)\left(\frac{F-F_0}{F_0}\right)^{N-1} \quad (15-9)$$

M 和 N 是任意给定的常数,如果采用式(15-7),只要将单向屈服应力的极限值 F_0 赋以零值(或者为了数值计算而赋予任意小的值),即可模拟 Norton 的金属蠕变的指数定律.

将弹性应力-应变关系和式(15-2)代入式(15-1),得

$$\dot{\varepsilon}_{ij} = \frac{S_{ij}}{2G} + \frac{1-2\mu}{3E}\dot{\sigma}_{kk}\delta_{ij} + \gamma\langle\Phi(F)\rangle\frac{\partial F}{\partial\sigma_{ij}} \quad (15-10)$$

此即粘塑性材料的应力-应变关系. 弹性状态时,最后一项为零;粘塑性状态时,采用不同的屈服准则,得到不同的粘塑性应变率,流动矢量的求法与上一章统一弹塑性理论中的求法一致.

§15.3 粘塑性应变增量和应力增量

15.3.1 粘塑性应变增量

如果 t_n 时刻和 t_{n+1} 时刻的粘塑性应变速率为 $\{\dot{\varepsilon}_{vp}^n\}$ 和 $\{\dot{\varepsilon}_{vp}^{n+1}\}$,则 Δt_n 间隔内的粘塑性应变增量

$$\Delta\{\varepsilon_{vp}^n\} = \Delta t_n\left[(1-\beta)\{\dot{\varepsilon}_{vp}^n\} + \beta\{\dot{\varepsilon}_{vp}^{n+1}\}\right] \quad (15-11)$$

其中 β 为不大于 1 的常数. $\beta=0$ 时,则

$$\Delta\{\varepsilon_{vp}^n\} = \{\dot{\varepsilon}_{vp}^n\}\Delta t_n \quad (15-12)$$

即粘塑性应变增量决定于 Δt_n 间隔开始时粘塑性应变速率,这时 Euler 时间积分法,或称向前差分法或全显式法.

$\beta=1$ 时,则

$$\Delta\{\varepsilon_{vp}^n\} = \{\dot{\varepsilon}_{vp}^{n+1}\}\Delta t_n \quad (15-13)$$

即粘塑性应变决定于 Δt_n 间隔终了时的粘塑性应变速率,这是后向差分法或全显式法.

$\beta = 1/2$ 时,则

$$\Delta\{\varepsilon_{vp}^n\} = \frac{1}{2}\big(\{\dot{\varepsilon}_{vp}^n\} + \{\dot{\varepsilon}_{vp}^{n+1}\}\big)\Delta t_n \qquad (15-14)$$

即粘塑性应变增量决定于 Δt_n 间隔开始和终了时的粘塑性应变速率的平均值,这是平均法或隐式梯形法.

如果将 t_{n-1} 时刻的粘塑性应变速率,在 t_n 时间作 Taylor 级数展开,并保留一阶系数项,则得

$$\{\dot{\varepsilon}_{vp}^{n+1}\} = \{\dot{\varepsilon}_{vp}^n\} + \frac{\partial\{\dot{\varepsilon}_{vp}^n\}}{\partial\{\sigma^n\}}\Delta\{\sigma^n\} \qquad (15-15)$$

其中 $\Delta\{\sigma^n\}$ 是 Δt 时间间隔内的应力改变量. 设

$$[H^n] = \frac{\partial\{\dot{\varepsilon}_{vp}^n\}^T}{\partial\{\sigma^n\}} \qquad (15-16)$$

则

$$\{\dot{\varepsilon}_{vp}^{n+1}\} = \{\dot{\varepsilon}_{vp}^n\} + [H^n]\Delta\{\sigma^n\} \qquad (15-17)$$

将式(15-17)代入(15-11),得

$$\Delta\{\varepsilon_{vp}^n\} = \{\dot{\varepsilon}_{vp}^n\}\Delta t_n + [C^n]\Delta\{\sigma^n\} \qquad (15-18)$$

其中

$$[C^n] = \beta\Delta t_n[H^n] \qquad (15-19)$$

15.3.2 矩阵[H^n]求解

为了用全隐式或半隐式时间步进法求解,必须算出矩阵 $[C^n]$,它可用矩阵$[H^n]$来表示.$[H^n]$必须根据材料所采用的屈服准则来确定,由式(15-4)和(15-16),有

$$[H^n] = \gamma\langle\Phi\rangle\frac{\partial\{a\}^T}{\partial\{\sigma\}} + \gamma\frac{d\langle\Phi\rangle}{dF}\{a\}\{a\}^T \qquad (15-20)$$

式中 $\gamma\langle\Phi\rangle$,$\gamma\dfrac{d\langle\Phi\rangle}{dF}$ 可由式(15-6),(15-8)或式(15-7),(15-9)来确定,也可由给定的式子来确定,$\{a\}$,$\{a\}^T$与上一章中的求法一致.

$$\frac{\partial\{a\}^T}{\partial\{\sigma\}} = \frac{\partial C_1}{\partial\{\sigma\}}\{a_1\}^T + \frac{\partial C_2}{\partial\{\sigma\}}\{a_2\}^T + \frac{\partial C_3}{\partial\{\sigma\}}\{a_3\}^T$$

$$+ C_1 \frac{\partial \{a_1\}^T}{\partial \{\sigma\}} + C_2 \frac{\partial \{a_2\}^T}{\partial \{\sigma\}} + C_3 \frac{\partial \{a_3\}^T}{\partial \{\sigma\}} \quad (15-21)$$

上式中 $C_1, C_2, C_3, \{a_1\}, \{a_2\}, \{a_3\}$ 与前一章统一弹塑性理论中相同.

$$\frac{\partial \{a_1\}^T}{\partial \{\sigma\}} = 0$$

$$\frac{\partial \{a_2\}^T}{\partial \{\sigma\}} = \frac{1}{2\sqrt{J_2}}[M_1] - \frac{1}{4\sqrt{J_2^3}}[M_2]$$

$$\frac{\partial \{a_3\}^T}{\partial \{\sigma\}} = [M_3]$$

其中

$$[M_1] = \begin{bmatrix} \dfrac{2}{3} & -\dfrac{1}{3} & -\dfrac{1}{3} & 0 & 0 & 0 \\ & \dfrac{2}{3} & -\dfrac{1}{3} & 0 & 0 & 0 \\ & \text{对} & \dfrac{2}{3} & 0 & 0 & 0 \\ & & & 2 & 0 & 0 \\ & & & & 2 & 0 \\ & & \text{称} & & & 2 \end{bmatrix}$$

$$[M_2] = \begin{bmatrix} (\sigma_x')^2 & \sigma_x'\sigma_x' & \sigma_x'\sigma_x' & 2\sigma_x'\tau_{yz} & 2\sigma_x'\tau_{zx} & 2\sigma_x'\tau_{xy} \\ & (\sigma_y')^2 & \sigma_y'\sigma_x' & 2\sigma_y'\tau_{yz} & 2\sigma_y'\tau_{zx} & 2\sigma_y'\tau_{xy} \\ & & (\sigma_z')^2 & 2\sigma_z'\tau_{yz} & 2\sigma_z'\tau_{zx} & 2\sigma_z'\tau_{xy} \\ & \text{对} & & 4(\tau_{yz})^2 & 4\tau_{yz}\tau_{zx} & 4\tau_{yz}\tau_{xy} \\ & & & & 4(\tau_{zx})^2 & 4\tau_{zx}\tau_{xy} \\ & & \text{称} & & & 4(\tau_{xy})^2 \end{bmatrix}$$

$$[M_3]=\begin{bmatrix} \dfrac{2}{3}\sigma_x' & \dfrac{2}{3}\sigma_z' & \dfrac{2}{3}\sigma_y' & -\dfrac{4}{3}\tau_{yz} & \dfrac{2}{3}\tau_{zx} & \dfrac{2}{3}\tau_{xy} \\[2mm] & \dfrac{2}{3}\sigma_y' & \dfrac{2}{3}\sigma_x' & \dfrac{2}{3}\tau_{yz} & -\dfrac{4}{3}\tau_{zx} & \dfrac{2}{3}\tau_{xy} \\[2mm] & & \dfrac{2}{3}\sigma_z' & \dfrac{2}{3}\tau_{yz} & \dfrac{2}{3}\tau_{zx} & -\dfrac{4}{3}\tau_{xy} \\[2mm] \text{对} & & -2\sigma_x' & 2\tau_{xy} & 2\tau_{zx} \\[2mm] & & & -2\sigma_y' & 2\tau_{yz} \\[2mm] & & \text{称} & & -2\sigma_z' \end{bmatrix}$$

令 $\{a\}\{a\}^T=[M_4]$，则

(1) 对于 Mises 准则，$[H]$ 的表达式为

$$[H]=\gamma\left\langle\frac{\sqrt{3}}{2\sqrt{J_2}}\Phi\right\rangle[M_1]+\gamma\left(\frac{3}{4J_2}\left\langle\frac{d\Phi}{dF}\right\rangle\right.$$

$$\left.-\frac{\sqrt{3}}{4\sqrt{J_2^3}}\langle0653\rangle[M_2]\right) \tag{15-22}$$

(2)对于 Drucker-Prager 准则，$[H]$ 的表达式为

$$[H]=\frac{1}{2\sqrt{J_2}}\gamma\langle\Phi\rangle[M_1]-\frac{1}{4\sqrt{J_2^3}}\gamma\langle\Phi\rangle[M_2]$$

$$+\gamma\left\langle\frac{d\Phi}{dF}\right\rangle[M_4] \tag{15-23}$$

(3)对于统一强度准则,推导得出矩阵 $[H]$ 如下.

当 $F\geqslant F'$ 时,有

$$\frac{\partial C_2}{\partial\{\sigma\}}=\frac{\partial C_2}{\partial\theta}\frac{\partial\theta}{\partial\{\sigma\}}=-\frac{\sqrt{3}}{2\sin3\theta}\left[\frac{1}{\sqrt{J_2^3}}\{a_2\}\right]\frac{\partial C_2}{\partial\theta} \tag{15-24}$$

$$\frac{\partial C_3}{\partial\{\sigma\}}=\frac{\partial C_3}{\partial\sqrt{J_2}}\frac{\partial\sqrt{J_2}}{\partial\{\sigma\}}+\frac{\partial C_3}{\partial\theta}\frac{\partial\theta}{\partial\{\sigma\}}$$

$$=-\frac{2}{\sqrt{J_2}}C_3\{a_2\}-\frac{\sqrt{3}}{2\sin3\theta}\left[1/\sqrt{J_2^3}\{a_3\}-\frac{3J_3}{2J_2^2}\{a_2\}\right]\frac{\partial C_3}{\partial\theta}$$

$$\tag{15-24'}$$

其中

$$\frac{\partial C_2}{\partial\theta} = -\left(1+\frac{\alpha}{2}\right)\frac{2}{\sqrt{3}}\sin\theta + \frac{\alpha(1-b)}{1+b}\cos\theta$$

$$- \text{ctg}3\theta\left[\frac{2}{\sqrt{3}}\left(1+\frac{\alpha}{2}\right)\cos\theta\right.$$

$$+ \frac{\alpha(1-b)}{1+b}\sin\theta\Big] - \frac{1}{\sin^2 3\theta}$$

$$\left[-\left(1+\frac{\alpha}{2}\right)\frac{2}{\sqrt{3}}\sin\theta + \frac{\alpha(1-b)}{1+b}\cos\theta\right] \qquad (15-25)$$

$$\frac{\partial C_3}{\partial\theta} = \frac{\sqrt{3}}{2J_2\sin3\theta}\left[\left(1+\frac{\alpha}{2}\right)\frac{2}{\sqrt{3}}\sin\theta + \frac{\alpha(1-b)}{1+b}\sin\theta\right]$$

$$+ \frac{3\sqrt{3}\cos3\theta}{2J_2\sin^2 3\theta}\left[-\left(1+\frac{\alpha}{2}\right)\frac{2}{\sqrt{3}}\sin\theta + \frac{\alpha(1-b)}{1+b}\cos\theta\right]$$

$$(15-25')$$

$$[H] = \frac{\partial C_2}{\partial\{\sigma\}}\{a_2\}^T + \frac{\partial C_3}{\partial\{\sigma\}}\{a_3\}^T + C_2\frac{\partial\{a_2\}^T}{\partial\{\sigma\}} + C_3\frac{\partial\{a_3\}^T}{\partial\{\sigma\}}$$

$$(15-26)$$

当 $F \leqslant F'$ 时,有

$$\frac{\partial C_2'}{\partial\{\sigma\}} = \frac{\partial C_2'}{\partial\theta}\frac{\partial\theta}{\partial\{\sigma\}}$$

$$= -\frac{\sqrt{3}}{2\sin3\theta}\left[\frac{1}{\sqrt{J_2^3}}\{a_3\} - \frac{3J_3}{J_2^2}\{a_2\}\right]\frac{\partial C_2'}{\partial\theta} \qquad (15-27)$$

$$\frac{\partial C_3'}{\partial\{\sigma\}} = \frac{\partial C_3'}{\partial\sqrt{J_2}}\frac{\partial\sqrt{J_2}}{\partial\{\sigma\}} + \frac{\partial C_3'}{\partial\theta}\frac{\partial\theta}{\partial\{\sigma\}}$$

$$= -\frac{2}{\sqrt{J_2}}C_3'\{a_2\} - \frac{\sqrt{3}}{2\sin3\theta}\left[\frac{1}{\sqrt{J_2}}\{a_3\} - \frac{3J_3}{2J_2^2}\{a_2\}\right]\frac{\partial C_3'}{\partial\theta}$$

$$(15-27')$$

其中

$$\frac{\partial C_2{}'}{\partial \theta} = -\frac{1}{\sqrt{3}}\left(\frac{2-b}{1+b}+\alpha\right)\sin\theta + \left(\alpha + \frac{b}{1+b}\right)\cos\theta$$

$$- \operatorname{ctg}3\theta\left[\frac{1}{\sqrt{3}}\left(\frac{2-b}{1+b}+\alpha\right)\cos\theta + \left(\alpha + \frac{b}{1+b}\right)\sin\theta\right]$$

$$- \frac{1}{\sin^2 3\theta}\left[-\frac{1}{\sqrt{3}}\left(\frac{2-b}{1+b}+\alpha\right)\sin\theta + \left(\alpha + \frac{b}{1+b}\right)\cos\theta\right]$$

$$(15-28)$$

$$\frac{\partial C_3{}'}{\partial \theta} = \frac{\sqrt{3}}{2J_2\sin 3\theta}\left[\left(\frac{2-b}{1+b}+\alpha\right)\frac{\cos\theta}{\sqrt{3}} + \left(\alpha + \frac{b}{1+b}\right)\sin\theta\right]$$

$$+ \frac{3\sqrt{3}\cos\theta}{2J_2\sin^2 3\theta}\left[-\left(\frac{2-b}{1+b}+\alpha\right)\sin\theta/\sqrt{3}\right.$$

$$\left.+ \left(\alpha + \frac{b}{1+b}\right)\cos\theta\right]$$

$$(15-28')$$

$$[H] = \frac{\partial C_2{}'}{\partial \{\sigma\}}\{a_2\}^T + \frac{\partial C_3{}'}{\partial \{\sigma\}}\{a_3\}^T + C_2{}'\frac{\partial \{a_2\}^T}{\partial \{\sigma\}} + C_3{}'\frac{\partial \{a_3\}^T}{\partial \{\sigma\}}$$

$$(15-29)$$

采用统一强度准则求$[H]$矩阵时,在$\theta=0°$,$\theta=60°$和$\theta=\theta_0$($F=F'$)三点存在奇异性,处理方法类似于第十四章的统一弹塑性理论的角点奇异性统一处理方法.

Tresca 屈服准则(单剪屈服准则),Mohr-Coulomb 强度理论(单剪强度理论),双剪屈服准则,加权双剪屈服准则和双剪强度理论都可以作为统一强度理论的特例,从式(15-24)至式(15-29)中各式简化得出.若令统一强度理论的 $\Phi=0$,$b=\frac{1}{2}$,或 $\Phi=0$($\alpha=1$),$b=\frac{1}{1+\sqrt{3}}$,则可得出 Mises 屈服准则的线性逼近的结果,三者的结果都较接近.

15.3.3　应力增量

根据 Hooke 定律有

$$\Delta\{\sigma^n\} = [D]_e\Delta\{\varepsilon_e^n\} = [D]_e(\Delta\{\varepsilon^n\} - \Delta\{\varepsilon_{vp}^n\}) \quad (15-30)$$

将式(15-18)代入(15-30),得

$$([I] + [D]_e[C^n])\Delta\{\sigma^n\} = [D]_e(\Delta\{\varepsilon^n\} - \{\varepsilon_{vp}^n\}\Delta t_n)$$

$$(15-31)$$

其中$[I]$为单位矩阵,若设

$$[\hat{D}^n] = ([I] + [D]_e^n[C^n])^{-1}[D]_e \qquad (15-32)$$

则

$$\Delta\{\sigma^n\} = [\hat{D}^n](\Delta\{\varepsilon^n\} - \{\dot{\varepsilon}_{vp}^n\}\Delta t_n) \qquad (15-33)$$

用位移增量来表示总的应变增量

$$\Delta\{\varepsilon^n\} = [B^n]\Delta\{d^n\} \qquad (15-34)$$

则

$$\Delta\{\sigma^n\} = [\hat{D}^n]([B^n]\Delta\{d^n\} - \{\dot{\varepsilon}_{vp}^n\}\Delta t_n) \qquad (15-35)$$

符号$[B^n]$用来表示在求解的过程中应变矩阵可以是变化的. 例如,如果研究大变形,应变矩阵可写为

$$[B^n] = [B_0] + [B_{nl}^n] \qquad (15-36)$$

式中$[B_0]$表示在求解过程中不变化的标准线性项,而$[B_{nl}^n]$含有非线性的二次项$[B_{n2}^n]$,依赖于当前位移值,在整个求解过程中是变化的.

§15.4 弹粘塑性有限元法

15.4.1 弹粘塑性有限元基本方程

弹粘塑性材料的泛函式在Δt_n时间间隔内可以写为

$$\Pi = \frac{1}{2}\iiint_v \Delta\{\varepsilon\}^T\Delta\{\sigma\}dV - \iint_{\Gamma_p}\Delta\{u\}^T\Delta\{p\}d\Gamma$$

$$(15-37)$$

其中$\Delta\{u\}$为位移列阵,$\Delta\{p\}$为应力边界上的表面力列阵.

用M个单元将弹粘塑性材料离散,则对第m个单元,有

$$\Delta\{u\}^{(m)} = [\Phi]\Delta\{d\}^{(m)} \qquad (15-38)$$

$$\Delta\{\varepsilon\}^m = [B]\Delta\{d\}^{(m)} \qquad (15-39)$$

利用表达式(15-35),(15-38),(15-39),可得第 m 个单元的泛函为

$$\Pi^{(m)} = \frac{1}{2} (\Delta\{d\}^{(m)})^T \iiint_{v^{(m)}} [B]^T [\hat{D}] [B] dV (\Delta\{d\}^{(m)})$$

$$- \frac{1}{2} (\Delta\{d\}^{(m)})^T \iiint_{v^{(m)}} [B]^T [\hat{D}] \{\dot{\varepsilon}_{vp}\}$$

$$\Delta t dV - (\Delta\{d\}^{(m)})^T \Delta\{f\}^{(m)} \qquad (15-40)$$

其中

$$\Delta\{f\}^{(m)} = \iint_{\Gamma_p^{(m)}} [\Phi]^T \Delta\{p\} d\Gamma \qquad (15-41)$$

而泛函 Π 应等于各个单元内泛函的总和,即.

$$\Pi = \sum_{m=1}^{m} \Pi^{(m)} \qquad (15-42)$$

由 $\delta\Pi = 0$,得

$$\sum_{m=1}^{m} \Big(\iiint_{v^{(m)}} [B]^T [\hat{D}] [B] dV (\Delta\{d\}^{(m)})$$

$$- \iiint_{v^{(m)}} [B]^T [\hat{D}] \{\dot{\varepsilon}_{vp}\} \Delta t dV \Big)$$

$$- \sum_{m=1}^{m} \Delta\{f\}^{(m)} = 0 \qquad (15-43)$$

设单元刚度矩阵为

$$[k]^{(m)} = \iiint_{v^{(m)}} [B]^T [\hat{D}] [B] dV \qquad (15-44)$$

虚拟载荷增量列阵为

$$\{\Delta V\}^{(m)} = \Delta\{f\}^{(m)} + \iiint_{v^{(m)}} [B]^T [\hat{D}] \{\dot{\varepsilon}_{vp}\} \Delta t dV$$

$$(15-45)$$

则

$$\sum_{m=1}^{m} [k]^{(m)} \Delta\{d\}^{(m)} = \sum_{m=1}^{m} \{\Delta V\}^{(m)} \qquad (15-46)$$

经过集合后,并标上 n 记号,得

$$[k^n] \Delta\{d^n\} = \{\Delta V^n\} \qquad (15-47)$$

式中 $[k^n]$，$\{\Delta V^n\}$ 中 n 表示它们是 t_n 时刻的数值，而 $\Delta\{d^n\}$ 为时间间隔 Δt_n 内的增量值，由式 (15-47) 可解得 $\Delta\{d^n\}$. 利用式 (15-35) 可由 $\Delta\{d^n\}$ 求得相应的应力增量 $\Delta\{\sigma^n\}$，t_{n+1} 时刻的位移和应力分别为

$$\{d^{n+1}\} = \{d^n\} + \Delta\{d^n\} \qquad (15-48)$$

和

$$\{\sigma^{n+1}\} = \{\sigma^n\} + \Delta\{\sigma^n\} \qquad (15-49)$$

利用式 (15-30)，(15-34)，可给出

$$\Delta\{\varepsilon_{vp}^n\} = [B^n]\Delta\{d^n\} - [D_e]^{-1}\Delta\{\sigma^n\} \qquad (15-50)$$

于是有

$$\{\varepsilon_{vp}^{n+1}\} = \{\varepsilon_{vp}^n\} + \Delta\{\varepsilon_{vp}^n\} \qquad (15-51)$$

用应变率的检查方法，可以检查是否已达到了静态或稳态条件，即在每一时间间隔要计算由式(15-4)给出的 $\{\dot{\varepsilon}_{vp}\}$，直到这个量小到容许的数值时即可停止时间步进过程.

15.4.2 平衡的修正

应力增量是根据增量平衡方程(15-47)的 线性化形式计算的. 因此，累加上述所有增量应力而得到的 $\{\sigma^{n+1}\}$ 不是准确值，它们不能精确满足变分方程 $\delta\Pi = 0$，其不平衡量可用不平衡力 $\{\Psi^{n+1}\}$ 来表示：

$$\{\Psi^{n+1}\}^{(m)} = \iiint_{v^{(m)}} [B^{n+1}]^T\{\sigma^{n+1}\}dV - \{f^{n+1}\} \quad (15-52)$$

在 t_{n+1} 时刻的虚拟载荷增量为

$$\{\Delta V^{n+1}\}^{(m)} = \Delta\{f^{n+1}\}^{(m)} + \iiint_{v^{(m)}} [B^{n+1}]^T[\hat{D}]\{\dot{\varepsilon}_{vp}^{n+1}\}\Delta t_{n+1}dV$$

$$+ \{\Psi^{n+1}\}^{(m)} \qquad (15-53)$$

将式(15-53)集合得的 $\{\Delta V^{n+1}\}$，代入式(15-47)，进行 Δt_{n+1} 间隔内的计算，这样迭代计算，直至达到稳态条件，即粘塑性应变速率很小为止.

15.4.3 时间步长的选择

当 $\beta \geqslant 1/2$ 时,时间步进法是无条件稳定的. 但当时间间隔较大时,不能保证任一步骤中解的精度. 因此,为了求得一个有效解,即使对于 $\beta \geqslant 1/2$ 的值,对时间步长也要加以限制. 当 $\beta < 1/2$ 时积分过程只是有条件稳定的,只有当 Δt_n 小于某临界值时,才能进行对时间的数值积分.

时间步长 Δt_n 满足如下条件:

$$\Delta \bar{\epsilon}_{vp}^n = \bar{\dot{\epsilon}}_{vp}^n \Delta t_n \leqslant \tau \, \bar{\epsilon}^n \qquad (15-54)$$

其中 $\bar{\dot{\epsilon}}_{vp}^n$ 为 t_n 时刻的等效粘塑性应变速率,对于每个单元的每一个高斯积分点,可由式(15-54)计算出一个 Δt_n 值,而极限时间步长是它们的最小值,即

$$\Delta t_n \leqslant \tau \left(\bar{\epsilon}^n / \dot{\epsilon}_{vp}^n \right)_{min} \qquad (15-55)$$

若粘塑性应变速率张量的第一不变量

$$(\dot{I}_1'{}^{vp}) = (\dot{\epsilon}_{vp}^n)_x + (\dot{\epsilon}_{vp}^n)_y + (\dot{\epsilon}_{vp}^n)_z \qquad (15-56)$$

应变张量的第一不变量

$$I_1'{}^n = \epsilon_x^n + \epsilon_y^n + \epsilon_z^n \qquad (15-57)$$

对 Mises 准则,Δt_n 的条件可表示为

$$\sqrt{(\dot{I}_1'{}^{vp})^n} \Delta t_n \leqslant \tau \sqrt{I_1'{}^n} \qquad (15-58)$$

这样对于每个单元的每个高斯积分点,均可由式(15-58)计算出一个 Δt_n 值,而极限时间步长是它们的最小值,即

$$\Delta t_n \leqslant \tau \left[\frac{\sqrt{I_1'{}^n}}{\sqrt{(\dot{I}_1'{}^{vp})^n}} \right]_{min} \qquad (15-59)$$

时间步长增量参数 τ 的值必须合理确定,对于显式时间步进法,在 $0.01 < \tau < 0.15$ 范围内即能得到精确的结果,对于隐式法尽管精确度降低了,但发现 τ 在 10 以内时结果还是稳定的.

当用变时间步进法时,可采用另一种有用的方法来限制,即按照

$$\Delta t_{n+1} \leqslant k \Delta t_n \qquad (15-60)$$

来限制任意两区间之间时间步长的变化,式中 k 为给定的常数.虽然没有关于如何规定 k 的固定准则,但经验表明取 $k=1.5$ 值是合适的.

上述时间步长的限制值是以经验为依据的.对于粘塑性流动法则的具体形式,而且仅对于显式的时间积分,对 $\Phi(F)=F$ 的线性函数,时间步长的限制如下.

对于 Tresca 材料,

$$\Delta t \leqslant \frac{(1+\gamma)F_0}{\gamma E} \qquad (15-61)$$

对于 Mises 材料,

$$\Delta t \leqslant \frac{4(1+\gamma)F_0}{3\gamma E} \qquad (15-62)$$

对于 Mohr-Coulomb 材料,

$$\Delta t \leqslant \frac{4(1+\gamma)(1-2\gamma)F_0}{\gamma(1-2\gamma+\sin^2\varphi)E} \qquad (15-63)$$

对于满足统一强度准则的材料,

$$\Delta t \leqslant \frac{2(1+\gamma)(1-2\gamma)(1+b)^2}{\gamma E}$$

$$\times \frac{F_0}{[(1-\gamma-2\gamma\alpha)(1+b)^2+(1-\gamma)\alpha^2(1+b^2)+2\gamma\alpha^2 b]}$$

$$(F \geqslant F') \qquad (15-64)$$

$$\Delta t \leqslant \frac{2(1+\gamma)(1-2\gamma)(1+b)^2}{\gamma E}$$

$$\times \frac{F_0}{[(\alpha^2-\gamma\alpha^2-2\gamma\alpha)(1+b)^2+(1-\gamma)(1+b^2)+2\gamma b]}$$

$$(F \leqslant F') \qquad (15-65)$$

式中 γ 是流动性参数,φ 是内摩擦角,$\alpha=\sigma_t/\sigma_c$,b 是中间应力影响系数,为材料常数.对 Drucker-Prager 材料,没有限制时间步长的简单表达式.

§15.5　计 算 步 骤

对弹性粘塑性材料,首先利用弹性有限元法对物体进行计算,得到物体开始屈服时的各物理量,即 $\{d^0\},\{f^0\},\{\varepsilon^0\},\{\sigma^0\}$ 皆已知. 在开始屈服时,可设粘塑性应变和它的速率为零,即 $\{\varepsilon_{vp}^0\}=0$,$\{\dot{\varepsilon}_{vp}\}=0$. 把它们作为弹粘塑性有限元计算的初值,在 t_n 到 t_{n+1} 时间间隔内进行计算时,按以下顺序.

(1)已知 $\{d^n\},\{\sigma^n\},\{\varepsilon^n\},\{\varepsilon_{vp}^n\},\{\dot{\varepsilon}_{vp}^n\}$ 和 $\{f^n\}$,求解下列值:

$$[B^n] = [B_0] + [B_{NL}(d^n)]$$

$$[C^n] = [C^n(\sigma^n \Delta t_n)]$$

$$[D^n] = ([D]^{-1} + [C^n])^{-1}$$

$$[k^n] = \iiint_v [B^n]^T [\hat{D}^n][B^n]dV$$

$$\{\dot{\varepsilon}_{vp}^n\} = \varepsilon\langle\Phi\rangle\{a\}$$

(2)计算 $\Delta\{d^n\}$ 和 $\Delta\{\sigma^n\}$,即

$$\Delta\{d^n\} = [k^n]^{-1}\{\Delta V^n\}$$

$$\{\Delta V^n\} = \iiint_v [B^n]^T [\hat{D}^n]\{\dot{\varepsilon}_{vp}^n\}\Delta t_n dV + \Delta\{f^n\}$$

$$\Delta\{\sigma^n\} = [\hat{D}^n]([B^n]\Delta\{d^n\} - \{\dot{\varepsilon}_{vp}^n\}\Delta t_m)$$

(3)求出 t_{n+1} 时刻的节点位移 $\{d^{n+1}\}$ 和应力 $\{\sigma^{n+1}\}$

$$\{d^{n+1}\} = \{d^n\} + \Delta\{d^n\}$$

$$\{\sigma^{n+1}\} = \{\sigma^n\} + \Delta\{\sigma^n\}$$

(4)计算粘塑性应变率

$$\{\dot{\varepsilon}_{vp}^n\} = \gamma\langle\Phi\rangle\{a^{n+1}\}$$

(5)计算各单元的不平衡力 $\{\psi^{n+1}\}$ 和虚拟载荷增量 $\{\Delta V^{n+1}\}$

$$\{\psi^{n+1}\} = \iiint_v [B^{n+1}]\{\sigma^{n+1}\}dV + \{f^{n+1}\}$$

$$\{\Delta V^{n+1}\} = \iiint_v [B^{n+1}]^T [\hat{D}^{n+1}]\{\dot{\varepsilon}_{vp}^{n+1}\}\Delta t_{n+1}dV$$

$$+ \Delta\{f^{n+1}\} + \{\psi^{n+1}\}$$

(6)检查粘塑性应变速率$\{\dot{\epsilon}_{vp}^{n+1}\}$.若它很小,则稳态条件得到满足,计算结束,或再加载进行计算;反之,则回到第(1)步再重新计算.

以上将俞茂宏统一强度理论推广应用于结构的弹粘塑性分析,建立了相应的统一弹粘塑性本构方程,可以更广泛地应用于工程结构分析。最近,俞茂宏、强洪夫等将统一弹粘塑性理论应用于固体火箭药柱的分析,得到较好的结果。

参 考 文 献

[1] 杨桂通、熊祝华,塑性动力学,清华大学出版社,1984.

[2] Owen,D. R. J. and Hinton E. ,Finite Elements in Plasticity,Pinerige Press Limited,1980.

[3] 李跃明、俞茂宏,土体介质的弹-粘塑性本构方程及其有限元化,双剪应力强度理论研究,西安交通大学出版社.1988,142—154.

[4] 杨绪灿、杨桂通、徐秉业,粘塑性力学概论,中国铁道出版社,1985.

[5] Owen,D. R. J. ,Implicit time integration of elasto-viscoplastic solids subjected to the Mohr-Coulomb criterion,*Int. J. Num. Meth Engng.* ,1982,**18**(12).

[6] 孙　钧、汪炳槛,地下结构有限元法解析,同济大学出版社,1988.

第十六章 双剪滑移线统一滑移线场理论

§16.1 概 述

弹塑性材料组成的结构和构件,在承受逐渐增加的载荷的过程中,将经历弹性状态、弹塑性状态和塑性极限状态的各个阶段.对结构和构件进行变形的全过程分析,特别是对结构进行弹塑性状态的分析,由于弹塑性区的分界随着载荷而变化,所以在数学上碰到很大的困难.工程实际中的很多复杂的问题,只能通过数值计算来进行分析.在上二章中我们介绍了弹塑性有限元的理论和计算程序,并建立了基于统一强度理论的统一弹塑性理论和统一弹塑性有限元程序 UEPP(Unified Elastic Plastic Program).它们可以广泛适用于从岩石、混凝土、土体到金属等各类材料组成的各种结构和构件的弹性分析、弹塑性分析和塑性极限分析.

此外,在许多工程实际问题中,有时人们并不要求变形全过程的详尽分析,而是只要求获得最终的塑性极限状态以及塑性极限载荷和变形.例如金属的塑性成形加工和结构的极限分析,它们从两个不同的方面提出了这个要求.塑性加工要求物体(结构)产生较大的塑性变形,因此施加的载荷必须大于它的塑性极限载荷;极限设计要求结构不能产生较大的塑性变形(破坏),因此承受的载荷必须小于它的塑性极限载荷.本章所述的滑移线法即是对理想刚塑性体的平面应变问题直接求解结构塑性极限状态的极限载荷、速度分布等的一个有效的方法.采用刚塑性模型所得出的塑性极限载荷同弹塑性模型所求得的结构塑性极限载荷是一致的.

滑移线场理论是塑性力学、金属塑性加工、岩石破碎分析、岩土塑性力学、土力学和地基基础、结构极限分析等学科的重要组成部分,在工程中得到广泛的应用.特别是在金属塑性压力加工,土建水利工程中的地基极限承载力,堤坝、挡土墙和斜坡稳定分析以及滑坡、破碎、雪崩分析等方面都取得许多重要的进展.

滑移线场理论最早由 F. Kotter 在 19 世纪末所提出,并在 1903 年首先建立了散体的平面塑性平衡滑移线方程. 此后,Prandtl(1923),Hencky(1923),Geiringer(1930),Hill(1949),Prager(1953—1959),Соколовский(1946—1960)以及英国皇家科学院院士 W. Johnson,白俄罗斯科学院院士 С. И. Губкин 等人进行了大量工作,为滑移线场理论的发展、完善和推广应用作出了重要的贡献.

滑移线场理论在金属成型方面的应用,Prandtl 于 1923 年给出了冲压问题的解,Thomsen,Yang 和 Kobayashi(1965)以及 Johnson,Sowerby 和 Venter(1970)等给出了更系统的研究结果[6,7]. 图 16-1(a)和(b)为著名学者 Prandtl(1920)和 Hill(1949)所建立的平头冲模压入半平面(半无限刚塑性体)的两个典型滑移线场. 近年来,滑移线场理论又与计算机相结合,得出了很多新的结果.

图 16-1(a)和(b)两种滑移线场的形式不同,Hill 解的塑性区比 Prandtl 解要小. 但两者得出的塑性极限压力和在塑性区内的应力均相同,只是两者的速度场有差别. 此外,Prager 和 Hodge(1951)还构造了另一种滑移线场,它是 Prandtl 滑移线场和 Hill 滑移线场的组合. 第三种解所得出的塑性极限载荷也与上两种解相同. 关于这三种解中何者为正确的问题,过去一直认为 Hill 解较为合理. 但近年来通过弹塑性有限元的数值计算,对这一问题的整个变形过程研究表明,Prandtl 解应该更合理[10,11]. 实验观察表明,塑性区的扩展与 Prandtl 解更接近. 关于把计算机图象分析方法应用于结构塑性区研究的方法可见文献[12]和本书第 19 章.

对于岩土力学,或更一般地对于有塑性体积变化的材料,也可以应用滑移线场理论[13]. 事实上,滑移线场理论在土力学中的应用比在金属中的应用更早. Kotter 于 1903 年,Hencky 于 1923 年都给出了一些关于滑移线场理论在土力学中应用的例子. 文献

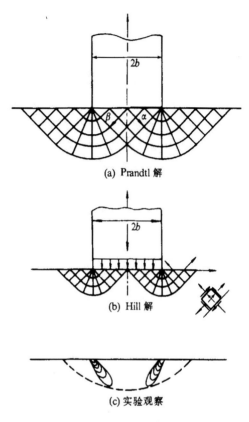

(a) Prandtl 解

(b) Hill 解

(c) 实验观察

图 16-1 平头冲模压入

[8,9]都给出了较系统的例子.近年来,滑移线场理论在岩土塑性力学中都得到了广泛的应用[1,3,14,15].

岩土类材料,由于它们的拉伸强度与压缩强度相差很大,因此Tresca屈服准则和Mises屈服准则都不再适用,所得出的滑移线场已不再是两族正交的滑移线,而是非正交滑移线场;此外,对岩土材料的结构,材料本身自重的影响也较大.例如土或岩体的斜坡,都可能发生坡体在本身自重作用下产生滑动破坏,即滑坡.因此,对于岩土力学和地基承载问题的滑移线场将更为复杂,数学求解也更困难.著名学者 Соколовскии В. В. (1912—1978)在文献[8]中的很多算例,就是他在前苏联科学院借助于科学院计算中心的计算机而完成的.图 16-2 是目前广为应用的研究条形基础承载力的 Prandtl 非正交滑移线场.图中的 α_1 角等于 $\frac{\pi}{4}-\frac{\varphi}{2}$,已不再如图 16-1 中那样$\left(\alpha=\frac{\pi}{4}\right)$;而中心区与水平线的夹角则为 $\alpha_2=\frac{\pi}{4}+\frac{\varphi}{2}$.

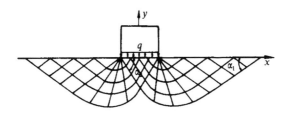

图 16-2 Prandtl 滑移线场

现有的滑移线场理论往往忽略了中间主应力 σ_2 对滑移线场的影响.而在塑性平面应变问题中,中间主应力的大小与平均应力相等,这时中间主应力 σ_2 对材料的屈服影响较大.从第五章和第八章所介绍的国内外大量实验结果来看,在这个应力区域附近,无论是对金属类材料、塑料类材料或岩土类材料,中间主应力效应都比较大.因此略去中间主应力 σ_2 将产生较大的误差.

此外,现有的金属类材料的滑移线场理论,大多基于 Tresca 屈服准则或 Mises 屈服准则.它们只适用于拉压强度相等的材料,所得出的滑移线场为正交滑移线场.而实际上,很多金属类材料,包括铸铁和高强度合金钢,它们所形成的滑移线都是非正交的.这些材料的结构或构件所产生的塑性滑移线呈现着明显的非 45°倾角.作者用一种拉压材料强度不等的材料所进行的有孔厚板的单向拉伸和单向压缩所得出的滑移线也不相同.这些也是基于 Tresca 屈服准则或 Mises 屈服准则所无法解释的.

滑移线场理论虽然已经经历了百年的研究,但是仍然有不少问题需要进一步深入研究.总的说,在应用方法上的研究较多,对它的基本理论研究较少,进展较慢.

1988—1993年,俞茂宏、刘剑宇、刘春阳、马国伟、杨松岩等对滑移线场理论进行了一系列研究,并将双剪强度理论和统一强度理论引入到滑移线场理论,得出了一个新的正交和非正交双剪滑移线场理论[28—30],并将各种滑移线场理论融合于一体,建立了一个系统的新的统一滑移线场理论[31]. 它的特点是:

(1)考虑了应力状态的所有应力分量对滑移线场的影响;

(2)滑移线场是非正交滑移线,而正交滑移线场为其特例;

(3)形成了新的滑移线场理论,而非正交双剪滑移线场和双剪正交滑移线场以及 Prandtl,Hill,Соколовский 等滑移线场均为其特例;

(4)可适合于各类不同性质的各向同性材料.

在这一章,我们将对双剪滑移线场理论和统一滑移线场作系统的阐述.

§16.2 平面应变问题的特点

在平面应变条件下,塑性流动具有下列特征:

(1)变形和流动平行于某一固定平面(如 xy 平面);

(2)变形和流动与垂直该平面的坐标(如 z)无关.

因此,对于平面应变问题有

$$\varepsilon_x = \varepsilon_x(x,y) \qquad \varepsilon_y = \varepsilon_y(x,y),$$

$$\gamma_{xy} = \gamma_{xy}(x,y) \qquad \varepsilon_z = \gamma_{zx} = \gamma_{yz} = 0 \qquad (16-1)$$

$$v_x = v_x(x,y) \qquad v_y = v_y(x,y), v_z = 0 \qquad (16-2)$$

相应的应变率张量为

$$\dot{\epsilon}_{ij} = \begin{bmatrix} \dfrac{\partial v_x}{\partial x} & \dfrac{1}{2}\left(\dfrac{\partial v_x}{\partial y} + \dfrac{\partial v_y}{\partial x}\right) & 0 \\ \dfrac{1}{2}\left(\dfrac{\partial v_x}{\partial y} + \dfrac{\partial v_y}{\partial x}\right) & \dfrac{\partial v_y}{\partial y} & 0 \\ 0 & 0 & 0 \end{bmatrix} \quad (16-3)$$

各应力分量中，$\tau_{zx} = \tau_{yz} = 0$，$z$ 向为一主方向，σ_z 为一主应力. 所以只存在四个应力分量 $\sigma_x, \sigma_y, \tau_{xy}$ 和 σ_z. 三个主应力分别为

$$\left.\begin{array}{l} \sigma_1 = \sigma_{\max} \\ \sigma_3 = \sigma_{\min} \end{array}\right\} = \frac{1}{2}(\sigma_x + \sigma_y) \pm \sqrt{\left(\frac{\sigma_x - \sigma_y}{2}\right)^2 + \tau_{xy}^2} \quad (16-4)$$

σ_z 介于最大主应力 σ_1 和最小主应力 σ_3 之间[8]，即

$$\sigma_3 \leqslant \sigma_z \leqslant \sigma_1 \quad (16-5)$$

因此 z 方向的应力 σ_z 为中间主应力 σ_2，它的大小在 σ_1 和 σ_3 之间. 引入中间主应力参数 m，令

$$\sigma_2 = \frac{m}{2}(\sigma_x + \sigma_y) = \frac{m}{2}(\sigma_1 + \sigma_3) \quad (16-6)$$

当 $\sigma_2 = \dfrac{1}{2}(\sigma_x + \sigma_y) = \dfrac{1}{2}(\sigma_1 + \sigma_3)$ 时，$m=1$；当 $\sigma_2 > \dfrac{1}{2}(\sigma_x + \sigma_y)$ 时，$m>1$；当 $\sigma_2 < \dfrac{1}{2}(\sigma_x + \sigma_y)$ 时，$m<1$. 在平面应变情况下，m 的数值不可能大于 1，所以 $m \leqslant 1$. 这为下面双剪强度理论和统一强度理论的判别条件的确定和正确选用提供了方便.

中间主应力参数 m 的数值可以根据分析或实验适当地选取. 根据马国伟、何丽南、杨松岩等对平面应变的各种计算实例的数据分析可知（见第二十五章表 25-2 和表 25-3），在弹性状态各单元的中间主应力参数 m 均小于 1，即 $\sigma_z = \dfrac{m}{2}(\sigma_1 + \sigma_3) < \dfrac{1}{2}(\sigma_1 + \sigma_3)$；而在进入塑性状态的单元中，中间主应力参数 m 趋近于 1，即 $\sigma_z = \dfrac{m}{2}(\sigma_1 + \sigma_3) \to \dfrac{1}{2}(\sigma_1 + \sigma_3)$. 因此在计算应用中的一个简单的做法是取 $m=1$.

将主应力变量转换为两个新的应力变量

$$p = \frac{1}{2}(\sigma_1 + \sigma_3) = \frac{1}{2}(\sigma_x + \sigma_y)$$

$$R = \tau = \frac{1}{2}(\sigma_1 - \sigma_3) \qquad (16-7)$$

$$= \sqrt{\left(\frac{\sigma_x - \sigma_y}{2}\right)^2 + \tau_{xy}^2}$$

则平面一般应力状态时有

$$\sigma_x = p + R\cos2\theta$$

$$\sigma_y = p - R\cos2\theta$$

$$\tau_{xy} = R\sin2\theta$$

$$= (p + C_0 \cdot \cot\varphi)\sin\varphi \cdot \sin2\theta \qquad (16-8)$$

相应的三个主应力为

$$\sigma_1 = p + R \qquad R = (p + C_0 \cdot \cot\varphi)\sin\varphi$$

$$\sigma_2 = mp \qquad m \leqslant 1$$

$$\sigma_3 = p - R \qquad (16-9)$$

相应的单元体受力状态如图 16-3 所示.

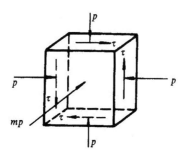

图 16-3　平面应变应力状态

在 xy 平面内,一般应力状态 $(\sigma_x, \sigma_y, \tau_{xy})$ 和主应力 (σ_1, σ_2) 以及与 p, τ 或 R 的关系如图 16-4 所示. 图中的 α, β 曲线坐标是通常塑性力学中滑移线场理论的两族滑移线. 在滑移线上作用着产生塑性变形的正应力 p 和剪应力 R. 下面我们将在滑移线坐标研究应力状态和平衡方程.

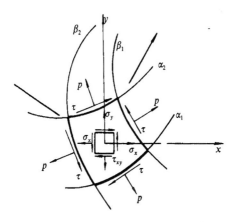

图 16-4 平面应变问题塑性变形区内的应力

§16.3 双剪非正交滑移线场理论的基本方程

双剪强度理论的基本思想为

$$F = \tau_{13} + \tau_{12} + \beta(\sigma_{13} + \sigma_{12}) = C$$
$$当 \ \tau_{12} + \beta\sigma_{12} \geqslant \tau_{23} + \beta\sigma_{23}$$
$$F' = \tau_{13} + \tau_{23} + \beta(\sigma_{13} + \sigma_{23}) = C$$
$$当 \ \tau_{12} + \beta\sigma_{12} \leqslant \tau_{23} + \beta\sigma_{23} \qquad (16-10)$$

它的主应力形式为

$$F = \sigma_1 - \frac{\alpha}{2}(\sigma_2 + \sigma_3) = \sigma_t$$

$$当 \ \sigma_2 \leqslant \frac{\sigma_1 + \alpha\sigma_3}{1 + \alpha}$$

$$F' = \frac{1}{2}(\sigma_1 + \sigma_2) - \alpha\sigma_3 = \sigma_t$$

$$当 \ \sigma_2 \geqslant \frac{\sigma_1 + \alpha\sigma_3}{1 + \alpha} \qquad (16-11)$$

式中 α 为材料拉压强度比, $\alpha = \sigma_t / \sigma_c$.

如用材料的剪切强度参数 C_0 和摩擦角参数 φ_0 表示,则双剪

强度理论可表达为

$$F = \sigma_1 - \frac{\sigma_2 + \sigma_3}{2} + \left(\sigma_1 + \frac{\sigma_2 + \sigma_3}{2} \right) \sin\varphi_0 = 2C_0\cos\varphi_0$$

当 $\sigma_2 \leqslant p + R\sin\varphi_0$ (16-12)

$$F' = \frac{\sigma_1 + \sigma_2}{2} - \sigma_3 + \left(\frac{\sigma_1 + \sigma_2}{2} + \sigma_3 \right) \sin\varphi_0 = 2C_0\cos\varphi_0$$

当 $\sigma_2 \geqslant p + R\sin\varphi_0$ (16-12′)

将式(16-6)代入式(16-12)或(16-12′),即可得到平面应变时的双剪强度理论.由于 $m \leqslant 1$ 条件,恒有 $\sigma_2 = mp < p + R\sin\varphi_0$,所以取式(16-12)形式的双剪强度理论表达式.联立式(16-6),(16-12)并化简后得

$$\frac{\sigma_1 - \sigma_3}{4}(3 + \sin\varphi_0) + \frac{\sigma_1 + \sigma_3}{4}[(1 - m) + \sin\varphi_0(3 + m)] = 2C_0 \cdot \cos\varphi_0$$

令

$$\sin\varphi_t = \frac{(1 - m) + (3 + m)\sin\varphi_0}{3 + \sin\varphi_0}$$

$$C_t = \frac{4C_0 \cdot \cos\varphi_0}{3 + \sin\varphi_0} \cdot \frac{1}{\cos\varphi_t}$$

则平面应变时的双剪强度理论式(6-12)可写为

$$R = \frac{4C_0\cos\varphi_0}{3 + \sin\varphi_0} - \frac{(1 - m) + (3 + m)\sin\varphi_0}{3 + \sin\varphi_0}p$$

$$= C_t \cdot \cos\varphi_t - p\sin\varphi_t$$

当中间主应力参数 $m = 1$ 时,平面应变双剪强度理论式(6-12)简化为

$$R = \frac{4C_0\cos\varphi_0}{3 + \sin\varphi_0} - \frac{4\sin\varphi_0}{3 + \sin\varphi_0}p$$

$$= C_t \cdot \cos\varphi_t - p\sin\varphi_t$$

式中

$$\sin\varphi_t = \frac{4\sin\varphi_0}{3 + \sin\varphi_0}$$

$$C_t = \frac{4C_0 \cdot \cos\varphi_0}{3 + \sin\varphi_0} \cdot \frac{1}{\cos\varphi_t}$$

可见平面应变时的双剪强度理论的最后表达式不随中间主应力参数 m 而变化,两者只是参数 φ_t 和 C_t 不同. 参数 φ_t 和 C_t 可称之为双剪摩擦角和双剪粘结力参数. 它们之间的关系可用极限应力圆表示如图 16-5.

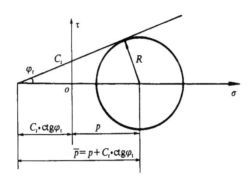

图 16-5 双剪理论的 φ_t,C_t 参数

由于在双剪强度理论中正应力以拉为正,而在滑移线问题的平面应变问题中多数以压应力为正,这是因为此时的受力状态多为受压状态. 因此,式(16-12)可表示成下式来反应压应力为正的条件:

$$R = p\sin\varphi_t + C_t \cdot \cos\varphi_t \qquad (16-13)$$

平面应变问题的平衡方程为

$$\frac{\partial \sigma_x}{\partial x} + \frac{\partial \tau_{xy}}{\partial y} = \gamma \sin\theta_0$$

$$\frac{\partial \tau_{xy}}{\partial x} + \frac{\partial \sigma_y}{\partial y} = -\gamma \cos\theta_0 \qquad (16-14)$$

式中 γ 为材料的容重,θ_0 为重力方向与 y 轴负方向间的夹角.

联立式(16-8),(16-13)和(16-14),可得出以双剪强度理论为依据的平衡微分方程

$$\frac{\partial p}{\partial x}(1 - \sin\varphi_t\cos2\theta) - \frac{\partial p}{\partial y}\sin\varphi_t\sin2\theta$$

$$+ 2R\left(\frac{\partial\theta}{\partial y}\cos2\theta - \frac{\partial\theta}{\partial x}\sin2\theta\right) = \gamma\sin\theta_0 \qquad (16-15)$$

$$-\frac{\partial p}{\partial x}\sin\varphi_t\sin2\theta + \frac{\partial p}{\partial y}(1 + \sin\varphi_t\cos2\theta)$$

$$+ 2R\left(\frac{\partial\theta}{\partial x}\cos2\theta + \frac{\partial\theta}{\partial y}\sin2\theta\right) = -\gamma\cos\theta_0 \quad (16-15')$$

式中

$$\sin\varphi_t = \frac{4\sin\varphi_0}{3 + \sin\varphi_0} \qquad (16-16)$$

上两式为双曲型偏微分方程组,求解较为困难,通过引入新的参数并换算,可得出它的特征线方程

$$\frac{dy}{dx} = \tan(\theta - \mu) \qquad \mu = \frac{\pi}{4} - \frac{\varphi_t}{2} \qquad \alpha\ \text{族} \quad (16-17)$$

$$\frac{dy}{dx} = \tan(\theta + \mu) \qquad \beta\ \text{族} \qquad\qquad (16-17')$$

根据双剪强度理论,以它的滑移方向为切线,可得两族非正交滑移线,其方程为

$$\frac{dy}{dx} = \frac{2\sin(\theta + \delta)\sin(\theta - \delta)}{\sin2\theta - \sin2\delta}$$

$$= \tan(\theta - \delta), \quad \delta = \frac{\pi}{4} - \frac{\varphi_t}{2} \qquad \alpha\ \text{族} \quad (16-18)$$

$$\frac{dy}{dx} = \frac{2\sin(\theta + \delta)\sin(\theta - \delta)}{\sin2\theta + \sin2\delta}$$

$$= \tan(\theta + \delta) \qquad\qquad \beta\ \text{族} \quad (16-18')$$

这一双剪非正交滑移线场方程与特征线方程一致. 滑移线方程中的 θ 角与正交滑移线场相差 $\varphi_t/2$,即

$$\delta = \frac{\pi}{4} - \frac{\varphi_t}{2} \qquad \sin\varphi_t = \frac{4\sin\varphi_0}{3 + \sin\varphi_0}$$

$$C_t = \frac{4\cos\varphi_0}{3 + \sin\varphi_0}\frac{1}{\cos\varphi_t}$$

取与滑移线(特征线)α,β 相重合的曲线坐标系统 S_α, S_β. 根据

方向导数公式和以双剪强度理论为依据的平衡微分方程,最后经推导可得双剪非正交滑移线场理论的基本微分方程为

$$- \sin2\mu \frac{\partial p}{\partial s_\alpha} + 2R \frac{\partial \theta}{\partial s_\alpha} + \gamma \left[\sin(\theta_0 + 2\mu) \frac{\partial x}{\partial s_\alpha} \right.$$

$$\left. + \cos(\theta_0 + 2\mu) \frac{\partial y}{\partial s_\alpha} \right] = 0 \quad 沿 \alpha 线 \quad (16-19)$$

$$\sin2\mu \frac{\partial p}{\partial s_\beta} + 2R \frac{\partial \theta}{\partial s_\beta} + \gamma \left[\sin(\theta_0 + 2\mu) \frac{\partial x}{\partial s_\beta} \right.$$

$$\left. + \cos(\theta_0 + 2\mu) \frac{\partial y}{\partial s_\beta} \right] = 0 \quad 沿 \beta 线 \quad (16-19')$$

这是一组新的滑移线场方程.它考虑了材料拉压性质的不同以及中间主应力对滑移线场的影响,得出的非正交滑移线场不仅是一种新的与传统滑移线场不同的结果,并且可以蜕化得出 Mohr-Coulomb 材料的非正交滑移线场以及双剪正交滑移线场和 Tresca 材料、Mises 材料的正交滑移线场.

式 $(16-19)$,$(16-19')$反映了沿 α 和 β 族滑移线上的平均应力 p 和 σ_1 与 y 轴夹角 θ 的变化规律.这二式为非线性偏微分方程组,直接积分有困难.因此需要利用数值方法求解.在式 $(16-19)$,$(16-19')$中,平均应力 p 和角 θ 分别沿 α 线和 β 线.

§16.4 双剪非正交滑移线场理论的特例

16.4.1 不计体力的双剪非正交滑移线场

当 $\gamma = 0$ 时,式 $(16-19)$,$(16-19')$ 简化为

$$- \sin2\mu \frac{\partial p}{\partial s_\alpha} + 2R \frac{\partial \theta}{\partial s_\alpha} = 0 \quad (16-20)$$

$$\sin2\mu \frac{\partial p}{\partial s_\beta} + 2R \frac{\partial \theta}{\partial s_\beta} = 0 \quad (16-20')$$

积分上式得

$$p = C_\alpha e^{2\theta\cot2\mu} - C_t\cot\varphi_t \quad 沿 \alpha 族 \quad (16-21)$$

$$p = C_\beta e^{-2\theta\cot2\mu} - C_t\cot\varphi_t \quad 沿 \beta 族 \quad (16-21')$$

这是一种新的非正交滑移线场. 对于各种具体问题, 按此式得出的极限载荷和滑移线场均不同于现有的滑移线场理论.

16.4.2 双剪正交滑移线场理论

当 $\varphi_l = 0$ 时, $\mu = \dfrac{\pi}{4}$, 双剪非正交滑移线场蜕化为正交滑移线场, 其特征线方程为

$$\frac{\partial x}{\partial s_\alpha} = \tan\left(\theta - \frac{\pi}{4}\right) \tag{16-22}$$

$$\frac{\partial y}{\partial s_\beta} = \tan\left(\theta + \frac{\pi}{4}\right) \tag{16-22'}$$

积分结果为

$$p - \gamma\cos\alpha x + \gamma\sin\alpha y - 2C_t\theta = C_\alpha \qquad \text{沿 } \alpha \text{ 线} \tag{16-23}$$

$$p - \gamma\cos\alpha x + \gamma\sin\alpha y + 2C_t\theta = C_\beta \qquad \text{沿 } \beta \text{ 线} \tag{16-23'}$$

16.4.3 不计体力的双剪正交滑移线场

当 $\varphi_l = 0$, 且 $\gamma = 0$ 时, 可得出

$$\frac{\partial}{\partial s_\alpha}(p - 2R\theta) = 0 \tag{16-24}$$

$$\frac{\partial}{\partial s_\beta}(p + 2R\theta) = 0 \tag{16-24'}$$

式中 $R = C_t = \dfrac{4}{3}C$. 积分上式可得

$$p - 2C_t\theta = C_\alpha \qquad \text{沿 } \alpha \text{ 线} \tag{16-25}$$

$$p + 2C_t\theta = C_\beta \qquad \text{沿 } \beta \text{ 线} \tag{16-25'}$$

16.4.4 单剪非正交滑移线场

当 $\varphi_l = \varphi_0$, $C_t = C_0$ 时, 双剪非正交滑移线场蜕化为单剪非正交滑移线场. 两者的差别为 $\varphi_l > \varphi_0$, $C_t > C_0$, $R_{双} > R_{单}$.

16.4.5 不计体力的单剪非正交滑移线场

当 $\varphi_i = \varphi_0, C_i = C_0, \gamma = 0$ 时双剪非正交滑移线场蜕化为不计体力的单剪非正交滑移线场.

16.4.6 单剪应力正交滑移线场

当 $\varphi_i = \varphi_0 = 0$ 时,即可从双剪正交滑移线场得出单剪滑移线场.

16.4.7 无体力的单剪滑移线场

当 $\varphi_i = \varphi_0 = 0, \gamma = 0$ 时,双剪正交滑移线场蜕化为单剪滑移线场,即金属压力加工中的传统滑移线场.

§16.5 双剪非正交滑移线场理论的速度场

采用相关联流动法则,相应于双剪非正交滑移线场的塑性应变率,屈服条件和速度场方程分别为

$$\dot{\varepsilon}_x = \frac{\partial \dot{U}}{\partial x} \qquad \dot{\varepsilon}_y = \frac{\partial \dot{V}}{\partial y} \qquad \dot{\gamma}_{xy} = \frac{\partial \dot{U}}{\partial y} + \frac{\partial \dot{V}}{\partial x} \qquad (16-26)$$

$$\frac{1}{2}(\sigma_x + \sigma_y)\sin\varphi_i + \left[\frac{1}{4}(\sigma_y - \sigma_x)^2 + \tau_{xy}^2\right]^{\frac{1}{2}}$$
$$- C_i\cos\varphi_i = 0 \qquad (16-27)$$

$$d\dot{V}_a + \left[\dot{V}_a\cot\left(\frac{\pi}{2} - \varphi_i\right)\right.$$
$$\left. - \dot{V}_\beta\csc\left(\frac{\pi}{2} - \varphi_i\right)\right]d\Psi = 0 \qquad (16-28)$$

$$d\dot{V}_\beta + \left[\dot{V}_a\csc\left(\frac{\pi}{2} - \varphi_i\right)\right.$$
$$\left. - \dot{V}_\beta\cot\left(\frac{\pi}{2} - \varphi_i\right)\right]d\Psi = 0 \qquad (16-28')$$

式中 Ψ 为滑移线与 x 轴夹角.

对于各种不同的问题,可以通过积分式(16-28),(16-28'), 结合具体的边界条件和应力场分布,可求出塑性流动时的各种速度场.

若 $\varphi_t = \varphi = 0$,则式(16-28),(16-28')蜕化为

$$dv_\alpha - v_\beta d\psi = 0 \qquad \text{沿 } \alpha \text{ 线} \qquad (16-29)$$

$$dv_\beta - v_\alpha d\psi = 0 \qquad \text{沿 } \beta \text{ 线} \qquad (16-29')$$

这就是经典塑性力学中的 Geiringer 速度滑移线方程. 此时两族滑移线互成正交,体应变率为

$$\dot{\varepsilon}_v = \dot{\varepsilon}_x + \dot{\varepsilon}_y = 0 \qquad (16-30)$$

若 $\varphi_t = \varphi$,则可得出岩土塑性力学中的 C-φ 材料(即 $\varphi \neq 0$ 的材料)的速度滑移线,如文献[1,3,8]所述.

§16.6 双剪滑移线场的求解

16.6.1 条形基础的双剪滑移线解

对于土力学和岩土塑性力学中的经典的条形基础承载力问题,刘剑宇-马国伟于 1990 年用双剪滑移线场理论求解得出了双剪解为

$$q_T = C_0 \cdot \cot\varphi \left(\frac{3 + 5\sin\varphi}{3 - 3\sin\varphi} \exp\left[\pi \frac{4\sin\varphi}{\sqrt{9 + 6\sin\varphi - 15\sin^2\varphi}} \right] - 1 \right)$$

$$(16-31)$$

土力学中相应的用 Mohr-Coulomb 理论得出的结果为

$$q_s = C_0 \cdot \cot\varphi \left(\frac{1 + \sin\varphi}{1 - \sin\varphi} \exp[\pi \tan\varphi] - 1 \right) \quad (16-32)$$

条形基础承载力的双剪理论的滑移线场与经典的 Prandtl 滑移线相同. 但解的非正交角度大于经典 Prandtl 解,如图 16-2 所示. 但滑移线的夹角有所变化,即

$$\alpha_1 = \frac{\pi}{4} - \frac{\varphi_t}{2}$$

$$\alpha_2 = \frac{\pi}{4} + \frac{\varphi_t}{2}$$

由于$\varphi_t > \varphi$,所以双剪滑移线的α_2角大于单剪滑移线的夹角,而α_1角则小于单剪滑移线与水平平线的夹角.

对比条形地基的 Prandtl 解和双剪解的极限承载力公式(16 - 32)和(16 - 31)可知,双剪滑移线场理论的结果大于传统的C-φ材料的结果.并且这种差别与材料的强度参数φ有关.在图 16 - 5 中,双剪滑移线场中的非正交角度的强度参数φ_t与经典内摩擦角φ的关系为

$$\sin\varphi_t = \frac{4\sin\varphi}{3 + \sin\varphi}$$

若$\varphi = 10°$,则$\varphi_t = 12.64°$;若$\varphi = 30°$,则$\varphi_t = 34.85°$.

16.6.2 对称路基的双剪滑移线解

铁路路基(图 16 - 6)、公路路基、堤坝等结构常简化为图 16 - 6 的受力结构.路基斜坡所形成的顶角为2θ,应用双剪滑移线理论求解它的顶部极限载荷q_T.

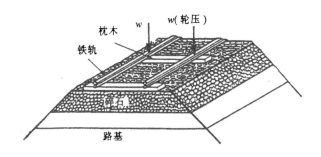

图 16 - 6　铁路路基结构

为了构造合理的滑移线场,除了参考文献中已有的滑移线场和结构的应力边界条件外,俞茂宏-刘剑宇还设计了计算机图像分

析的结构塑性区观察方法[12],对这类结构进行了模型试验.得到顶角为80°和120°二种路基结构模型的塑性区图如图16-7所示.

从图16-7中可以看出,顶角较大时的结构的塑性区均从加载区两侧和中间开始并不断扩展.

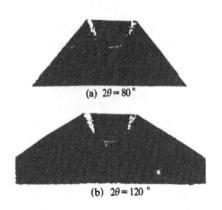

(a) $2\theta = 80°$

(b) $2\theta = 120°$

图16-7 塑性实验观察(刘剑宇,1989,刘春阳,1991)

根据路基的结构特点和一种拉压材料强度不等的材料(C-φ材料)的实验观察,作出它的滑移线场,如图16-8所示.由于对称性,可研究它的一半的受力情况.其中(Ⅰ)为均匀应力区,承受两向应力状态(σ_1,σ_3),$\sigma_3 = q$,在边界 AA' 上,$\sigma_n = \sigma_y = -q$,$\tau_n = \tau_{xy} = 0$,滑移线为直线,且与边界成 α_2 角,$\alpha_2 = \dfrac{\pi}{4} + \dfrac{\phi}{2}$. ABC 区域(Ⅲ)亦为均匀应力区,边界 AB 上,$\sigma_n = \tau_n = 0$,滑移线为直线,且与边界 AB 成 α_1 角,$\alpha_1 = \dfrac{\pi}{4} - \dfrac{\phi}{2}$. ACD 区域(Ⅱ)介于两者之间,为一过渡区. $CDC'D'$ 则为中心滑移区.

马国伟-刘剑宇根据双剪滑移线场理论得出解答如下.

按双剪滑移线场理论[式(16-17),(16-17′)],不计体力时的非正交滑移线方程

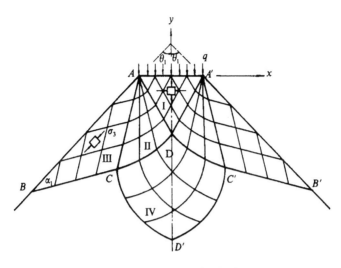

图 16-8 路基(梯形结构)滑移线场

$$p = C_e \exp[2\theta_1 \tan\varphi_t] + C\cot\varphi \qquad 沿 \alpha 族 \qquad (16-33)$$

$$p = C_e \exp[2\theta_1 \tan\varphi_t] + C\cot\varphi \qquad 沿 \beta 族 \qquad (16-33')$$

式中 θ_1 为 σ_1 与 x 轴夹角.

由边界条件

$$\sigma_n = p + R\cos 2(\theta - \varepsilon) \qquad \tau_n = R\sin 2(\theta - \varepsilon)$$

求得

$$p = \sigma_n - R\cos 2(\theta - \varepsilon) \qquad (16-34)$$

$$\theta = \varepsilon + \frac{1}{2}\arcsin \frac{\tau_n}{R} \qquad (16-35)$$

(1)在 ABC 区域(III),$\sigma_n = \tau_n = 0$,$\varepsilon = \pi - \theta_1$,$\theta = -\theta_1$,按照式(16-14),可从式(16-34)求得

$$p = \frac{-C_t \cos\varphi_t}{1 - \sin\varphi_t}$$

α 线方向为 $\dfrac{3\pi}{4} - \theta_1 - \dfrac{\varphi_t}{2}$，$\beta$ 线方向为 $\dfrac{\pi}{4} - \theta_1 + \dfrac{\varphi_t}{2}$. 沿 β 线有

$$p = \frac{-C_t \cos\varphi_t}{1 - \sin\varphi_t} = C_\beta \exp[2\theta_1 \tan\varphi_t] + C_t \cot\varphi_t$$

由此求得 β 族滑移线的积分常数

$$C_\beta = \frac{-C_t \cos\varphi_t}{1 - \sin\varphi_t} \exp[-2\theta_1 \tan\varphi_t] \qquad (16-36)$$

(2)在 ADA' 区（Ⅰ），$\sigma_n = -q, \tau_n = 0, \varepsilon = \dfrac{\pi}{2}, \theta = 0$，得

$$p = \frac{-q + C_t \cos\varphi_t}{1 + \sin\varphi_t}$$

α 线方向为 $-\left(\dfrac{\pi}{4} + \dfrac{\theta_1}{2}\right)$，$\beta$ 线方向为 $\left(\dfrac{\pi}{4} + \dfrac{\theta_1}{2}\right)$ · 由此可得

$$C_\beta = \frac{-q - C_t \cot\varphi_t}{1 + \sin\varphi_t} \qquad (16-37)$$

(3)在 ACD 区域（Ⅱ），α 线为直线，β 线为对数螺线，两者均以 A 点为极心. 对数螺线的极坐标方程为

$$r_1 = r_0 \exp[\theta_0 \tan\varphi_t]$$

因为 $\overline{AD}$ 的长度

$$r_0 = \frac{\overline{AA'}}{2\cos\left(\dfrac{\pi}{4} + \dfrac{\varphi_t}{2}\right)}$$

故 $\overline{AC}$ 的长度

$$r_1 = \frac{\overline{AA} \exp[\theta_0 \tan\varphi_t]}{2\cos\left(\dfrac{\pi}{4} + \dfrac{\varphi_t}{2}\right)}$$

从而 C, D 两点已完全确定，梯形结构（路基）的滑移线场已基本确定，相应的极限载荷可计算得出. 中间的滑移线 $CDC'D'$ 是左右两族对数螺线的扩展，说明在这里存在塑性滑移区，这与图 16-7 的实验观察结果是一致的.

(4)确定极限载荷. 由于沿一条 β 族滑移线的积分常数均相同，由此可以解出梯形结构顶端受均匀分布载荷时双剪滑移线的

极限载荷

$$q = C_t \cot\varphi_t \left(\frac{1 + \sin\varphi_t}{1 - \sin\varphi_t} \exp[2\theta_1 \tan\varphi_t] - 1 \right)$$

$$= C \cot\varphi \left(\frac{3 + 5\sin\varphi}{3 - 3\sin\varphi} \exp\left[2\theta_1 \frac{4\sin\varphi}{\sqrt{9 + 6\sin\varphi - 15\sin^2 p}} \right] - 1 \right)$$

$$(16-38)$$

作为对比,计算得出 $\theta_1 = \frac{\pi}{4}$ 时按双剪滑移线场理论得出的极限载荷和按 Mohr-Coulomb 材料得出的计算结果列入表 16-1.

从表 16-1 的结果可以看出,考虑了中间主应力和不考虑中间主应力的两种滑移线场理论得出的结果有一定的差别. 当 φ 值愈高时,两者的差别愈大.

表 16-1 应用双剪和单剪滑移线场理论计算极限载荷的比较

$\varphi(°)$	5	10	15	20	25	30
$\varphi_t(°)$	6.48	12.64	18.52	24.16	29.6	34.85
$q_{单剪} \times C_0$	4.19	4.95	5.92	7.18	8.85	11.14
$q_{双剪} \times C_0$	4.40	5.44	6.77	8.53	10.92	14.29

梯形结构极限载荷的双剪滑移线理论的马国伟-刘剑宇解具有普遍性. 它的两个极端情况如下.

(1) $\theta_1 = \frac{\pi}{2}$,得条形地基承载力的双剪解

$$q_T = C_0 \cdot \cot\varphi \left(\frac{3 + 5\sin\varphi}{3 - 3\sin\varphi} \exp\left[\pi \frac{4\sin\varphi}{\sqrt{9 + 6\sin\varphi - 15\sin^2\varphi}} \right] - 1 \right)$$

$$(16-39)$$

此即为式(16-31)的结果.

(2) $\theta = 0°$,长方形受轴向均布载荷的双剪极限解为

$$q_T = C_0 \cdot \cot\varphi \frac{8\sin\varphi}{3 - 3\sin\varphi} \qquad (16-40)$$

对梯形结构的速度场亦可同样推导得出.

§16.7 双剪滑移线场理论的试验验证

为了验证双剪滑移线场理论,俞茂宏、刘剑宇、刘春阳等从 1988 年至 1993 年采用实验-计算机图像处理以及弹塑性有限元等方法进行了一系列研究[12,28—30].

滑移线场理论、实验、有限元弹塑性计算等三种方法得出的结果基本一致.现就几个典型结果阐述如下.

16.7.1 中心有孔板的轴向拉伸

采用硬质聚氯乙烯厚板条,在 ZDM 万能试验机上测定材料的拉伸屈服极限 $\sigma_t = 5.89\text{kN/cm}^2$,压缩屈服极限 $\sigma_c = 7.58\text{kN/cm}^2$,材料的拉压强度比 $\alpha = 0.777$.试件在秦川机械厂科研所精确加工,得出有孔厚板的塑性变形首先在孔的两侧开始,然后逐渐向两边扩展,但在横截面上存在一个三角形的弹性区.最后所形成的塑性区边界与横截面中心线成 38° 的夹角,为一非正交滑移线场(正交滑移线场为 45°),如图 16 - 9 所示.根据实验所得的材料性能数据和实验观察的塑性变形特点,可知采用传统的 Tresca 滑移线场理论和 Mises 滑移线场理论均不适合.故采用双剪滑移线场理论,得出的计算结果 $\gamma = 41.4°$,与实验结果较接近.

为了再作进一步比较,我们又按试件的材料性能,采用双剪强度理论和双剪弹塑性模型,编制弹塑性有限元进行计算,得出的塑性区如图 16 - 10 所示.该图由曾文兵于 1990 年在西安交通大学计算中心绘图机上计算得出.由于对称性,取结构的 1/4 划分有限元网格并计算.图中给出了两种不同孔径的双剪弹塑性有限元计算结果.图 16 - 10(a)为小孔的情况,可以看出在横截面的直线自由边界上存在着一个三角形的弹性区,这与实验观察到的结果相符合.图 16 - 10(b)为大孔的情况.这时,由于横截面的削弱较多,因此横截面上的塑性区相对较多.

为了便于对比,将以上各种方法得出的结果综合如图 16 - 11

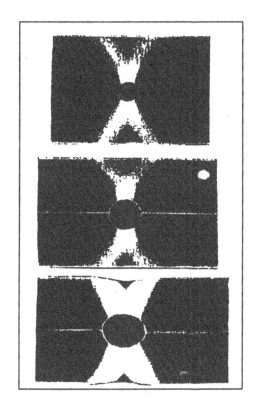

图 16-9 有孔厚板的拉伸塑性区(刘剑宇,1989)

所示.图中左下 1 为实验得出的塑性区图像分析的结果;图的上方
2 为弹塑性有限元计算得出的塑性区;图的右下 3 为双剪滑移线
场的计算结果.由图中对比结果可知,双剪滑移线理论、双剪弹塑
性有限元计算和塑性区图像双剪分析所得出的结果均为非正交滑
移线场,并且三者的结果比较一致.

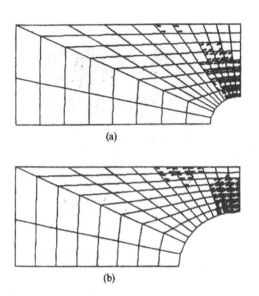

(a)

(b)

图 16-10　有孔板拉伸的双剪弹塑性计算(曾文兵,1990)

(a)小孔板拉伸的双剪有限元塑性区；(b)大孔板拉伸的双剪塑性区

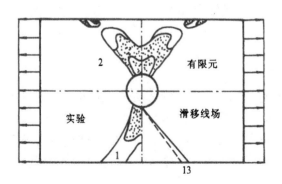

图 16-11　三种方法结果的对比

16.7.2 梯形结构的双剪非正交滑移线场的试验观察

这一试验于 1989 年由刘剑宇在秦川机械厂科研所进行,得出的结果如图 16-7 所示[29]. 此后刘春阳再次进行了这一结构的试验,得出同样的结果[30]. 与图 16-8 的双剪非正交滑移线场相比,较为一致.

对图 16-7 的三种不同角度(坡度)的梯形结构,刘剑宇求得的双剪滑移线极限载荷 q_T 和相应尺寸的试件实验,得出的试验极限值 q^* 的数值对比列于表 16-2. 由表 16-2 的对比可见,双剪非正交滑移线理论得出的极限载荷与试验值基本一致.

为了进一步研究这一结构的塑性变形情况,刘春阳-马国伟又用弹塑性有限元法进行计算,得出的结构塑性区扩展情况如第十九章图 19-17 和图 19-18 所示,它们分别是斜坡顶角为 30° 和 45° 两种情况的计算结果. 图中表明了在载荷增加的过程中塑性区的扩展情况. 它们都是从坡顶的两侧开始(由于对称,计算网格及计算结果图都只取右面一半的结构),然后以与水平线成约 $\left(\dfrac{\pi}{4}+\dfrac{\varphi_t}{2}\right)$ 的角度逐步向中心区扩展;与此同时,在中心线的中间又同时产生一个塑性区,这两个塑性区不断扩展,最终连成一片,形成一个与图 16-8 相似的大片塑性区.

表 16-2 双剪滑移线解的极限载荷与试验对比

材料	$\sigma_t = 5.89 \text{kN/cm}^2$,	$\sigma_c = 7.58 \text{kN/cm}^2$,	$\alpha = 0.777$
坡顶角 $2\theta_1$	30°	80°	120°
双剪滑移线解(kN)	17.45	21.1	56.16
试验值(kN)	16.33	18.53	54.6

16.7.3 不对称梯形结构

对于不对称梯形结构,刘剑宇得出它们的双剪非正交滑移线计算极限载荷和相应的实验结果如下.

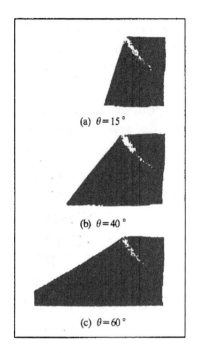

(a) $\theta = 15°$

(b) $\theta = 40°$

(c) $\theta = 60°$

图 16-12　单侧斜坡的塑性变形实验(刘剑宇,1989)

三种不同坡度试件的塑性区扩展情况如图 16-12 所示,相应的滑移线如图 16-13,塑性区扩展如图 16-14.

从图 16-12 看出,不同坡角的滑移区几乎相同[图 16-12(a),(b),(c)],但它们的塑性变形与图 16-7 有所不同,这一结果也与理论分析结果相一致.

图 16-13 为单边斜坡的非正交滑移线场.它可由图 16-8 构造出,或如图 16-13 由 ABC 和 BDE 两个均匀应力区合并而成.此时 ABC 的双向压缩应力区变为与 BDE 相同的单向应力区,从而可以得出它们的极限载荷(见表 16-3).

在表 16-3 中,不同坡度斜坡的极限载荷实验结果几乎相同.

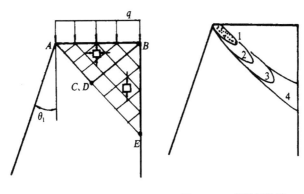

图 16-13 滑移线   图 16-14 塑性区扩展

而计算结果均为 $P_T = 30.5$kN，它与实验结果有所差别，但与坡角无关的结果则与实验结果一致.

表 16-3

θ_1 角	实验结果(kN)	平均实验值(kN)	计算值(kN)
15°	36.83 37.67 38.25	37.58	30.5
40°	37.92 39.1	38.51	
60°	38.94 37.5 38.75	38.39	

§16.8 统一滑移线场理论

以上我们将双剪强度理论引入滑移线理论，建立了一个新的双剪正交和非正交滑移线理论. 并与实验结果对比, 得出了较好的结果. 但是, 双剪滑移线场理论也与现有的三类滑移线场理论一样 (Tresca 滑移线, Mises 材料滑移线和 Mohr-Coulomb 材料滑移线), 它们都只能适用于某一类型的材料和滑移线场, 见表 16 - 4.

表 16 - 4　各种滑移线的适用情况

滑 移 线		适 用 范 围	
正交滑移线场	Tresca 滑移线	适用于 $\tau_s = 0.5\sigma_s$ 的材料	适用于拉压强度相同的金属类材料和正交滑移线场
	Mises 滑移线	适用于 $\tau_s = 0.577\sigma_s$ 的材料	
	双剪正交滑移线	适用于 $\tau_s = 0.667\sigma_s$ 的材料	
非正交滑移线场	Mohr-Coulomb 滑移线	适用于非正交角为 $\left(\dfrac{\pi}{4} \mp \dfrac{\varphi}{2} \right)$ 的情况	适用于拉压强度相等和不相等的某些材料和非正交滑移线场
	双剪非正交滑移线	适用于非正交角为 $\left(\dfrac{\pi}{4} \mp \dfrac{\varphi_t}{2} \right)$ 的材料 $\varphi_t > \varphi$	

　　以上五种滑移线场所得出的极限载荷各不相同, 它们适用于什么材料, 什么结构以及它们之间的相互关系如何, 这些都是人们所关心的问题. 此外, 有没有可能建立一种更广泛的统一滑移线场理论, 使它可以适用于各类材料以及各种正交和非正交的滑移线场, 这也是大家多年来所感兴趣的一个重要问题. 它不仅可以使现有的各种分散的理论相互联系起来, 建立一个统一的滑移线场理论, 使滑移线场方法在理论上更完整; 而且可以使滑移线场理论的工程应用更方便、更清晰, 不会因为选用不当而导致较大的误差.

　　为此, 从 1990 年起至今, 俞茂宏、刘剑宇、马国伟、刘春阳、杨松岩等, 又在双剪滑移线场理论的基础上, 将俞茂宏统一强度理论引入滑移线场, 建立了一个系统的可以适用于各类材料以及正交和非正交滑移线场的统一滑移线场理论[31].

　　下面我们对统一滑移场理论进行较具体的推导

16.8.1 统一塑性滑移线场理论的基本方程

统一滑移线场理论的应力平衡方程和应力分析与前述的双剪滑移线场的基本方程 $(16-4)$，$(16-7)$，$(16-8)$，$(16-9)$ 和式 $(16-13)$ 相同. 但屈服条件采用统一强度理论, 即

$$
\begin{aligned}
F &= \tau_{13} + b\tau_{12} + \sin\varphi_0(\sigma_{13} + b\sigma_{12}) \\
&= (b+1)C_0 \cdot \cos\varphi_0 \qquad F \geqslant F'
\end{aligned}
\tag{16-41}
$$

$$
\begin{aligned}
F' &= \tau_{13} + b\tau_{23} + \sin\varphi_0(\sigma_{13} + b\sigma_{23}) \\
&= (b+1)C_0 \cdot \cos\varphi_0 \qquad F \leqslant F'
\end{aligned}
\tag{16-41'}
$$

如用主应力表示, 则

$$
\begin{aligned}
F = &\frac{1+b}{2}\sigma_1 - \frac{\sigma_3}{2} - \frac{b}{2}\sigma_2 \\
&+ \sin\varphi_0\left(\frac{1+b}{2}\sigma_1 + \frac{b}{2}\sigma_2 + \frac{\sigma_3}{2}\right) \\
= &(b+1)C_0 \cdot \cos\varphi_0 \qquad \text{当 } \sigma_2 \leqslant p + R\sin\varphi_0
\end{aligned}
\tag{16-42}
$$

$$
\begin{aligned}
F' = &\frac{\sigma_1}{2} + \frac{b}{2}\sigma_2 - \frac{1+b}{2}\sigma_3 \\
&+ \sin\varphi_0\left(\frac{\sigma_1}{2} + b\frac{\sigma_2}{2} + \frac{1+b}{2}\sigma_3\right) \\
= &(b+1)C_0 \cdot \cos\varphi_0 \qquad \text{当 } \sigma_2 \geqslant p + R\sin\varphi_0
\end{aligned}
\tag{16-42'}
$$

按式 $(16-9)$，$\sigma_2 = mp$，$m \leqslant 1$，故 $\sigma_2 \leqslant p + R\sin\varphi_0$，选用式 $(16-42)$.

将主应力代入式 $(16-42)$，得出统一滑移线场理论的塑性条件为

$$
\begin{aligned}
&\frac{\sigma_1 - \sigma_3}{4}(2 + b + b\sin\varphi_0) + \frac{\sigma_1 + \sigma_3}{2} \\
&\times [b(1-m) + (2 + b + bm)\sin\varphi_0]\sin\varphi_0 \\
&= (1+b)C_0 \cdot \cos\varphi_0
\end{aligned}
\tag{16-43}
$$

将上式写成简化形式为

$$
R = p\sin\varphi_t + C_t \cdot \cos\varphi_t
\tag{16-44}
$$

式中

$$\sin\varphi_t = \frac{b(1-m)+(2+b+bm)\sin\varphi_0}{2+b+b\sin\varphi_0} \qquad (16-45)$$

$$C_t = \frac{2(b+1)C_0 \cdot \cos\varphi_0}{2+b+b\sin\varphi_0} \cdot \frac{1}{\cos\varphi_t} \qquad (16-46)$$

若取 $m=1$,则式(16-45)简化为

$$\sin\varphi_t = \frac{2(b+1)\sin\varphi_0}{2+b+b\sin\varphi_0} \qquad (16-47)$$

统一强度理论在刚塑性平面应变问题中的表达式,式中 φ_t 及 C_t 分别对应于统一强度理论的新的剪切强度参数和摩擦角强度参数(可以证明 $|\sin\varphi_t| \leqslant 1$),它们与原来的参数 φ_0,C_0 的关系如上两式所示. 当 φ_0,C_0 为常量时,φ_t,C_t 仅是材料强度参数 b 的函数,即

$$\varphi_t = \varphi_t(b) \qquad C_t = C_t(b) \qquad (16-48)$$

上式表明,新的参数 φ_t,C_t 与参数 b 有密切的联系,可以认为,它们是包括了考虑中间主应力 σ_2 对各种不同材料屈服的影响因素的新的材料强度参数. 在 $\sigma-\tau$ 平面坐标系中,式(16-44)的几何表示为一条直线,如图 16-5 所示.

若令 $A = \dfrac{2(1+b)}{2+b+b\sin\varphi_0}$,则式(16-43)和(16-44)又可写成

$$R = A(p\sin\varphi_0 + C_0 \cdot \cos\varphi_0) \qquad (16-49)$$

上式与 Mohr-Coulomb 强度理论

$$R = p\sin\varphi_0 + C_0 \cdot \cos\varphi_0 \qquad (16-50)$$

相比,很显然,这几个表达式非常地相似,但它们的本质却有很大的不同. 正如前面已经提到过的,Mohr-Coulomb 强度准则中完全没有考虑中间主应力 σ_2 对材料屈服强度的贡献,而双剪应力强度理论则不仅考虑了中间主应力 σ_2 对材料屈服强度的贡献,而且适用于不同种类的材料的不同情况. 从式(16-49)和(16-50)可以看出,两式只相差一个系数 $A(0<A<1)$,而当 $b=0$ 时,即完全不考虑中间主应力对材料滑移的影响时,有 $A=1$,此时,统一强度理论的表达式蜕化为 Mohr-Coulomb 强度准则的表达式. 而式(16-

44)中的 $\varphi_t = \varphi_0$,$C_t = C_0$,二式合为一式. 因此,我们可以认为 A 是一个修正系数,是依据不同材料的特性,以及中间主应力 σ_2 对材料屈服的不同影响的一个修正系数. 实际上,Mohr-Coulomb 强度理论只是统一强度理论的一个特例. 统一强度理论具有更普遍通用的特点.

其他有关方程与一般滑移线场理论相同.

16.8.2 统一滑移线场理论的特征线解法

联立式(16 - 8),(16 - 13)和式(16 - 44),可得到以 p,θ 为变量的统一强度理论静力平衡偏微分方程组:

$$\frac{\partial p}{\partial x}(1 + \sin\varphi_t \cos 2\theta) + \frac{\partial p}{\partial y}\sin\varphi_t \sin 2\theta$$

$$- 2R\left(\sin 2\theta \frac{\partial \theta}{\partial x} - \cos 2\theta \frac{\partial \theta}{\partial y}\right) = \gamma\sin\alpha$$

$$\frac{\partial p}{\partial x}\sin\varphi \sin 2\theta + \frac{\partial p}{\partial y}(1 - \sin\varphi_t \cos 2\theta)$$

$$+ 2R\left(\cos 2\theta \frac{\partial \theta}{\partial x} + \sin 2\theta \frac{\partial \theta}{\partial y}\right) = - \gamma\cos\alpha \quad (16 - 51)$$

引入新的参数 $\mu = \dfrac{\pi}{4} - \dfrac{\varphi_t}{2}$,并换算可得

$$\frac{\partial p}{\partial x}\sin 2\theta + \frac{\partial p}{\partial y}(\cos 2\mu - \cos 2\theta) - 2R\frac{\partial \theta}{\partial x} = \gamma\cos(\alpha - 2\theta)$$

$$\frac{\partial p}{\partial x}(\cos 2\theta + \cos 2\mu) + \frac{\partial p}{\partial y}\sin 2\theta + 2R\frac{\partial \theta}{\partial y} = \gamma\sin(\alpha - 2\theta)$$

$$(16 - 52)$$

该方程组表示塑性区域内一点处的应力状态. 该点满足强度条件及静力平衡条件. 可以证明,该方程组有两族不同的实特征线解,因此它也是双曲线型拟线性偏微分方程组. 因为直接积分困难,一般均采用特征线法进行求解. 沿特征线 L,对 $p = p(x,y)$,$\theta = \theta(x,y)$ 总有如下的全微分方程成立:

$$dp = \frac{\partial p}{\partial x}dx + \frac{\partial p}{\partial y}dy$$

$$d\theta = \frac{\partial \theta}{\partial x}dx + \frac{\partial \theta}{\partial y}dy \qquad (16-53)$$

将方程组(16-52)与(16-53)联立,即可得到一个以$\frac{\partial p}{\partial x}$,$\frac{\partial p}{\partial y}$,$\frac{\partial \theta}{\partial x}$和$\frac{\partial \theta}{\partial y}$为变量的四元一次线性方程组

$$\sin2\theta\frac{\partial p}{\partial x} + (\cos2\mu - \cos2\theta)\frac{\partial p}{\partial y} - 2R\frac{\partial \theta}{\partial x} = \gamma\cos(\alpha - 2\theta)$$

$$(\cos2\mu + \cos2\theta)\frac{\partial p}{\partial x} + \sin2\theta\frac{\partial p}{\partial y} + 2R\frac{\partial \theta}{\partial y} = \gamma\sin(\alpha - 2\theta)$$

$$dx\frac{\partial p}{\partial x} + dy\frac{\partial p}{\partial y} = dp$$

$$dx\frac{\partial \theta}{\partial x} + dy\frac{\partial \theta}{\partial y} = d\theta \qquad (16-54)$$

该方程组为非齐次的线性偏微分方程组,用矩阵的形式来表示,则有

$$\begin{bmatrix} \sin2\theta & \cos2\mu - \cos2\theta & -2R & 0 \\ \cos2\mu + \cos2\theta & \sin2\theta & 0 & 2R \\ dx & dy & 0 & 0 \\ 0 & 0 & dx & dy \end{bmatrix} \times \begin{bmatrix} \frac{\partial p}{\partial x} \\ \frac{\partial p}{\partial y} \\ \frac{\partial \theta}{\partial x} \\ \frac{\partial \theta}{\partial y} \end{bmatrix}$$

$$= \begin{Bmatrix} \gamma\cos(\alpha - 2\theta) \\ \gamma\sin(\alpha - 2\theta) \\ dp \\ d\theta \end{Bmatrix} \qquad (16-55)$$

或写成

$$\Delta \cdot X = D \qquad (16-56)$$

按照克莱姆法则,该方程组有解的条件为系数行列式$\Delta \neq 0$,从而有

$$\frac{\partial p}{\partial x} = \frac{\Delta_1}{\Delta} \qquad \frac{\partial p}{\partial y} = \frac{\Delta_2}{\Delta} \qquad \frac{\partial p}{\partial x} = \frac{\Delta_3}{\Delta} \qquad \frac{\partial \theta}{\partial y} = \frac{\Delta_4}{\Delta}$$

$$(16-57)$$

实际上,由于可以有无穷多个积分曲面通过特征线,因此在特征线上的任一点均具有无穷多个法线方向,而每一法线方向余弦都与相应的量 $\frac{\partial p}{\partial x}, \frac{\partial p}{\partial y}, \frac{\partial \theta}{\partial x}, \frac{\partial \theta}{\partial y}$ 成比例. 换句话说,也就是这些偏导数均具有无穷多个解. 显然,能使偏导数 $\frac{\partial p}{\partial x}, \frac{\partial p}{\partial y}, \frac{\partial \theta}{\partial x}, \frac{\partial \theta}{\partial y}$ 具有无穷多个值(即解不唯一确定)的充分必要条件是式(16-57)中的各式等号右边的分子,分母同时为零,即

$$\Delta = \Delta_1 = \Delta_2 = \Delta_3 = \Delta_4 = 0 \qquad (16-58)$$

由 $\Delta=0$,展开行列式可得

$$(\cos 2\mu - \cos 2\theta)(dx)^2 - 2\sin 2\theta dx dy$$
$$+ (\cos 2\theta + \cos 2\mu)(dy)^2 = 0 \qquad (16-59)$$

求解上式,可得

$$\frac{dy}{dx} = \frac{2\sin 2\theta \pm \sqrt{4\sin^2 2\theta - 4(\cos^2 2\mu - \cos^2 2\theta)}}{2(\cos 2\theta + \cos 2\mu)}$$

$$= \frac{\sin 2\theta \pm \sin 2\mu}{\cos 2\theta + \cos 2\mu} \qquad (16-60)$$

经化简后可得到

$$\frac{dy}{dx} = \begin{cases} \tan(\theta - \mu) & \text{沿 } \alpha \text{ 线} \\ \tan(\theta + \mu) & \text{沿 } \beta \text{ 线} \end{cases} \qquad (16-61)$$

说明偏微分方程组(16-52)有两个不同的实根,就有两族不同的相交成 2μ 角的特征线,方程组(16-52)确是双曲型偏微分方程组. 而数学意义上的特征线即为物理意义上的滑移线. 两族滑移线(特征线)分别称为 α 族和 β 族.

取与滑移线 α,β 相重合的曲线坐标系统 S_α,S_β,由方向导数的公式

$$\frac{\partial}{\partial S_\alpha} = \cos(\theta - \mu)\frac{\partial}{\partial x} + \sin(\theta - \mu)\frac{\partial}{\partial y}$$

$$\frac{\partial}{\partial S_\beta} = \cos(\theta + \mu)\frac{\partial}{\partial x} + \sin(\theta + \mu)\frac{\partial}{\partial y} \qquad (16-62)$$

又可以得到

$$\frac{\partial}{\partial x} = \left[\sin(\theta+\mu)\frac{\partial}{\partial S_\alpha} - \sin(\theta-\mu)\frac{\partial}{\partial S_\beta}\right]/\sin2\mu$$

$$\frac{\partial}{\partial y} = -\left[\cos(\theta+\mu)\frac{\partial}{\partial S_\alpha} - \cos(\theta-\mu)\frac{\partial}{\partial S_\beta}\right]/\sin2\mu \qquad (16-63)$$

将上式代入式(16-52)可得到

$$-\sin2\mu\frac{\partial p}{\partial S_\alpha} + 2R\frac{\partial\theta}{\partial S_\alpha} + \gamma\left[\sin(2\mu+\alpha)\frac{\partial x}{\partial S_\alpha}\right.$$

$$\left. + \cos(2\mu+\alpha)\frac{\partial y}{\partial S_\alpha}\right] = 0$$

$$\sin2\mu\frac{\partial p}{\partial S_\beta} + 2R\frac{\partial\theta}{\partial S_\beta} + \gamma\left[\sin(\alpha-2\mu)\frac{\partial x}{\partial S_\beta}\right.$$

$$\left. + \cos(\alpha-2\mu)\frac{\partial y}{\partial S_\beta}\right] = 0 \qquad (16-64)$$

上式即为统一滑移线场理论的基本方程,它具有较普遍的意义,它的每一方程只含有沿 α 线或 β 线的微分.其解一般可由积分求得,但困难较大,常采用数值方法.对于一些特殊情况,则可以直接积分求出其解析解.

§16.9 统一滑移线场理论的各种特例

16.9.1 不计体力时的统一滑移线场理论

不计体力时,$\gamma = 0$,统一滑移线场的方程(16-64)简化为

$$-\sin2\mu\frac{\partial p}{\partial S_\alpha} + 2R\frac{\partial\theta}{\partial S_\alpha} = 0$$

$$\sin2\mu\frac{\partial p}{\partial S_\beta} + 2R\frac{\partial\theta}{\partial S_\beta} = 0 \qquad (16-65)$$

积分上式,得

$$p = C_\alpha \cdot \exp[2\theta\cot2\mu] - C_t \cdot \cot\varphi_t \qquad \text{沿 } \alpha \text{ 线}$$

$$p = C_\beta \cdot \exp[-2\theta \cot 2\mu] - C_t \cdot \cot\varphi_t \qquad \text{沿 } \beta \text{ 线 } \quad (16-66)$$

与前面求得的结果统一起来,有

$$\frac{dy}{dx} = \tan(\theta - \mu), \mu = \frac{\pi}{4} - \frac{\varphi_t}{2}$$

$$p = C_\alpha \cdot \exp[2\theta \cdot \cot 2\mu] - C_t \cdot \cot\varphi_t \qquad \alpha \text{ 线 } \quad (16-67)$$

$$\frac{dy}{dx} = \tan(\theta + \mu), \mu = \frac{\pi}{4} - \frac{\varphi_t}{2}$$

$$p = C_\beta \cdot \exp[-2\theta \cdot \cot 2\mu] - C_t \cdot \cot\varphi_t \qquad \beta \text{ 线 } \quad (16-67')$$

此即为不考虑体力作用时的统一滑移线场理论的统一表达式,式中 C_α, C_β 为积分常数,但沿不同的 α, β 线,积分常数的值是不同的. C_t, φ_t 即为前述与统一强度理论相对应的含有参数 b 及 C_0, φ_0 的两个新的材料强度参数.

Mohr-Coulomb 强度准则所对应的滑移线场的方程

$$\frac{dy}{dx} = \tan(\theta - \mu), \mu = \frac{\pi}{4} - \frac{\varphi_0}{2}$$

$$p = C_\alpha \cdot \exp[2\theta \cdot \cot 2\mu] - C_0 \cdot \cot\varphi_0 \qquad \alpha \text{ 线 }$$

$$\frac{dy}{dx} = \tan(\theta + \mu), \mu = \frac{\pi}{4} - \frac{\varphi_0}{2}$$

$$p = C_\beta \cdot \exp[-2\theta \cdot \cot 2\mu] - C_0 \cdot \cot\varphi_0 \qquad \beta \text{ 线 } \quad (16-68)$$

统一滑移线场方程(16-67),(16-67′)与方程(16-68)两者的数学表达式非常相似,但参数却不相同.因此所求得的滑移线场的形状大小及应力场、位移速度场乃至极限承载能力都有所不同.

16.9.2 统一正交滑移线场理论

正交场一般适用于拉压强度相等的金属材料及 $\varphi_0 = 0$ 的材料,实践结果证明,它们的滑移线大都呈现着正交性,即 $\mu = 45°$.

当 $\beta = 0$,即 $\varphi_0 = 0$ 时,由式(16-46)可知,如下关系成立: $\varphi_t = \varphi_0 = 0, C_t = C_0, \mu = \frac{\pi}{4}, 2\mu = \frac{\pi}{2}$,即此时按统一滑移线场理论所得到的均为正交滑移线场,故称之为统一正交滑移线场理论.其中包括两种情况.

(1)当 $b = 0$ 时,双剪应力强度理论的表达式将合并为一式:

$$F = \tau_{13} = C = k$$

上式又可表示为

$$\left(\frac{\sigma_x - \sigma_y}{2}\right)^2 + \tau_{xy}^2 = k^2 = R^2$$

其对应的滑移线场理论可由式(16-65)得到($R=k$)

$$\frac{\partial}{\partial S_\alpha}(p - 2k\theta) = 0 \qquad \alpha \text{ 线}$$

$$\frac{\partial}{\partial S_\beta}(p + 2k\theta) = 0 \qquad \beta \text{ 线} \qquad (16-69)$$

积分上式,即可得到

$$p - 2k\theta = C_\alpha \qquad \alpha \text{ 线}$$

$$p + 2k\theta = C_\beta \qquad \beta \text{ 线} \qquad (16-70)$$

上式即为长期以来在金属塑性力学中采用的滑移线场理论方法的基本公式,也就是著名的 Hencky 应力方程,也称为 Hencky 积分方程. C_α, C_β 为积分常数,但从一条滑移线到另一条滑移线,常数的值一般说来是要变化的. 著名的 Prandlt 解和 Hill 解就是基于式(16-70)建立的. 我们将它们称之为单剪(应力)正交滑移线场理论.

(2)当 $b=1$ 时,将得到在刚塑性平面应变条件下的

$$F = \tau_{13} + \tau_{12} = \sigma_1 + \frac{1}{2}(\sigma_2 + \sigma_3) = 2C_0$$

此即为双剪应力屈服准则,此时 $C_t = \frac{4}{3}C_0$,由式(16-65)同样可以得到

$$\frac{\partial}{\partial S_\alpha}(p - 2R\theta) = 0 \qquad \text{沿 } \alpha \text{ 线}$$

$$\frac{\partial}{\partial S_\beta}(p + 2R\theta) = 0 \qquad \text{沿 } \beta \text{ 线} \qquad (16-71)$$

积分后同样下式成立($R=k$):

$$p - 2k\theta = C_\alpha$$

$$p + 2k\theta = C_\beta \qquad (16-72)$$

我们称上式为双剪正交滑移线场理论.

由于在平面应变问题中,Mises 屈服准则和 Tresca 屈服准则的表达式相同,只是 k 的取值不同,故我们可将统一正交滑移线场理论公式表述如下$\left(\mu=\dfrac{\pi}{4}\right)$:

$$dy/dx=\tan\left(\theta-\frac{\pi}{4}\right)$$
$$p-2k\theta=C_\alpha \qquad \alpha \text{ 族} \qquad (16-73)$$

$$dy/dx=\tan\left(\theta+\frac{\pi}{4}\right)$$
$$p+2k\theta=C_\beta \qquad \beta \text{ 族} \qquad (16-74)$$

其中 k 的取值为

$$k=\begin{cases}\dfrac{1}{2}\sigma_s & (\text{Tresca 屈服准则}) \\[2mm] \dfrac{1}{\sqrt{3}}\sigma_s & (\text{Mises 屈服准则}) \\[2mm] \dfrac{2}{3}\sigma_s & (\text{双剪屈服准则})\end{cases} \qquad (16-75)$$

上述三个均作为统一滑移线场正交场的特例而得出,分别对应着 $b=0,b=\dfrac{1}{2}$ 或 $b=\dfrac{1}{1+\sqrt{3}}$(线性逼近)及 $b=1$. 当参数 b 取 0—1 之间的其他值时,即可得到相对应的统一正交滑移线场的其他情况.

16.9.3 统一非正交滑移线场理论

对于岩石、土壤等岩土类材料以及铸铁等部分金属材料来说,它们的拉压强度不等,滑移破坏大都呈现着明显的非正交特性,即 $\mu\neq45°$. 对于这类材料,正交场不再适应. 当 $\beta\neq0$ 即 $\varphi_0\neq0$ 时,双剪应力强度理论中又考虑了剪应力作用面上的正应力对剪切滑移的影响,此时滑移线的切线方向不再是最大剪应力 $\tau_{\max}=k$ 的方向,而是 $\tau + f\sigma$ 为最大时的剪切方向,这里 σ 为剪应力作用上的正应力;而 f 为剪切面间的摩擦系数($f=\sin\varphi$). 此时,统一强度理论在刚塑性平面应变问题中的表达式即为式(16-44):

$$R = p\sin\varphi_t + C_t \cdot \cos\varphi_t$$

非正交滑移线场又分为以下几情况.

(1) $b=0$ 时,屈服准则的形式为

$$F = F = \tau_{13} + \sin\varphi_0\sigma_{13} = C_0\cos\varphi_0$$

此即为著名的单剪强度准则. 可知此时有 $\varphi_t = \varphi_0 \neq 0, C_t = C_0, \mu = \dfrac{\pi}{4} - \dfrac{\varphi_0}{2}$,故两族滑移线为非正交. 则由式(16-66)可得到

$$p = C_\alpha \cdot \exp[2\theta\cot 2\mu] - C_0 \cdot \cot\varphi_0 \qquad \alpha \text{ 线}$$
$$p = C_\beta \cdot \exp[-2\theta\cot 2\mu] - C_0 \cdot \cot\varphi_0 \qquad \beta \text{ 线} \qquad (16-76)$$

显然,上式与式(16-68)由 Mohr-Coulomb 准则直接推得的滑移线场公式完全相同,该式也正是长期以来在岩土塑性力学中应用的滑移线场理论方法的基本公式. 为了统一起见,我们也称其为单剪非正交滑移线场理论.

(2) $b=1$ 时,对应的屈服准则为

$$F = \tau_{13} + \tau_{12} + \beta(\sigma_{13} + \sigma_{12}) = C$$

或

$$F = \tau_{13} + \tau_{12} + \sin\varphi_0(\sigma_{13} + \sigma_{12}) = 2C_0 \cdot \cos\varphi_0$$

此即为广义双剪应力屈服准则,根据该式即可导出双剪非正交滑移线场理论的最基本的一组公式. 由式(16-46)可知,此时有

$$\sin\varphi_t = \frac{4\sin\varphi_0}{3 + \sin\varphi_0}$$
$$C_t = \frac{4C_0\cos\varphi_0}{3 + \sin\varphi_0} \cdot \frac{1}{\cos\varphi_t} \qquad (16-77)$$

其中 $\mu = \dfrac{\pi}{4} - \dfrac{\varphi_t}{2}$,双剪非正交滑移线场的基本公式即为

$$\frac{dy}{dx} = \tan(\theta - \mu)$$
$$p = C_\alpha \cdot \exp[2\theta \cdot \cot 2\mu] - C_t \cdot \cot\varphi_t \qquad \alpha \text{ 族} \qquad (16-78)$$

$$\frac{dy}{dx} = \tan(\theta + \mu)$$

$$p = C_\beta \cdot \exp[-2\theta \cdot \cot 2\mu] - C_t \cdot \cot\varphi_t \qquad \beta \text{族}\ (16-78')$$

(3)当 $0 < b < 1$ 时,即可由相应的 b 值所对应的屈服准则及公式(16-46)得出不同的参数值,$\sin\varphi_t$,C_t 以及 μ 值,在忽略重力的情况下,滑移线场的一般公式即由式(16-67)给出,此处不再赘述.

由此可见,现有的在理论及工程方面应用的滑移线场理论均为统一滑移线场理论的特例.统一正交与非正交滑移线场理论将它们统一了起来.

§16.10　统一滑移线场理论的速度场

前面我们已经建立了能够满足静力平衡条件及强度条件的静可容的应力场,但却不能说明极限平衡状态下土体是否能真正发生滑动.因此我们还需根据已有的应力场建立一个满足速度边界条件及体积不变条件,为运动学所允许的动可容的速度场.

设 v_x,v_y 分别为位移速度在 x 轴和 y 轴上的分量,塑性应变率

$$\dot\epsilon_x = \frac{\partial v_x}{\partial x} \qquad \dot\epsilon_y = \frac{\partial v_y}{\partial y} \qquad \dot\gamma_{xy} = \frac{\partial v_x}{\partial y} + \frac{\partial v_y}{\partial x} \quad (16-79)$$

将双剪应力强度理论用屈服函数的形式表示为

$$F = \frac{\sigma_x + \sigma_y}{2}\sin\varphi_t - \left[\left(\frac{\sigma_x - \sigma_y}{2}\right)^2 + \tau_{xy}^2\right]^{1/2}$$
$$+ C_t \cdot \cos\varphi_t = 0 \qquad (16-80)$$

根据相关流动法则,有

$$\dot\epsilon_x = \frac{\lambda}{2}\left[\sin\varphi_t + \frac{\frac{1}{2}(\sigma_x - \sigma_y)}{\sqrt{\frac{1}{4}(\sigma_x - \sigma_y) + \tau_{xy}^2}}\right]$$

$$\dot{\varepsilon}_y = \frac{\lambda}{2}\left[\sin\varphi_t - \frac{\frac{1}{2}(\sigma_x - \sigma_y)}{\sqrt{\frac{1}{4}(\sigma_x - \sigma_y)^2 + \tau_{xy}^2}}\right]$$

$$\dot{\gamma}_{xy} = \lambda \cdot \frac{\tau_{xy}}{\sqrt{\frac{1}{4}(\sigma_x - \sigma_y)^2 + \tau_{xy}^2}} \qquad (16-81)$$

仍设 θ 为主应力 σ_1 与 x 轴间的夹角,ψ 为滑移线 α 线与 x 轴的夹角,$\theta = \psi + \mu = \psi + \left(\frac{\pi}{4} - \frac{\varphi_t}{2}\right)$,利用几何关系代换可得

$$\begin{cases} \dot{\varepsilon}_x = \dfrac{\lambda}{2}[\sin\varphi_t + \gamma\sin(2\psi - \varphi_t)] \\[2mm] \dot{\varepsilon}_y = \dfrac{\lambda}{2}[\sin\varphi_t - \sin(2\psi - \varphi_t)] \qquad (16-82) \\[2mm] \dot{\gamma}_{xy} = \lambda\cos(2\psi - \varphi_t) \end{cases}$$

又设 v_a 及 v_β 为速度沿 α 线和 β 线的投影分量,则有:

$$v_a = v_x\cos\psi + v_y\sin\psi$$
$$v_\beta = v_x\cos(\psi + 2\mu) + v_y\sin(\psi + 2\mu) \qquad (16-83)$$

由上式可得

$$v_x = \frac{v_a \cdot \sin(\psi + 2\mu) - v_\beta \cdot \sin\psi}{\sin 2\mu}$$

$$v_y = \frac{v_a \cdot \cos(\psi + 2\mu) - v_\beta \cdot \cos\psi}{-\sin 2\mu} \qquad (16-84)$$

将 v_x 对 x 微分,有

$$\frac{\partial v_x}{\partial x} = \frac{\partial v_a}{\partial x} \cdot \frac{\sin(\psi + 2\mu)}{\sin 2\mu} + v_a \cdot \frac{\cos(\psi + 2\mu)}{\sin 2\mu}\frac{\partial \psi}{\partial x}$$
$$- \frac{\partial v_\beta}{\partial x}\frac{\sin\psi}{\sin 2\mu} - v_\beta \cdot \frac{\cos\psi}{\sin 2\mu}\frac{\partial \psi}{\partial x} \qquad (16-85)$$

若令 x 轴与滑移线中的 α 线重合,则由式(16-82)可得出

$$\dot{\varepsilon}_x = \left(\frac{\partial v_x}{\partial x}\right)_{\psi=0} = 0$$

或

$$\dot{\varepsilon}_x = \left(\frac{\partial v_x}{\partial x} \right)_{\phi = -\left(\frac{\pi}{2} - \varphi \right)} = 0 \qquad (16-86)$$

上式表明沿滑移线方向的应变率为零,即在定常塑性变形过程中,该滑移线既不伸长,也不收缩.

结合式(16-84)与(16-86)可得到

$$dv_\alpha + (v_\alpha \cot 2\mu - v_\beta \csc 2\mu)d\psi = 0 \qquad (16-87)$$

同样地,可以得到

$$dv_\beta + (v_\alpha \csc 2\mu - v_\beta \cot 2\mu)d\psi = 0 \qquad (16-87')$$

此处,仍有 $\mu = \frac{\pi}{4} - \frac{\varphi_i}{2}$,可以证明速度场的特征线方向与应力场的特征线方向是重合的.因此有下列速度场的基本理论公式:

$$\left. \begin{array}{l} dy/dx = \tan(\theta - \mu) \\ dv_\alpha + (v_\alpha \cot 2\mu - v_\beta \csc 2\mu)d\psi = 0 \end{array} \right\} \quad \alpha \text{ 线} \qquad (16-88)$$

$$\left. \begin{array}{l} dy/dx = \tan(\theta + \mu) \\ dv_\beta + (v_\alpha \csc 2\mu - v_\beta \cot 2\mu)d\psi = 0 \end{array} \right\} \quad \beta \text{ 线} \qquad (16-88')$$

当考虑正交滑移线场的特殊情况时,$\varphi_i = \varphi_0 = 0$,$\mu = \frac{\pi}{4}$,$\psi = \theta - \frac{\pi}{4}$,则可得出相应的速度场基本公式

$$\left. \begin{array}{l} dy/dx = \tan\left(\theta - \frac{\pi}{4} \right) \\ dv_\alpha - v_\beta d\theta = 0 \end{array} \right\} \quad \alpha \text{ 线} \qquad (16-89)$$

$$\left. \begin{array}{l} dy/dx = \tan(\theta + \mu) \\ dv_\beta + v_\alpha d\theta = 0 \end{array} \right\} \quad \beta \text{ 线} \qquad (16-89')$$

其中 $d\psi = d\theta$,显然上两式即为金属塑性力学与金属塑性加工力学中一直使用的速度场的基本公式.式(16-89)与(16-89')中的后两个公式也正是著名的 Geiringer 速度方程.

因此,由统一滑移线场理论的速度场基本公式所给出的沿滑

移线上速度分量的变化规律,结合速度边界条件,即可求出相应的位移速度场.并且,分别由满足静可容条件的应力场及动可容条件的速度场,即可运用极限分析中的上、下限定理,求出极限平衡状态课题的下限解及上限解,以估定问题的正确解.

此外,我们还可以由统一滑移线场理论进一步讨论材料的塑性体积应变率的变化情况.在平面应变条件下,塑性流动时材料的体积应变率或剪胀率为

$$\dot{\varepsilon}_v = \dot{\varepsilon}_x + \dot{\varepsilon}_y = + \lambda \sin\varphi_t \qquad (16\text{-}90)$$

如 $\varphi_t > 0$,则塑性变形时必然伴随有体积变化.如 $\varphi_t = 0$,则上式变为

$$\dot{\varepsilon}_v = \dot{\varepsilon}_x + \dot{\varepsilon}_y = 0 \qquad (16\text{-}90')$$

即该材料对应于统一正交滑移线场理论的各种情况,此时的塑性体积变形为零.

§16.11 统一滑移线场理论的应力间断与速度间断

16.11.1 应力间断线

一个完整的塑性区常常分为若干个区域.如果两个塑性区的分界线两侧的切向应力发生间断或不连续,则这条分界线就称为应力间断线或应力不连续线.应力间断线实际上是一个薄层过渡区,在这个过渡区内,应力发生急剧的变化.

在图 16-15 中,l-l 是应力间断线.它把应力场分成①和②两区.沿 l-l 取一应力单元体,其上应力如图所示.由力的平衡条件,显然在两个区域内法向应力相等,即

$$\sigma_{n1} = \sigma_{n2}$$

同理,两个区域内切向应力也相等,即

$$\tau_{n1} = \tau_{n2}$$

只有当切向正应力 σ_{t1},σ_{t2} 出现突变,l-l 才能是应力间断线.设在 l-l 两边材料均满足统一强度理论,由图 16-16 所示的 Mohr 圆可知

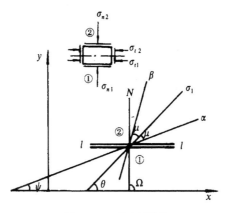

图 16-15 应力间断线

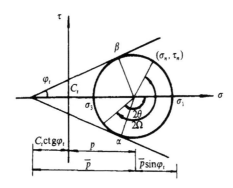

图 16-16 参数的相互关系

$$\sigma_n = \overline{p}[1 + \sin\varphi_t \cos(2\Omega - 2\theta)] - C_t \cdot \cot\varphi_t \quad (16-91)$$

$$\tau_n = \overline{p}\sin\varphi_t \sin(2\Omega - 2\theta) \quad (16-91')$$

其中 Ω 为 $l\text{-}l$ 法线与 x 轴的夹角,而

$$\overline{p} = p + C_t \cdot \cot\varphi_t \quad (16-92)$$

联立式(16-91)和(16-92),注意在①和②区域内 C_t,φ_t 值相同,得

$$\overline{p}_1[1 + \sin\varphi_t \cos(2\Omega - 2\theta_1)]$$
$$= \overline{p}_2[1 + \sin\varphi_t \cos(2\Omega - 2\theta_2)]$$
$$\overline{p}_1\sin(2\Omega - 2\theta_1) = \overline{p}_2\sin(2\Omega - 2\theta_2) \qquad (16-93)$$

上式中下标 1，2 表示区域①和②．显然 $\overline{p}_1 \neq \overline{p}_2$，$\overline{\theta}_1 \neq \overline{\theta}_2$．联立式(16
-91)和(16-93)，消去 $\overline{p}_1$，$\overline{p}_2$，化简后得

$$\cos(2\Omega - \theta_2 - \theta_1) + \sin\varphi_t \cos(\theta_1 - \theta_2) = 0$$

将 $\theta = \psi + \mu$，$\mu = \dfrac{\pi}{4} - \dfrac{\varphi_t}{2}$ 代入上式，得到

$$\sin(\psi_1 + \psi_2 - 2\Omega + \varphi) + \sin\varphi_t \cos(\psi_1 - \psi_2) = 0$$
$$(16-94)$$

上式即是应力间断线两边滑移线 α 的方向所应满足的条件．

同理，设 ψ_1^*，ψ_2^* 是滑移线 β 与 y 轴的夹角，则在应力间断线
两边 β 的方向应满足

$$\sin(\psi_1^* + \psi_2^* - 2\Omega + \varphi)$$
$$+ \sin\varphi_t \cos(\psi_1^* - \psi_2^*) = 0 \qquad (16-95)$$

显然，在应力间断线两侧，$\psi_1 \neq \psi_2$，$\psi_1^* \neq \psi_2^*$．这表明滑移线 α 或
β 经过应力间断线时必然发生转折．不难论证，应力间断线不可能
是滑移线，滑移线不可能是应力间断线．

沿应力间断线 $l\text{-}l$ 取一个主应力单元 $ABCD$，如图 16-17 所
示．其中 σ_{11} 表示在区域①中该单元的最大主应力；σ_{31} 表示在区域
①中该单元的最小主应力．同样法则可适用于区域②．设 $\angle DAB$
$= 2\gamma$，应力间断线与①区的最大主应力作用面夹角为 δ；与②区的
最小主应力作用面的夹角为 γ，由图示几何关系可得

$$\psi_1 = \theta_1 + \frac{\pi}{4} - \frac{\varphi_t}{2} \qquad (16-96)$$

$$\psi_2 = \theta_2 + \frac{\pi}{4} - \frac{\varphi_t}{2} \qquad (16-97)$$

$$\theta_1 = \Omega - \delta \qquad \theta_2 = \Omega - \frac{\pi}{2} + \nu \qquad (16-98)$$

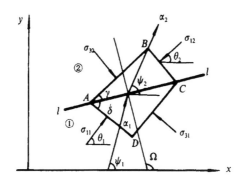

图 16-17 主应力单元

将以上各式代入式(16-95)后得

$$\sin(\nu - \delta) + \sin\varphi_t \sin(\delta + \nu) = 0 \qquad (16-99)$$

联立上式及式(16-91)和(16-93)可得

$$\frac{\overline{p_1}}{\overline{p_2}} = \frac{\sin 2\nu}{\sin 2\delta} \qquad (16-100)$$

式(16-99)就是应力间断线位置应满足的几何条件.式(16-100)说明①和②两区域内等效平均应力的比值与δ,ν的关系.由式(16-97)及式(16-99)可以确定应力间断线的位置,而利用式(16-97)至式(16-99)可以求解一些结构的极限荷载.

对$\varphi_t = 0$(即$\varphi_0 = 0$)的刚塑性材料,由上述公式可以求解得

$$\psi_1 + \psi_2 = 2\Omega + n\pi \qquad (n = 0,1,2\cdots) \quad \alpha \text{线}$$

$$(16-101)$$

它表明,应力间断线是区域①和区域②中同一族滑移线所组成的角平分线.平均应力$\overline{p_1}$和$\overline{p_2}$应满足

$$\overline{p_2} - \overline{p_1} = 2K\sin(\psi_2 - \psi_1)$$

或

$$\overline{p_2} - \overline{p_1} - 2K\sin 2(\psi_2 - \Omega) \qquad (16-102)$$

上式中 K 是对应于 $\varphi_0=0$ 时的 C_t 值.

对于应力间断线上的速度分布,可以证明,应力间断线上,速度是连续的.

16.11.2 速度间断线

如果在塑性流动区域中,在某一条线上质点的运动速度的大小与方向发生变化,这条线就称为速度间断线.速度间断线可以看成是,在速度场中从一个速度区连续过渡到另一个速度区的薄层过渡层的极限情况.

可以证明,速度间断线有以下一些性质.

(1)一般说来,沿速度间断线的法向与切向都可能出现速度不连续.而对 $\varphi_t=0$ 即 $\varphi_0=0$ 的材料,则只出现切向速度的不连续,法向速度连续.这是因为 $\varphi_t=0$ 的材料没有塑性体积应变率,任何法向速度的间断都意味着沿间断线垂直方向的开裂或重叠,这就破坏了连续体的连续性假设.而对一般 $\varphi_t\neq0$ 的材料而言,法向速度允许不连续正好说明了岩土材料具有剪胀或扩容性.

(2)速度间断线只可能发生在速度滑移线或其包线上.因此,速度间断线一定是一条速度滑移线.

(3)对于服从相关流动的材料来说,速度间断线上的速度间断量 Δv 与速度滑移线(或速度间断线)间的夹角为 φ_t.对于服从不相关联流动的材料来说,速度间断量与速度间断线间的夹角为剪胀角 ν.

(3)刚性区或弹性区与塑性区的分界线一定是一条速度滑移线,也一定是一条速度间断线.

16.11.3 数值计算的差分格式

统一滑移线场理论的基本方程(16-64)在最一般情况下,$\gamma\neq0$,求解很困难,为此常将它转变为差分格式用数值方法求解.在式(16-64)中,平均应力 p 和角度 θ 分别沿 α 线和 β 线积分,因此有

$$\frac{\partial}{dS_\alpha} = \frac{d}{dS_\alpha} \qquad \frac{\partial}{dS_\beta} = \frac{d}{dS_\beta}$$

将关系式

$$dS_\alpha = dy\sec(\theta - \mu)$$
$$dS_\beta = dy\sec(\theta + \mu)$$
$$\sin 2\mu = \cos\varphi$$
$$R = \frac{1}{2}(\sigma_1 - \sigma_3) = (p + C_0 \cdot \cot\varphi)\sin\varphi$$

代入式(16-64),可得 p 和 θ 沿 α 线和 β 线的差分方程.利用差分法,就可以求解一般情况下(有自重材料)各种边值问题的滑移线场分布和极限载荷.

§16.12　特征线方程的数值解法

很多情况下,无论是在金属塑性力学或岩土塑性力学的有关问题中,在应用滑移线场理论的方法求解时,均作了一定的简化而忽略了体力——材料的自重或容重.对于金属材料来说,在大部分问题中这样做产生的误差是比较小的,可以忽略不计.而在岩土力学中则情况就不同了,因为岩土工程方面的许多实际问题中,散体结构的重量往往很大,自重已成为一个必须考虑的不容忽视的因素.但是由于考虑体积力给偏微分方程的积分带来很大的困难,因此通常用数值方法(有限差分法)来予以求解.本节将有限差分的数值解法与弹塑性有限元计算结合起来,并考虑土体的自重,对岩土工程中的某些问题作了初步的研究和探讨.虽然这两种方法所求得的均为近似解,但计算上很简单方便,只要求解达到一定的精度,是可以满足工程应用的要求的.

为了实现滑移线场的数值计算,我们还必须由有关寻找特征线方程的方法[式(16-58)]

$$\Delta = \Delta_1 = \Delta_2 = \Delta_3 = \Delta_4 = 0$$

中,利用另外的关系式,如

$$\Delta_1 = 0 \qquad (16-103)$$

来寻找另一些有关特征线方程的关系式. 由上式 $\Delta_1 = 0$, 即

$$\Delta_1 = \begin{vmatrix} \gamma\cos(\alpha - 2\theta) & \cos2\mu - \cos2\theta & -2R & 0 \\ \gamma\sin(\alpha - 2\theta) & \sin2\theta & 0 & 2R \\ dp & dy & 0 & 0 \\ d\theta & 0 & dx & dy \end{vmatrix} = 0$$

$$(16-104)$$

为了符合大多数的实际情况(体重 γ 与 y 轴的负方向是成零度夹角的),我们就令 $\alpha=0$,则上式又变为

$$\Delta_1 = \begin{vmatrix} \gamma\cos2\theta & \cos2\mu - \cos2\theta & -2R & 0 \\ -\gamma\sin2\theta & \sin2\theta & 0 & 2R \\ dp & dy & 0 & 0 \\ d\theta & 0 & dx & dy \end{vmatrix} = 0$$

$$(16-105)$$

展开上述行列式,得到

$$\gamma(\cos2\theta dxdy + \sin2\theta dy^2) - [(\cos2\mu - \cos2\theta)dx$$
$$- \sin2\theta dy]dp + 2Rydd\theta = 0 \qquad (16-106)$$

等式两边同除以微变量 dy, 变形后为

$$\gamma(\cos2\theta dx + \sin2\theta dy) - \left[(\cos2\mu - \cos2\theta)\frac{dx}{dy}\right.$$
$$\left. - \sin2\theta\right]dp + 2Rd\theta = 0 \qquad (16-106')$$

利用式(16-61),并令

$$m = \frac{dy}{dx} = \begin{cases} \tan(\theta - \mu) & \alpha \text{ 线} \\ \tan(\theta + \mu) & \beta \text{ 线} \end{cases}$$

则上式又变为

$$\gamma(\cos2\theta dx + \sin2\theta dy) - \left[\frac{(\cos2\mu - \cos2\theta)}{m}\right.$$
$$\left. - \sin2\theta\right]dp + 2Rd\theta = 0 \qquad (16-107)$$

当 $\gamma=0$，且 $\mu=\dfrac{\pi}{4}$ 时，我们可得到

$$\left(-\frac{\cos 2\theta}{m}-\sin 2\theta\right)dp+2Rd\theta=0 \qquad (16-108)$$

首先考虑 $m=\tan\left(\theta-\dfrac{\pi}{4}\right)$ 的情形，有

$$-\left[\frac{\cos 2\theta}{\tan\left(\theta-\dfrac{\pi}{4}\right)}+\sin 2\theta\right]dp+2Rd\theta=0$$

$$(16-108')$$

其中

$$-\cos 2\theta\cdot\cot\left(\theta-\frac{\pi}{4}\right)+\sin 2\theta$$

$$=-\cos\left[\left(\theta+\frac{\pi}{4}\right)+\left(\theta-\frac{\pi}{4}\right)\right]\cdot\cot\left(\theta-\frac{\pi}{4}\right)+\sin 2\theta$$

$$=-\left[\cos\left(\theta+\frac{\pi}{4}\right)\cos\left(\theta-\frac{\pi}{4}\right)-\sin\left(\theta+\frac{\pi}{4}\right)\right.$$

$$\left.\cdot\sin\left(\theta-\frac{\pi}{4}\right)\right]\cdot\cot\left(\theta-\frac{\pi}{4}\right)+\sin 2\theta$$

$$=-2\sin\left(\theta+\frac{\pi}{4}\right)\cos\left(\theta-\frac{\pi}{4}\right)+\sin 2\theta$$

$$=1$$

故式 $(16-108')$ 又可写成

$$-dp+2Rd\theta=0 \qquad (16-109)$$

同样地可推出当 $m=\tan\left(\theta+\dfrac{\pi}{4}\right)$ 时的关系式

$$dp+2Rd\theta=0 \qquad (16-110)$$

积分上两式，同样可得到著名的 Hencky 应力方程

$$\begin{array}{ll}p-2R\theta=C_{\alpha} & \text{沿 }\alpha\text{ 线}\\[4pt]p+2R\theta=C_{\beta} & \text{沿 }\beta\text{ 线}\end{array} \qquad (16-111)$$

现在回到考虑体重且非正交的一般情况，将式(16-107)经过恒等变换并化简，同样可得到

$$\gamma(\cos 2\theta dx+\sin 2\theta dy)-\sin 2\mu dp+2Rd\theta=0$$
$$\gamma(\cos 2\theta dx+\sin 2\theta dy)+\sin 2\mu dp+2Rd\theta=0 \qquad (16-112)$$

由此我们有

$$\frac{dy}{dx}=\tan(\theta-\mu) \qquad\qquad \alpha\,线\ (16-113)$$
$$\gamma(\cos 2\theta dx+\sin 2\theta dy)-\cos\varphi_t\,dp+2Rd\theta=0$$

$$\frac{dy}{dx}=\tan(\theta+\mu) \qquad\qquad \beta\,线\ (16-114)$$
$$\gamma(\cos 2\theta dx+\sin 2\theta dy)+\cos\varphi_t\,dp+2Rd\theta=0$$

将上式中各式变为有限差分的形式,有

$$y-y_1=\tan(\theta'-\mu)(x-x_1)$$
$$\gamma[\cos 2\theta(x-x_1)+\sin 2\theta(y-y_1)]$$
$$-\cos\varphi_t(p-p_1)+2R(\theta-\theta_1)=0 \qquad \alpha\,线\ (16-115)$$
$$y-y_2=\tan(\theta''+\mu)(x-x_2)$$
$$\gamma[(\cos 2\theta(x-x_2)+\sin 2\theta(y-y_1)]$$
$$+\cos\varphi_t(p-p_2)+2R(\theta-\theta_2)=0 \qquad \beta\,线\ (16-116)$$

上两式即为滑移线场数值解法 α 族和 β 族滑移线的基本公式. 在

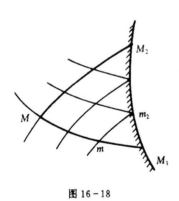

图 16-18

图 16-18 中, $M_1(x_1,y_1,\theta_1,p_1)$ 和 $M_2(x_2,y_2,\theta_2,p_2)$ 为任一已知边界上的相邻两点,当边界条件已知时,即可利用这两个已知相邻点 M_1 和 M_2 分别作出属于 α 族和 β 族的两条投影特征线 MM_1 和 MM_2. 相交于点 $M(x,y,\theta,p)$,如图 16-18 所示. 此时可利用 p,θ 沿 α 线和 β 线的极限平衡方程的差分方程,可以解得任一点 M 的 x,y,θ,p 值. 对于不同的边界条件,可分为 Cauchy 问题、Riemann 问题和混合边值问题求解,可见文献[3].

对 α 族或 β 族中的任一条滑移线来说,为了提高精度,我们可利用斜率为两端斜率平均值的弦线来代替,有

$$
\tan(\theta' - \mu) = \tan\left(\frac{\theta_1 + \theta}{2} - \mu\right), \theta' = \frac{\theta_1 + \theta}{2}
$$
$$
\tan(\theta'' + \mu) = \tan\left(\frac{\theta_2 + \theta}{2} + \mu\right), \theta'' = \frac{\theta_2 + \theta}{2}
$$

$$(16 - 117)$$

且

$$
\gamma[\cos(\theta + \theta_1)(x - x_1) + \sin(\theta + \theta_1)(y - y_1)]
$$
$$
- \cos\varphi_t(p - p_1) + 2R\left(\frac{\theta_1 + \theta}{2} - \theta_1\right) = 0
$$
$$
\gamma[\cos(\theta + \theta_2)(x - x_2) + \sin(\theta + \theta_2)(y - y_2)]
$$
$$
+ \cos\varphi_t(p - p_2) + 2R\left(\frac{\theta_2 + \theta}{2} - \theta_2\right) = 0 \quad (16 - 118)
$$

联立求解方程组的第一式,有

$$
x = \frac{x_1\tan\left(\dfrac{\theta_1 + \theta}{2} - \mu\right) - x_2 \cdot \tan\left(\dfrac{\theta_2 + \theta}{2} + \mu\right) + y_2 - y_1}{\tan\left(\dfrac{\theta_1 + \theta}{2} - \mu\right) - \tan\left(\dfrac{\theta_2 + \theta}{2} + \mu\right)}
$$

$$(16 - 119)$$

$$
y = \tan\left(\frac{\theta_1 + \theta}{2} - \mu\right)(x - x_1) + y_1 \qquad (16 - 120)
$$

$$
y = \tan\left(\frac{\theta_2 + \theta}{2} + \mu\right)(x - x_2) + y_2 \qquad (16 - 120')
$$

特征应力 p 的值可由下式计算得出:

$$
p = p_2 + p_1 - p_0 \qquad (16 - 121)
$$

当采用以上数值计算的公式时,每两个已知点间的间距愈小,则精度愈高.所以,为了保证一定的精度,两已知点间距应取得足够小(如将图 16-18 中的 M_2 点改为 m_2 点,由 M_1, m_2 求 m.)或者采用其他一些计算方法,如逐次近似法等等,以提高计算的精度.

§16.13 统一滑移线场理论在岩土工程中的应用

岩土力学与岩土工程中的许多问题所涉及到的理论及计算模型均很多,而且岩土材料本身又具有复杂性和多样性,外界的影响因素也十分复杂繁多,同时岩土工程如地基工程、水利工程等等工程量及资金投入往往都十分浩大,与人们的日常生活及国家的许多重要建筑设施和生产建设都息息相关,使用期限要求也较长.因此,安全性的问题就被提到了首位.如何确定极限承载能力,可能的破坏形式是怎样的,安全系数又该如何确定等等,这一系列的问题都是摆在广大工程师面前的最实际也是最关心的问题.

极限平衡和极限分析理论在岩土工程方面一直有着广泛而重要的应用,对于结构的极限状态的分析、极限承载力的估计以及破坏形式的预测等,滑移线场等极限平衡与极限分析理论都给出了一定的解答.

下面将应用统一滑移线场理论对岩土工程中的几种典型问题(如地基极限承载力问题、堤坝与斜坡问题等)进行分析和计算.根据材料的特性,采用非正交统一滑移线场理论,并同 Mohr-Coulomb 理论的结果作一比较.

16.13.1 地基的极限承载力问题

我们首先考虑比较简单的情况,即不考虑材料(土体)自重的情况.

设条形基础与地基接触面光滑,摩擦力为零,且基底压力均匀分布,集度为 q. 应力分区及各区应力边界条件如图 16-19 所示,对 BDE 区,该区边界 BE 为自由边界,且 $\sigma_n = \tau_{nt} = 0$,由应力状态的分析可知,$\sigma_t > \sigma_n$,故可判断 $\sigma_t = \sigma_1$,$\sigma_n = \sigma_3 = 0$,α 线和 β 线的方向如图所示,且均为直线,该区为均匀应力区.由边界条件可得

$$p = \frac{C_t \cdot \cos\varphi_t}{1 - \sin\varphi_t}$$

$$\theta = \pi = \theta_{\text{I}} \qquad (16-122)$$

对于过渡区 BCD 区,该区为简单应力区,由于沿边界 BD 线的应力状态已知,因此整个 BCD 区的应力状态亦可确定. 沿 β 线 CD 有 $(\bar{p} = p + C_t \cdot \cot\varphi_t)$

$$\ln\bar{p} + 2\theta_d \cdot \cot2\mu = \ln\bar{p}_C + 2\theta_c \cdot \cot2\mu \qquad (16-123)$$

于是有

$$\bar{p}_c = \bar{p}_d \cdot \exp[2(\theta_d - \theta_c)\cot2\mu] \qquad (16-124)$$

即

$$\bar{p}_c = (\bar{p}_d + C_t \cdot \cot\varphi_t)\exp[2(\theta_0 - \theta_c)\tan\varphi_t]$$

$$= \frac{C_t \cdot \cot\varphi_t}{1-\sin\varphi_t}\exp[2(\theta_d - \theta_c)\tan\varphi_t] \qquad (16-125)$$

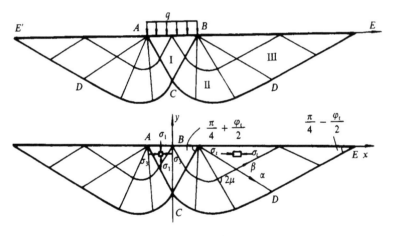

图 16-19 受均布荷载作用的地基的极限平衡区

对于主动区 ABC 区,该区同样为均匀应力场,由 C 点应力状态即可知区内各点处的应力状态,结合 AB 边界的荷载条件,如图 16-19,图 16-20 所示,可知:$\sigma_1 = q$,$\sigma_3 = \sigma_t$,$\theta = \theta_1 = \dfrac{\pi}{2}$,所以

$$q = \bar{p} + \bar{p}\sin\varphi_t - C_t \cdot \cot\varphi_t \qquad (16-126)$$

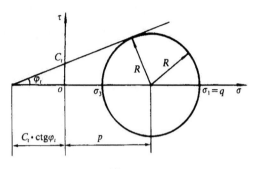

图 16 - 20

表 16 - 5 双剪正交滑移线场计算结果

	单剪 正交		双剪正交
	Tresca	Mises	俞-刘
φ_0	$0°$	$0°$	$0°$
φ_t	$0°$	$0°$	$0°$
b	0	$\approx \dfrac{1}{2}, \dfrac{1}{1+\sqrt{3}}$	1
k	$\dfrac{1}{2}\sigma_s$	$\dfrac{1}{\sqrt{3}}\sigma_s$	$\dfrac{2}{3}\sigma_s$
q	$2.57\sigma_s$	$2.968\sigma_s$	$3.428\sigma_s$

且 $\bar{p}=\bar{p}_c$,将式(16 - 124)代入,可得

$$q=C_t \cdot \cot\varphi_t\left[\frac{1+\sin\varphi_t}{1-\sin\varphi_t} \cdot \exp(\pi\cot 2\mu)-1\right] \qquad (16 - 127)$$

此即为由统一滑移线场理论计算得到的非正交解,一般地基($\varphi_0 \neq$ 0,$\gamma=0$)的极限承载力问题均可由此结果得到. 针对不同的材料选取不同的 b 值,即可求得具体的结果. 下面将分别计算双剪滑移线场理论的各种特例情况下的结果并作对比(具体计算过程略). 结果见表 16 - 5 及表 16 - 6.

表 16-6　双剪非正交滑移线场计算结果的比较

φ_0	5°	10°	15°	20°	25°	30°
φ_t	6.48°	12.64°	18.52°	24.16°	29.60°	34.85°
C_0	C_0	C_0	C_0	C_0	C_0	C_0
C_t	1.30C_0	1.27C_0	1.25C_0	1.23C_0	1.22C_0	1.21C_0
q_0	6.49C_0	8.34C_0	12.98C_0	14.82C_0	20.7C_0	30.14C_0
q_t	9.06C_0	12.2C_0	15.91C_0	24.0C_0	35.59C_0	55.05C_0

　　由以上结果可以看出,考虑了中间主应力效应的双剪滑移线场理论得出的极限荷载比由传统的滑移线场理论得到的结果要大一些,并且 φ_0 值越高,提高的比例也相应地愈大.由于考虑了中间主应力后提高了平均应力(静水应力)的值,对于岩土类材料,则相应地增加了结构的承载能力,这也是十分自然而合理的结果.这从另一个侧面更加说明了"中间主应力效应是岩土类材料的一个基本属性"论断的正确性.

16.13.2　考虑土体自重的地基极限承载力问题

　　一般情况下,即土体自重 γ 不为零时,由于偏微分方程的积分有困难,因此均采用数值法进行计算.

　　图 16-21 是按数值法计算所需划定的滑移线网与计算点的

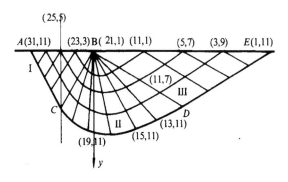

图 16-21

编号,点的编号为(i,j),代表第i条α线与第j条β线的交点. 位于同一条β线上的点具有相同的j值,位于同一条α线上的节点具有相同的i值. 对相邻两个计算点来说,编号i值较小者为M_2点,j值较小者为M_1点.

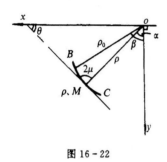

图 16 - 22

由前面分析已知,被动区 BDE 区的边界为自由边界,其上各点的p,θ均已知,为已知边界. 满足在一般滑移线场理论中所规定的第一类边值课题的边界条件,故可按第一类边值问题由递推公式$(16-116)$—$(16-121)$递推求得该区域内其余各点的(x,y,p,θ).

为了确定边界 BE 的长度,我们首先来证明过渡区 BDE 上与源自同一点 p 的直线束相交的另一族滑动线(DE 等)是对数螺旋线.

如图 16 - 22 所示,于任一条滑动线(DE)上任取相距较近的两点 P,M,连接 P,M,微段 PM 的斜率为

$$\frac{dy}{dx} = -\tan\left[\left(\alpha + \frac{\pi}{2}\right) - 2\mu\right]$$
$$= -\tan\left[\left(\alpha + \frac{\pi}{2}\right) - \left(\frac{\pi}{2} - \varphi_t\right)\right]$$
$$= -\tan(\alpha + \varphi_t)$$
$$= -\frac{\tan\alpha + \tan\varphi_t}{1 - \tan\alpha \cdot \tan\varphi_t} \qquad (16-128)$$

又由 $x = \rho\sin\alpha, y = \rho\cos\alpha$,分别微分后可得到

$$dx = \rho\cos\alpha d\alpha + \sin\alpha d\rho$$
$$dy = -\rho\sin\alpha d\alpha + \cos\alpha d\rho \qquad (16-129)$$

故有

$$\frac{dy}{dx} = \frac{-\rho \sin\alpha dx + \cos\alpha d\rho}{\rho \cos\alpha d\alpha + \sin\alpha d\rho}$$

$$= \frac{\left(-\tan\alpha - \dfrac{1}{\rho}\dfrac{d\rho}{d\alpha}\right)}{1 + \dfrac{1}{\rho}\tan\alpha\dfrac{d\rho}{d\alpha}} \tag{16-130}$$

比较(16-128),(16-130)两式,可得出

$$\frac{1}{\rho}\frac{d\rho}{d\alpha} = -\tan\varphi_t \tag{16-131}$$

积分上式:

$$\int_\rho^{\rho_0} \frac{d\rho}{\rho} = -\int_\alpha^{\alpha+\beta} \tan\varphi_t \, d\alpha \tag{16-132}$$

可得

$$\rho = \rho_0 \exp[\beta\tan\varphi_t] \tag{16-133}$$

且当$\varphi_t = 0$时,有$\rho = \rho_0$

由此证明了$\varphi > 0$的土在过渡区OBC内与BC同族的滑动线是对数螺旋线,而$\varphi = 0$的土在过渡区内与BC同族的滑动线则为圆弧.

因此,当基底宽度B确定时,就可求出相应的ρ_0及ρ,也就确定了被动区的宽度L及整个滑移线场的基本形状.但在数值法的计算中,将用折线段近似代替圆弧线及对数螺旋线.

显然,对边界BE上各点,有$x = x_t, y = 0, \theta = \pi$及$\rho = \dfrac{C_t \cdot \cos\varphi_t}{1-\sin\varphi_t}$,而由该边界上任意相邻两点即可按第一类边值问题由公式(16-119)—(16-121)按递推法求得其余各点的坐标x, y,特征应力p及角θ.

对于过渡区BCD,BD线为该区域一已知边界,而B点则可看作另一已知边界,作为一条特征线的蜕化.由此,过渡区BCD满足第二类边值问题的条件,可同样按第二类边值问题由递推公式求得该区各点的(x, y, θ, ρ).由土体自重的分析可知,主动区ABC的B点的角$\theta = \theta_1$与被动区BDE的B点的角$\theta = \theta_1$不等,

其差值 $\Delta\theta = \theta_{\mathrm{I}} - \theta_{\mathrm{i}}$ 即为过渡区 B 点处 θ 角的改变量,其值即等于过渡区中 B 点处的开角 ε_0. 由于该区属于中心应力场,由滑移线场的基本几何性质可知,与其中一族滑动线(如 DC)相交的另一族滑动线(如 BD 等)为直线,其角度 θ_t 将在 $\theta_{\mathrm{I}} - \theta_{\mathrm{i}}$ 之间变化. 容易有

$$\theta_t = \theta_{\mathrm{I}} - k\frac{\Delta\theta}{n} \qquad 0 \leqslant k \leqslant n \qquad (16-134)$$

其中 n 为计算中对角 $\Delta\theta$ 的等分数,显然在数值计算中取的 n 愈大,$\Delta\theta$ 分得愈细,计算精度也相应愈高. 而 B 点处的特征应力将按下述公式求得.

由于 B 点可看成为一条特征线蜕化成的一点,因此也可以认为它是一条长度为零但 θ 角有变化的零长特征线. 由于在同一条 β 族特征线上,积分常数 C_β 保持不变,故由式(16-68)可得

$$\frac{p_{\mathrm{I}} + C_t \cdot \cot\varphi_t}{p_t + C_t \cdot \cot\varphi_t} = \frac{\exp[-2\theta_{\mathrm{I}} \cdot \cot 2\mu]}{\exp[-2\theta_t \cdot \cot 2\mu]} \qquad (16-135)$$

由上式可得

$$p_t = (p_{\mathrm{I}} + C_t \cdot \cot\varphi_t)\exp[2(\theta_{\mathrm{I}} - \theta_t)\tan\varphi_t]$$
$$- C_t \cdot \cot\varphi_t \qquad (16-136)$$

当 B 点处的 θ_t 及 p_t 均已知后,即可同样按递推法求得过渡区 BCD 内其余各点的 x, y, θ, p 值.

在求解主动区 ABC 时,由于边界 BC 为已知边界,且本身即为一条特征线,边界 ABC 各点的 θ 及 y 值均已知,因此属于第三类边值问题,按递推公式同样可依次求得区内其余各点的 x, y, θ, p 值. 最后,结合边界 AB 已知的应力边界条件,即可求得相对应的极限承载能力.

对于地基极限承载力问题的数值解法,上述即为基本方法与公式. 由于数值(有限差分)解法是近似解法,因此只有当网格划分得较密时才更为精确,但这样做的工作量将大大增加. 解决这个问题的有效途径就是实现其电算解法,由电子计算机来完成这些重复的计算工作. 在下一节中将给出可计算地基及边坡滑移线场解

的电算程序框图.

例:如图16-23所示,承受竖直的均布荷载 $q(x)$ 的基础地基,基础底面与地基间的摩擦力略而不计,基础设计宽度为7m,土体容重为 $1t/m^3$, $C_0=1t/m^2$, $\varphi_0=30°$,求地基极限承载力及极限平衡区的形式及各区的应力状态..

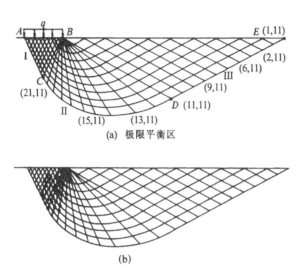

图16-23　考虑自重的地基滑移线和塑性区

根据所给条件,仍以我们所认为的较为合理的 Prandtl 解的形式,构造滑移线场如图16-23(a)所示.其中Ⅰ,Ⅱ,Ⅲ三个分区分别为主动区、过渡区和被动区,被动区边界 BE 为自由边界.

按双剪滑移线场理论的双剪非正交滑移线场 $(b=1)$ 的公式,将各初始计算参数输入后,程序即可自动生成各极限平衡区的几何参数,滑移线计算网及节点坐标,并利用递推计算子程序完成各应力区计算部分中相似的递推计算,求得各计算节点 (i,j) 处的应力 p 值及应力角 θ 值.刘春阳求得的计算结果见表16-7.根据计算结果给出的极限平衡区形式如图16-23所示.并且由最后主动区的计算结果可知,极限荷载

表 16-7　地基极限承载力数值解

y \ i		1	2	3	4	5	6	7	8	9	10
1	x										
	y										
	θ										
	p										
2	x										-3.99
	y										0.00
	θ										3.14
	p										4.04
3	x									-3.99	-5.59
	y									0.00	1.05
	θ									3.14	3.14
	p									4.04	6.48
4	x								-11.98	-9.98	-7.98
	y								0.02	1.06	2.10
	θ								3.14	3.14	3.14
	p								4.04	6.48	8.91

y		1	2	3	4	5	6	7	8	9	10
5	x							−15.97	−13.97	−11.98	−9.98
	y							0.00	1.06	2.10	3.14
	θ							3.14	3.14	3.14	3.14
	p							4.04	6.48	8.91	11.34
6	x						−19.96	−17.97	−15.97	13.97	−11.97
	y						0.00	1.07	1.07	3.15	4.19
	θ						03.14	3.14	3.14	3.14	3.14
	p						4.04	6.48	8.91	13.77	13.77
7	x					−23.96	−21.96	−19.96	−17.96	−15.97	−13.97
	y					0.00	2.12	2.12	3.15	4.19	5.23
	θ					3.14	3.14	3.14	3.14	3.14	3.14
	p					4.04	8.91	8.91	11.34	13.77	16.21
8	x				−27.95	−25.95	−23.95	−21.96	−19.96	−17.96	−15.96
	y				0.00	1.08	2.12	2.16	4.20	5.24	6.28
	θ				3.14	3.14	3.14	3.14	3.14	3.14	3.14
	p				4.04	6.48	8.91	11.34	13.77	16.21	18.64

i \ y		1	2	3	4	5	6	7	8	9	10
9	x			-31.94	-29.95	-27.95	-25.95	-23.95	-21.95	-19.95	-17.96
	y			0.00	1.09	2.13	3.17	4.21	5.24	6.28	7.32
	θ			3.14	3.14	3.14	3.14	3.14	3.14	3.14	3.14
	p			4.04	6.48	8.91	11.34	13.77	16.21	18.64	21.07
10	x		-35.94	-33.94	-31.94	-29.94	-27.94	-25.95	-23.95	-21.95	-19.95
	y		0.00	1.10	2.13	3.17	4.21	5.25	6.29	7.33	8.37
	θ		3.14	3.14	3.14	3.14	3.14	3.14	3.14	3.14	3.14
	p		4.04	8.91	11.34	13.77	16.21	16.21	18.64	21.07	23.51
11	x	-39.93	-37.93	-35.93	-33.93	-31.94	-29.94	-27.94	-25.94	-23.94	-21.95
	y	0.00	1.10	2.14	3.18	4.22	5.26	6.30	7.34	8.37	9.41
	θ	3.14	3.14	3.14	3.14	3.14	3.14	3.14	3.14	3.14	3.14
	p	4.04	6.48	8.91	11.34	13.77	16.21	18.64	21.07	23.51	25.94

i\y		11	12	13	14	15	16	17	18	19	20
1	x	0.00	0.00	0.00	0.00	0.00	0.00	0.00	0.00	0.00	0.00
	y	0.00	2.00	0.00	0.00	0.00	0.00	0.00	0.00	0.00	0.00
	θ	3.14	2.98	2.83	2.67	2.51	2.36	2.20	2.04	1.88	1.57
	p	4.04	5.45	7.21	9.39	12.11	15.49	19.69	24.92	31.43	49.61
2	x	-1.99	-1.03	-1.27	-0.95	-0.65	-0.40	-0.17	0.01	0.16	0.36
	y	1.05	1.21	1.30	1.34	1.32	1.27	1.18	1.07	0.95	0.69
	θ	3.14	2.98	2.83	2.67	2.51	2.36	2.20	2.04	1.88	1.57
	p	6.48	7.79	9.40	11.39	13.88	17.03	20.99	25.99	32.27	50.05
3	x	-3.99	-3.25	-2.55	-1.90	-1.31	-0.79	-0.35	0.02	0.32	0.72
	y	2.29	2.42	2.61	2.67	2.64	2.53	2.36	2.15	1.90	1.39
	θ	3.14	2.98	2.83	2.67	2.51	2.36	2.20	2.04	1.88	1.57
	p	8.91	10.13	11.59	13.38	15.66	18.57	22.29	27.05	33.11	50.49
4	x	-5.98	4.88	-3.82	-2.85	-1.96	-1.19	-0.52	0.03	0.48	1.09
	y	3.14	4.84	3.91	4.01	3.96	3.80	3.54	3.22	2.86	2.08
	θ	3.14	2.18	2.83	2.67	2.51	2.36	2.20	2.04	1.88	1.57
	p	11.34	17.15	13.78	15.38	17.44	20.11	23.60	28.12	33.95	50.93

（续表）

i		11	12	13	14	15	16	17	18	19	20
5	x	−7.98	6.50	−5.10	−3.80	−2.62	−1.58	−0.70	0.05	0.65	1.45
	y	4.18	4.84	5.21	5.35	5.29	5.06	4.72	4.29	3.81	2.77
	θ	3.14	2.98	2.83	2.67	2.51	2.36	2.20	2.24	1.88	1.57
	p	13.77	14.81	15.97	17.39	19.92	21.65	24.90	29.9	14.79	51.37
6	x	−9.97	−8.13	−6.39	−4.74	−3.27	−1.98	−0.87	0.06	0.81	1.81
	y	5.23	6.05	6.52	6.68	6.61	6.33	5.90	5.37	4.76	4.76
	θ	3.14	2.98	2.83	2.67	2.51	2.36	2.20	0.04	1.88	1.57
	p	16.21	17.15	18.16	19.38	20.99	23.20	76.20	30.25	35.63	51.81
7	x	−11.97	−9.75	−7.64	−5.69	−3.93	−2.38	−1.04	0.07	0.97	2.17
	y	6.27	7.26	7.82	8.02	7.93	7.00	7.08	6.44	5.71	4.16
	θ	3.14	2.98	2.83	2.67	2.51	2.36	2.20	2.04	1.88	1.57
	p	18.64	19.49	20.34	21.37	22.77	24.74	27.50	31.32	36.47	52.25
8	x	13.96	−11.38	−8.92	−6.64	−4.58	−2.77	−1.22	0.08	1.13	2.54
	y	7.32	8.46	9.12	9.36	9.25	8.86	8.27	7.52	6.67	4.85
	θ	3.14	2.89	2.83	2.67	2.51	2.36	2.20	2.04	1.88	1.57
	p	21.07	21.83	22.53	23.37	24.55	26.28	28.80	32.38	37.31	52.69

（续表）

i		11	12	13	14	15	16	17	18	19	20
9	x	−15.96	−13.00	−10.19	−7.59	−5.24	−3.17	−1.39	0.09	1.29	2.90
	y	8.36	9.67	10.42	10.70	10.57	10.13	9.45	8.59	7.62	5.54
	θ	3.14	2.98	2.83	2.67	2.51	2.36	2.20	2.04	1.88	1.57
	p	23.51	24.17	24.72	25.37	26.32	27.82	30.11	33.45	38.15	53.13
10	x	−17.95	−14.63	−11.47	−8.54	−5.89	−3.56	−1.56	0.10	1.45	3.26
	y	9.41	10.88	11.73	12.03	11.89	11.40	10.63	9.66	8.57	6.23
	θ	3.14	2.98	2.83	2.67	2.51	2.36	2.20	2.04	1.88	1.57
	p	25.94	26.51	26.91	27.37	28.10	29.36	31.41	34.51	38.99	53.58
11	x	−19.95	−16.25	−12.74	−9.49	6.55	−3.96	−1.74	0.12	6.61	3.62
	y	10.45	12.09	13.03	13.37	13.21	12.66	11.81	10.74	9.52	6.93
	θ	3.14	2.98	2.83	2.67	2.51	2.36	2.20	2.04	1.88	1.57
	p	28.37	28.86	29.10	29.36	29.88	30.90	32.71	35.58	39.83	54.02

i		21	22	23	24	25	26	27	28	29	30
1	x										
	y										
	θ										
	p										
2	x	0.72									
	y	0.0									
	θ	1.57									
	p	49.61									
3	x	1.09	71.45								
	y	0.69	0.00								
	θ	1.57	1.57								
	p	50.05	49.61								
4	x	1.45	1.81	2.17							
	y	1.39	0.69	0.00							
	θ	1.57	1.57	1.57							
	p	50.49	50.05	49.61							

i \ j		21	22	23	24	25	26	27	28	29	30
5	x	1.81	2.17	2.53	2.89						
	y	2.08	1.39	0.69	0.00						
	θ	1.57	1.57	1.57	1.57						
	ρ	50.93	50.49	50.05	49.61						
6	x	2.17	2.53	2.89	3.25	3.61					
	y	2.77	2.08	1.39	0.69	0.00					
	θ	1.57	1.57	1.57	1.57	1.57					
	ρ	51.93	50.93	50.49	50.05	49.60					
7	x	2.53	2.89	3.26	3.62	3.98	4.34				
	y	3.46	2.77	2.08	1.39	0.69	0.00				
	θ	1.57	1.57	1.57	1.57	1.57	1.57				
	ρ	51.81	51.37	50.93	50.49	50.05	49.60				
8	x	2.90	3.26	3.62	3.98	4.34	4.70	5.06			
	y	4.16	3.46	2.77	2.08	1.39	0.69	0.00			
	θ	1.57	1.57	1.57	1.57	1.57	1.57	1.57			
	ρ	52.25	51.81	51.37	50.93	50.49	50.04	49.00			

i / y		21	22	23	24	25	26	27	28	29	30
9	x	3.26	3.62	3.98	4.34	4.70	5.79	6.15	6.51		
	y	4.85	4.16	3.46	2.77	2.08	1.39	0.69	0.0		
	θ	1.57	1.57	1.57	1.57	1.57	1.57	1.57	1.57		
	p	52.69	52.25	51.81	51.37	50.93	50.48	50.04	49.60		
10	x	3.62	3.98	4.34	4.70	5.06	5.42	5.79	6.15	6.51	
	y	5.54	4.05	4.16	3.46	2.77	2.08	1.39	0.69	0.0	
	θ	1.57	1.57	1.57	1.57	1.57	1.57	1.57	1.57	1.57	
	p	53.13	52.69	52.25	51.37	51.37	50.83	50.48	50.04	49.60	
11	x	3.98	4.34	4.70	5.07	5.43	5.79	6.15	6.51	6.87	7.03
	y	6.23	5.54	4.85	4.16	3.46	2.77	2.08	1.39	0.69	0.0
	θ	1.57	1.57	1.57	1.57	1.57	1.57	1.57	1.57	1.57	1.57
	p	53.57	53.13	52.69	52.25	51.81	51.37	50.92	50.48	50.04	49.60

$$q = 49.60(\text{t/m})$$
$$= 486.06(\text{kN})$$

16.13.3 斜坡的极限分析

属于斜坡的极限状态分析的课题有许多种形式,如斜坡状的地基或路基、自然土坡及岩石边坡、堤坝等,它们很多都具有相当的重要性,而一旦损坏,发生类似滑坡等事故,所造成的损失和危害也是巨大的,当然滑坡的研究如今已自成一个专门的课题,这里只由双剪滑移线场理论按极限分析的方法进行一些基础课题的探讨与研究.首先仍就比较简单的情况作一个分析.

(1)斜坡状地基或路基($\gamma = 0$)

如图 16-24(a),(b)所示,对称梯形状的条形地基顶端受均布荷载作用,设基底光滑.各滑移区应力边界条件的分析如图所示.

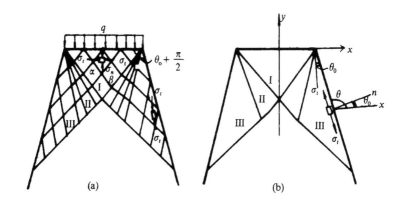

图 16-24

在被动区 ABC 内,沿边界,AB 有 $\sigma_n = \tau_{nt} = 0$,显然 $\sigma_t > \sigma_n$,故有 $\sigma_1 = \sigma_t, \sigma_3 = \sigma_n = 0$,$\alpha$ 族和 β 族滑移线均为直线,方向如图16-24所示.而 σ_t 的作用方向亦即沿斜坡的坡面方向与 x 轴的夹角为 θ

角,由图可知 $\theta = \theta_0 + \dfrac{\pi}{2}$. 由边界条件 $\sigma_n = 0, \tau_{nt} = 0$ 可得

$$\sigma_n = p + R\cos 2(\theta - \theta_0) = 0$$

$$\sigma_{nt} = R\sin 2(\theta - \theta_0) = 0$$

$$p = -R\cos 2(\theta - \theta_0)$$

$$= -\overline{p}\sin\varphi_t \cos 2(\theta - \theta_0) \qquad (16 - 137)$$

上式变形后有

$$p = \frac{C_t \cdot \cos\varphi_t}{1 - \sin\varphi_t} \qquad (16 - 138)$$

由此可见,在坡面上各点的特征应力 p 为一个决定于 C_t, φ_t 的常数,显然该区为均匀应力区.

对过渡区 ACD,该区内 α 线为直线,而 β 线则为对数螺旋线. 沿同一条 β 线上有

$$\ln \overline{p}_d + 2\theta_d \cot 2\mu = \ln \overline{p}_c + 2\theta_c \cot 2\mu \qquad (16 - 139)$$

由上式可得到

$$\overline{p}_d = \overline{p}_c \cdot \exp[2(\theta_c - \theta_d)\tan\varphi_t]$$

$$= \frac{C_t \cdot \cot\varphi_t}{1 - \sin\varphi_t}\exp[2\theta_0 \tan\varphi_t] - C_t \cdot \cot\varphi_t$$

$$= C_t \cdot \cot\varphi_t\left(\frac{\exp[2\theta_0 \tan\varphi_t]}{1 - \sin\varphi_t} - 1\right) \qquad (16 - 140)$$

在主动区 ADA' 内,该区显然亦为均匀应力区,α 族及 β 族滑移线均为直线,各点处的特征应力 p 及角 θ 分别为

$$p = C_t \cot\varphi_t\left(\frac{\exp[2\theta_0 \tan\varphi_t]}{1 - \sin\varphi_t} - 1\right)$$

$$\theta_1 = \frac{\pi}{2} \qquad (16 - 141)$$

在边界 AA' 上,有 $\sigma_n = q$,且 $\sigma_n = \sigma_y = p - R\cos 2\theta$,则有

$$q = \frac{C_t \cdot \cos\varphi_t(1 + \sin\varphi_t)}{1 - \sin\varphi_t}\exp[2\theta_0 \tan\varphi_t]$$

$$-C_t \cdot \cot\varphi_t \qquad (16-142)$$

当 $\theta_0 = 0$ 时,即对垂直边坡的情形,有

$$q = \frac{C_t \cdot \cos\varphi_t (1 + \sin\varphi_t)}{1 - \sin\varphi_t} - C_t \cot\varphi_t$$

$$= C_t \cdot \frac{2\cos\varphi_t + \sin\varphi_t \cos\varphi_t - \cot\varphi_t}{1 - \sin\varphi_t} \qquad (16-143)$$

由以上对有限顶宽的斜坡(包括直边坡)的极限平衡状态的按双剪滑移线场理论的分析计算可知,斜坡的极限平衡状态的分析与地基的情况比较相似.

16.13.4 半无限宽边坡

工程中遇到的大多数情形均为半无限高及半无限宽的边坡,且坡体自身重量相当大,不可忽略.为此我们同样采用数值法及有限元计算相结合来分析一下高边坡的极限平衡状态的问题.对于边坡问题还有一个不同于地基分析的地方,即有时需要针对某一个斜坡的具体形式求出其极限承载力,有时却要反过来根据已知的荷载情况来确定边坡的极限稳定坡度或坡面形状.求极限荷载的情况与地基极限承载力分析问题很相似,这里就不再赘述.而只着重讨论一下根据双剪滑移线场理论公式用数值法确定边坡的极限稳定坡度或坡面形状.

如图 16-25 所示,有沿 x 轴方向半无限远的半无限高斜坡,坡顶受均布荷载 q,坡体材料的 C_0, φ_0 及 γ 均不等于零.采用数值方法结合前面的分析即可确定坡面 OD 的极限稳定坡度或坡面形状.

同前所述,首先需沿已知边界 OA 选定若干等分点,并由 A 点开始编号,编号规则亦同前,显然在主动区 OAB 内有 $\theta = \dfrac{\pi}{2}$,而特征应力按下式计算:

$$p = \frac{q + \gamma y - C_t \cdot \cos\varphi_t}{1 + \sin\varphi_t} \qquad (16-144)$$

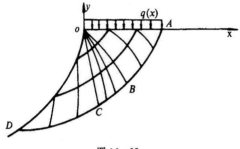

图 16 - 25

这样边界 OA 上各点的 x,y,θ,p 均已知,按第一类边值问题由递推公式可求得区域内其余各点的 x,y,θ 和 p 值.

对于过渡区 OBC 来说,同样边界 OB 及 O 点为其已知的边界条件,但由于边坡的坡度和形状未知,因此 O 点处的张角(或称过渡区内 θ 角)的变化值不能按

$$\Delta\theta = \theta_{\text{\tiny I}} - \theta_{\text{\tiny I}}$$

求得. 但由于沿坡面 OD 上的边界应力条件已知为 $\sigma_n = \tau_{nt} = 0$,而

$$\sigma_n = p + R\cos 2(\theta - \theta_0)$$

$$\tau_n = R\sin 2(\theta - \theta_0) \qquad (16 - 145)$$

由此可得

$$p = \frac{C_t \cdot \cot\varphi_t}{1 - \sin\varphi_t} - C_t \cdot \cot\varphi_t = \frac{C_t \cdot \cos\varphi_t}{1 - \sin\varphi_t} \quad (16 - 146)$$

故自由边界 OD 上的特征应力已知. 仍将 O 点看作一条有角度改变的零长特征线,由统一滑移线场理论的基本公式(16 - 67)即可求得

$$\Delta\theta = \frac{1}{2}\cot\varphi_t \ln\left(\frac{1 - \sin\varphi_t}{1 + \sin\varphi_t} \cdot \frac{q + C_t \cdot \cot\varphi_t}{C_t \cdot \cot\varphi_t}\right) \quad (16 - 147)$$

而过渡区内的角 θ_t 仍可按下式计算:

$$\theta_t = \theta_{\text{\tiny I}} - k \cdot \frac{\Delta\theta}{n} \qquad k \in [0,n] \qquad (16 - 148)$$

同前所述,由此即可相应求得过渡区 OBC 内各点的 x,y,θ,p 值.显然,对于被动区 OCD 来说,边界 OC 及待定边界 OD 上的特征应力 p 值为该区的已知边界条件,其特征应力即按式(16-140)

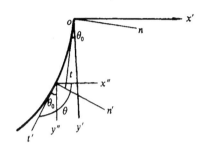

图 16 - 26

计算,而对于坡面曲线上的任一点均存在

$$\frac{dy}{dx} = \tan\theta \qquad (16-149)$$

由前述分析可知,由于沿坡面上有 $\sigma_n = \tau_{nt} = 0, \sigma_t = \sigma_1$ 为第一主应力,其主应力与 x 轴所夹的角即为主应力的方向角 θ. 当坡面形状为直线时,θ 为定值,而当坡面为曲线时,θ 为变值. 但不论对于哪一种情况,均有

$$\theta = \theta_0 + \frac{\pi}{2} \qquad (16-150)$$

成立(如图 16 - 26 所示).

若改为差分的形式,则式(16-149)可写为

$$y_m - y_n = (x_m - x_n) \cdot \tan\theta_n$$

或

$$y_m = (S_m - x_n)\tan\theta_n + y_n \qquad (16-151)$$

(x_m, y_m) 即为所求坡面曲线上一点,而 (x_n, y_n) 为坡面上一邻近已知点. 显然,该点将首先是坡顶 O 点.

利用(x_m, y_m)点既为坡面曲线上一点,同时又是α族或β族滑动线与坡面曲线的一个交点,则根据所属滑动线为α族或β族,选用公式$(16-120)$,将其与上式联立,即可求解得到(x_m, y_m)的值,依此类推,即可确定沿坡面曲线上的全部点的坐标,因此,坡面曲线的形状或坡度亦可知道.

当属于α族滑移线时,有

$$y_n + \tan\theta_n(x_m - x_n) = y_1 + (x_m - x_1)\tan(\theta_1 - \mu)$$
$$(16-152)$$

得到

$$x_m = \frac{x_n \cdot \tan\theta_n - x_1 \cdot \tan(\theta_1 - tu) + y_1 - y_n}{\tan\theta_n - \tan(\theta_1 - \mu)}$$
$$(16-153)$$

或当属于β族滑动线时,有

$$y_n + \tan\theta_n(x_m - x_n) = y_2 + (x_m - x_2)\tan(\theta_2 + \mu)$$
$$(16-154)$$

解上式有

$$x_m = \frac{x_n \cdot \tan\theta_n - x_2 \cdot \tan(\theta_2 + \mu) + y_2 - y_n}{\tan\theta_n - \tan(\theta_2 + \mu)}$$
$$(16-155)$$

且有

$$y_m = \tan\theta_n(x_m - x_n) + y_n \qquad (16-156)$$

而对于被动区内其他各点的数值亦可按递推法同样求得,此处不再赘述.

将地基与斜坡问题统一考虑,把按有限差分法所得到的数值计算公式编成 FORTRAN 语言的电算程序. 下面就是编制的滑移线场数值解法的电算程序的框图(图 16-27). 该程序可计算滑移线场的构造形式、滑移线网格、网格节点的坐标 x, y 及特征应力 p 和角 θ,并输出最后结果的图形,使计算结果更直观更方便[30].

初始计算参数说明:

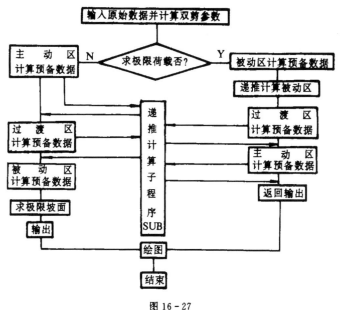

图 16 - 27

B——基底宽度(m);

$C0$——剪切强度参数 C_0(t/m^2);

$F0$——摩擦角强度参数 φ_0(弧度);

GA——土体材料容重 γ(1t/m^3);

$ARFA$——坡角 α,当为地基时,$\alpha=90°$,即 1.57 弧度;当为直边坡时,$\alpha=0°$.

N——初始计算边界 BE 的等分数;

M——中心应力场区即过渡区角 $\Delta\theta$ 的等分数;

b——统一强度理论的中间应力系数 b;

$NTYPE$——计算选择参数,其中 $NTYPE=1$ 时为地基问题;$NTYPE=2$ 时为斜坡问题.

例:如图 16 - 28 所示,有半无限远且半无限高的边坡 AOB,坡角为 θ_1,坡顶承受均布荷载 $q(x)$,土体材料各项参数同地基算

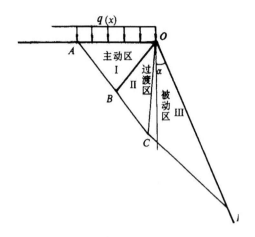

图 16 - 28

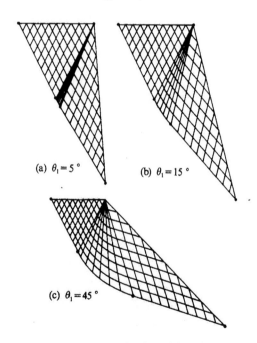

(a) $\theta_1 = 5°$

(b) $\theta_1 = 15°$

(c) $\theta_1 = 45°$

图 16 - 29　边坡极限平衡区

例,求坡体的极限荷载、在荷载作用下极限平衡区的形式及各应力区的应力.(其中 θ_1 分别取 5°,15°及 45°)后,可得到滑移线网各计算节点的计算结果 (x,y,θ,p) 见表 16-6.根据计算结果所绘得的各种情况下极限平衡区的形状分别如图 16-29(a),(b),(c)所示.

综合以上所述可知,统一滑移线场理论在塑性力学、金属塑性加工以及机械、土木等工程结构的极限分析中能得到广泛的应用.

参 考 文 献

[1] 严宗达,塑性力学,天津大学出版社,1988.

[2] 龚晓南,土塑性力学,浙江大学出版社,1990.

[3] 张学言,岩土塑性力学,人民交通出版社,1993.

[4] L. M. 卡恰诺夫著,周承倜译,塑性理论基础,第二版,高等教育出版社,1982.

[5] Nadai, A., Theory of Flow and Fracture of Solids. Vol. 1, McGraw Hill, 1950.

[6] Johnson, W., Sowerby, R., Venter, R. D., Plane-Strain Slip-Line Fields for Metal-Deformation Processes, 1968.

[7] Thomsen, E. G., Yang, C. T., Kobayashi, S., Mechanics of Plastic Deformation in Metal Processing, Macmillan, 1965.

[8] Соколовский, В. В., Статика Сыпучей Среды, Физматгиз, 1960 年第三版.

[9] Wu T. H., Soil Mechanics, Allyn & Bacon, Boston, 1966.

[10] Tan T. M., et al., Finite element solution of Prandtl's flat punch problem, *Finite Elements in Analysis and Design*, 1989, (6), 173—186.

[11] 金永杰,对塑性力学教学中某些问题的讨论,塑性力学教学研究和学习指导,徐秉业主编,清华大学出版社,1993,31.

[12] 俞茂宏、杨鸿森、刘剑宇等,结构塑性区观察的计算机图像处理,西安交通大学学报,1992 **26** (2),121—122.

[13] Martin, J. B., Plasticity: fundamentals and general results, the MIT Press, 1975. (中译本:J. B. 马丁著,余同希、赵学仁、王礼立、薛大为、杨桂通、徐秉业、熊祝华译,塑性力学——基础及其一般结果,北京理工大学出版社, 1990.)

[14] 陈 震,散体极限平衡理论基础,水利电力出版社,1987.

[15] 郑颖人、龚晓南,岩土塑性力学基础,中国建筑工业出版社,1989.

[16] 朱百里、沈珠江等,计算土力学,上海科学技术出版社,1990.

[17]   王祖唐，金属塑性加工工步的力学分析，清华大学出版社，1987.

[18]   Lippmann, H. ed., Metal Forming Plasticity (IUTAM Symposium, 1978), Springer-Verlag, 1979.

[19]   王祖唐等，金属塑性成形理论，机械工业出版社，1989.

[20]   Соколовский, Теория Пластичности, госуд. изв. тех-теоретической литературы. Москва, 1950. (中译本：王振常译，塑性力学，建筑工程出版社，1957.)

[21]   陈森灿、叶庆荣、金属塑性加工原理，清华大学出版社，1991.

[22]   陈　震，散体极限平衡理论基础，水利电力出版社，1987.

[23]   Yu Mao-hong, Liu Chun-yang, Liu Jian-yu, Yang Song-yan, Twin shear non-orthogonal slip line field theory, Proc. of the First Asia-Oceania Int. Symposium on Plasticity, Peking University Press, 1994, 432—437.

[24]   俞茂宏，强度理论新体系，西安交通大学出版社，1992.

[25]   俞茂宏、何丽南、宋凌宇，双剪强度理论及其推广，中国科学，A 辑，1985，**28** (12)，1113—1120.

[26]   Yu Maohong, Twin shear yield criterion, *Int J of Mech Sci*, 1983, **25** (1), 71—74.

[27]   Yu Maohong, He Linan, Song Lingyu, Twin shear stress strength theory and its generalization, *Scientia Sinica* (*Sciences in China*) A, 1985, **28** (11), 1174—1183.

[28]   俞茂宏、刘剑宇、刘春阳、马国伟，双剪正交和非正交滑移线场理论，西安交通大学学报，1994，**28** (2) 122—126.

[29]   刘剑宇，结构塑性变形观察试验与双剪滑移理论及应用，西安交通大学研究生论文，1990.

[30]   刘春阳，结构极限分析的一个新理论及其应用，西安交通大学研究生论文，1993.

[31]   俞茂宏、杨松岩、刘春阳、刘剑宇，统一平面应变滑移线场理论及其应用，土木工程学报，1997，**30** (2)，14—26.

第十七章　基于双剪应力准则的特征线法

§17.1　概　　述

特征线法在塑性力学中得到广泛的应用. 上章我们阐述了特征线概念在求解塑性力学刚塑性平面应变问题中的应用，建立了双剪正交滑移线场和非正交滑移线场理论，并进一步形成了一个较完整的统一滑移线场理论. 特征线法亦可在塑性力学平面应力问题中得到应用. 文献 [1—3] 已有较多阐述. 最近天津大学力学系严宗达教授和卜小明博士进一步发展了特征线法，首先建立了基于双剪应力屈服准则的特征线法[4,5]，并成功地求解了一系列问题，得出了很好的结果. 下面我们采用他们的两篇论文的成果进行阐述.

Tresca 屈服准则和 Mises 屈服准则自从被提出以来，一直主导着整个塑性领域，而且得到了极为广泛的应用. 近年来，由于不少实验结果的支持以及其本身也是符合 Drucker 稳定材料公设的外界曲面，双剪应力屈服准则[6]以及其适合于其他各种不同材料的改进形式[7]已日益被人们所重视[8].

基于前二准则的求解平面应力问题特征线理论早已建立，可见于各教科书中. 不久前严宗达-卜小明又建立了基于双剪应力准则的解平面应力问题的特征线法，并且对这三种方法进行分析和比较[5].

§17.2　基于 Tresca 和 Mises 准则的特征线法

17.2.1　基于 Tresca 准则的特征线法

如果对于情形 $\sigma_x \sigma_y \leqslant \tau_{xy}^2$，我们引进变量 χ，而对于情形 $\sigma_x \sigma_y \geqslant$

τ_{xy}^2,引进另一个变量 λ,则满足 Tresca 屈服条件的应力表达式分别为

$$\sigma_x = 2k\chi + k\cos2\varphi$$
$$\sigma_y = 2k\chi - k\cos2\varphi \qquad \text{(在图 17-1 中 } AB,DE \text{ 段上)}$$
$$\tau_{xy} = k\sin2\varphi$$

$$(17-1)$$

$$\sigma_x = \sigma_s[s(1-\lambda) + \lambda\cos2\varphi]$$

$$\sigma_y = \sigma_s[s(1-\lambda) - \lambda\cos2\varphi] \qquad \begin{aligned}&\text{(在图 17-1 中 } AB,\\&CD,EF,FA \text{ 段上)}\end{aligned}$$

$$\tau_{xy} = \sigma_s\lambda\sin2\varphi$$

$$(17-2)$$

式中

$$s = \begin{cases} 1 & \text{当 } \sigma_1 > 0, \sigma_2 > 0 \\ -1 & \text{当 } \sigma_1 < 0, \sigma_2 < 0 \end{cases} \qquad (17-3)$$

由式(17-1),(17-2)应力分量所确定的平衡方程将是双曲线型和抛物线型,其特征线方程分别为

$$\frac{dy}{dx} = \tan\left(\varphi \pm \frac{\pi}{4}\right) \qquad (17-4)$$

$$\frac{dy}{dx} = -\frac{s + \cos2\varphi}{\sin2\varphi} = \begin{cases} -\cot\varphi & \text{当 } s = 1 \\ \tan\varphi & \text{当 } s = -1 \end{cases} \qquad (17-5)$$

可以看出,式(17-4)具有两族正交的特征线,它们与主方向成 $\frac{\pi}{4}$ 角,这正好与滑移线的定义相一致. 并且沿这两族特征线上分别有

$$\chi + \varphi = C_1$$
$$\chi - \varphi = C_2 \qquad (17-6)$$

若令 $\chi = \dfrac{\sigma}{2k}$,上式将与平面应变问题的 Hencky 应力方程完全

相同. 而式(17-5)只有一族特征线,其方向平行于中间主应力(按三维考虑),是与最大最小主应力成 $\pi/4$ 角的平面与 xy 平面的交线. 这实质上与式(17-4)的滑移线解释是相通的,只要注意到条件 $\sigma_x\sigma_y<\tau_{xy}^2$ 和 $\sigma_x\sigma_y>\tau_{xy}^2$ 的差别.

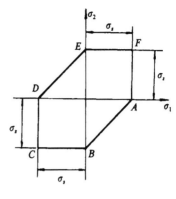

图 17-1

从上面分析知道,对于 Tresca 准则,只能在 AB 和 DE 段(即 $\sigma_x\sigma_y<\tau_{xy}^2$)上才能按双曲线型方程的特征线法求解,而在其他段(即 $\sigma_x\sigma_y>\tau_{xy}^2$)上可以直接根据微分方程去寻求解答.

17.2.2 基于 Mises 准则的特征线法

如果我们引进变量 ω,则满足 Mises 屈服条件的应力分量可表示成

$$\sigma_x=k(\sqrt{3}\cos\omega+\sin\omega\cos2\varphi)$$
$$\sigma_y=k(\sqrt{3}\cos\omega-\sin\omega\cos2\varphi) \tag{17-7}$$
$$\tau_{xy}=k\sin\omega\sin2\varphi$$

由它们所确定的平衡方程的特征线为

$$\frac{dy}{dx}=\frac{\sqrt{3}\sin\omega\sin2\varphi\pm\sqrt{3-4\cos^2\omega}}{\sqrt{3}\sin\omega\cos2\varphi-\cos\omega} \tag{17-8}$$

不难看出,只有当 $3-4\cos^2\omega>0$(即 $\frac{\pi}{6}<\omega<\frac{5\pi}{6}$ 或 $\frac{7\pi}{6}<\omega<\frac{11\pi}{6}$,也就是图 17-2 中的 CG 段和 $C'G'$ 段)时,才存在两族特征线. 否则,就没有特征线($3-4\cos^2\omega<0$,图 17-2 中的 CC' 段和 GG' 段),或者只有一族特征线($3-4\cos^2\omega=0$,图 17-2 中的 C,C',G,G' 诸

点),这将在数学求解上造成极大的困难. 对于双曲线型方程,若引进辅助函数

$$\psi = \frac{\pi}{2} - \frac{1}{2}\cos^{-1}\left(\frac{\cot\omega}{\sqrt{3}}\right)$$

$$\chi = -\frac{1}{2}\int_{\frac{\pi}{6}}^{\omega} \frac{\sqrt{3-4\cos^2\omega}}{\sin\omega}d\omega$$

$$(17-9)$$

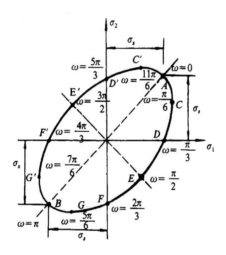

图 17-2

可得特征线方程为

$$\frac{dy}{dx} = \tan(\varphi \pm \psi) \qquad (17-10)$$

并且沿这两族特征线上分别有

$$\chi + \varphi = C_1$$
$$\chi - \varphi = C_2 \qquad (17-11)$$

这在形式上与式(17-6)相同,但函数 χ 要比式(17-6)复杂得多. 同时还可以发现,这里的两族特征线是不正交的,夹角为 2ψ,且随点而变.

从上面分析知道,对于 Mises 准则,只能在 $\dfrac{\pi}{6} < \omega < \dfrac{5\pi}{6}$ 或 $\dfrac{7\pi}{6} < \omega < \dfrac{11\pi}{6}$ 上才能按双曲线型方程的特征线法求解,过程却是比较曲折繁琐.而在其余段上求解将十分困难.

§17.3 基于双剪应力准则的特征线法

在 $(\sigma_x, \sigma_y, \tau_{xy})$ 平面应力状态时,三个主应力为

$$
\begin{aligned}
\sigma_1 &= \frac{\sigma_x + \sigma_y}{2} + \sqrt{\left(\frac{\sigma_x - \sigma_y}{2}\right)^2 + \tau_{xy}^2} \\
\sigma_2 &= \frac{\sigma_x + \sigma_y}{2} - \sqrt{\left(\frac{\sigma_x - \sigma_y}{2}\right)^2 + \tau_{xy}^2} \\
\sigma_3 &= 0
\end{aligned}
\tag{17-12}
$$

17.3.1 双剪应力屈服准则

双剪应力屈服准则的一般方程为[6,7]

$$
f = \sigma_1 - \frac{1}{2}(\sigma_2 + \sigma_3) = \sigma_s = \frac{3}{2}k \qquad \text{当 } \sigma_2 \leqslant \frac{1}{2}(\sigma_1 + \sigma_3) \tag{17-13}
$$

$$
f = \frac{1}{2}(\sigma_1 + \sigma_2) - \sigma_3 = \sigma_s = \frac{3}{2}k \qquad \text{当 } \sigma_2 \geqslant \frac{1}{2}(\sigma_1 + \sigma_3) \tag{17-13'}
$$

在平面应力状态时的双剪应力屈服线如图 17-3 所示,它的 6 条屈服线方程分别为

$$
\begin{aligned}
f_1 &= 2\sigma_1 - \sigma_2 = 3k \\
f_2 &= 2\sigma_1 - \sigma_2 = -3k \\
f_3 &= 2\sigma_2 - \sigma_1 = 3k \\
f_4 &= 2\sigma_2 - \sigma_1 = -3k \\
f_5 &= \sigma_1 - \sigma_2 = -3k \\
f_6 &= \sigma_1 - \sigma_2 = 3k
\end{aligned}
\tag{17-14}
$$

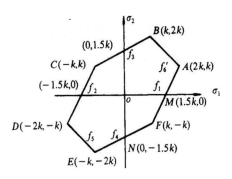

图 17-3 平面应力状态时的双剪屈服线

将式(17-12)代入式(17-14),得到用$(\sigma_x,\sigma_y,\tau_{xy})$表示的双剪应力屈服准则为

$$\frac{1}{2}|\sigma_x+\sigma_y|+3\sqrt{\frac{1}{4}(\sigma_x-\sigma_y)^2+\tau_{xy}^2}=3k$$

$$当 \ |\sigma_x+\sigma_y|\geqslant6\sqrt{\frac{1}{4}(\sigma_x-\sigma_y)^2+\tau_{xy}^2} \qquad (17-15)$$

$$|\sigma_x+\sigma_y|=3k$$

$$当 \ |\sigma_x+\sigma_y|\leqslant6\sqrt{\frac{1}{4}(\sigma_x-\sigma_y)^2+\tau_{xy}^2} \qquad (17-15')$$

不计体力时的平面应力问题的平衡微分方程为

$$\frac{\partial\sigma_x}{\partial x}+\frac{\partial\tau_{xy}}{\partial y}=0$$
$$\frac{\partial\tau_{xy}}{\partial x}+\frac{\partial\sigma_y}{\partial y}=0 \qquad (17-16)$$

下面分别对式(17-15)和式(17-15')两种情况进行研究.

17.3.2 双曲线型方程

考虑屈服条件式(17-15),令

$$\frac{\sigma_1-\sigma_2}{2}=\lambda k \qquad \frac{\sigma_1+\sigma_2}{2}=3(1-\lambda)sk \qquad (17-17)$$

式中

$s=1$ 　　当 $\sigma_1+\sigma_2>0$ 　(图 17-3 中的 FA 和 BC 边)

$s=0$ 　　当 $\sigma_1+\sigma_2=0$ 　(图 17-3 中的 F 和 C 点)

$s=-1$ 　当 $\sigma_1+\sigma_2<0$ 　(图 17-3 中的 CD 和 EF 边)

$$(17-18)$$

由式(17-12)和(17-17)得

$$\sqrt{\left(\frac{\sigma_x-\sigma_y}{2}\right)^2+\tau_{xy}^2}=\lambda k$$

$$\frac{\sigma_x+\sigma_y}{2}=3(1-\lambda)sk \qquad (17-19)$$

相应的应力分量为

$$\sigma_x=k[3s(1-\lambda)+\lambda\cos2\varphi]$$
$$\sigma_y=k[3s(1-\lambda)-\lambda\cos2\varphi] \qquad (17-20)$$
$$\tau_{xy}=k\lambda\sin2\varphi$$

上式自动满足双剪应力屈服条件式(17-15). λ 的变化范围为

$$\frac{1}{2}\leqslant\lambda\leqslant1 \qquad (17-21)$$

联立式(17-20)和(17-16),得

$$-3s\frac{\partial\lambda}{\partial x}+\frac{\partial\lambda}{\partial x}\cos2\varphi-2\lambda\sin2\varphi\frac{\partial\varphi}{\partial x}+\frac{\partial\lambda}{\partial y}\sin2\varphi+2\lambda\cos2\varphi\frac{\partial\varphi}{\partial y}=0$$

$$\frac{\partial \lambda}{\partial x}\sin 2\varphi + 2\lambda\cos 2\varphi \frac{\partial \varphi}{\partial x} - 3s \frac{\partial \lambda}{\partial y} - \frac{\partial \lambda}{\partial y}\cos 2\varphi + 2\lambda\sin 2\varphi \frac{\partial \varphi}{\partial y} = 0$$

$$(17-22)$$

在 xy 平面内的任一曲线 L 上，未知量 λ 和 φ 的增量可以写为

$$d\lambda = \frac{\partial \lambda}{\partial x}dx + \frac{\partial \lambda}{\partial y}dy$$

$$(17-23)$$

$$d\varphi = \frac{\partial \varphi}{\partial x}dx + \frac{\partial \varphi}{\partial y}dy$$

若此曲线为方程(17-22)的特征线，则在式(17-22)和(17-23)四式中的 $\frac{\partial \lambda}{\partial x}, \frac{\partial \lambda}{\partial y}, \frac{\partial \varphi}{\partial x}, \frac{\partial \varphi}{\partial y}$ 的系数行列式 Δ 应等于零，即

$$\Delta = \begin{vmatrix} -3s+\cos 2\varphi & \sin 2\varphi & -2\lambda\sin 2\varphi & 2\lambda\cos 2\varphi \\ \sin 2\varphi & -3s-\cos 2\varphi & 2\lambda\cos 2\varphi & 2\lambda\sin 2\varphi \\ dx & dy & 0 & 0 \\ 0 & 0 & dx & dy \end{vmatrix} = 0$$

$$(17-24)$$

由此得

$$\frac{dy}{dx} = \frac{-3s\sin 2\varphi \pm 2\sqrt{2}\,s}{1-3s\cos 2\varphi}$$

$$(17-25)$$

令

$$s = -3\cos 2\psi$$

式(17-25)可写为

$$\frac{dy}{dx} = \tan(\varphi \mp \psi) \qquad \psi = \frac{1}{2}\cos^{-1}\left(-\frac{s}{3}\right) \qquad (17-26)$$

式(17-26)即为两族特征线方程. 显然，此两族特征线分别与主应力 σ_1 成 $\pm\psi$ 角. 取"正"号和取"负"号分别对应 α 族和 β 族特征线.

为了得到沿特征线的 λ 和 φ 的关系，可由式(17-22)，

(17-23)和(17-24)得

$$\varphi + \sqrt{2}\, s\, \ln\lambda = C_1 \qquad \text{沿 } \alpha \text{ 族特征线}$$
$$\varphi - \sqrt{2}\, s\, \ln\lambda = C_2 \qquad \text{沿 } \beta \text{ 族特征线} \qquad (17-27)$$

因此,基于双剪应力屈服准则,对应 FA, BC, CD, EF 段上可按双曲线型方程的特征线法求解.

17.3.3 椭圆型方程

对于双剪应力屈服准则式(17-15′)的情况,即在图 17-3 的双剪屈服线的 AB 和 DE 段,得到

$$\frac{\partial\lambda}{\partial x}\cos 2\varphi - 2\lambda\sin 2\varphi\frac{\partial\varphi}{\partial x} + \frac{\partial\lambda}{\partial y}\sin 2\varphi + 2\lambda\cos 2\varphi\frac{\partial\varphi}{\partial y} = 0$$
$$\frac{\partial\lambda}{\partial x}\sin 2\varphi + 2\lambda\cos 2\varphi\frac{\partial\varphi}{\partial x} - \frac{\partial\lambda}{\partial y}\cos 2\varphi + 2\lambda\sin 2\varphi\frac{\partial\varphi}{\partial y} = 0 \qquad (17-28)$$

λ 的变化范围为 $\lambda \leqslant \dfrac{1}{2}$.

同理,式(17-28)与(17-23)的系数行列式

$$\Delta = \begin{vmatrix} \cos 2\varphi & \sin 2\varphi & -2\lambda\sin 2\varphi & 2\lambda\cos 2\varphi \\ \sin 2\varphi & -\cos 2\varphi & 2\lambda\cos 2\varphi & 2\lambda\sin 2\varphi \\ dx & dy & 0 & 0 \\ 0 & 0 & dx & dy \end{vmatrix} = 0 \qquad (17-29)$$

由此得

$$(dx)^2 + (dy)^2 = 0 \qquad (17-30)$$

说明此式对 $\dfrac{dy}{dx}$ 无实根,应力分量满足双剪屈服条件式(17-15′)的应力分量所确定的平衡微分方程将是椭圆型,不存在特征线.

17.3.4 小结

对于双剪应力屈服准则,由以上研究可知,当应力状态处于图

17-3 中的 FA, BC, CD 和 EF 段上时,为双曲线型方程,可按双曲线型方程的特征线法求解.

在其余两段 AB 和 DE 段上,方程为椭圆型,不能用特征线法求解.但是幸而这时的双剪应力屈服条件式(17-15′)的形式很简单,因此不难以平衡方程和屈服条件式(17-15′)直接求解.

§17.4　速　度　场

17.4.1　与双剪屈服准则第二式相关的速度场

基于双剪应力屈服准则及其相连的流动法则,从屈服准则的第二式(17-15′)可得应变率

$$\zeta_x = \zeta_y \qquad \zeta_{xy} = 0 \tag{17-31}$$

速度分量

$$
\begin{aligned}
\frac{\partial V_x}{\partial x} - \frac{\partial V_y}{\partial y} &= 0 \\
\frac{\partial V_x}{\partial y} + \frac{\partial V_y}{\partial x} &= 0
\end{aligned}
\tag{17-32}
$$

速度分量的增量

$$
\begin{aligned}
\frac{\partial V_x}{\partial x}dx + \frac{\partial V_x}{\partial y}dy &= dV_x \\
\frac{\partial V_y}{\partial x}dx + \frac{\partial V_y}{\partial y}dy &= dV_y
\end{aligned}
\tag{17-33}
$$

由以上两式的四个方程中的 $\dfrac{\partial V_x}{\partial x}$, $\dfrac{\partial V_x}{\partial y}$, $\dfrac{\partial V_y}{\partial x}$, $\dfrac{\partial V_y}{\partial y}$ 的系数行列式等于零,即

$$
\begin{vmatrix}
1 & 0 & 0 & -1 \\
0 & 1 & 1 & 0 \\
dx & dy & 0 & 0 \\
0 & 0 & dx & dy
\end{vmatrix} = 0
$$

得

$$(dx)^2 + (dy)^2 = 0$$

与上节讨论的应力场相同,对$\dfrac{dy}{dx}$无实根,方程为椭圆型,无特征线.

17.4.2 与双剪屈服准则第一式相关的速度场

对于双剪屈服准则的第一式(17-15),则有

$$\zeta_x = \alpha \frac{\partial f}{\partial \sigma_x} = \alpha \left[\frac{s}{6} + \frac{1}{2} \frac{\sigma_x - \sigma_y}{\sqrt{(\sigma_x - \sigma_y)^2 + 4\tau_{xy}^2}} \right] \cdot$$

$$\zeta_y = \alpha \frac{\partial f}{\partial \sigma_y} = \alpha \left[\frac{s}{6} - \frac{1}{2} \frac{\sigma_x - \sigma_y}{\sqrt{(\sigma_x - \sigma_y)^2 + 4\tau_{xy}^2}} \right] \quad (17-34)$$

$$\zeta_{xy} = \alpha \frac{\partial f}{\partial \tau_{xy}} = \alpha - \frac{2\tau_{xy}}{\sqrt{(\sigma_x - \sigma_y)^2 + 4\tau_{xy}^2}}$$

式中 f 为双剪应力屈服函数,$\alpha > 0$ 为标量乘子. 由式(17-20)和(17-34)可得到

$$\frac{\dfrac{\partial V_x}{\partial x}}{\dfrac{s}{6} + \dfrac{1}{2}\cos 2\varphi} = \frac{\dfrac{\partial V_y}{\partial y}}{\dfrac{s}{6} - \dfrac{1}{2}\cos 2\varphi} = \frac{\dfrac{\partial V_x}{\partial y} + \dfrac{\partial V_y}{\partial x}}{\sin 2\varphi} = \frac{\dfrac{\partial V_x}{\partial x} - \dfrac{\partial V_y}{\partial y}}{\cos 2\varphi}$$

$$(17-35)$$

上式可写为

$$\left(\frac{s}{3} - \cos 2\varphi \right) \frac{\partial V_x}{\partial x} - \left(\frac{s}{3} + \cos 2\varphi \right) \frac{\partial V_y}{\partial y} = 0 \quad (17-36)$$

$$\cos 2\varphi \left(\frac{\partial V_x}{\partial y} + \frac{\partial V_y}{\partial x} \right) - \sin 2\varphi \left(\frac{\partial V_x}{\partial x} - \frac{\partial V_y}{\partial y} \right) = 0$$

系数行列式

$$\begin{vmatrix} \dfrac{s}{3} - \cos 2\varphi & 0 & 0. & -\dfrac{s}{3} - \cos 2\varphi \\ -\sin 2\varphi & \cos 2\varphi & \cos 2\varphi & \sin 2\varphi \\ dx & dy & 0 & 0 \\ 0 & 0 & dx & dy \end{vmatrix} = 0 \qquad (17-37)$$

由此得

$$\frac{dy}{dx} = \frac{-3\sin 2\varphi \pm 2\sqrt{2}}{s - 3\cos 2\varphi} = \frac{-3s\sin 2\varphi \pm 2\sqrt{2}\,s}{1 - 3s\cos 2\varphi} \quad (17-38)$$

式(17-38)与应力场特征线完全相同. 因此,对于双剪屈服准则,也与 Tresca 屈服准则和 Mises 屈服准则相同,它们的速度特征线都与应力特征线一致.

联立式(17-33),(17-36),(17-37),得

$$dV_x + dV_y \frac{dy}{dx} = 0 \qquad (17-39)$$

相应的速度场特征线可由式(17-26),(17-39)得出为

$$\begin{aligned} dV_x + dV_y \tan(\varphi - \psi) = 0 & \quad \text{沿 } \alpha \text{ 特征线} \\ dV_x + dV_y \tan(\varphi + \psi) = 0 & \quad \text{沿 } \beta \text{ 特征线} \end{aligned} \qquad (17-40)$$

在 xy 平面曲线 L 的任意一点 P,如建立其切向和法向坐标系 t, n,则式(17-36)的第一式可写为

$$\left(\frac{s}{3} - \cos 2\varphi \right) \frac{\partial V_t}{\partial t} - \left(\frac{s}{3} + \cos 2\varphi \right) \frac{\partial V_n}{\partial n} = 0 \quad (17-41)$$

当 L 为速度场特征线,$\dfrac{\partial V_n}{\partial n}$ 为不确定解,因此式(17-41)中 $\dfrac{\partial V_n}{\partial n}$ 的系数应等于零,即

$$\cos 2\varphi = -s/3 \qquad (17-42)$$

由式(17-41)得

$$\zeta_t = \partial V_t / \partial t = 0 \qquad (17-43)$$

因此可以得出与上一章平面应变问题中关于沿特征线切线方向的应变率等于零相似的结论.

§17.5 双剪特征线法的应用

在文献[1—3]中,已有用 Tresca 准则和 Mises 准则的算例. 下面用双剪屈服准则求解.

17.5.1 单向拉伸试件的速度间断线及其两侧相对速度的方向

在平面应力问题中,速度间断既可能出现在切向,也可能出现在法向,从而形成"颈缩". 在图 17-4 的单向拉伸平板试件中,由于 $\sigma_y = \sigma_1, \sigma_x = 0$,故可知 $s = 1$,且有两族速度特征线.

由式(17-26)可知速度特征线与 σ_1 的夹角为

$$\psi = \frac{1}{2}\cos^{-1}\left(-\frac{1}{3}\right) = 54°44'$$

因此可得相对速度 $\bar{v}$ 与 σ_1 的夹角 $\gamma = 90° - \psi = 35°16'$. 这一结果已被实验所证实[3],且与 Mises 准则的结果相一致[1].

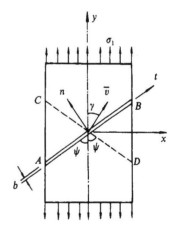

图 17-4 单向拉伸试件的速度特征线

17.5.2 带圆孔无限大平板的极限载荷

无限大平板中有一半径为 a 的圆孔,板在无穷远处受各向均匀拉伸. 求极限载荷 q,及相应的应力表达式. 有关符号见图 17-5.

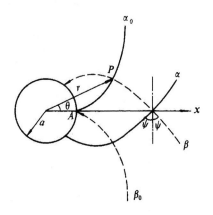

图 17-5　带圆孔无限大平板

因在孔边上 $\sigma_\theta>0,\sigma_r=0$，无穷远处，$\sigma_\theta=\sigma_r>0$，故可推断，在整个板内有 $\sigma_\theta\geqslant\sigma_r\geqslant0,s=1$. 在孔附近，应力符合屈服条件式 (17-15)，因此过 A 点的特征线为

$$\theta=\pm\frac{1}{\sqrt{2}}\ln\frac{r}{a}\qquad(\alpha\text{族取}+\text{号},\beta\text{族取}-\text{号})$$

且沿 AP 线上有

$$\varphi+\sqrt{2}\ln\lambda=C_1$$

由于 $\varphi=\theta+\dfrac{\pi}{2}$，且由 $\sigma_r|_{r=a}=0$ 知 $\lambda_A=\dfrac{3}{4}$，因此可得

$$\lambda=\frac{3}{4}\left(\frac{a}{r}\right)^{1/2}$$

此时的应力分量为

$$\sigma_\theta=3k\left[1-\frac{1}{2}\left(\frac{a}{r}\right)^{1/2}\right]$$

$$\sigma_r=3k\left[1-\left(\frac{a}{r}\right)^{1/2}\right]$$

r 增大时, λ 减小, 当 $r = \dfrac{9}{4}a$ 时, $\lambda = \dfrac{1}{2}$ 为双曲型的界限. 当 $r > \dfrac{9}{4}a$ 时, 方程成为椭圆型, 可直接由微分方程和屈服条件求得应力分量

$$\sigma_r = \frac{3k}{2}\left[1 - \frac{27}{16}\left(\frac{a}{r}\right)^2\right]$$

$$\sigma_\theta = \frac{3k}{2}\left[1 + \frac{27}{16}\left(\frac{a}{r}\right)^2\right]$$

因此, 极限载荷

$$q_s = \sigma_r|_{r \to \infty} = \frac{3k}{2} = \sigma_s$$

相应的应力表达式为

$$\sigma_r = \begin{cases} 2\sigma_s\left[1 - \left(\dfrac{a}{r}\right)^{1/2}\right] & a \leqslant r \leqslant \dfrac{9}{4}a \\[3mm] \sigma_s\left[1 - \dfrac{27}{16}\left(\dfrac{a}{r}\right)^2\right] & r > \dfrac{9}{4}a \end{cases}$$

$$\sigma_\theta = \begin{cases} 2\sigma_s\left[1 - \dfrac{1}{2}\left(\dfrac{a}{r}\right)^{1/2}\right] & a \leqslant r \leqslant \dfrac{9}{4}a \\[3mm] \sigma_s\left[1 + \dfrac{27}{16}\left(\dfrac{a}{r}\right)^2\right] & r > \dfrac{9}{4}a \end{cases}$$

§17.6　几种方法的比较

　　严宗达-卜小明在文献[5]中将双剪特征线法与 Tresca 的单剪准则和 Mises 的三剪准则作了对比. 针对以上两个例子列表比较三种屈服准则的特点和优缺点见表 17-1 和 17-2.

　　严宗达-卜小明通过对比分析, 得出如下结论.

　　(1)从繁简程度看, Tresca 和双剪准则均较 Mises 准则简单.

　　(2)在描写单向拉伸速度间断线上, 双剪准则有无可比拟的优越性.

(3)使用准则的总倾向是,根据材料区分试验点,在 Mises 椭圆内的可按 Tresca 准则来做,在 Mises 椭圆外的可按双剪准则来做,最好避免使用 Mises 准则,而是以 Mises 为界内外分流.

表 17-1 三种屈服准则的对比

准　则	双曲型特征线法使用范围	其他范围的求解途径	单向拉伸例子	
			方程类型	结果
单剪 Tresca	$\dfrac{\sigma_1}{\sigma_2}<0$	可直接求解,也可应用抛物型特征线法求解	抛物	$\psi=45°$ (与实验有差距)
三剪 Mises	$\dfrac{\sigma_1}{\sigma_2}<\dfrac{1}{2},\dfrac{\sigma_1}{\sigma_2}>2$	很困难	双曲	$\psi=54°44'$ (过程很繁)
双剪	$\dfrac{\sigma_1}{\sigma_2}<\dfrac{1}{2},\dfrac{\sigma_1}{\sigma_2}>2$	可直接求解	双曲	$\psi=54°44'$ (过程特简)

表 17-2 带孔无限大平板的对比

准则	有孔无穷大板远处受均拉		有孔无穷大板在孔内受均压	
	方程类型	繁简程度	方程类型	繁简程度
Tresca	抛物	特简	双曲	简单
Mises	双曲 椭圆	繁	双曲	繁
双剪	双曲 椭圆	简单	双曲	简单

以上基于单剪、三剪和双剪屈服准则的特征线法,适用于拉压强度相同、且材料剪拉比分别为 0.50,0.58 和 0.68 的金属类材料.对于岩石、土、混凝土以及拉压强度不同的金属,需探讨相应的新的特征线场.最近,俞茂宏、张永强、李建春在统一强度

理论的基础上，建立了相应的统一特征线场理论，并应用于三个实例，与实验结果吻合得很好，可以适用于十分广泛的各类材料. 读者可以参考作者将发表的文章（俞茂宏、张永强、李建春，塑性平面应力问题的统一特征线场理论）.

参 考 文 献

[1] 严宗达，塑性力学，天津大学出版社，1988.

[2] 王仁等，塑性力学基础，科学出版社，1982.

[3] Kachanov, L. M. , Foundations of the Theory of Plasticity, North-Holland Publication Co. , 1971.

[4] Yan Zongda and Bu Xiaoming, The method of characteristics for solving the plane stress problem of ideal rigid-plastic body on the basis of twin shear stress yield criterion, Proc. of the Asia-Pacific Symposium on Advances in Engineering Plasticity and its Application, Elsevier, Hong Kong, Dec. 15—17, 1992.

[5] 严宗达、卜小明，关于基于三种不同屈服准则求解理想刚塑性平面应力问题的特征线法，第二届全国结构工程学术会议（1993，长沙），工程力学，1993 增刊.

[6] Yu Mao-hong, Twin shear stress yield criterion, *Int. J. of Mechanical Science*, 1983, **25** (1), 71—74.

[7] 俞茂宏，双剪应力强度理论及其推广，中国科学 (A)，1985. **28** (12)，1113—1120.

[8] 黄文彬、曾国平，应用双剪应力屈服准则求解某些塑性力学问题，力学学报，1989，**21** (2)，249—256.

[9] Nadai, A. , Theory of flow and fracture of solids, McGraw Hill, 1950.

第十八章　混凝土双剪损伤理论

§18.1　概　　述

早在 1958 年，Kachanov 就引用"连续性因子"和"有效应力"的概念来研究蠕变断裂情形下的损伤. 这种理论现今已经发展成为材料学家和力学家共同研究的课题，并与连续介质力学结合产生了连续介质损伤力学[1]，与细观力学结合形成了细观损伤理论[2]，并和细观力学等一起形成了固体力学研究的一个分支学科，受到了力学工作者的极大重视.

所谓损伤，是指在荷载、温度和环境等因素作用下，材料中微裂纹的形成、发育和集结，从而造成宏观裂纹的发生和最终的断裂，同时引起材料性质劣化，如强度、刚度、韧度的降低和使用寿命的缩短等现象. 损伤随着非弹性变形的增长而发生不可逆变化的规律称为损伤演化方程. 如何定义损伤和寻找合理的损伤演化规律，是损伤力学的两大基本任务[3].

损伤及其演化规律，对于不同的材料和不同的荷载类型具有不同的表达形式. 目前，在金属材料损伤方面研究得相对较多，也相对成熟起来. 而关于混凝土损伤理论的研究仍处在发展阶段. 由于损伤力学研究的一个主要内容就是建立各种材料的损伤本构关系，因此，混凝土损伤理论的研究首先着眼于混凝土损伤本构理论的研究上. 早期的工作有 Loland，Mazars 等[4]，利用 Kachanov 的思路，提出了各向同性损伤本构模型. Mazars 还提出了一个适于混凝土单侧受力的损伤本构模型[5]. 另外，Mazars 还将自己的模型推广到三维受力情形[5]. Sidoroff 利用能量等价原理提出了一个各向异性脆弹性损伤本构模型[5]. 这些模型均认为混凝土达到一定的变形后才产生损伤（这个应变值叫做损伤应变阈值），不同的仅是假定的损伤应变阈值不同而已. 围绕这样的思路, 尚有不同学者建立了不同的损伤演化方程, 如 Brooks 模型[6], 高路彬模型[7]等等. 高路彬, 程庆国还提出了一个更具一般性的各向异性损伤模型[8]. 这些模型在单轴拉压状态下得到了较好的实验验证, 但是, 由于缺乏多维状态下的试验成果, 有关多维状态下的模型尚待完善.

双剪理论是我国学者俞茂宏教授在总结已有强度理论的基础上, 经过 30 多年的艰苦钻研和探索, 研究出来的一种具有明确物理意义和较强适应性的强度理论, 并在混凝土和岩石的多轴强度理论中得到了较好的实验验证. 本章将把双剪理论引入到混凝土的损伤理论, 建立混凝土的双剪损伤理论, 并可望应用到建立混凝土的多轴损伤本构模型中, 从而达到减少或简化对多轴本构理论的实验要求.

§18.2 损伤力学基础

正如§18.1 中所述, 损伤过程是由于材料内部和表面的微空隙和微裂纹等缺陷的形成和发展, 导致材料宏观力学性能的劣化过程. 如何描述它们的影响并计算其影响程度, 有种种不同的论述观点. 由于外载的作用、温度的变化或其他环境条件的影响, 导致损伤的形成和发展, 这一过程实质上是一种功能的转化过程, 而且是不可逆的转化过程. 基于能量转化的理论称为能量损伤理论, 用微裂纹的数量、形状、大小和分布描述材料的损伤程度的理论称为几何损伤理论. 在混凝土损伤理论中多用能量损伤理论, 而在岩石损伤中多用几何损伤理论, 这里仅介绍能量损伤理论.

18.2.1 损伤变量

在损伤力学中, 建立损伤理论首先要定义一个易于描述损伤演变的变量, 这个变量叫损伤变量. 损伤变量是物质结构某种不可逆变化的一种定量表示, 作为热力学内变量的损伤变量, 它不像弹性或塑性变形那样可以直接测量，而一般情况下由中间变量来确定.

图 18-1 表示一受损伤物体. 今把物体剖开，并从中截取一材料构元. 如以 A 表示通过构元外法线为 n 的截面的原来面积，$\overline{A}$ 表示受损后的有效面积，则可把 n 方向的损伤变量定义为

$$D_n = \frac{A - \overline{A}}{A} = 1 - \frac{\overline{A}}{A} \qquad (18-1)$$

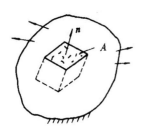

图 18-1 损伤构元

式中 D_n 从物理学观点来说，是沿法线方向 n 的法平面切割的微裂纹或微空隙（缺陷）的相对面积. 于是，$D_n = 0$ 表示无损状态；$D_n = 1$ 表示体元断裂. 在一般的受损条件下，$0 \leqslant D_n \leqslant 1$. 若以 D_c 表示材料实际破坏的临界损伤值，则当 $D_n \geqslant D_c$ 时，材料即进入破坏状态. 对于不同材料的 D_c 值需由实验确定.

定义损伤变量也可采取其他的形式，如可以采用材料弹性模量的变化来定义损伤变量，即

$$D_n = 1 - \frac{E^*}{E} \qquad (18-2)$$

式中 E 是未损（或初始）状态的弹性模量，E^* 是受损后的损伤弹性模量. 也可以采用密度的改变或空洞的体积分数，或者剩余疲劳寿命，或达到破坏残余变量的比例等等来定义损伤变量. 采取什么样的方式来定义损伤变量，主要取决于哪一种形式比较容易描述具体的问题.

18.2.2 有效应力

今以 t 表示截面 A 的单位面力矢量，则

$$t = \sigma n \qquad (18-3)$$

式中 σ 为 Cauchy 应力,并规定拉为正、压为负.

假设损伤时截面 A 的方向不变,则有效面积 $\overline{A}$ 上的单位面力 $\overline{t}$ 和应力间的关系可写作

$$\overline{t} = \sigma^* n \qquad (18-4)$$

这里 σ^* 称为有效应力.

因为截面上总的受力不变,即

$$tA = \overline{t}\,\overline{A} \qquad (18-5)$$

由此推得

$$\overline{t} = \frac{t}{1-D_n} \qquad (18-6)$$

把式(18-3),(18-4)代入式(18-6),得

$$\left(\sigma^* - \frac{\sigma}{1-D_n}\right)n = 0$$

于是得有效应力 σ^* 与 Cauchy 应力 σ 之间的关系为

$$\sigma^* = \frac{\sigma}{1-D_n} \qquad (18-7)$$

在一般情况下,存在于物体内的损伤(微裂纹、空隙)是有方向性的. 当损伤变量 D_n 与法线 n 相关时为各向异性损伤;当 D_n 与 n 无关时为各向同性损伤,这时的损伤变量是一标量. 本章暂时假定混凝土的损伤是各向同性的,并记为 D. 对于三维情形,有效应力张量 σ_{ij}^* 与 Cauchy 应力张量 σ_{ij} 之间的关系为

$$\sigma_{ij}^* = \frac{\sigma_{ij}}{1-D} \qquad (18-8)$$

18.2.3 应变等价性假设和应力等价性假设

在无损材料的弹性本构关系中,用有效应力 σ^* 代替 Cauchy 应力 σ,得到的是受损材料的弹性本构关系,这一假设称为应变等

价性假设,是由 Lemaitre 提出的.

据此假设,在一维线弹性问题中,如以 ε 表示损伤弹性应变(规定拉为正、压为负),则

$$\varepsilon = \frac{\sigma^*}{E} = \frac{\sigma}{E(1-D)} = \frac{\sigma}{E^*} \qquad (18-9)$$

式中 $E^* = E(1-D)$ 称为损伤弹性模量.

由式(18-9)可导得材料的损伤本构关系为

$$\sigma^* = E\varepsilon \qquad (18-10)$$

若定义

$$\varepsilon^* = \varepsilon(1-D) \qquad (18-11)$$

为有效应变,则由式(18-9)得

$$\sigma = E\varepsilon(1-D) = E\varepsilon^* \qquad (18-12)$$

此式称为应力等价性假设. 在外加应变条件下,受损材料中的本构关系可采用无损时的形式,只要把其中的应变 ε 换为 ε^* 即可.

§18.3 混凝土损伤本构理论

正如 §18.1 所述,目前有关混凝土损伤本构方程的形式较多.本节结合本书中用到的理论,仅概要介绍 Mazars 模型和 Brooks 模型.

18.3.1 Mazars 模型

Mazars 提出了一种基于应变等价假设的混凝土损伤本构模型[5],形式为

$$\sigma = \begin{cases} E\varepsilon & \text{当 } \varepsilon \leqslant \varepsilon^0 \\ E\varepsilon(1-D) & \text{当 } \varepsilon > \varepsilon^0 \end{cases} \qquad (18-13)$$

其中 ε^0 为混凝土的损伤应变阈值,D 代表损伤变量. 在单轴拉伸

情况下,损伤演化方程为

$$D = 1 - \frac{\varepsilon_t^0 (1 - A_t)}{\varepsilon} - \frac{A_t}{\exp[B_t(\varepsilon - \varepsilon_t^0)]} \qquad (18-14)$$

在单轴压缩时,损伤演化方程为

$$D = 1 - \frac{\varepsilon_c^0 (1 - A_c)}{|\varepsilon|} - \frac{A_c}{\exp[B_c(|\varepsilon| - \varepsilon_c^0)]} \qquad (18-15)$$

其中 A_t, B_t, A_c, B_c 为材料常数,$\varepsilon_t^0, \varepsilon_c^0$ 分别是混凝土在单拉和单压状态下的损伤应变阈值,这些参数均可由实验确定. 注意,这里 ε_c^0 为其绝对值.

在三维状态下,假设损伤仅由拉应变产生,压应变对损伤没有影响,并引入等效应变 $\varepsilon^\#$ 来代替 ε,且定义

$$\varepsilon^\# = \sqrt{\langle \varepsilon_1 \rangle^2 + \langle \varepsilon_2 \rangle^2 + \langle \varepsilon_3 \rangle^2} \qquad (18-16)$$

式中 $\varepsilon_1, \varepsilon_2, \varepsilon_3$ 为三个方向的主应变,符号 $\langle \; \rangle$ 为取正号,定义为

$$\langle x \rangle = \begin{cases} x & x \geqslant 0 \\ 0 & x < 0 \end{cases} \qquad (18-17)$$

Mazars 模型与试验结果吻合较好,但应当看到,其损伤演化方程是从试验曲线拟合得到的,并且在三维情况下模型有较大误差.

18.3.2 Brooks 模型[6]

Brooks 模型仍然采用应变等价性假设,所得损伤本构方程的形式同式(18-13),只是相应的损伤演化方程不同. Brooks 模型的损伤演化方程为

$$D = \left(\frac{\varepsilon - \varepsilon^0}{k} \right)^n \qquad (18-18)$$

其中 n, k 为材料参数,且有

$$n = \frac{\sigma^u}{\varepsilon^u} \left[\frac{\varepsilon^u - \varepsilon^0}{E\varepsilon^u - \sigma^u} \right] \tag{18-19}$$

$$k = (\varepsilon^u - \varepsilon^0) \left[1 - \frac{\sigma^u}{E\varepsilon^u} \right]^{-1/n} \tag{18-20}$$

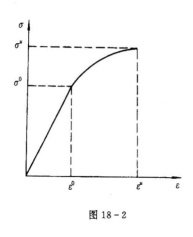

图 18-2

这里 ε^0 是混凝土的损伤应变阈值,适用于单压或单拉状态,E 是混凝土的初始弹性模量,σ^u,ε^u 是混凝土应力应变曲线对应的峰值应力和峰值应变,如图 18-2 所示.

可以看出,Brooks 模型的损伤演化方程(18-18)形式比较简单,但缺乏三维状态下的推广. 如果采用 Brooks 模型的演化方程形式,采用 Mazars 模型的三维推广的思路,并且考虑压应变对损伤的贡献,那么将其推广应用到三维的本构模型理论中,具有较大的实用价值.下一节我们根据这个思路并结合俞茂宏的双剪理论来推导混凝土的双剪损伤本构模型.

§18.4   混凝土双剪损伤理论

利用上节末介绍的思路来建立混凝土的双剪应变损伤理论,大致包括三个部分,即初始损伤面的形状、损伤演化方程及损伤本构方程. 由于损伤演化方程的形式和损伤本构模型的方程已经确定,因此最关键的是如何确定初始损伤面的形状.

18.4.1   双剪应变损伤面

根据文献[9,10]中阐述的双剪应力理论和双剪应变理论,并考虑到混凝土的拉压特性,可以写出混凝土的双剪应变损伤面为

$$F = \gamma_{13} + \gamma_{12} + \beta(\varepsilon_{13} + \varepsilon_{12}) = C$$

$$\text{当} (\gamma_{12} + \beta\varepsilon_{12}) \geqslant (\gamma_{23} + \beta\varepsilon_{23}) \qquad (18-21)$$

$$F' = \gamma_{13} + \gamma_{23} + \beta(\varepsilon_{13} + \varepsilon_{23}) = C$$

$$\text{当} (\gamma_{12} + \beta\varepsilon_{12}) \leqslant (\gamma_{23} + \beta\varepsilon_{23}) \qquad (18-21')$$

这里 β，C 是材料参数，可由单压和单拉应力应变曲线确定，且 $0 \leqslant \beta \leqslant 1$，而

$$\gamma_{12} = \frac{1}{2}(\varepsilon_1 - \varepsilon_2)$$

$$\gamma_{23} = \frac{1}{2}(\varepsilon_2 - \varepsilon_3) \qquad (18-22)$$

$$\gamma_{13} = \frac{1}{2}(\varepsilon_1 - \varepsilon_3)$$

$$\varepsilon_{12} = \frac{1}{2}(\varepsilon_1 + \varepsilon_2)$$

$$\varepsilon_{23} = \frac{1}{2}(\varepsilon_2 + \varepsilon_3) \qquad (18-23)$$

$$\varepsilon_{13} = \frac{1}{2}(\varepsilon_1 + \varepsilon_3)$$

$$\beta = \frac{1+\nu}{1-\nu} \cdot \frac{1-\alpha}{1+\alpha} \qquad (18-24)$$

$$C = \frac{2(1+\nu)\varepsilon_t^0}{1+\alpha} \qquad (18-25)$$

其中

$$\alpha = \frac{\varepsilon_t^0}{\varepsilon_c^0} \qquad (18-26)$$

式中 ε_t^0，ε_c^0 分别为混凝土在单拉和单压情况下的损伤应变阈值，ν 是混凝土的泊松比。

将式(18-22)—(18-25)代入式(18-21)，得到用主应变表示的混凝土初始损伤面为

$$F = \left[\varepsilon_1 - \frac{1}{2}(\varepsilon_2 + \varepsilon_3)\right] + \frac{(1-\alpha)(1+\nu)}{(1+\alpha)(1-\nu)}\left[\varepsilon_1 + \frac{1}{2}(\varepsilon_2 + \varepsilon_3)\right]$$

$$= \frac{2(1+\nu)\varepsilon_t^0}{1+\alpha}$$

$$\text{当 } \varepsilon_2 \leqslant \frac{\varepsilon_1(1-\alpha\nu) + \varepsilon_3(\alpha-\nu)}{(1-\nu)(1+\alpha)} \qquad (18-27)$$

$$F' = \left[\frac{1}{2}(\varepsilon_1 + \varepsilon_2) - \varepsilon_3\right] + \frac{(1-\alpha)(1+\nu)}{(1+\alpha)(1-\nu)}\left[\frac{1}{2}(\varepsilon_1 + \varepsilon_2) + \varepsilon_3\right]$$

$$= \frac{2(1+\nu)\varepsilon_t^0}{1+\alpha}$$

$$\text{当 } \varepsilon_2 \geqslant \frac{\varepsilon_1(1-\alpha\nu) + \varepsilon_3(\alpha-\nu)}{(1-\nu)(1+\alpha)} \qquad (18-27')$$

18.4.2 混凝土双剪损伤本构理论

根据 §18.3 中 Mazars 多维损伤本构模型的思路,当损伤为各向同性损伤时,混凝土的损伤本构方程可以表示为

$$\varepsilon_{ij} = \left(\frac{1+\nu}{E}\sigma_{ij} - \frac{\nu}{E}\sigma_{kk}\delta_{ij}\right)(1-D)^{-1} \qquad (18-28)$$

其中 D 为损伤变量,σ_{ij},ε_{ij} 分别为应力张量和应变张量[11-13]

问题的关键是怎样建立损伤变量 D 的演化规律才能反映混凝土的变形特性. 根据 Brooks 模型的思路,并考虑到单拉和单压状态下 D 的演化方程的特点,初步构造 D 的演化形式为

$$D = \begin{cases} \left(\dfrac{|F-C|}{Hk}\right)^n & \text{当 } \varepsilon_2 \leqslant \dfrac{\varepsilon_1(1-\alpha\nu) + \varepsilon_3(\alpha-\nu)}{(1-\nu)(1+\alpha)} \\[4mm] \left(\dfrac{|F'-C|}{H'k'}\right)^{n'} & \text{当 } \varepsilon_2 \geqslant \dfrac{\varepsilon_1(1-\alpha\nu) + \varepsilon_3(\alpha-\nu)}{(1-\nu)(1+\alpha)} \end{cases}$$

$$(18-29)$$

其中 n,k 由混凝土的单拉曲线确定,且

$$n = \left(\frac{\sigma_t^u}{\varepsilon_t^u}\right)\left[\frac{\varepsilon_t^u - \varepsilon_t^0}{E\varepsilon_t^u - \sigma_t^u}\right] \qquad (18-30)$$

$$k = \left(\varepsilon_t^u - \varepsilon_t^0 \right) \left[1 - \frac{\sigma_t^u}{E \varepsilon_t^u} \right]^{-1/n} \tag{18-31}$$

n', k' 由混凝土的单压曲线确定,且

$$n' = \left(\frac{\sigma_c^u}{\varepsilon_c^u} \right) \left[\frac{\varepsilon_c^u - \varepsilon_c^0}{E \varepsilon_c^u - \sigma_c^u} \right] \tag{18-32}$$

$$k' = \left(\varepsilon_c^u - \varepsilon_c^0 \right) \left[1 - \frac{\sigma_c^u}{E \varepsilon_c^u} \right]^{-1/n} \tag{18-33}$$

$$H = \frac{2(1+\nu)\varepsilon_c^0}{\varepsilon_c^0 + \varepsilon_t^0} \tag{18-34}$$

$$H' = \frac{2(1+\nu)\varepsilon_t^0}{\varepsilon_c^0 + \varepsilon_t^0} \tag{18-35}$$

这里 σ_t^u, ε_t^u 分别为混凝土单拉应力应变曲线的峰值应力和峰值应变, σ_c^u, ε_c^u 分别为混凝土单压应力应变曲线的峰值应力和峰值应变,并且取其绝对值代入, E 为混凝土的弹性模量,并假设拉压两种情形下 E 值相等.

因此,多轴状态下混凝土的本构关系可以完整地表示为

$$\begin{cases} \varepsilon_{ij} = \left(\dfrac{1+\nu}{E} \sigma_{ij} - \dfrac{\nu}{E} \sigma_{kk} \delta_{ij} \right) \\ \qquad\qquad 当 |F|(或 |F'|) \leqslant |C| \\ \varepsilon_{ij} = \left(\dfrac{1+\nu}{E} \sigma_{ij} - \dfrac{\nu}{E} \sigma_{kk} \delta_{ij} \right) (1-D)^{-1} \\ \qquad\qquad 当 |F|(或 |F'|) > |C| \end{cases} \tag{18-36}$$

由上可以看出,只要给出了混凝土的单轴压缩和单轴拉伸情况下的应力应变曲线,就可以预测多轴情形下混凝土的本构关系.

本节给出了构造混凝土损伤演化方程具体形式,是否适用,需要实验的具体验证.下一节给出部分应用实例.

§18.5 应 用 举 例

为了验证混凝土双剪损伤理论的合理性,本节就几种特殊情形给出应用例子.

18.5.1 单拉情形

在单轴拉伸情况下,我们考察它的初始损伤面及其演化规律. 这时,显然有

$$\varepsilon_2 = \varepsilon_3 = -\nu\varepsilon_1$$

并且

$$\gamma_{12} = \frac{1}{2}(1+\nu)\varepsilon_1$$

$$\gamma_{23} = 0$$

$$\gamma_{13} = \frac{1}{2}(1+\nu)\varepsilon_1$$

$$\varepsilon_{12} = \frac{1}{2}(1-\nu)\varepsilon_1$$

$$\varepsilon_{23} = 0$$

$$\varepsilon_{13} = \frac{1}{2}(1-\nu)\varepsilon_1$$

可以验证

$$\gamma_{12} + \beta\varepsilon_{12} > \gamma_{23} + \beta\varepsilon_{23}$$

故

$$F - C = (1+\nu)\varepsilon_1 + \beta(1-\nu)\varepsilon_1 - C$$
$$= H(\varepsilon_1 - \varepsilon_t^0) \qquad (18-37)$$

将式(18-37)代入式(18-29)中,整理得

$$D = \left(\frac{\varepsilon_1 - \varepsilon_t^0}{k} \right)^n \qquad (18-38)$$

因此推得其本构关系为

$$\sigma_1 = E\varepsilon_1 \qquad\qquad \varepsilon_1 \leqslant \varepsilon_t^0$$
$$\sigma_1 = E\varepsilon_1(1-D) \qquad \varepsilon_1 > \varepsilon_t^0 \qquad (18-39)$$

这与文献[13]中的结果完全一致,并和试验值符合较好,这里不再给出验证曲线. 由此说明,混凝土双剪损伤理论在单轴拉伸情况下是正确的[13].

18.5.2 单压情形

与单轴拉伸情形类似,仍然考察其初始损伤面及其演化方程. 这时,应有

$$\varepsilon_1 = \varepsilon_2 = -\nu\varepsilon_3$$

并且

$$\gamma_{12} = 0$$
$$\gamma_{23} = -\frac{1}{2}(1+\nu)\varepsilon_3$$
$$\gamma_{13} = -\frac{1}{2}(1+\nu)\varepsilon_3$$
$$\varepsilon_{12} = -\nu\varepsilon_3$$
$$\varepsilon_{23} = \frac{1}{2}(1-\nu)\varepsilon_3$$
$$\varepsilon_{13} = \frac{1}{2}(1-\nu)\varepsilon_3$$

可以验证

$$\gamma_{12} + \beta\varepsilon_{12} < \gamma_{23} + \beta\varepsilon_{23}$$

故

$$F' - C = -(1+\nu)\varepsilon_3 + \beta(1-\nu)\varepsilon_3 - C \qquad (18-40)$$

$$= -H'(\varepsilon_3 + \varepsilon_c^0)$$

将式(18-40)代入式(18-29)中,整理得

$$D = \left(\frac{|\varepsilon_3 + \varepsilon_c^0|}{k'} \right)^{n'} \qquad (18-41)$$

因此推得单压状态下的混凝土的本构方程为

$$\sigma_3 = E\varepsilon_3 \qquad\qquad \varepsilon_3 \geqslant -\varepsilon_c^0 \qquad (18-42)$$

$$\sigma_3 = E\varepsilon_3(1-D) \qquad \varepsilon_3 < -\varepsilon_c^0$$

式(18-42)与文献[6]的结果完全一致,文献[6]已经得到了试验的验证. 由此说明,混凝土双剪损伤理论在单轴压缩情况下亦是正确的[12].

18.5.3 多维情形

将式(18-28)写成主应力与主应变之间的关系式,得

$$\sigma_1 = \frac{E}{(1+\nu)(1-2\nu)}[(1-\nu)\varepsilon_1 + \nu(\varepsilon_2 + \varepsilon_3)](1-D)$$

$$\sigma_2 = \frac{E}{(1+\nu)(1-2\nu)}[(1-\nu)\varepsilon_2 + \nu(\varepsilon_3 + \varepsilon_1)](1-D)$$

$$\sigma_3 = \frac{E}{(1+\nu)(1-2\nu)}[(1-\nu)\varepsilon_3 + \nu(\varepsilon_1 + \varepsilon_2)](1-D)$$

$$(18-43)$$

对于双轴受压的平面应力情形,应有

$$\sigma_1 = 0 \qquad (18-44)$$

将式(18-44)代入式(18-43)的第一式,得

$$\varepsilon_1 = -\frac{\nu}{1-\nu}(\varepsilon_2 + \varepsilon_3) \qquad (18-45)$$

再将式(18-45)代入式(18-43)中的后两式,得

$$\sigma_2 = \frac{E}{1-\nu^2}(\varepsilon_2 + \nu\varepsilon_3)$$

$$\sigma_3 = \frac{E}{1-\nu^2}(\varepsilon_3 + \nu\varepsilon_2)$$

$$(18-46)$$

若设

$$a = \frac{\sigma_2}{\sigma_3}$$

则由式(18-46),可得

$$\varepsilon_2 = \frac{a-\nu}{1-a\nu}\varepsilon_3 \qquad (18-47)$$

再将式(18-47)代入式(18-46),得

$$\sigma_3 = \frac{E\varepsilon_3}{1-\nu^2}\left[\frac{\nu(a-\nu)}{1-a\nu}+1\right](1-D)$$

将式(18-47)代入式(18-45)中,得

$$\varepsilon_1 = -\frac{\nu}{1-\nu}\left(\frac{a-\nu}{1-a\nu}+1\right)\varepsilon_3 \qquad (18-48)$$

可以证明

$$\varepsilon_2 \geqslant \frac{\varepsilon_1(1-2\nu)+\varepsilon_3(a-\nu)}{(1-\nu)(1+a)}$$

恒成立.将式(18-47),(18-48)代入式(18-27′),进而再代入式(18-29),可以求出 D 的表达式.由于式子非常繁杂,这里从略.实质上,在应用时往往采取编程计算方法进行.

最后得到双轴受压状态下混凝土的本构方程为

$$\sigma_3 = \frac{E\varepsilon_3}{1-\nu^2}\left[\frac{\nu(a-\nu)}{1-a\nu}+1\right] \qquad \text{当}\,|F'|\leqslant|C|$$

$$\sigma_3 = \frac{E\varepsilon_3}{1-\nu^2}\left[\frac{\nu(a-\nu)}{1-a\nu}+1\right](1-D) \qquad \text{当}\,|F'|>|C|$$

$$(18-49)$$

同样，可推出双轴受拉及双轴拉压情形下本构方程的表达式，也可以写出三轴情形任意荷载工况下的本构方程. 利用此本构模型，配合数值计算方法（如有限单元法等），可以实现混凝土的损伤分析.

由于现有试验资料中给出的参数欠全（如文献 [14]），无法利用此模型进行验证，清华大学李庆斌副教授等正致力于这方面的实验，以求得双剪损伤理论的完美性.

§18.6 小　　结

本章阐述的混凝土双剪损伤理论，是把俞茂宏双剪理论和损伤力学相结合，从而推导出混凝土本构模型的一种新的理论方法. 本理论只需测出混凝土的单轴拉伸和单轴压缩情形下应力应变曲线，即可建立混凝土的多轴损伤本构模型，可以大大减少多轴实验的工作量，简化对试验机多轴性能的要求，可广泛用于混凝土材料、岩石材料等一大类适用于用双剪理论和损伤理论描述其变形和破坏特性的材料，同时也可用于这些材料的动力本构模型的建立. 清华大学李庆斌、张楚汉、王光纶教授等正致力于这方面的研究工作.

参 考 文 献

[1]　L. M. Kachanov, Introduction to continuum damage mechanics, Nijhoff Martingus Publisher, 1986.

[2]　余寿文，断裂损伤与细观力学，力学与实践，1988，6.

[3]　楼志文，损伤力学基础，西安交通大学出版社，1991.

[4]　谢和平，岩石混凝土损伤力学，中国矿业大学出版社，1990.

[5]　高路彬，混凝土变形与损伤的分析，力学进展，1993，4.

[6]　J. J. Brooks, N. H. Al-Samaraie, Proc. 4th Int. Conf. Num. Meth. in Frac. Mech., Texas, 1987, 447—455.

[7]　高路彬，混凝土的损伤本构模型及其验证，本构关系理论及应用的新进展，重庆大学出版社，1988，252—259.

[8]　Gao Lubin, Cheng Qingguo, An anisotropic damage constitutive model for con-

crete and its applications, Applied mechanics (ed. Zheng Zhemin), International Academic Publisher, Beijing, 1989, 578—583.

[9] 俞茂宏等，双剪应力强度理论及其推广，中国科学（A），1985，**28**（12），1113—1120.

[10] 俞茂宏，强度理论新体系，西安交通大学出版社，1992.

[11] 余天庆，岩石、混凝土的损伤原理及计算，第五届岩石、混凝土断裂和强度学术会议论文集（涂传林主编），国防科技大学出版社，1993.

[12] 李庆斌、张楚汉、王光纶，单压状态下混凝土的动力损伤本构模型，水利学报，1994，3.

[13] 李庆斌、张楚汉、王光纶，单拉状态下混凝土的动力损伤本构模型，水利学报，1994，9.

[14] H. B. Kupfer, K. H. Gerstle, Behavior of concrete under biaxial stresses, J. ACI, Aug., 1973.

第十九章　结构塑性变形的实验新方法

§19.1　概　　述

在以上各章中，我们全面研究了材料在复杂应力状态下的强度理论和结构分析的弹塑性理论或结构强度理论．对于材料强度理论，除了从理论上得出了系统的结果，形成了一个完整的强度理论体系外，又广泛总结了国内外的各种不同材料在复杂应力下的大量试验结果，得出了比较好的结果，为结构强度理论的研究建立了基础．对于结构强度理论研究，我们建立了统一弹塑性理论和统一滑移线场理论；严宗达-卜小明、李庆斌在双剪理论的基础上，建立了平面应力的双剪特征线法和混凝土的双剪损伤模型．这些都发展和推进了结构强度理论的研究．同时，我们也希望有新的结构试验方法来检验结构强度理论．对于结构弹塑性理论，结构在加载过程中的塑性变形研究是最重要的实验研究．

塑性变形的实验研究对于材料塑性本构理论研究和金属成形、结构塑性极限分析等都具有重要的意义．多年来人们提出了多种塑性变形的实验方法，如金属腐蚀法、光塑性法、坐标网格法、云纹法等，它们都具有各自的特点，但实验方法都比较复杂，需要专门的技术和设备[1—4]．

金属腐蚀法是将受力变形的金属试件经过特殊的处理（抛光研磨、浸蚀），可使金属试件的塑性变形成为可见的滑移线场图像，具有直观形象的特点，因而受到大家的重视和广泛应用．但是这一方法也具有一些不足．主要是

(1)在试件或结构加载的过程中不能直接观察到塑性变形，更不能观察到结构塑性区的产生、扩展和形成极限塑性区的过程；

(2)试验工序较多,时间较长；

(3)一根试件只能得出在某一载荷下的塑性变形图,或最终塑性变形图;

(4)试验的成本较高.

为了寻求更有效的结构塑性变形实验观察方法,作者从 1981 年起采用一种新的实验方法,利用某些聚合物在受力产生塑性变形时所形成的"银纹化 (crazing)"或"混浊化 (blushing)"的现象,得出了一系列典型结构的塑性变形图. 1989 年又引入计算机图像分析方法,在西安交通大学人工智能和机器人研究所以及材料强度国家重点实验室、秦川机械厂科研所和材料力学实验室的协助下,俞茂宏、刘剑宇、杨鸿森、刘春阳等又进行了一系列试验,得出了一批实验结果,形成了一种简单、易行、直观并可得出结构塑性区的产生、扩展和形成极限塑性区全过程的新的塑性变形实验研究新方法[5]. 它所得出的结果与理论分析的结果相一致. 我们称其为"结构塑性变形直接观察法".

下面我们将对金属腐蚀法的一些典型结果、聚合物直接观察法和计算机图象分析法进行介绍.

§19.2 金属塑性变形滑移线

金属在塑性变形时产生的滑移线现象早在 19 世纪末已被观察到,并在俄国和德国进行了很多研究. W. Luders 在 1859 年首先进行了系统的研究,他用软质铸钢做成弯曲试件,发现材料在产生较大变形时,在试件的表面上出现正交曲线系的网格. 并指出,如果用弱硝酸溶液侵蚀之后,这些曲线将更为明显 (1860 年发表于德国斯图加特)[6].

Д. Цернов,Л. Гортман 及其他一些学者对这些变形图形做过研究与阐述. 其中 Цернов 于 1884 年 3 月 10 日在俄罗斯技术协会中作有关《钢加工过程中某些新现象的综合》报告时曾称:"我们使钢板中产生弹性应力,并将其一直增到弹性极限为止,然后引起钢颗粒发生非弹性位移,根据钢件抛光表面上的轻微暗色的图形可发现这些非弹性位移情况"，"当然，这些非弹性位移首先应产生在下列波纹地方，即该处的应力达到最大数值，我们称这些地方为焦点扭转线，或一般称为最大应力线，不管如何，呈暗色的图形能明显将这些地方表示出来"．以后的理论研究工作表明，对于金属材料来说，这些自然图形的线条与最大切应力轨迹相接近，同时是由于金属颗粒的相对滑动引起的．本身变形图形即称为滑移线．因而在结构塑性变形、滑移线场理论和实验验证中得到广泛的应用．

图 19-1 是短臂梁弯曲时的理论滑移场以及由实验获得的图形 (Hundy, B., 1954)，两者几乎是相同的[8]．

对于由圆弧所围成的悬臂梁，它的理论滑移场和实验腐蚀法得出的结果如图 19-2 (a)，(b) 所示．由于梁的高度是变化的，

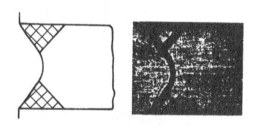

(a) 理论滑移场　　　　(b) 实验结果 (Hundy, 1954)

图 19-1　悬臂高梁的塑性变形

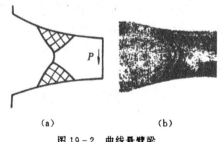

(a)　　　　　　　(b)

图 19-2　曲线悬臂梁

故塑性变形区域发生在离固定端的某一距离之处. 实验观察与理论预测符合得很好[2].

　　Green，A. 于 1953 年用钢试件变形后的浸蚀法得出了缺口试件弯曲时的滑移线图形，如图 19 - 3 所示[7]. Hundy 于 1954 年再次证实了这一结果，并表明滑移线场与缺口的角度有关[2,8].

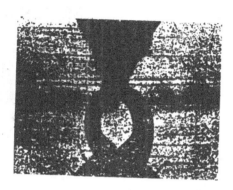

图 19 - 3　缺口钢试件弯曲时的滑移线

　　图 19 - 4 为钢板试件在平面应力状态下的拉伸缩颈形成剪切滑移带的图形[1,2]. 它与拉伸方向的倾斜角约为 55°. 它与金属材料的平面应力状态的特征线解相符合，也与严宗达-卜小明采用双剪应力屈服准则于平面应力特征线得出的结果相一致，见第十七章图 17 - 4.

　　以上得出的结果均是钢试件在塑性变形后经过腐蚀所观察到的最终图形. 为了获得更多的图形，例如从塑性变形的初始阶段到扩展后以至最终的塑性变形图，需要采用较多的试件，分别加载到不同的阶段，然后经过切割、抛光、腐蚀，得出各个阶段的塑性区域. 图 19 - 5 是 Hundy 对中心孔拉伸问题得出的图形（大圆孔）.

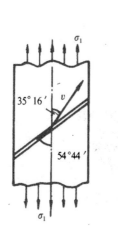

图 19-4 平板钢试件拉伸缩颈

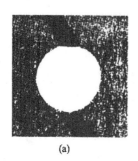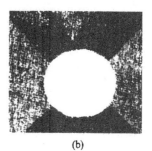

(a)   (b)

图 19-5 大圆孔板条拉伸的塑性变形 (Hundy，1954)

§19.3 聚合物塑性变形的色变现象

我们采用一种新的方法来观察结构的塑性变形，塑性区域的产生、扩展及形成. 这种新方法是利用某种聚合物在塑性变形时由于"银纹化"或"混浊化"而形成的"色变"现象. 这是俞茂宏在 1965 年为铁路桥梁的新型滑动垫进行试验时所观察到的,后来俞茂宏、刘剑宇、刘春阳又进行了反复多次试验以寻找一种相应合适的材料. 在寻找、研究的过程中发现多种聚合物(塑料)均具有这种色变现象. 美国《科学》杂志 1990 年第 6 期上刊登的一篇文章中也报道了有关某些高分子聚合物在一定受力下会在颈缩部位产生"模糊"现象(但未做进一步的研究),见图 19-6(选自美国《科学》杂志 1990 年第 6 期).

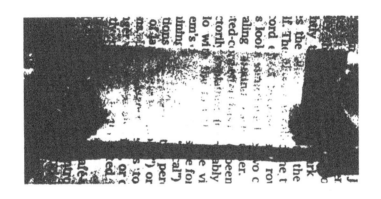

图 19-6　塑料膜的颈缩部分使纸上的文字模糊不清

很显然,颈缩部分是受力结构或构件发生塑性变形最大因而也最明显的地方. 在发生颈缩的部位原来透明的塑料薄片变得不透明了,变白了,而且变模糊了,这正是一种色变现象. 事实上,某些金属也存在类似的现象,如较薄的铝片或锡片等,或者较细的铁丝、铜丝等在被弯折后,该处即会出现较明显的"色变"现象:颜色变白、变浊,而且失去原有的金属光泽. 众所周知,金属丝或金属薄片在弯折处塑性变形非常大,在达到一定程度后,将首先发生破坏-折断,而在其他未受荷载或未发生塑性变形的部位, 则观察不到或很难观察到"色变"现象.

种种现象表明,"色变"现象与塑性变形或塑性区域的存在有着某种内在的联系. 这样就引得我们去思考：究竟该如何正确地科学地解释这种客观现象呢？又该如何挖掘出其现象背后所隐藏的实质呢？究竟"色变"现象与结构的塑性变形或塑性区的产生、扩展与形成有着怎样的联系呢？这些工作能够给出有关新的实验方法和新的理论有价值的内容.

根据聚合物塑性变形的研究，透明的不结晶热塑性塑料在塑性变形时常常会失去它们大部分的光学透明性，在塑性变形的区域，变成具有双折射性的性质，并反射或散射入射光. 当入射光主要被反射时，这种现象称为"银纹化"，当入射光主要被散射时，这种现象称为"混浊化". 上述薄膜在颈缩产生塑性变形时的模糊化也正是这种现象. 这一现象与该区域的塑性变形密切相关，塑性变形愈大，聚合物的色变现象也愈明显.

事实上，不仅一些透明聚合物在塑性变形时具有"色变"现象，而且一些有色透明聚合物和不透明的硬质聚合物都具有这种现象. 1965 年，作者在进行硬质聚合物压缩试验中观察到色变现象. 此外，1959 年，日本 M. Higuchi 首先研究了聚甲基丙烯酸甲酯的银纹化现象. 1964 年，美国 R. P. Kambour 对这种性质以及试样塑性变形和破坏的关系进行了大量工作，他证实了聚甲基丙烯酸甲酯的塑性变形表面层与其内部银纹在性质上是相似的. 1968—1969 年，S. S. Sternstein 等进一步研究了银纹形成的应力判据. 1965 年，G. B. Buckell 和 R. R. Smith 观察到在塑性变形和破坏时的应力发白（即作者于 1965 年所观察到的硬质聚合物在塑性变形时的色变现象），并研究了应力发白（色变）与银纹间的联系，由此得出结论，认为色变（应力发白）是由量非常大、尺寸非常小的银纹聚集而成，它们之间的差别在于银纹带的大小和多少. 他们研究的聚合物为聚苯乙烯材料，但也可以用来解释聚氯乙烯等其他高聚物的破坏现象. 1961 年，Zaukelies 首先在尼龙中观察到滑移带. 1964 年，Kurakawa 和 Ban 观察到聚乙烯的滑移带.

I. Wolock，J. A. Kies 和 G. R. Irwin 等（1959）的研究

进一步表明高聚物的破坏起始处形成一些双曲线状的条纹,证实了高聚物的破坏和金属的滑移线间有很多相似之处. 此外, A. M. Bueche 和 A. V. White 以及 H. Schardin 还将金属中关于裂纹传播的研究结果应用于高聚物材料,得出一些相似的结论. 这些都表明,虽然高聚物的微观结构以及塑性变形时的微观机理与金属材料不同,但它们的很多宏观现象和性能却是相似的. 根据高聚物塑性变形时的亚微观损伤研究表明,在亚微观损伤的情况下,每 cm^3 中可能有多至 10^{12} 个空穴,这些空穴的平均直径为 600—1100 Å, 即 0.06—0.1 μm.

从 1960 年以来,人们对高聚物的性能进行了大量的研究,并从多次重复的研究中发现一些重要的有关高聚物塑性变形的规律[11].

(1)发现经典塑性理论的概念能够应用于高聚物的塑性成型、压力加工和拉伸过程;

(2)许多有关高聚物滑移带等重要的实验研究结果表明,高聚物的形变过程大体同金属、陶瓷等结晶材料的情形相类似;

(3)高聚物的应力应变曲线实验结果表明,很多高聚物的屈服现象中存在屈服颈缩后的屈服降(yield drop),产生应变软化(strain softening),但它与岩土类材料的某些软化现象不同的是,高聚物在产生银纹,甚至银纹已扩张到整个截面时,仍能承受很大的负荷[11]. 它的典型载荷-伸长曲线如图 19-7 所示[11]. 刘剑宇在 1989 年也得出类似的结果[12].

因此,高聚物的软化所占比重不很大,常常将它们简化为理想弹塑性材料,甚至理想刚塑性材料.

(4)高聚物的屈服性能受环境因素影响较大. 主要是它的温度敏感性和应变速度敏感性. 对温度和时间的依赖性常常掩盖了它的屈服性能的普遍性,并使人们造成误解. 实际上,高聚物在常温静载下的屈服性能常常是稳定的. 本章所述的结构塑性变形实验研究的新方法也正是基于常温静载下的性能稳定性. 我们从 1981 年到 1993 年所做的几次试验都得到相同的规律.

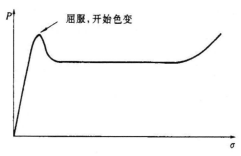

图 19-7

(5)拉伸屈服极限和压缩屈服极限的差异,即 SD 效应(effect of strength different)在高聚物的屈服性能中起着重要的作用. 这一点在刘剑宇 1989 年的硬质聚氯乙烯材料的实验中也明显测量出两者之间的差别. 其拉伸屈服极限 $\sigma_t = 5.89 \text{kN/cm}^2$,压缩屈服极限 $\sigma_c = 7.58 \text{kN/cm}^2$,两者的差别达 28%[12].

根据从 60 年代以来的国内外大量研究资料以及我们从 80 年代以来的多次研究,我们已经可以像利用金属材料的滑移线那样,应用高聚物塑性变形的色变现象,来建立一种与金属腐蚀法一样的一种塑性变形观察新方法,称其为"高聚物变色法",或"结构塑性变形直接观察法",其特点为

(1)能够用肉眼直接地观察到结构的塑性变形;

(2)可以利用普通的试验设备(如万能试验机)和常见的高聚物材料(如聚氯乙烯板材),试验方案容易实施;

(3)可以用一根试件观察到结构塑性区的产生、扩展和形成极限塑性区的全过程;

(4)试验工序少,试验成本较低;

(5)试验结果稳定. 俞茂宏于 1981 年、刘剑宇于 1989 年、刘春阳于 1991 年三者所得出的一些典型构件的试验结果都相同;

(6)这是一种新的结构塑性变形试验方法,尚未被人们所普遍认识. 但它可以作为塑性力学、金属塑性成形、岩土塑性力学等的

一个基本试验或研究试验；

(7)结构塑性变形试验的高聚物变色法可以配合计算机图象分析得到更进一步的发展.

§19.4　高聚物的屈服准则

高聚物结构或试件往往都处于复杂应力作用下，因此有必要对它们的塑性变形性能作进一步研究.

W. Whitney 和 R. D. Andrews 研究了聚苯乙烯、聚甲基丙烯酸甲酯、聚碳酸酯和聚乙烯醇缩甲醛等高聚物的复杂应力屈服性质. 他们得出的结果既不适合于 Tresca 屈服准则，也不适合于 Mises 屈服准则[11]，而适合于 Mohr-Coulomb 型的准则. 由于高聚物材料存在明显的 SD 效应，这一结果是可以预见的.

P. B. Bowden 和 J. A. Jukes (1968)，R. L. Thorkildsen (1964) 对聚甲基丙烯酸甲酯的试验也得出了数据不符合 Tresca 屈服准则和 Mises 屈服准则的结论.

前苏联学者也对聚合物在复杂应力状态下的屈服性能进行了大量研究，如 С. Б. Айнбиндер 等在 1965 年研究了静水压力对聚合物力学性质的影响；Ф. П. Белянкин 等研究了两向压缩的性能 (1971)；Р. Д. Максимов 等研究了平面应力状态下的性能 (1979) 等. 这些都得出了静水应力对高聚物的屈服有较大影响，Mohr-Coulomb 型屈服准则适用于高聚物的论据. 文献[11]认为："为了得到更有意义的结果，必须研究更复杂的应力状态下的变形. 解决这些问题的最有益的途径是，应该很好地研究如同近年来在土力学方面进展得到的类似理论."

根据这些研究结果，可以认为：

(1)聚合物具有明显的 SD 效应，各种单参数准则均不适用；

(2)聚合物具有静水应力效应，适合于正应力型强度理论，即第七章所述的统一强度理论（包括 Mohr-Coulomb 的单剪强度理论和俞茂宏的双剪强度理论）；

(3)应用高聚物塑性变形的应力发白现象的《高聚物变色法》可以模拟和研究铸铁、高强度合金钢、塑料和岩土类材料等结构的塑性变形.这恰恰是对金属腐蚀法的一个补充.

§19.5 结构塑性变形区的直接观察新方法

作者曾经采用无色透明、黄色透明、红色透明以及各种深色不透明高聚物板材进行试验,除了一些不产生色变现象的材料外,它们在塑性变形时都产生应力发白的现象,即色变现象.因此,为了更清晰地显示和观察试件或结构的塑性变形,选用深色的高聚物制作结构模型.下面我们采用一种普通的高分子材料——硬质聚氯乙烯为实验材料,利用"色变"现象,进行结构塑性变形及塑性区发生、发展及最终形成的观察试验与分析.这种实验较之前面提到的几种原有的实验方法(如光塑性法、云纹法等)、实验手段简便,实验材料来源丰富,经济且易加工成型,观察也很直观、方便.而且这种材料具有拉压强度不等的特点,与大部分金属材料有很大的不同,而与岩土材料则有某些共同之处.因此结合双剪滑移线场理论,对几种试件在受荷变形时塑性区域的产生、发展和最终形成以及滑移现象进行了观察与分析.

试验所用试件利用厚度为 2mm,3mm 和 20mm 的硬质聚氯乙烯板材制成,加工成不同的形状,在加载速度为 1mm/min 的条件下进行试验,试件材料的物理及力学特性如下:

比　　重:$1.35\sim1.45g/cm^3$;　　拉伸强度 σ_+^0:　$5.886kN/cm^2$

伸长率:$2.0\sim40.0\%$;　　压缩强度 σ_-^0:　$7.575kN/cm^2$

收缩率:$1.0\sim1.5\%$;　　弹性模量 E:　$367.88kN/cm^2$

当试件在承受外力作用后,随着压力的逐渐增大,在试件的边角处首先出现一小块变白的区域,之后,白色区域逐渐扩大,在向侧下方伸展的同时,白色色变带也逐渐变宽,且最初的色变区域的颜色变得更加深,即白色更加明显、色度加重.

"高聚物变色法"进行结构塑性变形观察中,由于高聚物在塑性变形区的色变现象较为明显,因此可以直接用肉眼观察到试件或结构在加载过程中塑性变形的发生、扩展和形成极限塑性区以至到断裂破坏的全过程,而无需借助于任何仪器.作为塑性区图像的记录可采用两种方法.

(1)照相机摄影

在试验过程中不断地观察并拍摄结构塑性变形的情况,记录下结构的塑性区从产生、发展一直到最终形成极限塑性区的各个阶段的图像及其他有价值的情况,可以获得有关的各种图片.

(2)摄像机-计算机图像分析

对实验结果的计算机图像分析进行色度分析、按色度划定的塑性区域的产生、扩展的变化分析,这其中又包括,塑性区的变化发展趋势,塑性区的面积统计,塑性区质点的变化轨迹,滑移线的角度分析等,由此可以获得一系列有关的图像.

作者于 1989 年首先应用计算机图像分析技术和高聚物变色法对结构塑性区的变化进行了研究[5].下面对这一方法作进一步阐述.

为了保证图像的清晰.应对试件表面进行处理,并去除各种污点.

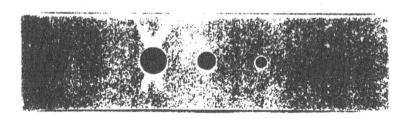

图 19-8　中心孔厚板拉伸的塑性变形
(俞茂宏、刘剑宇,1989)

图 19-8 和图 19-9 是作者采用一种硬质聚氯乙烯材料进行有孔厚板和薄板拉伸时获得的塑性变形图像.其中图 19-8 是中心孔板拉伸时在孔边开始出现塑性变形时的图像,图 19-9 是中

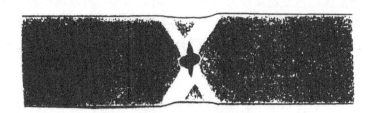

图 19-9　中心孔薄板拉伸的塑性变形

（俞茂宏、刘剑宇,1989）

心孔薄板在塑性区逐步扩展并形成颈缩时的高聚物色变实验图像,这时可以观察到两个现象,即左右轴线错位形成一条宽的更白的剪切滑移带,到一定阶段,孔的上下两边出现裂缝,并不断扩展直至被拉断. 这一过程可以清晰地观察到,俞茂宏、刘剑宇、刘春阳多次重复试验都得到相似的结果. 在无缺口的试件中,则可观察到与图 19-4 相似的滑移剪切带,如图 19-10 所示.

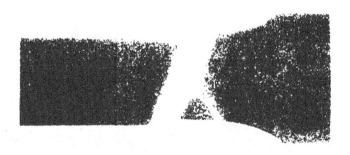

图 19-10　无孔薄板拉伸的滑移带

§19.6　高聚物变色法的计算机图像处理

计算机图像处理技术是近年来发展起来的一种新技术. 它是通过影像扫描器(scanner)把图像从实物或从显微镜或其他视测器(macroviewer)中转换成具有极高解像力的电子数字信号,配上数字转换器(digitizing tablet)和计算机,通过图像分析软件,对图像信号按要求进行分析,并将结果送到显示器或激光打印机把图像显示出来.图像可以在凝结(freeze)或动态(live)的情况下被分析.

计算机图像处理目前已被广泛应用于生物、医学、化工、农业、医药、冶金、纺织、电子、材料以及教育等各个领域,并有众多的仪器可供选用.图19-11为一种显微图像分析系统.

图 19-11　自动图像分析系统

作者采用的高聚法变色法研究结构塑性变形的图像处理系统图如图19-12所示.它可以通过照相机对肉眼观察到的塑性变形时的高聚物色变图像直接拍照得出结果;也可以由摄像机—图像板(图像处理板,计算机附加插件)—计算机—打印机打印出所需的图像.

如果要获得彩色图像,除了采用彩色软片冲洗出彩色照片外,也可将激光打印机改为图形印刷机或彩色图形硬拷贝装置.由于我们的试验中只需要获得深浅(白)两种颜色的对比图像,所以只需要黑白图像.

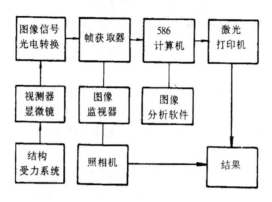

图 19-12　结构塑性变形研究的图像处理系统

图 19-13 至图 19-15 是采用计算机图像分析获得的一些典型结构的塑性区扩展图像. 图像分析由朱海安博士协助进行[5].

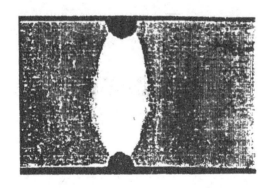

图 19-13　双边圆缺口试件拉伸的塑性变形

图 19-13 是两侧有圆形缺口的薄板试件拉伸时所产生的塑性变形图. 图 19-14 是中心孔薄板拉伸时的塑性变形图. 图 19-15 是不对称梯形压缩时的塑性变形图,它与第十六章的图 16-12 相一致. 计算机图像处理获得的塑性区扩展的图像可以更清晰地反映不同阶段塑性变形时的高聚物试件色变的层次. 进行计算机

图 19-14　中心孔板拉伸的塑性变形

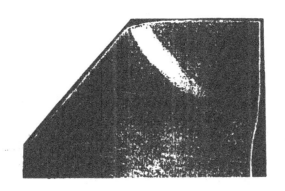

图 19-15　不对称梯形受压的塑性变形

图像分析时,由于对灰度分析等的灵敏度较高,因此要求试件原有
表面应均匀无污点或划痕,一般这些不正常的颜色灰度的变化都
可判断分析加以区别,也可对比试件表面来判断.图 19-13 的中
间白点和图 19-15 的下面两处白色区均为试件表面原有的刻痕.

　　此外,计算机图像处理还可以根据需要,编制专门的程序对图
像进行处理和分析.下面是刘春阳-牟轩沁对一梯形结构受压的高
聚物试件产生塑性变形的色变图像进行角度分析的一个实例.由
于对称,取结构的一半进行分析,如图 19-16(a),(b)所示.试件
采用厚度为 20mm 的硬质聚氯乙烯板加工制成.

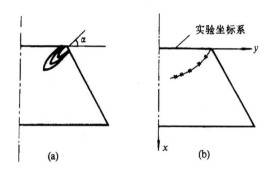

图 19-16 塑性区形心变化轨迹(刘春阳、牟轩沁,1991)

利用图像分析系统所具有的功能,编制了具有针对性的处理程序,对塑性区即色变带的角度变化趋势进行了跟踪处理,分析所得的结果如下:

色变带最初的角度(与上底边夹角,如图 19-16)同金属材料在变形时的 45°角变形区域具有很大的不同,显然这种材料的试件在受力变形时,其塑性区(滑移带)或极限破坏面呈现着非 45°亦即非正交的特点,此外利用色度的深浅不同按一定的标准勾勒塑性区(色变区)的范围,计算色变区的面积并统计出该塑性区的形心坐标,试图从量化的角度来确定结构塑性区的变化、发展规律,表 19-1 是上述双边 60°梯形试件的测试分析结果,按此数据求得的结构塑性区的形心变化轨迹,如图 19-16 所示.

表 19-1

	塑性区面积	形心坐标	
No. 1	$S=576$	$x=24.6875$	$y=95.7312$
No. 2	$S=645$	$x=28.4602$	$y=88.4324$
No. 3	$S=661$	$x=34.1625$	$y=77.8706$
No. 4	$S=745$	$x=37.4700$	$y=76.1760$
No. 5	$S=811$	$x=40.1615$	$y=70.8942$

由以上分析结果可以看出,结构塑性变形区域的形心变化轨迹与其滑移方向极其吻合.这也可以代表结构塑性区的变化发展趋势[13].

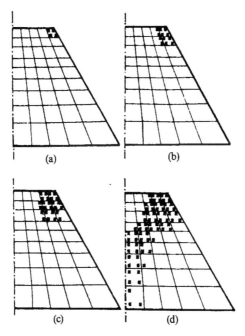

图 19-17　梯形结构塑性区扩展的有限元计算

为了进一步地验证与研究,我们又通过双剪弹塑性有限元程序进行了计算分析.下面就是对其中的双边 60°及双边 45°梯形受压试件按弹塑性分析所得的塑性区的计算结果。

图 19-17(a),(b),(c),(d)是加载受力过程中塑性区的扩展过程(由于对称,只取一半进行计算和作图).对比第十六章图 16-7,图 16-8 等可以看出,双剪非正交滑移线理论、高聚物色变法和弹塑性有限元计算三者的结果是一致的.

图 19-18 是坡度较小结构的有限元弹塑性计算结果.它的塑性变形区域的发展规律与图 19-17 相类似,但在图 19-18(b)中可以看到,在结构中部也同时出现塑性区,然后不断扩展连成一

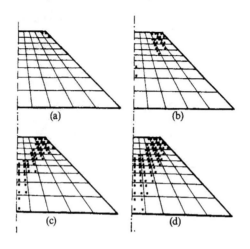

图 19-18　同时出现两个塑性区

片,如图 19-18(c)和(d)所示.

§19.7　中心孔板拉伸时的塑性变形

我们采用 2mm,3mm 和 20mm 厚的硬质聚氯乙烯板材,做成中心孔的试件进行了三批试验. 采用的孔径有大、中、小三种,得出的塑性变形规律相似,如图 19-19 所示.

为了更深入观察塑性变形的全过程,我们取中孔试件进行研究. 在试件的拉伸过程中,首先在孔边横截面附近产生四处白点,然后逐渐向两侧扩展,如图 19-20(a)所示;载荷增大,塑性区不断扩展,直至形成一个极限塑性区,如图 19-20(b),(c),(d)所示. 由于在这些区域的高聚物的色彩发生变化,并且白色逐步变得更加明显,因此这个过程可以不借助于任何仪器,而直接观察得到.

在试件变形到达(c,)(d)阶段时,试件尚未被拉断. 此时,如果继续加载,在不同板厚的情况下,可能出现两种情况.

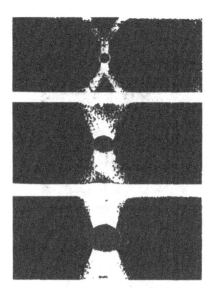

图 19-19 不同孔径板条拉伸时的塑性变形

(俞茂宏、刘剑宇,1981,1989)

当板的厚度为 20mm 的厚板情况下,试件在出现孔两侧对角线的塑性变形的同时,沿横截面出现裂缝而被拉断.断裂面沿横截面包括已出现白色的塑性区和尚未出现白色的弹性区,如图 19-21(a)所示.

当板的厚度为 2mm 的薄板时,试件在到达(c)阶段时,一方面塑性区不断扩展,并在某一对角线上形成一个剪切滑移带,而同时又沿横截面出现裂缝并不断扩展,如图 19-21(b)所示.这一剪切滑移带在作者所做的无孔平板拉伸试验中也可观察到,如图 19-10所示.它与文献[1]中所阐述的金属的剪切带相类似.

从中心有孔板拉伸的以上各图中,我们可以看到

(1)在横截面上对称出现二个三角形的弹性区.这一现象与金属的试验和滑移线分析的理论结果相一致.

(2)所有的塑性变形所形成的滑移线场均为非正交滑移线场.

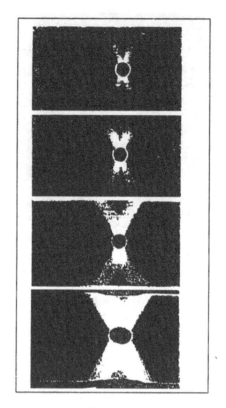

图 19-20　中心孔板拉伸的色变图(俞茂宏、刘剑宇,1989)

因而金属腐蚀法以及 Tresca 或 Mises 滑移线场理论的结果均不适用.这一结论与理论预计是一致的.

（3）高聚物色变法、统一滑移线场理论和统一弹塑性理论均可适用于非正交滑移线的理论分析和实验观察.三者得出的结果是一致的.中心孔板拉伸的统一弹塑性计算的结果将在下节图 19-23(a),(b)中给出.这是为了便于拉伸与压缩的相互对比.我们将会看到一个在金属中所不可能观察到的有趣现象,即中心孔板拉伸时的塑性区与横截面的夹角较小,而压缩时反而张大了.这一结果在高聚物色变法和弹塑性有限元的计算中都是一致的,理论计

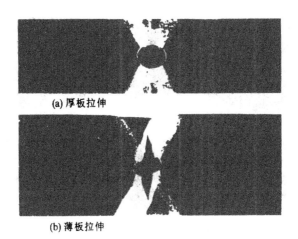

(a) 厚板拉伸

(b) 薄板拉伸

图 19-21 有孔板的拉伸(俞茂宏、刘剑宇,1989)

算和实验观察相结合,得出了很好的结果.

§19.8 中心孔厚板压缩时的塑性变形

中心孔厚板的高聚物色变法研究采用的材料与拉伸板相同,但只采用厚度为 20mm 的厚板,以避免压缩时的失稳.试件在秦川机械厂科研所加工,试验在西安交通大学材料力学实验室进行.得出的塑性变形图如图 19-22(a)所示.为了对比,图中同时给出了同样厚板有孔的拉伸塑性变形的高聚物色变图,如图 19-22(b)所示.

从图 19-22 的有孔板的拉伸塑性变形和压缩塑性变形图的对比中可以看到,中心孔板条拉伸时的塑性变形区与横截面的夹角较少,对不同的孔径,它们的夹角约为 20°—30°之间;而在压缩的情况下,这个夹角被张大了.这一情况也被弹塑性有限元的计算结果所证实.计算所用的材料参数与试件材料的试验结果相同,即材料的拉伸屈服极限为 $\sigma_t = 5.89 \mathrm{kN/cm^2}$,压缩屈服极限为 $\sigma_c =$

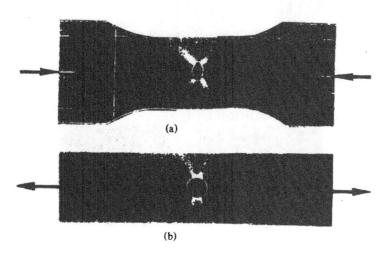

图 19 - 22　中心孔厚板的压缩和拉伸(俞茂宏、刘剑宇,1989)

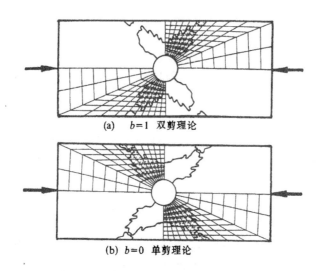

(a)　b=1　双剪理论

(b)　b=0　单剪理论

图 19 - 23　中心孔板拉伸的弹塑性有限元计算

(俞茂宏、曾文兵,1990)

7.58kN/cm²,材料的拉压强度比为 $\alpha = 0.777$. 图 19 - 23(a)是用双剪强度理论(广义双剪应力屈服准则)计算得出的结果;图

19-23(b)是单剪强度理论得出的结果.

图 19-24 是同样的参数和结构在压缩时得出的塑性变形图. 这时塑性区与横截面的夹角也明显增大,与结构塑性变形色变法所观察到的情况完全一致.

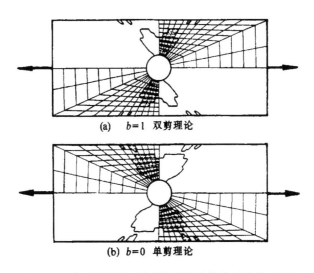

(a)　b=1 双剪理论

(b)　b=0 单剪理论

图 19-24　中心孔板压缩时的塑性变形(俞茂宏、曾文兵,1990)

§19.9　刚性冲头压入半无限平面

这一问题与第十六章滑移线理论的条形基础承载力分析相类似. 一般金属试件的实验已有较多研究,对拉压强度不同材料的实验研究还较少. 图 19-25 是作者采用高聚物色变法所做的实验得出的塑性变形扩展图. 图中四个阶段塑性变形所相应的载荷总重量分别为(a)26kN,(b)28.5kN,(c)29.6kN,(d)30.6kN.

图 19-26 是梯形结构局部压入时的塑性变形图,这时,结构的塑性变形及其扩展情况与图 19-25 的冲头压入半无限平面时的情况相同.

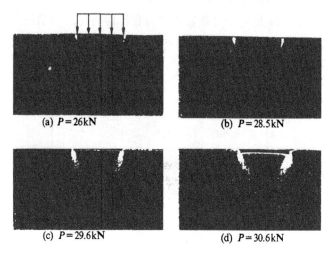

(a) $P = 26\text{kN}$ (b) $P = 28.5\text{kN}$

(c) $P = 29.6\text{kN}$ (d) $P = 30.6\text{kN}$

图 19-25 冲头压入的塑性变形(俞茂宏、刘剑宇,1989)

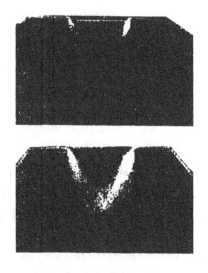

图 19-26 梯形结构的局部压入

§19.10 缺口试件的塑性变形

作者对高聚物单边缺口试件进行了三点弯曲和轴向受拉两种试验.图 19-27 是单边缺口试件三点弯曲时产生塑性变形的色变

图 19-27 单边缺口试件三点弯曲时的塑性变形

(俞茂宏、刘剑宇,1989)

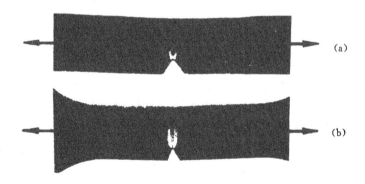

(a)

(b)

图 19-28 单边缺口试件拉伸时的塑性变形

图.从图中可见,塑性变形从缺口处两侧开始,并以一定的角度向左右两边扩展.在单边缺口受拉的情况下,塑性区的扩展情况有些类似,它们的初始塑性变形均从缺口两侧开始,继续加载时,塑性区在缺口两侧几乎平行于横截面的方向发展,如图 19-28(a)所示,此时也可能在塑性区扩展的同时出现横向裂缝,如图 19-28(b)所示.

双边缺口试件拉伸时的塑性变形图如前述图 19-13 所示.

中心裂缝试件拉伸时的塑性变形图如图 19-29 所示.从图中不仅可以看到试件外形的变化,而且可以看到裂缝周围塑性变形区的图形.试件中的一条黑线系为试件加工划线中留下的刻痕,读者可以加以区别.

图 19-29　中心裂缝试件的塑性变形

§19.11　塑性变形直接观察法的特点

通过以上各节的阐述和一些典型结构构件的塑性变形规律的研究,以及与弹塑性有限元计算和滑移线场理论得出的结果的对比,我们可以看到,利用高聚物色变现象进行结构塑性变形的直接观察是可行的,它与弹塑性有限元计算和滑移线场理论所得出的结果的对比表明,三者的结果和规律是一致的.这是一种有效而简单的实验研究新方法,可称之为"结构塑性变形直接观察法"或"高聚物色变法".它具有以下的特点:

(1)方法简单,图像直观.

(2)不需要复杂的加工和试验过程.

(3)在一个模型上可以观察到结构塑性区的发生、扩展直到形成整片塑性区的各个阶段的塑性变形图,并且可以与弹塑性有限元的计算相互配合,两者的结果一致.

(4)由于高聚物不同于金属低碳钢类材料的力学特性,它所得出的滑移线场为非正交滑移线场,因而更为普遍,不仅可以模拟岩土类材料、铸铁、塑料等众多材料,也可模拟具有 SD 效应的高强度合金类材料.可以应用于这些材料结构的塑性变形研究.

(5)正交滑移线场为非正交滑移线场的特例.因而这一新方法也可在一定程度上代替金属腐蚀法用来研究金属结构或构件的塑性变形.

(6)可以与计算机图像处理新技术相结合,进行图像细化、增强辉度、中心轨迹计算等处理,使高聚物色变法或结构塑性变形直接观察法得到更好的效果.

(7)这一方法可以进一步发展,得到更广泛的应用.

参 考 文 献

[1] Nadai, A., Theory of Flow and Fracfure of Solids, Vol. 1, McGraw Hill, 1950.

[2] 卡恰诺夫著,周承倜译,塑性理论基础.高等教育出版社,1982.

[3] 古勃金等著,陈绍汀、俞茂宏译,光塑性,科学出版社,1962.

[4] 汪大年,金属塑性成形原理,机械工业出版社,1982.

[5] 俞茂宏、杨鸿森、刘剑宇等,结构塑性变形区观察的计算机图像处理,西安交通大学学报,1992, **26** (2),121—122.

[6] Timoshenko, S. P., History of Strength of Materials, McGraw Hill, New York, 1953.

[7] Green, A., *Quart. Journ. Mech. and Appl. Math.*, 1953, **6**, 233—230.

[8] Hundy, B., Plane plasticity, *Metallurgia*, 1954, **49**, 109—118.

[9] Shih, C. F., German, M. D., Requirements for a one parameter characterization of crack tip fields by the HRR singularity, *Int. J. Fracture*, 1981, **17** (1), 27—43.

[10] Nielsen, L. E., Mechanical Properties of Polymer, Reinhold, New York, 1962.

[11] Ward, I. M., Mechanical Properties of Solids Polymers, Wiley-Interscience, 1971.

[12] 刘剑宇,结构塑性变形观察试验与双剪滑移理论及应用,西安交通大学研究生

论文，1990.

[13]　刘春阳，结构极限分析的一个新理论及其应用，西安交通大学研究生论文，1993.

[14]　俞茂宏、曾文兵，工程结构分析新理论及其应用，工程力学，1994，11 (1)，9—20.

第二十章　强度理论的细观力学研究

§20.1　概　　述

材料在复杂应力状态下发生屈服和破坏的规律是力学和材料科学研究中的一个重要问题．由于各种工程结构材料和自然界的材料大多处于复杂应力作用下，因此这一问题得到十分广泛的研究，它的结果得到广泛的应用．

对于拉压强度相同的材料，早在 1864 年就提出了 Tresca 屈服准则，1913 年提出了 Mises 屈服准则，此后于 1961 年又提出了双剪应力屈服准则[1,2]．1991 年，俞茂宏又提出双剪统一屈服准则，将这三者统一了起来．对于拉压强度不等的材料，从 1773 年至 1900 年分别由法国和德国科学家提出并形成著名的 Mohr-Coulomb 强度理论，1985 年俞茂宏发表了考虑中间主应力作用的双剪强度理论[3-5]，后来又提出以双剪为基础的统一强度理论[6]，将 Mohr-Coulomb 理论与双剪强度理论统一起来．由此可以蜕化得出统一屈服准则、并简化得出 Tresca 准则、双剪屈服准则和Mises 准则的线性逼近式．从而使宏观强度理论的研究得到高度概括，用一个数学表达式把它们统一起来．本章将进一步用细观力学的方法来探讨强度理论问题．

如同大自然的很多事物一样，各种不同的材料在宏观上具有共同的规律性，虽然它们在细观或微观结构上可能存在很大的差异性．另一方面，对于材料的细观或微观结构与宏观性能之间的关系，也是人们感兴趣的问题，并进行了很多研究．这些研究牵涉到工程结构、结构力学、固体力学、材料科学和冶金学、固体物理等众多学科．一般讲，对材料强度和结构强度的研究可分几个不同的尺度和层次，分别属于不同的学科领域，这可用图 20-1 示意地来表示[7]. 图中第一行的字为物质；第二行的图为相应物质的图示，最右面的为航天飞机；第三行为尺度；第四行为相应的学科.

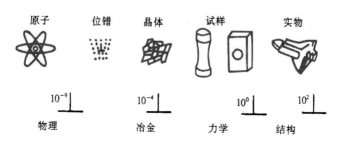

原子　　　位错　　　晶体　　　试样　　　　实物

10^{-9}　　　10^{-4}　　　10^{0}　　　10^{2}

物理　　　冶金　　　力学　　　结构

图 20-1　材料和结构强度研究的层次

材料的力学性能可以分为两类. 一类是性能对材料的显微组织不敏感的. 例如，材料的弹性模量是对组织不敏感的，有时，材料成分的微小改变（如某些稀有元素）可以使它的强度等指标发生很大变化，但它们的弹性模量却很小改变. 另一类是性能（如大多数强度、塑性指标）可随材料显微组织的变化而在很大范围内变动. 此外，还有一些性能则可能介于两者之间，即它们的某些具体指标可能变化很大，但却有一定的规律性. 例如各种不同显微组织的材料，它们的强度指标差别很大，但可以适用于共同的强度理论. 这些研究已成为金属学和材料科学的核心内容.

英国剑桥大学 A. H. Cottrell 教授开创了宏观和微观相结合的断裂研究. 他们的研究小组于 1973 年提出了 Ritchie-Knott-Rice 模型（简称 RKR 模型），第一次把微观断裂机理和宏观断裂韧性联系起来. 它的表达式为

$$K_{Ic} = \sigma_F \sqrt{2\pi r^*}$$

式中 σ_F 是使显微裂纹扩展所需的应力，可用缺口试样试验及有限元分析求得，r^* 是特征距离，在低碳钢中相当于两倍晶粒直径. 图 20-2 是 G. T. Hahn 于 1981 年提出的穿晶解理开裂的 RKR 模型. 图 20-3 是剑桥大学所提出的另一个模型，即 Curry-Knott 模

型(CK 模型).

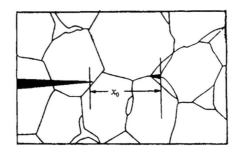

图 20-2　穿晶解理开裂的 RKR 模型

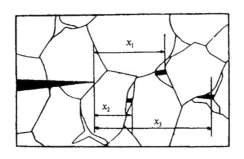

图 20-3　穿晶解理开裂的 CK 模型

此外,乌克兰 Карпенко 物理力学研究所 O. H. Романйв 等在这方面做了大量的工作,发表了 300 多篇论文,出版了 7 本专著. Романив 最早提出了"显微组织断裂力学"这个新分支.并在断裂韧性、疲劳门槛等方面进行了大量的研究.

西安交通大学金属强度研究所和国家重点实验室也在显微组织力学或细观力学方面做了很多工作[7].

至 1993 年,国内有关细观力学的研究成果可参见专著《塑性力学和细观力学文集》(北京大学出版社,1993)中的 9 篇论文[8-16].

细观力学所研究的力学行为包括很多方面.从大的方面讲,主要有晶体塑性理论、应力应变本构关系、显微组织断裂力学、屈服准则和强度理论、剪切带和颈缩、细观本构理论、细观塑性理论等.它们的内容很多,这里主要讨论宏观与细观相结合的屈服准则和强度理论研究.

§20.2　多晶体的宏观屈服准则

为了对各种不同组构材料的屈服准则进行深入研究,各国研究者又从晶体等细观层次进行研究.林同骅首先提出了立方晶粒组成的多晶集合体模型,并计算了平面应变状态下的屈服面,集合体由矩形截面的基本条组成.此后又进一步改进了模型,使用由64个立方晶粒组成的单元体,64个晶粒均有一个滑移面和三个滑移方向,随意排列组成单元体.通过计算得出了单元体在 $\sigma-\tau$ 组合应力下的屈服面.

图 20-4 和图 20-5 是多晶体平面问题和空间问题的集合体模型.

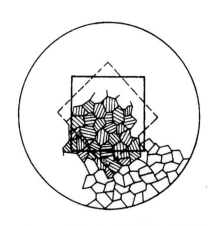 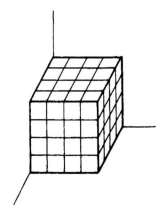

图 20-4　从多晶体不同方向切取单元体　　　图 20-5　多晶体空间集合体模型

林同骅和 Ito 对多晶体集合体进行计算得出的屈服线如图

20-6中的三条虚线所示[17,18]. 这三条多晶集合体的屈服线分别对应于塑性应变增量 $\Delta\varepsilon = 0, 0.1\times10^{-6}$ 和 2×10^{-6} 三种情况. 图中的三条实线, 从上到下分别对应于双剪应力屈服准则、Mises 的三剪准则和 Tresca 的单剪准则[17,18].

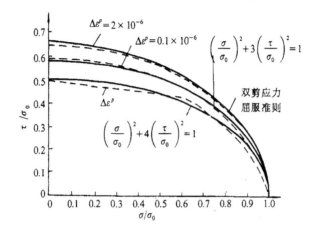

图 20-6　多晶集合体屈服线(Lin-Ito)

1990 年梁乃刚提出一个三维组集式材料模型, 如图 20-7 所示. 它所模拟的材料的细微杆的方向如图中(a)所示, 图 20-7 (b), (c)是相应的模型.

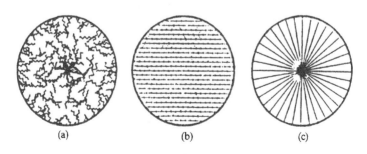

图 20-7　三维组集式材料模型

从这一模型出发,对材料性质不作假设,直接根据单向拉伸的实验结果,得出三维集合体在 $\sigma - \tau$ 组合应力下的屈服曲线如图 20-8 最外边的细实线所示.图中曲线 1 为双剪应力屈服准则,曲线 2 为三维组集模型的计算屈服准则,曲线 3 为 Mises 屈服准则,曲线 4 为 Tresca 屈服准则[19].

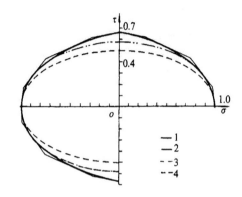

图 20-8　三维集合体的计算屈服准则(梁乃刚,1990)

从图 20-8 的结果可见,梁乃刚根据三维组合模型得出的屈服准则恰好与双剪应力屈服准则相一致[19].

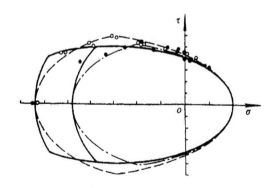

图 20-9　拉压强度不同材料的三维组合模型的屈服曲线(梁乃刚,1991)

此外,他又把这一模型应用于拉压强度不同的材料,得出 σ - τ 复合应力下的材料屈服曲线如图 20-9 的两条实线所示. 这两条曲线分别为材料拉压强度比 $\alpha=\sigma_t/\sigma_c=0.42$ 和 $\alpha=0.31$ 两种情况的结果. 这两条曲线的右边大部分重合为一条曲线,左边部分的最左一条曲线为 $\alpha=0.31$ 或 $\sigma_c=3.18\sigma_t$ 材料的屈服线,它的右边一条曲线为 $\alpha=0.42$ 或 $\sigma_c=2.4\sigma_t$ 材料的屈服线. 作为对比,在图中同时用点划线和虚线绘出了俞茂宏的双剪强度理论的 $\alpha=0.31$ 和 $\alpha=0.42$ 时的屈服曲线. 此外也绘出了 Cornet 和 Grassi 对两种铸铁(α 分别为 0.31 和 0.42)所得出的实验结果[20]. 对比这三种结果可见,三维组合模型的计算屈服准则(梁乃刚,1990)、双剪强度理论(俞茂宏,1985)[3]以及两种不同拉压比的铸铁的实验结果(Cornet,Grassi,1949,1955,1961)相互较为一致.

§20.3 混凝土双向压缩细观力学分析

混凝土是结构工程中应用最广泛的建筑材料之一. 它的材料组织结构和裂缝的开展以及在单轴、双轴、三轴应力作用下的强度之间的关系一直是人们关心的问题,并进行了很多研究[22-25].

美国康乃尔大学 T. C. Y. Liu, A. H. Nilson, F. O. Slate[22,23] 和 O. Buyukozturk[24]等用混凝土模型试件和有限元分析相结合的方法,研究了混凝土模型(骨粒为圆柱形的抽象化模型)在单向压缩和双向压缩下的强度性质. 图 20-10 为他们所用的混凝土模型和尺寸,它由图 20-10(a)的结构单元所构成(这个计算模型是 S. P. Shah 和 G. Winter 提出,其他学者也同样利用这种模型). 结构单元(structural unit)的中间是一半径为 r 的圆柱形骨粒,外包砂浆,形成一方形结构单元. 砂浆层的厚度为 d,比值 d/r 反映了砂浆相对数量的多少,砂浆越多,d/r 就越大.

图 20-11 和图 20-12 为康乃尔大学用 X 射线检验获得的混凝土裂缝图形和有限元分析得出的裂缝图. 这些研究表明,混凝土在受力过程中产生的裂缝大多是从骨科的边缘开始的.

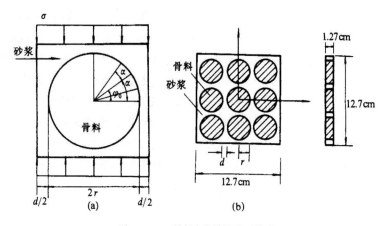

图 20-10　混凝土的结构单元模型

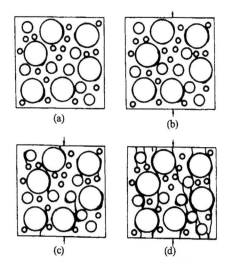

图 20-11　从 X 射线检验获得的裂缝图形(单轴荷载)

(a)荷载前;(b)极限荷载的 65%;(c)极限荷载的 85%;(d)破坏荷载

在以上研究的基础上,Liu 和 Buyukozturk 等又用这一结构

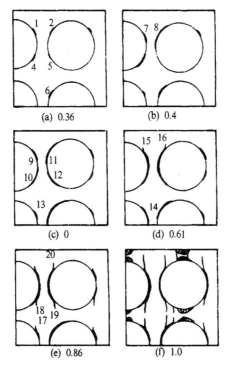

图 20-12　从有限元分析获得的界面裂缝图
(a)36%极限荷载应力；(b)40%极限荷载应力(不稳定)；
(c)40%极限荷载应力(稳定)；(d)61%极限荷载应力；
(e)80%极限荷载应力；(f)100%极限荷载应力

模型对不同 σ_2/σ_1 比的平面应力状态的混凝土复合应力强度进行了研究. 由于对称性, 所以只要分析四分之一模型即可. 他们在 12.7cm×12.7cm 面积上(厚度为1.27cm), 用 428 个三角形单元, 节点共 241 个, 假定为平面应力状态.

在进行混凝土强度的细观力学分析时, 无论是混凝土单元体承受复杂应力(两向或三向应力)状态或单向应力状态[如图 20-10(a)], 它的细观力学分析的大多数有限单元都处于复杂应力状态. 因此在进行细观力学分析时必然会碰到一个问题, 就是采用什么准则来计算这些细观单元的屈服和流动破坏等问题. 目前, 大多数的细观力学采用 Mises 屈服准则或广义 Mises 屈服准则 (Drucker-Prager 型准则), 这是一个值得进一步探讨的问题. 由于各种材料在细观状态的性能更可能的是拉压强度不相等的性能, 因此, 美国康乃尔大学研究小组采用了 Mohr-Coulomb 强度理论. 他们对图 20 - 10 的混凝土模型计算, 得到的细观力学分析的双向压缩极限线如图 20 - 13 所示.

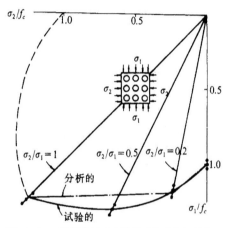

图 20 - 13　混凝土细观力学的双向压缩极限线
（美国康乃尔大学）

图 20 - 10 和图 20 - 13 是一种理想化的细观力学分析模型. 一般混凝土均由大骨料、小骨料、水泥浆、气泡、水泡等组成. 因此这种理想化的圆柱形骨料模型和组成结构与实际混凝土相差较大. 下面我们介绍一种更接近混凝土真实组成和结构的细观力学模型.

§20.4　混凝土复合应力强度分析

按照真实混凝土的截面用显微放大得出的图形如图 20 - 14

所示.图中的 1 为大骨料,2 为小骨料,3 为水泡,4 为气泡,5 为水泥浆.

按图 20-14 的结构,划分有限元网格,并计算混凝土的宏观单元体在水平应力 σ_1 和垂直应力 σ_2 的平面应力作用下的强度.曾文兵计算了 22 种不同应力比 σ_1/σ_2 作用下的宏观单元体的极限强度,得出的结果如图 20-15 中的空心圆点所示[12,25].将这 22 个计算结果连成曲线如图20-15的实线.从图中可以看到,混凝土在大骨料的情况下呈现出各向异性的性质,即水平方向的压缩强度比垂直方向的压缩强度大.屈服面的形状与双剪强度理论相似,但角点较为光滑.

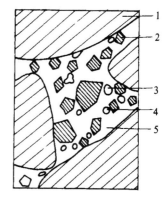

图 20-14　混凝土截面的显微放大图形

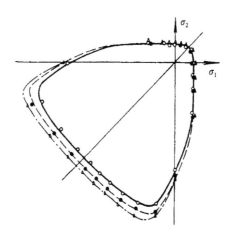

图 20-15　混凝土的计算极限面(曾文兵,1992)

曾文兵的计算中采用的骨料和水泥砂浆的数据如下:骨料的弹性模量 $E_a = 7 \times 10^3$ MPa,泊松比 $\nu_a = 0.25$,压缩极限强度 $\sigma_a^0 = 200$MPa,水泥砂浆的 $E_m = 2.14 \times 10^3$ MPa,$\nu_m = 0.22$,$\sigma_m^0 = 41.7$ MPa.计算中采用 8 节点等参元,共计 623 个节点,183 个单元.

　　为了比较骨粒的大小对极限面的影响,又将大骨料改换为中骨料和更小的骨料,如图 20-16(a)和(b)所示.按这二种模型分别计算了 22 种工况共 44 种,其结果如图 20-15 的实圆点和三角点所示,将这些点连接成曲线分别如图 20-15 中的虚线和点划线所示[12].

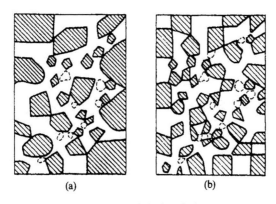

(a)　　　　　　　　(b)

图 20-16　大骨料的细化模型

　　对比这三组共 66 种计算结果,可以看到

　　(1)骨料的尺寸愈大,混凝土的计算极限面愈小.

　　(2)骨料较大时呈各向异性,当骨粒细分时逐步趋向各向同性.

　　(3)骨料愈大,极限面愈小;当骨粒细分时,极限面逐步扩大,但在双向拉伸区,三者的差别很小,在双向压缩区的差别较大.骨料分化越细,双向等压的强度提高较多.

　　(4)各种情况下的混凝土破坏均发生于水泥浆填料上,一般多在骨料与填料的接触处.

(5)按以上得出的计算极限面的形状与双剪强度理论的极限面形状相近.

§20.5　平面应变条件下的混凝土强度细观分析

以上混凝土强度的细观力学计算结果系在平面应力条件下获得.为了进行对比,又对图 20-14 的模型按平面应变条件进行了有限元计算.计算中分别采用了单剪强度理论和双剪强度理论及它们相连的流动法则,得到混凝土的极限曲线如图 20-17 所示[25,26].这时得到的混凝土双轴强度 σ_{cc} 大于它的单轴强度 σ_c,其极限面与双剪应力三参数准则更为接近,可参阅第九章图 9-2 的极限曲线.

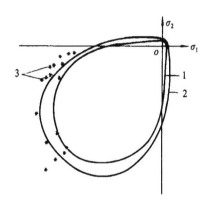

图 20-17　平面应变条件下的混凝土极限曲线
1——按单剪理论计算,2——按双剪理论计算,3——试验结果

从图 20-17 的结果可见,按单剪强度理论得到的极限曲线小于按双剪强度理论得到的极限曲线,这是可以预见的.在平面应力的情况下,也可得出相似的结果.

§20.6 宏观细观力学研究的相互关系

在图 20-1 的图示中表明了对物体强度研究的各个层次. 这些层次从大的方面讲, 可以分为宏观(Macro-)、细观(Meso-)、和微观(Micro-)的三个层次. 关于物体强度的微观特性是很微妙的. 例如, 用超高纯度铁作试验, 在 100 万个铁原子中, 只要掺进 10 个磷原子, 就变得很脆. 然而, 要是这种铁中含有百万分之一的硼, 这种金属则变成不易裂开了. 在冶金中, 往往很少的稀有元素的变化就改变了金属的性能. 甚至同一金属, 其纯度的变化也可使它的性能发生很大的改变. 铁的纯度达到 99.95% 时, 外观跟镍相似, 为银白色, 性能则与普通铁截然不同, 它可以像黄金一样伸展, 甚至在 -269℃ 的环境中, 把它拉长, 也不会断裂. 超高纯度铜会变得与银一样雪白发亮, 高纯度铝不会被酸腐蚀等等.

对于这些不同层次的研究, 一方面需要从各个层次以及它们之间的联系上去不断深入, 发现新的问题, 得出新的研究成果; 另一方面, 各层次的学科仍有其本身的规律和新的问题, 需要不断深入探索, 得出新的研究成果. 前苏联科学院院士 A. A. Ильюшин 曾指出: "宏观力学性质的研究, 不但不会由于对物质中分子晶体、晶块、多晶体的基本过程及交互作用的更进一步的物理研究而被否定, 而且在固体物理中, 为了推导宏观力学性质, 要作一些假设、简化、统计处理及平均的方法, 宏观塑性变形的力学性质还会成为一些准则, 在一定的准确度上来判断它的正确性".

此外, 很多在细观上不相同的物体, 在宏观上往往表现出惊人的相似性. 很多在细观上不均匀的物体, 在一定条件下的宏观性能则是均匀的. 例如, 对于图 20-4 的晶体组织, 在细观上每一个晶体是各向异性的、不均匀的, 但是它的宏观性能则是均匀的、各向同性的. 从图中实线方形体所截取的单元体与虚线方形所截取的单元体, 它们的宏观力学性能是相同的[27,28]. 从图 20-14, 20-15, 20-16 的混凝土强度细观力学的分析中, 同样可以看到一个规律.当混凝土的骨料尺寸较大时(图 20-14),它的性能是各向异性的,它的水平方向强度与垂直方向的强度并不相等,如图20-15的实线极限曲线所示;将大骨料细分时[图 20-16(a)],这种各向异性性减少;而再进一步细分如图 20-16(b)时,混凝土宏观单元体的水平方向强度和垂直方向强度已相等.

图 20-18 表示多晶体拉伸各阶段所对应的晶体的滑移、微观裂缝到宏观裂缝的过程.它的宏观应力-应变曲线如图中的粗实线所示,呈现出从弹性到塑性的一定规律性.

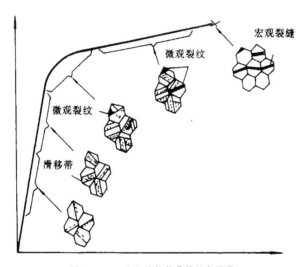

图 20-18 多晶体拉伸曲线的各阶段

图中第一阶段是材料在宏观弹性阶段中产生的微观位错运动;第二阶段是位错增多,并且形成滑移带;第三阶段是产生微观裂缝核,并出现宏观屈服现象;第四阶段是形成微观裂缝;最后第五阶段形成宏观裂缝,试件发生穿晶破坏.

关于强度理论和屈服准则的宏观研究和细观研究是相辅相成的.在工程的大量应用中,主要仍是宏观的规律和计算准则.因此,很多细观力学的研究建立了细观力学与宏观本构的相互联系,并在很多方面取得了新的成果.例如,中国科学院力学研究所白以龙在剪切带等方面的研究,李国琛在塑性大应变微结构力学的研究,王自强在晶体塑性理论的研究,清华大学黄克智、孙庆平在细观本构理论的研究,杨卫在细观塑性理论等方面的研究,连建设在晶体屈服条件方面的研究,张克实、郑长卿的断裂细观力学研究等等.

参 考 文 献

[1] Yu Mao-hong, Twin shear stress yield criterion, *Int. J. of Mechanical Scinece*, 1985, **25** (1), 71—74.

[2] Yu Mao-hong, General behaviour of isotropic yield function, Res. report of Xian Jiaotong Univesity, 1961, 双剪应力强度理论研究(论文集),西安交通大学出版社, 1988, 155—173.

[3] 俞茂宏、何丽南、宋凌宇,双剪应力强度理论及其推广,中国科学 (A), 1985, **28** (12), 1113—1120.

[4] Yu Mao-hong, He Lin-an, Song Lin-yu, Twin shear stress strength theory and its generalization, *Scientia Sinica (Sciences in China)*, series A, 1985, **28** (11), 1174—1183.

[5] 俞茂宏、何丽南,材料力学中强度理论内容的历史演变和最新发展,力学与实践, 1991, **16** (1), 59—61.

[6] Yu Maohong, He Linan, A new model and theory on yield and failure of materials under the complex stress state, Mechanical Behaviour of Materials – Ⅵ, Ed. M. Jono and T. Inoue, Pergamon Press, 1991, Vol. 3, 841—846.

[7] 顾海澄、周惠久,显微组织力学,西安交通大学学报, 1989 增刊(庆贺周惠久院士八十寿辰论文专集), 1989, 99—111.

[8] 黄克智、孙庆平,形状记忆合金伪弹性行为的细观本构描述,塑性力学和细观力学文集. 北京大学出版社, 1993, 100—108.

[9] 王自强,晶体塑性理论若干基本问题,塑性力学和细观力学文集, 109—117.

[10] 仲政、杨卫、黄克智,考虑晶界滑动的多晶体塑性大变形本构关系,塑性力学和细观力学文集, 118—126.

[11] 连建设、陈积伟,体心立方和面心立方金属屈服行为的晶体学及连续力学理论,塑性力学和细观力学文集, 127—134.

[12] 俞茂宏、曾文兵,细观力学分析和双剪塑性理论,塑性力学和细观力学文集, 北京大学出版社, 1993, 135—141.

[13] 金泉林、徐秉业,包含晶粒长大的超塑性变形的本构关系,塑性力学和细观力学文集, 142—154.

[14] Chen Q. Y. , Lin S. R. , Mechanics of an Entrusion in Single Crystal under High Cycle Fatigue, 塑性力学和细观力学文集, 155—166.

[15] 徐彤、董雁瑾、梁乃刚、李焕喜, 铝铜单晶体拉伸变形剪切带的实验研究与力学分析, 塑性力学和细观力学文集, 167—176.

[16] 程经毅、周光泉, 位错的运动和产生与塑性变形的一般关系, 塑性力学和细观力学文集, 177—183.

[17] Lin, T. H. , Ito, Y. M. , Theoretical plastic distortion of a polycrystalline aggregate under combined and revered stress, *J. Mech. Phys. Solids*, 1965, **13**, 103—115.

[18] Lin, T. H. , Ito, Y. M. , Theoretical plastic stress strain relationship of a polycrystal and comparisions with Mises' and Trsca's plasticity theories, *Inter. J. Engng. Sci.* , 1966, **4**, 543—561.

[19] Liang N. G. , Pal G. Bergan, A Multi-dimensional Composite Model for Plastic Continua under Multiaxial Loading Conditions, *Acta Mechanica Sinica*, 1990, **6** (4), 357—366.

[20] Cornet, I. , Grassi, R. C. , *Trans. ASME, Series D*, 1961, **83** (1), 39—44.

[21] 徐积善, 强度理论及其应用, 水利电力出版社, 1984.

[22] Liu, T. C. Y. , Nilson, A. H. and Slate, F. O. , Biaxial stress – strain relations for concrete, Proc. ASCE, *Journal of Structural Division*, 1972, **98** (5), 1025—1034.

[23] Liu, T. C. Y. , Nilson, A. H. and Slate, F. O. , Stress – strain response and fracture of concrete in uniaxial and biaxial compression, *Journal ACI*, 1972, **69** (5).

[24] Buyukozturk, O. , Nilson, A. H. and Slate, F. O. , Stress – strain response and fracture of a concrete model in biaxial loading, *Journal ACI*, 1970, **68** (8), 590—598.

[25] Yu Mao – hong, Zeng Wen – bing and Li Zhong – hua, Computing modeling for the strength of concrete wnder the biaxial stress state, Proc. Int. Conf. on Concrete Structural Engineering, 1991.

[26] 王传志、过镇海、张秀琴, 二轴和三轴受压混凝土的强度试验, 土木工程学报, 1987, **20** (1), 15—26.

[27] Fung, Y. C. , Foundations of Solid Mechanics, Prentice – Hall, Englewood Cliffs, 1965.

[28] Fung, Y. C. , A First Course in Continuum Mechanics, Prentice – Hall, Englewood Cliffs, 1977.

[29] 李国琛、M. 耶纳, 塑性大应变微结构力学, 科学出版社, 1993.

第二十一章 双剪屈服准则在结构极限分析中的应用

§21.1 概 述

近年来,国内很多研究者在双剪理论的深入和它在塑性力学、金属塑性加工、结构极限分析等方面做了很多工作[1~8].本章将介绍有关内容,探讨双剪屈服准则在各方面,主要是结构极限分析和塑性力学问题方面的应用,并进一步讨论有关双剪屈服准则的一些特点.

在塑性力学中最常用的屈服准则是 Mises 和 Tresca 屈服准则.但近年来由于双剪应力屈服准则和广义双剪应力屈服准则具有简单的线性形式,且与某些实验结果相吻合,这两个准则也受到了国内外同行的重视.目前,应用它们求解具体问题的工作已有较大发展.

在规定了 $\sigma_1 \geqslant \sigma_2 \geqslant \sigma_3$ 的排列顺序后,3 个主剪应力为

$$\tau_{13} = \frac{\sigma_1 - \sigma_3}{2}$$

$$\tau_{23} = \frac{\sigma_2 - \sigma_3}{2} \qquad (21-1)$$

$$\tau_{12} = \frac{\sigma_1 - \sigma_2}{2}$$

双剪应力屈服准则认为,当两个较大的主剪应力之和达到某限值时,材料就发生屈服,即

$$f = \tau_{13} + \tau_{12} = \sigma_1 - \frac{1}{2}(\sigma_2 + \sigma_3) = \sigma_s$$

$$当 \tau_{12} \geqslant \tau_{23} \qquad (21-2)$$

$$f' = \tau_{13} + \tau_{23} = \frac{1}{2}(\sigma_1 + \sigma_2) - \sigma_3 = \sigma_s$$

$$\text{当 } \tau_{12} \leqslant \tau_{23} \qquad (21-2')$$

在主应力空间的 π 平面上,双剪应力屈服准则与 Mises 屈服准则、Tresca 屈服准则的曲线如图 21-1 所示,图中各边的方程为

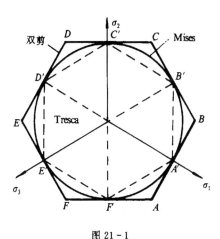

图 21-1

AB 段: $\quad \sigma_1 - \dfrac{1}{2}(\sigma_2 + \sigma_3) = \sigma_s$

BC 段: $\quad \dfrac{1}{2}(\sigma_1 + \sigma_2) - \sigma_3 = \sigma_s$

CD 段: $\quad \sigma_2 - \dfrac{1}{2}(\sigma_1 + \sigma_3) = \sigma_s$

DE 段: $\quad \dfrac{1}{2}(\sigma_2 + \sigma_3) - \sigma_1 = \sigma_s$ $\qquad (21-3)$

EF 段: $\quad \sigma_3 - \dfrac{1}{2}(\sigma_1 + \sigma_2) = \sigma_s$

FA 段: $\quad \dfrac{1}{2}(\sigma_3 + \sigma_1) - \sigma_2 = \sigma_s$

本章进一步研究双剪应力屈服准则的一些性质,将其应用于求解圆板、厚壁筒、圆柱形容器的塑性极限荷载,并且与用 Mises 和 Tresca 两屈服准则求解的结果进行了比较.

§21.2 塑性功率 $D(\dot{\varepsilon}_{ij}) = \sigma_{ij}\dot{\varepsilon}_{ij}$ 的表达式

在使用塑性力学上限定理求极限荷载时,需要求单元体的塑性功率 $D(\dot{\varepsilon}_{ij})$,这里 $\dot{\varepsilon}_{ij}$ 是塑性应变率,而应力分量 σ_{ij} 满足屈服条件 $f(\sigma_{ij}) = 0$ 并与 $\dot{\varepsilon}_{ij}$ 之间有流动法则

$$\dot{\varepsilon}_{ij} = d\lambda \frac{\partial f}{\partial \sigma_{ij}}$$

相联系,对 Mises 和 Tresca 屈服准则已分别求得 $D(\dot{\varepsilon}_{ij})$ 公式如下[9]:

$$\text{Mises}: D(\dot{\varepsilon}_{ij}) = \sigma_s \sqrt{\frac{2}{3}\dot{\varepsilon}_{ij}\dot{\varepsilon}_{ij}} \tag{21-4}$$

$$\text{Tresca}: D(\dot{\varepsilon}_{ij}) = \sigma_s |\dot{\varepsilon}_i|_{\max} (i = 1, 2, 3) \tag{21-5}$$

对于双剪应力屈服准则,有

$$D(\dot{\varepsilon}_{ij}) = \frac{2}{3}\sigma_s(\dot{\varepsilon}_{\max} - \dot{\varepsilon}_{\min}) \tag{21-6}$$

下面只对应力处在角点,如图 21-1 中的 B 点,证明式(21-6)成立,对其他边与角点可类似证明.

证:在 B 点应力满足方程

$$\sigma_1 - \frac{1}{2}(\sigma_2 + \sigma_3) = \frac{1}{2}(\sigma_1 + \sigma_2) - \sigma_3 = \sigma_s$$

则由角点的流动法则有

$$\dot{\varepsilon}_1 : \dot{\varepsilon}_2 : \dot{\varepsilon}_3 = \lambda + \frac{\mu}{2} : \frac{\mu - \lambda}{2} : -\left(\frac{\lambda}{2} + \mu\right)$$

$$(\lambda \geqslant 0, \mu \geqslant 0)$$

由于 λ, μ 大小可任意取,若取

$$\dot{\varepsilon}_1 = \lambda + \frac{\mu}{2}$$

$$\dot{\varepsilon}_2 = \frac{\mu - \lambda}{2}$$

$$\dot{\varepsilon}_3 = -\left(\frac{\lambda}{2} + \mu\right)$$

并有

$$\dot{\varepsilon}_{\max} = \dot{\varepsilon}_1 \qquad \dot{\varepsilon}_{\min} = \dot{\varepsilon}_3$$

$$\dot{\varepsilon}_{\max} - \dot{\varepsilon}_{\min} = \frac{3}{2}(\lambda + \mu)$$

则有

$$
\begin{aligned}
D &= \sigma_1\dot{\varepsilon}_1 + \sigma_2\dot{\varepsilon}_2 + \sigma_3\dot{\varepsilon}_3 \\
&= \sigma_1\left(\lambda + \frac{\mu}{2}\right) + \frac{\sigma_1 + \sigma_3}{2}\left(\frac{\mu - \lambda}{2}\right) \\
&\quad - \sigma_3\left(\frac{\lambda}{2} + \mu\right) \\
&= (\sigma_1 - \sigma_3)\frac{3}{4}(\lambda + \mu) = \sigma_s(\lambda + \mu) \\
&= \frac{2}{3}\sigma_s(\dot{\varepsilon}_{\max} - \dot{\varepsilon}_{\min})
\end{aligned}
$$

这一公式由黄文彬-曾国平推导得出[1].

§21.3 平面应力问题双剪应力
屈服准则的三维图形

对于 $\sigma_z = \tau_{zz} = \tau_{yz} = 0$ 的平面应力问题,用 $\sigma_x, \sigma_y, \tau_{xy}$ 表示的双剪应力屈服准则可由式(21-1)导出为

$$|\sigma_x + \sigma_y| = 2\sigma_s$$

$$\text{当}\ |\sigma_x - \sigma_y| \geqslant 3\sqrt{(\sigma_x - \sigma_y)^2 + 4\tau_{xy}^2}$$

$$3\sqrt{(\sigma_x - \sigma_y)^2 + 4\tau_{xy}^2} + |\sigma_x + \sigma_y| = 4\sigma_s \qquad (21-7)$$

$$\text{当}\ |\sigma_x + \sigma_y| \leqslant 3\sqrt{(\sigma_x - \sigma_y)^2 + 4\tau_{xy}^2}$$

若引进下列无量纲量,则上述表达式将更简洁

$$\xi = \frac{\sigma_x - \sigma_y}{2\sigma_s}$$

$$\eta = \frac{\sigma_x + \sigma_y}{2\sigma_s} \qquad (21-8)$$

$$\zeta = \frac{\tau_{xy}}{\sigma_s}$$

式(21-7)成为

$$|\eta| = 1 \qquad 当 \ 0 \leqslant |\xi| \leqslant \frac{\sqrt{1-9\zeta^2}}{3} \qquad 0 \leqslant \zeta \leqslant \frac{1}{3}$$

$$9(\xi^2 + \zeta^2) = (2 - |\eta|)^2 \qquad 当 \ 0 \leqslant |\eta| \leqslant 1 \qquad 0 \leqslant |\xi| \leqslant \frac{2}{3}$$

$$(21-9)$$

在 ξ-η-ζ 空间,该屈服面的形状如图 21-2 所示,它是由两个两头为平面所截的圆锥面(η 为其轴线)"倒扣"而成.

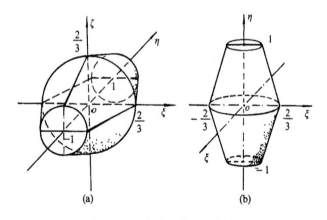

(a)   (b)

图 21-2 平面应力双剪屈服面

§21.4 平面应变双剪屈服准则

令

$$A = \frac{1}{2}(\sigma_x + \sigma_y)$$

$$B = \sqrt{\frac{1}{4}(\sigma_x - \sigma_y)^2 + \tau_{xy}^2} \geqslant 0 \qquad (21-10)$$

根据 ν, A, B 的大小,有下列主应力的次序

$$\sigma_1 = A + B$$
$$\sigma_2 = A - B$$
$$\sigma_3 = 2\nu A \qquad\qquad (1-2\nu)A \geqslant B \qquad (21-11)$$

$$\sigma_1 = A + B$$
$$\sigma_2 = 2\nu A$$
$$\sigma_3 = A - B \qquad\qquad (1-2\nu)A \leqslant B \qquad (21-12)$$

$$\sigma_1 = 2\nu A$$
$$\sigma_2 = A + B$$
$$\sigma_3 = A - B \qquad\qquad (1-2\nu)A \leqslant B \qquad (21-13)$$

代入式(21-2)的双剪应力屈服准则,合并为

$$|A| = \frac{\sigma_s}{1-2\nu} \qquad\qquad |A| \geqslant \frac{3}{1-2\nu}B$$

$$(1-2\nu)|A| + 3B = 2\sigma_s, \quad |A| \leqslant \frac{3}{1-2\nu}B \qquad (21-14)$$

用 ξ, η, ζ 表示为

$$|\eta| = \frac{1}{1-2\nu} \qquad \text{当} |\eta| \geqslant \frac{3}{1-2\nu}\sqrt{\xi^2 + \zeta^2} \qquad (21-15)$$

$$(1-2\nu)|\eta| + 3\sqrt{\xi^2 + \zeta^2} = 2$$

$$\text{当} |\eta| \leqslant \frac{3}{1-2\nu}\sqrt{\xi^2 + \zeta^2} \qquad (21-16)$$

这是两个"倒扣"在一起的平截去尖顶的圆锥面,如图 21-3(a)所示.

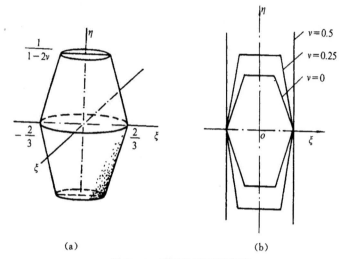

(a)   (b)

图 21-3 平面应变双剪屈服面

在 $\zeta=0$ 面,分别对 $\nu=0,0.25,0.5$ 三种情形,在 ξ-η 面上画出与双剪应力屈服准则相对应的图形,如图 21-3(b)所示.

$$\nu=0,\qquad |\eta|=1 \qquad\qquad |\eta|\geqslant 3|\xi|$$

$$|\eta|+3|\xi|=2 \qquad\qquad |\eta|\leqslant 3|\xi|$$

$$\nu=0.25,\qquad |\eta|=2 \qquad\qquad |\eta|\geqslant \frac{3}{2}|\xi|$$

$$\frac{1}{2}|\eta|+3|\xi|=2 \qquad\qquad |\eta|\leqslant \frac{3}{2}|\xi|$$

$$\nu=0.5,\qquad |\xi|=\frac{2}{3}$$

从以上讨论可知在平面应变条件下,初始屈服准则与 ν 有关,如果简单地用 $\nu=\frac{1}{2}$ 计算,将会产生一定的误差.

§21.5 旋 转 圆 盘

旋转圆盘可视为轴对称平面应力问题,θ,r 方向没有剪应力分量,且 $\sigma_z=0$,σ_θ,σ_r 为相应的主应力.这样,用双剪应力准则进行分析是较为方便的.

21.5.1 变厚度圆盘

设有一厚度沿径向线性变化的圆盘,其厚度变化规律为

$$h = h_0\left(1 - \frac{r}{b}\right) \qquad (21-17)$$

转盘以转速 ω 作等速转动时,相应的平衡方程为

$$\frac{d}{dr}(hr\sigma_r) - h\sigma_\theta + h\rho\omega^2 r^2 = 0 \qquad (21-18)$$

因不知道盘内主应力 σ_θ,σ_r 的次序,可先假设 $\sigma_\theta \geqslant \sigma_r \geqslant \dfrac{\sigma_\theta}{2} \geqslant \sigma_3 = 0$,在该假定下,双剪应力屈服准则式(21-3)的形式为

$$\sigma_\theta + \sigma_r = 2\sigma_s \qquad (21-19)$$

将式(21-17)及(21-19)代入式(21-18)积分,并考虑到 $r \rightarrow 0$ 时 σ_r 为有限值,可得

$$\sigma_r = \frac{1}{1-\dfrac{r}{b}}\left[\left(1-\frac{2r}{3b}\right)\sigma_s - \rho\omega_P^2 r^2\left(\frac{1}{4}-\frac{r}{5b}\right)\right]$$

$$\sigma_\theta = \frac{1}{1-\dfrac{r}{b}}\left[\left(1-\frac{4r}{3b}\right)\sigma_s + \rho\omega_P^2 r^2\left(\frac{1}{4}-\frac{r}{5b}\right)\right] \qquad (21-20)$$

由 $r \rightarrow b$ 时,$\sigma_r \rightarrow 0$,可得 $\omega_P^2 = \dfrac{20}{3}\dfrac{\sigma_s}{\rho b^2}$,所以式(21-20)化为

$$\sigma_r = \frac{\sigma_s}{1-\dfrac{r}{b}}\left(1-\frac{2r}{3b}-\frac{5r^2}{3b^2}+\frac{4r^3}{3b^3}\right)$$

$$\sigma_\theta = \frac{\sigma_s}{1-\dfrac{r}{b}}\left(1-\frac{4r}{3b}+\frac{5r^2}{3b^2}-\frac{4r^3}{3b^3}\right) \qquad (21-21)$$

实际上,式(21-21)不完全满足初始的假设,因为在某个半径 r_0 处,σ_θ 与 σ_r 间的大小发生了转化. 在 $0 \leqslant r \leqslant r_0$ 内,式(21-21)符

合 $\sigma_r \geqslant \sigma_\theta \geqslant \dfrac{\sigma_r}{2}$,但此应力状态下双剪应力屈服准则的表达式与假

设 $\sigma_\theta \geqslant \sigma_r \geqslant \dfrac{\sigma_\theta}{2}$ 下的表达式是一样的,故式(21-21)在 $0 \leqslant r \leqslant r_0$ 内

仍是正确的. 而在 $r_0 \leqslant r \leqslant b$ 区域内,式(21-21)为 $\dfrac{\sigma_\theta}{2} \geqslant \sigma_r$,与假设

不符. 在 $\dfrac{\sigma_\theta}{2} \geqslant \sigma_r$ 状态下,双剪应力屈服准则的形式为

$$2\sigma_\theta - \sigma_r = 2\sigma_s \qquad (21-22)$$

将式(21-18)和(21-22)联立,解得

$$\sigma_r = \frac{1}{1-\dfrac{r}{b}}\left[\left(2-\frac{2}{3}\frac{r}{b}\right)\sigma_s - \left(\frac{2}{5}-\frac{2}{7}\frac{r}{b}\right)\rho\omega_P^2 r^2 + \frac{C}{b}\sqrt{r}\right]$$

$$\sigma_\theta = \frac{1}{1-\dfrac{r}{b}}\left[\left(2-\frac{4}{3}\frac{r}{b}\right)\sigma_s - \left(\frac{1}{5}-\frac{1}{7}\frac{r}{b}\right)\rho\omega_P^2 r^2 + \frac{C}{2b}\sqrt{r}\right]$$

$$r_0 \leqslant r \leqslant b \qquad (21-23)$$

由 $r \to b$ 时,$\sigma_r \to 0$ 得

$$C = \frac{4}{35}\rho\omega_P^2 b^3 \sqrt{b} - \frac{4}{3}b\sqrt{b}\,\sigma_s$$

再根据 $r = r_0$ 处,式(21-21)和(21-23)径向和周向的应力连续条件,可求出极限转速

$$\omega_P = \frac{2.532}{b}\sqrt{\frac{\sigma_s}{\rho}} \qquad r_0 = 0.669b \qquad (21-24)$$

将式(21-24)代入式(21-23)后可验证,式(21-23)仅在 $r \geqslant$

r_0 内满足 $\dfrac{\sigma_\theta}{2} \geqslant \sigma_r$;而式(21-24)代入式(21-21)后符合假设 $\sigma_\theta \geqslant \sigma_r$

$\geqslant \sigma_\theta/2$. 因此,完整的应力分布为式(21-21)($r \leqslant r_0$)和式(21-23)

($r \geqslant r_0$).式(21-24)的极限转速 ω_P 较用 Tresca 准则求得的转速

$\omega_P = \dfrac{2.433}{b}\sqrt{\dfrac{\sigma_s}{\rho}}$ 提高 4.07%[3].

21.5.2 材料屈服极限沿半径变化的圆盘

设屈服极限沿圆盘半径按线性规律变化

$$\sigma = \sigma_s \left(1 + \frac{r}{b} \right) \tag{21-25}$$

相应的平衡方程为

$$\frac{d\sigma_r}{dr} + \frac{\sigma_r - \sigma_\theta}{r} + \rho \omega^2 r = 0 \tag{21-26}$$

先假设 $\sigma_\theta \geqslant \sigma_r \geqslant \dfrac{\sigma_\theta}{2} \geqslant \sigma_3 = 0$，双剪应力准则相应为

$$\sigma_\theta + \sigma_r = 2\sigma_s \left(1 + \frac{r}{b} \right) \tag{21-27}$$

与式(21-26)联立，并注意到 $r \to 0$ 时，σ_r 为有限值，有

$$
\begin{aligned}
\sigma_r &= \left(1 + \frac{2r}{3b} \right) \sigma_s - \frac{1}{4} \rho \omega_P^2 r^2 \\
\sigma_\theta &= \left(1 + \frac{4r}{3b} \right) \sigma_s + \frac{1}{4} \rho \omega_P^2 r^2
\end{aligned}
\tag{21-28}
$$

再由 $r \to b$ 时，$\sigma_r \to 0$ 得 $\omega_P^2 = \dfrac{20}{3} \dfrac{\sigma_s}{\rho b^2}$，所以

$$
\begin{aligned}
\sigma_r &= \sigma_s \left(1 + \frac{2r}{3b} - \frac{5r^2}{3b^2} \right) \\
\sigma_\theta &= \sigma_s \left(1 + \frac{4r}{3b} + \frac{5r^2}{3b^2} \right)
\end{aligned}
\tag{21-29}
$$

式(21-29)在 r 较小时满足 $\sigma_\theta \geqslant \sigma_r \geqslant \dfrac{\sigma_\theta}{2}$，而当 r 较大时为 $\sigma_r \leqslant \dfrac{\sigma_\theta}{2}$。

设分界面半径为 r_0，则 $r_0 \leqslant r \leqslant b$ 区域内，据 $\sigma_\theta \geqslant \dfrac{\sigma_\theta}{2} \geqslant \sigma_r$ 知式(21-3)形式为

$$2\sigma_\theta - \sigma_r = 2\sigma_s \left(1 + \frac{r}{b} \right) \tag{21-30}$$

与平衡方程(21-26)联立积分，可得

$$\sigma_r = \left(2 + \frac{2r}{3b}\right)\sigma_s - \frac{2}{5}\rho\omega_P^2 r^2 + \frac{C}{\sqrt{r}}$$

$$\sigma_\theta = \left(2 + \frac{4r}{3b}\right)\sigma_s - \frac{1}{5}\rho\omega_P^2 r^2 + \frac{C}{2\sqrt{r}}$$

$$(21-31)$$

同理,$r \rightarrow b$ 时,$\sigma_r \rightarrow 0$,得

$$C = \frac{2}{5}\rho\,\omega_P^2\,b^2\,\sqrt{b} - \frac{8}{3}\sigma_s\,\sqrt{b}$$

再由 $r = r_0$ 处式(21-29)和(21-31)应力连续的条件,可得

$$r_0 = 0.514b$$

$$\omega_P = \frac{2.248}{b}\sqrt{\frac{\sigma_s}{\rho}} \qquad (21-32)$$

在此转速下,式(21-29)和(21-31)与相应的假设 $\sigma_\theta \geqslant \sigma_r \geqslant \dfrac{\sigma_\theta}{2}$ 和

$\dfrac{\sigma_\theta}{2} \geqslant \sigma_r$ 是相符的. 因此转盘的完整应力分布为式(21-29)$(r \leqslant r_0)$

和式(21-31)$(r \geqslant r_0)$. 本解的转速式(21-32)较采用 Tresca 准则

的解 $\omega_P = \dfrac{2.12}{b}\sqrt{\dfrac{\sigma_s}{\rho}}$ 提高 6.04%[3].

21.5.3 屈服极限、厚度均随半径变化的圆盘

设屈服极限和厚度沿半径变化的规律分别是

$$\sigma = \sigma_s\left(1 + \frac{r}{b}\right) \qquad (21-25)$$

和

$$h = h_0\left(1 - \frac{r}{b}\right) \qquad (21-17)$$

首先,在 $\sigma_\theta \geqslant \sigma_r \geqslant \dfrac{\sigma_\theta}{2}$ 的假定下,将屈服准则式(21-27)及式

(21-17)代入平衡方程(21-18)积分,同时考虑到 $r \rightarrow 0$ 时 σ_r 应为

有限值,可得应力分布为

$$\sigma_r = \frac{1}{1 - \dfrac{r}{b}} \left[\left(1 - \frac{r^2}{2b^2} \right) \sigma_s - \left(\frac{1}{4} r^2 - \frac{1}{5} \frac{r^3}{b} \right) \rho \omega_P^2 \right]$$

$$\sigma_\theta = \frac{1}{1 - \dfrac{r}{b}} \left[\left(1 - \frac{3}{2} \frac{r^2}{b^2} \right) \sigma_s + \left(\frac{1}{4} r^2 - \frac{1}{5} \frac{r^3}{b} \right) \rho \omega_P^2 \right] \tag{21-33}$$

式(21-33)只在 r 较小时满足 $\sigma_\theta \geqslant \sigma_r \geqslant \dfrac{\sigma_\theta}{2}$, r 较大时不满足 $\sigma_r \geqslant$

$\sigma_\theta/2$. 设 r_0 为分界面半径, 在 $r_0 \leqslant r \leqslant b$ 内, $\sigma_r \leqslant \dfrac{\sigma_\theta}{2}$, 则准则式
(21-3)形式为

$$2\sigma_\theta - \sigma_r = 2\sigma_s \left(1 + \frac{r}{b} \right) \tag{21-30}$$

将式(21-30)和平衡方程(21-18)联立求解, 得

$$\sigma_r = \frac{1}{1 - \dfrac{r}{b}} \left[\left(2 - \frac{2r^2}{5b^2} \right) \sigma_s - \left(\frac{2}{5} - \frac{2r}{7b} \right) \rho \omega_P^2 r^2 + \frac{C}{b \sqrt{r}} \right]$$

$$\sigma_\theta = \frac{1}{1 - \dfrac{r}{b}} \left[\left(2 - \frac{6r^2}{5b^2} \right) \sigma_s - \left(\frac{1}{5} - \frac{r}{7b} \right) \rho \omega_P^2 r^2 + \frac{C}{2b \sqrt{r}} \right] \tag{21-34}$$

$$r_0 \leqslant r \leqslant b$$

由 $r \to b$ 时, $\sigma_r \to 0$ 可得

$$C = \frac{4}{35} \rho \omega_P^2 b^3 \sqrt{b} - \frac{8}{5} \sigma_s b \sqrt{b}$$

再根据 $r = r_0$ 处式(21-33)和(21-34)应力连续的条件, 有

$$r = 0.544b$$

$$\omega_P = \frac{2.824}{b} \sqrt{\frac{\sigma_s}{\rho}} \tag{21-35}$$

可以验证, 式(21-33)和(21-34)在 $0 \leqslant r \leqslant r_0$ 和 $r_0 \leqslant r \leqslant b$ 区域内都符合各自的假设, 因此它们即为完整的圆盘内的应力表达式.

以上关于圆盘的结论是由李跃明和孟晓明给出的.

§21.6 轴对称圆板的弯曲问题

21.6.1 板问题的双剪应力屈服准则形式

对板问题的双剪应力屈服准则,只需将式(21-3)中的 σ_1 换成 M_r, σ_2 换成 M_θ, σ_s 换成板截面的极限弯矩 M_s, 并令 $\sigma_3=0$, 且引进无量纲量

$$\overline{M}_r=\frac{M_r}{M_s} \qquad \overline{M}_\theta=\frac{M_\theta}{M_s}$$

则用 $\overline{M}_r$, $\overline{M}_\theta$ 表示的屈服准则为

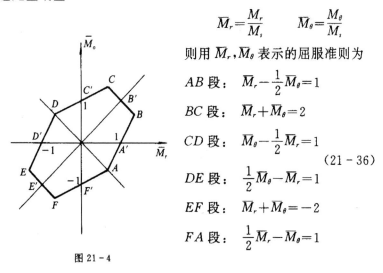

图 21-4

AB 段：$\overline{M}_r-\dfrac{1}{2}\overline{M}_\theta=1$

BC 段：$\overline{M}_r+\overline{M}_\theta=2$

CD 段：$\overline{M}_\theta-\dfrac{1}{2}\overline{M}_r=1$

$$(21-36)$$

DE 段：$\dfrac{1}{2}\overline{M}_\theta-\overline{M}_r=1$

EF 段：$\overline{M}_r+\overline{M}_\theta=-2$

FA 段：$\dfrac{1}{2}\overline{M}_r-\overline{M}_\theta=1$

在 $\overline{M}_\theta\text{-}\overline{M}_r$ 平面上,其形状如图 21-4 所示.

21.6.2 半径为 R 的简支圆板受均载 q 的作用

黄文彬、曾国平用静力法求得极限载荷为[1]

$$q = 6.85\frac{M_s}{R^2} \qquad (21-37)$$

在板的中心部分应力处在图 21-4 的 BC 段,外缘部分则处在 CD 段,故有

$$M_r + M_\theta = 2M_s \qquad 0 \leqslant r \leqslant \rho$$

$$\frac{1}{2}M_r - M_\theta = -M_s, \qquad \rho \leqslant r \leqslant R \qquad (21-38)$$

下面我们用上限定理来求解这一问题,考虑到 BC 段与 CD 段流动法则不同而有

$$BC \text{ 段}: \dot{k}_r : \dot{k}_\theta = 1 : 1, \text{即} \frac{d^2w}{dr^2} = \frac{1}{r}\frac{dw}{dr}$$

$$CD \text{ 段}: \dot{k}_r : \dot{k}_\theta = -\frac{1}{2} : 1, \text{即} 2\frac{d^2w}{dr^2} + \frac{1}{r}\frac{dw}{dr} = 0$$

故可设速度场为

$$\begin{aligned}
w_1 &= C_1 r^2 + C_2 & 0 \leqslant r \leqslant \rho \\
w_2 &= C_3 \sqrt{r} + C_4 & \rho \leqslant r \leqslant R
\end{aligned} \qquad (21-39)$$

由边界条件和连续条件可求得如下关系:

$$\begin{aligned}
C_2 &= -\left(4\sqrt{\frac{R}{\rho}} - 3\right)\rho^2 C_1 > 0 \\
C_3 &= 4\rho^{3/2} C_1 < 0 \\
C_4 &= -4\sqrt{R}\rho^{3/2} C_1 > 0
\end{aligned} \qquad (21-40)$$

并有

$$\begin{aligned}
D_1 &= -4M_s C_1 & 0 \leqslant r \leqslant \rho \\
D_2 &= -C_1 2M_s \left(\frac{\rho}{r}\right)^{3/2} & \rho \leqslant r \leqslant R
\end{aligned} \qquad (21-41)$$

在极限状态,允许速度场 w 与某一参数 C_1 成正比,将上式代入求上限的公式,有

$$\begin{aligned}
\text{外力功率} &= 2\pi \int_0^R qwr\,dr \\
&= 2\pi q \left[\int_0^\rho (C_1 r^3 + C_2 r)\,dr + \int_\rho^R (C_3 \sqrt{r} + C_4)r\,dr\right] \\
&= 2\pi q C_1 \left(\frac{3}{20}\rho^4 - \frac{2}{5}\rho^{3/2} R^{5/2}\right) \\
\text{内力功率} &= 2\pi \int_0^R Dr\,dr
\end{aligned}$$

$$= 2\pi \left[\int_0^\rho D_1 r dr + \int_\rho^R D_2 r dr \right]$$

$$= 4\pi M_s C_1 (\rho^2 - 2\rho^{3/2} R^{1/2})$$

由外力功率等于内力功率并引进 $x = \dfrac{\rho}{R}$ 可得

$$q = \frac{40 M_s}{R^2} \frac{2 - \sqrt{x}}{8 - 3x^{5/2}}$$

由 $\dfrac{dq}{dx} = 0$ 得 $x = 0.625$,最后也得 $q = 6.85 \dfrac{M_s}{R^2}$,与下限的结果一样,故是极限载荷的完全解. 对 Mises 三剪准则,$q = 6.51 \dfrac{M_s}{R^2}$(需用数值解),Tresca 单剪准则 $q = 6 \dfrac{M_s}{R^2}$.

21.6.3 半径为 R 的简支圆板受半径为 a 区域上的轴对称均布载荷 q 作用

下面分别用 Tresca 屈服准则和双剪应力屈服准则求解这一问题. 计算简图如图 21-5 所示.

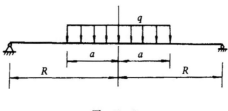

图 21-5

用 Tresca 屈服准则求解. 屈服条件为 $M_\theta = M_s$.

(1)在 $0 \leqslant r \leqslant a$ 区域内,有

$$rQ_r = - \int_0^r q r dr = - \frac{1}{2} q r^2$$

在轴对称情况下以弯矩表示的平衡方程形式是

$$\frac{d}{dr}(rM_r) - M_\theta = rQ_r \qquad (21-42)$$

将 $rQ_r = -\frac{1}{2}qr^2$ 代入方程(21-42),积分得

$$M_r = M_s - \frac{1}{6}qr^2 + \frac{C_1}{r}$$

在 $r=0$ 处,M_r 应为有限值,因此得 $C_1=0$,故在此区域内

$$M_r = M_s - \frac{1}{6}qr^2 \qquad 0 \leqslant r \leqslant a$$

(2)在 $a \leqslant r \leqslant R$ 区域内,有

$$rQ_r = -\frac{1}{2}qa^2 \qquad (21-43)$$

将式(21-43)代入式(21-42),积分得

$$M_r = M_s - \frac{1}{2}qa^2 + \frac{C_2}{r}$$

由 M_r 在 $r=a$ 处的连续条件得

$$M_s - \frac{1}{6}qa^2 = M_s - \frac{1}{2}qa^2 + \frac{C_2}{a}$$

所以

$$C_2 = \frac{1}{3}qa^3$$

故在 $a \leqslant r \leqslant R$ 的区域内

$$M_r = M_s - \frac{1}{2}qa^2 + \frac{qa^3}{3r} \qquad (21-44)$$

当 $r=R$ 时,$M_r=0$,于是由式(21-44)得

$$q = \frac{6RM_s}{a^2(3R-2a)} \qquad (21-45)$$

此即为按 Tresca 屈服准则得到的极限载荷.

对式(21-42)微分展开,得平衡方程为

$$r\frac{dM_r}{dr} + M_r - M_\theta = rQ_r \qquad (21-42')$$

在板的原点处,一个截面上的弯矩可解释为某方向的 M_r 或其正交方向的 M_θ,故有 $M_r=M_\theta$.设在极限状态时全板进入塑性状

态,考虑到弯矩都是正值,原点的弯矩相当于图 21-4 中的 B' 点;又在板边处 $M_r=0$,所以全板的内力状态相当于 $B'BC'$ 折线段.根据双剪应力屈服准则有

$$B'B \ 段:\phi_1(M_\theta, M_r) = \frac{M_\theta + M_r}{2} = M_s \qquad (21-46)$$

$$BC' \ 段:\phi_2(M_\theta, M_r) = M_\theta - \frac{M_r}{2} = M_s \qquad (21-47)$$

设板在 $B'B$,BC' 两状态分界处的半径为 r_0,即 $r=r_0$ 处为 B' 点内力状态,则 $0 \leqslant r \leqslant r_0$ 为 $B'B$ 段的内力状态,$r_0 \leqslant r \leqslant R$ 为 BC' 段的内力状态.该问题需根据 r_0 与 a 的关系进行求解,具体过程如下:

(1)$r_0 < a$ 时

1)当 $0 \leqslant r \leqslant r_0$ 时,有

$$rQ_r = -\frac{1}{2}qr^2 \qquad (21-48)$$

将式(21-45)代入式(21-42'),并和式(21-46)联立,有

$$r\frac{dM_r}{dr} + M_r - M_\theta = -\frac{1}{2}qr^2 \qquad (21-49)$$

$$\frac{M_r + M_\theta}{2} = M_s \qquad (21-46)$$

解此方程组得

$$M_r = M_s - \frac{1}{8}qr^2 + \frac{C_1}{r^2}$$

由于在 $r=0$ 处 M_r 应为有限值,所以 $C_1=0$,有

$$M_r = M_s - \frac{1}{8}qr^2 \qquad (21-50)$$

式(21-50)代入式(21-46)得

$$M_\theta = M_s + \frac{1}{8}qr^2 \qquad (21-51)$$

2)当 $r_0 \leqslant r \leqslant a$ 时,有

$$rQ_r = -\frac{1}{2}qr^2$$

代入式(21-42')，并和式(21-47)联立有

$$r \frac{dM_r}{dr} + M_r - M_\theta = -\frac{1}{2}qr^2$$

$$M_\theta - \frac{M_r}{2} = M_s$$

解得

$$M_r = 2M_s - \frac{1}{5}qr^2 + \frac{C_2}{\sqrt{r}} \tag{21-52}$$

在 $r=r_0$ 处 M_r 应连续，于是由式(21-50)和式(21-52)得

$$C_2 = \sqrt{r_0}\left(\frac{3}{40}qr_0^2 - M_s\right)$$

故

$$M_r = 2M_s - \frac{1}{5}qr^2 + \frac{1}{\sqrt{r}}\sqrt{r_0}\left(\frac{3}{40}qr_0^2 - M_s\right)$$

$$= M_s\left(2 - \sqrt{\frac{r_0}{r}}\right) - \frac{1}{5}q\left(r^2 - \frac{3}{8}r_0^2\sqrt{\frac{r_0}{r}}\right) \tag{21-53}$$

将式(21-53)代入式(21-47)得

$$M_\theta = M_s\left(2 - \frac{1}{2}\sqrt{\frac{r_0}{r}}\right) - \frac{1}{10}q\left(r^2 - \frac{3}{8}r_0^2\sqrt{\frac{r_0}{r}}\right) \tag{21-54}$$

3)当 $a \leqslant r \leqslant R$ 时，有

$$rQ_r = -\int_0^a qr\,dr = -\frac{1}{2}qa^2$$

代入式(21-42')，并和式(21-47)联立得

$$r \frac{dM_r}{dr} + M_r - M_\theta = -\frac{1}{2}qa^2$$

$$M_\theta - \frac{M_r}{2} = M_s \tag{21-55}$$

解此方程组得

$$M_r = 2M_s\left(1 - \sqrt{\frac{R}{r}}\right) - qa^2\left(1 - \sqrt{\frac{R}{r}}\right) \tag{21-56}$$

$$M_\theta = M_s\left(2 - \sqrt{\frac{R}{r}}\right) - \frac{1}{2}qa^2\left(1 - \sqrt{\frac{R}{r}}\right) \quad (21-57)$$

在 $r=a$ 处 M_r 应连续,于是由式(21-53)和式(21-56)得

$$M_s\left(2 - \sqrt{\frac{r_0}{a}}\right) - \frac{1}{5}q\left(a^2 - \frac{3}{8}r_0^2\sqrt{\frac{r^0}{a}}\right)$$

$$= 2M_s\left(1 - \sqrt{\frac{R}{a}}\right) - qa^2\left(1 - \sqrt{\frac{R}{a}}\right)$$

整理得

$$q = \frac{\left(2\sqrt{\dfrac{R}{a}} - \sqrt{\dfrac{r_0}{a}}\right)M_s}{a^2\sqrt{\dfrac{R}{a}} - \dfrac{4}{5}a^2 - \dfrac{3}{40}r_0^2\sqrt{\dfrac{r_0}{a}}} \quad (21-58)$$

又由图 21-4 中 C 点应力状态知,当 $r=r_0$ 时,C 点的应力应该既满足式(21-46)也满足式(21-47),因此联立式(21-46),(21-47)得

$$M_\theta = \frac{4}{3}M_s \qquad M_r = \frac{2}{3}M_s$$

代入式(21-50)或式(21-51)得

$$q = \frac{8M_s}{3r_0^2} \quad (21-59)$$

由式(21-58),(21-59)得

$$\frac{8M_s}{3r_0^2} = \frac{\left(2\sqrt{\dfrac{R}{a}} - \sqrt{\dfrac{r_0}{a}}\right)M_s}{a^2\sqrt{\dfrac{R}{a}} - \dfrac{4}{5}a^2 - \dfrac{3}{40}r_0^2\sqrt{\dfrac{r_0}{a}}}$$

整理得

$$6r_0^2\left(\sqrt{\frac{R}{a}} - \frac{2}{5}\sqrt{\frac{r_0}{a}}\right) = 8a^2\left(\sqrt{\frac{R}{a}} - \frac{4}{5}\right)$$

令

$$\alpha = \sqrt{\frac{a}{R}} \qquad x = \sqrt{\frac{R}{r_0}}$$

则得

$$3(5x - 2) = 20\alpha^4 x^5 \left(1 - \frac{4}{5}\alpha\right) \qquad (21-60)$$

用试算法并利用 Lagrange 插值多项式可得 x-a 的近似关系

$$x = -1.78\alpha^3 + 7.1612\alpha^2 - 9.0972\alpha + 4.9821 \qquad (21-60')$$

又 $x = \sqrt{\frac{R}{r_0}}$，所以 $r_0 = \frac{R}{x^2}$，即

$$r_0 = \frac{R}{(-1.78\alpha^3 + 7.1612\alpha^2 - 9.0972\alpha + 4.9821)^2} \qquad (21-61)$$

故极限载荷

$$q = \frac{\left(2\sqrt{\frac{R}{a}} - \sqrt{\frac{r_0}{a}}\right)M_s}{a^2\sqrt{\frac{R}{a}} - \frac{4}{5}a^2 - \frac{3}{40}r_0^2\sqrt{\frac{r_0}{a}}} \qquad (21-62)$$

(2)$r_0 > a$ 时

1)当 $0 \leqslant r \leqslant a$ 时,有

$$rQ_r = -\int_0^r qr\mathrm{d}r = -\frac{1}{2}qr^2$$

将上式代入方程(21-42'),并和式(21-46)联立,有

$$\begin{cases} r\dfrac{\mathrm{d}M_r}{\mathrm{d}r} + M_r - M_\theta = -\dfrac{1}{2}qr^2 \\ \dfrac{M_r + M_\theta}{2} = M_s \end{cases}$$

解此方程组得

$$\begin{cases} M_r = M_s - \dfrac{1}{8}qr^2 & (21-63) \\ M_\theta = M_s + \dfrac{1}{8}qr^2 & (21-64) \end{cases}$$

2)当 $a \leqslant r \leqslant r_0$ 时,有

$$rQ_r = -\int_0^a qr dr = -\frac{1}{2}qa^2$$

代入式(21-42′),并和式(21-46)联立,有

$$r\frac{dM_r}{dr} + M_r - M_\theta = -\frac{1}{2}qa^2$$

$$\frac{M_r + M_\theta}{2} = M_s$$

解得

$$M_r = M_s - \frac{1}{4}qa^2 + \frac{C_1}{r^2}$$

在 $r=a$ 处,M_r 应连续,由式(21-63)和上式得

$$C_1 = \frac{1}{8}qa^4$$

所以

$$M_r = M_s - \frac{1}{4}qa^2 + \frac{1}{8}q\frac{a^4}{r^2} \qquad (21-65)$$

$$M_\theta = M_s + \frac{1}{4}qa^2 - \frac{1}{8}q\frac{a^4}{r^2} \qquad (21-66)$$

3)当 $r_0 \leqslant r \leqslant R$ 时,有

$$rQ_r = -\frac{1}{2}qa^2$$

于是由式(21-42′)和(21-47)联立得

$$r\frac{dM_r}{dr} + M_r - M_\theta = -\frac{1}{2}qa^2$$

$$M_\theta - \frac{M_r}{2} = M_s$$

解得

$$M_r = 2M_s - qa^2 + \frac{C_2}{\sqrt{r}}$$

由边界条件 $r=R$ 时,$M_r=0$,得

$$C_2 = (qa^2 - 2M_s)\sqrt{R}$$

所以

$$M_r = 2M_s\left(1 - \sqrt{\frac{R}{r}}\right) - qa^2\left(1 - \sqrt{\frac{R}{r}}\right) \qquad (21-67)$$

$$M_\theta = M_s\left(2 - \sqrt{\frac{R}{r}}\right) - \frac{1}{2}qa^2\left(1 - \sqrt{\frac{R}{r}}\right) \qquad (21-68)$$

在 $r=r_0$ 处,即 C 点状态,有

$$M_\theta = \frac{4}{3}M_s \qquad M_r = \frac{2}{3}M_s$$

将 $M_r = \frac{2}{3}M_s$ 代入式(21-65),得

$$q = \frac{8M_s}{3a^2\left(2 - \dfrac{a^2}{r_0^2}\right)}$$

将 $M_r = \frac{2}{3}M_s$ 代入式(21-67),得

$$q = \frac{2\left(\dfrac{2}{3} - \sqrt{\dfrac{R}{r_0}}\right)M_s}{a^2\left(1 - \sqrt{\dfrac{R}{r_0}}\right)}$$

由上二式得

$$\frac{8M_s}{3a^2\left(2 - \dfrac{a^2}{r_0^2}\right)} = \frac{2\left(\dfrac{2}{3} - \sqrt{\dfrac{R}{r_0}}\right)M_s}{a^2\left(1 - \sqrt{\dfrac{R}{r_0}}\right)}$$

即

$$4\left(1 - \sqrt{\frac{R}{r_0}}\right) = \left(2 - \frac{a^2}{r_0^2}\right)\left(2 - 3\sqrt{\frac{R}{r_0}}\right)$$

令 $x = \sqrt{\dfrac{R}{r_0}}$, $\alpha = \sqrt{\dfrac{a}{R}}$,所以

$$4(1 - x) = (2 - \alpha^4 x^4)(2 - 3x)$$

用试算法并利用 Lagrange 插值多项式可得 x-α 的近似关系

$$x = -3.1811\alpha^3 + 9.5764\alpha^2 - 10.5623\alpha + 5.2887$$

又 $x = \sqrt{\dfrac{R}{r_0}}$，所以

$$r_0 = \frac{R}{x^2}$$

即

$$r_0 = \frac{R}{(-3.1811\alpha^3 + 9.5764\alpha^2 - 10.5623\alpha + 5.2887)^2} \qquad (21-69)$$

故极限载荷

$$q = \frac{2\left(\dfrac{2}{3} - \sqrt{\dfrac{R}{r_0}}\right)M_s}{a^2\left(1 - \sqrt{\dfrac{R}{r_0}}\right)} = \frac{2\left(2 - 3\sqrt{\dfrac{R}{r_0}}\right)M_s}{3a^2\left(1 - \sqrt{\dfrac{R}{r_0}}\right)} \qquad (21-70)$$

现验算几个具体的 α 值,进行比较.

a)当 $\alpha = 1, \dfrac{a}{R} = 1$. 由式(21-61)得

$$r_0 = 0.6239R$$

由式(21-58)得

$$q = \frac{6.8406M_s}{R^2} \qquad \text{(双剪屈服准则)}$$

由式(21-45)得

$$q = \frac{6M_s}{R^2} \qquad \text{(Tresca 屈服准则)}$$

b)当 $\alpha = 0.866, \dfrac{a}{R} = 0.75$. 由式(21-61)得

$$r_0 = 0.5757R$$

由式(21-69)得

$$r_0 = 0.6299R$$

由式(21-58)得

$$q = \frac{8.0664M_s}{R^2} \qquad \text{(双剪屈服准则)}$$

由式(21-70)得

$$q = \frac{8.114M_s}{R^2} \qquad \text{(双剪屈服准则)}$$

由式(21-45)得

$$q = \frac{7.111M_s}{R^2} \qquad \text{(Tresca 屈服准则)}$$

c)当 $\alpha = 0.707$，$\dfrac{a}{R} = 0.5$。由式(21-61)得

$$r_0 = 0.444R$$

由式(21-69)得

$$r_0 = 0.4547R$$

由式(21-58)得

$$q = \frac{13.5107M_s}{R^2} \qquad \text{(双剪屈服准则)}$$

由式(21-70)得

$$q = \frac{13.5210M_s}{R^2} \qquad \text{(双剪屈服准则)}$$

由式(21-45)得

$$q = \frac{12M_s}{R^2} \qquad \text{(Tresca 屈服准则)}$$

通过以上推导可知,虽然按 $r_0 < a$ 和 $r_0 > a$ 得到的弯矩表达式和极限载荷的表达式不同,但是通过具体验算可知,不管假设 $r_0 < a$ 或 $r_0 > a$,极限载荷的值是基本上一样的.通过具体计算还可知,总有 $r_0 \leqslant a$,故可取 $r_0 < a$ 的解作为按双剪屈服准则求解本题的最终结果.

弯矩表达式为

$$M_r = \begin{cases} M_s - \dfrac{1}{8}qr^2 & 0 \leqslant r \leqslant r_0 \\[2mm] M_s\left(2 - \sqrt{\dfrac{r_0}{r}}\right) - \dfrac{1}{5}q\left(r^2 - \dfrac{3}{8}r_0^2\sqrt{\dfrac{r_0}{r}}\right) & r_0 \leqslant r \leqslant a \\[2mm] 2M_s\left(1 - \sqrt{\dfrac{R}{r}}\right) - qa^2\left(1 - \sqrt{\dfrac{R}{r}}\right) & a \leqslant r \leqslant R \end{cases}$$

$$M_\theta = \begin{cases} M_s + \dfrac{1}{8}qr^2 & 0 \leqslant r \leqslant r_0 \\[2mm] M_s\left(2 - \dfrac{1}{2}\sqrt{\dfrac{r_0}{r}}\right) - \dfrac{1}{10}q\left(r^2 - \dfrac{3}{8}r_0^2\sqrt{\dfrac{r_0}{r}}\right) & r_0 \leqslant r \leqslant a \\[3mm] M_s\left(2 - \sqrt{\dfrac{R}{r}}\right) - \dfrac{1}{2}qa^2\left(1 - \sqrt{\dfrac{R}{r}}\right) & a \leqslant r \leqslant R \end{cases}$$

极限载荷为

$$q = \frac{\left(2\sqrt{\dfrac{R}{a}} - \sqrt{\dfrac{r_0}{a}}\right)M_s}{a^2\sqrt{\dfrac{R}{a}} - \dfrac{4}{5}a^2 - \dfrac{3}{40}r_0^2\sqrt{\dfrac{r_0}{a}}}$$

其中

$$r_0 = \frac{R}{(-1.78\alpha^3 + 7.1612\alpha^2 - 9.0972\alpha + 4.9821)^2}$$

$$\alpha = \sqrt{\frac{a}{R}}$$

从 q 的表达式可看出,当 $\dfrac{a}{R}$ 一定时,r_0,q 值也就相应地确定.

$q - \dfrac{a}{R}$ 的关系如图 21-6 所示.由图可见,无论 $\dfrac{a}{R}$ 如何变化,按双剪屈服准则求得的 q 值总比 Tresca 屈服准则的结果大.$\dfrac{a}{R}=1$ 时,按双剪屈服准则求出的 q 值较按 Tresca 屈服准则求出的 q 值增大 14%,此时的 q 值与文献[3]得到的结果一样.当 $\dfrac{a}{R}$ 减小时,虽然 $q_{双剪}$ 与 q_{Tresca} 在数值上相差明显,但提高的比例反而减小,如 $\dfrac{a}{R}=$ 0.25时,$q_{双剪}$ 较 q_{Tresca} 提高 10.94%.从图中还可看出,$\dfrac{a}{R}$ 愈小,q 值愈大;$\dfrac{a}{R}$ 愈大,q 值则减小的愈多.

以上这一问题的解由李跃明、谷江求得.

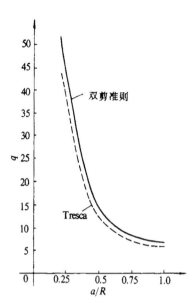

图 21-6 荷载 q 与 $\dfrac{a}{R}$ 的关系图

21.6.4 半径为 R 的周边固支圆板受均布荷载 q 的作用

徐建设用双剪屈服条件求解了这一问题.

$r = R$ 处, M_r 和 M_θ 均为负值,且 $|M_r| > |M_\theta|$,该截面弯矩达到极限值时应有 $|M_r| = M_t$,即由 $D'E$ 和 EE'(图 21-4)线决定.在整个圆板中固支端处径向弯矩绝对值最大.

固支端先出现塑性铰线,则将 $M_r = -M_t$ 代入圆板的平衡方程

$$\frac{dM_r}{dr} + \frac{M_r - M_\theta}{r} = -\frac{qr}{2} \qquad (21-42')$$

可得固支端出现塑性铰线时的切向弯矩为

$$M_\theta = \frac{qa^2}{2} - M_t$$

随着 q 的增加,$|M_\theta|$ 在逐渐减小,这时 M_r 和 M_θ 的组合应在

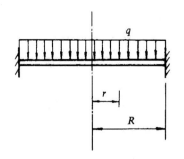

图 21-7

$E'ED'$ 折线上.

由以上分析可知,当固支端出现塑性铰线后,该处有 $M_r = -M_s$,$M_\theta = 0$,即图 21-4 中 D' 点.在板中心处,随着 q 的增加,使得 $M_r = M_\theta = M_s$,即图中 B' 点.

假定 D 点和 C 点对应分界处的半径分别为 r_d 和 r_c,由双剪应力屈服条件,其极限条件为

$$\varphi_1(M_\theta, M_r) = \frac{M_\theta + M_r}{2} = M_s$$

$$(B'C \text{ 段}, 0 \leqslant r \leqslant r_c) \qquad (21-71)$$

$$\varphi_2(M_\theta, M_r) = M_\theta - \frac{1}{2}M_r = M_s$$

$$(CD \text{ 段}, r_c \leqslant r \leqslant r_d) \qquad (21-72)$$

$$\varphi_3(M_\theta, M_r) = \frac{1}{2}M_\theta - M_r = M_s$$

$$(DE' \text{ 段}, r_d \leqslant r \leqslant R) \qquad (21-73)$$

在 $0 \leqslant r \leqslant r_c$ 范围内,将式(21-71)代入式(21-42′),可得

$$\frac{dM_r}{dr} + \frac{2(M_r - M_s)}{r} = -\frac{qr}{2}$$

积分上式,并考虑到 $r=0$ 处径向弯矩为有限值,则在 $0 \leqslant r \leqslant r_c$ 内有

$$M_{r1} = M_s - \frac{1}{8}qr^2$$

$$M_{\theta 1} = 2M_s - M_{r1} = M_s + \frac{1}{8}qr^2$$

$$(21-74)$$

在 $r = r_c$ 处,即图 21-4 中 C 点状态,由式(21-71)和(21-72)可得此时,$M_\theta = \frac{4}{3}M_s$,$M_r = \frac{2}{3}M_s$,代入式(21-74)得

$$q = \frac{8}{3}\frac{M_s}{r_c^2} \qquad (21-75)$$

在 $r_d \leqslant r \leqslant R$ 范围内,将式(21-73)代入式(21-42'),可得

$$\frac{dM_r}{dr} - \frac{M_r + 2M_s}{r} = -\frac{qr}{2}$$

积分上式,并考虑到 $M_r|_{r=R} = -M_s$,在 $r_d \leqslant r \leqslant R$ 范围内得

$$M_{r3} = -\frac{qr^2}{2} - 2M_s + r\left(\frac{M_s}{R} + \frac{qR}{2}\right)$$

$$M_{\theta3} = -qr^2 + 2r\left(\frac{M_s}{R} + \frac{qR}{2}\right) - 2M_s \qquad (21-76)$$

在 $r_c \leqslant r \leqslant r_d$ 范围内,将式(21-72)代入式(21-42'),可得

$$\frac{dM_r}{dr} + \frac{\frac{1}{2}M_r - M_s}{r} = -\frac{qr}{2}$$

积分得

$$M_{r2} = 2M_s - \frac{q}{5}r^2 + \frac{C}{\sqrt{r}}$$

$$M_{\theta2} = 2M_s - \frac{q}{10}r^2 + \frac{C}{2\sqrt{r}} \qquad (21-77)$$

在 $r = r_c$ 处,式(21-77)也应有 $M_r = \frac{2}{3}M_s$,$M_\theta = \frac{4}{3}M_s$,故

$$\frac{2}{3}M_s = 2M_s - \frac{q}{5}r_c^2 + \frac{C}{\sqrt{r_c}}$$

$$\frac{4}{3}M_s = 2M_s - \frac{q}{10}r_c^2 + \frac{C}{2\sqrt{r_c}} \qquad (21-78)$$

在 $r = r_d$ 处,即图中 D 点状态,由式(21-72)和(21-73)可知,此时 $M_r = -\frac{2}{3}M_s$,$M_\theta = \frac{2}{3}M_s$,将其代入式(21-76)和(21-77),有

$$-\frac{2}{3}M_s = -\frac{qr_d^2}{2} - 2M_s + r_d\left(\frac{M_s}{R} + \frac{qR}{2}\right)$$

$$\frac{2}{3}M_s = -qr_d^2 - 2M_s + 2r_d\left(\frac{M_s}{R} + \frac{qR}{2}\right) \qquad (21-79)$$

$$-\frac{2}{3}M_s = 2M_s - \frac{q}{5}r_d^2 + \frac{C}{\sqrt{r_d}}$$

$$\frac{2}{3}M_s = 2M_s - \frac{q}{10}r_d^2 + \frac{C}{2\sqrt{r_d}} \qquad (21-80)$$

由式(21-78)知

$$\frac{q}{5}r_c^2 = \frac{4}{3}M_s + \frac{C}{\sqrt{r_c}} \qquad (21-81)$$

由式(21-79)知

$$-qr_d^2 + 2r_d\left(\frac{M_s}{R} + \frac{qR}{2}\right) = \frac{8}{3}M_s \qquad (21-82)$$

由式(21-80)知

$$\frac{q}{5}r_d^2 - \frac{C}{\sqrt{r_d}} = \frac{8}{3}M_s \qquad (21-83)$$

联立式(21-75),(21-81),(21-82),(21-83),解得

$$r_c = 0.468R$$

$$r_d = 0.928R$$

$$q = 12.175M_s/R^2$$

用 Tresca 准则求得的极限载荷 $q = 11.3M_s/R^2$,用双剪屈服条件求得的 q 大约比 Tresca 准则的结果高出 7.7%.

21.6.5　半径 R 的简支有孔板受均布孔边弯矩作用

一简支圆板半径为 R,中间有一半径 r_0 的圆孔,圆孔周界上作用均布弯矩 M_0. 曾文兵用双剪应力屈服准则解决了这一问题.

在弹性状态下

$$M_r = \frac{M_0 r_0^2 (R^2 - r^2)}{r^2 (R^2 - r_0^2)}$$

$$M_\theta = -\frac{M_0 r_0^2 (R^2 + r^2)}{r^2 (R^2 - r_0^2)}$$

可见当 $r = R$ 时,$M_r = 0$,$M_\theta < 0$. 在极限状态下对应于图 21-4 中

的 F' 点. 当 $r = r_0$ 时, $M_r = M_0$, $M_\theta = -M_0 \dfrac{R^2 + r_0^2}{R^2 - r_0^2} < -M_0$. 所以在极限状态下, 整个板的应力状态可用 $F'A$ 边表示. $F'A$ 边的方程为

$$\frac{1}{2} M_r - M_\theta = M_s$$

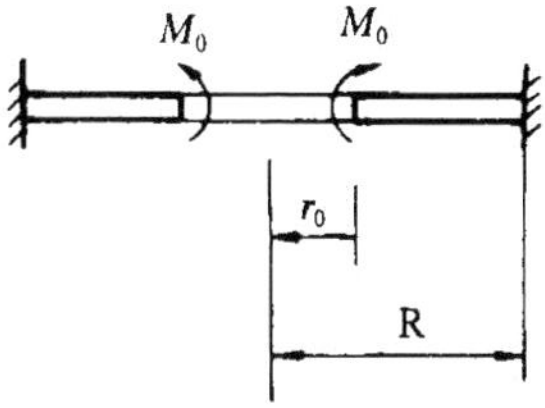

下面介绍用静力法和机动法求解板的极限载荷.

图 21 - 8

1)静力法

平衡方程

$$\frac{d}{dr}(rM_r) = M_\theta - \int_0^r qr dr$$

将 $\dfrac{1}{2} M_r - M_\theta = M_s$ 及 $q = 0$ 代入上式, 得

$$\frac{d}{dr}(rM_r) = \frac{M_r}{2} - M_s$$

即

$$-2 \frac{d(M_r + 2M_s)}{M_r + 2M_s} = \frac{dr}{r}$$

积分得

$$M_r = Cr^{-1/2} - 2M_s$$

由 $M_r|_{r=r_0} = M_0$ 得

$$C = (M_0 + 2M_s)r_0^{1/2}$$

由 $M_r|_{r=R} = 0$, 所以板的极限承载力下限

$$M_0 = 2M_s\left[\left(\frac{R}{r_0}\right)^{\frac{1}{2}} - 1\right]$$

2)机动法

由 $\phi(M_r, M_\theta) = \dfrac{1}{2} M_r - M_\theta = M_s$ 得

$$\dot{K}_r = \lambda \frac{\partial \phi}{\partial M_r} = \frac{1}{2}\lambda, \quad \dot{K}_\theta = \lambda \frac{\partial \phi}{\partial M_\theta} = -\lambda$$

所以

$$2\dot{K}_r + \dot{K}_\theta = 0$$

即

$$2\frac{d^2\dot{w}}{dr^2} + \frac{1}{r}\frac{d\dot{w}}{dr} = 0$$

积分得

$$\dot{w} = C_1 r^{1/2} + C_2$$

由 $\dot{w}|_{r=R} = 0$ 得

$$C_2 = -C_1 R^{1/2}$$

所以

$$\dot{w} = C_1(r^{1/2} - R^{1/2})$$

$$\dot{K}_r = -\frac{d^2\dot{w}}{dr^2} = \frac{C_1}{4}r^{-3/2} \qquad \dot{K}_\theta = -\frac{1}{r}\frac{d\dot{w}}{dr} = -\frac{C_1}{2}r^{-3/2}$$

$$\frac{d\dot{w}}{dr} = \frac{C_1}{2}r^{-1/2}$$

外力功率

$$\delta\dot{L} = 2\pi r_0 M_0 \frac{d\dot{w}}{dr} = C_1 \pi M_0 r^{1/2}$$

内力功率

$$\delta\dot{V} = \pi M_s \int_{r_0}^{R} (|\dot{K}_r| + |\dot{K}_\theta| + \dot{K}_r + \dot{K}_\theta)r\,dr$$

$$= 2\pi M_s C_1(R^{1/2} - r_0^{1/2})$$

由 $\delta\dot{L} = \delta\dot{V}$ 得

$$C_1 \pi M_0 r^{1/2} = 2\pi M_s C_1(R^{1/2} - r_0^{1/2})$$

有

$$M_0 = 2M_s\left(\frac{R^{1/2}}{r_0^{1/2}} - 1\right)$$

板的极限承载力上下限相等,得到完全解. 即按双剪应力屈服准则,板的极限承载力为

$$M_0 = 2M_s\left[\left(\frac{R}{r_0}\right)^{1/2} - 1\right]$$

§21.7 长厚壁圆筒受内压和轴力联合作用

内径为 a,外径为 b 的长厚壁圆筒受内压 p 和轴力 T 的作用,设材料为理想塑性、不可压缩并满足双剪应力屈服准则,我们用静力法与机动法求 p,T 联合作用下的极限载荷,即用 p,T 表示的广义屈服条件.

21.7.1 静力法

由于轴力允许是拉力或压力,因此 σ_z,σ_θ 和 σ_r 的排列次序有下列三种可能.

$$\sigma_z \geqslant \sigma_\theta \geqslant \sigma_r \qquad \sigma_\theta \geqslant \sigma_z \geqslant \sigma_r \qquad \sigma_\theta \geqslant \sigma_r \geqslant \sigma_z$$

如记 $\sigma_1=\sigma_z,\sigma_2=\sigma_\theta,\sigma_3=\sigma_r$,则应力点允许处在图 $21-1$ 的 AB,BC,CD 和 DE 边上,但由于材料不可压缩,对塑性应变率方向有了限制

$$\dot\varepsilon_r + \dot\varepsilon_\theta + \dot\varepsilon_z = \frac{du}{dr} + \frac{u}{r} + \dot\varepsilon_z = 0$$

得

$$u = \frac{A}{r} - \frac{1}{2}\dot\varepsilon_z r$$

所以

$$\dot\varepsilon_z : \dot\varepsilon_\theta : \dot\varepsilon_r = \dot\varepsilon_z : \left(\frac{A}{r^2} - \frac{1}{2}\dot\varepsilon_z\right) : \left(-\frac{A}{r^2} - \frac{1}{2}\dot\varepsilon_z\right) \qquad (21-84)$$

由于这个限制,应力点就不能处在 BC 或 CD 边上.我们以 BC 边为例,这时应有

$$\dot\varepsilon_z : \dot\varepsilon_\theta : \dot\varepsilon_r = \frac{1}{2} : \frac{1}{2} : (-1)$$

与式(21-84)比较可得

$$\dot\varepsilon_z = \frac{A}{r^2} - \frac{1}{2}\dot\varepsilon_z$$

但由于是长厚壁筒,平截面假定成立,$\dot\varepsilon_z$ 不能是 r 的函数,故只有

$\dot{\varepsilon}_z = A = 0$,这时 $u=0$ 表明该筒无法流动. 对其他边也同样得出不能流动,从而得出应力点只可能处在图 21-1 中的 A', B, C, D, D' 五个点上. 为了满足边界条件整个筒不能处在一种应力状态,而要处在两种应力状态,因此在交界面处须保证 σ_r 连续而允许 σ_θ, σ_z 间断,经分析允许有四种组合形式

(1)$a \leqslant r \leqslant c$ 应力处在 B 点,$c \leqslant r \leqslant b$ 应力处在 A' 点,这时对应的

$$p = \frac{2}{3}\sigma_s \ln \frac{c}{a}$$
$$T = \pi\sigma_s(b^2 - a^2) + \pi a^2 p \tag{21-85a}$$

(2)$a \leqslant r \leqslant c$ 应力处在 C 点,$c \leqslant r \leqslant b$ 应力处在 B 点,可得

$$p = \frac{2}{3}\sigma_s \ln\left(\frac{bc}{a^2}\right)$$
$$T = \pi\sigma_s(b^2 - a^2) + \pi a^2 p \tag{21-85b}$$

(3)$a \leqslant r \leqslant c$ 应力处在 C 点,$c \leqslant r \leqslant b$ 应力处在 D 点,可得

$$p = \frac{2}{3}\sigma_s \ln\left(\frac{bc}{a^2}\right)$$
$$T = \pi a^2 p - \pi\sigma_s(b^2 - a^2) \tag{21-85c}$$

(4)$a \leqslant r \leqslant c$ 应力处在 D 点,$c \leqslant r \leqslant b$ 应力处在 D' 点,可得

$$p = \frac{2}{3}\sigma_s \ln \frac{c}{a}$$
$$T = \pi a^2 p - \pi\sigma_s(b^2 - a^2) \tag{21-85d}$$

21.7.2 机动法

由式(21-45)可得

$$\dot{\varepsilon}_{\max} - \dot{\varepsilon}_{\min} = \begin{cases} \dfrac{2A}{r^2} & \dfrac{A}{r^2} \geqslant \left| \dfrac{3}{2}\dot{\varepsilon}_z \right| \\[3mm] \dfrac{A}{r^2} + \dfrac{3}{2}|\dot{\varepsilon}_z| & \dfrac{A}{r^2} \leqslant \left| \dfrac{3}{2}\dot{\varepsilon}_z \right| \end{cases} \qquad (21-86)$$

其中 $\dot{\varepsilon}_z = \dot{l}/l$, l 为简长. 如取 $\dfrac{A}{C^2} = \dfrac{3}{2}|\dot{\varepsilon}_z|$, 则有

$$D(\dot{\varepsilon}_{ij}) = \begin{cases} \dfrac{4}{3}\sigma_s \dfrac{A}{r^2} & a \leqslant r \leqslant c \\[3mm] \dfrac{2}{3}\sigma_s \dfrac{A}{r^2} + \sigma_s \dfrac{|\dot{l}|}{l} & c \leqslant r \leqslant b \end{cases}$$

外力功率 $= T\dot{l} + (3\pi C^2 - \pi a^2)P\dot{l}$

内力功率 $= 2\pi \dot{l} \displaystyle\int_a^b D r \mathrm{d}r$

$$= 2\pi\sigma_s C^2 \dot{l} \ln\left(\frac{bc}{a^2}\right) + \pi\sigma_s(b^2 - c^2)|\dot{l}|$$

两者相等得

$$T = 3\pi C^2 \left[\frac{2}{3}\sigma_s \ln\left(\frac{bc}{a^2}\right) - p \right]$$

$$+ \pi a^2 p + \pi\sigma_s(b^2 - c^2)\,\mathrm{sgn}|\dot{l}| \qquad (21-87)$$

当 $\dot{l} > 0$ 时上式变成式(21-85b), 当 $\dot{l} < 0$ 时上式变成式(21-85c).

当 $A = 0$ 时, 外力功率 $= T\dot{l} - \pi a^2 p \dot{l}$

内力功率 $= 2\pi\sigma_s |\dot{l}| \displaystyle\int_a^b r \mathrm{d}r = \pi\sigma_s(b^2 - a^2)|\dot{l}|$

而有

$$T = \pi a^2 p + \pi\sigma_s(b^2 - a^2)\,\mathrm{sgn}|\dot{l}| \qquad (21-88)$$

当 $\dot{l} > 0$ 时变成式(21-85a), $\dot{l} < 0$ 时变成式(21-85d), 由于上下限一致, 所得结果即为精确的广义屈服条件.

为了作图方便, 令 $p_s = \sigma_s \ln\dfrac{b}{a}$, $T_s = \pi\sigma_s(b^2 - a^2)$, $\xi = \dfrac{p}{p_s}$, $\eta = \dfrac{T}{T_s}$, 对 $\dfrac{b}{a} = 2$, $\dfrac{c}{a} = t$, $1 \leqslant t \leqslant 2$ 的情况, 式(21-85)可用式(21-89)

对应地表示如下：

$$\xi = \frac{2}{3}\frac{\ln t}{\ln 2} \qquad \eta = 1 + \frac{\ln 2}{3}\xi$$

$$\xi = \frac{2}{3}\frac{\ln(2t)}{\ln 2} \qquad \eta = \frac{4 - t^2}{3} + \frac{\ln 2}{3}\xi$$

$$\xi = \frac{2}{3}\frac{\ln(2t)}{\ln 2} \qquad \eta = \frac{t^2 - 4}{3} + \frac{\ln 2}{3}\xi$$

$$\xi = \frac{2}{3}\frac{\ln t}{\ln 2} \qquad \eta = -1 + \frac{\ln 2}{3}\xi$$

$$(21 - 89)$$

其曲线如图 21 - 9 所示.

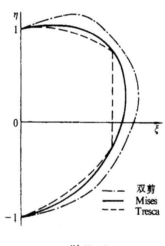

图 21 - 9

对同一问题, 文献[1]对 Mises 与 Tresca 准则情形给出了 ξ, η 广义屈服准则的曲线表达式如下.

对于 Tresca 准则, 有

$$\xi = \frac{\ln K}{\ln 4} \qquad \eta = \frac{\ln K - K + 7}{6} \qquad 1 \leqslant K \leqslant 4$$

$$\xi = 1 \qquad \qquad -0.269 \leqslant \eta \leqslant 0.731$$

$$\xi = \frac{\ln K}{\ln 4} \qquad \eta = \frac{\ln K + K - 7}{6} \qquad 1 \leqslant K \leqslant 4$$

$$(21 - 90)$$

对于 Mises 准则,有

$$\xi=\frac{2}{\sqrt{3}}\left[1+\frac{\ln\left\{\dfrac{K+\sqrt{K^2+\dfrac{3}{16}}}{K+\sqrt{K^2+3}}\right\}}{\ln4}\right]\mathrm{sgn}K \qquad (21-91)$$

$$\eta=\frac{4}{3\sqrt{3}}\left[\sqrt{K^2+3}-\sqrt{K^2+\frac{3}{16}}\right]\mathrm{sgn}K+\frac{\ln4}{6}\xi$$

其结果也表示在图 21-9 中.

从上述分析看出,由于双剪应力屈服准则是逐段线性的,所以和 Tresca 屈服准则一样便于求解.

§21.8   圆柱形容器的极限内压力

圆柱形容器是一典型的压力容器,它的极限内压力是工程中经常遇到的问题.

图 21-10(a)是一长度为 l、壁厚为 h、半径为 a、两端刚性的圆柱形容器,承受均匀内压 p. 材料弹性模量为 E,泊松比为 ν.

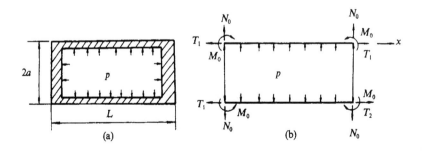

图 21-10

下面用双剪应力屈服准则求解它的极限内压 p. 作为对比,同时也给出了 Tresca 和 Mises 准则的结果.

设 $l > 2\pi/\beta$，这样薄壳一端的力矩和横剪力不影响薄壳的另一端. 此时可以利用长圆柱壳的边界效应与薄膜解叠加进行计算. 将容器的端部 $(x=0,l)$ 用弯矩 M_0，横剪力 N_0 及轴力 T_1 代替，但保证端部法向位移及转角为零，如图 21-10(b).

根据无矩理论的挠度方程

$$\frac{Eh}{a^2}w_{\text{膜}} = q_n - \frac{\nu}{a}T_1$$

其中 $q_n = p$，$T_1 = \dfrac{pa}{2}$. 长圆柱壳的边界效应为

$$w_{\text{max}} = w|_{x=0} = \frac{1}{2\beta^3 D}(\beta M_0 + N_0)$$

$$\frac{dw}{dx}\Big|_{x=0} = -\frac{1}{2\beta^2 D}(2\beta M_0 + N_0)$$

其中

$$\beta = \frac{\sqrt[4]{3(1-\nu^2)}}{\sqrt{ha}}, \qquad D = \frac{Eh^3}{12(1-\nu^2)}$$

得

$$w|_{x=0} = \frac{a^2 p(2-\nu)}{2Eh} + \frac{1}{2\beta^3 D}(\beta M_0 + N_0) = 0 \qquad (21-92)$$

$$\frac{dw}{dx}\Big|_{x=0} = -\frac{1}{2\beta^2 D}(2\beta M_0 + N_0) = 0 \qquad (21-93)$$

求解上二式得

$$M_0 = \frac{p}{4\beta^2}(2-\nu), \qquad N_0 = -\frac{p}{2\beta}(2-\nu)$$

将 M_0，N_0 代入挠度 w 及各阶导数的表达式，并与薄膜解叠加，就得到离端点 $(x=0)$ 任一距离点上的挠度及其各次导数为

$$w = \frac{a^2 p(2-\nu)}{2Eh} - \frac{p(2-\nu)}{8\beta^4 D}\phi(\beta x)$$

$$= \frac{a^2 p(2-\nu)}{2Eh}[1 - \phi(\beta x)] \qquad (21-94)$$

$$\frac{dw}{dx} = \frac{p(2-\nu)}{4\beta^3 D}\xi(\beta x)$$

$$\frac{d^2w}{dx^2} = \frac{p(2-\nu)}{4\beta^2 D}\phi(\beta x) \qquad (21-95)$$

$$\frac{d^3w}{dx^3} = -\frac{p(2-\nu)}{2\beta D}\theta(\beta x)$$

于是得

$$T_1 = \frac{pa}{2}$$

$$M_1 = D\frac{d^2w}{dx^2} = \frac{p(2-\nu)}{4\beta^2}\phi(\beta x)$$

$$N_1 = D\frac{d^3w}{dx^3} = -\frac{p(2-\nu)}{2\beta}\theta(\beta x)$$

$$T_2 = Eh\frac{w}{a} + \nu T_1$$

$$= ap\left[1 - \left(1 - \frac{\nu}{2}\right)\phi(\beta x)\right]$$

$$M_2 = \nu M_1 = \frac{\nu p(2-\nu)}{4\beta^2}\phi(\beta x)$$

所以

$$\sigma_1 = \frac{T_1}{h} \mp \frac{M}{w} = \frac{pa}{2h} \mp \frac{6p(2-\nu)}{4h^2\beta^2}\phi(\beta x)$$

$$= \frac{p}{2h}\left[a \mp \frac{3(2-\nu)}{h\beta^2}\exp[-\beta x]\right.$$

$$\left. \times (\cos\beta x - \sin\beta x)\right] \qquad (21-96)$$

$$\sigma_2 = \frac{T_2}{h} \mp \frac{M_2}{w} = \frac{ap\left[1 - \left(1 - \frac{\nu}{2}\right)\phi(\beta x)\right]}{h}$$

$$\mp \frac{6}{h^2}\frac{\nu p(2-\nu)}{4\beta^2}\phi(\beta x)$$

$$= \frac{ap}{h}\left[1 - \left(1 - \frac{\nu}{2}\right)\exp[-\beta x]\right.$$

$$\left. \times (\cos\beta x + \sin\beta x)\right] \mp \frac{3\nu p(2-\nu)}{2h^2\beta^2}$$

$$\times \exp[-\beta x](\cos\beta x - \sin\beta x) \qquad (21-97)$$

根据 σ_1 和 σ_2 的表达式可知,最大应力发生在圆柱壳的端点 $(x=0)$ 处内表面上,即

$$\sigma_{1\max}=\frac{p}{2h}\left[a+\frac{3(2-\nu)}{h\beta^2}\right]=\frac{pa}{2h}+\frac{3p(2-\nu)}{2h^2\beta^2}$$

$$=\frac{pa}{2h}+\frac{3ap(2-\nu)}{2h\sqrt{3(1-\nu^2)}}$$

$$=\frac{ap}{2h}\left[1+\frac{3(2-\nu)}{\sqrt{3(1-\nu^2)}}\right]$$

该处 $(x=0)$ 相应的周向应力为

$$\sigma_2\big|_{x=0}=\frac{ap}{h}\left(1-1+\frac{\nu}{2}\right)+\frac{3\nu p(2-\nu)}{2h^2\beta^2}$$

$$=\frac{\nu ap}{2h}+\frac{3\nu p(2-\nu)}{2h^2\beta^2}$$

$$=\frac{\nu ap}{2h}\left[1+\frac{3(2-\nu)}{\sqrt{3(1-\nu^2)}}\right]$$

故在 $x=0$ 处圆柱壳的应力为

$$\sigma_1=\frac{ap}{2h}\left[1+\frac{3(2-\nu)}{\sqrt{3(1-\nu^2)}}\right]$$

$$\sigma_2=\frac{\nu ap}{2h}\left[1+\frac{3(2-\nu)}{\sqrt{3(1-\nu^2)}}\right]\qquad \sigma_3\approx 0$$

由于在圆柱壳内表面上的内压力是对称的,所以在纵截面上没有剪应力,$\sigma_1,\sigma_2,\sigma_3$ 都为主应力,且有 $\sigma_1>\sigma_2>\sigma_3$.

(1)按 Tresca 屈服准则求解.

由 $\sigma_1-\sigma_3=\sigma_s$ 得

$$\frac{ap}{2h}\left[1+\frac{3(2-\nu)}{\sqrt{3(1-\nu^2)}}\right]=\sigma_s$$

所以

$$p=\frac{\sigma_s}{\dfrac{a}{2h}\left[1+\dfrac{3(2-\nu)}{\sqrt{3(1-\nu^2)}}\right]}\qquad\qquad(21-98)$$

(2)按 Mises 屈服准则求解.

由 $(\sigma_1-\sigma_2)^2+(\sigma_2-\sigma_3)^2+(\sigma_3-\sigma_1)^2=2\sigma_s^2$,得

$$\left\{\frac{ap}{2h}\left[1+\frac{3(2-\nu)}{\sqrt{3(1-\nu^2)}}\right]-\frac{\nu ap}{2h}\left[1+\frac{3(2-\nu)}{\sqrt{3(1-\nu^2)}}\right]\right\}^2$$
$$+\left\{\frac{ap}{2h}\left[1+\frac{3(2-\nu)}{\sqrt{3(1-\nu^2)}}\right]\right\}^2$$
$$+\left\{\frac{\nu ap}{2h}\left[1+\frac{3(2-\nu)}{\sqrt{3(1-\nu^2)}}\right]\right\}^2=2\sigma_s^2$$

整理得

$$\left(\frac{ap}{2h}\right)^2\left[1+\frac{3(2-\nu)}{\sqrt{3(1-\nu^2)}}\right]^2(\nu^2-\nu+1)=\sigma_s^2$$

所以

$$p=\frac{\sigma_s}{\frac{a}{2h}\left[1+\frac{3(2-\nu)}{\sqrt{3(1-\nu^2)}}\right]\sqrt{\nu^2-\nu+1}}\qquad(21-99)$$

(3)双剪应力屈服准则求解.

$$\sigma_1-\frac{1}{2}(\sigma_2+\sigma_3)=\sigma_s \qquad 当\ \sigma_2\leqslant\frac{1}{2}(\sigma_1+\sigma_3)$$

$$\frac{1}{2}(\sigma_1+\sigma_2)-\sigma_3=\sigma_s \qquad 当\ \sigma_2\geqslant\frac{1}{2}(\sigma_1+\sigma_3)$$

由于 $\nu\leqslant\frac{1}{2}$,所以有 $\frac{1}{2}(\sigma_1+\sigma_3)\geqslant\sigma_2$,则双剪应力屈服条件为

$$\sigma_1-\frac{1}{2}(\sigma_2+\sigma_3)=\sigma_s$$

即

$$\frac{ap}{2h}\left[1+\frac{3(2-\nu)}{\sqrt{3(1-\nu^2)}}\right]+\frac{1}{2}\cdot\frac{\nu ap}{2h}\cdot\left[1+\frac{3(2-\nu)}{\sqrt{3(1-\nu^2)}}\right]=\sigma_s$$

所以

$$p=\frac{\sigma_s}{\frac{a}{2h}\left[1+\frac{3(2-\nu)}{\sqrt{3(1-\nu^2)}}\right]\left(1-\frac{\nu}{2}\right)}\qquad(21-100)$$

由于是薄壳,故开始屈服时的内压力 p 可以认为是它的塑性极限内压力 p_p.

§21.9 圆柱壳的极限载荷

21.9.1 端部简支的圆柱壳受均匀内压作用

一端部简支的圆柱壳,长 $2L$,受均匀内压 p 作用,如图所示.

对于圆柱壳,双剪应力屈服准则为

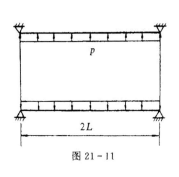

图 21-11

$$\left| N_\theta + M_\theta - \frac{N_x + M_x}{2} \right| \leqslant 1$$

$$\left| N_x + M_x - \frac{N_\theta + M_\theta}{2} \right| \leqslant 1$$

$$\left| N_x + M_x + N_\theta + M_\theta \right| \leqslant 2$$

$$\left| N_\theta - M_\theta - \frac{N_x - M_x}{2} \right| \leqslant 1$$

$$\left| N_x - M_x - \frac{N_\theta - M_\theta}{2} \right| \leqslant 1$$

$$\left| N_x - M_x + N_\theta - M_\theta \right| \leqslant 2$$

消去 M_θ,并考虑轴向力 $N_x = 0$ 的情况,应力方程简化为

$$|N_\theta| = 1 \qquad |M_x| = 1$$

$$\left| \frac{M_x}{2} \pm \frac{2}{3} N_\theta \right| = 1$$

$$\left| \frac{3}{4} M_x \pm \frac{1}{2} N_\theta \right| = 1$$

由于对称性,只研究一半.存在边界条件

$$w(0) = w_0$$

$$w(1) = 0$$

$$M_x'(0) = 0, \quad M_x(1) = 0$$

根据 $x=0$ 处是否出现塑性铰圆,取如下两条件之一,即

$$w(0) = 0$$

或

$$M_x(0) = -1$$

这一条件与壳体长度有关. 对于中长壳,取 $M_x(0) = -1$,对于短

壳,取 $\dot{w}(0)=0$.

在内压 p 作用下,$N_\theta>0$,$M_x<0$,因此取极限条件为

$$\frac{M_x}{2}-\frac{2}{3}N_\theta=-1$$

$$\frac{3}{4}M_x-\frac{N_\theta}{2}=-1$$

分别代入平衡方程

$$M_x'+2c^2(N_\theta+p)=0$$

得

$$N_\theta'+\frac{3}{2}c^2N_\theta=\frac{3}{2}c^2p$$

$$N_\theta'+3c^2N_\theta=3c^2p$$

解之得

$$N_\theta=C_1\sin\frac{\sqrt{3}}{\sqrt{2}}cx+C_2\cos\frac{\sqrt{3}}{\sqrt{2}}cx+p$$

$$N_\theta=C_3\sin\sqrt{3}\,cx+C_4\cos\sqrt{3}\,cx+p$$

则有

$$M_x=\frac{4}{3}C_1\sin\frac{\sqrt{6}}{2}cx+\frac{4}{3}C_2\cos\frac{\sqrt{6}}{2}cx+\frac{4}{3}p-2$$

$$M_x=\frac{2}{3}C_3\sin\sqrt{3}\,cx+\frac{2}{3}C_4\cos\sqrt{3}\,cx+\frac{2}{3}p-\frac{4}{3}$$

由 $M_x|_{x=0}=0$,则有

$$C_1=0\qquad C_3=0$$

由 $M_x|_{x=1}=0$,有

$$C_2=\frac{\frac{3}{2}-p}{\cos\frac{\sqrt{6}}{2}c}\qquad,C_4=\frac{2-p}{\cos\sqrt{3}\,c}$$

进而

$$N_\theta=\frac{\frac{3}{2}-p}{\cos\frac{\sqrt{6}}{2}c}\cos\frac{\sqrt{6}}{2}cx+p$$

$$N_\theta = \frac{2-p}{\cos\sqrt{3}\,c}\cos\sqrt{3}\,cx + p$$

在 $0 < x < 1$ 的区域中，$N_\theta > 0$，而

$$M_x = \frac{4}{3}\frac{\frac{3}{2}-p}{\cos\frac{\sqrt{6}}{2}c}\cos\frac{\sqrt{6}}{2}cx + \frac{4}{3}p - 2$$

$$M_x = \frac{2}{3}\frac{2-p}{\cos\sqrt{3}\,c}\cos\sqrt{3}\,cx + \frac{2}{3}p - \frac{4}{3}$$

由 $M_x|_{x=0}=-1$，得极限载荷的表达式为

$$p_p = \frac{3}{4}\frac{\cos\frac{\sqrt{6}}{2}c}{1-\cos\frac{\sqrt{6}}{2}c} + \frac{3}{2}$$

或

$$p = \frac{3\cos\sqrt{3}\,c}{2(1-\cos\sqrt{3}\,c)} + 2$$

当 $c=\dfrac{\pi}{2}$ 时，求得 $p=1.3$ 及 $p=1.28$。由此知，应取极限条件形式 $\dfrac{3}{4}M_x - \dfrac{N_\theta}{2} = -1$，极限载荷 $p=1.28$。这一结果比用 Tresca 准则的结果高 21.8%，此解由谷江求得．

21.9.2 固支圆柱壳受均匀内压作用

在这种情况下，边界条件为

$$\dot{w}(0)=0,\qquad \dot{w}'(0)=1,\qquad M_x(0)=-1$$

由于对称性，只要研究壳体在 $0 \leqslant x \leqslant 1$ 范围内的情况．

$x=1$ 时

$$M'(1)=0$$

或

$$M_x(1)=1\qquad \dot{w}'(1)=0$$

对于短壳，忽略周向应力的影响，认为固支处和中点处形成塑

性环破坏. 设在 $x = \xi_1$ 处,应力
状态到达 B 点.

在 AB 段: $0 \leqslant x \leqslant \xi_1$,此时
$N_\theta < 0, M_x < 0$,极限条件取为

$$M_x = -\frac{4}{3} - \frac{2}{3} N_\theta$$

代入方程

$$M_x'' + 2c^2(N_\theta + p) = 0$$

得

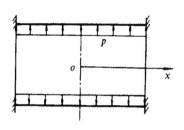

图 21-12

$$N_\theta = C_1 \text{sh} \sqrt{3}\, cx + C_2 \text{ch} \sqrt{3}\, cx - p$$

$$M_x = -\frac{2}{3} C_1 \text{sh} \sqrt{3}\, cx$$

$$- \frac{2}{3} C_2 \text{ch} \sqrt{3}\, cx + \frac{2}{3} p - \frac{4}{3}$$

由 $M_x|_{x=0} = 1$,得

$$C_2 = p - \frac{1}{2}$$

由 $M_x|_{x=\xi_1} = -\frac{2}{3}$,得

$$C_1 = -\left(p - \frac{1}{2}\right) \frac{\text{ch} \sqrt{3}\, c\xi_1}{\text{sh} \sqrt{3}\, c\xi_1} + (p-1) \frac{1}{\text{sh} \sqrt{3}\, c\xi_1}$$

于是有

$$N_\theta = \left(p - \frac{1}{2}\right) \frac{\text{sh} \sqrt{3}\, c(\xi_1 - x)}{\text{sh} \sqrt{3}\, c\xi_1}$$

$$+ (p-1) \frac{\text{sh} \sqrt{3}\, cx}{\text{sh} \sqrt{3}\, c\xi_1} - p$$

$$M_x = -\frac{2}{3} \left[2 - p + \left(p - \frac{1}{2}\right) \frac{\text{sh} \sqrt{3}\, c(\xi_1 - x)}{\text{sh} \sqrt{3}\, c\xi_1} \right.$$

$$\left. + (p-1) \frac{\text{sh} \sqrt{3}\, cx}{\text{sh} \sqrt{3}\, c\xi_1} \right]$$

在 $\xi_1 \leqslant x \leqslant \xi_2$ 区间内，

$$N_\theta = -1 \qquad -\frac{2}{3} \leqslant M_x \leqslant \frac{2}{3}$$

代入方程

$$M''_x + 2c^2(N_\theta + p) = 0$$

得

$$N_\theta = -1 \qquad M_x = c^2(1+p)x^2 + C_1 x + C_2$$

$$-\frac{2}{3} \leqslant M_x \leqslant \frac{2}{3}$$

由边界条件 $M_x\big|_{x=\xi_1} = -\dfrac{2}{3}$, $M_x\big|_{x=\xi_2} = \dfrac{2}{3}$, 得

$$C_1 = \frac{4}{3(\xi_2 - \xi_1)} - c^2(1+p)(\xi_2 - \xi_1)$$

$$C_2 = c^2(1+p)\xi_2\xi_1 - \frac{2}{3}\frac{\xi_2 + \xi_1}{\xi_2 - \xi_1}$$

最终有

$$N_\theta = -1$$

$$M_x = c^2(1+p)x^2 + \left[\frac{4}{3(\xi_2 - \xi_1)}\right.$$

$$- c^2(1+p)(\xi_2 - \xi_1)\Big]x$$

$$+ c^2(1+p)\xi_2\xi_1 - \frac{2}{3}\frac{\xi_2 + \xi_1}{\xi_2 - \xi_1}$$

$$\xi_1 \leqslant x \leqslant \xi_2, \quad -\frac{2}{3} \leqslant M_x \leqslant \frac{2}{3}$$

在 $\xi_2 \leqslant x \leqslant 1$ 区间中, $M_x > 0$, $N_\theta < 0$, 取极限条件为

$$M_x = \frac{4}{3} + \frac{2}{3}N_\theta$$

代入平衡方程得

$$N_\theta = C_1 \sin \sqrt{3}\,cx + C_2 \cos \sqrt{3}\,cx - p$$

$$M_x = \frac{2}{3}C_1 \sin \sqrt{3}\,cx + \frac{2}{3}C_2 \cos \sqrt{3}\,cx$$

$$-\frac{2}{3}p+\frac{4}{3}$$

由边界条件 $M'_x|_{x=1}=0, M_x|_{x=1}=1$,得

$$C_1=\left(p-\frac{1}{2}\right)\sin\sqrt{3}c$$

$$C_2=\left(p-\frac{1}{2}\right)\cos\sqrt{3}c$$

最后得

$$N_\theta=\left(p-\frac{1}{2}\right)\cos(\sqrt{3}c-\sqrt{3}cx)-p$$

$$M_x=\frac{2}{3}\left(p-\frac{1}{2}\right)\cos\sqrt{3}c(1-x)-\frac{2}{3}(p-2)$$

由 $M_x|_{x=\xi_1}=-\frac{2}{3}, M_x|_{x=\xi_2}=\frac{2}{3}$,且由 $x=\xi_1$ 和 $x=\xi_2$ 处 M_x 的连续性可得

$$p=\frac{2-\cos\sqrt{3}c(1-\xi_2)}{2\left[1-\cos\sqrt{3}c(1-\xi_2)\right]}$$

§21.10 小 结

通过以上一些问题的计算分析可看出,由于双剪屈服准则屈服面是逐段线性的,这有利于求积,但在求解时要有正确的判断和较难的数学推导. 由于双剪准则考虑了 σ_2 的影响,使它的计算结果较 Mises 和 Tresca 的结果提高较多,这样就可充分发挥材料的潜力,节约大量材料. 同时用双剪屈服准则还能解决一些其他准则解决不了的问题. 哪一种极限值更接近实际,目前尚缺少实验检验,但是通过上面的推导和计算可以看出双剪理论在理论上的优越性. 在某些问题中,双剪理论给出了更符合实验的结果. 对于更一般的情况,可以参阅下章所述的统一屈服准则应用的实例.

参 考 文 献

[1] 黄文彬、曾国平,应用双剪应力屈服准则求解某些塑性力学问题,力学学报,

1989,**21**(2),249—256.

[2] 曾国平,双剪应力屈服准则在某些平面问题中的应用,北京农业工程大学学报,1988,**8**(1),98—105.

[3] 李跃明,用一个新屈服准则进行弹塑性分析,机械强度,1988,**10**(3),70—74.

[4] 奚绍中,关于双剪强度理论的教学探讨,力学与实践,1991,**13**(3),58—59.

[5] 安民,双剪强度理论及其应用介绍,西北水电,1991(3),35—41.

[6] 李跃明,双剪应力理论在若干土工问题中的应用,浙江大学博士论文,1990.

[7] 赵德文、王国栋,双剪应力屈服准则解析圆坯拔长锻造,东北工学院学报,1991,**12**(1),54—58.

[8] 赵德文、赵志业、张强,双剪应力准则解析扁料压缩的误差分析,东北工学院学报,1993,**14**(4),377—382.

[9] 徐秉业等,弹塑性力学及其应用,机械工业出版社,1984.

[10] 黄克智主编,板壳理论,清华大学出版社,1989.

第二十二章　统一屈服准则的应用

§22.1　概　　述

　　结构塑性分析是塑性理论的一个重要部分. 各国学者对各种结构的塑性极限承载能力进行过大量研究, 并有很多著作出版[1~20], 这些研究成果已经在塑性力学和工程中得到广泛应用.

　　结构的弹塑性分析经历了弹性状态、弹性极限(开始屈服)、弹塑性状态, 最后达到塑性极限状态, 如图 22-1 所示. 对这些全过程的分析, 只对于某些简单问题才容易得到其解析表达式. 对于比较复杂的问题, 由于数学上的困难, 目前还很难找到它的完全解. 作者建立的一种结构塑性变形直接观察法(高聚物色变法, 见第十九章)虽然可以获得结构的塑性变形的发生、扩展到形成一片塑性区的全过程图象, 但对每一种结构需制作模型进行试验.

　　在工程结构分析中, 最重要的往往是它的弹性极限和塑性极限. 如果将材料的变形模型加以简化, 利用塑性极限分析原理, 则可用简单的数学运算对结构的塑性极限状态进行分析, 找出结构或构件的极限载荷, 或找出极限载荷的界限. 由此可以获得结构的整体承载能力的计算结果. 这种直接对塑性极限状态进行分析得到的结果, 与由弹性状态到弹塑性状态再到塑性极限状态进行分析的结果是完全一致的[2]. 因此, 把结构的塑性极限分析用于结构分析和结构设计时, 将是一种可靠而简便的方法.

　　在以往的各种结构极限分析中, 大多数采用的屈服准则为 Tresca 屈服准则(单剪应力屈服准则). 对于 Mises 屈服准则, 由于它的非线性带来了数学求解上的很大困难, 因此往往只有比较简单的情况才有结果, 或者借助于数值方法. 有时为了更简单, 也采用正应力屈服准则, 但它在某些应力范围内并不符合实验结果.

近年来,黄文彬、李跃明、严宗达、谷江等开始用双剪应力屈服准则求解结构的塑性极限问题,得出了一批研究成果[17 20].

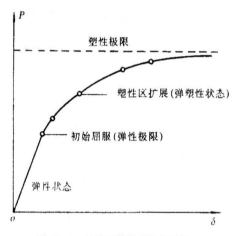

图 22-1 结构弹塑性变形全过程

为了研究各种屈服准则对结构塑性极限的影响,获得更多的结构塑性极限解,并探讨 Tresca 准则解中存在的某些问题和 Mises 准则所难以得出的解析解,最近,马国伟和 Iwasaki,Miyamoto 等进行了很多有意义的工作.他们应用统一强度理论[21]和统一屈服准则[22]对一些典型结构的塑性极限进行了求解,得出了一批有价值的结果[23- 26].这些结果不仅得出了 Mises 准则难以得出的结果,补充了一些经典研究结果,并且得出一系列介于单剪屈服准则和双剪屈服准则之间的结果,还发现 Tresca 准则解中的一些不合理结果.下面对这些结果进行介绍.

§22.2 简支圆板塑性极限统一解

圆板是工程中常见的一种典型结构,它在机械、土木、航空等工程中得到广泛的应用.图 22-2(a)为它的分析简图.板的半径为 a,由于它的结构是轴对称,因此它在轴对称载荷作用下的任一位置(r,θ)处的内力如图 22-2(b)所示.

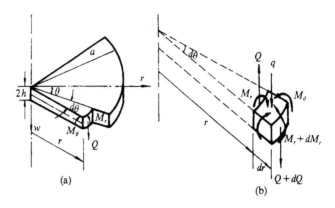

图 22-2　圆板的内力

22.2.1　基本方程

承受均布载荷 q 的圆板的平衡方程为

$$r\frac{dM_r}{dr}+M_r-M_\theta=-\frac{q}{2}r^2 \tag{22-1}$$

采用双剪统一屈服准则,极限条件为

$$\max\left\{\left|M_r-\frac{b}{1+b}M_\theta\right|,\left|M_r-\frac{1}{1+b}M_\theta\right|,\right.$$

$$\frac{1}{1+b}\left|bM_r+M_\theta\right|,\left|\frac{1}{1+b}M_r-M_\theta\right|,$$

$$\left.\frac{1}{1+b}\left|M_r+bM_\theta\right|,\left|\frac{b}{1+b}M_r-M_\theta\right|\right)=M_p \tag{22-2}$$

$0\leqslant b\leqslant 1, b$ 为材料常数.圆板中心 F 和简支边界 D 满足条件

$$M_r|_{r=0}=M_\theta|_{r=0} \quad (\text{图 22-3 中的 } A \text{ 点})$$

$$M_r|_{r=a}=0, M_\theta|_{r=0}=M_p, \quad (\text{图 22-3 中的 } C \text{ 点})$$

全板应力状态处于 AB, BC 两线段上,且

$$AB \text{ 段:} \quad \frac{b}{1+b}M_r+\frac{1}{1+b}M_\theta=M_p \tag{22-3}$$

$$CB \text{ 段：} \qquad M_\theta - \frac{b}{1+b} M_r = M_p \qquad (22-4)$$

22.2.2 内力场

设 E 点弯矩处于图 22-3 中 B 点,联立式(22-3),(22-4),解得

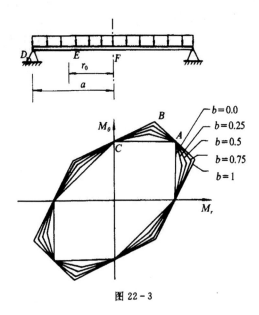

图 22-3

$$M_\theta |_{r=r_0} = 2M_r |_{r=r_0} \qquad (22-5)$$

$$EF \text{ 段：} \qquad r \frac{dM_r}{dr} = (1+b)(M_p - M_r) - \frac{q}{2} r^2 \qquad (22-6)$$

$$DE \text{ 段：} \qquad r \frac{dM_r}{dr} = M_p + \frac{1}{1+b} M_r - \frac{q}{2} r^2 \qquad (22-7)$$

上式满足条件

$$M_r |_{r=a} = 0$$

$$M_r |_{r=0} \text{ 为有限值}$$

M_r 在 E 点连续

解式(22-5),(22-6),(22-7),并利用上述条件求解得出

$$q = \frac{6 + 2b}{2 + b} \frac{M_p}{r_0^2} \qquad (22-8)$$

EF 段： $\qquad M_r = M_p \left[1 - \frac{1}{2+b} \left(\frac{r}{r_0} \right)^2 \right]$

$\qquad\qquad M_\theta = M_p \left[1 + \frac{b}{2+b} \left(\frac{r}{r_0} \right)^2 \right] \quad 0 \leqslant r \leqslant r_0 \ (22-9)$

DE 段： $\qquad M_r = (1+b)M_p \left[1 - \left(\frac{a}{r} \right)^{1/(1+b)} \right]$

$$- \frac{1+b}{2+b} M_p \left[\left(\frac{r}{r_0} \right)^2 - \left(\frac{a}{r_0} \right)^2 \left(\frac{a}{r} \right)^{1/(1+b)} \right]$$

$$M_\theta = M_p \left[(1+b) - b \left(\frac{a}{r} \right)^{1/(1+b)} \right]$$

$$- \frac{b}{2+b} M_p \left[\left(\frac{r}{r_0} \right)^2 - \left(\frac{a}{r_0} \right)^2 \left(\frac{a}{r} \right)^{1/(1+b)} \right]$$

$$r_0 \leqslant r \leqslant a \qquad (22-10)$$

其中 q 为塑性极限载荷, r_0 满足

$$\frac{3+b}{3+2b} \left(\frac{a}{r_0} \right)^{(3+2b)/(1+b)} - (2+b) \left(\frac{a}{r_0} \right)^{1/(1+b)}$$

$$+ \left[(1+b) - \frac{3+b}{3+2b} \right] = 0 \qquad (22-11)$$

上式可用迭代法求解,表 22-1 列出了取不同 b 值时 r_0/a, qa^2/M_p 的值.

表 22-1　不同屈服准则的极限载荷

b	0.0	0.1	0.2	0.3	0.4	0.5	0.6	0.7	0.8	0.9	1.0
r_0/a	0.7071	0.6950	0.6840	0.6742	0.6651	0.6570	0.6493	0.6424	0.6359	0.6300	0.6244
qa^2/M_p	6.0000	6.1127	6.2185	6.3140	6.4043	6.4887	6.5677	6.6418	6.7115	6.7772	6.8392

表 22-1 中的三种典型极限载荷为

$$b=0 \qquad \text{Tresca 解} \qquad q=6.0\frac{M_p}{a^2} \qquad (22-12)$$

$$b=0.5 \qquad \text{Mises 逼近解} \qquad q=6.49\frac{M_p}{a^2} \qquad (22-13)$$

$$b=1 \qquad \text{双剪解} \qquad q=6.84\frac{M_p}{a^2} \qquad (22-14)$$

以上结果中,式(22-12)的结果与文献中的经典结果一致;式(22-13)的结果尚未被精确得出过,文献中采用上下限解的平均值为 $q=6.47M_p/a^2$ 或 $q=6.6M_p/a^2$;式(22-14)的结果与李跃明、黄文彬得出的结果相同,可参见第二十一章所述.

22.2.3 速度场

根据相关联流动法则,有

$$\dot{k}_r = \dot{\lambda}\frac{\partial F}{\partial m_r} \qquad \dot{k}_\theta = \dot{\lambda}\frac{\partial F}{\partial m_\theta}$$

曲率速率与挠曲速率 $\dot{w}$ 有如下关系:

$$\dot{k}_r = -\frac{d^2\dot{w}}{dr^2} \qquad \dot{k}_\theta = -\frac{1}{r}\frac{d\dot{w}}{dr} \qquad (22-15)$$

AB 段, $\dot{k}_r = \frac{b}{1+b}\dot{\lambda}, \dot{k}_\theta = \frac{1}{1+b}\dot{\lambda}$, 代入式(22-15),得微分方程

$$\frac{1}{1+b}\frac{d^2\dot{w}}{dr^2} = \frac{b}{1+b}\frac{1}{r}\frac{d\dot{w}}{dr}$$

解得

$$\dot{w}_1 = c_1\frac{r^{1+b}}{1+b} + c_2 \qquad 0 \leqslant r \leqslant r_0 \qquad (22-16)$$

CB 段, $\dot{k}_r = -\frac{b}{1+b}\dot{\lambda}, \dot{k}_\theta = \dot{\lambda}$, 代入式(22-15),得微分方程

$$\frac{d^2\dot{w}}{dr^2} = -\frac{b}{1+b}\frac{1}{r}\frac{d\dot{w}}{dr}$$

解得

$$\dot{w}_2 = C_3(1+b)r^{1/(1+b)} + C_4$$
$$r_3 \leqslant r \leqslant a \qquad (22-17)$$

由边界条件和连续条件

$$\dot{w}_1|_{r=0}=\dot{w}_0 \qquad \dot{w}_2|_{r=r_0}=\frac{d\dot{w}_2}{dr}|_{r=r_0} \qquad \dot{w}_2|_{r=0}=0$$

可确定参数

$$C_1=\frac{(1+b)\dot{w}_0}{(2b+b^2)r_0^{1+b}-(1+b)^2a^{1/(1+b)}r_0^{(2b+b^2)/(1+b)}}$$

$$C_2=\dot{w}_0$$

$$C_3=\frac{(1+b)\dot{w}_0}{(2b+b^2)r_0^{1/(1+b)}-(1+b)^2a^{1/(1+b)}}$$

$$C_4=-\frac{(1+b)^2a^{1/(1+b)}\dot{w}_0}{(2b+b^2)r_0^{1/(1+b)}-(1+b)^2a^{1/(1+b)}}$$

将这些常数代入式(22-16),(22-17),得圆板的挠曲速度方程为

$$\dot{w}=\begin{cases} \dot{w}_0\left[1-\dfrac{\left(\dfrac{r}{a}\right)^{1+b}}{(1+b)^2\left(\dfrac{r_0}{a}\right)^{(2b+b^2)/(1+b)}-(2b+b^2)\left(\dfrac{r_0}{a}\right)^{1+b}}\right] \\ \qquad\qquad\qquad\qquad\qquad\qquad 0\leqslant r\leqslant r_0 \\[4mm] \dot{w}_0\dfrac{(1+b)^2}{(1+b)^2-(2b+b^2)\left(\dfrac{r_0}{a}\right)^{1/(1+b)}}\left[1-\left(\dfrac{r}{a}\right)^{1/(1+b)}\right] \\ \qquad\qquad\qquad\qquad\qquad\qquad r_0\leqslant r\leqslant a \end{cases}$$

$$(22-18)$$

由于由式(22-8)所确定的极限载荷既满足平衡条件和极限条件,又能找到与内力场式(22-9),(22-10)对应的机动容许的位移速度场[式(22-18)],因此该解为极限载荷的完全解.

22.2.4 讨 论

(1)取 $b=0$,得极限载荷 $q=6\dfrac{M_p}{a^2}$,此即为 Tresca 准则或最大主应力准则求得的塑性极限载荷的完全解.

(2)取 $b=1$，得极限载荷 $q=6.84\dfrac{M_p}{a^2}$，此即为双剪应力屈服准则求得的塑性极限载荷的完全解(李跃明、黄文彬、曾国平).

(3)取 $b=\dfrac{1}{2}$，得极限载荷 $q=6.49\dfrac{M_p}{a^2}$，该解可以逼近并代替 Mises 准则求得的塑性极限载荷 $q=6.51\dfrac{M_p}{a^2}$(需用数值解).

(4)明显地，$b=1$ 时极限载荷比 $b=0$ 时极限载荷提高 14%，证明合理选取屈服准则有重要意义. 此外，通常一个屈服准则对某些材料是适用的，而对另外一些材料有可能不适用，而双剪统一屈服准则通过选取不同的 b 值可以适合于多种材料.

§22.3　部分均布载荷简支圆板极限载荷的统一解

对于部分均布载荷作用下的简支圆板(图 22-4)，文献已给出了采用最大主应力准则,

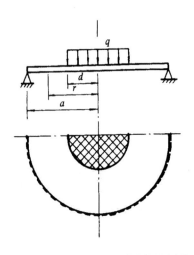

Tresca 准则的完全解和采用 Mises 准则的上下限解. 但是众所周知，最大主应力准则、Tresca 准则只考虑了一个或两个主应力的影响而有明显缺陷，Mises 准则由于表达式的非线性给计算带来不便. 加权形式的双剪统一屈服准则，这是俞茂宏的统一强度理论[21,22]的特例，该准则表达式呈线性、物理意义明确、考虑了三个主应力的影响，采用该准则求得的简支圆板的塑性极限可以适合于多种材料和相应的工程结构. 下面介绍马国伟、Miyamoto 等

图 22-4　承受部分均布载荷的简支圆板

用统一屈服准则求得的板的极限载荷统一解.

22.3.1 基本方程

由于轴对称性,圆板的平衡方程为

$$\frac{d}{dr}(M_r r) - M_\theta = -\int_0^r q(r) r dr \qquad (22-19)$$

采用由广义应力表示的双剪统一屈服准则,极限条件为

$$\begin{aligned}
\max\bigg(&\left| M_r - \frac{b}{1+b}M_\theta \right|, \left| M_r - \frac{1}{1+b}M_\theta \right|, \\
&\frac{1}{1+b}\left| bM_r + M_\theta \right|, \left| \frac{1}{1+b}M_r - M_\theta \right|, \\
&\frac{1}{1+b}\left| M_r + bM_\theta \right|, \left| \frac{b}{1+b}M_r - M_\theta \right| \bigg) = M_p
\end{aligned} \qquad (22-20)$$

$0 \leqslant b \leqslant 1, b$ 为表示中间主应力对材料强度的影响的材料常数. 当 $b=0$ 时,为 Tresca 准则;$b=1$ 时,为双剪应力准则;当 $b=\frac{1}{2}$ 时,可以逼近 Mises 准则;b 从 0 变化到 1 形成一系列线性、外凸的屈服准则,称之为双剪统一屈服准则[21,22].

圆板中心和简支边界满足 $M_r|_{r=0} = M_\theta|_{r=0}$(图 22-3 中 A 点),$M_r|_{r=a} = 0$,(图 22-3 中 C 点)全板应力状态处于 AB,BC 两线段上,且

$$AB \text{ 段:} \qquad \frac{b}{1+b}M_r + \frac{1}{1+b}M_\theta = M_p$$

$$BC \text{ 段:} \qquad M_\theta - \frac{b}{1+b}M_r = M_p \qquad (22-21)$$

设 G 点弯矩处于图 22-3 中 B 点,则有两种可能情况.

(1)当 G 位于 DE 段[图 22-5(a)]时,EF,GE,DG 三段的平衡方程为

$$EF \text{ 段:} \begin{cases} r\dfrac{dM_r}{dr} = (1+b)M_p - (1+b)M_r - \dfrac{q}{2}r^2 \\ M_\theta = (1+b)M_p - bM_r \end{cases} \qquad (22-22a)$$

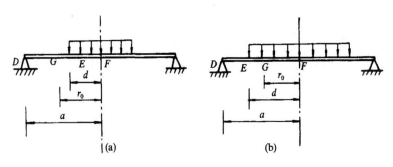

图 22-5 部分均布载荷圆板

GE 段：
$$\begin{cases} r\dfrac{dM_r}{dr}=(1+b)M_p-(1+b)M_r-\dfrac{q}{2}d^2 \\ M_\theta=(1+b)M_p-bM_r \end{cases} \qquad (22\text{-}22b)$$

DG 段：
$$\begin{cases} r\dfrac{dM_r}{dr}=M_p-\dfrac{1}{1+b}M_r-\dfrac{q}{2}d^2 \\ M_\theta=M_p+\dfrac{b}{1+b}M_r \end{cases} \qquad (22\text{-}22c)$$

(2)当 G 位于 EF 段[图 22-5(b)]时，GF，EG，DE 三段的平衡方程为

GF 段：
$$\begin{cases} r\dfrac{dM_r}{dr}=(1+b)M_p-(1+b)M_r-\dfrac{q}{2}r^2 \\ M_\theta=(1+b)M_p-bM_r \end{cases} \qquad (22\text{-}23a)$$

EG 段：
$$\begin{cases} r\dfrac{dM_r}{dr}=M_p-\dfrac{1}{1+b}M_r-\dfrac{q}{2}r^2 \\ M_\theta=M_p+\dfrac{b}{1+b}M_r \end{cases} \qquad (22\text{-}23b)$$

DE 段：
$$\begin{cases} r\dfrac{dM_r}{dr}=M_p-\dfrac{1}{1+b}M_r-\dfrac{q}{2}d^2 \\ M_\theta=M_p+\dfrac{b}{1+b}M_r \end{cases} \qquad (22\text{-}23c)$$

边界条件和连续条件为

F 点： $M_r|_{r=0}$ 为有限值

D 点： $M_r|_{r=a}=0$

E 点： $M_r|_{r=d}$ 连续

G 点： $M_r|_{r=r_0}$ 连续

G 点： 由 B 点应力状态有 $M_\theta|_{r=r_0}=2M_r|_{r=r_0}$

22.3.2 内力场和塑性极限载荷

由式(22-22)解得

$$EF\ \text{段：}\ \begin{cases} M_r=M_p-\dfrac{q}{6+2b}r^2+C_1\dfrac{1}{r^{1+b}} \\[3mm] M_\theta=M_p+\dfrac{bq}{6+2b}r^2-C_1\dfrac{1}{r^{1+b}} \end{cases} \tag{22-24a}$$

$$GE\ \text{段：}\ \begin{cases} M_r=M_p-\dfrac{qd^2}{2(1+b)}+C_2\dfrac{1}{r^{1+b}} \\[3mm] M_\theta=M_p+\dfrac{bq}{2(1+b)}d^2-C_2\dfrac{1}{r^{1+b}} \end{cases} \tag{22-24b}$$

$$DG\ \text{段：}\ \begin{cases} M_r=(1+b)M_p-\dfrac{q(1+b)}{2}d^2+C_3 r^{-1/(1+b)} \\[3mm] M_\theta=(1+b)M_p-\dfrac{bq}{2}d^2+C_3\dfrac{b}{1+b}r^{-1/(1+b)} \end{cases} \tag{22-24c}$$

利用边界条件和连续条件解得

$$C_1=0$$

$$C_2=\frac{qd^{3+b}}{(1+b)(3+b)}$$

$$C_3=\left[-(1+b)M_p+\frac{q(1+b)}{2}d^2\right]a^{1/(1+b)}$$

塑性极限载荷

$$q=\frac{2(1+b)(3+b)M_p}{(2+b)\left[(3+b)-2\left(\dfrac{d}{r_0}\right)^{1+b}\right]d^2} \tag{22-25}$$

r_0 满足

$$2(1+b)\left(\frac{d}{r_0}\right)^{1+b} + (3+b)\left(\frac{a}{r_0}\right)^{1/(1+b)}$$

$$- 2(2+b)\left(\frac{d}{r_0}\right)^{1+b}\left(\frac{a}{r_0}\right)^{1/(1+b)} = 0 \qquad (22-26)$$

将 C_1, C_2, C_3 及 q 代入式(22-24)，可得到内力场

EF 段：
$$\begin{cases} M_r = M_p\left[1 - \frac{1+b}{2+b}\cfrac{1}{3+b-2\left(\cfrac{d}{r_0}\right)^{1+b}}\left(\frac{r}{d}\right)^2\right] \\[3mm] M_\theta = M_p\left[1 + \frac{1+b}{2+b}\cfrac{b}{3+b-2\left(\cfrac{d}{r_0}\right)^{1+b}}\left(\frac{r}{d}\right)^2\right] \end{cases} \qquad (22-27a)$$

GE 段：
$$\begin{cases} M_r = M_p\left[1 - \frac{1}{2+b}\cfrac{3+b-2\left(\cfrac{d}{r}\right)^{1+b}}{3+b-2\left(\cfrac{d}{r_0}\right)^{1+b}}\right] \\[3mm] M_\theta = M_p\left[1 + \frac{b}{2+b}\cfrac{3+b-2\left(\cfrac{d}{r}\right)^{1+b}}{3+b-2\left(\cfrac{d}{r_0}\right)^{1+b}}\right] \end{cases} \qquad (22-27b)$$

DG 段：
$$\begin{cases} M_r = (1+b)M_p\left[1 - \frac{1+b}{2+b}\cfrac{3+b}{3+b-2\left(\cfrac{d}{r_0}\right)^{1+b}}\right] \\[3mm] \quad\cdot \left[1 - \left(\frac{a}{r}\right)^{1/(1+b)}\right] \\[3mm] M_\theta = M_p + bM_p\left[1 - \frac{1+b}{2+b}\cfrac{3+b}{3+b-2\left(\cfrac{d}{r_0}\right)^{1+b}}\right] \\[3mm] \quad\cdot \left[1 - \left(\frac{a}{r}\right)^{1/(1+b)}\right] \end{cases} \qquad (22-27c)$$

由式(22-23)解得

GF 段：
$$\begin{cases} M_r = M_p - \cfrac{q}{6+2b}r^2 + C_4 r^{1/(1+b)} \\[3mm] M_\theta = M_p + \cfrac{bq}{6+2b}r^2 - C_4 r^{1/(1+b)} \end{cases} \qquad (22-28a)$$

EG 段：
$$\begin{cases} M_r = (1+b)M_p - \dfrac{1+b}{6+4b}qr^2 + C_5 r^{-1/(1+b)} \\ M_\theta = (1+b)M_p - \dfrac{b}{6+4b}qr^2 + C_5\dfrac{b}{1+b}r^{-1/(1+b)} \end{cases}$$

$$(22-28\text{b})$$

DE 段：
$$\begin{cases} M_r = (1+b)M_p - \dfrac{q(1+b)}{2}d^2 + C_6 r^{-1/(1+b)} \\ M_\theta = (1+b)M_p - \dfrac{qb}{2}d^2 + C_6\dfrac{b}{1+b}r^{-1/(1+b)} \end{cases} \qquad (22-28\text{c})$$

利用边界条件和连续条件解得

$$C_4 = 0$$

$$C_5 = -(1+b)a^{1/(1+b)}M_p + \frac{q(1+b)}{2}d^2$$

$$\cdot\ (a^{1/(1+b)} - d^{1/(1+b)}) + \frac{1+b}{6+4b}qd^{(3+2b)/(1+b)}$$

$$C_6 = \left[-(1+b)M_p + \frac{q(1+b)}{2}d^2 \right]a^{1/(1+b)}$$

塑性极限载荷

$$q = \frac{6+2b}{2+b}\frac{M_p}{r_0^2} \qquad (22-29)$$

r_0 满足

$$\frac{3+b}{3+2b}\left(\frac{d}{r_0}\right)^{(3+2b)/(1+b)} - (2+b)\left(\frac{a}{r_0}\right)^{1/(1+b)}$$

$$+ (3+b)\left(\frac{d}{r_0}\right)^2\left[\left(\frac{a}{r_0}\right)^{1/(1+b)} - \left(\frac{d}{r_0}\right)^{1/(1+b)}\right]$$

$$+ (1+b) - \frac{3+b}{3+2b} = 0 \qquad (22-30)$$

将 C_4, C_5, C_6 及 q 代入式(22-27)，可得内力场

GF 段：
$$\begin{cases} M_r = M_p\left[1 - \dfrac{1}{2+b}\left(\dfrac{r}{r_0}\right)^2\right] \\ M_\theta = M_p\left[1 + \dfrac{b}{2+b}\left(\dfrac{r}{r_0}\right)^2\right] \end{cases} \qquad (22-31\text{a})$$

$$EG \text{ 段: } \begin{cases} M_r = (1+b)M_p \Big[1 - \Big(\dfrac{a}{r} \Big)^{1/(1+b)} \\ \qquad + \dfrac{3+b}{2+b} \Big(\dfrac{d}{r_0} \Big)^2 \Big(\dfrac{a}{r} \Big)^{1/(1+b)} \\ \qquad - \dfrac{3+b}{(3+2b)(2+b)} \Big(\dfrac{r}{r_0} \Big)^2 \\ \qquad - \dfrac{(1+b)(6+2b)}{(3+2b)(2+b)} \Big(\dfrac{d}{r_0} \Big)^2 \Big(\dfrac{d}{r} \Big)^{1/(1+b)} \Big] \\ M_\theta = M_p + bM_p \Big[1 - \Big(\dfrac{a}{r} \Big)^{1/(1+b)} \\ \qquad + \dfrac{3+b}{2+b} \Big(\dfrac{d}{r_0} \Big)^2 \Big(\dfrac{a}{r} \Big)^{1/(1+b)} \\ \qquad - \dfrac{3+b}{(3+2b)(2+b)} \Big(\dfrac{r}{r_0} \Big)^2 \\ \qquad - \dfrac{(1+b)(6+2b)}{(3+2b)(2+b)} \Big(\dfrac{d}{r_0} \Big)^2 \Big(\dfrac{d}{r} \Big)^{1/(1+b)} \Big] \end{cases} \tag{22-31b}$$

$$DE \text{ 段: } \begin{cases} M_r = (1+b)M_p \Big[1 - \dfrac{3+b}{2+b} \Big(\dfrac{d}{r_0} \Big)^2 \Big] \\ \qquad \cdot \Big[1 - \Big(\dfrac{a}{r} \Big)^{1/(1+b)} \Big] \\ M_\theta = M_p + bM_p \Big[1 - \dfrac{3+b}{2+b} \Big(\dfrac{d}{r_0} \Big)^2 \Big] \\ \qquad \cdot \Big[1 - \Big(\dfrac{a}{r} \Big)^{1/(1+b)} \Big] \end{cases} \tag{22-31c}$$

特殊情况,当 $r_0 = d$ 时,即 G 点,E 点重合时,两种情况下的内力场完全相同,即

$$EF \text{ 段: } \begin{cases} M_r = M_p \Big[1 - \dfrac{1}{2+b} \Big(\dfrac{r}{r_0} \Big)^2 \Big] \\ M_\theta = M_p \Big[1 + \dfrac{b}{2+b} \Big(\dfrac{r}{r_0} \Big)^2 \Big] \end{cases} \tag{22-32a}$$

$$DE \text{ 段：} \begin{cases} M_r = \dfrac{1+b}{2+b}\left[\left(\dfrac{a}{r}\right)^{1/(1+b)} - 1\right]M_p \\[4mm] M_\theta = \dfrac{1}{2+b}\left[b\left(\dfrac{a}{r}\right)^{1/(1+b)} + 2\right]M_p \end{cases} \qquad (22\text{-}32b)$$

且

$$r_0 = d = \frac{a}{2^{1+b}}, \qquad q = \frac{6+2b}{2+b}\frac{2^{1+b}}{a^2}M_p \qquad (22\text{-}33)$$

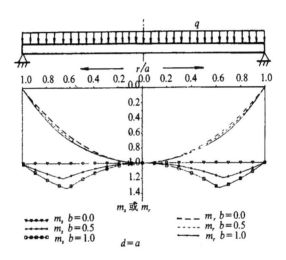

图 22-6　全部均布载荷时的塑性弯矩图

式(22-26)和(22-30)可用迭代法求解. 令 $d_0 = \dfrac{a}{2^{1+b}}$，当 $d \leqslant d_0$ 时，方程(22-26)在 $(0,d]$ 段有唯一解，而方程(22-30)在 (d, a) 段无解，此时 G 点在 DE 段，采用前一种情况求极限载荷；当 $d > d_0$ 时，方程(22-26)在 $(0,d]$ 段无解，方程(22-30)在 $(d,a]$ 段有唯一解，此时 G 在 EF 段，采用后一种情况求极限载荷. 图22-6 至图 22-11 各图为 d 值不同时的内力图，图22-12 为极限载荷图.

从图 22-6 至图 22-11 各图中可以看出，内力场与 b 的取值

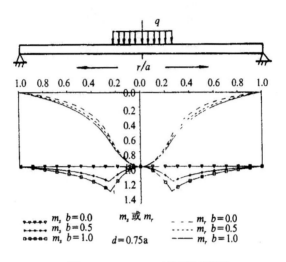

图 22-7 d=0.75 时的塑性弯矩图

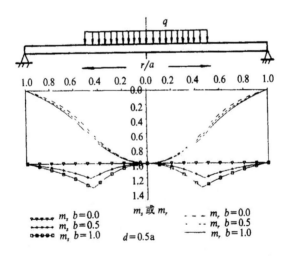

图 22-8 一半均布载荷时的塑性弯矩图

有关,b 值越大,对应点的内力越大,塑性极限也越大.根据 Tresca 条件或最大主应力条件的假设,不管均布载荷的作用半径多大,

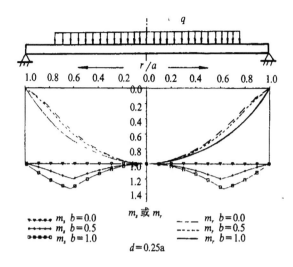

图 22-9 $d=0.25a$ 时的塑性弯矩图

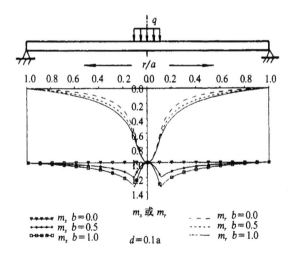

图 22-10 $d=0.1a$ 时的塑性弯矩图

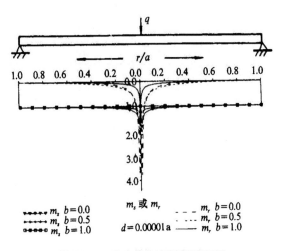

图 22-11 集中载荷时的圆板弯矩图

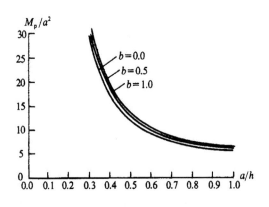

图 22-12 简支圆板的极限载荷

M_θ 在整个圆板上恒等于 M_p，这显然是不合理的，它对应于统一屈服准则的一种特殊情况($b=0$). 当 $b\neq0$ 时，M_θ 沿径向变化，且 M_θ 的变化与 d 值有关，M_θ 的变化趋势比 $b=0$ 时合理. 当 $d\rightarrow0$ 时，对应于圆板中心受集中力作用时的情况，由于 $b=0$ 时求得的 M_θ 在

$r=0$ 处没有奇异性,而 $b\neq0$ 时求得的 M_θ 与 M_r 一样在 $r=0$ 处有奇异性,因此统一屈服准则可以更好地反映集中力作用下圆板中心内力的奇异性.

不同 b 值时计算得到的极限载荷值随 $\dfrac{a}{h}$ 的变化如图 22-12 所示.

§22.4 部分均布载荷简支圆板的速度场

22.4.1 速度场

根据相关联流动法则有

$$\dot{K}_r = \dot{\lambda}\frac{\partial F}{\partial M_r} \qquad \dot{K}_\theta = \dot{\lambda}\frac{\partial F}{\partial M_\theta} \tag{22-34}$$

曲率速率与挠曲速率 $\dot{w}$ 有如下关系:

$$\dot{K}_r = \frac{d^2\dot{w}}{dr^2} \qquad \dot{K}_\theta = -\frac{1}{r}\frac{d^2\dot{w}}{dr^2} \tag{22-35}$$

AB 段 $\dot{K}_r = \dfrac{b}{1+b}\dot{\lambda}, \dot{K}_\theta = \dfrac{1}{1+b}\dot{\lambda}$,代入式(22-35)得微分方程

$$\frac{1}{1+b}\frac{d^2\dot{w}}{dr^2} = -\frac{b}{1+b}\frac{1}{r}\frac{d\dot{w}}{dr} \tag{22-36}$$

解得

$$\dot{w}_1 = C_7\frac{r^{1+b}}{1+b} + C_8 \qquad 0 \leqslant r \leqslant r_0 \tag{22-37}$$

CB 段 $\dot{K}_r = -\dfrac{b}{1+b}\dot{\lambda}, \dot{K}_\theta = \dot{\lambda}$,代入式(22-35)得微分方程

$$\frac{d^2\dot{w}}{dr^2} = -\frac{b}{1+b}\frac{1}{r}\frac{d\dot{w}}{dr} \tag{22-38}$$

解得

$$\dot{w}_2 = C_9(1+b)r^{1/(1+b)} + C_{10} \qquad r_0 \leqslant r \leqslant a \tag{22-39}$$

由边界条件和连续条件

$$\dot{w}_1|_{r=0} = \dot{w}_0 \qquad \dot{w}_1|_{r=r_0} = \dot{w}_2|_{r=r_0}$$

$$\frac{d\dot{w}_1}{dr}\bigg|_{r=r_0} = \frac{d\dot{w}_2}{dr}\bigg|_{r=r_0} \qquad \dot{w}_2|_{r=a} = 0$$

可确定参数

$$C_7 = \frac{(1+b)\dot{w}_0}{(2b+b^2)r_0^{1+b} - (1+b)^2 a^{1/(1+b)} r_0^{(2b+b^2)/(1+b)}}$$

$$C_8 = \dot{w}_0$$

$$C_9 = \frac{(1+b)\dot{w}_0}{(2b+b^2)r_0^{1/(1+b)} - (1+b)^2 a^{1/(1+b)}}$$

$$C_{10} = -\frac{(1+b)^2 a^{1/(1+b)}\dot{w}_0}{(2b+b^2)r_0^{1/(1+b)} - (1+b)^2 a}$$

将这些常数代入式(22-37),(22-39),得圆板的挠曲速度方程为

$$\dot{w} = \begin{cases} \dot{w}_0\left[1 - \dfrac{\left(\dfrac{r_0}{a}\right)^{-(2b+b^2)/(1+b)}}{(1+b)^2 - (2b+b^2)\left(\dfrac{r_0}{a}\right)^{1/(1+b)}}\left(\dfrac{r}{a}\right)^{1+b}\right] \\ \qquad\qquad\qquad\qquad\qquad\qquad 0 \leqslant r \leqslant r_0 \quad (22\text{-}40) \\[4mm] \dot{w}_0\,\dfrac{(1+b)^2}{(1+b)^2 - (2b+b^2)\left(\dfrac{r_0}{a}\right)^{1/(1+b)}}\left[1 - \left(\dfrac{r}{a}\right)^{1/(1+b)}\right] \\ \qquad\qquad\qquad\qquad\qquad\qquad r_0 \leqslant r \leqslant a \end{cases}$$

由于极限载荷既满足平衡条件和极限条件,又能找到与之对应的机动容许的位移速度场,因此该解为极限载荷的完全解.图 22-13 至图 22-18 为不同 d 值时的速度场曲线($\dot{W}^0 = \dot{w}/\dot{w}_0$).显然,$b=0$ 时速度场与均布载荷作用半径 d 值无关,在 $r=0$ 处不光滑,而 $b \neq 0$ 时得出的速度场与 d 值有关,且 $r=0$ 处光滑,因此双剪统一屈服准则对极限状态下位移速度场的描述比最大主应力准则、Tresca 准则更合理.$b \neq 0$ 同时可以反映集中力作用下速度场的奇异性.

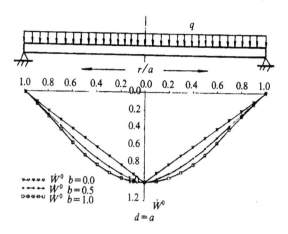

图 22 - 13　全部均布载荷时的速度场曲线

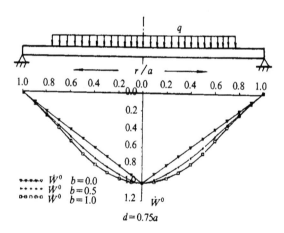

图 22 - 14　$d = 0.75a$ 时的速度场曲线

22. 4. 2　与已有解答的对比

(1)$b = 0$ 时,解式(22 - 26),得 $r_0 = \dfrac{4ad}{2d + 3a}$,解式(22 - 30),得

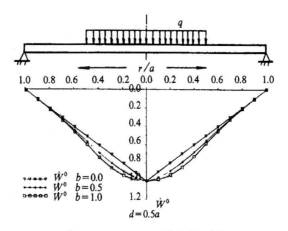

图 22 - 15　$d = 0.5a$ 时的速度场曲线

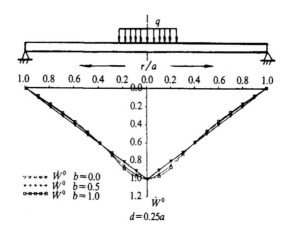

图 22 - 16　$d = 0.25a$ 时的速度场曲线

$r_0 = \sqrt{\dfrac{3d^2a - 2d^3}{2a}}$，分别代入式（22 - 27），（22 - 31）和式（22 - 40），

得到一致的内力场、速度场和极限载荷的表达式：

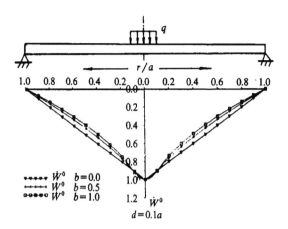

图 22-17 d=0.1a 时的速度场曲线

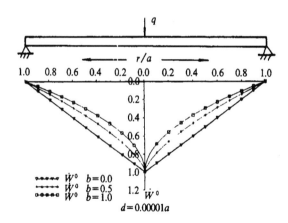

图 22-18 集中载荷时的速度场曲线

$$M_r = M_p\left[1 - \frac{r^2}{d^2\left(3 - 2\dfrac{d}{a}\right)}\right] \qquad M_\theta = M_p \qquad (0 \leqslant r \leqslant d)$$

$$M_r = M_p \left[1 - \cfrac{3 - 2\cfrac{d}{r}}{3 - 2\cfrac{d}{a}} \right] \qquad M_\theta = M_p \qquad (d \leqslant r \leqslant a)$$

$$\dot{w} = \dot{w}_0 \left(1 - \frac{r}{a} \right) \qquad q = \frac{6aM_p}{d^2(3a - 2d)}$$

此即文献中采用最大主应力准则和 Tresca 准则所得简支圆板的内力场、速度场和极限载荷.

（2）$d=a$ 时，整个圆板承受均布载荷，图 22-19 为极限载荷与 b 值的关系图. $b=0$，$b=\dfrac{1}{2}$ 和 $b=1$ 时的极限载荷分别为 $q=6\dfrac{M_p}{a^2}$，$q=6.49\dfrac{M_p}{a^2}$ 和 $q=6.84\dfrac{M_p}{a^2}$，分别相应于最大主应力准则解和 Tresca 解（$b=0$），Mises 解 $\left(b=\dfrac{1}{2} \right)$ 和双剪应力准则解（$b=1$）. 可以看出，采用最大主应力准则、Tresca 准则、双剪应力准则所得极限解均为本文解的特例，Mises 准则可以用 $b=\dfrac{1}{2}$ 时双剪统一屈服准则去逼近，b 值对极限载荷的影响最大可达 14%.

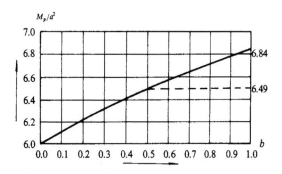

图 22-19　极限载荷与 b 值的关系图

（3）如果取 $P_1 = \pi d^2 q$，即 P_1 为极限状态时的总载荷，当 $d \to 0$

时,则为简支圆板中心处承受集中载荷 P 时的情况,通过迭代求解,结果发现,不论 b 值取值如何,$P_1 \equiv 2\pi M_p$,文献[1,2]中采用最大弯矩条件、Tresca 条件、Mises 条件所得 P_1 均为 $2\pi M_p$.

22.4.3　均布载荷简支圆板统一解小结

(1)马国伟和日本 Miyamoto 教授等首次采用统一屈服准则研究了圆板在部分均布载荷和集中力作用下的塑性极限,得到了统一形式的完全解,过去已有的解答均是它的特例或线性逼近.

(2)最大主应力准则和 Tresca 准则($b=0$)不能反映均布载荷作用半径对圆板极限状态内力场 M_θ 和位移场的影响,也不能反映集中力作用下圆板中心 M_θ 和 $\dot{w}$ 的奇异性,且 $b=0$ 时求得的速度场在 $r=0$ 处不光滑.采用统一屈服准则可以合理地弥补以上所有不足.

(3)双剪统一屈服准则中选择不同的 b 值可以得到一系列不同的屈服准则,从而可以求得一系列不同的内力场、速度场及塑性极限载荷,因此可以适合于多种材料.

(4)双剪统一屈服准则中 b 值对塑性极限载荷有较大影响,最大主应力条件、Tresca 条件($b=0$)得到最小的极限载荷,双剪应力条件($b=1$)得到最大的极限载荷,它们的差别可达 14%,因此合理选择屈服准则有重要意义.

§22.5　旋转体弹塑性统一解

旋转圆盘和旋转圆柱体是工程中常遇到的构件,如汽轮机的叶轮和转轴等.圆盘或圆柱体在做等速 ω 旋转时,离心惯性力引起的应力和位移是轴对称的,即 σ_r,σ_θ 及径向位移 u_r 都只与 r 有关,与 θ 无关.旋转圆盘为广义平面应力问题,旋转圆柱体为广义平面应变问题.文献中采用 Tresca 准则对旋转圆盘进行弹塑性分析,指出由于 Mises 准则表达式的非线性,无法采用 Mises 准则求出圆盘弹塑性应力场的解析表达式.Tresca 准则没有考虑中间主应力的影响有明显缺陷. 马国伟、Iwasaki 等采用双剪统一屈服准则进行求解, 该准则表达式呈线性, 物理意义明确, 考虑了三个主应力的影响, Tresca 准则是它的特例, Mises 准则可以用它来线性逼近, 采用该准则得到的解答可以适合于多种材料和相应的工程结构.

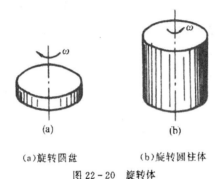

(a)   (b)

（a）旋转圆盘   （b）旋转圆柱体

图 22-20　旋转体

双剪统一屈服准则的表达式为

$$F = \tau_{13} + b\tau_{12} = C \qquad 当 \tau_{12} \geqslant \tau_{23}$$
$$F' = \tau_{13} + b\tau_{23} = C \qquad 当 \tau_{12} \leqslant \tau_{23} \qquad (22-41)$$

其中 $\tau_{13} = \frac{1}{2}(\sigma_1 - \sigma_3)$, $\tau_{12} = \frac{1}{2}(\sigma_1 - \sigma_2)$, $\tau_{23} = \frac{1}{2}(\sigma_2 - \sigma_3)$, b 和 C 为材料常数.

表示成主应力形式为

$$F = \sigma_1 - \frac{1}{1+b}(b\sigma_2 + \sigma_3) = \sigma_s, \qquad 当 \sigma_2 \leqslant \frac{1}{2}(\sigma_1 + \sigma_3)$$

$$F' = \frac{1}{1+b}(\sigma_1 + b\sigma_2) - \sigma_3 = \sigma_s, \qquad 当 \sigma_2 \geqslant \frac{1}{2}(\sigma_1 + \sigma_3)$$

$$(22-42)$$

双剪统一屈服准则在双向和三向应力状态下的曲线见图 22-21.

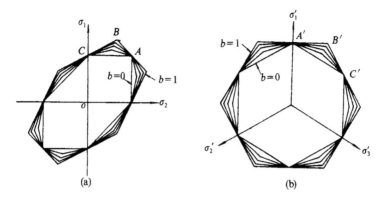

图 22-21   双剪统一屈服准则

22.5.1   旋转圆盘的基本方程

设圆盘半径为 a，厚度为 t，材料密度为 ρ，以等角速度 ω 旋转，圆盘内各点的应力状态为 $\sigma_1 = \sigma_\theta, \sigma_2 = \sigma_r, \sigma_3 = \sigma_z = 0$，平衡方程为

$$\frac{d\sigma_r}{dr} + \frac{\sigma_r - \sigma_\theta}{r} + \rho\omega^2 r = 0 \qquad (22-43)$$

屈服首先从 $r = 0$ 的中心处发生，圆盘处于弹性极限状态时，$\sigma_r|_{r=0} = \sigma_\theta|_{r=0} = \sigma_s$，从图 22-21(a)可看出，Tresca 准则、Mises 准则、双剪统一屈服准则在该应力点 A 重合，因此由以上三种准则求得的弹性极限转速 ω_e 相等，且

$$\omega_e = \frac{1}{a}\sqrt{\frac{8\sigma_s}{(3+\nu)\rho}} \qquad (22-44)$$

其中 ν 为泊松比.

当圆盘处于弹塑性状态时，应力状态仍然满足 $\sigma_\theta \geqslant \sigma_r \geqslant \sigma_z = 0$，圆盘内塑性区应力状态对应于图 22-21(a)中 AB, BC 两线段上，且塑性区有两种可能情况：1)当塑性区半径较小时，整个塑性区应力状态处于图 22-21(a) AB 线上。2)当塑性区半径大于某一值时，塑性区对应于 AB, BC 两线段上，设 G 点对应于图 22-21 中 B 点，塑性区如图 22-21(b).

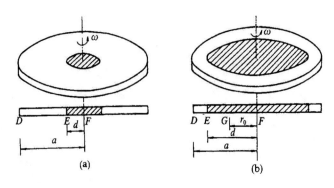

(a)塑性区半径较小　　(b)塑性区半径较大

图 22-22　旋转圆盘的塑性区

AB, BC 两直线的方程如下：

AB 段：　　$\dfrac{b}{1+b}\sigma_r + \dfrac{1}{1+b}\sigma_\theta = \sigma_s$

CB 段：　　$\sigma_\theta - \dfrac{b}{1+b}\sigma_r = \sigma_s$　　　（22-45）

对应于第一种情况的边界条件和连续条件为

　　a）D 点，$\sigma_r|_{r=a}=0$；

　　b）E 点，$\sigma_r|_{r=d}$ 连续，$\sigma_\theta|_{r=d}$ 连续；

　　c）F 点，$\sigma_r|_{r=0}$ 为有限值；

对应于第二种情况的边界条件和连续条件为

　　d）D 点，$\sigma_r|_{r=a}=0$；

　　e）E 点，$\sigma_r|_{r=d}$ 连续，$\sigma_\theta|_{r=d}$ 连续；

　　f）F 点，$\sigma_r|_{r=0}$ 为有限值；

　　g）G 点，$\sigma_r|_{r=r_0}$ 连续，$\sigma_\theta|_{r=r_0}$ 连续；

　　h）G 点，$\sigma_\theta|_{r=0}=2\sigma_r|_{r=0}$.

22.5.2　旋转圆盘弹塑性内力场

旋转圆盘弹性区解的表达式为

$$\sigma_r = -\frac{3+\nu}{8}\rho\omega^2 r^2 + C_1 + \frac{C_2}{r^2}$$

$$\sigma_\theta = -\frac{1+3\nu}{8}\rho\omega^2 r^2 + C_1 - \frac{C_2}{r^2} \qquad d \leqslant r \leqslant a \qquad (22-46)$$

其中 C_1, C_2 为积分常数.

对于第一种情况,塑性区应力由平衡方程、极限条件解得

$$\sigma_r = \sigma_s - \frac{\rho\omega^2}{3+b}r^2 + C_3 r^{1/(1+b)}$$

$$\sigma_\theta = \sigma_s + \frac{b\rho\omega^2}{3+b}r^2 - C_3 r^{b/(1+b)} \qquad 0 \leqslant r \leqslant d \qquad (22-47)$$

利用边界条件和连续条件 a)—c),解得

$$\sigma_r = \sigma_s - \frac{\rho\omega^2}{3+b}r^2$$

$$\sigma_\theta = \sigma_s + \frac{b\rho\omega^2}{3+b}r^2 \qquad 0 \leqslant r \leqslant d$$

$$\sigma_r = \sigma_s + \left(\frac{1+\nu}{4} - \frac{1-b}{6+2b}\right)\rho\omega^2 d^2$$

$$+ \left(\frac{1-\nu}{8} - \frac{1+b}{6+2b}\right)\rho\omega^2\frac{d^4}{r^2}$$

$$- \frac{3+\nu}{8}\rho\omega^2 r^2$$

$$\sigma_\theta = \sigma_s + \left(\frac{1+\nu}{4} - \frac{1-b}{6+2b}\right)\rho\omega^2 d^2$$

$$- \left(\frac{1-\nu}{8} - \frac{1+b}{6+2b}\right)\rho\omega^2\frac{d^4}{r^2}$$

$$- \frac{1+3\nu}{8}\rho\omega^2 r^2 \qquad d \leqslant r \leqslant a \qquad (22-48)$$

$$\omega^2 = \frac{\sigma_s}{\rho a^2}\left[\left(\frac{1+b}{6+2b} - \frac{1-\nu}{8}\right)\left(\frac{d}{a}\right)^4\right.$$

$$+ \left.\left(\frac{1-b}{6+2b} - \frac{1+\nu}{4}\right)\left(\frac{d}{a}\right)^2 + \frac{3+\nu}{8}\right]^{-1} \qquad (22-49)$$

对于第二种情况,塑性区应力由平衡方程、极限条件解得

$$\sigma_r = \sigma_s - \frac{\rho\omega^2}{3+b}r^2 + C_4 r^{1/(1+b)}$$

$$\sigma_\theta = \sigma_s + \frac{b\rho\omega^2}{3+b}r^2 - C_4 r^{b/(1+b)} \qquad 0 \leqslant r \leqslant r_0 \quad (22\text{-}50a)$$

$$\sigma_r = (1+b)\sigma_s - \frac{1+b}{3+2b}\rho\omega^2 r^2 + C_5 r^{-1/(1+b)}$$

$$\sigma_\theta = (1+b)\sigma_s - \frac{b}{3+2b}\rho\omega^2 r^2$$

$$+ C_5 \frac{b}{1+b} r^{-1/(1+b)} \qquad r_0 \leqslant r \leqslant d \quad (22\text{-}50b)$$

利用边界条件和连续条件,解得

$$\frac{\sigma_r}{\sigma_s} = 1 - \frac{1}{2+b}\left(\frac{r}{r_0}\right)^2$$

$$\frac{\sigma_\theta}{\sigma_s} = 1 + \frac{b}{2+b}\left(\frac{r}{r_0}\right)^2 \qquad 0 \leqslant r \leqslant r_0 \quad (22\text{-}51a)$$

$$\frac{\sigma_r}{\sigma_s} = (1+b) - \frac{2b(1+b)}{3+2b}\left(\frac{r_0}{r}\right)^{1/(1+b)}$$

$$- \frac{(1+b)(3+b)}{(3+2b)(2+b)}\left(\frac{r}{r_0}\right)^2$$

$$\frac{\sigma_\theta}{\sigma_s} = (1+b) - \frac{2b^2}{3+2b}\left(\frac{r_0}{r}\right)^{1/(1+b)}$$

$$- \frac{b(3+b)}{(3+2b)(2+b)}\left(\frac{r}{r_0}\right)^2$$

$$r_0 \leqslant r \leqslant d \quad (22\text{-}51b)$$

$$\frac{\sigma_r}{\sigma_s} = 1 + b - \frac{3+\nu}{8}\frac{2+b}{3+b}\left(\frac{r}{r_0}\right)^2$$

$$- \frac{b(1+2b)}{3+2b}\left(\frac{r_0}{d}\right)^{1/(1+b)}$$

$$- \frac{b}{3+2b}\left(\frac{d}{r}\right)^2\left(\frac{r_0}{d}\right)^{1/(1+b)}$$

$$+ \left(\frac{1-\nu}{8} - \frac{1}{6+4b}\right)\frac{2+b}{3+b}\left(\frac{d}{r_0}\right)^2\left(\frac{d}{r}\right)^2$$

$$+ \left(\frac{1+\nu}{4} - \frac{1+2b}{6+4b} \right) \frac{3+b}{2+b} \left(\frac{d}{r_0} \right)^2$$

$$\frac{\sigma_\theta}{\sigma_s} = 1 + b - \frac{1+3\nu}{8} \frac{2+b}{3+b} \left(\frac{r}{r_0} \right)^2$$

$$- \frac{b(1+2b)}{3+2b} \left(\frac{r_0}{d} \right)^{1/(1+b)}$$

$$+ \frac{b}{3+2b} \left(\frac{d}{r} \right)^2 \left(\frac{r_0}{d} \right)^{1/(1+b)}$$

$$- \left(\frac{1-\nu}{8} - \frac{1}{6+4b} \right) \frac{2+b}{3+b} \left(\frac{d}{r_0} \right)^2 \left(\frac{d}{r} \right)^2$$

$$+ \left(\frac{1+\nu}{4} - \frac{1+2b}{6+4b} \right) \frac{3+b}{2+b} \left(\frac{d}{r_0} \right)^2$$

$$d \leqslant r \leqslant a \qquad\qquad (22-51\mathrm{c})$$

$$\omega = \sqrt{ \frac{3+b}{2+b} \frac{\sigma_s}{\rho} \frac{1}{r_0} } \qquad\qquad (22-52)$$

r_0 满足

$$f(r_0) = \left(\frac{1-\nu}{8} - \frac{1}{6+4b} \right) \left(\frac{d}{a} \right)^4$$

$$- \frac{b(2+b)}{(3+2b)(3+b)} \left(\frac{r_0}{d} \right)^{1/(1+b)} \left(\frac{d}{a} \right)^2 \left(\frac{r_0}{a} \right)^2$$

$$+ \frac{(1+b)(2+b)}{3+b} \left(\frac{r_0}{a} \right)^2$$

$$+ \left(\frac{1+\nu}{4} - \frac{1+2b}{6+4b} \right) \left(\frac{d}{a} \right)^2$$

$$- \frac{b(1+2b)(2+b)}{(3+2b)(3+b)} \left(\frac{r_0}{d} \right)^{1/(1+b)}$$

$$\times \left(\frac{r_0}{a} \right)^2 - \frac{3+\nu}{8} = 0 \qquad\qquad (22-53)$$

22.5.3 求解过程和结果

应力场的求解过程可分为两步

(1)确定图 22 - 22(a)图 22 - 22(b)两种情况分界状态的塑性区半径 d_0. 这种情况下 E,G 两点重合,$d_0=d=r_0$.

令 $f_0(d_0)=f(r_0)|_{d=r_0}$,则 d_0 满足

$$f_0(d_0)=\left(\frac{1-\nu}{8}-\frac{1+b}{6+2b}\right)\left(\frac{d_0}{a}\right)^4$$
$$+\left(\frac{1+\nu}{4}+\frac{3(1+b)}{2(3+b)}\right)\left(\frac{d_0}{a}\right)^2$$
$$-\frac{3+\nu}{8}=0 \qquad\qquad (22-54)$$

(2)给定塑性区半径 d,当 $d\leqslant d_0$,由式(22 - 48),(22 - 49)求得 σ_r,σ_θ 和弹塑性极限转速 ω;当 $d_0\leqslant d\leqslant a$ 时,先由式(22 - 53)求得 r_0,代入式(22 - 51),(22 - 52)即可求得 σ_r,σ_θ 和弹塑性极限转速 ω.

具体步骤见图 22 - 23.

上述求解过程可以很快地收敛,得到唯一的弹塑性内力场和弹塑性转速. 图 22 - 24 至图 22 - 27 为不同塑性区情况下的内力图,图 22 - 28 给出转速与塑性区半径的关系. 弹塑性状态下,圆盘各点的应力与 b 的取值有关,b 值越大,对应点的应力越大,弹塑性转速也越大,Tresca 准则($b=0$)求得的应力最小,双剪应力准则($b=1$)求得的应力最大. 由 $b=0$ 求得的弹塑性应力场在塑性区内 $\sigma_\theta\equiv\sigma_r$,而 $b\neq1$ 时双剪统一屈服准则和 Mises 准则求得的塑性区 σ_θ 可大于 σ_r,塑性区范围越大,b 值对应力场的影响也越大.

22.5.4　旋转圆柱体的塑性极限

对于不可压缩理想弹塑性圆柱体旋转时的弹性解为

$$\sigma_r=\sigma_\theta=\frac{1}{2}\rho\omega^2(a^2-r^2)$$
$$\qquad\qquad (22-55)$$
$$\sigma_z=\frac{1}{2}\rho\omega^2\left(\frac{1}{2}a^2-r^2\right)$$

由上式可知,圆柱体弹性应力 $\sigma_1=\sigma_2=\sigma_r=\sigma_\theta,\sigma_3=\sigma_z$,应力状态处于图 22 - 21(b)中 A' 点,Tresca 准则、Mises 准则、双剪应力

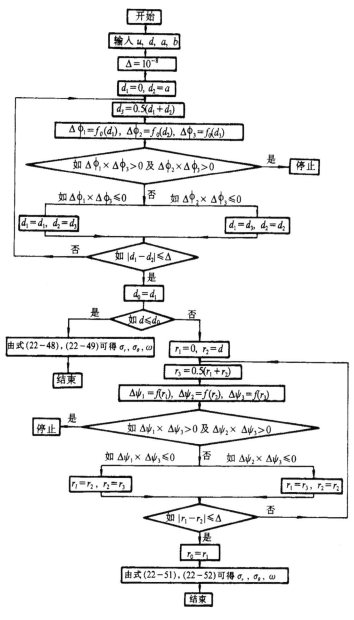

图 22-23 求解过程

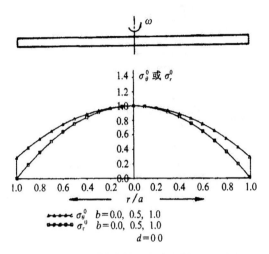

图 22 - 24　弹性极限状态下的内力场($d=0$)

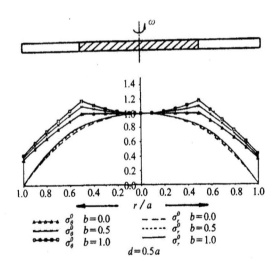

图 22 - 25　塑性区半径 $d=0.5a$ 时的内力场

准则在该点重合,表达式为

$$\sigma_\theta - \sigma_z = \sigma_s \qquad (22-56)$$

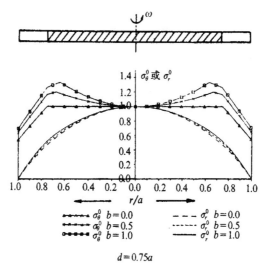

图 22-26 塑性区半径 $d=0.75a$ 时的内力场

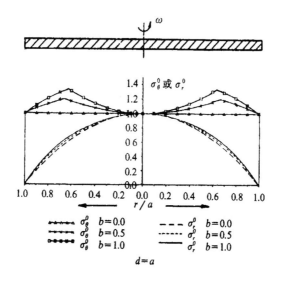

图 22-27 塑性区半径 $d=a$ 时的内力场

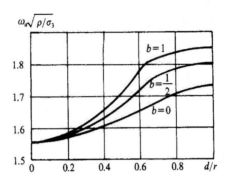

图 22-28 弹塑性转速与塑性区半径的关系

代入式(22-55)后得

$$\omega_p = \omega_e = \frac{2}{a} \sqrt{\frac{\sigma_s}{\rho}}$$

弹性极限转速与塑性极限转速相等,即当 $\omega = \omega_e$ 时,圆柱体内各点处同时屈服,采用 Tresca 准则、Mises 准则、双剪应力屈服准则得到相同的极限转速.

将 ω_e 代入式(22-55),得到一致的内力场

$$\sigma_r = \sigma_\theta = 2\sigma_s \left(1 - \frac{r^2}{a^2} \right)$$

$$\sigma_z = 2\sigma_z \left(\frac{1}{2} - \frac{r^2}{a^2} \right) \tag{22-57}$$

22.5.5 结论

(1)马国伟等首次采用统一屈服准则研究了旋转圆盘、旋转圆柱体的弹塑性应力场和弹塑性转速,过去已有的解答均是它的特例或逼近.

(2)统一屈服准则中选择不同的 b 值可以得到一系列不同的屈服准则,从而可以求得一系列不同的应力场和弹塑性转速,因此

可以适合于多种材料.

(3)统一屈服准则中b值对旋转圆盘、圆柱体的弹性极限转速没有影响,但对旋转圆盘的塑性极限转速影响较大,由 Tresca 准则($b=0$)得到最小的塑性极限转速,双剪应力准则($b=1$)得到的最大的塑性极限转速,它们的差别可达 14%,因此合理选择屈服准则对设计有一定的经济价值,同时说明设计中常用的 Tresca 准则是较保守的设计准则.

参 考 文 献

[1] Hodge,P. G. Jr. ,Plastic Analysis of Structures,McGraw-Hill,1959;中译本:P. G. Jr.霍奇著,蒋泳秋、熊祝华译,结构的塑性分析,科学出版社,1966.

[2] 徐秉业、刘信声,结构塑性极限分析,中国建筑工业出版社,1985.

[3] 熊祝华,结构塑性分析,人民交通出版社,1987.

[4] Prager,W. ,Hodge,Ph. G. ,Theory of Perfsctly Plastic Solids,John Wiley and Sons,1951.

[5] Mrázik,A. ,Skaloud,M. ,Tochacek,M. ,Plastic Design of Steel Structures,John Wiley and Sons,1987.

[6] Stuart S. J. Moy,Plastic Methods for Steel and Concrete Structures,Macmillan Press Ltd. ,1981.

[7] Neal B. G. ,The Plastic Methods of Structures,3rd ed. ,Chapman and Hall,London,1977.

[8] Horne M. R. ,Plastic Theory of Structures,Pergamon Press,1979.

[9] 沈聚敏、王传志、江见鲸,钢筋混凝土有限元与板壳极限分析,清华大学出版社,1993.

[10] Hopkins H. G. ,Prager W. ,The load-carrying capacities of circular plates,*J. Mech. Phys. Solids*,1953,2.

[11] Eason G. ,Velocity fields for circular plates with the von Mises yield condition,*J. Mech. Phys. Solids*,1958,**6**(3),231.

[12] 钱令希、周承倜、云大真,圆锥壳极限承载能力的实验和计算,力学学报,1963.6(2).

[13] 徐秉业、刘信声,薄板的塑性极限分析,机械强度,1983(2).

[14] 徐秉业、刘信声,薄壳的塑性极限分析,机械强度,1983(3).

[15] 程莉、徐秉业、黄克智,半球封头圆柱壳的极限分析,力学学报,1985,**17**(2).

[16] 程莉、徐秉业,球壳与柱壳组合结构等强度的塑性分析,清华大学学报,1984,**24**

(3).

[17] 李跃明,用一个新的屈服准则进行弹塑性分析,机械强度,1988,**10**(3),70—74.

[18] 黄文彬、曾国平,应用双剪应力屈服准则求解某些塑性力学问题,力学学报,1989,**21**(2),249—256.

[19] 赵德文、赵志业、张强,以双剪应力屈服准则求解圆环压缩问题,工程力学,1991,**8**(2).

[20] 赵德文、王国栋,双剪应力屈服准则解析圆坯拔长锻造,东北工学院(东北大学)学报,1991,**12**(1),54—58.

[21] Yu Maohong, He, Li-nan, A new model and theory on yield and failure of materials under the complex stress state, Mechanical Behaviour of Materials- I , ed, M. Jono and T. Inoue, Pergamon Press, 1991, Vol. 3, 841—846.

[22] 俞茂宏、何丽南、刘春阳,广义双剪应力屈服准则及其推广,科学通报,1992,**37**(3).

[23] Ma Guo-wei, Yu Mao-hong, S. Iwasaki, Y. Miyamoto, H. Deto, Unified elasto-plastic solution to rotating disc and cylinder, *Journal of Structural Engineering*, 1995, **41A**(3), 79—85.

[24] 马国伟、何丽南,简支圆板塑性极限统一解,力学与实践,1994,**16**(6),46—48.

[25] 马国伟、徐国建、俞茂宏,旋转体弹塑性统一解,西安交通大学学报,1995,**29**(10),91—97.

[26] Ma Guo-wei, Yu Mao-hong, Y. Miyamoto, S. Iwasaki, H. Deto, Unified plastic solution to circular plate under portion wniform load, *Journal of Structural Engineering*, 1995, **41A**(3), 385—392.

第二十三章　双剪屈服准则在金属塑性
加工中的应用

§23.1　概　　述

在金属压力加工的理论和实践中,屈服准则或称屈服条件是一个重要的基础理论.无论是金属压力加工的力学原理,还是塑性变形抗力的确定,滑移线理论的建立和应用,或者是对锻压、冲挤、拉深、冲孔、板料冲压等实际问题的研究,都需要应用屈服准则[1-6].

在研究金属压力加工时,一般利用单剪应力屈服准则,或者是利用八面体剪应力屈服准则(Mises 准则).目前有关的结果大都是利用这两个屈服准则得出的.但是,Mises 准则由于它的非线性而给数学解析带来一定困难,因而求得的解较少;单剪应力屈服准则由于忽略了中间主应力的影响,使得到的结果有所偏差.因而,寻求新的屈服准则来研究金属压力加工中的有关问题,进而得出新的结果,将成为一项有意义的工作.

东北大学赵德文、赵志业、张强、王国栋等最近在这方面开展了研究,首先将双剪应力屈服准则引入金属压力加工问题的研究,按照双剪应力屈服准则及相应的内部塑性变形功率表达式,求得了圆环压缩、圆坯拔长、扁料压缩和椭圆模轴对称拔制等问题的双剪解析解[7-9,15].

§23.2　扁料压缩问题

对于扁料压缩问题,Avitzur 按 Mises 准则得到上界解答,其表达式为[10]

$$n_\sigma = \frac{\bar{p}}{(2/\sqrt{3})\sigma_s} = 1 + \frac{m}{4}\frac{l}{h} + \frac{p_0}{(2/\sqrt{3})\sigma_s} \quad (23-1)$$

式中$\bar{p}$为接触面上的平均单位压力,p_0为外加水平压应力,h为试件厚度,l为试件长度,m为常摩擦因子.

现采用双剪应力屈服准则对同一问题进行研究[8].

扁料平板压缩(不考虑侧鼓)如图 23-1 所示.上下压板以速度v_0相对运动,假定无宽展且有外加水平压力p_0.现取单位宽度,按体积不变条件设定速度场为

$$v_x = \frac{2v_0}{h}x$$

$$v_y = -\frac{2v_0}{h}y \quad (23-2)$$

$$v_z = 0$$

式中当 $x=0$ 时,$v_x=0$;当 $y=0$ 时,$v_y=0$;当 $y=\frac{h}{2}$ 时,$v_y=-v_0$;当 $y=-\frac{h}{2}$ 时,$v_y=v_0$,故上述速度场满足速度边界条件,为运动许可的速度场.

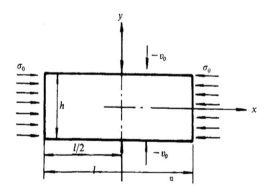

图 23-1 扁料平板压缩(无侧鼓形)

由几何方程

$$\dot{\varepsilon}_x = \frac{\partial v_x}{\partial x} = \frac{2v_0}{h}$$

$$\dot{\varepsilon}_y = \frac{\partial v_y}{\partial y} = -\frac{2v_0}{h} \qquad (23-3)$$

$$\dot{\varepsilon}_z = 0$$

$$\dot{\varepsilon}_{xy} = \dot{\varepsilon}_{yz} = \dot{\varepsilon}_{zx} = 0$$

注意到无侧鼓,上述剪切应变速率为零;由于式(23-3)满足体积不变条件 $\dot{\varepsilon}_x + \dot{\varepsilon}_y + \dot{\varepsilon}_z = 0$,故为运动许可应变速率场.

由式(23-3),得

$$\dot{\varepsilon}_{\max} = \dot{\varepsilon}_1 = \dot{\varepsilon}_x$$

$$\dot{\varepsilon}_{\min} = \dot{\varepsilon}_3 = \dot{\varepsilon}_y$$

按照双剪应力屈服准则,单位体积塑性变形功率为

$$D(\dot{\varepsilon}_{ij}) = \frac{2}{3}\sigma_s(\dot{\varepsilon}_{\max} - \dot{\varepsilon}_{\min})$$

所以变形体内部变形功率为

$$\dot{W}_i = \int_v D(\dot{\varepsilon}_{ij})\,dV$$

$$= 4\int_0^{l/2}\int_0^{h/2}\frac{2}{3}\sigma_s(\dot{\varepsilon}_{\max} - \dot{\varepsilon}_{\min})\,dxdy = \frac{8}{3}\sigma_s lv_0 \qquad (23-4)$$

工具与工件上下接触表面相对滑动速度为 $\Delta v_f = v_x = \dfrac{2v_0}{h}x$,设单位长度上的摩擦力为 $\tau_f = \dfrac{m}{\sqrt{3}}\sigma_s$(为便于与已有结果比较,这里 $\tau_f = m\tau_s$,而 τ_s 取对应于 Mises 屈服准则的剪切屈服极限表达式 $\tau_s = \dfrac{1}{\sqrt{3}}\sigma_s$,不会影响对摩擦力的分析),则接触表面摩擦功率为

$$\dot{W}_f = \int_s \tau_f |\Delta v_f|\,dS = 4\int_0^{l/2}\tau_f\frac{2v_0}{h}xdx$$

$$= \frac{m}{\sqrt{3}} \sigma_s \frac{v_0}{h} l^2 \qquad (23-5)$$

假定外阻力沿工件厚均布,则克服外加阻力功率为

$$W_b = 4 \times \frac{h}{2} \left[v \mid_{x=l/2} \right] p_0 = 2 v_0 l p_0 \qquad (23-6)$$

上下锤头施加的外功率为 $J = 2\overline{p} l v_0$,上界功率为 $J^* = W_i + W_f + W_b$;由上界定理 $J = J^*$,将式$(23-4)$,$(23-5)$,$(23-6)$代入并整理得

$$n_\sigma' = \frac{\overline{p}}{(2/\sqrt{3})\sigma_s} = \frac{2}{\sqrt{3}} + \frac{m}{4} \frac{l}{h} + \frac{p_0}{(2/\sqrt{3})\sigma_s} \qquad (23-7)$$

式$(23-7)$就是按双剪应力屈服准则和连续速度场推导出的扁料平板压缩(无侧鼓形)的上界解析解. 将式$(23-7)$与式$(23-1)$比较可知,用双剪应力屈服准则及其最大塑性变形功率表达式可以对扁料平板压缩问题进行上界解析,但在相同几何尺寸和摩擦条件下,其结果比用 Mises 准则计算的结果高 $\frac{2}{\sqrt{3}} - 1$.

对于图 $23-1$,取 $l=30$, $h=10$, $p_0=50\text{N/mm}^2$, $\sigma_s=100\text{N/mm}^2$,依次取不同 m 值分别按式$(23-1)$与式$(23-7)$进行计算,将计算的结果列于表 $23-1$. 当 $m=0.6$ 时,l 依次取 $10,30,40,60,80,100$ 时,按式$(23-1)$与式$(23-7)$计算的结果比较列于表 $23-2$. 表中 Δ 为两者计算结果的相对误差,计算式为

$$\Delta = \frac{n_\sigma' - n_\sigma}{n_\sigma}$$

由表 $23-1$ 可以看出,随 m 增大,两式计算所得结果都随之增大;但双剪应力屈服准则的计算结果始终比用 Mises 准则计算的结果高出 0.155,因此随 m 增大,两式相对差别随之减小. 表 $23-2$表明,在相同摩擦条件下($m=0.6$),随 l/h 增加,两公式计算所得的结果均增加,但两者的相对差别随 l/h 增加而减小. 当 $l/h=10$ 时,相对差别降至 5%.

表 23-1　不同 m 值按两式计算结果比较$(l/h=3, p_0=50\text{N/mm}^2)$

m	按式(23-1)计算	按式(23-7)计算	$\Delta(\%)$
0	1.432	1.587	9.7
0.2	1.583	1.737	8.87
0.4	1.733	1.888	8.2
0.6	1.882	2.037	7.6
0.8	2.032	2.187	7
1.0	2.182	2.337	6.6

表 23-2　不同 l/h 值按两式计算结果比较$(m=0.6, p_0=50\text{N/mm}^2)$

l/h	按式(23-1)计算	按式(23-7)计算	$\Delta(\%)$
1	1.582	1.737	8.9
3	1.882	2.037	7.6
4	2.032	2.187	7
6	2.332	2.487	6.2
8	2.632	2.787	5.6
10	2.932	3.087	5

　　造成上述差别的原因显然与屈服准则本身有关,由于扁料平板压缩为平面变形,由图 23-2 可以看出,平面变形时,应力状态处于图中的 A, B, C, D, E, F 点,即 Mises 圆外切正六边形的顶点.而这些顶点为双剪屈服线与 Mises 屈服线相差最大的点.

　　由以上结果可以看出:

　　(1)以双剪应力屈服准则及其最大塑性变形功率表达式可以对扁料平板压缩问题进行上界解析,但结果较按 Mises 准则计算所得的上界解高出 $\Delta n_\sigma = 0.155$;

　　(2)随 m 增加,计算结果也相应增加,但分别按两种准则推导所得的上界解相对差别逐渐减小;

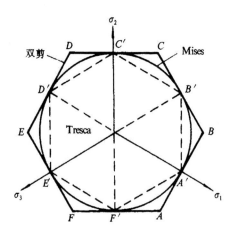

图 23-2 π平面上三种屈服准则对应的屈服线

(3)随 l/h 增加,在相同的摩擦条件下,分别按两种准则计算所得的结果相对差别相应减小,在 $m=0.6$ 的情况下,当 $l/h=10$ 时,相对差别降至 5%.

§23.3 圆坯拔长锻造[9]

采用型砧对金属圆坯进行拔长锻造,已有报道的解法为传统工程法.下面我们探讨以双剪应力屈服准则和连续速度场解析这一问题[9].

23.3.1 速度场的建立

型砧压缩如图 23-3,上型砧与下型砧是两个直径为 d 的半圆弧,设砧面长为 l_0.由于对称性,仅研究图 23-3(a)中的 1/4 象限.如图 23-4 所示,经 t 秒后,上型砧以速度 v_0 压缩至图中 $A'B'C'$ 位置.各点绝对压下量均为 $\Delta h = v_0 t$.容易证明,两弧之间阴影部分的面积与矩形 $AA'B'B$ 面积相等,由此可知 t 秒内上型砧压下的体积为

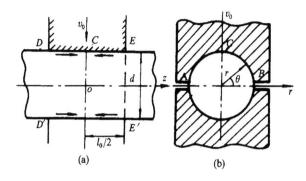

图 23-3

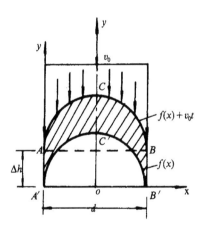

图 23-4

$$V_{in} = v_0 t d l_0 \qquad (23-8)$$

在 t 秒内由出口截面 EE'[见图 23-3(a)]流出的体积为

$$V_{out} = v_{out} t \frac{\pi d^2}{4} \qquad (23-9)$$

式中 v_{out} 为圆坯拔长截面 EE' 的出口速度. 由体积不变条件 $V_{in} =$

V_{out},有

$$v_{out} = \frac{4v_0 l_0}{\pi d}$$

当 z 由 0 到 $l_0/2$ 变化时,图 23-3(a)中 oz 轴上任一点 z 方向的水平速度按体积不变条件满足

$$v_0 td \cdot z = v_z t \frac{\pi d^2}{4} \frac{1}{2}$$

则

$$v_z = \frac{8 v_0 z}{\pi d} \qquad 0 \leqslant z \leqslant l_0/2 \qquad (23-10)$$

式(23-10)即为型砧拔长锻造变形区 oz 轴上任一截面的水平速度.

对圆坯横截面单位长度微分体受力取 r 方向平衡,可以证明[12]

$$\begin{aligned} \sigma_\theta &= \sigma_r \\ \dot{\varepsilon}_r &= \dot{\varepsilon}_\theta \end{aligned} \qquad (23-11)$$

详细步骤参见文献[12].

由体积不变方程 $\dot{\varepsilon}_r + \dot{\varepsilon}_\theta + \dot{\varepsilon}_z = 0$,并注意到上式,有

$$\dot{\varepsilon}_r = \dot{\varepsilon}_\theta = -\frac{\dot{\varepsilon}_z}{2} \qquad (23-12)$$

由轴对称 Cauchy 方程(几何方程)及式(23-10),知

$$\dot{\varepsilon}_z = \frac{\partial v_z}{\partial z} = \frac{8 v_0}{\pi d}$$

$$\dot{\varepsilon}_r = \frac{\partial v_r}{\partial r} \qquad (23-13)$$

$$\dot{\varepsilon}_\theta = \frac{v_r}{r}$$

所以由式(23-12)

$$\dot{\varepsilon}_r = \dot{\varepsilon}_\theta = -\frac{4v_0}{\pi d}$$ (23-14)

$$v_r = \dot{\varepsilon}_\theta r = -\frac{4v_0}{\pi d} r$$

于是,型砧拔长锻造连续速度场与应变速率场为

$$v_\theta = 0$$

$$v_r = -\frac{4v_0}{\pi d} r$$ (23-15)

$$v_z = \frac{8v_0}{\pi d} z$$

$$\dot{\varepsilon}_\theta = -\frac{4v_0}{\pi d}$$

$$\dot{\varepsilon}_r = -\frac{4v_0}{\pi d}$$ (23-16)

$$\dot{\varepsilon}_z = \frac{8v_0}{\pi d}$$

$$\dot{\varepsilon}_{r\theta} = \dot{\varepsilon}_{z\theta} = \dot{\varepsilon}_{zr} = 0$$

参照图 23-3(b),式(23-15)中当 $r=0$ 时,$v_r=0$;当 $z=0$ 时,$v_z=0$;当 $z=l_0/2$ 时,$v_z=\frac{4v_0l_0}{\pi d}=v_{out}$. 故式(23-15)满足水平、垂直对称轴及出口 EE' 上的速度边界条件,是运动许可速度场. 式(23-16)满足体积不变条件 $\dot{\varepsilon}_r + \dot{\varepsilon}_\theta + \dot{\varepsilon}_z = 0$,是运动许可应变速率场.

23.3.2 变形力的确定

按照双剪应力屈服准则,单位体积塑性变形功率为

$$D(\dot{\varepsilon}_{ij}) = \frac{2}{3} \sigma_s (\dot{\varepsilon}_{max} - \dot{\varepsilon}_{min})$$

圆坯拔长锻造属轴对称问题,则

$$\dot{\varepsilon}_{\max} = \dot{\varepsilon}_1 = \dot{\varepsilon}_z = \frac{8v_0}{\pi d}$$

$$\dot{\varepsilon}_{\min} = \dot{\varepsilon}_2 = \dot{\varepsilon}_3 = \dot{\varepsilon}_r = \dot{\varepsilon}_\theta = -\frac{4v_0}{\pi d}$$

所以,变形区塑性变形功率为

$$
\begin{aligned}
\dot{W}_i &= \int_V D(\dot{\varepsilon}_{ij}) \, dV \\
&= 2 \int_0^{l_0/2} \int_0^{d/2} \frac{2}{3} \sigma_s (\dot{\varepsilon}_{\max} - \dot{\varepsilon}_{\min}) \, 2\pi r dr dz \\
&= 2\sigma_s v_0 l_0 d
\end{aligned}
\tag{23-17}
$$

由图 23-3(a)可知型砧模面消耗摩擦功率.设单位长度上的摩擦力为 $\tau_f = \frac{m}{2}\sigma_s$(为便于与已有结果比较,这里 $\tau_f = m\sigma_s$,而 τ_s 取对应于 Tresca 屈服准则的表达式 $\tau_s = \frac{1}{2}\sigma_s$,不会影响对摩擦力的分析),由式(23-15),$\Delta v_f = |-v_z| = \frac{8v_0 z}{\pi d}$,于是,垂直轴两侧整个接触面的摩擦功率为

$$
\begin{aligned}
\dot{W}_f &= 2 \int_F \tau_f \Delta v_f dF = m\sigma_s \int_0^{l_0/2} \frac{8v_0 z}{\pi d} \, 2\pi \frac{d}{2} dz \\
&= m\sigma_s v_0 l_0^2
\end{aligned}
\tag{23-18}
$$

对拔长锻造,工件截面尺寸通常较大,必须考虑图 23-3(a)中 EE' 截面上的剪切功率.对于符合双剪应力屈服准则的材料,剪切屈服极限 $\tau_s = \frac{2}{3}\sigma_s$.注意到 EE' 外侧为刚性区,由式(23-15),沿 EE' 切向 $|\Delta v_t| = |0 - v_r| = \frac{4v_0}{\pi d}r$,考虑 EE',DD' 两个截面上的剪切功率

$$
\begin{aligned}
\dot{W}_s &= 2 \int_n \tau_s |\Delta v_t| \, ds = 2 \int_0^{d/2} \frac{2\sigma_s}{3} \frac{4v_0}{\pi d}r \cdot 2\pi r dr \\
&= \frac{4}{9}\sigma_s v_0 d^2
\end{aligned}
\tag{23-19}
$$

设上型砧平均压力为 $\bar{p}$，则外功率为 $J=2\bar{p}dv_0l_0$，上界功率为 $J^*=W_i+W_f+W_s$，由上界定理 $J=J^*$，将式(23-17)、(23-18)、(23-19)代入并整理得

$$n_\sigma=\frac{\bar{p}}{\sigma_s}=1+\frac{ml_0}{2d}+\frac{2d}{9l_0} \qquad (23-20)$$

上式即型砧拔长锻造圆坯按连续速度场与双剪屈服准则确定的上界解析解,式中 n_σ 为应力状态影响系数,l_0 为砧面长度,d 为砧口直径,σ_s 为材料屈服极限,m 为常摩擦因子,其取值范围为 0—1,可实测或按 Тарновский 公式计算

$$m=f+\frac{1}{8}\frac{l_0}{d}(1-f)\sqrt{f} \qquad (23-21)$$

式中 f 为滑动摩擦系数.

需指出,式(23-20)为型砧拔长全包口(包角为 2π)时的变形力计算公式.当包角小于 2π 时,随着包角减小,式(23-17)、(23-18)、(23-19)积分式中的 2π 应换新包角 $2\alpha(\alpha\leqslant\pi)$.

23.3.3 与工程法的比较

赵德文、王国栋将此结果与工程法作了比较,并认为式(23-20)可供热拔长锻造计算变形力和工艺设计时参考.

型砧拔长工程法的计算公式为

$$n_\sigma=\frac{\bar{p}}{\sigma_s}=1+\frac{2}{3}\mu_s\frac{l_0}{d} \qquad (23-22)$$

式中 μ_s 为常摩擦系数.

现以式(23-20)与工程法式(23-22)依次取 $f=\mu_s=0.5$、0.4、0.3、0.2,$l_0/d=1,2,3,4$ 进行计算比较,两式计算结果见图 23-5、图 23-6、图 23-7.

由图中可以看出,对热拔长锻造,当 $f=\mu_s=0.5$ 时,式(23-20)与式(23-22)计算结果相差 1.1%—12.1%.在

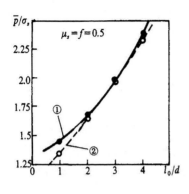

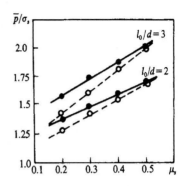

图 23-5 相同摩擦系数不同
l_0/d 时的计算结果

① —— 按式 (23-20) 计算；

② —— 按式 (23-22) 计算

图 23-6 相同几何条件不同摩
擦系数时的计算结果

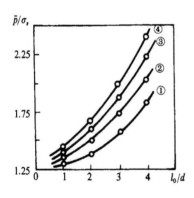

图 23-7 $\bar{p}/\sigma_s$ 与 μ_s 及 l_0/d 的关系

① —— $\mu_s = 0.2$；② —— $\mu_s = 0.3$；

③ —— $\mu_s = 0.4$；④ —— $\mu_s = 0.5$

$f = \mu_s = 0.4$—0.2 范围内，不同 l_0/d 的计算结果式 (23-20) 均高于式 (23-22)，最大相差 18.64%。图 23-5 给出 $f = \mu_s = 0.5$ 时两式计算结果曲线。图 23-6 给出当 l_0/d 不变时，$\bar{p}/\sigma_s$ 随摩擦系数增大而增大的情况。图 23-6、图 23-7 还表明，当摩擦系数 $f = \mu_s$ 一定时，$\bar{p}/\sigma_s$ 随 l_0/d 增大而增加。上述分析表明，摩擦系数 $f = \mu_s$ 与几何条件 l_0/d 是单位压力 $\bar{p}/\sigma_s$ 的主要影响因素。

在此需指出，式 (23-20) 高于式 (23-22) 的主要原因在于式 (23-20) 考虑了图 23-3 中 EE'，DD' 截面上的剪切功率，而工程法式 (23-22) 中没有考虑该项，实质仅是一个下界解。若式

(23-20)忽略剪切功率项,则变为

$$n_\sigma = \frac{\overline{p}}{\sigma_s} = 1 + \frac{m}{2}\frac{l_0}{d} \qquad (23-23)$$

比较式(23-22)与式(23-23)可知,当 $m = \frac{4}{3}\mu_s$ 时,二者一致.

23.3.4 结论

由以上分析结果可见:

(1)圆坯拔长锻造运动许可速度场与运动许可应变速率场满足式(23-15)和式(23-16);

(2)按双剪应力屈服条件,内部变形功率满足式(23-17),摩擦和剪切功率满足式(23-18),(23-19),上界变形力满足式(23-20);

(3)不同几何条件(不同 l_0/d)和不同摩擦条件下与工程法的比较说明,用双剪应力屈服准则得到的上界计算结果高于工程法的计算结果;

(4)因拔长锻造多在热状态下进行,此时两式计算结果相差 1.1%—12.1%,式(23-20)可供热拔长锻造计算变形力与工艺设计时参考;

(5)分析表明, $\overline{p}/\sigma_s$ 随摩擦系数增加而增大,随 l_0/d 的增加而增加.

§23.4 圆环压缩问题

粗糙工具压缩圆环如图 23-8,对此问题小林史郎 (Kobayashi)曾设定三角形速度场以上界法予以解析[14].

赵德文、赵志业、张强用双剪应力屈服准则对压缩圆环进行解析研究.

由图 23-8 可知,此问题为轴对称问题,按秒流量相等,设定速度场如下:

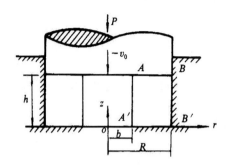

图 23-8 用粗糙工具压缩圆环

$$v_r = -\frac{v_0}{2h}\left(\frac{R^2}{r}-r\right), v_\theta = 0, v_z = -\frac{v_0}{h}z \qquad (23-24)$$

当 $r=R$ 时，$v_r=0$；当 $z=h$ 时，$v_z=-v_0$；当 $z=0$ 时，$v_z=0$。故上述速度场满足速度边界条件，为运动许可速度场。

按几何方程，应变速率场如下：

$$\dot{\varepsilon}_r = \frac{\partial v_r}{\partial r} = \frac{v_0}{2h}\left(\frac{R^2}{r^2}+1\right)$$

$$\dot{\varepsilon}_\theta = \frac{v_r}{r} = -\frac{v_0}{2h}\left(\frac{R^2}{r^2}-1\right) \qquad (23-25)$$

$$\dot{\varepsilon}_z = \frac{\partial v_z}{\partial z} = -\frac{v_0}{h}$$

$$\dot{\varepsilon}_{r\theta} = \dot{\varepsilon}_{rz} = \dot{\varepsilon}_{\theta z} = 0$$

式(23-25)满足体积不变条件 $\dot{\varepsilon}_r + \dot{\varepsilon}_\theta + \dot{\varepsilon}_z = 0$，为运动许可应变速率场，且剪应变速率为零。按照双剪应力屈服准则，单位体积塑性变形功率

$$D(\dot{\varepsilon}_{ij}) = \frac{2}{3}\sigma_s(\dot{\varepsilon}_{max} - \dot{\varepsilon}_{min})$$

由式 $(23-25)$，$\dot{\varepsilon}_{\max}=\dot{\varepsilon}_1=\dot{\varepsilon}_r$，$\dot{\varepsilon}_{\min}=\dot{\varepsilon}_3=\dot{\varepsilon}_z$，则变形区塑性变形功率

$$\dot{W}_i=\int_V D(\dot{\varepsilon}_{ij})\,dV=\int_b^R\int_0^{2\pi}\int_0^h\left[\frac{2}{3}\sigma_s(\dot{\varepsilon}_{\max}-\dot{\varepsilon}_{\min})\right]r\,dz\,d\theta\,dr$$

$$=\frac{2\pi\sigma_s R^2 v_0}{3}\ln\frac{R}{b}+\pi\sigma_s v_0(R^2-b^2)\tag{23-26}$$

上式即为按双剪应力屈服准则确定的圆环压缩内部变形功率.

由图 $23-8$，沿上、下接触面 AB 与 $A'B'$ 消耗摩擦功率. 假定圆环为刚塑性材料，接触面摩擦应力设为 $\tau_f=\dfrac{m}{\sqrt{3}}\sigma_s$，理由同 §23.2. 由式 $(23-24)$，$|\Delta v_{f_1}|=|v_r|=\dfrac{v_0}{2h}\left(\dfrac{R^2}{r}-r\right)$，于是，上、下接触面消耗摩擦功率

$$\dot{W}_{f_1}=2\int_{F_1}\tau_f|\Delta v_{f_1}|\,dF=\frac{2m\sigma_s}{\sqrt{3}}\int_b^R\frac{v_0}{2h}\left(\frac{R^2}{r}-r\right)\cdot 2\pi r\,dr$$

$$=\frac{2m\pi\sigma_s v_0}{\sqrt{3}\,h}\left(\frac{2}{3}R^3+\frac{b^3}{3}-R^2 b\right)\tag{23-27}$$

同理，沿工具侧壁 BB' 接触面消耗摩擦功率，由式 $(23-24)$，$|\Delta v_{f_2}|=|v_z|=\dfrac{v_0}{h}z$，于是，工具侧壁消耗摩擦功率

$$\dot{W}_{f_2}=\int_{F_2}\tau_f|\Delta v_{f_2}|\,dF=\frac{m\sigma_s}{\sqrt{3}}\int_0^h\frac{v_0}{h}z\cdot 2\pi R\,dz\tag{23-28}$$

$$=\frac{\pi R m\sigma_s v_0 h}{\sqrt{3}}$$

外功率 $J=\bar{p}v_0\pi(R^2-b^2)$，上界功率 $J^*=\dot{W}_i+\dot{W}_{f_1}+\dot{W}_{f_2}$，由上界定理 $J=J^*$，将式 $(23-26)$，$(23-27)$，$(23-28)$代入并整理，可得

$$n_\sigma=\frac{\bar{p}}{\sigma_s}=\frac{2}{3}\left(\frac{R^2}{R^2-b^2}\right)\ln\frac{R}{b}+1$$

$$+ \frac{2m}{\sqrt{3}\,h} \frac{\frac{2}{3}R^3 + \frac{b^3}{3} - R^2 b}{R^2 - b^2} + \frac{mh}{\sqrt{3}} \frac{R}{R^2 - b^2} \qquad (23\text{-}29)$$

上式即为采用双剪应力屈服准则与连续速度场解析粗糙工具压缩圆环时应力状态影响系数的计算公式,式中 m 为常摩擦因子,$0 \leqslant m \leqslant 1$,可参照 Avitzur 方法实测或按有关公式计算.

小林史郎对圆环压缩问题按三角速度场(Mises 屈服条件)的计算公式为[14]

$$\begin{aligned} n_\sigma = \frac{\bar{p}}{\sigma_s} &= \frac{1}{\sqrt{3}}\left[\frac{2}{1-b^2}\ln\left(\frac{1}{b}\right) - 1 \right] \\ &+ \frac{2h}{1-b^2}\left[\frac{2}{3}\frac{1}{\sqrt{3}}\frac{1+b+b^2}{1+b}(1-2\xi+2\xi^2) + (1-\xi)\frac{1}{\sqrt{3}} \right] \\ &+ 2(1-b)\frac{1}{\sqrt{3}}\frac{1}{h} \qquad (23\text{-}30) \end{aligned}$$

为取得最小上界值,上式对 ξ 求导可得

$$\xi = \frac{1}{2}\left(1 + \frac{3}{4}\frac{1+b}{1+b+b^2} \right) \qquad (23\text{-}31)$$

双剪应力屈服准则的上界解析解是否可以得到相当于或低于式(23-30)的最小上界值,需由实际计算进行分析. 取 $R=20$,$b=10$,$h=10$ 分别按式(23-29)与式(23-30)计算如下.

由式(23-31),$\xi=0.537$,代入式(23-30),经计算可得

$$n_\sigma = \frac{\bar{p}}{\sigma_s} = -2.038 \qquad (23\text{-}32)$$

按式(23-29)经计算可得

$$n_\sigma = \frac{\bar{p}}{\sigma_s} = 1.616 + 1.0264m \qquad (23\text{-}33)$$

上式即为取不同 m 时双剪应力屈服准则式(23-29)的计算表达式. 比较式(23-32)与式(23-33),并将计算结果描绘成常摩擦因

子 m 与极限压力的关系曲线如图23-9. 曲线表明,在相同变形条件下,$m=0.411$ 时,双剪应力屈服准则式(23-29)结果低于式(23-30)结果. 当 m 值大于 0.411 时,双剪应力屈服准则式(23-29)结果将高于式(23-30)结果.

需指出,当摩擦条件变化时,应力状态影响系数 n_σ 应随着变化. 图 23-9 表明,用双剪应力屈服准则计算时,当 m 值增加(即工具与工件接触面更粗糙),n_σ 线性增加. 然而采用三角形速度场解析圆环压缩时,尽管可求得最小上界解,但最终结果将与摩擦条件无关,在图 23-9 中 n_σ 为一水平线.

由以上分析和计算结果,文献[7]作出如下结论:

(1)采用双剪应力屈服准则与连续速度场可以解析粗糙工具压缩圆环问题,所得结果表明,n_σ 是常摩擦因子 m、几何尺寸 R,b,h 的函数;

(2)对于上述算例,当 $m=0.411$ 时,双剪应力屈服准则计算结果与小林史郎上界结果一致,当 $m>0.411$ 时,高于小林史郎结果,当 $m<0.411$ 时低于小林史郎结果;

(3)采用双剪应力屈服准则进行上界解析时,若 m 值选取合适,可以得到相当或低于三角形速度场的最小界结果.

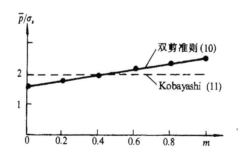

图 23-9

§23.5 椭圆模轴对称拔制

B. Avitzur 曾以连续速度场研究锥形模拔制圆棒的上界解析[10]，曲线模拔制已有一些以流函数与复变函数研究方法的报道[16]，赵德文等用双剪应力屈服准则确定内部变形功率来求解这类拔制问题.

这里，我们只对椭圆模的轴对称拔制的双剪应力解作简单介绍，读者可以参考文献[15]。

23.5.1 速度场的建立

椭圆模 AB 的方程为

$$L^2 R_z^2 + (b^2 - R_1^2)z^2 = L^2 b^2$$

$$(R_1 \leqslant R_z \leqslant b, 0 \leqslant z \leqslant L) \tag{23-34}$$

式中 b, R_1 为入、出口半径；L 为椭圆弧 AB 与 $A'B'$ 的水平投影. 由式(23-34)，距入口截面为 z 处截面的半径为

$$R_z = \sqrt{L^2 b^2 - (b^2 - R_1^2)z^2} \Big/ L \tag{23-35}$$

由卡尔曼平断面假设，设 r, θ, z 为主方向，σ_z, v_z 沿横截面均布，按体积不变条件有

$$\pi b^2 v_0 = \pi R_1^2 v_1 = \pi R_z^2 v_z = C \tag{23-36}$$

式中 C 为秒流量，在变形区内与 z 无关，由式(23-35)及式(23-36)得

$$v_z = \frac{C}{\pi R_z^2} = \frac{L^2 C}{\pi [L^2 R^2 - (b^2 - R_1^2)z^2]} \tag{23-37}$$

由几何方程，上式对 z 求导，得

$$\dot{\varepsilon}_z = \frac{\partial v_z}{\partial z} = \frac{2L^2 C(b^2 - R_1^2)z}{\pi \left[L^2 b^2 - (b^2 - R_1^2) z^2 \right]^2} \qquad (23-38)$$

圆棒拔制为轴对称变形,故有 $\dot{\varepsilon}_r = \dot{\varepsilon}_\theta$. 按体积不变条件 $\dot{\varepsilon}_r + \dot{\varepsilon}_\theta + \dot{\varepsilon}_z = 0$ 可得 $2\dot{\varepsilon}_r + \dot{\varepsilon}_z = 0$,于是应变速率场为

$$\dot{\varepsilon}_r = \dot{\varepsilon}_\theta = -\frac{\dot{\varepsilon}_z}{2} = -\frac{L^2 C(b^2 - R_1^2)z}{\pi \left[L^2 b^2 - (b^2 - R_1^2) z^2 \right]^2} \qquad (23-39)$$

由几何方程 $\dot{\varepsilon}_\theta = \dfrac{v_r}{r}$,注意到式(23-37)与式(23-38),(23-39),可得速度场为

$$v_r = \dot{\varepsilon}_\theta \cdot r = -\frac{L^2 C(b^2 - R_1^2)zr}{\pi \left[L^2 b^2 - (b^2 - R_1^2) z^2 \right]^2}$$

$$v_z = -\frac{L^2 C}{\pi \left[L^2 b^2 - (b^2 - R_1^2) z^2 \right]} \qquad (23-40)$$

$$v_\theta = 0$$

当 $z = 0$ 时,$v_z = C/\pi b^2 = v_0$;当 $z = L$ 时,$v_z = C/\pi R_1^2 = v_1$;当 $r = 0$ 时,$v_r = 0$. 故式(23-40)满足变形区入口、出口与水平对称轴速度边界条件,为运动许可速度场.

23.5.2 变形力的确定

按照双剪应力屈服准则,单位体积塑性变形功率

$$D(\dot{\varepsilon}_{ij}) = \frac{2}{3} \sigma_s (\dot{\varepsilon}_{max} - \dot{\varepsilon}_{min})$$

由式(23-38),(23-39),$\dot{\varepsilon}_{max} = \dot{\varepsilon}_1 = \dot{\varepsilon}_z$,$\dot{\varepsilon}_{min} = \dot{\varepsilon}_2 = \dot{\varepsilon}_3 = \dot{\varepsilon}_\theta = \dot{\varepsilon}_r$,则变形区塑性变形功率

$$\dot{W}_i = \int_V D(\dot{\varepsilon}_{ij}) dV = \int_0^L \int_0^{R_z} \frac{2}{3} \sigma_s (\dot{\varepsilon}_{max} - \dot{\varepsilon}_{min}) 2\pi r dr dz$$

其中积分上限 R_z 仍为 z 的函数,改变积分上限,可得

$$\dot{W}_t = \sigma_s C \ln\lambda \qquad (23-41)$$

式中 $\lambda = (b/R_1)^2$，在金属压力加工中称为拉拔延伸系数.

当 $z=0$ 时，$v_r=0$，故沿入口断面 AA' 切向（径向）不消耗剪切功率. 当 $z=L$ 时，在出口截面 BB' 处

$$v_r \big|_{z=L} = -\frac{C(b^2-R_1^2)r}{\pi R_1^4 L}$$

因 B 点外侧为刚性区，$v_r=0$，故沿 BB' 切向 $\Delta v_t = |0-v_r| = \dfrac{C(b^2-R_1^2)r}{\pi R_1^4 L}$，对于符合双剪应力屈服准则的材料，剪切屈服极限 $\tau_s = \dfrac{2}{3}\sigma_s$，所以可得沿 BB' 消耗的剪切功率

$$\begin{aligned}
\dot{W}_s &= \int_F \tau_s |\Delta v_t| dF = \frac{2}{3}\sigma_s \int_0^{R_1} \frac{C(b^2-R_1^2)r}{\pi R_1^4 L} 2\pi r dr \\
&= \frac{4}{9}\frac{\sigma_s C(b^2-R_1^2)}{R_1 L} \qquad (23-42)
\end{aligned}$$

设接触表面摩擦力为 $\tau_f = \dfrac{m}{2}\sigma_s$，理由同 §23.3. 变形金属质点沿弧 AB 切向速度为 v_t，则沿椭圆弧 AB 的摩擦功率

$$\dot{W}_f = \int_F \tau_f |\Delta v_t| dF \qquad (23-43)$$

式中 $|\Delta v_t| = |0-v_t|$. 因 F 为曲面，上述积分为曲面积分问题.

将式(23-35)代入式(23-40)，AB 切向速度 v_t 的分量

$$v_z = \frac{L^2 C}{\pi\left[L^2 b^2 - (b^2-R_1^2)z^2\right]}$$

$$v_r \big|_{r=R_z} = -\frac{LC(b^2-R_1^2)z}{\pi\left[L^2 b^2 - (b^2-R_1^2)z^2\right]^{3/2}}$$

$$\tan\alpha = \frac{v_r}{v_z} = \frac{dR_z}{dz} = -\frac{(b^2-R_1^2)z}{L\sqrt{L^2 b^2 - (b^2-R_1^2)z^2}}$$

$$|\Delta v_t| = |v_t| = \sqrt{v_z^2 + v_r^2}$$

$$ds = \sqrt{1 + (dR_z/dz)^2}\, dz$$

$$dF = 2\pi R_z ds$$

上述各式代入式(23-43),曲面积分结果为

$$W_f = m\sigma_s C \sin^{-1}\left[\frac{\sqrt{b^2-R_1^2}}{b}\right]\left[\frac{L}{\sqrt{b^2-R_1^2}} - \frac{\sqrt{b^2-R_1^2}}{L}\right]$$

$$+ \frac{m\sigma_s C(b^2-R_1^2)}{LR_1} \tag{23-44}$$

具体运算步骤参见文献[15].

外功率 $J = \bar{p}\pi R_1^2 v_1 = \bar{p}C$,上界功率 $J^* = \dot{W}_i + \dot{W}_s + \dot{W}_f$,由上界定理 $J = J^*$,将式(23-41),(23-42),(23-44)代入,经整理得

$$n_\sigma = \frac{\bar{p}}{\sigma_s} = \ln\lambda + m\sin^{-1}\frac{\sqrt{b^2-R_1^2}}{b}\left[\frac{L}{\sqrt{b^2-R_1^2}} - \frac{\sqrt{b^2-R_1^2}}{L}\right]$$

$$+ \frac{b^2-R_1^2}{LR_1}\left(m + \frac{4}{9}\right) \tag{23-45}$$

上式即椭圆模拔制圆棒应力状态影响系数的上界解析解.式中常摩擦因子 m 可实测或查阅文献[10],也可参照 Kudo 方法作如下近似估计:

$$f \approx 0.5m, \quad 即 \quad m \approx 2f$$

式中 f 为滑动摩擦系数.

23.5.3 与锥形模的比较

将弧 AB 两端点连线,它与水平轴之间的夹角 α 即为同等变形条件下的锥形模拔制半锥角,由图 23-10 可知

$$\tan\alpha = \frac{b - R_1}{L}$$

$$L = \frac{b - R_1}{\tan\alpha}$$

无反拉力且忽略定径带时,锥形模拔制力

$$n_\sigma = \frac{\overline{p}}{\sigma_s} = 2f(\alpha)\ln\left(\frac{b}{R_1}\right)$$
$$+ \frac{2}{\sqrt{3}}\left[\frac{\alpha}{\sin^2\alpha} - \cot\alpha + m\cot\alpha\ln\left(\frac{b}{R_1}\right)\right] \quad (23-46)$$

式(23-46)中函数 $f(\sigma)$ 表达式详见文献[10].

现将式(23-45)与式(23-46)在相同变形条件下进行比较.

取棒材入口半径 $b = 20\text{mm}$,出口半径 $R_1 = 17\text{mm}$,锥形模半角 $\alpha = 12°$,分别以锥形模与椭圆模拔制,摩擦条件 m 依次取 0,0.05,0.1,0.15,0.20,0.25 时,按式(23-45)与式(23-46)的计算结果表明,在同等变形条件下,当 m 由 0 变化到 0.25 时,椭圆模拉拔圆棒的拉拔应力高于锥形模,两式计算结果相差 8.8%—2.9%.进一步分析可知,对于此算例,当 $m = 0.4731$ 时,两式的计算结果相符合,当 $m > 0.4731$ 时,椭圆模的拉拔应力将会低于锥形模的拉拔应力.

23.5.4　结论

由前述内容,可得出如下结论:

(1)椭圆模拔制圆棒运动许可速度场及应变速率场满足式(23-38),(23-39),(23-40);

(2)该速度场用双剪应力屈服准则,改变积分上限与曲面积分可以得到上界解析解式(23-45);

(3)椭圆模拔制圆棒变形区入口断面不消耗剪切功率,出口断面剪切功率满足式(23-42);

(4)相同摩擦与变形条件下,当 $m < 0.4731$ 时,椭圆模拔制力大于锥形模拔制力,当 $m > 0.4731$ 时,椭圆模拔制力小于锥形模拔制力.

　　以上我们介绍了东北大学轧制技术及连轧自动化国家重点实验室赵德文、王国栋教授等应用双剪应力屈服准则研究金属压力加工塑性力学问题所取得的成果. 目前,这些成果又有进一步发展,在材料模型中,从单一屈服准则(单剪、三剪和双剪屈服准则)向统一屈服准则发展,进一步向考虑材料拉压强度不同的统一强度理论发展;并且从典型问题的解析解向各种不同问题的数值解发展. 1996 年,中国航空总公司所属三个研究所的大型结构分析系统已应用俞茂宏统一强度理论研究多种工程结构问题.

参 考 文 献

[1] Сторожев, М. В., Основы Теории Обработли Металлов Давпением, Мащгиз, 1959. (中译本：М. В. 斯托罗热夫著, 杨鸿勋译, 金属压力加工的理论基础, 科学出版社, 1962).

[2] Lippmann, H., ed., Metal Forming Plasticity, Springer-Verlag, 1979.

[3] 王祖唐等, 金属塑性成形理论, 机械工业出版社, 1989.

[4] 汪凌云、刘静安, 计算金属成形力学及应用, 重庆大学出版社, 1991.

[5] Wojciech Szczepinski, Introduction to the Mechanics of Plastic Forming of Metal, Sijthoff & Noordhoff, International Publishers, 1979 (中译本：徐秉业、刘信声、孙学伟译, 金属塑性成形力学导论, 机械工业出版社, 1987).

[6] 王仲仁等, 塑性加工力学基础, 国防工业出版社, 1989.

[7] 赵德文、赵志业、张强, 以双剪应力屈服准则求解圆环压缩问题, 工程力学, 1991, **8** (2), 75—80.

[8] 赵德文、赵志业、张强, 双剪应力准则解析扁料压缩的误差分析, 东北大学学报, 1991, **12** (1), 54—58.

[9] 赵德文、王国栋, 双剪应力屈服准则解析圆坯拔长锻造, 东北大学学报, 1993, **14** (4), 377—382.

[10] Avitzur, B., Metal Forming, Process and Analysis, McGraw-Hill Book Company, 1968, 359—362.

[11] 赵志业, 金属塑性加工力学, 冶金工业出版社, 1987, 219—221.

[12] Zhao Dewen, Zhao zhiye, Zhang qiang, *China J. Met. Sci. Technol*, 1990, **6** (4), 282—288.

[13] 黄文彬、曾国平, 应用双剪应力屈服准则求解某些塑性力学问题, 力学学报,

1989，**21**（*2*），249—256.

[14] Thomsen，E. G. ，C. T. Yang and Kobayashi，Mechanics of Plastic Deformation in Metal Processing，MacMillan，1965.

[15] 赵德文、李桂花、刘凤丽，曲面积分求解椭圆模轴对称拔制，工程力学，1994，**11**（4），131—136.

[16] Chen，C. T. ，Ling，F. F. ，Upper-bound Solution to axisymmetric extrusion problem，*Int. J. Mech*. Sci. Pergamon Press，1968，10，868—879.

第二十四章 双剪理论在断裂力学中的应用

§24.1 概　述

断裂力学包括线弹性断裂力学和弹塑性断裂力学,已经得到很大发展,并在很多工程问题得到应用.但还存在一些问题(如表面裂纹分析、复合型断裂准则、弹塑性裂纹体的扩展规律等),有待进一步研究[1].人们希望能从根本上改善裂纹稳定扩展(即起裂后至失稳前的扩展)问题研究的现状,更科学地建立裂纹稳定扩展的准则,这就要求对扩展中裂纹尖端周围的应力与应变场进行研究,并建立相应的断裂准则[2].有的研究者建议采用两个参数来描述裂纹尖端场的状态,一个参数为 J 积分,还有一个反映裂纹尖端附近三轴应力水平的参数,但后一参数究竟是什么,迄今尚不清楚[2].

目前,已提出了很多断裂准则[3-16].对于应力三轴性参数,大多采用 Mises 准则的有效应力 σ_e 或 $\dfrac{\sigma_e}{\sigma_m}$($\sigma_m$ 为静水应力),它们也是一种 Drucker-Prager 型的准则.

在裂纹体问题中,单元体中客观地存在三个主应力(σ_1,σ_2,σ_3),因而 Mises 准则的有效应力 $\sigma_e = \dfrac{1}{\sqrt{2}}[(\sigma_1-\sigma_2)^2+(\sigma_2-\sigma_3)^2+(\sigma_3-\sigma_1)^2]^{1/2}$ 或 σ_e/σ_m 反映了这一三轴性.另一方面,单元体中也客观地存在三个主剪应力(τ_{13},τ_{12},τ_{23}),有的研究者采用其中的最大剪应力 τ_{13} 作为参量,如果取这三个主剪应力中的二个较大的独立量 τ_{13} 和 τ_{12}(或 τ_{23})作为参量,则有可能得出一些新的结果.之所以只取二个主剪应力,是由于主剪应力间存在关系 $\tau_{13}+\tau_{12}+\tau_{23}=0$,所以三个主剪应力中只有两个独立量.我们把二个主剪应力参量称为双剪应力. Mises 有效应力式可转换为三个剪应力,所以也可以称之为三剪应力准则. 实际上由于三个剪应力中只有二个独立量,所以三剪应力式也可以表述为另一种形式的双剪应力式.

双剪应力引入断裂力学研究目前还刚刚开始,尚处于探索阶段. 但正如李庆斌把双剪理论引入损伤理论取得成功一样(见第十八章),双剪理论在断裂力学中的应用在一些方面已发现与一些实验结果甚为符合. 俞秉义、陈四利、李中华、刘锋、鲁宁等已在一些研究中得到一些结果. 下面我们主要引用他们的研究结果来对双剪理论在断裂力学中的应用进行探讨.

§24.2 断裂准则的理论基础

1961 年,俞茂宏提出了一个新的材料屈服准则(即双剪应力屈服准则)之后,30 年来在塑性理论和强度理论方面得到了很大的发展,并在岩石力学、混凝土力学等学科中得到了进一步推广和广泛的应用. 陈四利、俞秉义将该准则推广到断裂力学,分析了复合型脆性断裂问题,提出了双剪应力因子断裂准则. 计算结果表明,理论计算值与实验值吻合较好,说明这种推广是成功的,有效的.

弹性力学中,在柱坐标下一个点的三个主应力与一般应力分量的关系为

$$\sigma_1 + \sigma_2 + \sigma_3 = \sigma_\theta + \sigma_r + \sigma_z$$
$$\sigma_1\sigma_2 + \sigma_2\sigma_3 + \sigma_3\sigma_1 = \sigma_\theta\sigma_r + \sigma_\theta\sigma_z + \sigma_z\sigma_r - \tau_{r\theta}^2 - \tau_{\theta z}^2 - \tau_{zr}^2 \quad (24-1)$$
$$\sigma_1\sigma_2\sigma_3 = \sigma_\theta\sigma_r\sigma_z + 2\tau_{r\theta}\tau_{\theta z}\tau_{zr} - \sigma_\theta\tau_{zr}^2 - \sigma_r\tau_{\theta z}^2 - \sigma_z\tau_{r\theta}^2$$

根据文献[3,4]的思想,在分析复合型裂纹脆性断裂问题时,应力分量 σ_θ, $\tau_{r\theta}$ 和 $\tau_{\theta z}$ 起着主要作用,而其他应力分量的影响可以忽略不计,这样上式为

$$\sigma_1 + \sigma_2 + \sigma_3 = \sigma_\theta$$
$$\sigma_1\sigma_2 + \sigma_2\sigma_3 + \sigma_3\sigma_1 = -\tau_{r\theta}^2 - \tau_{\theta z}^2 \qquad (24-2)$$
$$\sigma_1\sigma_2\sigma_3 = 0$$

由上式中的第三个方程,可令 $\sigma_2 = 0$,于是式(24-2)又变为

$$\sigma_1 + \sigma_3 = \sigma_\theta$$
$$\sigma_1\sigma_3 = -\tau_{r\theta}^2 - \tau_{\theta z}^2 \qquad (24-3)$$

解式(24-3)可得

$$\sigma_1 = \frac{1}{2}\left[\sigma_\theta + \sqrt{\sigma_\theta^2 + 4(\tau_{r\theta}^2 + \tau_{\theta z}^2)}\right]$$
$$\sigma_3 = \frac{1}{2}\left[\sigma_\theta - \sqrt{\sigma_\theta^2 + 4(\tau_{r\theta}^2 + \tau_{\theta z}^2)}\right] \qquad (24-4)$$

双剪应力屈服准则的数学表达式为

$$f = \tau_{13} + \tau_{12} = \sigma_1 - \frac{1}{2}(\sigma_2 + \sigma_3) = C \qquad \text{当 } \tau_{12} \geqslant \tau_{23} \quad (24-5)$$

$$f' = \tau_{13} + \tau_{23} = \frac{1}{2}(\sigma_1 + \sigma_2) - \sigma_3 = C \qquad \text{当 } \tau_{12} \leqslant \tau_{23} \quad (24-5')$$

根据式(24-4), $\tau_{12} \geqslant \tau_{23}$,将式(24-4)代入式(24-5)得

$$f = \frac{1}{4}\sigma_\theta + \frac{3}{4}\sqrt{\sigma_\theta^2 + 4(\tau_{r\theta}^2 + \tau_{\theta z}^2)} \qquad (24-6)$$

裂纹尖端的应力场为

$$\sigma_\theta = \frac{1}{2\sqrt{2\pi r}}\cos\frac{\theta}{2}\left[K_{\mathrm{I}}(1+\cos\theta) - 3K_{\mathrm{II}}\sin\theta)\right]$$

$$\tau_{r\theta} = \frac{1}{2\sqrt{2\pi r}}\cos\frac{\theta}{2}\left[K_{\mathrm{I}}\sin\theta + K_{\mathrm{II}}(3\cos\theta - 1)\right] \qquad (24-7)$$

$$\tau_{\theta z} = \frac{1}{\sqrt{2\pi r}}K_{\mathrm{III}}\cos\frac{\theta}{2}$$

将式(24-7)代入式(24-6)可得

$$f=\frac{1}{8\sqrt{2\pi r}}\left\{\cos\frac{\theta}{2}\left[K_{\text{I}}(1+\cos\theta)-3K_{\text{I}}\sin\theta\right]\right.$$

$$\left.+6\sqrt{a_{11}K_{\text{I}}^2+a_{12}K_{\text{I}}K_{\text{I}}+a_{22}K_{\text{I}}^2+a_{33}K_{\text{I}}^2}\right\} \qquad (24-8)$$

式中

$$a_{11}=\frac{1}{8}(1+\cos\theta)^2(5-3\cos\theta)$$

$$a_{12}=\frac{1}{4}\sin\theta(1+\cos\theta)(9\cos\theta-7) \qquad (24-9)$$

$$a_{22}=\frac{1}{8}(1+\cos\theta)(27\cos^2\theta-24\cos\theta+13)$$

$$a_{13}=2(1+\cos\theta)$$

令

$$T=\cos\frac{\theta}{2}\left[K_{\text{I}}(1+\cos\theta)-3K_{\text{I}}\sin\theta\right]$$

$$+6\sqrt{a_{11}K_{\text{I}}^2+a_{12}K_{\text{I}}K_{\text{I}}+a_{22}K_{\text{I}}^2+a_{33}K_{\text{I}}^2} \qquad (24-10)$$

称 T 为双剪应力因子.

§24.3 双剪应力因子断裂准则

陈四利、俞秉义将双剪应力因子引入复合型裂纹脆性断裂问题的研究,提出了双剪应力因子断裂准则(简称 T 准则),它有以下两个条件:

(1)裂纹初始扩展的方向是沿着双剪应力因子 T 取得最大值的方向.

(2)当开裂方向上的 T_{max} 达到它的临界值,裂纹将开始扩展.

根据准则的第一个条件,开裂角 θ_0 由以下条件确定:

$$\frac{dT}{d\theta}\bigg|_{\theta=\theta_0}=0 \qquad \frac{d^2T}{d\theta^2}\bigg|_{\theta=\theta_0}<0 \qquad (24-11)$$

由式(24-10)和(24-11)可得开裂角方程为

$$\cos^2\frac{\theta_0}{2}\big[\sin\theta_0 K_{\text{I}}+(3\cos\theta_0-1)K_{\text{II}}\big]^2\cdot\big[a_{11}(\theta_0)K_{\text{I}}^2$$
$$+a_{12}(\theta_0)K_{\text{I}}K_{\text{II}}+a_{22}(\theta_0)K_{\text{II}}^2+a_{33}(\theta_0)K_{\text{III}}^2\big]$$
$$-4\big[a_{11}'(\theta_0)K_{\text{I}}^2+a_{12}'(\theta_0)K_{\text{I}}K_{\text{II}}+a_{22}'(\theta_0)K_{\text{II}}^2+a_{33}'(\theta_0)K_{\text{III}}^2\big]^2$$
$$=0 \qquad (24-12)$$

式中

$$a_{11}'(\theta_0)=\frac{1}{8}\sin\theta_0(9\cos^2\theta_0+2\cos\theta_0-7)$$

$$a_{12}'(\theta_0)=\frac{1}{4}(27\cos^3\theta_0+4\cos^2\theta_0-25\cos\theta_0-2) \qquad (24-13)$$

$$a_{22}'(\theta_0)=\frac{1}{8}\sin\theta_0(11-6\cos\theta_0-81\cos^2\theta_0)$$

$$a_{33}'(\theta_0)=-2\sin\theta_0$$

对于 I 型裂纹, $K_{\text{II}}=K_{\text{III}}=0$, 由式(24-12)可得 $\theta_0=0$, 说明 I 型加载时, 裂纹沿原裂纹面方向开裂. 由 $\theta_0=0$, $K_{\text{II}}=K_{\text{III}}=0$, 可得 I 型加载时的最大双剪应力因子为

$$T_{\text{I max}}=8K_{\text{I}} \qquad (24-14)$$

临界状态下, $T_{\text{I max}}=T_{\text{I c}}$, $K_{\text{I}}=K_{\text{I c}}$ 代入式(24-14)中, 可得 I 型裂纹断裂时双剪应力因子的临界值

$$T_{\text{I c}}=8K_{\text{I c}} \qquad (24-15)$$

$T_{\text{I c}}$ 可看作为一个材料常数.

由准则的第二个条件, 可得开裂条件为

$$T_{\text{max}}=T_{\text{I c}} \qquad (24-16)$$

将式(24-10)和(24-15)代入式(24-16),可得 I-II-III 复合型裂纹扩展的双剪应力因子断裂准则

$$
\begin{aligned}
&\frac{1}{8}\Big\{\cos\frac{\theta_0}{2}\big[K_{\mathrm{I}}(1+\cos\theta_0)-3K_{\mathrm{II}}\sin\theta_0\big] \\
&\quad+6\sqrt{a_{11}(\theta_0)K_{\mathrm{I}}^2+a_{12}(\theta_0)K_{\mathrm{I}}K_{\mathrm{II}}+a_{22}(\theta_0)K_{\mathrm{II}}^2+a_{33}(\theta_0)K_{\mathrm{III}}^2}\Big\} \\
&=K_{\mathrm{I}c}
\end{aligned}
$$

$$(24-17)$$

§24.4 双剪应力因子断裂准则分析

24.4.1 纯 II 型

对于纯 II 型裂纹断裂,$K_{\mathrm{I}}=K_{\mathrm{III}}=0$,代入式(24-12),可得开裂角 $\cos\theta_0=\dfrac{1}{3}$,即 $\theta_0=-70.5°$。代入式(24-17)可得 $K_{\mathrm{II}c}=0.866$ $K_{\mathrm{I}c}$,这与 σ_θ 准则[4]的结果相同。

24.4.2 纯 III 型

对于纯 III 型裂纹断裂,$K_{\mathrm{I}}=K_{\mathrm{II}}=0$,代入式(24-12),可得开裂角 $\theta_0=0$,即裂纹沿原裂纹面方向开裂,由式(24-17)可得 $K_{\mathrm{III}c}=0.667K_{\mathrm{I}c}$,这与文献[7]的实验结果 $K_{\mathrm{III}c}=0.69K_{\mathrm{I}c}$ 非常接近。

24.4.3 I-II 复合型

对于 I-II 复合型裂纹断裂,$K_{\mathrm{III}}=0$,代入式(24-12),并化简可得开裂角方程为

$$\sin\theta_0 K_{\mathrm{I}}+(3\cos\theta_0-1)K_{\mathrm{II}}=0 \qquad (24-18)$$

将 $K_{\mathrm{III}}=0$ 和式(24-18)代入式(24-17),化简可得 I-II 复合型裂纹断裂准则

$$\cos\frac{\theta_0}{2}\left[(1+\cos\theta_0)\frac{K_{\mathrm{I}}}{K_{\mathrm{Ic}}}-3\sin\theta_0\frac{K_{\mathrm{I}}}{K_{\mathrm{Ic}}}\right]=1 \qquad (24-19)$$

为了对比分析,陈四利、俞秉义将沈阳工业大学得出的 I - I 复合型裂纹实验结果和理论计算值列于表 24 - 1,其中所采用的材料为 35CrMn$_2$,力学性能为 $\sigma_s=70\mathrm{kg/mm^2}$,$E=2.23\times10^4\mathrm{kg/mm^2}$,$\nu=0.26$,$K_{\mathrm{Ic}}=184.5\mathrm{kg/mm^{3/2}}$.

表 24 - 1 实验结果与理论预测比较表

试件号	K_{I}	K_{I}	实验值	理论值	绝对值误差	实验值	理论值	绝对值误差
			$-\theta_0(°)$	$-\theta_0(°)$	(%)	T_{Ic}	T_{max}	(%)
1$^{\#}$	179	26.95	15.7	16.4	4.5	1476	1479	0.2
2$^{\#}$	174	56.6	29.9	30.9	3.3	1476	1584	7.3

24.4.4 I - Ⅲ复合型

对于 I - Ⅲ复合型裂纹断裂,$K_{\mathrm{I}}=0$,代入式(24 - 12),可得 $\theta_0=0$,即裂纹沿原裂纹面方向扩展,由式(24 - 17)可得 I - Ⅲ复合型断裂准则

$$\frac{1}{4}\left(\frac{K_{\mathrm{I}}}{K_{\mathrm{Ic}}}\right)+\frac{3}{4}\sqrt{\left(\frac{K_{\mathrm{I}}}{K_{\mathrm{Ic}}}\right)^2+4\left(\frac{K_{\mathrm{I}}}{K_{\mathrm{Ic}}}\right)^2}=1 \qquad (24-20)$$

上式所确定的临界状态曲线示于图 24 - 1.图中①为 K_{max}^* 准则,③为 S 准则,②为双剪断裂准则.作为对比,同时给出了实验结果以及 S 准则(应变能密度因子准则)[8]和 K_{max}^* 准则(最大应力强度因子准则)[3]的理论曲线.

以上将双剪应力强度理论推广到复合型裂纹脆性断裂问题的研究是有效的.所建立的双剪应力因子断裂准则,不仅物理意义明确,而且准则的预测值与实验数据吻合很好,另外双剪准则计算简单,便于工程应用.

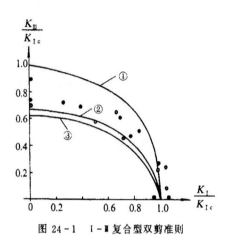

图 24-1 I-Ⅲ复合型双剪准则

最近,西安交通大学朱平、沙江波、邓增杰进行的一种中低强度、塑韧性较好的钻杆钢的复合型试验,得出的实验结果如图 24-2 所示.他们认为,实际构件所处的断裂条件可能是处于最大拉应力准则与最大剪应力理论两者之间的一个中间区域.他们的实验

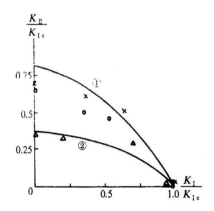

图 24-2 复合性断裂结果与二种理论比较(朱平等,1994)
①最大拉应力断裂准则;②最大剪应力断裂准则
○接头;×加厚区;△管体

点也落在这两个准则之间,如图 24-2.如采用双剪应力因子断裂准则会有更好的结果[11].

图 24-2 的实验是由弹塑性 J 积分断裂的实验值的 J_{1c} 和 J_{1c} 根据 $K=\sqrt{\dfrac{EJ}{1-\nu^2}}$ 转换而得出[11].他们建议一种弹塑性复合断裂准则,并认为,若用目前流行的线弹性最大拉应力断裂准则去处理弹塑性断裂问题是危险的,而应该采用比最大拉应力断裂准则的范围为小的从最大拉应力断裂准则向最大剪应力断裂准则过渡的准则.但要找出这样一个准则,还有许多工作要做[11,12].

§24.5 纯 I 型裂尖塑性区

裂尖塑性区的形状与大小是小范围屈服弹塑性力学中研究的一个重要课题,它具有一定的工程意义,过去的学者只讨论了 Tresca 准则与 Mises 准则在裂尖塑性区中的应用.俞秉义、李中华等将双剪应力准则引入裂尖塑性区的讨论.

在工程结构中,当应力达到屈服极限时,材料会出现塑性变形,在裂尖形成一个塑性区.由于受力大小、应力状态、材料性质和裂纹几何上的差异、裂尖塑性区会有各种不同的形状与大小.

Irwin 把裂尖塑性区假想成圆形,其半径

$$r_y = \frac{a}{2\pi} \left(\frac{K_1}{\sigma_s} \right)^2 \qquad (24-21)$$

在平面应力状态下 $a=1$,在平面应变状态下 $a=1/3$.

事实上这种假想并不是完全真实的.以往的文献中均应用 Tresca 与 Mises 准则讨论.李中华、俞秉义、陈四利等用双剪应力准则讨论塑性区大小与形状,并得出不同 τ_s/σ_s 的材料抵抗断裂的能力是不同的.

纯 I 型裂尖的主应力表达式

$$\left.\begin{array}{c}\sigma_1\\\sigma_2\end{array}\right\}=\frac{K_1}{\sqrt{2\pi r}}\cos\frac{\theta}{2}\left(1\pm\sin\frac{\theta}{2}\right)$$

$$\sigma_3=0\quad(\text{平面应力})\tag{24-22}$$

$$\sigma_3=\frac{2\nu K_1}{\sqrt{2\pi r}}\cos\frac{\theta}{2}\quad(\text{平面应变})$$

塑性区的形状与大小由塑性区同弹性区的边界线确定. 由双剪应力准则, 该边界线是由等效应力达到屈服极限 σ_s 时确定. 对于各向同性材料需由下式确定:

$$f=\sigma_1-\frac{1}{2}(\sigma_2+\sigma_3)=\sigma_s,\quad \text{当}\ \sigma_2\leqslant\frac{1}{2}(\sigma_1+\sigma_3)\tag{24-23}$$

$$f'=\frac{1}{2}(\sigma_1+\sigma_2)-\sigma_3=\sigma_s,\quad \text{当}\ \sigma_2\geqslant\frac{1}{2}(\sigma_1+\sigma_3)$$

$$\tag{24-23'}$$

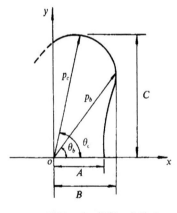

图 24-3 参量 p 的定义

设以 (r_p,θ) 表示塑性区边界上的点, 则把主应力公式 (24-22) 代入式 (24-23), (24-23') 可以求出塑性区边界线上任意一点的向径

$$r_p=\frac{p}{2\pi}\left(\frac{K_1}{\sigma_s}\right)^2\tag{24-24}$$

对于各向同性材料, p 取决于应力状态、极角 θ 和泊松比 ν 的无量纲参量. 塑性区形状和尺寸由图 24-3 定义的 A,B, C 三个参量表征[4].

在平面应力状态下, 将式 (24-22) 代入式 (24-23) 得到向径

$$r_p = \frac{1}{2\pi}\left(\frac{K_1}{\sigma_s}\right)^2\left[\frac{1}{2}\cos\frac{\theta}{2}\left(1+3\sin\frac{\theta}{2}\right)\right]^2 \qquad (24-25)$$

与式(24 - 24)比较则有

$$p = \left[\frac{1}{2}\cos\frac{\theta}{2}\left(1+3\sin\frac{\theta}{2}\right)\right]^2 \qquad (24-25')$$

将式(24 - 22)代入式(24 - 23')则有

$$r_p = \frac{1}{2\pi}\left(\frac{K_1}{\sigma_s}\right)^2\cos^2\frac{\theta}{2} \qquad (24-26)$$

$$p = \cos^2\frac{\theta}{2} \qquad (24-26')$$

参量 p 的轨迹如图 24 - 4 所示. 图中两式的交点角 $\theta_d = 38°56'$ 可由式(24 - 25')和(24 - 26')相等的条件求得. 平面应变条件下的 I 型裂尖塑性区则如图 24 - 5 所示.

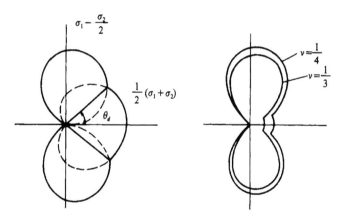

图 24 - 4　I 型裂尖塑性区　　　图 24 - 5　I 型裂尖塑性区
　　　（平面应力）　　　　　　　　　　（平面应变）

在平面应变情况下,为正确运用双剪应力屈服准则,需按双剪准则的附加判别式,确定不同角度范围时的 σ_2,σ_3 的表达式,以正确选用双剪准则的式(24 - 23)或(24 - 23′),即保证式中 $\sigma_2 > \sigma_3$,并按判别式 $\sigma_2 \leqslant$ 或 $\geqslant \frac{1}{2}(\sigma_1 + \sigma_3)$ 选用式(24 - 23)或(24 - 23′),否则 σ_2, σ_3 表达式应互换. 将式(24 - 2)代入式(24 - 23),则有

$$r_p = \frac{1}{2\pi}\left(\frac{K_1}{\sigma_s}\right)^2\left[\frac{1}{2}\cos\frac{\theta}{2}\left(1 - 2\nu + 3\sin\frac{\theta}{2}\right)\right]^2 \qquad (24 - 27)$$

$$p = \left[\frac{1}{2}\cos\frac{\theta}{2}\left(1 - 2\nu + 3\sin\frac{\theta}{2}\right)\right]^2 \qquad (24 - 27′)$$

把式(24 - 22)代入式(24 - 23′),则有

$$r_p = \frac{1}{2\pi}\left(\frac{K_1}{\sigma_s}\right)^2\left[(1 - 2\nu)\cos\frac{\theta}{2}\right]^2 \qquad (24 - 28)$$

$$p = \left[(1 - 2\nu)\cos\frac{\theta}{2}\right]^2 \qquad (24 - 28′)$$

图 24 - 5 绘出 $\nu = \frac{1}{3}$ 和 $\nu = \frac{1}{4}$ 时的 p 的轨迹. $A, B, C, \theta_c, \theta_d$ 的数值见表 24 - 2.

表　24 - 2

应力状态	泊松比 ν	b	计　　算　　值							
			A	A/b	B	θ_b	B/b	C	θ_c	C/b	θ_d
平面应力		1	1.00	1.00	1.00	0	1.00	±1.23	±78	1.23	±39
平面应变	1/3	1/3	0.11	0.33	0.34	±51	1.02	±0.75	±86	2.25	±12.7
	1/4		0.25	0.75	0.42	±47	1.25	±0.81	±83.7	2.58	±19.2

　　现在把平面应力和平面应变状态下的塑区尺寸作一比较. 令 $\lambda = \dfrac{r_p(\text{平面应力})}{r_p(\text{平面应变})}$,当 $\theta = 0°$ 时,有

$$\lambda = \frac{1}{(1 - 2\nu)^2}$$

$\nu=\dfrac{1}{3}$ 时 $\lambda=9$,$\nu=\dfrac{1}{4}$ 时 $\lambda=4$. 当 $\theta=90°$时,有

$$\lambda=\frac{9.73}{(1-2\nu+2.12)^2}$$

$\nu=\dfrac{1}{3}$时 $\lambda=1.62$, $\nu=\dfrac{1}{4}$时,$\lambda=1.12$.

§24.6　纯Ⅱ型裂尖塑性区

纯Ⅱ型裂尖主应力表达式

$$\left.\begin{matrix}\sigma_1\\\sigma_2\end{matrix}\right\}=\frac{K_2}{\sqrt{2\pi r}}\left[-\sin\frac{\theta}{2}\pm\left(1-\frac{3}{4}\sin^2\theta\right)^{1/2}\right]$$

$$\sigma_3=0 \quad (平面应力) \tag{24-29}$$

$$\sigma_3=-\frac{2\nu K_2}{\sqrt{2\pi r}}\sin\frac{\theta}{2} \quad (平面应变)$$

24.6.1　平面应力状态

将上式代入式(24-23′)则有

$$r_p=\frac{1}{2\pi}\left(\frac{K_2}{\sigma_s}\right)^2\left[\frac{3}{2}\left(1-\frac{3}{4}\sin^2\theta\right)^{1/2}-\frac{1}{2}\sin\frac{\theta}{2}\right]^2$$

$$p=\left[\frac{3}{2}\left(1-\frac{3}{4}\sin^2\theta\right)^{1/2}-\frac{1}{2}\sin\frac{\theta}{2}\right]^2 \tag{24-30}$$

将式(24-29)代入式(24-23′)则有

$$r_p=\frac{1}{2\pi}\left(\frac{K_2}{\sigma_s}\right)^2\sin^2\frac{\theta}{2}$$

$$p=\sin^2\frac{\theta}{2} \tag{24-31}$$

p 的轨迹见图 24-6.

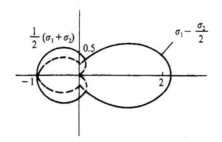

图 24 - 6 Ⅰ型裂尖塑性区(平面应力)

24.6.2 平面应变状态

将式(24 - 29)代入式(24 - 23),(24 - 23′)则有

$$r_p = \frac{1}{2\pi}\left(\frac{K_2}{\sigma_s}\right)^2\left[\frac{3}{2}\left(1-\frac{3}{4}\sin^2\theta\right)^{1/2}-\frac{1}{2}(1-2\nu)\sin\frac{\theta}{2}\right]^2$$

$$r_p = \frac{1}{2\pi}\left(\frac{K_2}{\sigma_s}\right)^2\left[(1-2\nu)\sin\frac{\theta}{2}\right]^2 \qquad (24-32)$$

当 $\nu=\frac{1}{3}$ 时

$$r_p = \frac{1}{2\pi}\left(\frac{K_2}{\sigma_s}\right)^2\left[\frac{3}{2}\left(1-\frac{3}{4}\sin^2\theta\right)^{1/2}-\frac{1}{6}\sin\frac{\theta}{2}\right]^2$$

$$r_p = \frac{1}{2\pi}\left(\frac{K_2}{\sigma_s}\right)^2\frac{1}{9}\sin^2\frac{\theta}{2}$$

r_p 的图形如图 24 - 7.

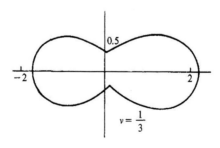

图 24 - 7 Ⅱ型裂尖塑性区(平面应变)

§24.7 I-II复合型裂尖塑性区

I-II复合型裂尖的主应力为

$$\sigma_1 \atop 2 = \frac{K_1}{\sqrt{2\pi r}}\Bigg(\cos\frac{\theta}{2} - \alpha_{12}\sin\frac{\theta}{2}$$

$$\pm \sqrt{\sin^2\theta + 2\alpha_{12}\sin2\theta + \alpha_{12}^2(4 - 3\sin^2\theta)} \Bigg) \qquad (24-33)$$

式中 $\alpha_{12} = \dfrac{K_2}{K_1}$.

平面应力状态下,当 $\tau_{12} \geqslant \tau_{23}$,即 $\sigma_2 \leqslant \dfrac{1}{2}(\sigma_1 + \sigma_3)$ 时,

$$r_p = \frac{K_1^2}{8\pi\sigma_s^2}\Bigg(\cos\frac{\theta}{2} - \alpha_{12}\sin\frac{\theta}{2}$$

$$+ \frac{3}{2}\sqrt{\sin^2\theta + 2\alpha_{12}\sin2\theta + \alpha_{12}^2(4 - 3\sin^2\theta)} \Bigg)^2 \qquad (24-34)$$

当 $\tau_{12} \leqslant \tau_{23}$,即 $\sigma_2 \geqslant \dfrac{1}{2}(\sigma_1 + \sigma_3)$ 时,

$$r_p = \frac{K_1^2}{2\pi\sigma_s^2}\Bigg(\cos\frac{\theta}{2} - \alpha_{12}\sin\frac{\theta}{2} \Bigg)^2 \qquad (24-34')$$

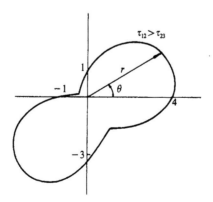

图 24-8　I-II复合型裂尖塑性区($K_1 = K_2$)

例如,当 $K_1=K_2, \alpha_{12}=1$ 时, r_p 的图形如图 24-8.

§24.8 双剪裂尖塑性区讨论

(1)双剪应力准则有两个表达式,所以求得的塑性区曲线由两部分构成(与 Tresca 准则求塑性区曲线相似),而在 I-II 型裂尖,且在 $K_1=K_2$ 的特殊情况下,塑性区边界由一条曲线确定.

(2)用双剪应力准则求得的塑性区比用 Mises 准则求得的塑性区略小,更小于用 Tresca 准则求得的塑性区.说明当材料的 τ_s/σ_s 比值越大,则塑性区越小,抗断裂能力越差.

(3)在 I 型裂纹问题的平面应变状态下,材料的 ν 越大,塑性区越小.

(4)在 K_1 保持恒定的情况下, K_2 的存在使塑性区尺寸明显增大.

§24.9 纯 I 型裂纹裂尖塑性区的变化规律

以往文献中以及以上讨论的裂尖塑性区都限于某一种单一的屈服准则,并且都是单参数的屈服准则.它们都只适用于拉压强度相等的材料.为了研究更广泛材料的情况,以及分析各种屈服准则得出的裂尖塑性区的变化规律,鲁宁、强洪夫采用俞茂宏统一强度理论进行了研究,并用计算机作出各种情况下的塑性区图,较为清晰地显示了各种参数变化所引起的裂尖塑性区改变的规律,为这一问题的研究提供了有意义的结果.

24.9.1 纯 I 型裂纹的裂尖塑性区(平面应力)

统一强度理论已在第七章作了阐述,为了表述和讨论方便,下面列出它的主应力表达式,即

$$F=\sigma_1-\frac{\alpha}{1+b}(b\sigma_2+\sigma_3)=\sigma_t \qquad 当 \sigma_2\leqslant\frac{\sigma_1+\alpha\sigma_3}{1+\alpha} \quad (24-35)$$

$$F' = \frac{1}{1+b}(\sigma_1 + b\sigma_2) - \alpha\sigma_3 = \sigma_t \qquad \text{当 } \sigma_2 \geqslant \frac{\sigma_1 + \alpha\sigma_3}{1+\alpha}$$

$$(24-35')$$

裂尖应力为

$$\sigma_1 = \frac{K_1}{\sqrt{2\pi r}} \cos\frac{\theta}{2}\left(1 + \sin\frac{\theta}{2}\right)$$

$$\sigma_2 = \frac{K_1}{\sqrt{2\pi r}} \cos\frac{\theta}{2}\left(1 - \sin\frac{\theta}{2}\right)$$

$$\sigma_3 = \begin{cases} 0 & \text{（平面应力）} \\ \dfrac{2rK_1}{\sqrt{2\pi r}} \cos\dfrac{\theta}{2} & \text{（平面应变）} \end{cases} \qquad (24-36)$$

将式(24-36)代入式(24-35、24-35'),并由 $F=F'$ 条件确定式 (24-35)和(24-35')的适用的条件. 在交界点上的极坐标角度

$$\theta_b = 2\arcsin\frac{\alpha}{2+\alpha}, \qquad F = F' \qquad (24-37)$$

当 $\theta \geqslant \theta_b$ 时,由式(24-35)和(24-36)可推导出裂尖塑性区变化的矢长

$$r = \frac{1}{2\pi}\left\{\frac{K_1}{\sigma_t}\cos\frac{\theta}{2}\left[1 - \frac{\alpha b}{1+\alpha} + \left(1 + \frac{\alpha b}{1+b}\right)\sin\frac{\theta}{2}\right]\right\}^2$$

$$(24-38)$$

当 $\theta \leqslant \theta_b$ 时,由式(24-35')和(24-36)得

$$r = \frac{1}{2\pi}\left[\frac{K_1}{\sigma_t}\cos\frac{\theta}{2}\left(1 + \frac{1-b}{1+b}\sin\frac{\theta}{2}\right)\right]^2 \qquad (24-39)$$

由以上二式,可作出各种不同条件下的裂尖塑性区的变化规律图. 图 24-9 为双剪强度理论在不同的材料拉压比 $\alpha = \sigma_t/\sigma_c$ 下的塑性区图形. 图 24-10 为材料拉压强度相同($\alpha=1$)时,采用不同屈服准则所得出的裂尖塑性区.

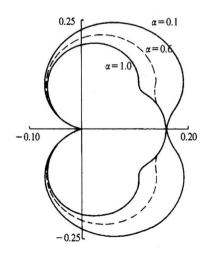

图 24-9 双剪应力裂尖塑性区(平面应力,b=1)

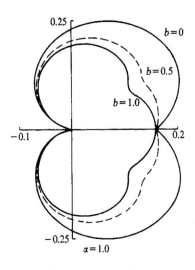

图 24-10 不同准则时的裂尖塑性区(平面应力,α=1)

24.9.2 纯 I 型裂纹的裂尖塑性区（平面应变）

在平面应变时,式(24-35)和(24-35′)的交界点角度

$$\theta_b = 2\arc\sin\frac{\alpha(1-2\nu)}{2+\alpha} \qquad F=F' \qquad (24-40)$$

由于不同 θ 角时的应力状态有所不同,所以对统一强度理论的应用条件需加以判断,并按式(24-35),(24-35′)的附加条件予以选用.为了探讨上式的条件,引入 θ_0,它的定义为

$\theta \leqslant \theta_0 = 2\arc\sin(1-2\nu)$ 时, $\sigma_2 \geqslant \sigma_3$

$\theta \geqslant \theta_0$ 时, $\sigma_2 \leqslant \sigma_3$, $\sigma_1 > \sigma_3 \geqslant \sigma_2$, $\sigma_3 \leqslant \dfrac{1}{2}(\sigma_1+\sigma_2) \leqslant \dfrac{\sigma_1+\alpha\sigma_2}{1+\alpha}$

因为材料拉压比 α 的变化范围为 $0 \leqslant \alpha \leqslant 1$,所以 $\dfrac{\alpha}{2+\alpha} < 1$,故 $\theta_b < \theta_0$.裂尖塑性区按以下三种情况计算

(1)当 $\theta \leqslant \theta_b$ 时,由式(24-35′)得

$$r = \frac{1}{2\pi}\left[\frac{K_1}{\sigma_t}\cos\frac{\theta}{2}\left(1-2\alpha\nu+\frac{1-b}{1+b}\sin\frac{\theta}{2}\right)\right]^2 \qquad (24-41)$$

(2)当 $\theta_b \leqslant \theta \leqslant \theta_0$ 时,由式(24-35)得

$$r = \frac{1}{2\pi}\left\{\frac{K_1}{\sigma_t}\cos\frac{\theta}{2}\left[1-\frac{\alpha b}{1+b}-\frac{2\alpha\nu}{1+b}+\sin\frac{\theta}{2}\left(1+\frac{\alpha b}{1+b}\right)\right]\right\}^2 \qquad (24-42)$$

(3)当 $\theta > \theta_0$ 时,σ_2,σ_3 互换,由式(24-35′)得

$$r = \frac{1}{2\pi}\left\{\frac{K_1}{\sigma_t}\cos\frac{\theta}{2}\left[1-\frac{\alpha}{1+b}-\frac{2\alpha b\nu}{1+b}+\sin\frac{\theta}{2}\left(1+\frac{\alpha}{1+b}\right)\right]\right\}^2 \qquad (24-43)$$

根据以上三式,可作出双剪屈服准则的裂尖塑性区图如图24-11所示.图中内曲线①为平面应变的情况,外曲线②为平面应力的情况.图24-12为平面应变时双剪强度理论在不同材料拉压

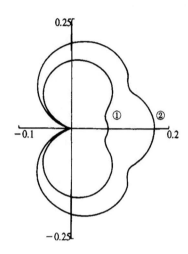

图 24-11 双剪屈服准则的裂尖
塑性区图($a=1,b=1$)

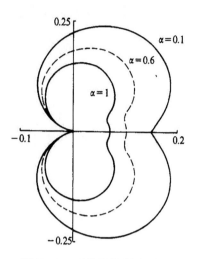

图 24-12 双剪强度理论的裂尖
塑性区图($a\neq1,b=1$)

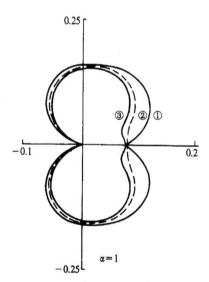

图 24-13 统一屈服准则的三种特例
（平面应变,$a=1$）

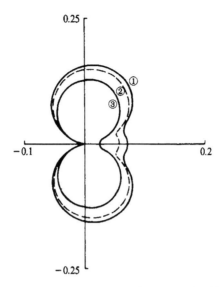

图 24-14 泊松比对塑性区的影响($b=1,a=1$,平面应变)
①$\nu=0.167$；②$\nu=0.2$；③$\nu=0.3$

比 a(拉伸强度不变)时得出的结果.

图 24-13 为统一屈服准则的三种特例. 即图中曲线①是 $b=0$ (单剪屈服准则或 Tresca 屈服准则),曲线②是 $b=0.5$(Mises 准则的线性逼近),曲线③为 $b=1$ 的双剪屈服准则所得出的结果. 它们的变化规律与图 24-10 的平面应力时的情况相类似,即单剪理论的塑性区最大,双剪理论的塑性区最小,Mises 准则则介于两者之间.

此外,在平面应变情况下,裂尖塑性区还与材料的泊松比 ν 有关,图 24-14 给出了在 $a=1,b=1$ 情况下(双剪应力屈服准则),泊松比 ν 改变所引起的裂尖塑性区变化的情况. 图中的①②③三条曲线分别对应于 $\nu=0.167,\nu=0.2$ 和 $\nu=0.3$ 三种情况.

§24.10 纯 II 型裂纹裂尖塑性区的变化规律

纯 II 型裂尖主应力式已在 §24.6 中给出,如式(24-29).下面我们分别对平面应力和平面应变两种情况进行阐述.

24.10.1 平面应力

下面研究材料拉压强度不同($0 \leqslant \alpha < 1$)时的一般情况,判别应力状态.

$0 \leqslant \theta \leqslant \pi$, 恒有 $\sigma_2 \leqslant \sigma_3$

$\theta \leqslant \theta_0 = 2 \text{arc} \sin \dfrac{1}{\sqrt{3}}$ 时, $\sigma_1 \geqslant 0$, $\sigma_1 \geqslant \sigma_3 \geqslant \sigma_2$

$\theta \leqslant \theta_b$ 时, $\sigma_1 \leqslant 0$, $\sigma_3 \geqslant \sigma_1 \geqslant \sigma_2$

当 $\theta \leqslant \theta_0$ 且 $F = F'$ 时,得

$$3\sin^4 \frac{\theta}{2} - \left[3 + \left(\frac{1+\alpha}{1-\alpha} \right)^2 \right] \sin^2 \frac{\theta}{2} + 1 = 0$$

$$\sin^2 \frac{\theta}{2} = \frac{3 + \left(\frac{1+\alpha}{1-\alpha} \right)^2 \pm \sqrt{\left[3 + \left(\frac{1+\alpha}{1-\alpha} \right)^2 \right]^2 - 12}}{6}$$

由上式可解得

$$\theta_{b1} = 2 \text{arc} \sin \left\{ \frac{1}{6} \left[3 + \left(\frac{1+\alpha}{1-\alpha} \right)^2 + \sqrt{\left[3 + \left(\frac{1+\alpha}{1-\alpha} \right)^2 \right]^2 - 12} \right] \right\}^{1/2}$$

$$(24-44)$$

$$\theta_{b2} = 2 \text{arc} \sin \left\{ \frac{1}{6} \left[3 + \left(\frac{1+\alpha}{1-\alpha} \right)^2 - \sqrt{\left[3 + \left(\frac{1+\alpha}{1-\alpha} \right)^2 \right]^2 - 12} \right] \right\}^{1/2}$$

$$(24-45)$$

判别根式,因为 $\dfrac{1+\alpha}{1-\alpha} \geqslant 1$,所以有

$$\Delta = \left[3 + \left(\frac{1+\alpha}{1-\alpha} \right)^2 \right]^2 - 12 \geqslant 4$$

则

$$3 + \left(\frac{1+\alpha}{1-\alpha} \right)^2 + \sqrt{\Delta} \geqslant 6$$

所以 θ_{b1} 不存在. 当 $0 \leqslant \alpha < 1$ 时, $\theta_b = \theta_{b2} < \theta_0$, 因此, 裂尖塑性区计算公式可推导得出, 它们由下列三个公式决定.

(1) 当 $\theta \leqslant \theta_b$ 时, 由统一强度理论式(24-35)推导得出裂尖塑性区为

$$r = \frac{1}{2\pi} \left\{ \frac{K_2}{\sigma_t} \left[\left(-1 + \frac{\alpha}{1+b} \right) \sin \frac{\theta}{2} \right. \right.$$
$$\left. \left. + \left(1 + \frac{\alpha}{1+b} \right) \left(1 - \frac{3}{4} \sin^2\theta \right)^{1/2} \right] \right\}^2 \qquad (24-46)$$

(2) 当 $\theta_b \leqslant \theta \leqslant \theta_0$ 时, 由统一强度理论式(24-35′)得到

$$r = \frac{1}{2\pi} \left\{ \frac{K_2}{\sigma_t} \left[\left(\frac{\alpha}{1+b} - 1 \right) \sin \frac{\theta}{2} \right. \right.$$
$$\left. \left. + \left(\frac{1}{1+b} + \alpha \right) \left(1 - \frac{3}{4} \sin^2\theta \right)^{1/2} \right] \right\}^2 \qquad (24-47)$$

(3) 当 $\theta \geqslant \theta_0$ 时, 由统一强度理论式(24-35′)得

$$r = \frac{1}{2\pi} \left\{ \frac{K_2}{\sigma_t} \left[\left(\alpha - \frac{b}{1+b} \right) \sin \frac{\theta}{2} \right. \right.$$
$$\left. \left. + \left(\alpha + \frac{b}{1+b} \right) \left(1 - \frac{3}{4} \sin^2\theta \right)^{1/2} \right] \right\}^2 \qquad (24-48)$$

以上三式具有普遍的意义. 根据这些公式, 可以绘出一系列不同情况下的裂尖塑性区的图形. 图 24-15 是当 $b=1$, $\alpha=0.1$, 0.6, 1.0 时, 双剪强度理论在平面应力状态下的 Ⅱ 型裂纹裂尖塑性区.

当材料的拉压强度相同($\alpha=1$)时, 俞茂宏的统一强度理论蜕化为统一屈服准则, 相应的计算公式和推导结果可简化如下.

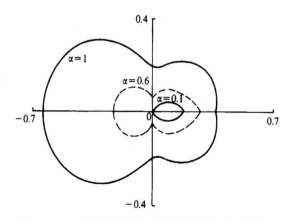

图 24-15 双剪强度理论的 I 型裂尖塑性区(平面应力,b=1)

当 $\theta < \theta_0$ 时,恒有 $\sigma_2 \geqslant \dfrac{\sigma_1 + \sigma_3}{2}$,由统一强度理论($\alpha=1$)的式(24-35′)得

$$r = \frac{1}{2\pi}\left\{\frac{K_2}{\sigma_s}\left[\left(\frac{b}{1+b}-1\right)\sin\frac{\theta}{2}+\left(\frac{2+b}{1+b}\right)\left(1-\frac{3}{4}\sin^2\theta\right)^{1/2}\right]\right\}^2$$

$$(24-49)$$

当 $\theta \geqslant \theta_0$ 时,由式(24-35′)得

$$r = \frac{1}{2\pi}\left\{\frac{K_2}{\sigma_s}\left[\left(\frac{1}{1+b}\right)\sin\frac{\theta}{2}+\left(\frac{1+2b}{1+b}\right)\left(1-\frac{3}{4}\sin^2\theta\right)^{1/2}\right]\right\}^2$$

$$(24-50)$$

图 24-16 绘出了在材料拉压强度相同($\alpha=1$)时不同屈服准则的裂尖塑性区.$b=0$ 为单剪强度理论,这时的塑性区最大;$b=1$ 为双剪强度理论,塑性区最小;$b=0.5$,为 Mises 屈服准则的线性逼近,介于两者之间并偏向于双剪强度理论.由于单剪屈服准则和双剪屈服准则分别为各种外凸屈服准则的下限和上限,所以图 24-16 也反映了相应的塑性区的变化范围.

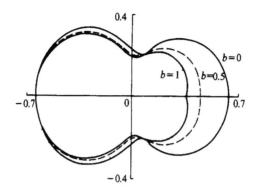

图 24-16 统一屈服准则的 I 型裂纹裂尖塑性区(平面应力)

24.10.2 平面应变

平面应变时的裂尖塑性区与材料的泊松比 ν 有关,并影响塑性区不同计算式的交界角度.现研究并推导得出相应的计算公式.

当 $0 \leqslant \theta \leqslant \pi$ 时,恒有 $\sigma_2 \leqslant \sigma_3$. 令

$$\nu_0 = \frac{1}{2}\left(1 - \sqrt{2\sqrt{3} - 3}\right)$$

则 $\nu \geqslant \nu_0$ 时,恒有 $\sigma_1 \geqslant \sigma_3$. 当 $\nu < \frac{1}{2}\left(1 - \sqrt{2\sqrt{3} - 3}\right)$ 时,若 $\theta_{01} \leqslant \theta \leqslant \theta_{02}$,则 $\sigma_1 \leqslant \sigma_3$. 其中

$$\theta_{01} = 2\arcsin\left\{\frac{1}{6}\left[3 + (1-2\nu)^2 - \sqrt{[3 + (1-2\nu)^2]^2 - 12}\right]\right\}^{1/2}$$

$$(24-51)$$

$$\theta_{02} = 2\arcsin\left\{\frac{1}{6}\left[3 + (1-2\nu)^2 + \sqrt{[3 + (1-2\nu)^2]^2 - 12}\right]\right\}^{1/2}$$

$$(24-52)$$

由式 (24-35)，(24-35′) 的 $F=F'$，得

$$3\sin^4\frac{\theta}{2}-\left[3+(1-2\nu)^2\left(\frac{1+\alpha}{1-\alpha}\right)^2\right]\sin^2\frac{\theta}{2}+1=0$$

$$\sin^2\frac{\theta}{2}=\frac{1}{6}\left[3+(1-2\nu)^2\left(\frac{1+\alpha}{1-\alpha}\right)^2\right.$$

$$\left.\pm\sqrt{\left[3+(1-2\nu)^2\left(\frac{1+\alpha}{1-\alpha}\right)^2\right]^2-12}\right]$$

$$\theta_{b1}=2\arcsin\left\{\frac{1}{6}\left[3+(1-2\nu)^2\left(\frac{1+\alpha}{1-\alpha}\right)^2\right.\right.$$

$$\left.\left.-\sqrt{\left[3+(1-2\nu)^2\left(\frac{1+\alpha}{1-\alpha}\right)^2\right]^2-12}\right]\right\}^{1/2}$$

$$\theta_{b2}=2\arcsin\left\{\frac{1}{6}\left[3+(1-2\nu)^2\left(\frac{1+\alpha}{1-\alpha}\right)^2\right.\right.$$

$$\left.\left.+\sqrt{\left[3+(1-2\nu)^2\left(\frac{1+\alpha}{1-\alpha}\right)^2\right]^2-12}\right]\right\}^{1/2}$$

现分析下面二种情况.

（1）$\nu<\nu_0$.

（a）$\theta\leqslant\theta_{01}$时，因为 $\theta_{b2}\geqslant\theta_{01}$，所以 θ_{b2}不存在. 当 $\theta\leqslant\theta_{b1}$时，由统一强度理论式（24-35）可推导得出

$$r=\frac{1}{2\pi}\left\{\frac{K_2}{\sigma_t}\left[\left(\frac{\alpha}{1+b}+\frac{2\alpha b\nu}{1+b}-1\right)\sin\frac{\theta}{2}\right.\right.$$
$$\left.\left.+\left(1+\frac{\alpha}{1+b}\right)\left(1-\frac{3}{4}\sin^2\theta\right)^{1/2}\right]\right\}^2 \qquad (24-53)$$

当 $\theta_{b1}\leqslant\theta\leqslant\theta_{01}$时，由统一强度理论式（24-35′）得

$$r=\frac{1}{2\pi}\left\{\frac{K_2}{\sigma_t}\left[\left(\alpha-\frac{1+2b\nu}{1+b}\right)\sin\frac{\theta}{2}\right.\right.$$
$$\left.\left.+\left(\alpha+\frac{1}{1+b}\right)\left(1-\frac{3}{4}\sin^2\theta\right)^{1/2}\right]\right\}^2 \qquad (24-54)$$

（b）$\theta_{01}\leqslant\theta\leqslant\theta_{02}$时，恒有 $\sigma_2\leqslant\dfrac{\sigma_1+\alpha\sigma_3}{1+\alpha}$，由式（24-35）可得

$$r = \frac{1}{2\pi} \left\{ \frac{K_2}{\sigma_t} \left[(\alpha - 2\nu)\sin\frac{\theta}{2} + \frac{\alpha(1-b)}{1+b} \left(1 - \frac{3}{4}\sin^2\theta\right)^{1/2} \right] \right\}^2 \qquad (24-55)$$

（c）$\theta \geqslant \theta_{02}$时，因为$\theta_{b1} \leqslant \theta_{02}$，故$\theta_{b1}$不存在. 当$\theta_{02} \leqslant \theta \leqslant \theta_{b2}$时，由统一强度理论式（24-35'）可得

$$r = \frac{1}{2\pi} \left\{ \frac{K_2}{\sigma_t} \left[\left(\alpha - \frac{1+2b\nu}{1+b}\right)\sin\frac{\theta}{2} + \left(\alpha + \frac{1}{1+b}\right) \left(1 - \frac{3}{4}\sin^2\theta\right)^{1/2} \right] \right\}^2 \qquad (24-56)$$

当$\theta \geqslant \theta_{b2}$时，由式（24-35）得

$$r = \frac{1}{2\pi} \left\{ \frac{K_2}{\sigma_t} \left[\left(\frac{\alpha}{1+b} + \frac{2\alpha b\nu}{1+b} - 1\right)\sin\frac{\theta}{2} + \left(1 + \frac{\alpha}{1+b}\right) \left(1 - \frac{3}{4}\sin^2\theta\right)^{1/2} \right] \right\}^2 \qquad (24-57)$$

（2）$\nu \geqslant \nu_0$时，恒有$\sigma_1 \geqslant \sigma_3$. 当$\theta \leqslant \theta_{b1}$时，式（24-35）得

$$r = \frac{1}{2\pi} \left\{ \frac{K_2}{\sigma_t} \left[\left(\frac{\alpha}{1+b} + \frac{2\alpha b\nu}{1+b} - 1\right)\sin\frac{\theta}{2} + \left(1 + \frac{\alpha}{1+b}\right) \left(1 - \frac{3}{4}\sin^2\theta\right)^{1/2} \right] \right\}^2 \qquad (24-58)$$

当$\theta_{b1} \leqslant \theta \leqslant \theta_{b2}$时，式（24-36）得

$$r = \frac{1}{2\pi} \left\{ \frac{K_2}{\sigma_t} \left[\left(\alpha - \frac{1+2b\nu}{1+b}\right)\sin\frac{\theta}{2} + \left(\alpha + \frac{1}{1+b}\right) \left(1 - \frac{3}{4}\sin^2\theta\right)^{1/2} \right] \right\}^2 \qquad (24-59)$$

当$\theta \geqslant \theta_{b2}$时，由式（24-35）得

$$r = \frac{1}{2\pi} \left\{ \frac{K_2}{\sigma_t} \left[\left(\frac{\alpha}{1+b} + \frac{2\alpha b\nu}{1+b} - 1\right)\sin\frac{\theta}{2} + \left(1 + \frac{\alpha}{1+b}\right) \left(1 - \frac{3}{4}\sin^2\theta\right)^{1/2} \right] \right\}^2 \qquad (24-60)$$

由式 (24-53) 至 (24-60)，可以作出一系列不同 α（材料拉压强度比）、不同 ν（泊松比）、不同 b（不同屈服准则）时的 I 型裂纹裂尖塑性区图，并从中分析它们的变化规律. 图 24-17 为平面应变的 I 型裂纹裂尖塑性区（$b=1$，即双剪强度理论）. b 值不同时，可得其他一系列图形.

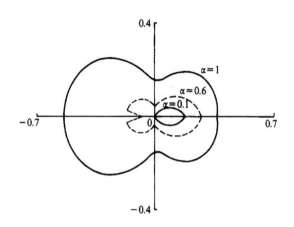

图 24-17　双剪强度理论的裂尖塑性区（I 型，$\alpha\neq1$，$b=1$，平面应变）

§24.11　金属材料的 II 型裂纹裂尖塑性区

如果材料的拉压强度相同，则材料拉压比 $\alpha=1$，这时，平面应变 II 型裂纹裂尖塑性区的计算公式可简化为以下三式（二种情况）

（1）$\nu<\nu_0$. 当 $\theta_{01}\leqslant\theta\leqslant\theta_{02}$ 时，恒有 $\sigma_2\leqslant\dfrac{\sigma_1+\sigma_3}{2}$，可按统一强度理论式（24-35）的特例（即统一屈服准则）求得，或由以上各式简化得出

$$r=\frac{1}{2\pi}\left\{\frac{K_2}{\sigma_s}\left[(1-2\nu)\,\sin\frac{\theta}{2}+\frac{\alpha\,(1-b)}{1+b}\left(1-\frac{3}{4}\sin^2\theta\right)^{1/2}\right]\right\}^2$$

$$(24-61)$$

当 $\theta \leqslant \theta_{01}$ 或 $\theta \geqslant \theta_{02}$ 时，恒有 $\sigma_2 \geqslant \dfrac{\sigma_1 + \sigma_3}{2}$，由式 (24-35') 得

$$r = \frac{1}{2\pi} \left\{ \frac{K_2}{\sigma_s} \left[\left(\alpha - \frac{1+2b\nu}{1+b} \right) \sin \frac{\theta}{2} \right. \right.$$
$$\left. \left. + \left(\alpha + \frac{1}{1+b} \right) \left(1 - \frac{3}{4} \sin^2\theta \right)^{1/2} \right] \right\}^2 \qquad (24-62)$$

(2) $\nu \geqslant \nu_0$ 时，恒有 $\sigma_1 \geqslant \sigma_3$，且 $\sigma_2 \geqslant \dfrac{1}{2}(\sigma_1 + \sigma_3)$，由式 (24-35') 可得

$$r = \frac{1}{2\pi} \left\{ \frac{K_2}{\sigma_s} \left[\left(1 - \frac{1+2b\nu}{1+b} \right) \sin \frac{\theta}{2} \right. \right.$$
$$\left. \left. + \left(1 + \frac{1}{1+b} \right) \left(1 - \frac{3}{4} \sin^2\theta \right)^{1/2} \right] \right\}^2 \qquad (24-63)$$

根据以上各式可作出相应的图形. 图 24-18 为双剪屈服准则 ($b=1$) 所得出的 I 型裂纹裂尖塑性区. 图中曲线①为平面应变的情况，曲线②为平面应力的情况.

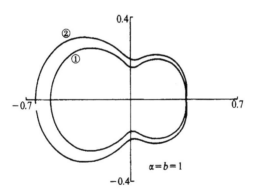

图 24-18 双剪屈服准则的 I 型裂尖塑性区 ($a=1$, $b=1$)

如取不同的 b 值，可得出平面应变时其他屈服准则的 I 型裂纹裂尖塑性区，如图 24-19 所示. 与 I 型裂纹的情况相似，按单剪屈服准则得出的塑性区最大，双剪屈服准则的最小，其他的均介于这两者之间.

图 24 - 20 中曲线①，②，③分别代表材料泊松比 $\nu=0.167$，0.2,0.3 时 Ⅱ 型裂纹在平面应变情况下的裂尖塑性区.

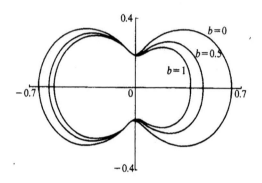

图 24 - 19　平面应变时的统一屈服准则的裂尖塑性区（$\alpha=1$，平面应变）

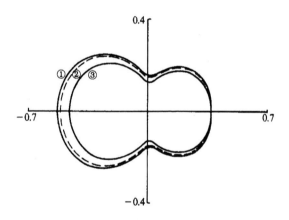

图 24 - 20　泊松比改变时的 Ⅰ 型裂尖塑性区（平面应变，$\alpha=1$，$b=1$）
①$\nu=0.167$；②$\nu=0.2$；③$\nu=0.3$

　　以上我们讨论的情况为裂尖小范围屈服时的裂尖塑性区. 当变形进一步扩展时，需要进一步研究小范围屈服条件下的弹塑性解. 而在分析韧性断裂问题时，需要讨论大范围屈服条件下的解. 由于数学求解上的困难，目前只有 Ⅲ 型问题的解. 而对于 Ⅰ，Ⅱ

型问题，目前尚无较好的解，只有用有限元的数值方法得到一些工程结果. 在这些问题的研究中，双剪理论包括统一强度理论和统一弹塑性理论都可以得到进一步的应用，有待于我们的研究和深入.

参 考 文 献

[1]   力学词典，中国大百科全书出版社，1990，431，485.

[2]   黄克智、余寿文，弹塑性断裂力学，清华大学出版社，1985.

[3]   马德林，广义应力强度因子断裂准则，力学学报，1978，2.

[4]   宋美君、汪木其，主应力强度因子准则，工程力学，1988，3.

[5]   Yu Maohong, Twin shear stress yield criterion, *Int. J. Mech. Sci.*, 1983, **25** (1), 71—74.

[6]   Erdogan, F. and G. C. Sih, On the crack extension in plates under plane lading and transverse sheer, *Trams. ASME. J. Basic Eng.* 1963, 4.

[7]   赵廷仕等，复合型断裂准则的实验研究，华中工学院学报，1985.

[8]   Sih. G. C., Strain energy density factor applied to mixed mode crack problems, *Int. J. Fracture*, 1974, **3** (10).

[9]   赵诒枢，广义最大能量释放率断裂准则，华中工学院学报，1985，(1).

[10]   Banks, I. M. and Garlick, A., *Eng. Fract. Mech.*, 1984, **19** (3), 571—581.

[11]   朱平、沙江波、邓增杰，J积分断裂准则在弹塑性 I-I 复合型加载下的应用探讨，西安交通大学学报，1994，**28** (2)，44—48.

[12]   李贺、尹光志、许江、张文卫，岩石断裂力学，重庆大学出版社，1988.

第二十五章　统一弹塑性理论的应用

§25.1　概　　述

以上各章中我们已经阐述了双剪强度理论和统一强度理论(第七章)以及双剪弹塑性理论和统一弹塑性理论(第十四章),并且通过国内外众多实验结果的对比,说明了统一强度理论和统一弹塑性理论的广泛适用性[1-6]. 把这些理论装入有限元弹塑性计算程序,形成了有统一形式、统一模型、统一弹塑性本构方程、统一弹塑性流动矢量表达式的统一弹塑性程序 UEPP (Unified Elasto-plastic program)[1-7].

UEPP 有较强大的功能和广泛的适用性. 它还具有数学方程简单、物理概念清晰、程序效率高、应用简便等特点,并可在此基础上进行新的补充.

UEPP 中的材料模型可以适用于从金属、塑料到岩石、土体和混凝土等各类材料. 因此 UEPP 可以适用于机械工程、电力工程、化工工程、航空工程、铁道工程等金属结构和机器零部件等的弹性和弹塑性有限元分析,也可以适用于土木工程、水利工程、岩土工程、交通工程、地下基础工程等岩土结构和混凝土结构的弹性和弹塑性分析. 此外,还可以扩充新的功能.

UEPP 的计算功能包括以下几个方面①:

(1)结构弹性分析;

(2)结构弹性极限分析;

(3)结构弹塑性分析;

(4)结构弹粘塑性分析;

---

① Mao Guo-wei, Explantory paper for unified elasto-plastic program, 1992.

(5)特征值分析;

(6)弹塑性瞬态分析;

(7)结构主应力迹线;

(8)结构弹塑性载荷-位移曲线;

(9)结构塑性区扩展图;

(10)其他.

在这一章中,我们将选择一些典型问题,应用 UEPP 进行弹塑性计算.

§25.2 UEPP 的材料模型

统一弹塑性程序中的材料模型采用俞茂宏的统一强度理论,它包含了四大族无限多个准则.为了便于应用,UEPP 选用了统一强度理论中的 12 个典型特例,并且为了便于对比,UEPP 中也列入了现在国内外其他非线性有限元程序中的 4 个材料模型,共计 19 个典型材料模型和一个任设材料模型,即

(1)单剪屈服准则(Tresca 屈服准则,1864);

(2)三剪屈服准则(Mises 屈服准则,1913);

(3)双剪屈服准则(俞茂宏,1961);

(4)单剪强度理论(Mohr-Coulomb 强度理论,1773—1900);

(5)三剪强度理论(Drucker-Prager 准则,1952);

(6)双剪强度理论(俞茂宏,1983—1985);

(7)a,b 任意赋值的计算准则,一般 $0 \leqslant a \leqslant 1, 0 \leqslant b \leqslant 1$;

(8)$a=1, b=0$,此即为 Tresca 准则,与第(1)种材料相同;

(9)$a=1, b=\dfrac{1}{4}$,新准则;

(10)$a=1, b=\dfrac{1}{1+\sqrt{3}}$,为 Mises 准则的线性逼近,与第(2)种材料等效;

(11)$a=1, b=\dfrac{1}{2}$,为 Mises 准则的线性逼近,可取代第(2)种

材料；

(12)$a=1,b=\frac{3}{4}$,新准则；

(13)$a=1,b=1$,为双剪屈服准则,与第(3)种材料相同；

(14)a 任意,$b=0$,为 Mohr-Coulomb 理论,与第(4)种材料相同；

(15)$b=\frac{1}{4}$,新准则；

(16)$b=\frac{1}{2}$,新准则,可取代 Drucker-Prager 准则；

(17)$b=\frac{3}{4}$,新准则；

(18)$b=1$,为双剪强度理论(两参数准则),与第(6)种材料相同；

(19)双剪应力三参数准则,$a\neq b\neq 1$,即 $\sigma_t\neq\sigma_c\neq\sigma_{cc}$；

(20)可自定义.

因此,应用统一弹塑性理论和统一弹塑性有限元计算程序 UEPP,可以十分方便地选用任何一种材料模型进行结构的弹塑性分析.

§25.3　厚壁圆筒受均布内压力

这一问题已被很多人研究过,因此我们选取它作为第一个应用例子,可以作为对比和验证.

厚壁圆筒承受内压作用,如图 25-1 所示(取四分之一圆),如筒较长,可作为平面应变问题分析.材料弹性模量 $E=2.1\times10^5$MPa,泊松比 $\nu=0.3$,单轴向屈服应力 $\sigma_3=240$MPa,用 UEPP 程序的各种不同屈服准则求解其弹性极限、弹塑性应力和塑性极限.

由图 25-2 可知,将四分之一筒体划分为 12 单元,选用八节点等参元,总节点数 51,采用两点高斯积分法,计算结果可输出各节点位移、每个单元高斯点的应力、最大应力值、最小应力值及它

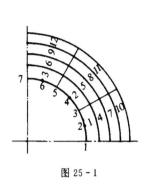

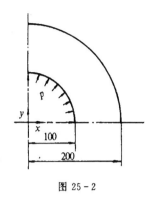

图 25-1   图 25-2

们方位、残余应力等.

25.3.1 求弹性极限

弹性极限一方面可作为结构弹性设计的依据,另一方面也可以作为结构塑性分析时第一次施加载荷的参考. 由于弹性极限只要进行一次运算,所以 UEPP 程序在计算机上可以很快得出. 下面是采用不同准则得出的厚壁圆筒的弹性极限压力.

(1)$p=97.7$MPa   统一屈服准则 $b=0$(或 Tresca 准则)

(2)$p=111.0$MPa   统一屈服准则 $b=\dfrac{1}{1+\sqrt{3}}$

(3)$p=112.6$MPa   Mises 屈服准则(与 $b=\dfrac{1}{1+\sqrt{3}}$ 相似)

(4)$p=125.8$MPa   统一屈服准则 $b=1$(双剪应力准则)

25.3.2 弹塑性状态计算

应用统一屈服准则 $b=\dfrac{1}{1+\sqrt{3}}$ 和 Mises 屈服准则,内压 $p=160$MPa 时,节点位移和单元应力的计算结果如下.

用 $b=1/(1+\sqrt{3})$ 和 Mises 准则计算得出的节点弹塑性位移分别列于表 25-1.

用 $b=1/(1+\sqrt{3})$ 的统一屈服准则计算得出的单元弹塑性应力,列于表 25 - 2。

表 25 - 1　两种准则的位移计算结果

位移($b=1/(1+\sqrt{3})$)			位移(Mises)		
节点	x 方向	y 方向	节点	x 方向	y 方向
1	0.182210E+00	0.000000E+00	1	0.181425E+00	0.000000E+00
2	0.175766E+00	0.470993E-01	2	0.175013E+00	0.468976E-01
3	0.157797E+00	0.911077E-01	3	0.157117E+00	0.907149E-01
4	0.128670E+00	0.128670E+00	4	0.128119E+00	0.128119E+00
5	0.911077E-01	0.157797E+00	5	0.907149E-01	0.157117E+00
6	0.470993E-01	0.175766E+00	6	0.468976E-01	0.175013E+00
7	0.000000E+00	0.182210E+00	7	0.000000E+00	0.181424E+00
8	0.165243E+00	0.000000E+00	8	0.164596E+00	0.000000E+00
9	0.143105E+00	0.826240E-01	9	0.142544E+00	0.823001E-01
10	0.826241E-01	0.143105E+00	10	0.823002E-01	0.142544E+00
11	0.000000E+00	0.165243E+00	11	0.000000E+00	0.164596E+00
12	0.152535E+00	0.000000E+00	12	0.151842E+00	0.000000E+00
13	0.147267E+00	0.394612E-01	13	0.146596E+00	0.392816E-01
14	0.132100E+00	0.762701E-01	14	0.131500E+00	0.759238E-01
15	0.107808E+00	0.107808E+00	15	0.107317E+00	0.107317E+00
16	0.762702E-01	0.132100E+00	16	0.759239E-01	0.131500E+00
17	0.394611E-01	0.147267E+00	17	0.392814E-01	0.146596E+00
18	0.000000E+00	0.152535E+00	18	0.000000E+00	0.151843E+00
19	0.142982E+00	0.000000E+00	19	0.142170E+00	0.000000E+00
20	0.123828E+00	0.714939E-01	20	0.123125E+00	0.710879E-01
21	0.714940E-01	0.123828E+00	21	0.710880E-01	0.123125E+00
22	0.000000E+00	0.142983E+00	22	0.000000E+00	0.142171E+00

	位移($b=1/(1+\sqrt{3})$)			位移（Mises）	
节点	x 方向	y 方向	节点	x 方向	y 方向
23	$0.135676E+00$	$0.000000E+00$	23	$0.135003E+00$	$0.000000E+00$
24	$0.130987E+00$	$0.350982E-01$	24	$0.130336E+00$	$0.349237E-01$
25	$0.117501E+00$	$0.678407E-01$	25	$0.116918E+00$	$0.675040E-01$
26	$0.958912E-01$	$0.958912E-01$	26	$0.954147E-01$	$0.954147E-01$
27	$0.678408E-01$	$0.117501E+00$	27	$0.675041E-01$	$0.116918E+00$
28	$0.350981E-01$	$0.130987E+00$	28	$0.349236E-01$	$0.130336E+00$
29	$0.000000E+00$	$0.135677E+00$	29	$0.000000E+00$	$0.135003E+00$
30	$0.127057E+00$	$0.000000E+00$	30	$0.126426E+00$	$0.000000E+00$
31	$0.110037E+00$	$0.635304E-01$	31	$0.109490E+00$	$0.632149E-01$
32	$0.635303E-01$	$0.110037E+00$	32	$0.632148E-01$	$0.109490E+00$
33	$0.000000E+00$	$0.127057E+00$	33	$0.000000E+00$	$0.126426E+00$
34	$0.120419E+00$	$0.000000E+00$	34	$0.119821E+00$	$0.000000E+00$
35	$0.116262E+00$	$0.311532E-01$	35	$0.115685E+00$	$0.309985E-01$
36	$0.104288E+00$	$0.602112E-01$	36	$0.103770E+00$	$0.599120E-01$
37	$0.851111E-01$	$0.851111E-01$	37	$0.846884E-01$	$0.846884E-01$
38	$0.602110E-01$	$0.104288E+00$	38	$0.599118E-01$	$0.103770E+00$
39	$0.311524E-01$	$0.116261E+00$	39	$0.309977E-01$	$0.115684E+00$
40	$0.000000E+00$	$0.120419E+00$	40	$0.000000E+00$	$0.119821E+00$
41	$0.115203E+00$	$0.000000E+00$	41	$0.114630E+00$	$0.000000E+00$
42	$0.997705E-01$	$0.576024E-01$	42	$0.992749E-01$	$0.573162E-01$
43	$0.576023E-01$	$0.997705E-01$	43	$0.573161E-01$	$0.992749E-01$
44	$0.000000E+00$	$0.115203E+00$	44	$0.000000E+00$	$0.114631E+00$
45	$0.111148E+00$	$0.000000E+00$	45	$0.110596E+00$	$0.000000E+00$
46	$0.107343E+00$	$0.287622E-01$	46	$0.106810E+00$	$0.286193E-01$
47	$0.962597E-01$	$0.555747E-01$	47	$0.957816E-01$	$0.552987E-01$
48	$0.785823E-01$	$0.785823E-01$	48	$0.781919E-01$	$0.781920E-01$
49	$0.555747E-01$	$0.962595E-01$	49	$0.552987E-01$	$0.957814E-01$
50	$0.287623E-01$	$0.107343E+00$	50	$0.286194E-01$	$0.106810E+00$
51	$0.000000E+00$	$0.111148E+00$	51	$0.000000E+00$	$0.110596E+00$

表 25-2 加权双剪屈服准则的弹塑性应力

G.P.	σ_x	σ_y	τ_{xy}	σ_z	最大主应力	最小主应力	角度	E.P.S.
单元号 1								
1	$-0.143588E+03$	$0.126515E+03$	$-0.307985E+02$	$-0.825266E+01$	$0.129982E+03$	$-0.147056E+03$	-83.577	$0.922726E-03$
2	$-0.102731E+03$	$0.856589E+02$	$-0.101562E+03$	$-0.825171E+01$	$0.129983E+03$	$-0.147055E+03$	-66.422	$0.922633E-03$
3	$-0.114539E+03$	$0.155510E+03$	$-0.307115E+02$	$0.210647E+02$	$0.158959E+03$	$-0.117988E+03$	-83.593	$0.490604E-03$
4	$-0.736252E+02$	$0.114590E+03$	$-0.101580E+03$	$0.210627E+02$	$0.158955E+03$	$-0.117991E+03$	-66.407	$0.490566E-03$
单元号 2								
1	$-0.493917E+02$	$0.323156E+02$	$-0.132357E+03$	$-0.825179E+01$	$0.129981E+03$	$-0.147057E+03$	-53.577	$0.922538E-03$
2	$0.323158E+02$	$-0.493914E+02$	$-0.132357E+03$	$-0.825161E+01$	$0.129981E+03$	$-0.147056E+03$	-36.423	$0.922538E-03$
3	$-0.204302E+02$	$0.613999E+02$	$-0.132291E+03$	$0.210631E+02$	$0.158958E+03$	$-0.117989E+03$	-53.593	$0.490473E-03$
4	$0.613993E+02$	$-0.204308E+02$	$-0.132291E+03$	$0.210626E+02$	$0.158958E+03$	$-0.117989E+03$	-36.407	$0.490471E-03$
单元号 3								
1	$0.856586E+02$	$-0.102731E+03$	$-0.101562E+03$	$-0.825190E+01$	$0.129983E+03$	$-0.147055E+03$	-23.578	$0.922637E-03$
2	$0.126515E+03$	$-0.143588E+03$	$-0.307983E+02$	$-0.825260E+01$	$0.129982E+03$	$-0.147056E+03$	-6.423	$0.922723E-03$
3	$0.114591E+03$	$-0.736246E+02$	$-0.101580E+03$	$0.210632E+02$	$0.158956E+03$	$-0.117990E+03$	-23.593	$0.490573E-03$
4	$0.155510E+03$	$-0.114540E+03$	$-0.307116E+02$	$0.210645E+02$	$0.158958E+03$	$-0.117988E+03$	-6.407	$0.490600E-03$
单元号 4								
1	$-0.954415E+02$	$0.174443E+03$	$-0.306376E+02$	$0.382955E+02$	$0.177877E+03$	$-0.988758E+02$	-83.604	$0.259392E-03$
2	$-0.545035E+02$	$0.133506E+03$	$-0.101544E+03$	$0.382942E+02$	$0.177878E+03$	$-0.988749E+02$	-66.396	$0.259362E-03$
3	$-0.711935E+02$	$0.192329E+03$	$-0.299879E+02$	$0.383798E+02$	$0.195698E+03$	$-0.745630E+02$	-83.589	$0.362406E-04$
4	$-0.312879E+02$	$0.152417E+03$	$-0.991134E+02$	$0.383768E+02$	$0.195695E+03$	$-0.745664E+02$	-66.411	$0.362242E-04$

G.P. 单元号	σ_x	σ_y	τ_{xy}	σ_z	最大主应力	最小主应力	角度	E.P.S.
5								
1	$-0.143883E+01$	$0.804328E+02$	$-0.132182E+03$	$0.382888E+02$	$0.177873E+03$	$-0.988791E+02$	-53.604	$0.259312E-03$
2	$0.804325E+02$	$-0.143895E+02$	$-0.132182E+03$	$0.382885E+02$	$0.177873E+03$	$-0.988793E+02$	-36.396	$0.259309E-03$
3	$0.206577E+02$	$0.100473E+03$	$-0.129103E+03$	$0.383762E+02$	$0.195696E+03$	$-0.745650E+02$	-53.589	$0.362001E-04$
4	$0.100474E+03$	$0.206584E+02$	$-0.129103E+03$	$0.383763E+02$	$0.195696E+03$	$-0.745644E+02$	-36.411	$0.361984E-04$
6								
1	$0.133507E+03$	$-0.545035E+02$	$-0.101543E+03$	$0.382947E+02$	$0.177878E+03$	$-0.988748E+02$	-23.604	$0.259370E-03$
2	$0.174443E+03$	$-0.954415E+02$	$-0.306379E+02$	$0.382952E+02$	$0.177877E+03$	$-0.988758E+02$	-6.396	$0.259387E-03$
3	$0.152417E+03$	$-0.312888E+02$	$-0.991130E+02$	$0.383769E+02$	$0.195695E+03$	$-0.745668E+02$	-23.589	$0.362298E-04$
4	$0.192329E+03$	$-0.711931E+02$	$-0.299892E+02$	$0.383796E+02$	$0.195698E+03$	$-0.745628E+02$	-6.411	$0.362369E-04$
7								
1	$-0.527070E+02$	$0.180946E+03$	$-0.265417E+02$	$0.384717E+02$	$0.183923E+03$	$-0.556841E+02$	-83.600	$0.000000E+00$
2	$-0.172823E+02$	$0.145518E+03$	$-0.879020E+02$	$0.384706E+02$	$0.183921E+03$	$-0.556851E+02$	-66.400	$0.000000E+00$
3	$-0.292165E+02$	$0.157453E+03$	$-0.212378E+02$	$0.384710E+02$	$0.159839E+03$	$-0.316023E+02$	-83.590	$0.000000E+00$
4	$-0.943958E+00$	$0.129179E+03$	$-0.702104E+02$	$0.384705E+02$	$0.159838E+03$	$-0.316034E+02$	-66.410	$0.000000E+00$
8								
1	$0.286898E+02$	$0.995418E+02$	$-0.114443E+03$	$0.384695E+02$	$0.183917E+03$	$-0.556850E+02$	-53.600	$0.000000E+00$
2	$0.995405E+02$	$0.286888E+02$	$-0.114444E+03$	$0.384688E+02$	$0.183916E+03$	$-0.556869E+02$	-36.400	$0.000000E+00$
3	$0.358428E+02$	$0.923910E+02$	$-0.914476E+02$	$0.384701E+02$	$0.159836E+03$	$-0.316019E+02$	-53.590	$0.000000E+00$
4	$0.923916E+02$	$0.358433E+02$	$-0.914479E+02$	$0.384705E+02$	$0.159837E+03$	$-0.316016E+02$	-36.410	$0.000000E+00$

(续表)

G.P.	σ_x	σ_y	τ_{xy}	σ_z	最大主应力	最小主应力	角度	E.P.S.
单元号 9								
1	0.145519E+03	−0.172815E+02	−0.879004E+02	0.384713E+02	0.183921E+03	−0.556830E+02	−23.599	0.000000E+00
2	0.180945E+03	−0.527063E+02	−0.265425E+02	0.384715E+02	0.183922E+03	−0.556836E+02	−6.400	0.000000E+00
3	0.129178E+03	−0.943490E+00	−0.702083E+02	0.384703E+02	0.159836E+03	−0.316017E+02	−23.590	0.000000E+00
4	0.157451E+03	−0.292147E+02	−0.212374E+02	0.384710E+02	0.159837E+03	−0.316004E+02	−6.410	0.000000E+00
单元号 10								
1	−0.163296E+02	0.144564E+03	−0.182717E+02	0.384704E+02	0.146613E+03	−0.183785E+03	−83.602	0.000000E+00
2	0.807116E+01	0.120166E+03	0.605329E+02	0.384711E+02	0.146614E+03	−0.183772E+03	−66.398	0.000000E+00
3	−0.255740E+02	0.130790E+03	−0.151300E+03	0.384698E+02	0.132485E+03	−0.425254E+01	−83.607	0.000000E+00
4	0.176757E+02	0.110556E+03	−0.501777E+02	0.384696E+02	0.132486E+03	−0.425430E+01	−66.392	0.000000E+00
单元号 11								
1	0.397157E+02	0.885187E+02	−0.788040E+02	0.384703E+02	0.146613E+03	−0.183782E+03	−53.603	0.000000E+00
2	0.885196E+02	0.397159E+02	−0.788040E+02	0.384707E+02	0.146613E+03	−0.183778E+03	−36.397	0.000000E+00
3	0.438850E+02	0.843558E+02	−0.653085E+02	0.384722E+02	0.132492E+03	−0.425118E+01	−53.608	0.000000E+00
4	0.843550E+02	0.438836E+02	−0.653085E+02	0.384716E+02	0.132491E+03	−0.425239E+01	−36.392	0.000000E+00
单元号 12								
1	0.120164E+03	0.807199E+01	−0.605320E+01	0.384709E+02	0.146612E+03	−0.183761E+03	−23.602	0.000000E+00
2	0.144563E+03	−0.163283E+02	−0.182701E+02	0.384705E+02	0.146612E+03	−0.183769E+03	−6.398	0.000000E+00
3	0.110556E+03	0.176772E+02	−0.501777E+02	0.384700E+02	0.132487E+03	−0.425308E+01	−23.608	0.000000E+00
4	0.130790E+03	−0.255755E+01	−0.151288E+02	0.384699E+02	0.132485E+03	−0.425242E+01	−6.392	0.000000E+00

表 25-3 Mises 准则的弹塑性应力

G.P.	σ_x	σ_y	τ_{xy}	σ_z	最大主应力	最小主应力	角度	E.P.S.
单元号 1								
1	$-0.143934E+03$	$0.126135E+03$	$-0.307938E+02$	$-0.168030E+01$	$0.129602E+03$	$-0.147401E+03$	-83.577	$0.955681E-03$
2	$-0.103081E+03$	$0.852839E+02$	$-0.101550E+03$	$-0.167982E+01$	$0.129603E+03$	$-0.147400E+03$	-66.422	$0.955585E-03$
3	$-0.114910E+03$	$0.155293E+03$	$-0.307361E+02$	$0.172232E+02$	$0.158745E+03$	$-0.118362E+03$	-83.592	$0.509588E-03$
4	$-0.739785E+02$	$0.114356E+03$	$-0.101635E+03$	$0.172208E+02$	$0.158742E+03$	$-0.118365E+03$	-66.408	$0.509549E-03$
单元号 2								
1	$-0.497498E+02$	$0.319487E+02$	$-0.132340E+03$	$-0.168171E+01$	$0.129601E+03$	$-0.147402E+03$	-53.577	$0.955484E-03$
2	$0.319490E+02$	$-0.497495E+02$	$-0.132340E+03$	$-0.168152E+01$	$0.129601E+03$	$-0.147402E+03$	-36.423	$0.955484E-03$
3	$-0.207406E+02$	$0.611232E+02$	$-0.132369E+03$	$0.172218E+02$	$0.158745E+03$	$-0.118362E+03$	-53.591	$0.509453E-03$
4	$0.611227E+02$	$-0.207412E+02$	$-0.132369E+03$	$0.172214E+02$	$0.158744E+03$	$-0.118363E+03$	-36.409	$0.509450E-03$
单元号 3								
1	$0.852836E+02$	$-0.103081E+03$	$-0.101550E+03$	$-0.167997E+01$	$0.129603E+03$	$-0.147400E+03$	-23.578	$0.955589E-03$
2	$0.126135E+03$	$-0.143934E+03$	$-0.307936E+02$	$-0.168028E+01$	$0.129602E+03$	$-0.147401E+03$	-6.423	$0.955677E-03$
3	$0.114356E+03$	$-0.739780E+02$	$-0.101635E+03$	$0.172212E+02$	$0.158743E+03$	$-0.118364E+03$	-23.592	$0.509555E-03$
4	$0.155293E+03$	$-0.114910E+03$	$-0.307362E+02$	$0.172231E+02$	$0.158745E+03$	$-0.118362E+03$	-6.408	$0.509584E-03$
单元号 4								
1	$-0.954135E+02$	$0.174516E+03$	$-0.306344E+02$	$0.277917E+02$	$0.177949E+03$	$-0.988466E+02$	-83.606	$0.264120E-03$
2	$-0.544613E+02$	$0.133565E+03$	$-0.101565E+03$	$0.277917E+02$	$0.177949E+03$	$-0.988458E+02$	-66.394	$0.264084E-03$
3	$-0.710451E+02$	$0.197677E+03$	$-0.305796E+02$	$0.381001E+02$	$0.201113E+03$	$-0.744811E+02$	-83.589	$0.498906E-05$
4	$-0.303528E+02$	$0.156977E+03$	$-0.101069E+03$	$0.380973E+02$	$0.201109E+03$	$-0.744852E+02$	-66.411	$0.497465E-05$

（续表）

G.P.	σ_x	σ_y	τ_{xy}	σ_z	最大主应力	最小主应力	角度	E.P.S.
单元号	5							
1	$-0.140273E+01$	$0.804975E+02$	$-0.132201E+03$	$0.277880E+02$	$0.177945E+03$	$-0.988502E+02$	-53.605	$0.264040E-03$
2	$0.804973E+02$	$-0.140289E+02$	$-0.132201E+03$	$0.277878E+02$	$0.177945E+03$	$-0.988504E+02$	-36.395	$0.264036E-03$
3	$0.226172E+02$	$0.104008E+03$	$-0.131651E+03$	$0.380973E+02$	$0.201110E+03$	$-0.744845E+02$	-53.589	$0.495421E-05$
4	$0.104008E+03$	$0.226180E+02$	$-0.131651E+03$	$0.380976E+02$	$0.201110E+03$	$-0.744839E+02$	-36.411	$0.495217E-05$
单元号	6							
1	$0.133505E+03$	$-0.544612E+02$	$-0.101565E+03$	$0.277919E+02$	$0.177950E+03$	$-0.988455E+02$	-23.606	$0.264092E-03$
2	$0.174516E+03$	$-0.954135E+02$	$-0.306347E+02$	$0.277916E+02$	$0.177949E+03$	$-0.988466E+02$	-6.394	$0.264115E-03$
3	$0.156977E+03$	$-0.303536E+02$	$-0.101069E+03$	$0.380973E+02$	$0.201109E+03$	$-0.744855E+02$	-23.589	$0.498000E-05$
4	$0.197677E+03$	$-0.710448E+02$	$-0.305809E+02$	$0.381000E+02$	$0.201113E+03$	$-0.744810E+02$	-6.411	$0.498561E-05$
单元号	7							
1	$-0.524448E+02$	$0.180047E+03$	$-0.264110E+03$	$0.382806E+02$	$0.183009E+03$	$-0.554073E+02$	-83.600	$0.000000E+00$
2	$-0.171977E+02$	$0.144796E+03$	$-0.874643E+02$	$0.382795E+02$	$0.183007E+03$	$-0.554087E+02$	-66.401	$0.000000E+00$
3	$-0.290714E+02$	$0.156671E+03$	$-0.211320E+02$	$0.382798E+02$	$0.159045E+03$	$-0.314453E+02$	-83.591	$0.000000E+00$
4	$-0.939085E+00$	$0.128537E+03$	$-0.698618E+02$	$0.382794E+02$	$0.159045E+03$	$-0.314464E+02$	-66.410	$0.000000E+00$
单元号	8							
1	$0.285486E+02$	$0.990464E+02$	$-0.113875E+03$	$0.382785E+02$	$0.183003E+03$	$-0.554085E+02$	-53.600	$0.000000E+00$
2	$0.990451E+02$	$0.285477E+02$	$-0.113876E+03$	$0.382778E+02$	$0.183003E+03$	$-0.554103E+02$	-36.400	$0.000000E+00$
3	$0.356645E+02$	$0.919325E+02$	$-0.909933E+02$	$0.382791E+02$	$0.159042E+03$	$-0.314449E+02$	-53.590	$0.000000E+00$
4	$0.919331E+02$	$0.356650E+02$	$-0.909936E+02$	$0.382794E+02$	$0.159043E+03$	$-0.314446E+02$	-36.410	$0.000000E+00$

G.P. 单元号	σ_x	σ_y	τ_{xy}	σ_z	最大主应力	最小主应力	角度	E.P.S.
9								
1	0.144797E+03	-0.171969E+02	-0.874627E+02	0.382801E+02	0.183007E+03	-0.554066E+02	-23.599	0.000000E+00
2	0.180046E+03	-0.524441E+02	-0.264118E+02	0.382804E+02	0.183008E+03	-0.554069E+02	-6.400	0.000000E+00
3	0.128536E+03	-0.938627E+00	-0.698598E+02	0.382792E+02	0.159042E+03	-0.314447E+02	-23.590	0.000000E+00
4	0.156669E+03	-0.290696E+02	-0.211315E+02	0.382799E+02	0.159043E+03	-0.314434E+02	-6.409	0.000000E+00
10								
1	-0.162485E+02	0.143846E+03	-0.181807E+02	0.382793E+02	0.145885E+03	-0.182872E+02	-83.602	0.000000E+00
2	0.803123E+01	0.119569E+03	-0.602324E+02	0.382800E+02	0.145886E+03	-0.182859E+02	-66.398	0.000000E+00
3	-0.254468E+01	0.130141E+03	-0.150549E+02	0.382788E+02	0.131827E+03	-0.423141E+01	-83.607	0.000000E+00
4	0.175879E+02	0.110007E+03	-0.499284E+02	0.382786E+02	0.131828E+03	-0.423317E+01	-66.392	0.000000E+00
11								
1	0.395182E+02	0.880793E+02	-0.784125E+02	0.382793E+02	0.145884E+03	-0.182869E+02	-53.603	0.000000E+00
2	0.880802E+02	0.395185E+02	-0.784125E+02	0.382796E+02	0.145885E+03	-0.182865E+02	-36.397	0.000000E+00
3	0.436672E+02	0.839366E+02	-0.649841E+02	0.382811E+02	0.131834E+03	-0.423006E+01	-53.608	0.000000E+00
4	0.839359E+02	0.436658E+02	-0.649842E+02	0.382805E+02	0.131833E+03	-0.423126E+01	-36.392	0.000000E+00
12								
1	0.119567E+03	0.803205E+01	-0.602315E+02	0.382798E+02	0.145884E+03	-0.182848E+02	-23.602	0.000000E+00
2	0.143845E+03	-0.162473E+02	-0.181791E+02	0.382794E+02	0.145884E+03	-0.182856E+02	-6.398	0.000000E+00
3	0.110007E+03	0.175893E+02	-0.499284E+02	0.382790E+02	0.131828E+03	-0.423197E+01	-23.608	0.000000E+00
4	0.130141E+03	-0.254482E+01	-0.150537E+02	0.382788E+02	0.131827E+03	-0.423129E+01	-6.392	0.000000E+00

用 Mises 屈服准则计算得出的单元弹塑性应力列于表25-3.

比较表25-2和表25-3,两者各项计算结果相一致. 可见,以统一屈服准则 $b=1/(1+\sqrt{3})$ 可替代 Mises 准则.

在表25-2和表25-3中分别给出了12个单元中各个高斯点(每个单元4个高斯点)的 $\sigma_x, \sigma_y, \tau_{xy}, \sigma_z$,最大主应力 σ_1,最小主应力 σ_3 的计算结果. 在平面应变问题中,中间主应力 $\sigma_2 = \sigma_z$.

当单元体处于弹性状态时,σ_z 的数值可以根据平面应变条件 $\varepsilon_z = 0$ 和弹性 Hooke 定律确定.

当单元体处于塑性状态时,我们在第十六章式(16-6)引入一个中间主应力参数 m,使中间主应力

$$\sigma_2 = \frac{m}{2}(\sigma_1 + \sigma_3) = \frac{m}{2}(\sigma_x + \sigma_y) \qquad (25-1)$$

从表25-2和表25-3的计算结果中可以看到,处于弹性状态的各单元高斯点上的中间主应力参数 $m<1$;而处在塑性状态的各单元高斯点上的中间主应力参数可由式(25-1)求得

$$m = \frac{2\sigma_z}{\sigma_x + \sigma_y} \qquad (25-2)$$

按表25-2数据. 除第4,5,6单元各有二个高斯点的中间主应力参数 $m<1$(约0.6)外,其他1,2,3单元的各4个高斯点和4,5,6单元的各2个高斯点共18个高斯点的中间主应力参数 m 的数值约为0.96,接近于1.

应用统一屈服准则 $b=0, b=1/(1+\sqrt{3}), b=1$,在相同内压为160MPa 时,比较不同准则计算得到最大主应力(周向应力)的数值解与解析解,如图25-3所示. 各曲线是不同准则的解析解,图上点为高斯点的数值解.

应用双剪屈服准则 $\alpha=1, b=0.366$ 与采用 Mises 准则计算结果近似,如图25-4所示.

采用 Mises 屈服准则不同的内压力绘制出内表面点的位移图,如图25-5所示. 曲线为 Mises 屈服准则的解析解,图上的点

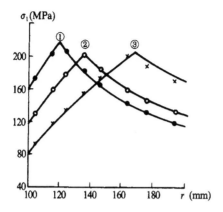

图 25-3　内压 160MPa 时周向应力分布
①双剪准则；②Mises 准则；③Tresca 准则

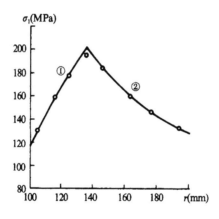

图 25-4　内压 160MPa 时周向应力分布

为位移的数值解.

　当内压为 160MPa 时不同准则所得的屈服区域图如图 25-6所示.

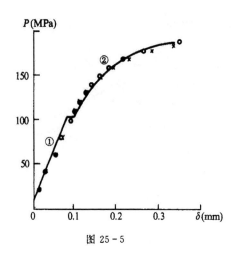

图 25-5

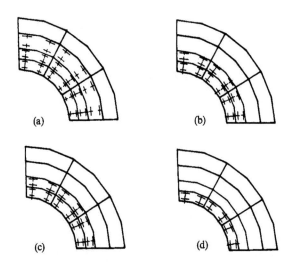

图 25-6 不同准则屈服区域图

(a)$b=0$; (b)$b=\dfrac{1}{1+\sqrt{3}}$; (c)Mises 准则; (d)$b=1$

§25.4 平面应力问题

上面计算了承受逐渐增加的内压的厚壁圆筒,假定沿轴向为平面应变.本节主要介绍平面应力问题的算例.

25.4.1 有孔平板的弹塑性计算

两端受拉伸均布载荷作用的有孔平板,如图 25-7 所示.用 UEPP 程序计算,并绘出平板在某一相同载荷时,按不同屈服准则计算得出的塑性区.

已知:弹性模量 $E=7\times10^4\mathrm{MPa}$,泊松比 $\nu=0.2$,屈服应力 $\sigma_s=243\mathrm{MPa}$.

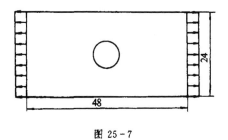

图 25-7

由于对称,取板的一半进行分析,选用四节点四边形等参元,划分 96 单元,节点总数为 119,按平面应力问题进行计算.在弹性极限载荷的基础上,逐步增加载荷(分三步),当载荷 $q=160\mathrm{MPa}$ 时,用统一强度理论 $\alpha=1$ 时,$b=0$(即 Tresca 准则),$b=0.5$,$b=1$(双剪应力准则)三种屈服准则,分别计算它们的塑性区,其扩展图如图 25-8(a),(b),(c)所示.

按平面应力计算受均布载荷作用悬臂梁的塑性区.悬臂梁受均布载荷 q,如图 25-9 所示.材料为理想塑性材料,采用不同准则,计算其弹性极限、塑性屈服区,并绘制不同 b 值($b=0$,$b=0.5$,$b=1$)时的载荷位移图.材料的弹性模量 $E=2.1\times10^5\mathrm{MPa}$,泊松

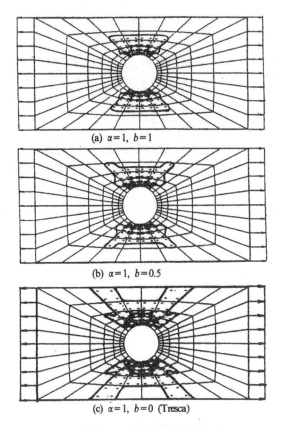

(a) $\alpha=1$, $b=1$

(b) $\alpha=1$, $b=0.5$

(c) $\alpha=1$, $b=0$ (Tresca)

图 25-8　圆孔板塑性区图

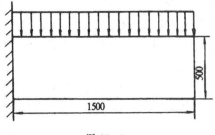

图 25-9

比 $\nu=0.3$，屈服应力 $\sigma_s=240\text{MPa}$.

本题选用八节点四边形等参元，划分 40 单元，节点总数为 147，采用两点高斯积分法. 在 UEPP 程序菜单中选用求弹性极限，经过一次迭代分别得到弹性极限 q.

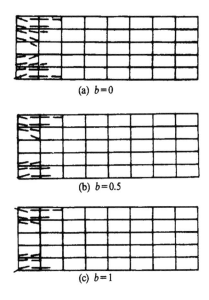

(a) $b=0$

(b) $b=0.5$

(c) $b=1$

图 25-10

(1)统一屈服准则 $b=0$ （Tresca 准则）， $q=9.03\text{N/mm}^2$

(2)统一屈服准则 $b=0.5$ （Mises 准则的线性逼近），

$$q=9.36\text{N/mm}^2$$

(3)统一屈服准则 $b=1$ （双剪应力准则）

$$q=9.54\text{N/mm}^2$$

当均布载荷 q 为 15MPa 时，按三个准则计算得出的屈服区分别如图 25-10(a),(b),(c)所示.

绘制得到不同准则的载荷位移图，如图 25-11 所示.

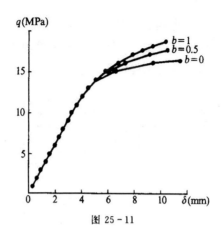

q(MPa)

图 25 - 11

§25.5 均匀荷载简支圆板弹塑性分析

均匀荷载简支圆板,选取圆板的一半,选用 5 个轴对称八节点四边形等参元来模拟此圆板,如图 25 - 12 所示. 施加逐渐增加的均布载荷,选用不同屈服准则,分别得到各自的弹性极限载荷,同时绘制出随载荷的增加,板的中心挠度增长的曲线. 已知: $E=10^5$MPa, $\nu=0.24$, $\sigma_s=160$MPa.

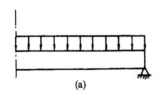

(a)

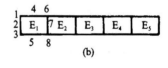

(b)

图 25 - 12

计算结果得到.

(1)Tresca 的单剪准则的弹性极限载荷 $q=2.2707$

(2)Mises 的三剪准则的弹性极限载荷 $q=2.2733$

(3)双剪准则的弹性极限载荷 $q=2.2747$

逐渐增加均布载荷 q，分别得到板中心挠度 w 与载荷 q 的关系曲线如图 25-13 的曲线所示. 在 $q=2.7$（Tresca 准则）、$q=3.18$（双剪准则）、$q=3.0$（Mises 准则）时可得到收敛，而再增加载荷，数值求解过程发散，故可得到采用三种屈服准则时的极限载荷分别为

$q_p=2.7$　（Tresca 准则，即 $b=0$ 时的统一屈服准则）

$q_p=3.0$　（Mises 准则）

$q_p=3.18$　（双剪屈服准则，即 $b=1$ 时的统一屈服准则）

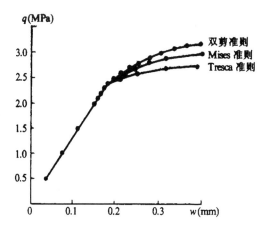

图 25-13　简支圆板的载荷 q-中心挠度 w 曲线

§25.6　地下圆岩室的弹塑性分析

地下圆长洞室（隧道等）在垂直压力 σ_y 和水平压力 σ_x 作用下，如图 25-14 所示. 如岩石材料的摩擦角 $\varphi=48°$，粘聚力 $C_0=2.8$ MPa，弹性模量 $E=2.8\times10^4$MPa，泊松比 $\nu=0.22$，$\sigma_y=20$MPa，侧压力系数 $\lambda=\sigma_x/\sigma_y$ 为 $1,0.75,0.5,0.3,0.2,0$ 时，何丽南、杨松岩采用 Mohr-Coulomb 理论，Drucker-Prager 理论和统一强度理论，分别计算它们的弹性极限载荷，并作出它们的塑性屈服区扩展图.

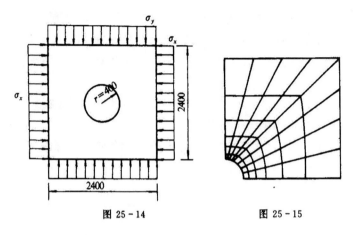

图 25 - 14   图 25 - 15

25.6.1 弹性极限分析

这一问题可作为平面应变问题分析.由于对称性,取图 25 -

表　25 - 4

强度理论	弹性极限 σ_y(MPa)					
	$\lambda=1$	$\lambda=0.75$	$\lambda=0.5$	$\lambda=0.3$	$\lambda=0.2$	$\lambda=0$
统一强度理论 ($b=0$) Mohr-Coulomb	16.31	14.63	13.21	12.25	11.82	11.05
统一强度理论 ($b=0.5$)	17.51	15.72	14.19	13.16	12.70	11.87
统一强度理论 ($b=1$) 双剪强度理论	18.19	16.32	14.73	13.67	13.19	12.33
Drucker-Prager	17.42	15.63	14.11	13.09	12.63	11.81

14 的四分之一进行分析.选用八节点四边形等参元,划分 48 单
元,节点总数为 173,如图 25 - 15 所示.计算得到各自的弹性极
限,列于表 25 - 4.

由表可知,采用统一强度理论 $b=1$ 时,垂直压力 σ_y 弹性极限最大,而 Mohr-Coulomb 理论(即统一强度理论 $b=0$)时垂直压力 σ_y 弹性极限应力最小.

当侧压系数 $\lambda=0.2$,$\sigma_y=20$MPa,逐渐加载到 34MPa 时,采用统一强度理论 $b=0$、$b=0.5$、$b=1$ 和 Drucker-Prager 准则所得出的塑性区扩展图分别如图 25-16、图 25-17、图 25-18、图 25-19 所示.

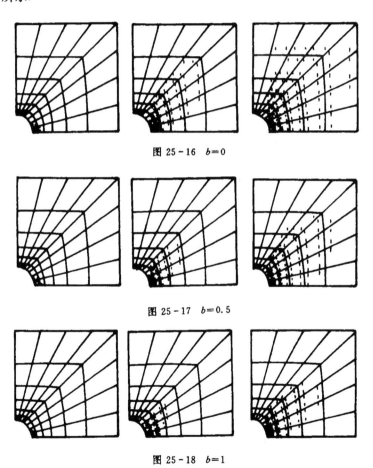

图 25-16 $b=0$

图 25-17 $b=0.5$

图 25-18 $b=1$

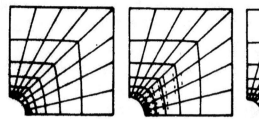

图 25 - 19　Drucker-Prager 准则

25.6.2　弹塑性分析

由以上计算结果可见,在同样载荷作用下,地下洞室围岩的塑性区扩展与屈服准则的选取有很大关系. 在 $b=0$ 时,即单剪强度理论(Mohr-Coulomb 强度理论)得出的塑性区最大,在 $\sigma_y=$ 34MPa 时塑性区已贯通至计算图的边缘;在 $b=1$ 时,即双剪强度理论得出的塑性区最小;而 $b=0.5$ 的加权双剪强度理论计算准则得出的塑性区则介于二者之间.

为了便于对比,分别对 $\lambda=0,\lambda=0.2$ 和 $\lambda=0.5$ 三种侧压系数的情况,按四种准则即 $b=0$ 的单剪理论,$b=0.5$ 的加权双剪准则,$b=1$ 的双剪准则和 Drucker-Prager 准则进行计算,分别绘出它们从 $\sigma_y=20$MPa 逐步增加过程中的塑性区图. 图 25 - 20 和图 25 - 21 为 $\lambda=0$ 时四个准则得出 σ_y 从 20MPa 到 28MPa 时的塑性区的对比. 图 25 - 22 和图 25 - 23 为 $\lambda=0.2$ 时四个准则得出 σ_y 从 20MPa 到 34MPa 时的塑性区的对比. 图 25 - 24 和图 25 - 25 为 λ $=0.5$ 时四个准则得出 σ_y 从 20MPa 至 44MPa 时的塑性区的对比.

从以上计算结果可见

(1)不同计算准则得出的结果有较大差别,特别是它们在同样载荷作用下的塑性区差别很大,在工程应用中将使围岩支护和锚固的工程量有较大差别,由此将导致工程投资费用的差别. 由于地下工程往往工作量大,施工周期长,因此正确选用合理的屈服准

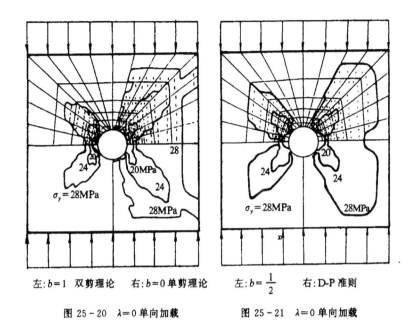

左:b=1 双剪理论　　右:b=0 单剪理论　　　　左:b=$\frac{1}{2}$　　右:D-P 准则

图 25-20　λ=0 单向加载　　　　　图 25-21　λ=0 单向加载

则,无论在理论上,或者在工程实际和经济上都具有重要的意义.

(2)单剪强度理论(Mohr-Coulomb)由于没有考虑中间主应力效应,不能充分发挥材料的强度潜力而偏于保守,工程应用中将增加工程投资和施工周期.

(3)Drucker-Prager 准则在理论上不能与岩石类材料的六个实验点(三个拉伸矢长点和三个压缩矢长点)同时匹配,因而与实验结果不符.此外,应用 Drucker-Prager 准则的结果虽然有时会同某些准则相近似(本例中它与 b=0.5 的加权双剪强度理论的结果较一致),但这种情况很不稳定,它与应力状态有关.这从第六章图 6-17 的 π 平面极限线的对比中即可看出.因此,我们在今后的计算和工程应用中将不采用 Drucker-Prager 准则以及其他各种形式的圆锥形极限面,虽然它们具有较整齐的数学表达式和极限面形状.

(4)双剪强度理论考虑了中间主应力效应,提高了材料的强

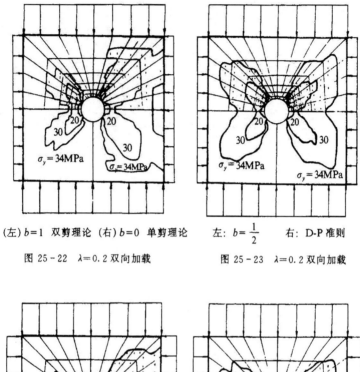

(左) $b=1$ 双剪理论 (右) $b=0$ 单剪理论　　左: $b=\frac{1}{2}$　　右: D-P 准则

图 25-22　$\lambda=0.2$ 双向加载　　　　　图 25-23　$\lambda=0.2$ 双向加载

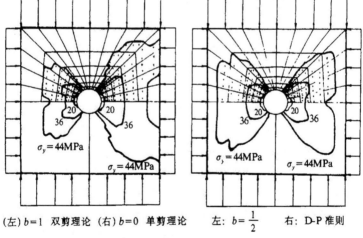

(左) $b=1$ 双剪理论 (右) $b=0$ 单剪理论　　左: $b=\frac{1}{2}$　　右: D-P 准则

图 25-24　$\lambda=0.5$ 双向加载　　　　　图 25-25　$\lambda=0.5$ 双向加载

度,它是所有外凸极限面的上限. 所以,对于符合双剪强度理论的材料,应用双剪强度理论可以更好地发挥材料的强度潜力,并取得显著的工程经济效益.

(5)一般情况下,材料具有不同程度的中间主应力效应,它们的强度极限面往往在 $b=0.25$ 至 $b=1$ 之间,并接近于 $b=1$,如第八章介绍的国内外各种材料的实验结果所示.因此,可以取 $b=0.5$ 的统一强度理论作为计算和设计准则.它既考虑了中间主应力效应,又具有简单的数学表达式(见第六章);它既可以较单剪强度理论更好地发挥材料的强度潜力,又可以广泛地符合不同材料的实验结果;它是一个新的强度准则,也可称之为加权双剪强度理论.详细的阐述见第六章式(6-80),(6-80′)和图6-26,图6-30,以及第七章.$b=0.5$ 的统一强度理论可望成为一个代替Drucker-Prager 的较为合理的新的强度理论和计算准则.

§25.7 空间轴对称结构弹塑性计算

作为空间轴对称问题的弹塑性分析,我们取某核电站的大型汽轮发电机定子压圈进行研究.压圈受到硅钢片的分布压力和外圈一组螺栓拉力作用,它的受力简图和有限元网格如图 25-26 所示.

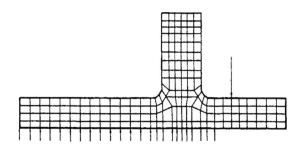

图 25-26

压圈尺寸和结构按大型发电机定子实际结构确定.现分别按

统一屈服准则中的 $b=0$(单剪屈服准则)、$b=\dfrac{1}{2}$ 和 $b=\dfrac{1}{1+\sqrt{3}}$(加权双剪屈服准则)、以及 $b=1$(双剪屈服准则)等四个屈服准则进行弹塑性分析.

采用 UEPP 程序,按四个准则在相同载荷作用下,得到的压圈塑性区分别如图 25-27(a),(b),(c),(d)所示.

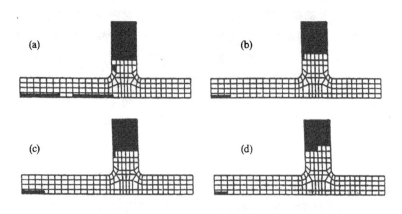

图 25-27

由图 25-27 的结果可见. 图(a)的单剪屈服准则的塑性区最大,图(d)的双剪屈服准则的塑性区最小,而图(b),(c)则介于二者之中,且(b),(c)的结果十分相近,它们只是在压圈内环底部的塑性区有微小的差别. 作为对比,采用 Mises 屈服准则得出的结果与图 25-27(b)一致. 因此 $b=\dfrac{1}{1+\sqrt{3}}$ 和 $b=\dfrac{1}{2}$ 的加权双剪屈服准则与 Mises 屈服准则都可作为相互等效的屈服准则使用,它们之间的最大相差不会超过 4%.

在下一章中,我们将进一步研究统一弹塑性理论在空间问题和一些实际问题中的应用.

参 考 文 献

[1] Yu Mao-hong, General behaviour of isotropic yield function, Res. Report of Xian

Jiaotong University, 1961. 双剪应力强度理论研究, 西安交通大学出版社, 1988, 155—173. Twin Shear Stress Yield Criterion, *Int. J. of Mech. Sci.*, 1983, **25** (1), 71—74.

[2] 俞茂宏等, 广义双剪屈服准则及其推广, 科学通报, 1992, **37** (2), 182—186.

[3] 俞茂宏等, 双剪应力强度理论及其推广, 中国科学(A辑), 1985, **28**(11), 1174—1183 (英文); **28** (12), 1113—1120 (中文).

[4] Yu Mao-hong, He Li-nan, A new model and theory on yield and failure of materials under the complex stress state, Mechanical Behaviour of Materials - 6, Pergamon Press, 1991, Vol. 3, 841—846.

[5] 俞茂宏, 岩土类材料的统一强度理论及其应用, 岩土工程学报, 1994, **16** (2), 1—10.

[6] 俞茂宏、曾文兵, 工程结构分析新理论及其应用, 工程力学, 1994, **11** (1), 9—20.

[7] Yu Mao-hong, He Li-nan, Ma Gao-wei, Unified elasto-plastic theory: Model, computational implementation and application, Proc. 3rd World Congress on Computational Mechanics, Kyoto, 1994.

第二十六章 双剪理论在大型水工结构计算中的应用

§26.1 概　　述

由于电价低廉,电能产值较高,发展电力工业的经济效益显著,因此世界各国的电力工业都是先导工业,其发展速度高于整个工业发展的速度. 在电能中,水电又由于水能的污染少、成本低、可以再生(上下游梯级水电站可以反复利用)以及不能像煤等那样可以储存等特点,因此,水电又处于优先发展的地位. 世界各国的电力工业发展都首先开发水电,如巴西的水电占全部电力生产的90%以上. 发达国家的水能得到充分利用,然后再逐步开发火电厂和核能电厂,因此总电量增加,而水能发电的比重则逐年下降,如日本的水电比重从 1959 年的 62.3%,下降为 1965 年的 39.8%,1969 年的 25.5%,目前已占较少的比重. 我国是水力资源最丰富的国家,但目前开发不多,有大量大型水力发电站需要建设.

大型水电站的建设,由于工程规模巨大,工程结构和地质构造复杂,工程安全性要求高、工程投资大、施工周期长,因而对各种结构需要进行多方面的深入研究[1-11]. 本章将结合黄河上游的大型水电站结构进行分析研究. 并应用统一强度理论和统一弹塑性理论对高地应力下的地下大型洞室和高拱坝进行两维和三维非线性分析.

§26.2 地下圆洞的塑性变形

某地下大型圆洞,岩石材料的力学参数 $E = 20\text{GPa}$,$\nu = 0.2$,$C_0 = 2.2$—3MPa,$\varphi = 30°$,在地应力作用下,水平地应力 σ_x 为垂直

地应力 σ_y 的两倍,分别按单剪理论和双剪理论分析此圆洞的塑性区.得到下述四种情况时的圆洞周围塑性变形区.

(1)单剪理论(Mohr-Coulomb 强度理论及相连的流动法则),$C_0 = 3$ MPa;

(2)双剪理论,$C_0 = 3$ MPa;

(3)双剪理论,$C_0 = 2.6$ MPa;

(4)双剪理论,$C_0 = 2.2$ MPa.

四种情况下的塑性区分别如图 26-1 至图 26-4 所示.计算取 1/4 圆洞,共划分 171 个单元 200 个节点,按平面应变问题处理.

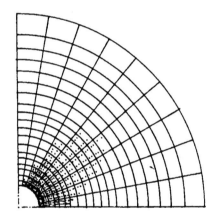

图 26-1　单剪理论,$C_0 = 3$ MPa

从图 26-1 和图 26-2 的对比中可知,在同样结构、同样的材料和相同的地应力作用下,广义双剪强度理论的塑性区面积比单剪理论的塑性区面积小得多.这主要是考虑了中间主应力效应而更好地发挥了材料的强度潜力.而在平面应变塑性问题中,中间主应力一般介于最大主应力和最小主应力之中,这时的中间主应力效应也比较大.

此外,材料强度参数 C_0 值的变化,对塑性区的范围亦有较大

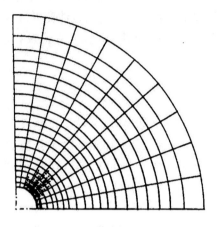

图 26-2 双剪理论,$C_0 = 3$ MPa

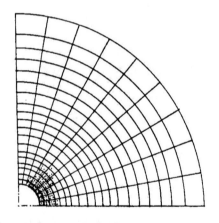

图 26-3 双剪理论,$C_0 = 2.6$ MPa

影响. 图 26-3 和图 26-4 是在同样的广义双剪强度理论的条件下,粘结力参数 C_0 从图 26-2 的 $C_0 = 3$MPa 下降为 2.6MPa 和 2.2MPa时的塑性区比较. 在同样载荷下,粘结力 C_0 下降,结构塑性区扩大.

    由以上计算结果可见,大型结构材料强度参数的确定、材料屈

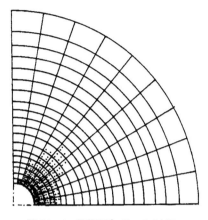

图 26-4 双剪理论，$C_0 = 2.2\,\mathrm{MPa}$

服准则和强度理论的合理选取,对结构强度的正确分析有重要影响.为此,大型水电站的建设需要进行大量的地质和岩体力学性能的测定.

§26.3 岩体强度性能的试验研究

某大型水电站地下厂房洞室高度达 67m,跨度 29m,总长 250m,岩石为完整的中生印支期中粗粒块状花岗岩层,岩性坚硬、致密、抗风化能力强,但该洞室处于高地应力的作用下.为了正确分析大型地下洞室的围岩稳定性,水利部、电力部西北勘测设计研究院及其科研所进行了大量现场勘测和取样试验,除了进行常规的轴对称三轴试验外,又在中国科学院武汉岩土力学研究所进行了岩体真三轴试验.下面介绍他们进行的大量试验研究的主要结果.

26.3.1 花岗岩岩石力学性质

在水电站地下洞室的厂区,岩石的单轴抗压强度 $\sigma_c =$

157MPa,单轴抗拉强度 $\sigma_t = 7.8$MPa,弹性模量 $E = 50$GPa,是一种致密坚硬、高强度、高弹模的材料.其主要力学性能列于表 26-1.

表 26-1 花岗岩岩石力学性能

	范围值	平均值
容重(g/cm³)	2.67—2.70	2.68
孔隙率(%)	0.27—0.73	0.46
吸水率(%)	0.07—0.25	0.15
单轴抗压强度(干)(MPa)	40—205	157
单轴抗压强度(湿)(MPa)	57—155	110
抗拉强度(干)(MPa)	5.8—9.8	7.8
抗拉强度(湿)(MPa)	3.5—8.8	6.7
剪断强度 C₀(MPa)	10—20	16.6
tanφ	0.78—1.72	0.96
弹性模量(MPa)	3.53—6.37	50
泊松比	0.13—0.32	0.2

26.3.2 单轴压缩试验

花岗岩单轴压缩试验结果列于表 26-1.试验破坏大多为锥体破坏,如图 26-5 所示.单轴压缩应力-应变曲线如图 26-6.它是一种典型的弹脆性材料,破坏时的变形量很少.

26.3.3 围压三轴试验

花岗岩的强度随着围压(静水压力)的提高而明显提高.图 26-7 是 $\sigma_2 = \sigma_3 = 35$MPa 情况下的试件轴向应力-应变图.图 26-8 是 $\sigma_2 = \sigma_3 = 40$MPa 情况下的轴向应力-应变图.前者破坏时的强度达 490.1MPa,后者达 524MPa.

花岗岩在围压试验时呈弹脆塑性.在到达峰值强度前基本上

图 26-5 花岗岩压缩破坏照片

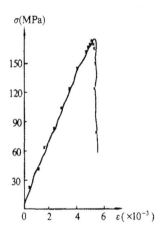

图 26-6 花岗岩单轴压缩 σ-ε 曲线

呈线性;在岩石强度达峰值后,σ-ε曲线呈现台阶状下降,且试件
多数有残余强度.破坏后的试件如图 26-9 照片所示.根据多组围

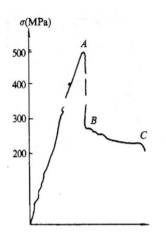

图 26-7 围压三轴试验

$\sigma_2 = \sigma_3 = 35\text{MPa}$

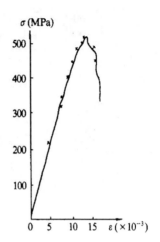

图 26-8 围压三轴试验

$\sigma_2 = \sigma_3 = 40\text{MPa}$

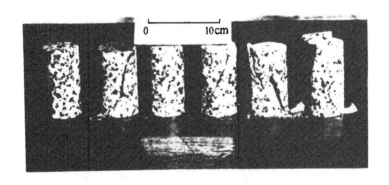

图 26-9 花岗岩的围压三轴试验破坏照片

压试验结果,可作出一批 Mohr 极限圆. 图 26-10 为其中一组试件在不同围压下所得出的极限应力圆曲线.

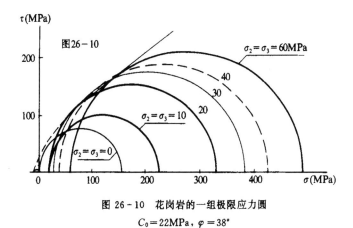

图 26-10 花岗岩的一组极限应力圆

$C_0 = 22\text{MPa}, \varphi = 38°$

§26.4 拉西瓦花岗岩的中间主应力效应研究

为了研究拉西瓦花岗岩的岩石力学性能,西北勘测设计研究院和中国科学院武汉岩土力学研究所采用一组试件,在固定 $\sigma_3 = 30\text{MPa}$ 的情况下,对花岗岩试件进行 σ_2 分别为 30,60,90,120,150,200MPa 的高围压真三轴试验. 在 σ_3 不变而 σ_2 变化时,按单剪强度理论,它的极限强度 σ_1 应该都相等. 但试验得出的结果与单剪强度理论相差很大,见表 26-2[1].

从表 26-2 中可以看到,拉西瓦花岗岩有明显的中间主应力效应[1]. 当 σ_3 保持常量时,σ_2 从 $\sigma_2 = \sigma_3$ 应力状态增加到 $\sigma_2 = \sigma_1$ 应力状态的过程中,花岗岩强度极限 σ_1 有一个逐渐增加到最大值($\sigma_2 = 136\text{MPa}$ 时,$\sigma_1 = 465\text{MPa}$),再逐渐减少的过程. 这一过程可以用图 26-11 更清晰地表示出来. 图 26-11 以 σ_2 为横坐标,σ_1 为纵坐标,作出花岗岩极限强度 σ_1 随 σ_2 而改变的曲线. 这一曲线系在最小主应力 $\sigma_3 = 30\text{MPa}$ 的情况下获得. 不同的 σ_3,得出的实验的结果将有所不同. 但它们的基本规律都相似.

表 26-2 中间主应力效应试验

工作状况	破坏时的三个主应力(MPa)		
	σ_3	σ_2	σ_1
$\sigma_1 > \sigma_2 > \sigma_3$	30	30	260
$\sigma_3 = 30\text{MPa}$	30	60	325
	30	90	379
	30	120	430
	30	136	465
	30	150	440
	30	250	370

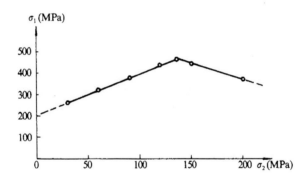

图 26-11 花岗岩的中间主应力效应
(中科院武汉岩土力学研究所,1990)

在常规的三轴试验中,由于试验设备只能提供 $\sigma_2 = \sigma_3$ 或 $\sigma_2 = \sigma_1$ 的轴对称试验. 因此不能反映出 σ_2 改变时可能发生的变化. 虽然,早在 1910—1912 年著名学者 Prandtl 指导 von Karman 和 Boker 分别所作的 $\sigma_2 = \sigma_3$ 的三轴试验和 $\sigma_2 = \sigma_1$ 的三轴试验中,已经发现两者的结果并不相同(见第五章图 5-14),说明破坏准则是与中间主应力 σ_2 有关的. 考虑中间主应力 σ_2,可使岩体强度有较大提高,忽视 σ_2 影响将不利于材料强度潜力的发挥[1].

对于拉西瓦花岗岩,当 $\sigma_3 = 30\text{MPa}$ 时,考虑中间主应力效应,可使岩体强度极限从 260MPa 提高到 465MPa,岩体强度的提高率为

$$\frac{\sigma_1^0 - \sigma_0}{\sigma_0} = \frac{465 - 260}{260} = 78.8\%$$

§26.5　拉西瓦花岗岩的真三轴试验

为了找寻适宜于拉西瓦花岗岩岩体的计算模型,西北勘测设计研究院高级工程师刘世煌和中国科学院武汉岩土力学研究所研究员许东俊及李小春等又从拉西瓦现场切取岩体,在武汉岩土力学研究所精密加工成一批 $5\times5\times10(\text{cm})$ 的岩石试件,并在东京大学型的 RT 3 高压真三轴压缩仪上进行真三轴试验. 该机可对试件在三个相互垂直方向施加独立的 $\sigma_1,\sigma_2,\sigma_3$ 方向的应力,应力值可分别达到 800,250,200MPa,能满足坚硬岩石的真三轴试验的要求.

表 26-3　五条子午线的应力状态

应力角 θ	双剪应力状态参数 $\mu_\tau = \dfrac{\tau_{12}}{\tau_{13}} = \dfrac{\sigma_1 - \sigma_2}{\sigma_1 - \sigma_3}$	主应力比 $\sigma_1 : \sigma_2 : \sigma_3$
0°	1	$\sigma_1 > \sigma_2 = \sigma_3$
13.9°	0.75	$\sigma_1,\quad \sigma_2 = \dfrac{\sigma_1 + 3\sigma_3}{4},\quad \sigma_3$
30°	0.50	$\sigma_1,\quad \sigma_2 = \dfrac{\sigma_1 + \sigma_3}{2},\quad \sigma_3$
46.1°	0.25	$\sigma_1,\quad \sigma_2 = \dfrac{3\sigma_1 + \sigma_3}{4},\quad \sigma_3$
60°	0	$\sigma_1 = \sigma_2 > \sigma_3$

试验方案分五组进行. 每一组的三个主应力保持一定的比例,使它们的应力角 θ 尽可能相同. 这样就可得出在某一应力角时的一条子午极限线. 为了得出在 π 平面上更多的试验资料,除了三轴拉伸、三轴压缩、三轴剪切三条子午线外,再增加 $\theta = 13.9°$(双剪应

力状态参数 $\mu_\tau = 0.25$)和 $\theta = 46.1°$($\mu_\tau = 0.75$)两条子午线的试验方案.五条子午线的相对主应力比值和双剪应力状态参数 μ_τ 分别如表 26-3 所示.

根据这五组试验,他们得出拉西瓦花岗岩高压真三轴试验的结果列于表 26-4.表中的子午线坐标采用广义剪应力 q 和静水压力 p,它们的计算值分别按下式从实验结果值计算得出(θ 是与 σ_1' 轴的夹角):

$$p = \sigma_m = \frac{1}{3}(\sigma_1 + \sigma_2 + \sigma_3)$$

$$q = \frac{1}{\sqrt{2}}\left[(\sigma_1 - \sigma_2)^2 + (\sigma_2 - \sigma_3)^2 + (\sigma_3 - \sigma_1)^2\right]^{1/2}$$

表 26-4 花岗岩高压真三轴试验结果

工作状况	应力角 θ (°)	破坏应力(MPa)			p	q
		σ_3	σ_2	σ_1		
三轴拉伸 $\sigma_1 = \sigma_2 > \sigma_3$ $T_\tau = 0$	1	0	125	125	83.33	125
		5	197	197	133.0	192
		7.5	192	192	130.5	184.5
		10	216	216	147.33	206
		-6.9	0	0	-2.3	-6.9
σ_1 $\sigma_2 = \dfrac{3\sigma_1 + \sigma_3}{4}$ σ_3 $T_\tau = \dfrac{1}{4}$	13.9	0	134	177	103.66	159.89
		5	179	237	140.33	209.12
		7.5	208.5	275.5	163.83	241.57
		10	241	318	189.66	277.63
		15	252	339	202	290.44
三轴纯剪 σ_1 $\sigma_2 = \dfrac{1}{2}(\sigma_1 + \sigma_3)$ σ_3 $T_\tau = \dfrac{1}{2}$	30	0	97	194	97	168
		10	134	258	134	214.77
		20	150	280	150	225.16
		25	177	329	177	263.27
		30	200	370	200	294.45
		35	202	369	202	289.25

工作状况	应力角 θ (°)	破坏应力(MPa)			p	q
		σ_3	σ_2	σ_1		
σ_1 $\sigma_2 = \dfrac{\sigma_1 + 3\sigma_3}{4}$ σ_3 $T_r = \dfrac{3}{4}$	46.1	0	47	188	78.33	169.46
		15	98	347	153.33	299.26
		30	136	465.5	210.33	392.87
		45	155	485	228.33	396.61
		50	155	470	225	378.58
		60	208	652	306.66	533.68
三轴压缩 $\sigma_1 > \sigma_2 = \sigma_3$ $T_r = 1$	60	15	15	192	74	177
		30	30	265	108.33	235
		30	30	260	106.66	230
		45	45	270	120	225
		60	60	310	143.33	250
		60	60	350	156.66	290
		75	75	342	164	267

根据表 26-4 的真三轴试验结果和根据这一结果得出的 p-q 值,可作出五条不同应力角时的极限子午线如图 26-12 所示.从图中可见,岩石的三轴拉伸子午线和三轴压缩子午线是二条不同的曲线. Drucker-Prager 准则的圆锥体极限面所给出的是一条重合的曲线,因此会带来较大误差.这一点从图 26-13 的 π 平面极限线也可以看出.图 26-13 的三个 π 平面极限线系从图 26-12 的子午线图中取三个不同的静水压力(分别为 80,130,200MPa)横截面而作出.

从图 26-12 和图 26-13 中可以看出两点:其一,所有实验点均在单剪强度理论的极限线之外,而接近双剪强度理论[1];其二, Drucker-Prager 准则极限圆[如图 26-13(a)]与实验点相差较远.

为了再进一步验证双剪强度理论,他们又做了五组试验,获得在相同静水压力下不同应力角时的实验结果.一般讲,要控制材料在静水压力一定时发生破坏是困难的,为此需要作更多的试验.由

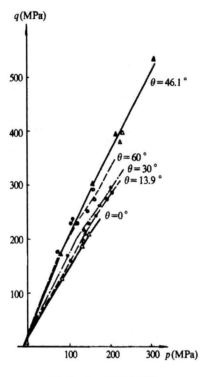

图 26-12　极限子午线

于他们加工的试件数量较多,并在以上子午极限线的实验中已积累了一定的经验,因而较好地得出 $p=130\text{MPa}$ 时的 π 平面极限线如图 26-14 所示.图中不同应力角实验点的广义剪应力 q 的数值列于表 26-5[1].

表 26-5　$p=130\text{MPa}$ 时的试验结果

工作状况	应力角 $\theta(°)$	广义剪应力 $q(\text{MPa})$
$p=130(\text{MPa})$	0	190
	13.9	198
	30	204
	46.1	262
	60	255

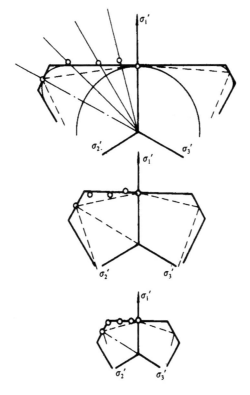

图 26-13 π平面极限线

这一试验结果再次验证了双剪强度理论.他们并作出结论认为[1]：

(1)Drucker-Prager 准则不适用于岩石类材料；

(2)Mohr-Coulomb 准则由于忽视中间主应力效应,不适用于高围压岩体；

(3)拉西瓦花岗岩真三轴试验成果比较接近双剪强度理论,从而为岩土类材料提供了一个新的理论.

下面我们再从结构弹塑性分析来研究不同准则的差别.

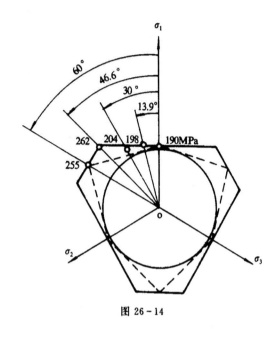

图 26-14

§26.6 拉西瓦地下大型洞室稳定性分析

根据国家地震局从 1985 年到 1991 年 7 次在拉西瓦水电站地下洞室的地应力测量,地下厂房附近的实测地应力较大.洞室开挖后,周围地应力将更集中作用于洞室四周围岩上.为此把洞室周围岩体开挖主厂房、主变室和尾调室三个洞室后的结构,在地应力作用下进行稳定性分析.由于洞室较长,按平面应变问题进行计算.洞室群的尺寸见表 26-6,地应力参数见表 26-7.

根据地应力与洞室的夹角和地应力的大小、方向,可计算按平面应变问题作用于洞室四周的垂直应力、水平应力和剪切应力分别为

表 26-6　三洞室的主要尺寸

	最大跨度(m)	最大高度(m)	边墙高(m)	总长(m)
主厂房	29	67	50	250
主变室	23	46	40	224
尾调室	20	57	53	157

表 26-7　地应力参数

	$\sigma_1=22.9\text{MPa}$	$\sigma_2=13.3\text{MPa}$	$\sigma_3=9.5\text{MPa}$
x'	$\cos(-41°)\cos(10°+80°)$	$\cos11°\cos(-69°+80°)$	$\cos46°\cos(33°+80°)$
y'	$\cos(-41°)\sin(10°+80°)$	$\cos11°\sin(-69°+80°)$	$\cos46°\sin(33°+80°)$
z'	$\sin(-41°)$	$\sin(11°)$	$\sin46°$

$$\sigma_y= 22.9\sin^2(-41°)+13.3\sin^211°+9.5\sin^246°$$
$$=15.3\text{MPa}=1530\text{T/m}^2$$
$$\sigma_x= 22.9\cos^2(-41°)\cos^290°+13.3\cos^211°\cos^211°$$
$$+9.5\cos^246°\cos^2113°=13.1\text{MPa}$$
$$\tau_{xy}= 22.9\cos(-41°)\cos90°\sin(-41°)$$
$$+13.3\cos11°\cos11°\sin11°+9.5\cos46°\cos113°\sin46°$$
$$=-0.595\text{MPa}=-59.5\text{T/m}^2$$

它们作用于图 26-15 所示的洞室上下左右岩体上,岩体的有限元网格分为两组,一组在洞室周围,网格划分较密,离洞室距离较大处的网格较疏.

洞室周围岩体在地应力作用下的主应力迹线如图 26-16 所示.图 26-17 和图 26-18 是在一种工作状况下的 σ_1 等值线和 σ_2 等值线.

在应力等值线较密集处,是应力梯度改变较大处,一般也是应力集中或应力较大处.我们从计算中取出主洞室 A 附近的岩体的应力值,可用图 26-19 的各单元应力表示.

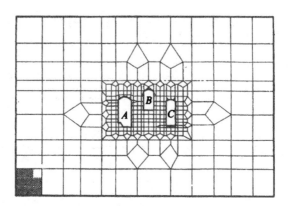

图 26-15　地下洞室群围岩分析有限元网格

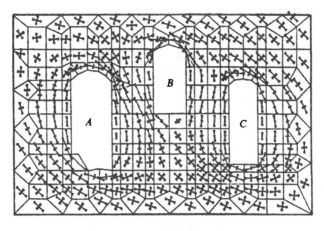

图 26-16　洞室周围岩体主应力迹线

　　由于岩体处于复杂应力作用下,我们可用统一强度理论和统一弹塑性理论来进行计算,并分析结构在地应力作用下的塑性区.根据以上大量实验结果,以双剪强度理论最为接近,因此,取 $b=1$ 的双剪理论进行分析.作为对比,也计算了单剪强度理论($b=0$)和 Drucker-Prager 准则的伸长锥和压缩锥两种参数时的结构塑性

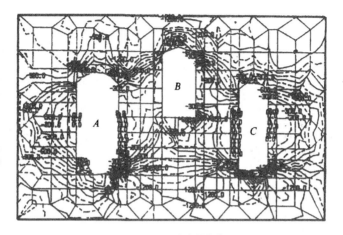

图 26-17 σ_1 应力等值线

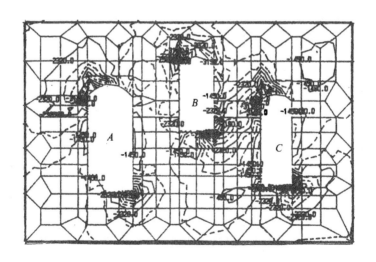

图 26-18 σ_2 应力等值线

区.

吴熹、刘世煌、安民等计算得出的洞室群周围岩体在地应力作

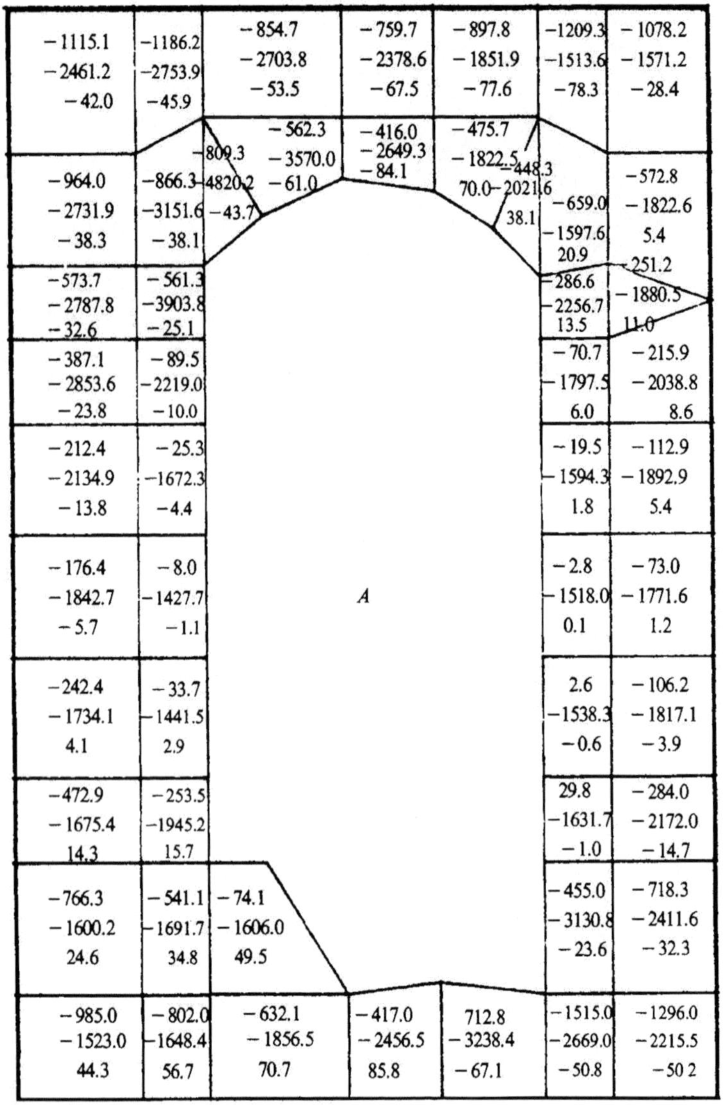

−1115.1 −2461.2 −42.0	−1186.2 −2753.9 −45.9	−854.7 −2703.8 −53.5	−759.7 −2378.6 −67.5	−897.8 −1851.9 −77.6	−1209.3 −1513.6 −78.3	−1078.2 −1571.2 −28.4
−964.0 −2731.9 −38.3	−866.3 −3151.6 −38.1	−809.3 4820.2 −43.7	−562.3 −3570.0 −61.0	−416.0 −2649.3 −84.1	−475.7 −1822.5 70.0 −448.3 2021.6 38.1	−572.8 −1822.6 5.4
					−659.0 −1597.6 20.9	
−573.7 −2787.8 −32.6	−561.3 −3903.8 −25.1				−286.6 −2256.7 13.5	−251.2 −1880.5 11.0
−387.1 −2853.6 −23.8	−89.5 −2219.0 −10.0				−70.7 −1797.5 6.0	−215.9 −2038.8 8.6
−212.4 −2134.9 −13.8	−25.3 −1672.3 −4.4				−19.5 −1594.3 1.8	−112.9 −1892.9 5.4
−176.4 −1842.7 −5.7	−8.0 −1427.7 −1.1		*A*		−2.8 −1518.0 0.1	−73.0 −1771.6 1.2
−242.4 −1734.1 4.1	−33.7 −1441.5 2.9				2.6 −1538.3 −0.6	−106.2 −1817.1 −3.9
−472.9 −1675.4 14.3	−253.5 −1945.2 15.7				29.8 −1631.7 −1.0	−284.0 −2172.0 −14.7
−766.3 −1600.2 24.6	−541.1 −1691.7 34.8	−74.1 −1606.0 49.5			−455.0 −3130.8 −23.6	−718.3 −2411.6 −32.3
−985.0 −1523.0 44.3	−802.0 −1648.4 56.7	−632.1 −1856.5 70.7	−417.0 −2456.5 85.8	712.8 −3238.4 −67.1	−1515.0 −2669.0 −50.8	−1296.0 −2215.5 −50 2

图 26-19 主洞室周围岩体的应力

用下的塑性区图分别如图 26－20 至图 26－23 所示.

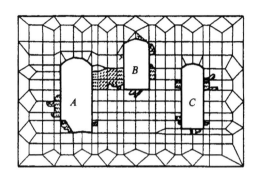

图 26－20　双剪强度理论的塑性区($b=1$)

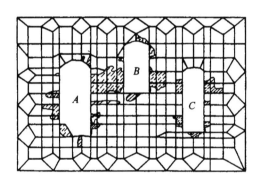

图 26－21　单剪理论的塑性区($b=0$)

由以上结果可见,在同样的结构、材料、载荷下,选用不同的准则所得出的结构塑性区的差别很大.如以单剪强度理论(Mohr-Coulomb 理论)算得的结构塑性区面积为 1,则其他几个准则得出的塑性区面积列于表 26－8.它们有很大的差别.岩石工程中常用的 Drucker-Prager 准则算得的塑性区面积最大,但它不适合于岩土类材料.压缩锥一般很少选用,这里只是作为一种对比.

根据以上的研究,西北勘测设计研究院认为[1]:"由于双剪强

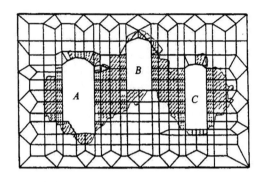

图 26-22 Drucker-Prager 准则的塑性区

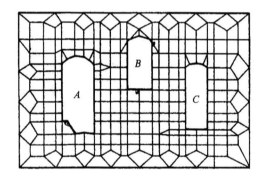

图 26-23 压缩锥的塑性区

度理论体现了中间主应力效应,体现了岩土类材料拉压强度不等的特性,也考虑了静水压力和应力角的影响,因而它可能适合于岩土类材料"."拉西瓦花岗岩真三轴试验成果比较接近双剪强度理论,以此理论为屈服准则同样进行弹塑性计算,其地下洞群围岩间的屈服面积仅为 Mohr-Coulomb 准则计算结果的 0.44 倍,且屈服区并不完全贯穿,若按此理论进行设计将可获得较大节约"[1].

表 26-8　不同屈服准则的塑性区面积比

屈服准则	围岩塑性区面积的相对比值
双剪强度理论	$\eta = \dfrac{A_{双剪}}{A_{单剪}} = 0.444$
单剪强度理论 Mohr-Coulomb	$\eta = 1$
Drucker-Prager	$\eta = 3.059$
外接压缩锥	$\eta = 0.0588$

§26.7　高拱坝结构和材料特性

黄河第一高拱坝及其两岸岩基的结构如图 26-24 所示. 它是一个坝高 250m 的对数螺旋双曲薄拱坝, 坝顶宽 10m, 最大底宽 45m, 坝顶长 501.6m, 左右基本对称, 坝基为花岗岩.

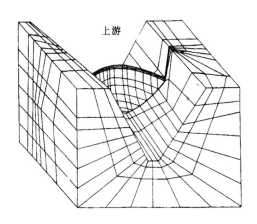

图 26-24　拱坝和基岩结构

26.7.1　坝体混凝土材料

靠两岸及河床附近约 20m 范围内, 坝体混凝土标号为 R_{90}

350#.

    弹性模量 $E = 2.06 \times 10^4 \text{MPa}$

    泊松比 $\nu = 0.167$

    容重 $\gamma = 2.4 \times 10^4 \text{N/m}^3$

    单轴拉伸强度 $\sigma_t = 2.88 \text{MPa}$

    单轴压缩强度 $\sigma_c = 35 \text{MPa}$

    双轴等压强度 $\sigma_{cc} = 40.6 \text{MPa} = 1.16 \sigma_c$

坝体中部混凝土标号为 $R_{90}300$#.

    弹性模量 $E = 2.06 \times 10^4 \text{MPa}$

    泊松比 $\nu = 0.167$

    容重 $\gamma = 2.4 \times 10^4 \text{N/m}^3$

    单轴拉伸强度 $\sigma_t = 2.60 \text{MPa}$

    单轴压缩强度 $\sigma_c = 30 \text{MPa}$

    双轴等压强度 $\sigma_{cc} = 34.8 \text{MPa}$

26.7.2 基础岩体材料

基础岩体

    弹性模量 $E = 4.3 \times 10^4 \text{MPa}$

    泊松比 $\nu = 0.176$

    容重 $\gamma = 2.68 \times 10^4 \text{N/m}^3$

    单轴拉伸强度 $\sigma_t = 7.25 \text{MPa}$

    单轴压缩强度 $\sigma_c = 142.9 \text{MPa}$

断层 F164

    弹性模量 $E = 2.8 \times 10^3 \text{MPa}$

    泊松比 $\nu = 0.35$

    容重 $\gamma = 2.2 \times 10^4 \text{N/m}^3$

    粘聚力 $C = 0.07 \text{MPa}$

    内摩擦角 $\varphi = 19.3°$

断层 F172

弹性模量 $E = 2.5 \times 10^3 \mathrm{MPa}$

泊松比 $\nu = 0.35$

容重 $\gamma = 2.2 \times 10^4 \mathrm{N/m^3}$

粘聚力 $C = 0.075 \mathrm{MPa}$

内摩擦角 $\varphi = 21.8°$

缓倾角断层 $Hf7$

弹性模量 $E = 2.7 \times 10^3 \mathrm{MPa}$

泊松比 $\nu = 0.35$

容重 $\gamma = 2.2 \times 10^4 \mathrm{N/m^3}$

粘聚力 $C = 0.07 \mathrm{MPa}$

内摩擦角 $\varphi = 19.3°$

Ⅱ$^\#$变形体

弹性模量 $E = 5.0 \times 10^3 \mathrm{MPa}$

泊松比 $\nu = 0.35$

容重 $\gamma = 2.6 \times 10^4 \mathrm{N/m^3}$

粘聚力 $C = 0.45 \mathrm{MPa}$

内摩擦角 $\varphi = 28.8°$

1991—1994 年,根据西北勘测设计研究院科研所等单位的大量勘测材料,俞茂宏、鲁宁、曾文兵在承担国家八五重点科技攻关项目研究中,采用统一强度理论进行了高拱坝三维弹塑性分析.

混凝土材料的单轴拉伸强度 σ_t 与单轴压缩强度 σ_c 不等,单轴压缩强度 σ_c 与双轴压缩强度 σ_{cc} 也不相等,它的 σ_t 比 σ_c 低得多,σ_t 与 σ_c 的比大约在 $\frac{1}{8} - \frac{1}{18}$,而 σ_{cc} 也比 σ_c 大约提高 16%[9]. 因此,分析计算中,我们对坝体混凝土材料采用第九章介绍的双剪应力三参数准则. 坝址处岩石为花岗岩,其高压真三轴试验在 π 平面上的实验点与双剪强度理论的极限线十分符合,故对基础岩体采用第六章介绍的双剪强度理论. 而对 Ⅱ$^\#$变形体采用 Mohr-coulomb 屈服准则. 对基础岩体中的断层,采用与模拟断层的节理单元相对应的拉裂和剪破模型.

26.7.3 计算工作状况及载荷

计算工作状况考虑下面一种载荷组合：

岩体自重＋坝体自重＋正常蓄水位库水压力＋泥沙压力

其中泥沙压力

$$p_s = \gamma_s h_s \tan^2 \left(\frac{\pi}{4} - \frac{\varphi_s}{2} \right)$$

式中泥沙浮容重 $\gamma_s = 0.75 \times 10^4 \mathrm{N/m^3}$，$h_s$ 为淤沙表面以下深度，泥沙内摩擦角 $\varphi_s = 12°$.

计算时，取淤沙百年高程为 2260m，水压力

$$p_w = \gamma_u h_u$$

式中水容重 $\gamma_w = 0.98 \times 10^4 \mathrm{N/m^3}$，$h_w$ 为水表面以下深度，上游正常蓄水位为 2452m，下游正常蓄水位为 2237m.

§26.8 拱坝数据处理

由于拱坝和基础岩体结构复杂，数据众多，数据准备工作量大而繁杂，极易造成人为差错，而且出错后不易查找和更改，故对坝体结构数据作相应的前处理.

26.8.1 三维单元信息处理

根据 Niku-Lari 和水利水电科学研究院朱伯芳的研究，20 节点六面体等参元及与之相匹配的 16 节点节理单元是分析各种拱坝的最好单元. 为此，按图 26-25 的框图生成有关信息.

26.8.2 对数螺旋双曲拱坝网格自动划分程序 MESH2

为了便于处理对数螺旋双曲拱坝的有限元网格，鲁宁编制了 MESH2 专用处理程序.

网格自动划分程序 MESH2 仅对对数螺旋双曲拱坝适用，可

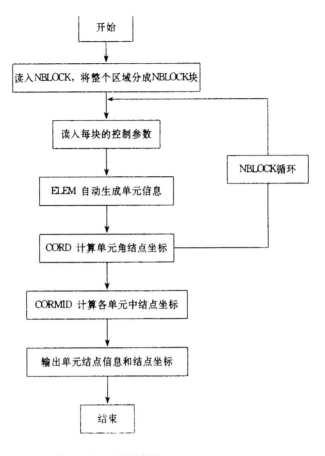

图 26-25 MESH1框图

同时生成拱坝的单元信息和结点坐标. 对数螺旋双曲拱坝水平拱圈示意图如图 26-26 所示.

左半拱中心线方程为

$$x = A_L[\exp[K_L\varphi]\sin(\varphi + \beta_L) - \sin\beta_L]$$

$$y = A_L[\cos\beta_L - \exp[K_L]\cos(\varphi + \beta_L)] + y_0 + \frac{T_c}{2}$$

拱厚变化公式为

$$T = T_c + (T_L - T_c) \times \left(\frac{S}{S_m} \right)^2$$

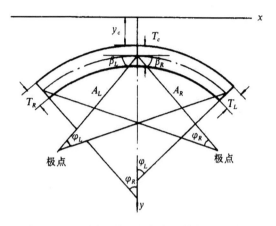

图 26-26　对数螺旋双曲拱坝水平拱图示意图

上两式中 y_0 为拱冠梁上游面 y 坐标,T_c 为拱冠梁厚度,T_L 为左岸拱端厚度,A_L 为左半拱中心线长度参数(即拱冠处极半径),β_L 为左半拱中心线极角,左半拱中心线指数参数 $K_L = \mathrm{tg}\beta_L$,φ_L 为左半拱似中心角,参变量 φ 的变化范围为 $0 \leqslant \varphi \leqslant \varphi_L$,$S$,$S_m$ 为对应于 φ,φ_L 的中心线弧长.

右半拱参数方程及变量可类推.

用 MESH2 划分对数螺旋双曲拱坝的网格时,只需输入 NFLOR,NELEM1,NELEM2,XQV 及各拱圈的上述形状参数即可. 其中 NFLOR 是沿坝高的单元个数(即拱圈层数),NELEM1 是沿坝厚的单元个数,NELEM2 是沿中心线从拱端到拱冠的单元个数,XQV 是从拱端到拱冠的单元宽度比.

划分单元网格时,先将每层拱圈的顶面和底面划分成平面八节点等参元,中面划分成平面四节点等参元,然后再组合成三维 20 节点六面体等参元.

26.8.3 删除重复点程序 ELIMIN

这也是一个通用性较强的程序. 单元划分完毕后, 在不同块相接的地方, 有可能存在着一些节点具有两个不同编号的情况, 这时, 就可用删除重复点程序 ELIMIN 去掉那些多余的节点编号.

当两个不同编号的点坐标相同时, 程序先判断这两个点是否是同一个无厚度节理单元中上、下界面相对应的点, 如果是, 则这两个编号不相重复; 如果不是, 则这两个节点编号相重复, 用较小的节点编号取代较大的节点编号, 较大编号后面的节点编号依次减 1. 具体算法如下:

(1)读入单元总数 NELEMT, 节点总数 NPOINT

(2)DO IELEM=1, NELEMT, 读入单元信息

(3)DO IPOINT=1, NPOINT, 读入节点坐标

(4)NREP=0

(5)DO IPOINT=2, NPOINT

    DO JPOINT=1, IPOINT−1

        IF IPOINT 与 JPOINT 是重复编号, THEN

            a)NREP=NREP+1

            b)DO IELEM=1, NELEMT, 重新整理单元信息

            c)DO KPOINT=IPOINT, NPOINT−NREP, 重新整理节点坐标

(6)NPOINT=NPOINT−NREP

(7)DO IELEM=1, NELEMT, 输出单元信息

(8)DO IPOINT=1, NPOINT, 输出节点信息

(9)END

26.8.4 外载自动生成程序 LOAD

本程序仅对拱坝的工程算例适用. 在确定了水库上游及下游水位、泥沙淤积高程和泥沙浮容重、内摩擦角后, 程序便可自动计算出库水和泥沙压力对拱坝表面及两岸和河床的压力载荷.

26.8.5 约束信息自动生成程序 FIX

本程序仅适用于拉西瓦拱坝算例,框图如图 26 - 27.

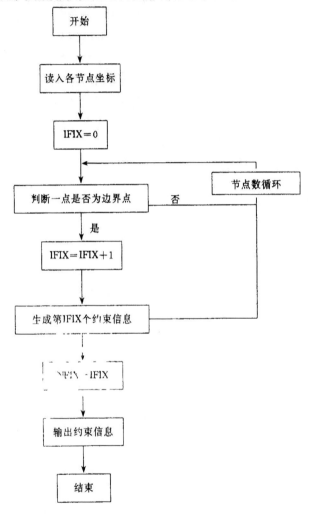

图 26-27 FIX 框图

§26.9　拱坝三维弹塑性计算

26.9.1　有限单元离散及约束条件

取基础范围如下:

上游	0.5 倍坝高
下游	1.5 倍坝高
两侧	1.0 倍坝高
地基	坝底向下 260m
两岸山头	坝顶相上 160m

计算时基础岩体的模拟断层取离主坝较近的三个主要断层,即上游坝踵河床的 F172、右岸的 F164、左岸的缓倾角断层 Hf7,同时对左拱端下游的 II" 变形体也进行模拟.

划分网格时,先用上节介绍的网格自动生成程序 MESH2 划分坝体单元网格,再用网格自动生成程序 MESH1 划分基础网格,最后用删除重复点程序 ELIMIN 去掉坝体与基础连接部位多余的节点编号,得到最后的计算网格,如图 26-24 所示.单元划分总数为 588 个,其中坝体单元 84 个,断层单元 42 个,岩体单元 462 个.坝体单元及岩体单元均采用二十节点六面体等参元,断层单元采用与之相匹配的 16 节点无厚度节理单元,节点总数 3217 个.

由于这里主要研究坝体的应力、变形和稳定,所以取约束时,在基础岩体的上、下游界面(即拱坝上游 125m 和下游 375m 处)、两侧坝肩界面及顶部和底部边界面的节点上,均取为固定约束.

26.9.2　三维统一弹塑性有限元计算框图

三维统一弹塑性有限元计算框图如图 26-28 所示.

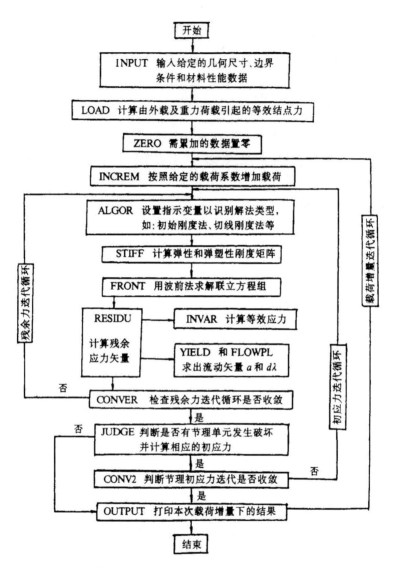

图 26-28 三维统一弹塑性有限元程序框图

§26.10 计 算 结 果

26.10.1 位移分析

计算所得的坝体位移大致对称. 图 26 - 29 是坝体下游面顺河向位移,坝体位移由拱冠梁向左、右拱端逐渐减小,拱冠梁位移由大坝顶部向基础逐渐减小. 最大顺河向位移发生在拱冠梁顶部位置,为 84.23mm. 右拱端最大顺河向位移为 6.73mm,在 2320m 高程处;左拱端最大顺河向位移为 5.89mm,在 2280m 高程处. 从图 26 - 29 可看出,右拱端的位移值均大于左拱端相应点的值,这主要是由于右拱端下游侧附近断层 F164 的存在引起的.

拱冠梁的位移方向是向下游,其水平位移的最大值为 84.23 mm,在拱冠梁下游面顶部. 两拱端位移方向都是向下游偏岸里,最大值都在各高程拱端下游点处. 右拱端水平位移的最大值为 8.00mm,左拱端水平位移的最大值为 7.10mm. 这些位移量值都是允许的.

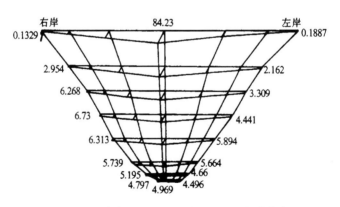

图 26 - 29　考虑基础的拉西瓦拱坝下游面顺河向位移

26.10.2 应力及稳定分析

坝体应力分布也呈大致对称的规律,主拉应力区位于拱端上

游点,主压应力区位于拱端下游点.图 26-30 为左、右拱端上、下

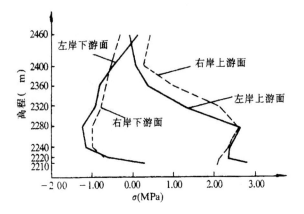

图 26-30 考虑基础时左、右拱端的主拉应力

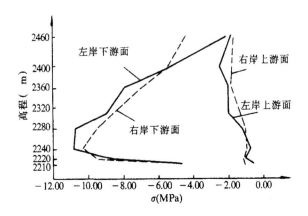

图 26-31 考虑基础时左、右拱端的主压应力

游面的 σ_1 图,图 26-31 为左、右拱端上、下游面的 σ_3 图.从图 26-30 和图 26-31 可看出,高拉应力区位于拱端上游高程 2210—2360m 之间,而高压应力区位于拱端下游高程 2220—2320m 之间.坝体最大主拉应力为 2.85MPa,在左拱端的上游坝踵处;最大主压应力为 11.00MPa,在左拱端下游面的 2245m 高程处.这些量

值都与实际情况相符.

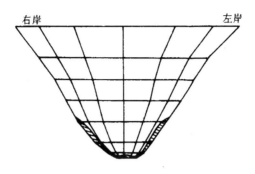

图 26-32 Mohr-Coulomb 屈服准则的拱坝上游面屈服区

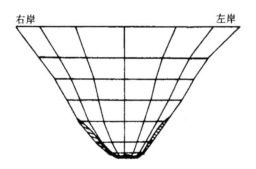

图 26-33 双剪强度理论的拱坝上游面屈服区

　　从计算结果看来,坝体绝大部分处于承压状态,只有少数部位即拱端和坝踵上游面受拉,且最大主拉应力 σ_1 大都小于 1.8MPa,只有极少数点高于 1.8MPa. 坝体混凝土的屈服主要为拉-压屈服,上游面屈服区见图 26-32 和图 26-33. 屈服区的大致范围是 2290m 高程以下的左、右拱端及 2215m 高程以下的坝踵,且屈服区沿坝体的深入很浅,如图 26-34 所示,大坝结构整体处于稳定状态. 这说明拱坝整体性很强. 主要以压力拱的形式传递载荷,压应力是维持拱坝结构平衡的基本应力,而拉应力则随地基或坝体

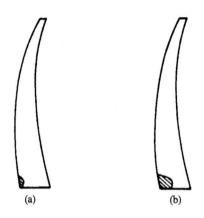

图 26-34　屈服区沿坝体的深入

(a)考虑基础；(b)不考虑基础

的局部开裂而很快衰减.因此,拉应力只是衡量可能开裂范围大小的一种指标,不完全是真实的应力值.坝体产生局部破坏以后,在相当长的一段时间内不会危及坝体本身的安全,大坝可以继续保持稳定.

§26.11　高拱坝弹塑性分析讨论

以上这些计算结果与清华大学周维垣教授等的三维非线性弹性计算的结果相似.两者的规律相同.根据文献[19],最大顺河向位移发生在拱冠梁顶部位置,为 82.00mm. 最大主拉应力值为 2.25MPa,主拉应力区位于左、右拱端上游,主压应力区位于拱端下游.这些结果同上节分析结果相比较,坝体位移与应力分布规律一致,量值也很接近.

下面再进一步讨论其他因素的影响.

26.11.1 不同屈服准则计算结果的比较

其他条件不变,再对坝体混凝土分别采用 Mohr-Coulomb 屈服准则和双剪强度理论进行拉西瓦拱坝弹塑性有限元分析.计算所得的位移与双剪应力三参数准则计算所得的位移相比,分布规律一致,量值也基本相同. Mohr-Coulomb 屈服准则和双剪强度理论计算所得的最大顺河向位移都为 84.23mm.

三种不同屈服准则计算所得的应力分布规律也一致,且最大主拉应力及最大主压应力的数值和位置也基本相同. Mohr-Coulomb 强度理论的最大主拉应力为 2.84MPa,在左拱端上游面的 2210m 高程处;最大主压应力为 11.00MPa,在左拱端下游面的 2245m 高程处.双剪强度理论的最大主拉应力为 2.85MPa,位于左拱端上游面的 2210m 高程处;最大主压应力为 11.00MPa,位于左拱端下游面的 2245m 高程处.但是,三种屈服准则得到的拱坝屈服区却有所不同,图 26-33 为双剪强度理论得到的拱坝上游面屈服区,图 26-32 为 Mohr-Coulomb 屈服准则计算所得的拱坝上游面屈服区.坝体混凝土采用不同屈服准则计算所得的屈服区均在 2290m 高程以下的拱端及坝踵,但坝踵处屈服区的面积略有不同,如图 26-35 所示.比较图 26-32、图 26-33 和图 26-35 可看

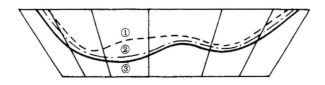

图 26-35 不同屈服准则坝踵处屈服区的比较
①Mohr-Coulomb 准则;②双剪应力强度理论;③双剪应力三参数准则

出,三种屈服准则的屈服区差别并不是很大,这主要同拱坝上游面的应力状态有关.从计算结果中发现,拱坝上游面屈服点的中间主应力 σ_2 都比较小,在这种应力状态下,各种屈服准则的差别本身就

很小,因此,计算所得的三种屈服准则的屈服区差别不大.它们之间的差别可以从图 26-35 看出,双剪应力三参数准则的屈服区最小,Mohr-Coulomb 屈服准则的屈服区最大,双剪强度理论的屈服区居于二者之间.而双剪应力三参数准则更符合混凝土材料的强度特性.因此,采用双剪应力三参数准则进行拱坝强度设计较为经济合理.

26. 11. 2 不考虑基础时的影响

不考虑基础时,对拱端和坝底取固定约束.三维弹塑性有限元分析得到大致对称的位移和应力分布.坝体下游面顺河向位移见图 26-36,最大顺河向位移为 66.25mm,在拱冠梁顶部.左、右拱端上游面的主拉应力和下游面的主压应力分别如图 26-37 和图 26-38 所示.从这两图可看出,计算所得的最大主拉应力为 2.86MPa,在左拱端 2270m 高程处的上游点;最大主压应力为

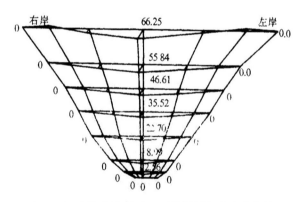

图 26-36 不考虑基础的拉西瓦拱坝下游面顺河向位移

9.64MPa,在左拱端 2245m 高程处的下游点.同考虑基础所得的计算结果相比,最大主拉应力的位置提高了,而最大主压应力的量值减小了.这是因为拱坝边缘与基础相连的部位取为固定约束后,拱坝上游坝踵的工作条件恶劣了,坝踵区的混凝土已进入应变软

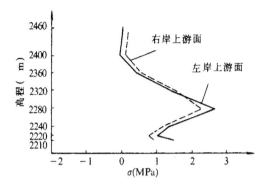

图 26-37 不考虑基础时左、右拱端的主拉应力

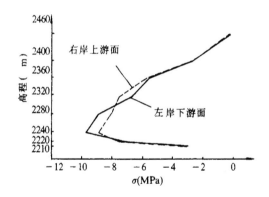

图 26-38 不考虑基础时左、右拱端的主压应力

化阶段,因而主拉应力值有所降低,而在高程 2240—2320m 之间的坝体混凝土主拉应力反而较大.坝底固定后,拱坝由于自重和库水压力引起的沉降受到了约束,坝体向下游的倾斜减小了,因此,下游面的最大主压应力有所减小.

不考虑基础时,大坝上游面的屈服区如图 26-39 所示.左、右拱端的屈服区大致在 2250m 高程以下,坝踵处的屈服区在 2220m

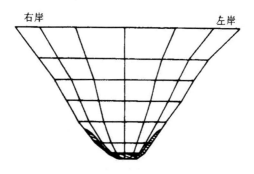

右岸　　　　　　　　　　　　左岸

图 26-39　不考虑基础的拱坝上游面屈服区

高程以下,且沿坝体有较大的深入,如图 26-34 所示.这主要是因为坝底的固定约束对坝体工作条件的不利影响所造成的.

26.11.3　计算结果分析

拉西瓦拱坝结构压应力区的点安全系数都在 3 以上,两岸拱端上游侧 2320m 高程以下的主拉应力区的点安全系数较低,一般都在 2 以下.但拱坝主要是以压应力维持其结构平衡,因此,大坝结构总体是安全稳定的.

三种不同屈服准则的比较,说明双剪应力三参数准则比 Mohr-Coulomb 强度理论和双剪强度理论更能发挥混凝土材料的强度潜能.而双剪应力三参数准则比较符合混凝土材料的特点(单轴抗拉强度 σ_t 与单轴抗压强度 σ_c 不等,单轴抗压强度 σ_c 与双轴等压强度 σ_{cc} 也不相等),因此,运用于工程实际中必然会取得一定的经济效益.

在进行高拱坝弹塑性有限元分析时,考虑基础与不考虑基础的坝体计算结果有很大的差别,主要表现在:

(1)位移.考虑基础时,拱坝在拱冠梁顶部顺河向位移的最大值是 84.23mm.不考虑基础时为 66.25mm.

(2)应力.考虑基础时,坝体在坝踵处的最大主拉应力为 2.85 MPa;最大主压应力在 2245m 高程,为 11.00MPa.不考虑基础时,由于坝踵处混凝土已进入应变软化阶段,因此最大主拉应力的位置提高到2270m高程;而最大主压应力由于坝体向下游的倾斜受到了约束,减小到9.64MPa.

(3)屈服区.考虑基础时,拱坝上游面的屈服区在2290m高程以下的拱端和2215m高程以下的坝踵.不考虑基础时,拱坝上游面的屈服区在2250m高程以下的拱端和2220m高程以下的坝踵.不考虑基础时屈服区沿坝体的深入比考虑基础时屈服区的深入要大得多.也就是说,不考虑基础时,拱坝的工作条件较危险.

考虑基础与不考虑基础得到的拉西瓦拱坝的分析结果差别很大.这说明在进行高拱坝弹塑性分析时,基础与坝体的相互作用不可忽略.忽略基础的作用,得到对坝体不利的结果.如果进行高拱坝设计时不考虑基础的作用,设计结果将是保守的.

双剪理论包括双剪强度理论、统一强度理论、统一弹塑性理论、统一弹塑性有限元等可以在很多方面予以推广和应用.关于它在西安古城墙保护和开发中的应用,我们将在另一学术专著《西安古城墙研究——建筑结构和抗震》(陕西省优秀科技著作出版基金丛书,西安交通大学出版社,1994)中作介绍.关于它在土力学和基础工程中的应用以及它在非线性应力-应变关系等方面的推广研究也正在不断进展[23-26].

双剪理论的涵义很多,不少有待于我们进一步去探讨和开发,得出新的结果.此外,关于双剪理论的推广应用,还有更多工作需要研究,如果与单剪强度理论(Tresca,Mohr-Coulomb,Schmit理论)已有成千上万的文献相比,双剪理论的应用研究还只是一个开始,更多的研究成果有待开发.

参 考 文 献

[1] 电力工业部、水利部西北勘测设计研究院,高地应力区大型地下厂房洞群围岩稳定性研究,1993,1—106.

[2] 潘家铮,重力坝设计,水利电力出版社,1987.

[3] 朱伯芳,有限单元法原理与应用,水利电力出版社,1979.

[4] 孙　钧、汪炳鉴,地下结构有限元法解析,同济大学出版社,1988.

[5] 傅作新,水工结构力学问题的分析与计算,河海大学出版社,1993.

[6] 谢贻权、何福保,弹性和塑性力学中的有限单元法,机械工业出版社,1981.

[7] 陈慧远,土石坝有限元分析,河海大学出版社,1988.

[8] 徐次达、华伯浩,固体力学有限元理论、方法及程序,水利电力出版社,1983.

[9] 徐积善,强度理论及其应用,水利电力出版社,1989.

[10] 鲁　宁,考虑基础的高拱坝三维弹塑性有限元分析,西安交通大学硕士论文,1994.

[11] 曾文兵,拉西瓦拱坝弹塑性有限元分析,西安交通大学硕士论文,1992.

[12] Owen D. J. R & E. Hinton, Finite Elements in Plasticity: theory and practice, Pinerige Press Limited, 1980.

[13] M. Y. H Bangash, Concrete and Concrete Structures: numerical modelling and application, Elsevier Science Publishers Ltd, 1989.

[14] Goodman R. E, Introduction to Rock Mechanics, John Willey and Sons, New York, 1980.

[15] 俞茂宏、何丽南、宋凌宇,双剪强度理论及其推广,中国科学,A 辑 1985,**28**(12),1113—1120(中文);**28**(11),1174—1183(英文).

[16] 俞茂宏、刘凤羽,双剪应力三参数准则及其角隅模型,土木工程学报,1988,**21**(3).

[17] 俞茂宏、何丽南、刘春阳,广义双剪应力屈服准则及其推广,科学通报,1992,**37**(2),182—185.

[18] 俞茂宏、赵坚、关令苇,岩石、混凝土强度理论:历史、现状、发展,自然科学进展,1977,**7**(6),1—8.

[19] 杨若琼、杨延毅、陆正勇、周维垣,拉西瓦拱坝三维非线性有限元分析.水电与矿业工程中的岩石力学问题,科学出版社,1991,606—616.

[20] 俞茂宏、曾文兵,工程结构分析新理论及其应用,工程力学,1994,**11**(1),9—20.

[21] 俞茂宏,岩土类材料的统一强度理论及其应用,岩土工程学报,1994,**16**(2),1—10.

[22] 俞茂宏、鲁　宁、杨松岩、高大峰,条形基础结构和承载力研究,第七届全国土力学和基础工程学术会议论文集,中国建筑工业出版社,1994.

[23] 俞茂宏、张学彬、方东平,西安古城墙研究——建筑结构和抗震,西安交通大学出版社,1994.

[24] 俞茂宏、杨松岩、马国伟,双剪统一弹塑性本构模型及其应用,岩土工程学报,1997,**19**(6),9—19.

[25] 俞茂宏、杨松岩、刘剑宇、刘春阳,统一平面应变滑移线场理论,土木工程学报,

1997,**30**(2),14—26.

[26] Yu M. H. ,Lu N. ,Zeng W. B. ,A new elasto-plastic theory and its application in high arch dam, in:Proc. of the Int. Conf. on Computational Methods in Structural and Geotechnical Engineering,Lee P. K. K. ,Tham L. G. and Cheung Y. K. ed. ,Hong Kong,1994,1355—1359.

汉英名词对照及索引

（按汉字笔划顺序）